프로메테우스의 야망

프로메테우스의 야망

자연의 완전성을 탐구하는 연금술의 역사

윌리엄 뉴먼 지음 | 박요한 옮김

도서출판 길

지은이 윌리엄 뉴먼(William Newman, 1955~)은 미국 하버드 대학에서 중세 과학사가 존 E. 머독(John E. Murdoch)의 지도 아래 게베르의 『완선성 대전』 및 중세 후기 연금술에 관한 논문으로 박사학위를 받았다. 현재 미국 인디애나 대학의 과학사 및 과학철학 학과의 루스 N. 홀스 석좌교수로 재직 중이다. 로저 베이컨, 판 헬몬트, 조지 스타키, 로버트 보일 등을 중심으로 전개된 과학혁명 이전의 화학사 분야에서 영미권을 대표하는 학자로서, 저명한 『케임브리지 과학사』의 연금술 및 근대 초 화학 항목을 집필했다. 뉴먼의 주된 관심 주제는 중세 후기 연금술이 근대 초 화학으로 전환된 역사 및 기예–자연 논쟁, 입자론의 관점으로 보는 질료 이론 등이다. 그가 책임을 맡고 있는 '뉴턴 연금술 프로젝트'에서는 뉴턴의 연금술 문헌을 디지털화하고 그가 실행했던 실험을 복원하는 작업을 활발히 진행하고 있다.

옮긴이 박요한은 한세대 신학부에서 그리스도교 역사와 구약성서를 공부하고, 서울대 의과대학 인문의학교실에서 16세기 의사 파라켈수스의 위서(僞書) 『사물의 본성에 관하여』에 등장하는 호문쿨루스 레시피에 관한 논문으로 석사학위를 받았다. 중세 후기 연금술 및 르네상스 시기 의화학이 지녔던 종교적 · 정치적 함의에 관심을 가지고 있으며, 현재 파라켈수스 및 파라켈수스주의에 관한 연구서를 집필 중이다.

프로메테우스의 야망

자연의 완전성을 탐구하는 연금술의 역사

2023년 5월 20일 제1판 제1쇄 인쇄
2023년 5월 31일 제1판 제1쇄 발행

지은이 | 윌리엄 뉴먼
옮긴이 | 박요한
펴낸이 | 박우정

펴낸곳 | 도서출판 길
주소 | 06032 서울 강남구 도산대로 25길 16 우리빌딩 201호
전화 | 02) 595-3153 팩스 | 02) 595-3165
등록 | 2000년 9월 18일 제2010-000030호

ISBN: 978-89-6445-265-3 93400

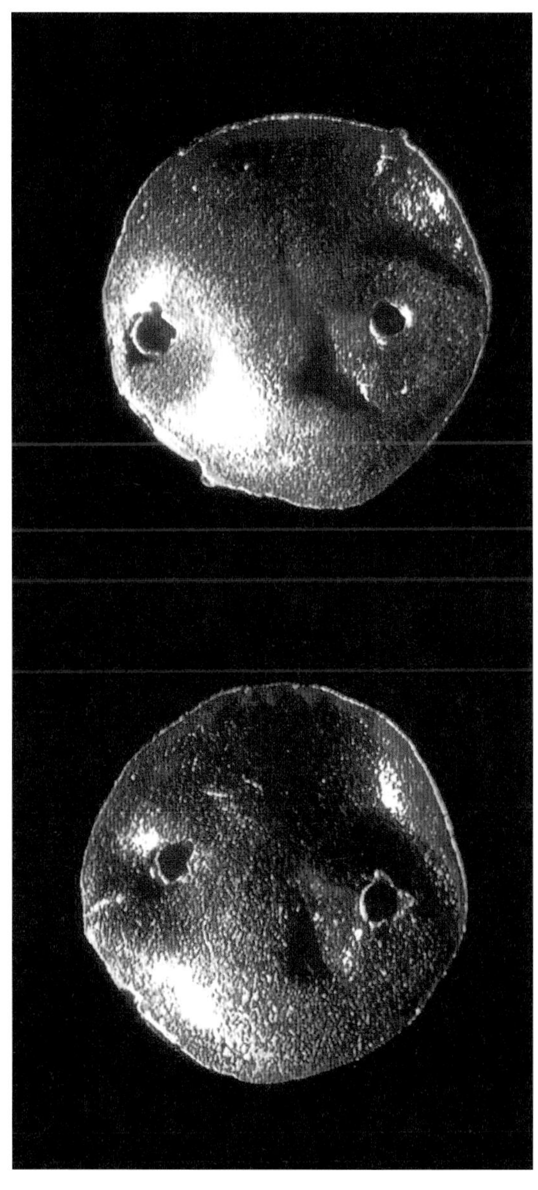

도판 1 파라오 투탕카멘(기원전 14세기)의 무덤에서 발견된 장밋빛 금으로 만든 단추.

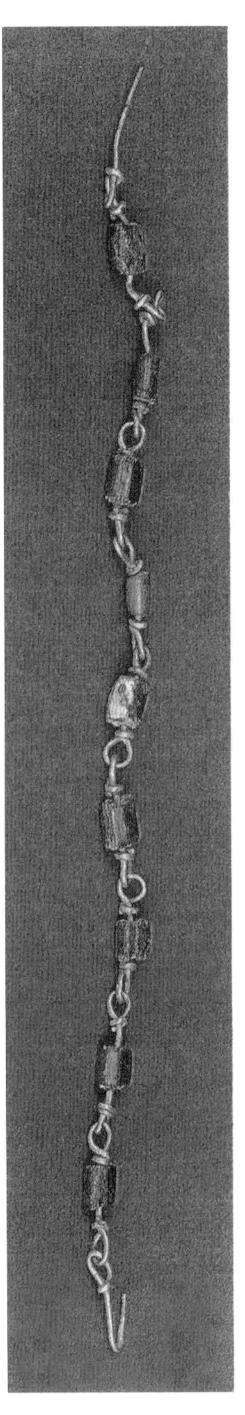

도판 2
보석의 결정체처럼 보이도록 세공된 인공 에메랄드로 만든 로마 시대의 목걸이.

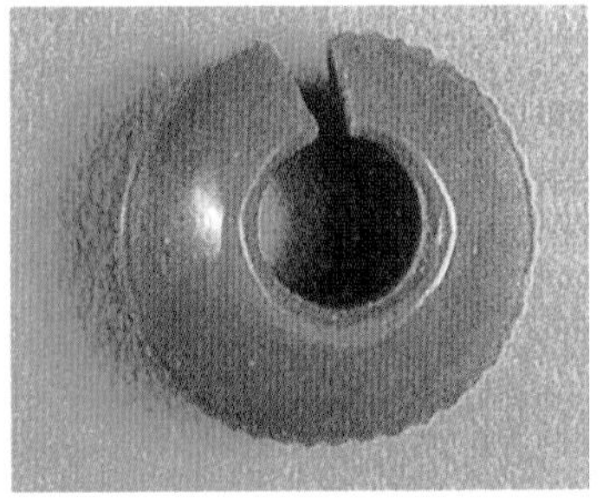

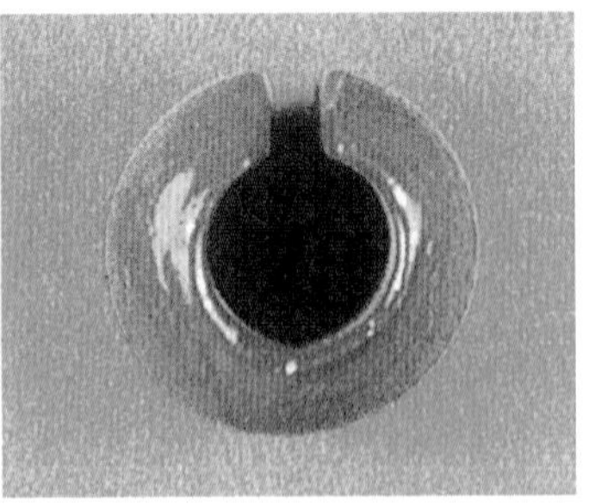

도판 3 실제 벽옥으로 만든 고대 이집트의 머리핀 혹은 귀걸이(위).
벽옥을 모사한 붉은빛 유광 도자기로 만든 고대 이집트의 머리핀 혹은 귀걸이(아래).

도판 4 베르나르 팔리시의 작업실에서 생명을 얻은 유리 도마뱀.

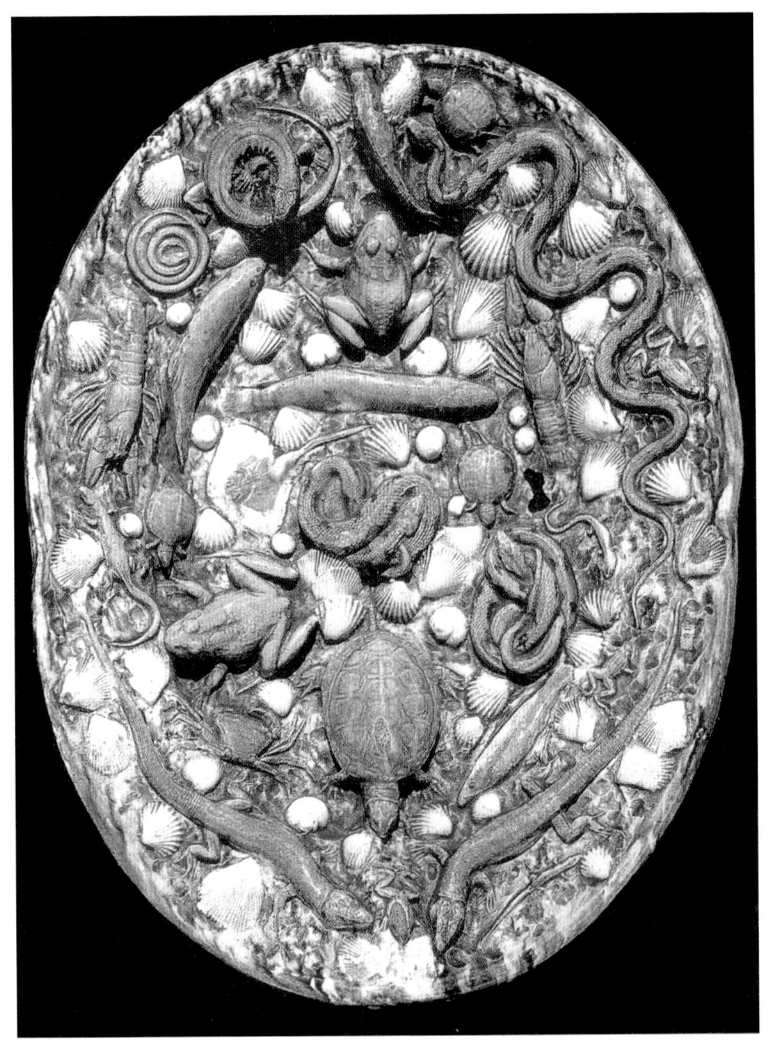

도판 5 베르나르 팔리시의 작업실에서 발견된 도자기 대야. 뱀, 개구리, 샐러맨더를 비롯한 수중 동물들에게 생명을 부여했다.

도판 6 현자의 돌을 만드는 과정 중 '공작 꼬리' 단계를 상징적으로 재현한 삽화(전설적인 연금술사 살로몬 트리스모신의 저작 『태양의 광채』).

도판 7 플라스크 속에서 가열되고 있는 상징적인 새(16세기 독일의 연금술 문헌 필사본).

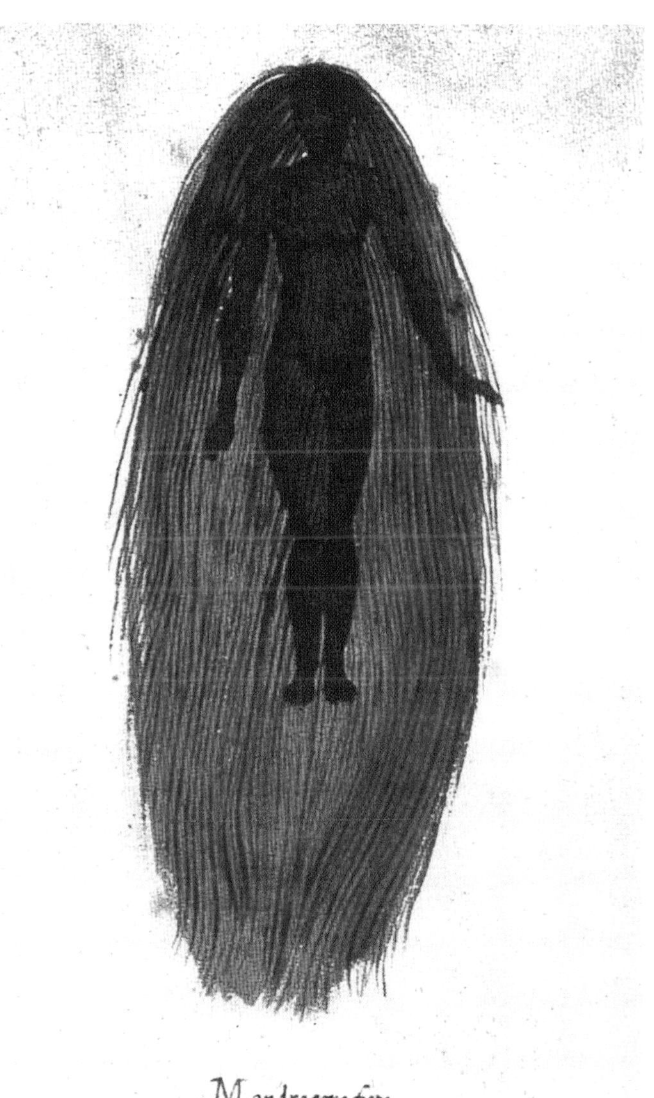

도판 8 인공적으로 거양된 맨드레이크를 묘사한 채색화(16세기의 저명한 자연주의자 울리세 알드로반디의 약초이학서).

도판 9 다비트 리카에르트 3세의 유화 「연금술사와 용기 속의 호문쿨루스」(독일 만하임의 라이스-엥겔호른 박물관 소장). 그림의 오른쪽 하단에 희미하게 보이는, 주머니를 가지고 노는 아이는 어리석음에 대한 전통적인 상징이다.

그래서 인간이 태어났다. 만물의 창조자이자 세계의 더 나은 근원인 신이
자신의 신적인 씨앗으로 인간을 만들었을 수도 있다.
아니면 갓 생긴 대지가 높은 곳에 있는 아이테르에서
최근에 떨어져 나와 아직은 친족인 하늘의 씨앗을 간직하고 있었는데
그 대지를 프로메테우스가 빗물로 개어서는
만물을 다스리는 신들의 모습으로 인간을 빚었을 수도 있다.
다른 동물들은 모두 고개를 숙이고 대지를 내려다보는데
신은 인간에게만은 위로 들린 얼굴을 주며
별들을 향해 얼굴을 똑바로 들고 하늘을 보라고 명령했다.
방금 전만 해도 조야하고 형체가 없던 대지는
이제 인간의 모습이라는, 여태까지 알려져 있지 않던 옷을 입었다.

오비디우스, 『변신이야기』 제1권 78~88행

차례

제3장 시각예술과 연금술의 경쟁

제4장 인공 생명과 호문쿨루스

제5장 기예-자연 논쟁이 실험과학에 끼친 영향

한국어판 지은이 서문

2004년에 『프로메테우스의 야망』이 출판된 이후, 연금술의 역사는 상당한 인기를 얻는 주제가 되었다. 한때는 과학사 분야 내에서도 불안정하고 매우 작은 부분만을 차지했던 주제가, 이제는 이 분야를 대표하는 주제 중 하나가 되었다. 그러나 오늘날 연금술이 역사 연구의 대상으로서 유행을 이끌고 있음에도 불구하고, 『프로메테우스의 야망』이 제시했던 주제, 즉 기예 또는 오늘날 말하는 기술의 능력 및 자연의 능력에 관한 근대 이전의 논쟁 과정에서 연금술이 수행했던 역할에 주목한 후속 연구작은 아직까지도 나오지 않고 있다. 하지만 그 어느 때보다 인간의 개입으로 인해 자연이 더욱 커다란 위협을 받고 있는 현재의 상황에서, 이 주제에 관한 역사는 대중에게 널리 알려질 만한 가치가 있다. 이러한 목표를 염두에 두고, 한국의 독자들을 위해 『프로메테우스의 야망』에 깔려 있는 핵심 전제와 논거를 개괄해보도록 하겠다.*

* [옮긴이] 출판된 지 무려 18년이 지난 이 책이 담고 있는 핵심적인 주장들을, 지은이 윌리엄 뉴먼은 지금도 다양한 강연과 프로젝트를 통해 반복해서 소개하고 있다. 따라서 한국어판을 위한 이 간략한 지은이 서문이, 이 책의 내용에 대한 단순한 요약이라기보다는, 여전히 유효한 자신의 주장을 회고하고 있는 지은이의 목소리로 읽혔으면 한다.

서양 연금술이 헬레니즘 시대에 처음 등장했을 때, 이 분야를 자연적 생산물의 완전성에 도달하려는 수단으로 여겼던 사람은 거의 없었다. 연금술 분야의 가장 오래된 기술 레시피에 따르면, 이 신생 분야가 해낼 수 있었던 일은 티레 퍼플(Tyrian purple)로 알려진 값비싼 염료와 같은 자연물을 대체할 모조품을 그저 제시하는 수준에 불과했다. 이 염료의 색소 1.5그램을 겨우 생산하려면 약 1만 2000개의 소라 껍데기가 필요했다. 그러나 아리스토텔레스의 영향을 받은 중세 아랍 및 라틴 서유럽 연금술사들은, 그저 표면적 모방을 위해 자연물을 복사하는 기예와 자연물을 진정으로 복제하는 기예를 구별하기 시작했다. 더 말할 필요도 없이, 연금술 저술가들은 자신들의 기예가 후자의 범주에 속한다고 믿었다. 따라서 연금술은, 그것의 실천가들이 보기에는, 기본 금속과 같은 비천한 재료를 고귀한 재료로 변성시킴으로써 완전성에 도달하려는 학문으로 탈바꿈했다. 오늘날의 합성유기화학 및 나노기술이 자연적 생산물과 인공적 생산물의 구별을 지워버리겠다고 주장하는 것과 동일한 방식으로, 사실상 중세 연금술사들은 자신들의 기예가 물질의 심층 구조를 변화시킬 수 있노라고 주장하고 있었다.

중세 및 근대 초 연금술사들이 자신들의 기예를 위해 펼쳤던 놀라운 주장은, 한편으로는 의학에서 약리학에 이르기까지, 다른 한편으로는 회화에서 조각에 이르기까지 전개되었던 인간의 노력을 연금술과 구별지었다. 당대의 의사들이 질병에 걸린 신체에 건강을 부여함으로써 어떤 의미에서 신체를 '완전성으로 이끌 수 있다'고 믿었지만, 그들은 하나의 신체를 다른 신체로 변성시키거나 심지어 하나의 의약을 다른 의약으로 변성시킬 수 있다고까지 주장하지는 않았다. 다른 한편으로 시각예술가들은, 특히 아름다운 여성과 남성을 표현할 때, 자연이 제공하는 즐거움보다 더 큰 즐거움을 제공하는 회화와 조각을 제작함으로써 자연의 아성에 도전했다. 하지만 그들은 자신들의 작품이 처음 재료들의 성분을 변화시키지 않았다는 사실을 기꺼이 인정했다. 밀랍, 물감, 나무는 여전히 밀랍, 물감, 나무로 남아 있었다. 중세 및 르네상스 예술가들은 그 재료들을 실제 신체로 바꿀 수 없었다. 자신들이 자연에 깊은 변화를 일으켜 하나의 물질적 종(species)을 문자 그대로 다른 종으로 바꿀 수 있다고 주장함으로써 사물을 완전성으로 이끄는 자연의 능력에 지속적으로 도전했던 분야는, 오로지 연금술뿐이었다.

연금술사들의 주장은 허공에 흩날리지 않았다. "기예는 자연보다 허약하며, 자연을 극복하기는커녕 섬길 수밖에 없으므로" 연금술사들은 자연적 사물을 결코 변환시킬 수 없다던 11세기 페르시아 철학자 아비켄나의 견해에 대한 반응의 결과로, 중요한 논쟁 문헌들이 성립되었다. 이미 알베르투스 마그누스를 비롯한 13세기 전반의 주요 스콜라주의 철학자들은, 악마의 능력을 측정하기 위한 척도로서 아비켄나의 주장을 활용했다. 만약 인간이 기본 금속을 실제 금으로 변성시킬 수 있다면, 마치 이집트 마술사가 지팡이를 뱀으로 변환시켰다는 성서의 묘사처럼, 타락한 천사들도 이와 유사한 변성을 자연 세계 속에서 실행할 수 있어야 한다. 반면에 아비켄나의 선언처럼 인간의 기예가 사물을 표면적으로만 변화시키는 데 그친다면, 지팡이에서 뱀으로의 변환은 실제 변성이 아니라 마술적 환상(praestigium)에 지나지 않게 된다. 이처럼 악마가 가진 능력의 한계를 설정하기 위해 알베르투스가 연금술 찬반 논증을 사용했던 방식은, 후대에도 그 명맥을 이어나갔다. 근대 초에 가장 유명했던 마녀사냥 안내서였던 『말레우스 말레피카룸』도, 자연 세계에서 마녀가 능력을 발휘한다는 주장을 펼치기 위한 근거로 연금술을 활용했다.

그러나 악마학은 기예-자연 논쟁에서 연금술이 역할을 수행했던 여러 영역들 중 하나에 불과했다. 파울루스 데 타렌툼의 저작 『이론과 실천』 같은 13세기 연금술 문헌들은, 연금술이 가장 깊은 차원에서부터 물질을 변성시키는 능력을 가질 것이라고 제안하는 전통을 발전시켰다. 이러한 능력은 표면적인 모방에 그치는 시각예술의 능력과는 명백히 대조되는 것이었다. 게베르의 저작으로 알려진 『완전성 대전』은 시각예술의 가짜 변성을 "궤변적"이라 일컬었고, 인간으로부터 이루어지는 변화의 위계에서 가장 낮은 데 위치시켰다. 놀랍게도 이러한 전통은 당대의 문학 작품들을 통해 채택되고 발전되었다. 기욤 드 로리스와 장 드 묑의 대단히 영향력 있던 작품 『장미 이야기』는, 시각예술이 자연을 진정으로 복제할 수 없다는 이유로, 회화와 조각을 연금술보다 열등한 이류의 지위에 위치시켰다. 연금술이 시각예술을 향해 벌인 도발은, 르네상스기에 치열한 논쟁으로 이어졌다. 레오나르도 다 빈치와 베르나르 팔리시 같은 이들은, 오로지 자신들과 같은 시각예술가만이 자연의 아름다움과 미묘함에 도전할 자격을 가졌다고 주장했다. 그들이 보기에, 연금술은 그저 사기에 불과했다.

연금술사들과 예술가들은, 연금술처럼 완전성으로 이끄는 기예의 고귀함과 회화나 조각처럼 모방하는 기예의 고귀함 사이의 대결에 초점을 맞추었다. 여기서의 쟁점은, 연금술사들이 금속이나 보석 같은 물질적 대상을 실제로 변성시킬 수 있느냐 없느냐였다. 그러나 연금술사들의 주장이 펼쳐졌던 훨씬 더 야심찬 또 다른 경연장이 있었다. 이미 15세기에, 저명한 의사이자 연금술사였던 아르날두스 빌라노바누스가 호문쿨루스 또는 인공 인간을 만들었다는 소문이 널리 퍼져 있었다. 다음 세기에 이르러, 인습을 타파했던 유명한 의학개혁가 파라켈수스의 추종자들이 이 주제를 채택했다. 그의 저작으로 알려진 『사물의 본성에 관하여』는, 자연 그 자체와 마찬가지로 연금술이라는 기예도 부패의 힘을 빌려 살아 있는 존재를 발생시킬 수 있다고 주장했다. 하지만 인간의 정액을 플라스크 속에서 부패시켜 생산된 작은 인간은, 생리혈의 조력 없이 발생되었으므로 보통의 자연적 인간보다 더 우월할 것이다. 자연적 인간의 발생은 당대에 보편적으로 수용되었던 아리스토텔레스의 이론, 즉 정액의 형상과 생리혈의 질료가 결합된다는 이론적 모델에 의존하고 있었던 반면, 호문쿨루스는 오로지 정액만으로 발생되는 순수형상의 존재였다. 결국 파라켈수스의 호문쿨루스는 보통의 인간을 능가하는 지능과 장인 기술을 갖춘 존재가 되었다. 현대 생명공학이 만들어낸 공상과학 소설의 아기처럼, 호문쿨루스는 일종의 우생학적 초인(superman)으로 여겨졌다.

이 책 『프로메테우스의 야망』은 17세기 실험과학에 관한 논의로 마무리된다. 아리스토텔레스, 중세 아리스토텔레스 주석가 유대인 테모, 자칭 아리스토텔레스주의적 원자론자 다니엘 제네르트, 17세기 '실험철학'을 주창했던 강경한 반-아리스토텔레스주의자 프랜시스 베이컨과 로버트 보일 등 여러 과학사적 인물들을 거치면서, 아리스토텔레스로부터 출발했던 실험적 탐구의 전통을 과학혁명의 주인공들에게 전달해주었던 징검다리 역할을 다름 아닌 중세 및 근대 초의 연금술사들이 수행했음을 보게 될 것이다. 이 실험 전통이야말로, 인공적 생산물과 자연적 생산물이 "형태나 본질에 따라서가 아니라 단지 작용에 따라서만" 다를 뿐이라는 베이컨의 유명한 주장의 기초가 되었다. 다시 말해서, 작용인을 제외하고는, 인간이 제작한 생산물은 자연의 생산물과 모든 면에서 동일하다는 것이다. 자신을 헤르메스라고 칭했던 익명의 중세 연금술사가 베이컨보다 수세기나 앞서 말했듯이, "인간의 작용은 본질에서는 자연적이고, 생산 방식에서는 인공적이다." 중세 연금술사들에 의해 처음으로 명시적으로 선언되었던 이러한 견해는, 로버트 보일을 비롯한 17세기의 저명한 과학자들의 기여를 통해, 자연의 유기적 세계와 인간의 인공적 세계를 가르는 장벽을 무너뜨렸다.

중세로부터 과학혁명에 이르기까지, 연금술은 자연에 맞서 인간 기예의 능력을 강력하게 변증하는 역할을 수행해왔다. 연금술에 관해서는, 어떤 방식으로도 우리는 19세기 신비주의자들 및 카를 융과 그의 추종자들의 분석심리학적 견해를 받아들여서는 안 된다. 그들이 보기에 연금술은 근원적으로 내부적이고 영적인 완전성을 획득하기 위한 내향적 탐구에 지나지 않는다. 이와는 달리, 대부분의 연금술사들은 자신들의 기예를 통해 자연 세계의 생산물을 더욱 가치 있는 '자연적' 생산물로 변형하려던 사람들이었다. 인공적인 것과 자연적인 것의 날카로운 구별을 무너뜨리기 위한 지속적인 해결책은, 다름 아닌 연금술의 기예-자연 논쟁을 통해 가장 잘 제시되어왔다. 이러한 사실이야말로 이 책 『프로메테우스의 야망』의 부제를 이해하기 위한 열쇠가 된다. 장기(長期)에 걸쳐 전개되어 왔던 기예-자연 논쟁을 철저히 이해해야만, 우리는 연금술사들의 눈으로

'자연의 완전성을 탐구'한다는 것이 지닌 심오한 의미를 깨우칠 수 있을 것이기 때문이다.

2022년 4월 18일

윌리엄 뉴먼

지은이의 말

비록 개념상 모순처럼 보이겠지만, 이 책에는 두 가지 제1원인이 작용했다.* 첫째 원인은 고등연구원(Institute for Advanced Study)인데, 나는 그곳에서 구겐하임 재단(John Simon Guggenheim Foundation)과 국립과학재단(National Science Foundation[SES-9906126]), 인디애나 대학의 추가 지원을 받아 2000~2001년에 걸쳐 행복한 한 해를 보냈다. 고등연구원의 하인리히 폰 슈타덴(Heinrich von Staden)은 고대에 관한 것이라면 무엇이든 무궁무진한 원천을 제공해주었고, 내가 그곳에서 거둔 성공은 어느 누구보다도 그에게 큰 빚을 졌다. 또한 어빙 라빈, 매릴린 라빈 부부(Irving and Marilyn Lavin)가 주최한 미술사 세미나에 참여해 많은 학자로부터 다양한 도움을 받을 수 있었다. 그 가운데는 나의 연구에 중요한 기여를 해준 퍼트리샤 에미슨(Patricia Emison), 세라 맥햄(Sarah McHam), 존 파올레티(John Paoletti), 데버라 스타이너(Deborah Steiner)가 있다. 이 책의 둘째 원인은 나의 아내 말린(Marleen)이었다. 아내는 종합적 상상력이 부족한 내게 학제 간의 연구를 시도하는 책을 쓰도록 격려해주었다.

* [옮긴이] 이 책 제2장의 '연금술을 향한 아랍 철학자들의 공격'에서 소개되겠지만, 아랍 철학자 이븐 루시드는 두 가지 서로 다른 원인이 동일한 본질을 가진 하나의 결과를 낳을 수 없다고 주장했다.

아내의 격려와 논평, 지원이 없었다면 이 책은 없었을 것이다.

내 원고를 읽어준 분들의 기여도 언급하고 싶다. 그중에는 원고 전체를 평가해주고 탈고 전후로 나와 귀한 교류를 나누어준 미술사가 마이클 콜(Michael Cole)이 있다. 기호 사용에 관한 날카로운 통찰력을 가진 로런스 프린시프(Lawrence M. Principe)와 졸 샤켈퍼드(Jole Shackelford), 원고를 읽어준 시카고대학출판부의 익명의 두 독자에게도 감사드린다. 나의 아버지 폴 B. 뉴먼(Paul B. Newman)은 원고의 일부를 진지하게 읽고 영문학의 관점에서 중요한 통찰을 제시해주었다. 이외에도 모니카 아촐리니(Monica Azzolini), 도메니코 베르톨로니 멜리(Domenico Bertoloni Meli), 캐럴라인 바이넘(Caroline Bynum), 앙투안 칼베(Antoine Calvet), 샌더 글리보프(Sander Gliboff), 앤서니 그래프턴(Anthony Grafton), 프레드리카 제이콥스(Fredrika Jacobs), 토마스 다코스타 카우프만(Thomas DaCosta Kaufmann), 엘리자베스 킹(Elizabeth King), 클라라 핀토-코레이아(Clara Pinto-Correia), 존 월브리지(John Walbridge), 로버트 위스노프스키(Robert Wisnovsky)는 원고의 일부를 읽고 전문적인 지식을 제공해주었다. 이 책을 비롯한 나의 모든 연구에서 존 E. 머독(John E. Murdoch) 교수의 도움을 받았다. 내가 아직 대학원생이었을 때, 그의 너그러운 지성은 이 책의 씨앗을 마련하도록 영감을 주었다. 나의 질문에 대한 그의 정확한 응답은 그가 습관적으로 출몰했던 와이드너 도서관의 고요한 복도에 비견될 만했다. 마지막으로 내가 즐겁게 협업할 수 있었던 시카고대학출판부의 편집자 크리스티 헨리(Christie Henry)와 마이클 코플로(Michael Koplow)의 특별한 수고에 감사드린다. 이 책 『프로메테우스의 야망』처럼 연구 범위가 넓은 결과물에는, 지은이의 발밑에만 놓을 수 있는 별난 점이나 오류가 당연히 포함될 것이라 생각한다. 오로지 위에 언급한 많은 연구자의 아낌없는 도움 덕분에 그것들을 줄일 수 있었음을 고백한다.

옮긴이의 말

원래는 계획에 없던 옮긴이의 말을 이렇게 별도로 남기는 이유는, 오로지 감사한 분들에게 마음을 전하고 싶어서다. 지은이도 이 책을 저술하면서 감사의 인사를 남겼듯이, 나도 그를 미메시스의 대상으로 삼으려 한다. 미메시스는 이 책에서 중요하게 등장하는 단어이기도 하다.

이 책이 번역된 기간은 내가 석사학위 논문을 작성하던 시기와 정확하게 일치한다. 그럴 수밖에 없는 이유가 있었다. 이 책은 내 학위 논문에서 가장 중요한 참고문헌 중 하나였기 때문이다. 나는 서울대 의과대학 인문의학교실에서 석사학위를 받았지만, 한때 같은 대학의 자연과학대학 소속인 과학사 및 과학철학 협동과정(현재의 과학학과)에서 공부했던 적이 있다. 당시 서양과학사 세미나를 수강하면서 첫 시간에 수강생들끼리 간단한 인사를 나누었는데, 나는 파라켈수스라는 의사가 제작했다는 호문쿨루스에 관심을 갖고 있다는 소개말을 남겼다. 그때만 해도 그 관심 주제에 어떻게 접근해야 할지에 대해 내게는 아무런 아이디어가 없는 상태였다. 그런데 아마도 세미나 담당 교수님은 나의 소개말을 기억에 담아두셨던 것 같다. 시간이 한참 흘러 개별 면담을 하던 중에 윌리엄 뉴먼이라는 학자의 책이 그 주제를 다루고 있다고 흘리듯 말씀해주시는 것이었다. 나는 교수님의 언급을 놓치지 않았고 그렇게 이 책을 찾아냈다.

의과대학으로 적을 옮겨 본격적으로 학위 논문을 준비하면서 나는 이 책에서 논문을 위해 필요한 몇몇 부분들을 번역하기 시작했다. 처음부터 이 책 진체를 번역해야겠다는 마음을 먹었던 건 아니다. 하지만 지은이가 쓴 다른 저작들과 논문들을 읽어가면서 그의 연구에서 이 책이 갖는 의미와 역할을 더 정확하게 포착할 수 있었고 어느덧 이곳저곳 꽤 많은 분량이 번역되어 있음을 알아차렸다. 마침 개인적으로도 학위 논문의 주제와 관련된 번역서 한 권과 그 주제를 확장한 연구서 한 권을 내야겠다는 결심을 하던 차에, 그렇다면 아직 국내에 한 권도 소개되지 않은 뉴먼의 저작을 번역하는 것이 좋겠다는 판단을 했다. 뉴먼의 저작들 가운데 한 권을 꼽아야 한다면 단연 이 책 『프로메테우스의 야망』이었다. 이 책은 기예와 자연의 대결, 인공과 자연의 경계를 역사적으로 탐구했으며, 그 가운데 핵심적인 역할을 했던 연금술의 역사도 다루었다. 출판된 지 18년이 지났지만 이 분야에 관한 최근 연구들에서도 이 책은 여전히 인용되고 있다. 적어도 내가 아는 한에서 이러한 주제를 다룬 책이 아직 우리나라에는 소개된 바가 없다. 이 책을 국내 독자들에게 소개할 수 있도록 계기를 만들어주셨던 7년 전 서양과학사 세미나의 이두갑 교수님께 감사의 인사를 꼭 남기고 싶다.

책의 번역이 출판으로까지 이어지는 과정은 결코 만만치 않았다. 이 책을 내줄 출판사가 있을까 고심하던 중에 근래 들어 르네상스와 과학혁명에 관한 이슈에 관심을 보이고 있는 한 출판사가 눈에 띄었다. 이 정도의 책이라면 분명히 출판을 고려해줄 것이라는, 가히 설명하기 힘든 패기를 가지고 출판 제안 이메일을 덜컥 보냈는데, 그로부터 두 달이 조금 안 되어 출판 계약이 성사되었다는 연락을 받았다. 20대 초반부터 꾸준히 애독해왔던 책들에 이름 새겨진 바로 그 출판사에서 책을 낼 수 있게 되었다는 사실이 실화임을 실감하는 데에는 꽤 많은 시간이 필요했다. 이 모든 과정에서 이 책의 출판을 흔쾌히 결정해주신 도서출판 길의 이승우 편집장님께 말할 수 없는 배려와 은혜를 입었다.

이 책을 번역하는 과정에서 감사드려야 할 또 다른 분은, 물론 이 책의 지은이인 인디애나 대학의 윌리엄 뉴먼 교수다. 나는 그와 여러 차례

이메일을 주고받으면서 몇 가지 중요한 질문들에 대한 답을 얻었다. 비록 그가 이메일 답장을 빠르게 보내주는 스타일은 아니었음에도 불구하고, 메일함에 전달된 답장에는 언제나 그의 친절함이 담겨 있었다. 특히 이 책의 부제인 '자연의 완전성을 탐구하는 연금술의 역사'는 여러 차례의 이메일 교환을 통한 결실이었음을 언급하고 싶다. 언뜻 보기에는 약간 이상하게 번역된 것 같은 이 부제가 실제로는 몇 개월에 걸쳐 고민한 결과물이라는 사실을, 이 책을 처음부터 끝까지 다 읽은 독자라면 충분히 이해할 수 있으리라 믿는다. 더불어 번역하면서 생겨난 세세한 질문들을 일일이 지은이에게 질문하기보다는 가급적 옮긴이로서 그리고 연구자로서 그것들을 스스로 해결해보려고 노력했다. 뉴먼이 남겨둔 오류나 애매함도 있는 그대로 두면서 비평적으로 다루어보려고 애썼다. 번역을 마치고 보니 그렇게 하기를 잘했다는 생각이 든다.

이 책의 번역이 내 학위 논문의 작성에 결정적인 도움이 되었듯이, 역으로 학위 논문의 작성 과정도 이 책의 번역에 적잖은 도움을 주었다. 이는 곧 학위 논문의 작성 과정에서 내게 도움을 주신 많은 분이 결국 이 책의 탄생에도 기여했음을 의미한다. 그들 중에서 우선 감사드려야 할 분은 내 학위 논문을 지도해주신 서울대 의과대학 인문의학교실 김옥주 교수님이다. 대부분의 연구자가 관심을 갖지 않는 이 주제의 역사적 중요성을 인정해주시고 기꺼이 지도해주신 은혜를 결코 잊을 수 없다. 더불어 이 책의 주인공 중 하나이자 내 학위 논문의 주인공이기도 한 파라켈수스의 난해한 독일어 원전을 번역하는 과정에서 도움을 주신 전문번역가 신아영 선생님도 빼놓을 수 없다. 파라켈수스의 호문쿨루스 레시피가 담겨 있는 『사물의 본성에 관하여』의 제1권을 초역하고 수차례 다듬는 동안, 선생님의 조언과 평가는 내게 결정적인 기준이 되었다. 또한 이 책의 번역 과정에서 특별한 도움을 준 분들도 있다. 전남대 철학과 박사과정의 이무영 선생님은 아리스토텔레스 라티누스를 열람할 수 있도록 내게 도움을 주었고, 그의 페이스북 포스팅은 이 책에 등장하는 중세적 개념들을 이해하는 데 적지 않은 통찰을 주었다. 서울대 고고미술사학과 석사

과정의 이윤지 선생님은 이 책 제3장에 등장하는 유독 까다로운 미술사 관련 정보를 바로잡아 주었다. 그리고 서울대 자유전공학부에서 전기정보공학과 고전문헌학을 함께 전공하고 있는 정미학 선생님은 이 기이한 책에서도 가장 기이하고도 중요한 제4장 전체를 꼼꼼하게 읽고 함께 토론해주었는데, 번역 원고가 출판사로 넘어가기 직전 그 결과물을 놓고 심하게 불안을 느꼈던 바로 그 시점에 결코 쉽지 않았을 원고를 즐겁게 기꺼이 읽어준 이 예비 독자로부터 큰 기운을 얻었다. 깊은 감사의 마음을 전한다.

『프로메테우스의 야망』은 충분히 번역될 만한 책이다. 일반적으로 서양과학사 분야의 핵심 연구 주제들 가운데 하나가 과학혁명이고, 기존의 과학혁명 연구가 주로 천문학이나 물리학에 주인공의 스포트라이트를 비춰주었다는 점에서 더욱 그러하다. 다행히도 최근에는 화학이나 의학처럼 비교적 관심을 받지 못했던 분야들이 이끌어냈던 결정적인 변화들도 활발히 연구되고 있기는 하지만, 인간의 기예와 자연 간의 경쟁과 대결 및 그 안에서 핵심적인 역할을 수행했던 연금술이 과학혁명에서 가졌던 정당한 지분을 되찾아주려는 지은이의 시도는 분명 기존의 연구에서는 거의 찾아볼 수 없었던 것이다. 특히 인간의 탐욕을 상징하는 이름 또는 판타지 장르의 신비스러운 소재나 자기계발서에서의 은유로만 사용되던 연금술을 역사 연구의 구체적인 소재로 삼았다는 점에서, 이 책은 과학사 연구자들뿐만 아니라 과학사에 관심 있는 대중 독자들에게도 충분히 매력적인 요소를 담고 있다. 오늘날에 이르러 갈수록 첨예한 이슈가 되고 있는 인간복제와 시험관 수정, 의료 목적의 인간 장기(臟器) 활용에 관한 구체적인 아이디어가 이미 오래전에 연금술 전통으로부터 등장했다는 사실도 충분히 흥미롭게 다가갈 것이다. 아직 우리나라에서는 흔치 않은 르네상스 시기 과학사 및 의학사를 연구하는 사람으로서 내게는 이 책에 욕심을 부리지 않을 이유가 없었다.

그러나 욕심에는 대가가 따르는 법이다. 『프로메테우스의 야망』은 뉴먼의 저작들 가운데서도 다루는 시대 범위와 주제의 폭이 가장 넓은 책인 까닭에 그만큼 번역을 위해 동원되어야 할 자료와 지식의 범위도 커질 수밖에 없었다. 전공자라는 자부심과 더불어 나름의 자신감을 가지고 이 책을 대했지만, 초역 과정에서는 없었던 두려움과 불안이 오히려 초역을 수정하고 다듬는 과정에서 물밀듯이 밀려들어왔음을 고백하지 않을 수 없다. 처음의 자신감은 온데 간데 없이 사라져버리고 원고를 고치면 고칠수록 불만만 쌓여가는 경험을 한동안 겪어야 했다. 뉴먼도 "지은이의 발밑에만 놓을 수 있는 별난 점이나 오류가 당연히 포함될 것"이라고 말했듯이, 나 역시 같은 말을 할 수밖에 없다. 그러나 이와 동시에 이 책을 번역하기 위해 여러 가지 개념과 정보들을 찾고 확인하면서 많은 자료와 더불어 씨름했던 짧지 않은 시간의 경험을 믿어보기로 했다. 개인적으로 번역하는 사람에게 가장 나쁜 번역은 틀린 번역이 아니라 모르고 한 번역이라는 신념을 가지고 있다. 이 책의 모든 문장에 대해, 심지어 그르게 번역된 문장이라 하더라도, 왜 그렇게 번역했는지만큼은 자신 있게 설명할 수 있노라는 확신으로 만족하고자 한다. 그저 많은 독자의 지적과 질타를 기다릴 뿐이다.

끝으로 나의 이 번역 데뷔작을 세상에서 가장 사랑하고 존경하는 부모님, 박재석 목사님과 심정순 여사님께 바치고 싶다.

2022년 5월
관정도서관의 어느 창가에서
박요한

1. 이 책은 국내 대학원 과정의 과학사 세미나에서 읽히는 연구서이기도 하지만, 해당 주제에 관심 있는 대중 독자들에게도 얼마든지 접근 가능하다. 따라서 이 책을 번역하는 과정에서 딱딱한 학술적 문장이 더 쉽게 이해될 수 있도록 가급적 평이한 우리말 문장으로 풀어내려고 노력했다. 다만 지은이는 같은 개념을 여러 가지 단어로 표현하는 경우가 잦기에, 이 책이 연구자들에게 도움이 되어야 한다는 목적에서 벗어나지 않도록 주요 용어들만큼은 엄격히 통일성 있게 번역했다. 아래의 사례들을 미리 살펴보면 이 책을 읽는 데 도움이 될 것이다.

1) 지은이는 중세 연금술(alchemy)과 근대 화학(chemistry)의 중간기인 근대 초에 존재했던 어떠한 형태의 화학 분야를 '키미스트리'(chymistry)라는 고어(古語)로 표현했다. 그는 '알케미'에 속하지 않고 '케미스트리'에도 속하지 않는 '키미스트리'라는 용어를 사용함으로써 시대착오의 오류로부터 벗어나려고 했다. 이 용어 사용의 정당성에 관한 유명한 논증*은,

* William R. Newman and Lawrence M. Principe, "Alchemy vs. Chemistry: The Etymological Origins of a Historiographic Mistake", *Early Science and Medicine* 3, 1998, pp. 32~65.

'키미스트리'가 『옥스퍼드 영어사전』(*OED*)에 기재되는 계기가 되기도 했다. 문제는 이 단어의 적절한 우리말 번역어가 아직 확립되지 않았다는 점인데, 앞으로 더 나은 번역어가 등장하기를 바라면서 '키미스트리'를 '연금술적 화학'으로 일괄 번역했다. 지은이가 말하는 '키미스트리'는 연금술에서 몇몇 특징이 제거된 형태일 뿐, 아직 근대적 화학에는 도달하지 못한 그 무엇이기 때문이다. 다만 '키미스트리'가 서명(書名)에 포함되었을 경우에는 간결한 표현을 위해 '화학'으로 번역했다.

2) 이 책에서 가장 중요한 단어 가운데 하나인 '아트'(art)는 '기예'(技藝)로 번역했다. 이 책이 다루는 기예는 오늘날 말하는 기술(technology)과 예술(art)을 모두 아우르는 개념이기 때문이다. 다만 해당 대상이 순수예술 분야를 가리키는 경우에 한해서만 '아트'를 '예술'로 번역했다.

3) 이 책의 중요한 대립쌍인 '인공'(artificiality)과 '자연'(nature)을 지은이는 여러 방식으로 표현했다. 이 점에서도 혼란을 방지하지 위해 번역어를 다음처럼 과감히 통일했다. '인공적인 것'(the artificial)과 '자연적인 것'(the natural), '인공적 사물'(artificial thing)과 '자연적 사물'(natural thing), '인공물'(artifact), '기예'(artifice), '기예가'(artificer) 등이 그것이다.

4) 이 책에서 기예를 분류하는 주요 범주인 '모방하는 기예'와 '완전성으로 이끄는 기예'는 매우 중요한 개념이기에 번역을 통일할 수밖에 없었다. 영어 단어 'mimetic'과 'imitative'는 '모방하는'으로 번역했고 (두 단어의 미묘한 차이를 지은이는 고려하지 않았다), 'perfective'는 '완전성으로 이끄는'으로 번역했는데, 철학적 개념이 반영된 후자의 번역의 정당성은 이 책의 내용 전개 가운데 해명될 것이다. 지은이의 용법에서 '모방하다'(imitate), '모사하다'(simulate), '복사하다'(copy), '재현하다'(represent)는 '모방하는 기예'에만 해당되는 동사이며, '완전성으로 이끄는 기예'는 오로지 '복제하다'(replicate)라는 동사와만 연결된다는 점을 주의해야 한다.

5) 아리스토텔레스 철학 및 스콜라주의 철학에서 자주 사용되는 주요 용어들에도 통일성을 기했다. 가장 대표적으로 '실체적인'(substantial)과 '부수적인'(accident)이 대립쌍을 이룬다. 전자는 사물의 '본질' 또는 '내부'에 관여하며 후자는 사물의 '표면' 또는 '외부'에 관여한다는 점을 일종의 공식처럼 기억한다면, 지은이의 논지를 따라잡기 쉬울 것이다. 후자에 대해 우유(偶有)라는 번역도 흔히 찾아볼 수 있지만 택하지 않았다.

6) 번역이 까다로운 또 다른 대립쌍으로서, 자연이나 기예가 사물에 작용을 가하는 과정을 설명하면서 지은이는 효과를 일으키는 능동적 역할에 대해서는 '능동자'(agent) 또는 '동인'(actives)을, 효과를 받는 수동적 역할에 대해서는 '피동자'(patient) 또는 '수용체'(passives)를 자주 사용했다. 그러나 각 단어에 대한 지은이의 설명도 불분명하고, 능동자와 동인의 차이 및 피동자와 수용체의 의미 차이도 거의 고려되지 않는다. 더 나은 번역어를 위한 논의가 필요하겠지만, 옮긴이는 지은이가 의도했을 법한 맥락을 최대한 고려해 해당 번역어를 선택했다.

7) 지은이는 연금술에서 금속의 변화를 가리키는 용어로 '변화'(change)보다는 '변성'(transmutation), '변형'(transformation), '변환'(conversion)을 자주 사용했지만, 이들 세 단어 사이의 의미 차이는 고려하지 않고 섞어 사용했다. 이들 세 단어는 굳이 통일하지 않고 각각 따로 번역했다.

8) 이외에도 'thing'은 사물로, 'body'는 물체로 일괄 번역했다. 이처럼 엄격한 용어 번역이 문장 속에서 다소 어색하게 느껴지는 경우가 간혹 있더라도, 지은이가 지시하는 대상이 무엇인지 정확히 파악하기에는 오히려 수월할 것이라 믿는다.

2. 아마도 지은이는 각 장 및 각 절에 적절한 소제목을 붙이는 작업에 그렇게 많은 공을 들이지는 않았던 것 같다. 따라서 지은이의 장과 절 구

분은 그대로 유지하되, 각 내용의 핵심을 반영한 소제목은 옮긴이가 다시 구성했다.

3. 각주에서 원주 이외에도 '옮긴이주'([옮긴이]로 약칭)의 기능을 충분히 활용하려고 노력했다. 지은이의 애매한 점이나 부족한 점을 보충해 더 자세한 정보를 제공하거나, 지은이의 오류를 바로잡거나, 독자들이 이해하기 어려운 맥락을 해명하는 기능으로서 옮긴이주의 역할은 꼭 필요하다. 또한 이 책이 말하지 않은, 이 책의 맥락과 의미를 밝히기 위해 별도의 '옮긴이 해제'를 마련했다. '옮긴이 해제'는 이 책에 대한 단순한 요약을 담지 않았다. 이 책을 읽기 전의 준비 작업을 위해 먼저 읽기보다는 오히려 이 책을 다 읽은 후의 정리 작업을 위해 나중에 읽을 것을 독자들에게 권한다. 옮긴이주와 옮긴이 해제에서 사용된 참고문헌은 별도의 목록으로 공개해 놓았다.

4. 인명(人名) 표기의 통일성을 놓고 고심한 끝에, 14세기까지의 인명은 모두 라틴어로, 15세기부터의 인명은 해당 인물이 속한 지역의 속어(俗語)에 따라 일괄 표기했다. 이 원칙에 따르다보니, 경우에 따라서는 익숙한 이름이 다소 낯선 이름으로 등장하기도 하지만(예를 들어 로저 베이컨과 로게루스 바코누스) '찾아보기'를 통해 쉽게 파악할 수 있도록 했다. 본문에서는 한글 표기만을 살렸고 원어 표기는 '찾아보기'에 두었다. 이에 덧붙여 라틴식 이름 표기에서 'ce/ge'와 'ci/gi'는 고전 라틴어의 발음에 따랐음을 밝혀둔다(예를 들어 아비센나가 아니라 아비켄나, 파라셀수스가 아니라 파라켈수스, 에지디우스가 아니라 에기디우스).

5. 이 책에서 다양하게 등장하는 서명(書名)의 경우에도 '찾아보기'를 통해 확인할 수 있도록 했다. 이미 번역어가 알려졌거나 번역서가 출판된 서명의 경우에는 가급적 기존의 번역을 따랐고, 그렇지 않은 경우에는 옮긴이가 직접 번역했다. '찾아보기'에 병기된 서명의 원제는 해당 언어의

표기를 따랐다.

6. 원서에서 사용된 적지 않은 숫자의 콜론(:), 세미콜론(;), 부연기호(—)는 모두 생략했으며, 우리말 접속 형태로 적절히 바꾸었다. 홑따옴표(' ')는 지은이의 강조, 겹따옴표(" ")는 지은이의 인용에서 사용되었고, 대괄호([ ])는 옮긴이가 첨가한 것이다. 대괄호의 경우 지은이의 것과 따로 구별하지는 않았다.

7. 지은이는 상당한 분량의 라틴어, 독일어, 프랑스어, 이탈리아어 원문 단락들을 직접 인용하고 번역했다. 주로 각주에 실려 있는 원문에 대해, 지은이가 본문에서 번역 또는 요약을 제시한 경우에는, 옮긴이는 지은이의 번역이나 요약을 그대로 살려서 번역했다. 그것들이 별도로 없는 경우에만, 각주의 원문을 옮긴이가 직접 번역했음을 밝혀둔다.

8. 지은이가 인용한 자료들 중에는 우리말로 번역된 고전들도 여럿 포함되어 있다. 고전의 인용문을 번역할 때, 이미 우리말로 번역된 자료를 적극적으로 참고하는 것이 해당 번역가 및 연구자들의 노고와 의도에 응답하는 길이라고 옮긴이는 생각한다. 기존의 번역서를 활용할 수 있었다는 점은 부끄러운 일이 아니라 오히려 자랑스러운 일일 것이다.

연금술의 황금으로부터 인조인간에 이르기까지

인공과 자연이라는 문제

우리 대다수가 느끼기에 우리를 둘러싼 환경 가운데서 인공 영역과 자연 영역 사이를 가르던 장벽이 빠르게 무너지고 있다. 자연의 입장에서는 원래는 황야였던 곳으로 인간이 침략함으로써 환경이 파괴되는 유례없는 위협을 당하고 있으며, 인간의 입장에서도 이해 가능한 범주로 여겼던 자연이라는 개념 자체가 점차 희미해지고 있는 듯하다.[1] 무엇보다도 우리는 유전자 변형 식품과 복제, 시험관 아기, 합성고분자 화합물, 인공지능, 컴퓨터가 창조하는 인공 생명의 시대를 살아가고 있다. 인간의 본성에 관한 생물의학의 연구가 가져다주는 충격이 인간 생명의 존엄성을 앗아갈 것이라는 두려움에 쫓겨 교황 요한 바오로 2세는 오늘날 대부분의 과학에서 목격되는 현상들을 향해 '프로메테우스의 야망'(Promethean ambitions)[2]이라는 경고의 표현을 보낸 바 있다.[3] 한편으로는 '기예'(arts,

1 '자연'의 생명력 상실과 관련된 자료로는 다음을 보라. George Robertson et al., *Futurenatural: Nature, Science, Culture*, London: Routledge, 1996.

2 [옮긴이] 아이스퀼로스, 천병희 옮김, 『아이스퀼로스 비극 전집』, 도서출판 숲, 2008, 351쪽. "나는 회향풀 줄기에 싸서 불의 원천을 몰래 훔쳐냈는데, 그것이 인간들에게 온갖 기술의 교사가 되고 큰 도움이 되었지"(「결박된 프로메테우스」, 110~11행).

3 Pope John Paul II, "Address of John Paul II to the Members of the Pontifical Council for Health Pastoral Care, Thursday, 2 May 2002", *L'Osservatore Romano*, weekly English ed., May 22, 2002, 9. 교황 요한 바오로 2세가 "프로메

技藝)의 세계도 자연이라는 범주를 향해 도전장을 던진다. 해파리로부터 추출된 DNA로 형광 물질 도끼를 생산했다고 주장하는 유전자 이식 기술의 등장에 주목해보라.[4] 이러한 모든 기술의 경이로움은, 그리 멀지 않은 과거에만 해도 인간의 능력을 벗어나는 범위에 속한다고 여겨왔던 영역들을 침범하고 있다. 우리는 난처한 상황에 처했고, 아마도 정말 그런 것 같다.

우리가 가진 두려움의 일부분은 인간이 기계에 의해 추월당하고 있다는 느낌으로부터 생겨난다. 우리의 인간 챔피언인 가리 카스파로프가 로봇 체스 선수 딥 블루의 손에 패했을 뿐만 아니라[5] 지금 우리는 영화와 텔레비전에서 컴퓨터 그래픽 이미지로 구성된 현실감 있는 작품이 인간 예술가를 대체하는 광경을 목격하기 시작했다. 영화감독 앤드루 니콜의 최근 작품 「시몬」(Simone, 2002)[6]에서 가상의 여배우를 둘러싸고 우스꽝스러운 사건들이 전개되는 이유는 실감 나는 화면 이미지가 실제 인간을 대체하는 현상에 대한 진지한 염려 때문이다.[7] 심지어 패션모델들조차 가상의 상대로부터 위협을 느끼기 시작했다. 『뉴욕타임스』는 모델 에이전시들이 웨비 투케이(Webbie Tookay)와 같은 가상 모델을 의류 광고에 활용하기 시작했다고 보도한 바 있다. 어느 유명한 모델 기획사의 창립자는 자신의 바람을 반농반진(半弄半眞)으로 표현하기를, 말썽을 일으키지 않고 뛰어난 외모를 오랫동안 유지하는 능력을 가졌다는 점에서 "모든 모델

테우스의 야망"이란 표현을 사용했음에도 불구하고, 내가 이 표현을 사용한 것은 교황의 발언보다는 인간의 창조자인 프로메테우스 신화를 직접 의도한 것이다.

4 에두아르도 칵과 형광 물질 토끼에 관해서는 그의 웹사이트(http://www.ekac.org/)를 보라.

5 [옮긴이] 이 책이 2004년이 아니라 최근에 나왔다면, 카스파로프보다는 이세돌이 분명 더 멋진 사례가 되지 않았을까.

6 [옮긴이] 의미심장하게도 이후 앤드루 니콜 감독과 시몬 역을 맡았던 레이첼 로버츠는 실제 부부가 되었다. 요즘 세대에게는 2013년에 개봉한 영화 「그녀」(Her)나 2021년에 탄생한 가상인간 모델 '로지'가 더 익숙할 것 같다.

7 Dave Kehr, "A Star Is Born", *New York Times*, November 18, 2001, sec. 2, 1, 26.

은 가상의 인물이다"라고 말하기도 했다. 인간의 기예에 의해 재촉된 피조물로서 사고할 줄 모르는 전자 알갱이로 구성된 2차원의 모델은, 결국에는 자연의 원본인 인간을 대체하고 말 것이다.[8]

그러나 기예(오늘날 우리가 말하는 '기술')가 자연을 침범하는 것이 정말로 새로운 현상일까? 우리가 가진 염려는 과거에는 없었던 감정일까? 그 대답은 분명하게도 '그렇지 않다'이다. 최근 미국 대통령직속 생명윤리심의회(President's Council on Bioethics)의 의장 리언 카스는 인간복제에 관한 논의를 위해 동료 심의회 위원들에게 너새니얼 호손의 1843년 단편소설 「반점」을 읽도록 요청함으로써 작은 화젯거리를 불러일으켰다.[9] 이 소설만큼 이 책의 주제와 더 가까운 연결고리를 상상하기는 어렵다. 호손의 작품 속 주인공은 에일머라는 이름의 화학자인데, 그는 단 하나의 결점 외에는 모든 면에서 흠잡을 데 없이 아름다운 아내 조지아나의 뺨에서 손 모양의 반점을 제거하려는 욕망에 사로잡혀 있다. 아내의 허락을 받아 에일머는 엘릭시르[10]를 주조해 반점을 제거하는 데 성공하지만 불행하게도 한 가지 부작용을 얻는다. 아내가 죽고 말았던 것이다. 호손은 다음과 같은 노골적인 교훈으로 이야기를 끝낸다.

> 에일머가 좀 더 깊은 지혜에 도달했더라면 지상의 삶과 천상의 삶을 같은 천으로 엮어 짜줄 수 있었을 그 행복을 그처럼 내던져버릴 필요

---

8 Ruth La Ferla, "Perfect Model: Gorgeous, No Complaints, Made of Pixels", *New York Times*, May 6, 2001, sec. 9, 1, 8.

9 이 일은 2002년 1월 17일에 있었고 몇몇 사람들로부터 뜨거운 반응을 불러일으켰다. 더 살펴볼 만한 두 가지 사례로는 다음을 보라. Andrew Ferguson, "Kass Warfare", *Weekly Standard*, February 4, 2002, 13, and William Safire, "The Crimson Birthmark", *New York Times*, January 21, 2002, sec. A, 15.

10 [옮긴이] 라틴어 엘릭시르(Elixir)는 그리스어 크세리온(ksērion)으로부터 아랍어 알-익시르(al-'iksīr)를 거쳐 정착된 연금술 용어로서 병을 치료하거나 금속을 변성시키는 능력을 가진 액체를 가리킨다. 이 책에서 소개될 '현자의 돌'에 근접한 개념이다.

가 없었을 것이다. 이 덧없는 환경은 그에겐 너무 힘겨웠다. 그래서 그는 시간의 그늘진 부분 그 너머를 보지 못했고 오직 영원 속에서만 삶으로써 현재 속에서 완전한 미래를 보아내는 일에 실패한 것이었다.[11]

카스와 심의회 위원들은 이와 관련된 메시지를 「인간복제와 인간의 존엄성: 대통령직속 생명윤리심의회 보고서」에 담았다. 그 메시지인즉슨, 아기의 생산을 의도하든 혹은 생체의학적 목적을 의도하든 상관없이, 우리는 모든 연구 영역에서 인간복제를 금지해야 한다는 것이었다. 그렇게 하지 않으면 우리는 너무나 간절히도 자연을 주무르려는 욕망의 위험에 빠질 것이고, 에일머가 그랬듯이 우리가 개선하기를 원하는 바로 그 인간성을 파괴하는 데 성공하게 될지도 모른다.[12]

카스와 그의 보고서에 대한 독자들의 생각이 어떻든지 간에, 자연을 위협하는 인간의 힘이 증가하는 상황을 둘러싼 뿌리 깊은 윤리적 딜레마를 해결하기 위해 심의회가 과거의 전통에서 어떠한 토대를 세우려 했다는 점에는 누구든지 동의할 수밖에 없을 것이다. 고전 문학 속에는 도덕적 지침을 발견하기 위한 모든 근거가 담겨 있다. 그러나 이러한 접근 방식은 유익만큼이나 위험도 있다. 심의회가 출판한 보고서의 논의에서 분명하게 드러난 주된 문제점은 문학 작품을 역사적 진공 속에서 다뤘다는 것이다. '완벽함을 추구하는 것'에 내재된 인간의 교만이 시간을 초월한 보편적인 혐오의 대상이어야 한다는 메시지로 「반점」이라는 작품을 읽는다면, 누구나 실체화의 오류[13]를 범하게 된다.[14] 심의회에는 마땅히

11 Nathaniel Hawthorne, "The Birth-Mark", in *The Centenary Edition of the Works of Nathaniel Hawthorne*, ed. William Charvat et al. [Columbus]: Ohio State University Press, 1974, p. 56. [옮긴이] 너새니얼 호손, 천승걸 옮김, 『나사니엘 호손 단편선』, 민음사, 1998, 184쪽에서 인용.

12 Leon R. Kass, *The Report of the President's Council on Bioethics*, New York: Public Affairs, 2002, pp. 231~41. 더 정확하게는, 카스는 재생 목적의 복제에 대한 영구적인 금지 및 의료 연구를 위한 4년간의(일종의 유예 기간을 둔) 한시적 금지를 제안했다.

송구스럽지만, 에일머를 향한 우리의 혐오 반응은 미리 교육을 받지 않아도 보편적이고 통시적인 인간의 감정으로부터 '자연스럽고 불가피하게' 우러나오는 반응이 아니다. 호손이 이 주제를 이토록 유려하게 묘사함으로써 「반점」을 '창작'할 수 있었던 것은 그저 도덕적 위반 행위를 향한 자신의 부정적 감정만을 재료로 삼은 결과가 아니었다.[15] 호손이 사용했던 재료는 자연 세계를 향해 신의 능력을 발휘하려는 인간의 교만에 관한 훨씬 오래된 논쟁의 전통이었다. 이 사실을 심의회 위원들은 미처 알아채지 못했다. 이 책의 제목이기도 한 '프로메테우스의 야망'이라는 주제를 형성하는 재료도 바로 이러한 오래된 전통이다.

호손의 이야기를 대충 읽은 독자라 하더라도 '화학자'(chemist) 에일머

---

13 [옮긴이] 여기서 지은이가 말하는 실체화의 오류란 그렇지 않은 작품에 실체적 특징을 부여해 마치 그러한 작품인 것처럼 해석하는 오류를 가리킨다.

14 나는 카스의 비평 및 윌리엄 메이와 스티븐 카터의 구술 기록(pp. 27~28)을 이러한 관점에서 읽었다. 이 기록에서의 논의는, 보고서의 다른 부분에서와 마찬가지로, 에일머의 "역겹고" "혐오스러운" 행동의 동기에 "움츠러드는" 독자들의 경향에 초점을 맞춘다. 논의의 결론에서(p. 36), 카스는 논의의 목적을 다음과 같이 표현한다. "문제는 이것이다. 그것은 가치 있는 열망인가? 아니면, 그러한 일을 하려고 노력한 결과로서 필연적으로 전율을 일으키는 무언가가 있는가?" 다음 웹사이트의 기록을 보라. http://www.bioethics.gov/transcripts/jan02/jan17full.html#2.

15 호손이 참고했을 법한 연금술 및 자연마법 문헌에 관해서는 몇몇 연구가 시도되었지만, 이 주제는 영문학 연구자들이 해왔던 연구 이상으로 앞으로 더욱 철저하게 연구될 만한 가치가 있다. 아마도 연대에 관한 가장 중요한 발견은 17세기 연금술적 화학자이자 자연철학자인 케넬름 딕비를 에일머와 비교했던 앨프리드 리드의 연구일 것이다. 둘 사이의 연결고리가 우연이 아니라는 점은 『주홍글씨』에서 의사 로저 칠링워스의 편지 수신인으로 딕비가 언급된다는 사실로 인해 확인된다. Alfred S. Reid, "Hawthorne's Humanism: 'The Birthmark' and Sir Kenelm Digby", *American Literature* 38, 1966, pp. 337~51. 또 다른 유용한 연구들로는 다음을 보라. Randall A. Clack, *The Marriage of Heaven and Earth*, Westport: Greenwood Press, 2000; John Gatta Jr., "Aylmer's Alchemy in 'The Birthmark'", *Philological Quarterly* 57, 1978, pp. 399~413; David M. Van Leer, "Aylmer's Library: Transcendental Alchemy in Hawthorne's 'The Birthmark'", *ESQ* 22, 1976, pp. 211~20; Raymona E. Hull, "Hawthorne and the Magic Elixir of Life: The Failure of a Gothic Theme", *ESQ* 18, 1972, pp. 97~107.

가 실은 '연금술사'(alchemist)라는 사실을 알아채지 못하기는 어려울 것이다.[16] 에일머는 조지아나에게 마법 랜턴이나 카메라 암실, 식물의 인공 재생이나 반복 발생 같은 수많은 전통적인 '자연마법'을 시범으로 보여준 후, 연금술에 관한 열정적인 토론에 돌입해 "모든 열등하고 하찮은 물질로부터 황금의 원리를 끌어낼 수 있는 만능의 용매(溶媒)"와 생명을 무한히 연장해주는 엘릭시르 용액(溶液)에 대해 설명한다. 이 오랜 주제들만으로 에일머의 연금술이 어느 계보로부터 비롯되었는지를 확인하기에는 충분하지 않겠지만, 호손은 조지아나의 손을 빌려 남편의 책장을 뒤져 중세 및 근대 초의 유명한 연금술 및 비학(秘學, occult) 저술가인 알베르투스 마그누스와 코르넬리우스 아그리파,[17] 파라켈수스, 로게루스 바코누스의 두꺼운 책들을 찾도록 한다.[18] 여기에 등장하는 이름들 모두는 독자들이 확실히 알고 있는 이름들이다. 그러나 호손이 표현했던바 기예의 능력과 자연의 능력의 대결 그 자체가 연금술의 정당성 및 자연을 인간의 형상으로 바꾸겠다는 연금술의 주장에 관한 수세기 전의 논쟁으로부터 비롯되었다는 사실까지 독자들이 즉각 알아채기는 어렵다. 만약 우리가

16 심의회 위원 가운데 한 명인 윌리엄 메이는 에일머가 서재에 연금술 서적들을 가지고 있음을 지적했는데, 이는 심의회가 호손의 이야기를 어느 정도는 역사적 맥락 위에서 바라보았음을 보여준다(p. 24, http://www.bioethics.gov/transcripts/jan02/jan17full.html#2). "호손은 자신의 이야기를 근대 서양 문명의 중심적인 기획 가운데에 신중하게 위치시킨다. 그는 그 절정(peak[*sic*])을 에일머의 서재에서 보여준다. 거기에는 수세기나 앞서 자연의 탐색을 통해 자연을 능가하는 능력을 얻고자 상상했던 연금술사들의 작품이 포함되어 있다. 그러나 에일머의 서재에는 또한 영국 왕립학회의 초기 보고서들도 포함되어 있는데, 그 보고서에서 학회 회원들은 자연의 가능성의 한계를 거의 의식하지 않고 계속 경이로운 발견이나 실험 결과 또는 그런 것을 가능하게 하는 방법들을 제시하고 있었다." [옮긴이] 인용문에서 "sic"은 '(뭔가 이상하지만) 원문 그대로 표기함'을 의미한다.

17 [옮긴이] 나열된 이름들 가운데 유일하게 코르넬리우스 아그리파는 이 책에서는 다루지 않는 인물로, 16세기 독일에서 활동했던 비의(秘儀) 철학 분야의 저명한 저술가였다.

18 Hawthorne, "Birth-Mark", pp. 44~46, 48. 로게루스 바코누스가 창조했다고 하는 '말하는 청동 머리'에 관해서는 다음을 보라. George Molland, "Roger Bacon as a Magician", *Traditio* 30, 1974, pp. 445~60.

과학의 한계에 관한 오늘날의 논쟁을 문학적 전통이라는 맥락 위에서 바라보고자 한다면, 우리는 호손 같은 작가가 재료로 삼은 연금술 논쟁의 역사를 충분히 이해하지 않으면 안 된다.

호손의 이야기 속에서 연금술사들은 "자연에 대한 탐색으로부터 자연을 능가하는 능력을 얻었다고 상상한다". 그들처럼 에일머도 "자연에 대한 인간의 궁극적인 통제를 믿었다". 하지만 「반점」에서 전지적 시점의 화자는, 현실 속 자연은 "우리로 하여금 실제로는 망가뜨리도록 허락할 뿐 고치도록 하지는 못하며, 질투심 많은 특허권자처럼 무언가를 만들 수는 더더욱 없도록 한다"고 지적한다. 이 책에서 우리는 이 인용문의 세 가지 범주를 되풀이해 만나게 될 것이다. 첫째, 자연을 망가뜨리는 것, 둘째, 자연을 고치는 것, 셋째, 자연을 새로 만드는 것이 그것들이다. 이 범주들은 오랜 세월 동안 연금술사들과 연금술 반대자들이 기예를 옹호하거나 공격하기 위해 사용했던 전통적인 구별짓기였다. 마침내 에일머가 반점을 제거하기 위해 조지아나의 "육체적인 체계 전부를 바꿔야"겠다고 선언할 때 에일머는 셋째 범주, 즉 비천한 금속을 금으로 바꾸는 연금술의 변환만큼이나 모든 면에서 완벽한 변성에 다다른 것이다. 에일머가 엘릭시르 용액을 죽어가는 제라늄 뿌리에 아낌없이 부어 그 뿌리를 다시 회복시키는 시범을 보인 행위조차 그 원천은 연금술에서 발견된다. 아메리카 식민지 최초의 저명한 과학자이자 '에이레네우스 필랄레테스'라고 불렸던 조지 스타키는 자신만의 변성 능력을 발휘하는 수단으로서 엘릭시르를 사용하여 이미 시들어버린 복숭아나무를 되살리기도 했다.[19]

호손이 기예와 자연의 대결을 설명하기 위해 연금술의 언어를 선택했다는 점이나 아그리파와 파라켈수스, 알베르투스를 비롯한 연금술사와 마법사가 그 유명한 메리 셸리의 작품 속 주인공인 빅토어 프랑켄슈타

---

19 William R. Newman, *Gehennical Fire: The Lives of George Starkey, an American Alchemist in the Scientific Revolution*, Chicago: University of Chicago Press, 2003; first published, 1994, p. 2.

인의 스승으로 똑같이 등장한다는 점은 결코 우연이 아니다. 셸리의 소설 속에서 다시금 그 인물들은 비의(祕儀)적 지식(특히 연금술)[20]의 전통적인 지지자로 등장해, 프랑켄슈타인이 더욱 근대적으로 갱신된 방법으로 괴물을 제작할 수 있도록 지혜를 전달해준다.[21] 호손과 마찬가지로 셸리도 이와 같은 판타지나 그 안에 담긴 철학적 딜레마를 엉터리로 날조해 창작하고 있는 것이 아니었다. 이 책은 이미 중세 및 근대 초의 사람들도 마찬가지로 인공적인 인간 생명 및 자연을 본뜬 인조 생산물의 정체성이라는 이슈에 깊은 관심을 기울이고 있었음을 보일 것인데, 이 이슈는 연금술사들과 연금술 반대자들 모두가 깊게 관여했던 주제이기도 하다. 이 주제는 인간이 자신을 만든 조물주의 창조 능력을 빼앗으려는 것 아니냐는 종교적인 문제를 폭넓게 제기했을 뿐만 아니라 더욱 구체적인 수많은 반대 주장을 촉발했다. 다음의 몇몇 역사적 사례를 살펴보자.

인간이 알맞게 조절된 환경에서 적절한 구성 요소를 모아 열과 습기를 가하는 인공적인 방법으로 실험실 쥐를 제작할 수 있다고 상상해보자. 중세와 근대 초 사람들은 이러한 재주가 실현 가능성의 영역 안에 있다고 믿었다. 이렇게 제작된 쥐는 번식을 통해 태어난 쥐와 동일한 쥐일까? 만약 이 수수께끼를 제안했던 12세기의 아랍 철학자 이븐 루시드(아베로에스)[22]에게 질문한다면, 그의 대답은 '그렇지 않다'일 것이다. 두 쥐가

---

20 [옮긴이] 비의적 지식(occult science)은 기본적으로 물질이 아닌 대상에 관한 신념이나 실천을 의미한다. 지은이는 연금술을 비의적 지식에 쉽게 포함하는 통념에 반대한다.

21 Mary Shelley, *Frankenstein, or the Modern Prometheus*, in *The Novels and Selected Works of Mary Shelley*, ed. Nora Crook and Betty T. Bennett, London: William Pickering, 1996, vol. 1, pp. 25~27, 33~34. 또한 다음을 보라. Crosbie Smith, "Frankenstein and Natural Magic", in *Frankenstein, Creation, and Monstrosity*, ed. Stephen Bann, London: Reaktion Books, 1994, pp. 39~59.

22 [옮긴이] 아베로에스는 이븐 루시드의 라틴어 명칭이다. 옮긴이는 이 이름이 아랍의 맥락에서 사용될 때만 이븐 루시드로 칭하고, 이 책의 대부분을 차지하는 라틴 서유럽의 맥락에서는 유럽인들의 시각에 맞추어 아베로에스로 칭할 것이다.

정확히 동일한 모습과 행동을 보이더라도, 인공 쥐는 진짜 쥐일 수가 없다. 명백하게 이븐 루시드는 연금술사가 만든 금에 동일한 논증을 적용했다. 인공적 생산물이 자연적 원본의 속성과 얼마나 가깝게 맞아떨어지느냐와 상관없이, 이들 둘 사이에는 건널 수 없는 간극이 놓여 있다는 것이다.[23] 찔레 열매를 비롯한 여러 가지 자연 식품으로부터 비타민C를 얻는 것에 찬성하는 현대인들이 과연 이러한 식의 논증을 펼칠 수 있을까? 비록 양쪽이 동일한 분자 구조를 가졌더라도, 자연과 인공은 서로 다른 것으로 보인다. 우리가 이 논쟁에서 편견을 갖지 않으려면, 자연적 원천으로부터 얻은 비타민C가 실제로는 불순물을 상당히 포함하기 때문에 순수하고 합성된 변형체 비타민과는 다를 수밖에 없다는 사실을 인정해야 한다. 우리가 가진 가장 강력한 검사 기법으로도 양쪽의 차이를 감지하지 못한다 해도 그 차이는 엄연히 존재한다. 이러한 사실로 보아 그렇다면 화학 물질이 합성된 변형체는 가짜로 여겨야 할까? 만약 그렇다고 한다면, 젖샘 세포로 복제된 그 유명한 돌리(Dolly)[24]는 가짜 양이란 말일까? 이븐 루시드와 그의 후계자들은 철저히 '그렇다'고 답해왔다.

근대 이전 사상가들이 자연 발생[25]한 쥐로부터 인공적인 인간 생명의

23 Averroes, *Aristotelis de generatione animalium, Aristotelis opera cum Averrois commentariis*, Venice: Junctae, 1562~74; reprint, Frankfurt: Minerva, 1962, vol. 6, p. 44v. 이븐 루시드의 입장이 지닌 더 풍부한 논법은 이 책의 제2장에서 소개될 것이다.

24 [옮긴이] 돌리(Dolly)는 영국 에든버러의 로슬린 연구소에서 1996년 세계 최초로 체세포 복제된 포유류다. 6년 6개월을 살고 세상을 떠났다.

25 [옮긴이] 자연 발생(spontaneous generation)은 이 책의 제2장과 제4장에서 자주 등장하는 개념이므로 익숙해질 필요가 있다. 일찍이 아리스토텔레스는 『형이상학』 제7권에서 자연적인 발생, 기예를 통한 발생, 우발적인 발생이라는 세 종류의 발생을 구별했다(아리스토텔레스, 조대호 옮김, 『형이상학』, 도서출판 길, 2017, 227쪽). "생겨나는 것들 중에서 어떤 것은 본성에 따라서, 어떤 것들은 기술에 의해서, 또 어떤 것들은 자생적으로 생겨나지만"(1032a12). 여기서 아리스토텔레스가 말한 우발적인(자생적인) 발생, 즉 부모 없이 스스로 생겨나는 방식의 발생이 바로 자연 발생의 개념이다. 중세와 근대 초까지도 자연 발생은 당연한 사실로 인식되어오다가 19세기에 이르러서야 루이 파스퇴르에 의해 틀린 이론으로 최종 확인되었다.

제작으로 관심의 방향을 돌렸을 때, 복잡한 문제가 생겨났다. 이 지점에 서는 어느 누구라도 그지 인공적 생산물과 자연적 생산물의 정체를 확인하는 것만으로는 도무지 성에 차지 않는 호기심을 갖게 된다. 비록 정체성의 문제도 여전히 해결되지 못한 채 남아 있겠지만 말이다. 예를 들어 생식 능력을 가진 적절한 용액을 플라스크에 넣어 열을 가하는 기구 아래 두고서 그 용액을 배양함으로써 인간이라는 존재가 만들어질 수 있다고 상상해보자. 오늘날 생물학자들이 아직은 인간의 자궁을 임신용 기구로 대체하지는 않고 있지만, 시험관 수정이 가능한 이 시대에 이러한 상상은 그리 황당한 비약이 아닐 것이다. 그런데 근대 이전의 여러 사상가들도, 만약 자신들이 신봉하는 아리스토텔레스의 생물학을 조심스럽게 잘 조정한다면 동일한 결론이 가능하다고 믿을 수 있었다. 연금술 플라스크 안에서 창조되는 '호문쿨루스'(Homunculus)[26] 또는 '작은 인간'은 이미 중세 아랍인들에게서 논의되었던 주제였다. 누군가가 이러한 방식의 발생을 응용해 태어날 아기의 성별을 바꿀 수 있을까? 평범한 성관계를 통해 발생한 후손에게는 주어지지 않는 능력을 갖춘, 비범한 지성을 지닌 존재를 만드는 건 어떨까? 위험한 질병을 치료하기 위해 호문쿨루스의 몸에서 추출된 체액을 사용해도 괜찮을까? 이 모든 질문이 성별을 인위적으로 선택하거나, 태아의 생물학적 특징을 교정하거나, 의료 목적으로 태아 조직을 사용하는 문제에 관한 오늘날의 찬반 논쟁 속에서 반복되고 있음을 우리는 듣고 있지 않은가?

이 질문들이 오늘날의 상황에 맞게 변형되듯이, 중세 및 근대 초의 사람들은 자신들이 위험을 무릅쓰고서라도 신의 역할을 수행함으로써 현명한 창조주가 인간과 자연 사이에 그어놓은 경계를 넘어서는 경지에 다

---

26 [옮긴이] 호문쿨루스(Homunculus)는 이 책의 핵심적인 주제 가운데 하나로서, 인간의 기예를 통해 제작된 작은 인간을 의미한다. 엄밀한 의미에서 오늘날 말하는 복제 인간과 동일하지는 않다. 오히려 현대 뇌과학에서는, 인체 기능을 중심으로 작성된 뇌의 감각 지도에서 표현되는 몸은 작고 머리와 손이 큰 기형적인 인간을 호문쿨루스라고 부른다.

가갔다고 느꼈다. 복제 기술에 반대하는 오늘날의 많은 사람들처럼 근대 이전에도 인공 생명을 반대했던 사람들은 실험실의 기술자가 수요에 맞춰 영혼들을 찍어내게 될지도 모를 결과를 두려워했다. 13세기 카탈루냐(Cataluña)의 저명한 의사였던 아르날두스 빌라노바누스는 자신이 만들어낸 호문쿨루스가 치명적인 범죄일 것이라는 두려움으로 인해 이성적 영혼이 호문쿨루스 안에 부여되기도 전에 그것을 박살내버렸다고 한다. 어떤 사람들은 호문쿨루스가 가진 또 다른 의미를 염려했다. 리언 카스와 대통령직속 심의회 위원들이 인간 존재를 '제작'하는 것과 그에 따르는 비(非)인간화를 두려워했듯이,[27] 이미 근대 초 신학자들은 머지않아 인간의 존엄성이 기술자가 제작한 영혼 없는 제품의 지위로 추락하지 않을까 염려했다. 아르날두스 이후로도 그의 호문쿨루스 이야기는 한 세기에 걸쳐 회자되었으며, 그렇게 시험관 아기를 만드는 일이 인간 어머니의 역할을 감소시킴으로써 어머니의 지위가 텅 빈 플라스크로 격하되리라는 염려도 뒤따랐다. 그런데 어떤 사람들은 이와 같은 염려에 전혀 시달리지 않았다. 의학 및 연금술적 화학(chymistry)[28] 분야의 기괴한 저술가 파라켈수스의 추종자들은 호문쿨루스로 초래되는 성별 변경을 전혀 문제 삼지 않았다. 남성의 생식력을 가진 액체와 여성의 생식력을 가진 액체를 분리함으로써 그들은 자신들이 제작한 인공적 존재의 성적(性的) 특성을 추출해 '순수한' 남성과 '순수한' 여성을 생산할 수 있으리라고 믿었다. 이러한 실험에 대해 곰곰이 생각해보면, 희한하게도 1920년대 존 홀데인으로부터 최근의 급진적 레즈비언 페미니즘 주창자들에 이르기까지 성평등에 도달하기 위해 생명공학을 지지하는 오늘날의 목소리들은 체외 발

27 Kass, *Report of the President's Council*, pp. 116~20.

28 내가 시대착오의 오류를 피하기 위해 '연금술적 화학'이라는 의미의 고어(古語)인 '키미스트리'(chymistry)를 사용하는 정당한 근거에 관해서는 다음을 보라. William R. Newman and Lawrence M. Principe, "Alchemy vs. Chemistry: The Etymological Origins of a Historiographic Mistake", *Early Science and Medicine* 3, 1998, pp. 32~65.

생(ectogenesis)[29]과 단성 발생(parthenogenesis)[30]을 향해 열정을 쏟고 있지 않은가.[31] 유리병 속에서 생산되는 아기들 및 실험실에서 미리 결정되는 그들의 성별과 여러 특성에 반영된 절실한 소망은 중세까지 거슬러 올라간다.

근대 이전의 유럽에서, 오늘날 기술이 자연을 침해할 것을 미리 내다보았던 또 다른 영역이 있다. 우선 쉽게 떠오르는 것은, 19세기 제2차 산업혁명 말미에 과학 및 인문학-예술 사이에서 불거졌던 경쟁 관계다. 산업과 부(富)가 이전보다 더욱 응용과학 및 고급 기술의 결실에 의존하게 되면서 인문학과 예술의 자리는 동반 침식을 당했다. 하지만 그보다 앞서 이미 16세기부터 많은 예술가는 연금술이 자신들의 분야에 편승해왔으며, 황금 예술품의 제작이 시빗거리가 되었다고 굳게 믿었다. 레오나르도 다 빈치나 프랑스 출신 도예가 베르나르 팔리시를 비롯한 다양한 유형의 예술가들은 자칭 신의 창조 능력을 가졌다는 연금술이야말로 반종교적인 사기라고 비난했다. 자연을 모방하는 열쇠를 실제로 쥐고 있는 이들은 화가와 조각가, 공예가들이지 금이나 은 또는 귀금속을 모방하는 허풍선이들이 아니라는 것이었다. 연금술사들과 시각예술가들은 자연을 재창조하는 사업 영역에서 직접적인 경쟁 관계에 놓여 있었다. 비록 연금술사들은 자연적 생산물을 '복제'해야 한다고 주장했던 반면, 시각예술가들은 자연을 '모사'하는 일에 관여했다는 차이점이 있었지만 말이다.[32] 여기

---

29 [옮긴이] 존 홀데인에 의해 본격적으로 부각된 개념인 체외 발생은 인간의 신체 '바깥에서' 적절한 환경을 만들어 인공적으로 배아와 조직을 발달시키는 방식을 총칭한다.

30 [옮긴이] 단성 발생은 정자에 의한 수정 없이 배아를 발달시키는 무성 생식의 한 형태다. 오늘날의 단성 발생은 난세포를 중심으로 이루어지지만, 이 책이 소개할 근대 초의 단성 발생 시도는 주로 정액을 중심으로 이루어졌다는 차이가 있다.

31 존 홀데인에 관해서는 다음을 보라. Susan Merrill Squier, *Babies in Bottles: Twentieth-Century Visions of Reproductive Technology*, New Brunswick: Rutgers University Press, 1994, pp. 69~73. 단성 발생을 향한 레즈비언의 오랜 지속적인 관심을 일별하려면, 인터넷 검색 엔진에서 '단성 발생'(parthenogenesis)과 '레즈비언'(lesbian) 두 단어를 활용할 필요가 있다.

서 우리는 자연을 향한 서로 다른 태도에 기반을 두고 예술과 과학 사이에서 오늘날까지 이어지는 오랜 경쟁 관계의 부분적인 사례를 목격하고 있는 셈이다. 그러나 르네상스 시기의 논쟁은 이처럼 확연히 구별된 인간 문화의 두 영역[예술과 과학] 사이에서가 아니라 자연 세계의 특징들을 복제하려고 했거나 혹은 모방하려고 했던 두 '기예'[연금술과 회화] 사이에서 벌어졌다.

연금술과 회화처럼 서로 간에 거리가 멀어 보이는 분야들이 어떻게 곧장 경쟁자가 될 수 있었는지를 이해하려면, 먼저 우리 자신을 근대 이전 유럽인들의 정신세계 속으로 굳게 위치시켜야 한다. 확고하게도 그들은 예측과 더불어 수행되는 생산 활동이라면 무엇에든지 '기예'라는 명칭을 붙여주었다.[33] 우리가 접근하려는 이슈에 좀 더 깊게 다가가기 위해서는, 기예와 기술 분야로부터 근거를 살펴보듯이 순수예술로부터의 근거도 반드시 살펴보아야 한다. 이 책의 핵심 주제는 오늘날에도 유효한 질문인 기예와 자연 사이의 경계에 관한 논쟁에서 연금술이야말로 유일무이하게 강력한 초점을 제공해주었다는 사실이다. 이 주제는 오로지 독자들이 근대 이전의 철학자와 신학자, 연금술사, 예술가들이 미리 가정했던 그들 주변 세계의 구조와 본질 속으로 기꺼이 빠져들 때에만 이해될 수 있다. 비록 이 책이 다룰 주요 대상이 1200~1700년의 시기에 국한된다 하더라도 과연 어떻게 다양한 분야의 기예들이 자연과 상호 작용한다고 인식되었는지를 살펴보고자 한다면, 늘 그러하듯이 우리는 고대 그리스와 로

---

32 나는 '복제하다'(replicate)라는 단어를 자연적 생산물의 정확한 재생산, 즉 인간에 의한 자연적 사물의 재창조를 가리키는 용어로 사용할 것이다. 반면에 '모사하다'(simulate)라는 동사는 원본과 동일한 생산물이 아니라 복사본의 제작, 즉 모조품의 '모방'을 가리키는 용어로 사용할 것이다. 이러한 구분은 각 단어의 상식적인 용법과도 잘 대응하겠지만, 나는 일반적인 용법보다 더 엄격하게 이 용법을 사용할 것이다. *Webster's Third New International Dictionary*, Springfield, MA: G. & C. Merriam, 1966, s.v.v. "replicate", "simulate".

33 이 점에 관해서는 다음의 유명한 논문을 보라. Paul Oskar Kristeller, "The Modern System of the Arts: A Study in the History of Aesthetics", *Journal of the History of Ideas* 12, 1951, pp. 496~527.

마가 남겨놓은 자료들을 반드시 탐색해야만 한다. 따라서 이 책의 제1장에서는 고대 세계에서 다양한 기예들이 자연과 맺었던 관계를 살펴볼 것이다. 순수예술과 기술, 그리고 마침내 연금술에 이르기까지 모두를 우리의 시야에 넣어둠으로써, 기예와 자연의 대결 및 기예들끼리의 우위 경쟁에 관해 서양 사람들이 전통적으로 상상해왔던 것들을 다양한 방법으로 감 잡게 될 것이다.

이어서 이 책은 연금술이라는 분야가 기예와 자연이라는 주제와 맺은 관계로부터 전개된 다양한 이슈를 다룰 것이다. 제2장에서는 과연 '기예-자연 논쟁'이 무엇이었는지에 초점을 두고서 13세기부터 17세기까지 연금술사들과 연금술 반대자들에 의해 저술된 논저들을 통해 정점에 도달했던 연금술의 역사를 개괄할 것이다. 중세의 스콜라주의 신학자들과 철학자들은 대체로 연금술의 아이디어를 인간 기예의 능력을 측정하기 위한 기준으로 활용했다. 연금술의 주장을 믿든지 혹은 믿지 않든지 간에, 인간의 구원을 지속적으로 좌절시키려고 노력하는 악마에게 신이 허락한 능력을 어느 정도로 제한할 것인지 판단하기 위한 편리한 척도로서 연금술이 활용되었다. 악마의 능력은 연금술사의 능력과 흥망을 같이했던 까닭에, 그렇지 않았다면 아마도 가지지 못했을 중요성이 연금술의 주장에 부여되었다. 결국 논쟁적인 문학을 촉발했던 이 주제는 근대 초에도 여전히 활발했던 다른 영역의 논의들로 가지를 뻗어나갔다. 제3장에서는 르네상스 시기의 연금술사와 화가, 조형예술 종사자들 사이의 독특한 관계를 검토함으로써 근대 초에 뻗은 가지들 가운데 하나를 자세히 살펴보고자 한다. 앞으로 살펴보겠지만 16세기에 연금술과 순수예술은 자연과의 경쟁에 관한 고전적인 논쟁을 재개했는데, 이들 두 분야는 직접 머리를 맞대고 논쟁을 벌였다. 비록 그 논쟁이 이방인끼리가 아닌 형제끼리의 논쟁이었다 하더라도, 이처럼 긴밀하고도 직접적인 충돌이 양쪽 모두를 상당히 불쾌하게 했으리라는 사실을 애써 떠올릴 필요는 없을 것이다. 제4장에서는 연금술의 모든 주장 가운데 가장 논쟁적이었던 주장, 즉 자신이 호문쿨루스를 창조할 수 있다고 주장했던 순회설교자이자 평신도 의사였던 연금술사 파라켈수스 폰 호헨하임과 연결된 전통을 살펴볼 것이다. 하지만 나는 또한 파라켈수스가 여러 세기에 걸쳐 들끓어왔던 인공 생명에 관한 논쟁에서 그저 후발주자에 불과했음도 보일 것이다. 체외 발생이라는 주제 및 그 주제의 다양한 매력과 도덕적 딜레마는 이미 중세 초기에 잉태되었지만, 16세기를 특징짓는 자연주의적 지성과 격렬한 상상력의 기이한 혼합을 통해 비로소 그 주제는 온전히 태어나게 되었다. 마지막으로 제5장에서는 특별히 프랜시스 베이컨과 그의 후계자들에게 초점을 맞춰 실험과학의 역사에서 벌어진 기예-자연 논쟁을 다룰 것이다. 연금술과 관련된 기예-자연 논쟁은 자연과 인간의 관계를 다룬 베이컨의 아이디어 속으로 직접 주입되었으며, 그를 옹호했던 저명한 변증가 로버트 보일에게도 놀라울 정도로 지속적인 영향을 끼쳤다. 17세기에 새롭게 등장한 경험주의 사조는 연금술 문헌으로부터, 또한 연금술의 생산물이 자연에서 갖는 지위를 둘러싼 논쟁으로부터 강력하고도 놀라운 빚을 졌다. 이처럼 역사적으로 경시되어왔던 논쟁을 면밀하게 분석함으로써, 이 책은 과학사 서술에서 두드러진 여러 가지 지배적 신념들이라도 진지한 이의 제기에 언제나 개방되어 있었음을 보일 것이다.

연금술이라는 렌즈를 통해 기예와 자연에 관한 전통적인 논쟁을 들여다봄으로써 제기되는 이 모든 주제는 과학과 기술 및 그 한계에 관한 오늘날의 시각을 미리 상상해 폭넓게 수놓았던 여러 논증과 태도를 담아내고 있다. 리언 카스와 호손의 「반점」의 사례가 입증했듯이, 요즘으로 따지면 생명공학에 해당한다고 말할 수 있는 연금술을 향한 흔한 부정적인 태도는 장기(長期)[34]에 걸쳐 전개된 인공-자연의 이분법을 이해하지 않고서는 접근하기 어렵다. 나의 바람은 이 책이 역사적 논쟁을 향해 창문을 활짝 열어놓고 근대 이전에 이 모든 주제가 특징적으로 선보였던 다양한

34 [옮긴이] 장기 지속(longue durée)은 역사학에서 쓰이는 전문 용어로, 프랑스의 아날(Annales)학파에 의해 본격적으로 사용되었다. 인간의 기억이나 기록보다 더 넓은 폭으로 확장된 시간으로서 인간이 쉽게 지각할 수 없는 느린 변화가 지속된다.

해석의 풍부함을 드러냈으면 하는 것이다. 만약 이 책에 등장하는 그림이 그리 간단치 않다면, 이는 우리로 하여금 혐오와 찬성으로 채색된 논쟁의 세기들을 돌아보게끔 하는 데 더할 나위 없도록 기여할 것이다. 이러한 논쟁을 기반으로 삼아 우리는 인공적인 것과 자연적인 것 사이의 경계가 언제나 흔들리고 변화해왔음을 인식할 수 있게 될 것이다.

제1장

자연을 모방하기, 자연을 정복하기, 자연을 완전성으로 이끌기

고대 유럽의 자연, 기예, 연금술

인간의 눈을 속이는 시각예술

오늘날 우리는 과학과 기술이 급속도로 자연을 앞지르고 있다고 인식하지만, 놀랍게도 이러한 인식은 이미 고대 세계에서도 있었다. 인간과 자연의 대결은 서양 문명의 역사만큼이나 오래된 주제이고, 어쩌면 문명 그 자체만큼이나 아주 오래되었다. 이카루스의 비참한 비행으로부터[1] 베 짜는 아라크네가 거미로 변신하기까지[2] 그리스 및 로마 문학에는 신들의 손이 빚어낸 작품을 모방하려는 인간의 노력이 어떠한 결과를 초래할지

---

1 [옮긴이] 오비디우스, 천병희 옮김, 『변신이야기』, 도서출판 숲, 2017, 341~43쪽. "그때 소년은 대담한 비상에 점점 매료되기 시작하여 길라잡이를 떠나 하늘 높이 날고 싶은 욕망에 이끌려 더 높이 날아올랐다. 얼마나 솟아올랐는지 가까워진 작열하는 태양이 그의 날개를 이어 붙인 향내 나는 밀랍을 무르게 만들었다"(제8권 223~26행).

2 [옮긴이] 오비디우스, 『변신이야기』, 244~53쪽. "여신은 마이오니아의 여인 아라크네의 운명을 염두에 두었으니, 베 짜는 솜씨에서 그녀의 명성이 자기 못지않다는 말을 들은 것이다. 그녀가 유명해진 것은 신분이나 가문이 아니라 재주 때문이었다. …… 아라크네는 거기서 실을 뽑으며 지금은 거미로서 옛날에 하던 대로 베를 짜고 있다"(제6권 5~7, 144~45행).

경고하는 이야기로 가득하다.[3] 그러나 고대로부터 자연을 모방하거나 더 낫게 만들려던 욕망은 신화로 채색된 믿기 힘든 과거의 추억에 국한되지 않는다. 과학이 자연을 위협한다는 오늘날의 흔한 관점과는 달리 그리스인들은 최초로 자연과 순수예술 사이에서 대결을 벌였다. 고대의 조각가 뮈론(기원전 5세기)은 청동 암소 작품으로 이미 유명했는데, 그 암소가 너무나 진짜 같아 자기네 가축을 고집스럽게 뒤따르지 못하도록 목동들이 그 암소를 향해 돌을 던졌다고 하고, 심지어 어떤 황소는 그 암소에게 성적 매력을 느꼈다고도 한다. 이 불가사의한 암소를 묘사한 후대 그리스의 풍자시 서른 편가량이 지금도 남아 있는데, 그것들 대부분은 조롱하는 투이거나 몇몇은 매우 음란한 내용을 담고 있다. 그 가운데 한 편에 따르면, 뮈론은 자신이 암소를 만들었다고 말했다는 거짓 혐의로 고발당했는데, 사람들은 그 암소가 자연스럽게 청동으로 굳은 진짜 암소였다고 믿었던 까닭이다. 다른 풍자시에서는 뮈론을 제2의 프로메테우스로 고발하는데, 고대의 그 티탄[프로메테우스]처럼 뮈론도 살아 있는 존재를 만들었기 때문이다. 반면에 또 다른 풍자시는 암소 자신의 목소리를 빌려 송아지가 자신을 보며 음매 하면서 울고 황소가 자신 위에 올라타려 했다고 자랑한다. 결국 암소는 이 풍자시들이 기예와 자연의 대결을 묘사하게끔 구실을 제공한 셈이다. 암소를 그저 쳐다보기만 하는 구경꾼에게는 기예가 자연의 힘을 빼앗은 것처럼 보였을 수도 있겠지만, 그 암소를 실제로 만져본 사람에게는 "자연은 여전히 자연으로" 남아 있었다.[4]

---

3 Reijer Hooykaas, *Religion and the Rise of Modern Science*, Edinburgh: Scottish Academic Press, 1972, p. 56. 또한 다음을 보라. Ernst Kris and Otto Kurz, *Legend, Myth, and Magic in the Image of the Artist*, New Haven: Yale University Press, 1979, pp. 84~90; Hooykaas, *Fact, Faith, and Fiction in the Development of Science*, Dordrecht: Kluwer, 1999.

4 F. Duebner, *Epigrammatum anthologia palatina*, Paris: Ambrosius Firmin Didot, 1864, chap. 9, epigrams 716, 724, 730, 738. 데버라 스타이너가 최근 연구에서 지적했듯이, 뮈론의 작업은 분명 맹목적인 자연주의가 아니었다. 그의 관중들은 "육체가 숨 쉰다는 사실 및 청동과 돌이 활성화되었다는 오해의 여지가 없는 사실의 수수께끼 같은 결합"으로 인해 즐거워했다. Deborah Tarn Steiner, *Images in*

뮈론 이후 한 세기가 지나 기예 대결에 참가했던 유명한 화가 아펠레스는 심판들이 매수당했다는 사실을 알고서 격노했다. '자연 그 자체에 도전'하기로 결심하고서 그는 자신이 그린 말에 대한 판정을 부패한 심판들이 아닌 네발짐승들에게 맡겼다. 아펠레스의 경쟁자들이 그린 그림을 마주한 말들은 얌전한 자태를 유지했다. 오로지 아펠레스의 걸작을 마주했을 때에만 그 말들은 실물과 그림을 구분하지 못하고 울어댔다. 이와 유사한 다른 사례는 기원전 4세기의 두 화가 제욱시스와 파라시오스의 경쟁 관계에서도 등장한다. 제욱시스는 자신이 정확하게 그린 포도 한 송이를 새가 따먹으려고 하자, 스스로 자랑을 멈출 수가 없었다. 그러는 동안에 파라시오스는 아마포 커튼으로 덮여 있는 그림을 보여주었다. 거드름 피우던 제욱시스가 파라시오스에게 감춰진 그림을 보여달라고 요청하자, 커튼 그 자체가 '트롱프뢰유'[5]였음이 밝혀졌고, 제욱시스는 자신의 패배를 인정하지 않을 수 없었다.[6]

이러한 이야기들은 인간을 착각하게 만드는 기예의 능력을 향한 존경과 애증의 엇갈린 태도를 보여준다. 한편으로는 예술가의 모방 실력을 향한 두려움을 나타내는가 하면, 속임수에 걸려든 사람들을 향한 조롱의 의미도 드러낸다. 그리스 예술은 이러한 두 기둥 사이에 놓인 모호한 긴장을 즐겼다. 신들과 경쟁하도록 자연을 재창조하는 기술은 또한 인간의 눈을 우롱하는 속임수가 되기도 했다.[7] 순수예술로부터 오늘날 용어

Mind: Statues in Archaic and Classical Greek Literature and Thought, Princeton: Princeton University Press, 2001, p. 28 n. 70. 뮈론과 고대의 예술작품 묘사(ekphrasis)에 관한 흥미로운 논의로는 다음을 보라. Kenneth Gross, *The Dream of the Moving Statue*, Ithaca: Cornell University Press, 1992, pp. 139~46.

5 [옮긴이] 트롱프뢰유(trompe l'oeil)는 착시를 의도한 속임수 그림을 가리키는 예술 용어다.

6 J. J. Pollitt, *The Art of Greece, 1400–31 B.C.*, Englewood Cliffs: Prentice-Hall, 1965, pp. 61~65, 154~55, 167. 이와 같은 수많은 일화가 다음에서 소개된다. Kris and Kurz, *Legend, Myth, and Magic*, pp. 62~67.

7 여기서는 단지 그 실마리만이 주어질 수밖에 없는 이 이슈의 미묘한 복잡성에 관해서는 다음을 보라. Richard T. Neer, "The Lion's Eye: Imitation and Uncertainty

로 기술이라고 불리는 것으로 관심을 돌려도 같은 태도가 분명하게 나타난다. 제욱시스와 동시대인 기원전 4세기에 저술된 아리스토텔레스의 『영혼론』(제1권, 406b15-22)은 고대의 장인 다이달로스를 언급한 바 있다. 아리스토텔레스의 기록에 따르면, 다이달로스는 스스로 움직이는 아프로디테 신상을 만들었는데, 그 신상은 그 안에 숨겨진 수은의 작용 덕분에 움직일 수 있었다고 한다. 다이달로스가 자동인형 또는 오토마타[8]를 만들었다는 이야기는 고전기 아테네에 널리 알려졌는데, 앞서 뮈론의 암소 이야기에서 보았듯이, 여기서도 인간의 손이 빚은 작품을 향한 찬사와 미혹된 사람들을 향한 비웃음의 풍자가 동일하게 뒤섞여 반영되었다.[9] 아이스퀼로스와 에우리피데스는 각자 자신들의 사튀로스 극에서 다이달로스의 오토마타를 희극 소재로 삼았는데,[10] 특히 에우리피데스는 상당히 소심한 배우 하나를 등장시켜 스스로 움직이는 신상이 그저 바라보고 움직이는 것"처럼 보일"(dokei) 뿐이며 실제로는 살아 있는 존재가 아니라고 호언장담하게 했다.[11] 에우리피데스가 보기에 다이달로스의 로봇

---

in Attic Red-Figure", *Representations* 51, 1995, pp. 118~53. 또한 다음을 보라. Jean-Pierre Vernant, "From the 'Presentification' of the Invisible to the Imitation of Appearance", in Vernant, *Mortals and Immortals: Collected Essays*, ed. Froma I. Zeitlin, Princeton: Princeton University Press, 1991, pp. 151~63; Steiner, *Images in Mind*, p. 50. 속임수로서의 예술이라는 주제에 관해서는 다음을 보라. Kris and Kurz, *Legend, Myth, and Magic*, pp. 61~90.

8 [옮긴이] 오토마타(automata)는 오로지 기계 장치로만 구성되어 스스로 움직이는 형상 또는 기계를 말한다.

9 고대 서아시아 및 그리스에서는 이와 관련된 주제를 '탤리즈먼'(Talisman)이라고 불렀다. Christopher Faraone, *Talismans and Trojan Horses*, New York: Oxford University Press, 1992, pp. 18~35.

10 [옮긴이] 사튀로스(satyros) 극은 디오니소스 축제에서 기원했으며, 비극 3부작 이후 넷째 파트로 추가된 짧은 극이다. 주로 희극적이거나 사회 풍자적 요소를 담았다는 특징이 있다. 이 책의 제5장에서 자주 등장할 고대 인물 프로테우스도 사튀로스 극의 소재였다.

11 Sarah P. Morris, *Daidalos and the Origins of Greek Art*, Princeton: Princeton University Press, 1992, pp. 217~23. 또한 다음을 보라. Deborah Steiner, *Images in Mind: Statues in Archaic and Classical Greek Literature and Thought*,

이 실은 그저 신상에 불과했지만, 그 신상이 제욱시스가 새를 우롱하고 파라시오스가 제욱시스를 우롱했던 것과 동일한 방식으로 경솔한 사람들의 눈을 우롱했을 가능성이 있다.

우리는 다이달로스의 신상을 통해 기예의 능력을 향한 고전적인 양가감정이 평범한 의미에서의 '기예'에만 제한되지 않고 대개는 '아르스'(ars, 예술)와 '테크네'(technē, 기술) 모두를 대상으로 삼았던 감정이었음을 알게 된다. 다이달로스는 신상과 오토마타를 제작했을 뿐만 아니라 미노스 왕의 미로를 설계했고 뛰어난 갑옷도 제작했다. 그는 저수지와 성채, 따뜻한 인공 동굴, 심지어 인공 암소의 설계자로도 이름을 날렸다. 크레타 여왕 파시파에는 그 암소 속에 들어가 특별히 매혹적인 황소로부터 애정 어린 관심을 받을 수 있었다. 그럼에도 불구하고 이처럼 다이달로스가 개입했던 결과가 미노타우로스(Minotauros) 괴물이었다는 사실은 다시금 기예가 가진 능력의 양극단을 보여준다.[12] 다이달로스가 관여했던 활동들은 한때 동일한 뜻을 지녔던 그리스어 단어 '테크네'와 라틴어 단어 '아르스'가 가진 복잡한 의미 면적을 보여준다. 이들 단어는 현대 영어에서 우리에게 익숙한 단어인 '예술'(art)과 '기술'(technology)의 어근으로 각각 갈라졌다. 비록 신화 속 인물인 다이달로스가 현실의 그리스 예술가들을 보편적으로 대표한다고 말하기에는 어폐가 있을지 몰라도, 고대의 학문 분야들은 '기예'라는 일반적인 항목에 인간의 손으로 이루어지는 모든 행위를 포함시켰다. 예를 들어 아리스토텔레스는 회화와 조각을 테크네로 간주했으며, 농업과 건축, 의학을 비롯한 많은 시도도 마찬가지였다. 시를 쓰는 일도 철학과 유사한 어떠한 '발견'의 진행 과정이라기보다는 하나의 작품을 '생산'한다는 점에서 기예로 여겨졌다.[13] 그리하여 아리스

Princeton: Princeton University Press, 2001, chap. 1.

12 Diodorus Siculus, *The Library of History*, ed. and tr. C. H. Oldfather, Cambridge, MA: Harvard University Press, 1939, bk. 4, 76~79, pp. 56~68.

13 James A. Weisheipl, "The Nature, Scope, and Classification of the Scienccs", in *Science in the Middle Ages*, ed. David C. Lindberg, Chicago: University of

토텔레스에게 기예란 그야말로 "참된 이성을 동반해 [무엇인가를 제작할 수 있는] 제작적 품성 상태"(『니코마코스 윤리학』, 제6권 제4장, 1140a8),[14] 즉 질서 정연하고도 영리한 방법으로 무언가를 생산하는 능력을 의미했다.

미메시스(Mimēsis)의 의미

고대로부터 사람들은 여러 분야의 기예들이 저마다의 생산물을 향한 관심 이외에도 또 다른 공통점을 가지고 있다는 생각을 받아들였다. 회화와 조각의 일차적인 목적이 자연을 흉내 내는 것이라고 여겨졌던 한에서, 사람들은 일반적으로 기예가 자연 세계의 다양한 측면들을 '모방'함으로써 획득된다고 믿었다. 원자론자 데모크리토스(기원전 5세기)는 사람들이 베를 짜는 기예를 거미로부터, 노래하는 기예를 새로부터 배웠다고 주장했다.[15] 단편 「권고」가 아리스토텔레스의 실제 저작이라는 가정하에, 그는 목수의 저울추와 직선 자, 원시적 형태의 컴퍼스가 물의 흐름과 태양 빛을 모방해 발명되었다고 여겼다.[16] 역사가 디오도로스 시켈리오테스[기원전 1세기]는, 다이달로스의 조카 탈로스가 어느 날 뱀의 턱뼈를 발견해 그것으로 나무 조각을 자르는 시행착오 끝에 톱을 발명했다고 전했다. 탈로스는 철이라는 자연의 대상을 모방해 목공을 위한 가장 기초적인 도

Chicago Press, 1978, pp. 461~82.

14 [옮긴이] 아리스토텔레스, 강상진·김재홍·이창우 옮김, 『니코마코스 윤리학』, 도서출판 길, 2011, 209쪽에서 인용.

15 Democritus, fragment B 154, in Hermann Diels, *Die Fragmente der Vorsokratiker*, Berlin: Weidmannsche Verlagsbuchhandlung, 1952, vol. 2, p. 173[김인곤 외 옮김, 『소크라테스 이전 철학자들의 단편 선집』, 아카넷, 2005].

16 Ingemar Düring, *Der "Protreptikos" des Aristoteles*, in *Quellen der Philosophie 9*, ed. Rudolph Berlinger, Frankfurt: Vittorio Klostermann, 1969, pp. 52~53(그리스어와 독일어). 「권고」가 보여주는 기예와 자연을 향한 태도에 관한 더 풍부한 논의로는 다음을 보라. A. J. Close, "Commonplace Theories of Art and Nature in Classical Antiquity and in the Renaissance", *Journal of the History of Ideas* 30, 1969, pp. 467~86.

구를 만들어냈던 것이다.[17] 고대에 가장 유명했던 건축가 비트루비우스(기원전 1세기)는 집을 건축하는 행위가 제비 둥지를 모방하려던 사람들에 의해 처음 고안되었다고 생각했다.[18] 그에 따르면, 기계의 발명도 자연을 흉내 내는 행위로부터 빚을 졌다. 윈치,[19] 캡스턴,[20] 축, 원통은 모두 천체의 구(球)를 모방함으로써 순환 운동에 관여한다.[21] 이와 비슷하면서도 더욱 정교한 발명 이야기는 기원후 2세기의 그리스 시인 오피아노스가 쓴 6보격 시(詩) 「할리에우티카」에서 발견된다. 낚시를 주제로 한 이 시에서 항해의 기예가 어떻게 발견되었는지를 설명하기 위해 오피아노스는 작은 구멍을 가진 앵무조개를 상세히 묘사했다. 앵무조개는 보통 자신의 등을 앞으로 돌려서 바닷속을 여행하는데, 그 껍데기가 배의 선체를 닮았다고 한다. 그런 다음 앵무조개는 돛대처럼 생긴 자신의 두 다리를 들어올려 다리 사이에 마치 돛처럼 얇은 막을 펼친다. 그렇게 두 개 이상의 다리로 노를 저으면, 일종의 삼단노선처럼 보이는 동물로 변신하게 된다. 이러한 모양새는 최초의 인간 선원이 모방해 만들기 쉬웠을 것이다.[22] 더욱 경이로운 발견 이야기는 작가 세네카(기원전 4~기원후 65)가 스토아 철학자 포세이도니오스의 교의를 설명하는 부분에서 발견된다. 세네카는 말해주기를, 어느 철학자가 이빨, 목구멍, 위장의 작용을 모방하기로 결심하면서 빵이 발명되었다고 했다. 이빨로 으깨진 곡식이 침과 섞여 매끄럽게 목구멍을 통해 위장으로 넘어가 소화되며 서서히 요리되는[23] 과정을

---

17 Diodorus Siculus, *Library*, bk. 4, 76, p. 59.

18 Vitruvius, *De architectura*, ed. and tr. Frank Granger, Cambridge, Mass: Harvard University Press, 1983, bk. 2, chap. 1, vol. 1, p. 79.

19 [옮긴이] 밧줄이나 쇠사슬로 무거운 물체를 들어올리거나 내리는 기계.

20 [옮긴이] 수직으로 된 원통을 회전시켜 밧줄이나 쇠사슬을 감아 무거운 물체를 들어올리는 기계.

21 Vitruvius, *De architectura*, bk. 10, chap. 1, vol. 2, pp. 274~79.

22 Oppian, *Halieutica*, bk. 1, lines 338~50. 이 이야기는 앵무조개를 본뜬 디자인으로 르네상스 시기에 호기심의 방(Kunstkammern)에도 보존되었던 작은 모형 배를 설명해준다.

관찰하면서, 그 모험적인 지성은 맷돌, 가루 반죽, 빵 굽기를 발명했다. 물론 세네카 자신은 이러한 일이 역사적 사실임을 부인했는데, 그 이유는 그 이야기 자체가 엉터리여서가 아니라 철학자를 기술자의 지위에 둠으로써 철학자의 품위를 손상하기 때문이었다.[24]

발명에 관한 많은 이야기를 더 소개하기보다는 이야기 이면에 놓인 가정을 살펴보는 편이 좋겠다. 이 이야기들의 밑바닥에는 인간의 기발함이 작동해 자연의 재현물을 생산한다는 견해가 깔려 있다. 톱은 턱뼈의 모양을 흉내 내고 빵 굽는 과정은 곡식을 씹어 소화하는 각 단계를 모방한다. 하지만 이와 같은 기예의 결과물을 통해 인류에게 많은 유익이 주어졌음에도 불구하고, 어느 누구도 톱이 턱뼈 그 자체이고 도르래는 천체구와 실제로 똑같이 움직이며 빵 제조는 음식물의 흡수와 똑같다고 논증하려 들지는 않았다. 이처럼 자연의 과정을 따라 만든 생산물이 여러 가지 임무를 수행할 수는 있겠지만, 자연적 생산물의 순수한 완전성[25]이라는 자연의 목적까지 달성해내지는 못한다. 아리스토텔레스가 기록했듯

---

23 [옮긴이] 아리스토텔레스가 『기상학』 제4권에서 요리의 용어로 자연현상을 설명했듯이(이 책의 다음 소챕터에서 자세히 소개된다), 지은이도 이 책에서 종종 이와 같은 방식으로 "cook"이라는 단어를 사용한다. 옮긴이는 이 뉘앙스를 살리기 위해 그대로 "요리하다"로 번역했다. 지은이가 의미하는 "요리"란, 자연의 영역에서든 인공의 영역에서든 상관없이 열의 개입을 통해 벌어지는 변화를 총칭한다.

24 Seneca, *Letters from a Stoic*, tr. Robin Campbell, Baltimore: Penguin, 1969, epistle 90, pp. 169~70.

25 [옮긴이] 이 책의 부제에도 반영된 '완전성'(라틴어 perfectio)은 중세 스콜라주의 철학에서 사용되었던 개념이다. 특히나 이 책에서 자주 등장하는 이 단어는 지은이가 자신의 주된 연구 주제였던 게베르의 저작 『완전성 대전』과 연금술의 관련성을 염두에 둔 것이기도 하다(옮긴이 해제를 참조하라). 아리스토텔레스 자신은 완전성이란 단어를 직접 쓰지는 않았지만, 지은이는 이 중세적 개념을 아리스토텔레스에게로 소급한다. 그럼에도 지은이는 이 책에서 완전성 개념의 의미를 구체적으로 소개하지는 않는다. 스콜라주의에서 완전성이란 사물의 적극적인 사유 방식 또는 적극적인 성질을 의미하는데, 그 안에 모순이 포함되어서도 안 되고 최고의 수준에 도달 가능한 것이라야 사물이 완전성을 획득할 수 있다. 적극적인 성질을 가진 모든 사물은 완전성에 얼마나 도달했느냐에 따라 존재의 등급을 가진다. 윤선구, 「데카르트 『방법서설』」, 『철학사상』 16, 2003, 1~85쪽. 항목 2.3.1.2를 보라.

이, “[다양한 용도로 사용할 수 있는] 델포이 칼을 만든 대장장이처럼, 자연은 그 어떤 것도 그렇게 빈약하게 만드는 것이 아니라 오히려 ‘하나의 목적을 위해서 하나의 것’을 만들기 때문이다. 사실상 각각의 도구는, 그것이 많은 일을 수행하는 것이 아니라 하나의 일을 수행하는 것이라면 최선으로 만들어질 수 있을 것이기 때문이다”(『정치학』, 제1권 제1장, 1252b1-5).[26] 이러한 맥락에서 다시금 살펴보자면, 장인의 생산물은 화가나 조각가의 생산물과 다를 바가 없다. 자신이 모방한 원본의 본질을 포착하지는 못한 채 그저 겉모습만 닮았다는 점에서 탈로스의 톱은 뮈론의 암소와 동일한 셈이다.

고대가 낳은 기예의 미메시스[모방]를 향한 가장 날카로운 비판은, 플라톤의 『국가』 제10권(596b-598c)에 등장하는 시와 회화를 겨냥한 통렬한 공격일 듯하다.[27] 여기서 플라톤이 목수와 화가를 대비했다는 사실은 잘 알려져 있다. 목수는 침대의 이상적인 형상을 흉내 냄으로써, 화가는 목수가 만들어놓은 인공물을 복사함으로써, 둘 다 모방으로써 활동한다. 하지만 화가는 “모방한 것을 모방하는” 까닭에 그의 기예는 목수의 기예보다 열등하며, 둘 모두는 자연보다 열등하다. 회화를 겨냥한 플라톤의 공격이 전적으로 그의 진심이었는지 아니었는지는 논란으로 남아 있지만, 그가 표현했던 언어는 주목할 만하고 앞서 소개한 사례들에도 부합한다.[28] 모방하는 사람으로서 예술가는 우리를 실재로부터 멀어

26 Aristotle, *Politics*, tr. H. Rackham, Cambridge, MA: Harvard University Press, 1932, pp. 5~7. [옮긴이] 해당 인용문은 『정치학』 제1권 제1장이 아니라 제2장에 해당한다. 아리스토텔레스, 김재홍 옮김, 『정치학』, 도서출판 길, 2017, 29~30쪽에서 인용.

27 [옮긴이] 플라톤, 박종현 옮김, 『국가』, 서광사, 1997, 613~29쪽. 아래 601c9의 인용은 601b9가 정확하다. 602d1-4에서 박종현은 “타우마토포이이아”(taumatopoiia)를 “영상 화법”으로 번역했지만, 옮긴이는 더 쉬운 이해를 위해 “그림자 인형극”으로 고쳤다.

28 플라톤이 실제로는 회화를 거부했던 것이 아니라 단지 그것을 편리한 예시로 사용했을 뿐이라는 견해에 관해서는 다음을 보라. Eva C. Keuls, *Plato and Greek Painting*, Leiden: Brill, 1978. 또한 다음을 보라. Hans Blumenberg,

지게 하는 "영상[환영] 제작자"(ho tou eidōlou poiētēs, 601c9)다. 이 예술가는 물이 빛을 굴절시키고 대상이 물에 잠기면 구부러져 보이도록 하는 것과 같은 방식으로 속임수를 생산해낸다. 그는 마법(goeteia)이나 다름없는 책략을 통해 삶을 요술(mēchanai)로 꾸미고, 자신의 "그림자 인형극"(taumatopoiia)을 마치 진짜인 듯 만들어내는 요술쟁이와도 같다(602d1-4).[29] 우리가 앞서 만나본 다이달로스를 묘사했던 고대 작품들처럼 플라톤은 예술가를 마치 무대 위의 마법사인 양 바라보았다. 예술가의 기예는 사람들로 하여금 그가 묘사해놓은 자연을 진짜인 것으로 받아들이게끔 만든다.[30]

모방하는 기예를 향한 플라톤의 불신에는 고대에 널리 퍼져 있던 모방 행위를 향한 애증이 반영되어 있었다. 그가 가졌던 불신은 화가나 조각가가 자연적인 무언가의 재현물을 생산함으로써 일종의 허위에 연루되어 있다는 사고에 뿌리를 두었다. 동일한 태도가 기술에 대해서도 더욱 폭넓게 존재했다. 기술이 자연을 영리하게 재현한다 하더라도, 그 재현물 자체가 자연적인 것이 될 수는 없다. 자연의 생산물과 인간 책략의 생산물의 뚜렷한 구별이라는 공식은 아리스토텔레스의 『자연학』(제2권 제1장, 192b9-19)에 나온다. 이 스타게이라 출신의 철학자[31]는, 자연적인 것은 운동(변화)의 내적 원리를 가지는[echonta en heautois archēn kinēseōs] 반면, 인공적인 것은 어떠한 변화의 경향도 가지지 않는다[oudemian hormēn echei metabolēs emphyton]는 사실에 근거해 인공적 생산물과 자연적 생

"Nachahmung der Natur", *Studium generale* 10, 1957, pp. 266~83. 이 이슈를 다룬 몇몇 다른 자료들에 관한 간략한 소개로는 다음을 보라. Steiner, *Images in Mind*, p. 76 n. 201.

29 Plato, *The Republic*, tr. Richard W. Sterling and William C. Scott, New York: W. W. Norton, 1985.

30 Jean-Pierre Vernant, "The Birth of Images", in Vernant, *Mortals and Immortals*, pp. 164~85.

31 [옮긴이] 고대 그리스의 도시 스타게이라(Stageira)는 아리스토텔레스의 고향이다. 스타게이라 출신의 철학자는 아리스토텔레스를 지칭하는 표현이다.

산물을 구별한다.[32] 이러한 이유로 아리스토텔레스는 "인간은 인간을 번식하지만 침대는 침대를 번식하지 못한다"고 말한다(제2권 제1장, 193b8-9). 인공적 생산물은 정지 상태에 있으며, 발전을 위한 어떠한 내부적 원리도 갖지 못한다.[33]

자연을 모방하는 기예와 자연을 완전성으로 이끄는 기예[34]

처음 언뜻 보기와는 달리 아리스토텔레스가 인공적인 것과 자연적인 것을 견고하게 구별했던 데에는 나름의 설득력 있는 논리가 깔려 있다. 먼저 기예와 자연이 구별된다고 선언한 뒤, 아리스토텔레스는 몇 페이지에 걸쳐 기예가 두 가지 서로 다른 방식으로 기능한다고 설명한다(『자연학』 제2권 제8장, 199a15-17). "자연에 기반을 둔 기예는 자연이 할 수 있는 것보다 더 나아지도록 사물을 이끌거나(epitelei), 아니면 자연을 그저 모방한다(mimeitai)."[35] 이러한 이분법은 기예가 서로 구별되는 두 가지 유형으로 나뉠 가능성을 열어주는데, 하나는 자연 그 자체 안에서는 발견되지 않는 '완전성으로 [자연을] 이끄는 기예'이고, 다른 하나는 자연을 근본적으로 변화시키지는 않되 단순히 '자연을 모방하는 기예'다.[36] 아리스

---

32 Aristotle, *The Physics*, tr. Philip H. Wicksteed and Francis M. Cornford, London: Heinemann, 1929, pp. 106~15.

33 아리스토텔레스의 기예-자연 이분법이 채택된 몇몇 방식에 관해서는 다음을 보라. Heikki Mikkeli, *An Aristotelian Response to Renaissance Humanism*, Helsinki: Societas Historica Finlandiae, 1992, pp. 107~30.

34 [옮긴이] "모방하는 기예"(imitative/mimetic art)와 "완전성으로 이끄는 기예"(perfective art)는 이 책 전체에 걸쳐 지은이가 확고하게 사용하는 두 가지 기예의 범주다. 옮긴이는 모방 기예와 완전성 기예 같은 축약 표현도 고려해보았으나, 정확한 의미 전달을 위해 결국 위의 번역어를 채택했다. 더 간결하면서도 적합한 번역어가 나오길 기대해본다.

35 Aristotle, *Physics*, p. 173.

36 아리스토텔레스 자신은 두 가지 유형의 기예, 즉 그리스어 텍스트에 따라 접속사 "te"(~이거나)와 연결된 완전성으로 이끄는 기예와 "de"(그리고)와 연결된 모방하

토텔레스의 시대에, 이미 히포크라테스[기원전 5~4세기]의 의학[37]은 완전성으로 이끄는 유형의 기예를 집약적으로 보여주었는데, 이는 일반적으로 의사가 인간의 몸을 비자연적인 상태로 이끄는 것이 아니라 장애를 제거함으로써 건강한 자연적 상태에 이르도록 유도하기 때문이었다. 이 아이디어는 갈레노스(기원후 2세기)의 의학 저술에서 "기예는 자연의 노예로 일한다"는 격언을 통해 집약되었다.[38] 다른 방법으로는 실현될 수 없는 결과로 자연을 이끈다는 의미에서, 이러한 유형의 기예는 자연의 완전성을 추구한다.

완전성으로 이끄는 기예라는 아리스토텔레스적 개념은 순수예술이 자연의 원본만큼이나 아름답고 정서적인 생산물을 만듦으로써 자연을 '완벽하게'[39] 할 수 있다던 아리스토텔레스 당대의 사고와는 주의 깊게 구별되어야 한다. 시각예술을 통해 자연을 그처럼 완벽하게 하는 행위의 가

는 기예가 필연적으로 엄격히 구별된다고 여기지는 않았다. 왜냐하면 어떤 기예들은 자연을 모방하거나 완전성으로 이끄는 작용을 둘 다 갖기 때문이다. 이러한 점은 『자연학』(제2권 제8장, 199a15-17)의 다른 번역본에 반영되어 있다. 로스 시리즈의 번역은 해당 단락을 다음과 같이 옮겼다. "대개 기예는 부분적으로는 자연이 이끌 수 없는 결과를 완성시키며 부분적으로는 자연을 모방한다." Aristotle, *Physica*, tr. R. P. Hardie and R. K. Gaye, in *The Works of Aristotle*, ed. W. D. Ross, Oxford: Oxford University Press, 1966.

37 [옮긴이] 히포크라테스 의학은, 동시대에 아스클레피오스 신앙이 널리 유행하고 있었음에도 불구하고 초월적이지 않은 자연의 방법으로 인간의 신체를 다루는 자연주의적 치료법을 최초로 확립함으로써 서양 의학의 출발을 알렸다. 자크 주아나, 서홍관 옮김, 『히포크라테스』, 아침이슬, 2004의 제3부는 지은이가 설명하려는 의도를 이해하는 데 유용한 해설을 제공한다.

38 Galen, *De constitutione artis medicae ad Patrophilum*, in *Opera omnia*, ed. C. G. Kühn, Leipzig: Cnobloch, 1821~33, vol. 1, p. 303; *Ars medica*, in *Opera omnia*, vol. 1, p. 378. 이 자료들의 경우 나는 하인리히 폰 슈타덴과 나눈 친절한 대화에 빚을 졌다. 아리스토텔레스의 아이디어가 그리스 의학에서 비롯되었을 가능성에 관해서는 다음을 보라. Augustin Mansion, *Introduction à la physique aristotélicienne*, Louvain: Éditions de l'Institut Supérieur, 1945, pp. 197~98, 257.

39 [옮긴이] 이 책 곳곳에서 지은이는 '완전성으로 이끄는'과 '완벽한'에 동일한 영어 단어 "perfect"를 사용하지만, 독자들은 각각을 엄밀하게 구별해 읽어야 한다. 따라서 옮긴이도 맥락을 따져 '완전'과 '완벽'을 명확히 구별하여 번역했다.

장 잘 알려진 사례는 크로톤(Croton) 주민들에게서 트로이(Troy)의 헬레나와 닮은꼴을 그리라는 임무를 받았던 제욱시스의 이야기다. 어느 평범한 여인도 모델이 되려 하지 않는다는 사실을 깨닫고서 제욱시스는 크로톤의 통치자들을 설득해 다섯 명의 아름다운 처녀를 모델로 보내달라고 요청했다. 그는 각 처녀가 지닌 최고의 특징들만을 골라 자연에서 발견되는 어느 여인보다도 아름다운 혼합 여인을 제작했다. 키케로는 이 이야기를 언급하면서 "자연은 어떠한 하나의 대상이라도 그 대상의 모든 부분을 완벽하게 다듬지는 않기 때문에, 그[제욱시스]는 자신이 찾는 모든 아름다움을 하나의 인체에서 찾기란 불가능하다고 믿었다"고 했다.[40] 이질적인 특징들의 재현을 한데 모아 자연적 대상의 아름다움이나 그 밖의 특성들을 능가함으로써 자연을 완벽하게 하려는 행위에 관한 이 이야기는 16세기에 이르러서도 지배적인 모티프 가운데 하나였을 만큼 서양 예술에서 놀라우리만치 긴 역사를 가지고 있다. 에르빈 파노프스키가 유명한 저작 『이데아』에서 설명했듯이, 르네상스 예술가들에게는 이 모티프를 신플라톤주의적 신념, 즉 비물질적 형상은 물질과 따로 떨어져 존재하며 물질은 형상으로부터 자신의 질적 특성들을 차례로 부여받는다는 신념과 결합하는 것이 가능했다.[41] 신플라톤주의 철학자 플로티노스[기원후 3세기]와 그의 추종자들에 따르면, 비물질적이고 초월적인 형상의 세계는 물질적 우주와 비교하여 헤아릴 수 없을 만큼 우월하다. 예술가가 물

---

40 Cicero, *De inventione*, II, 1, 1, reproduced in Pollitt, *Art of Greece*, p. 156.

41 Erwin Panofsky, *Idea*, New York: Harper and Row, 1968, pp. 15, 49, 58, 157, 165, *et passim*[마순자 옮김, 『파노프스키의 이데아』, 예경, 2005]. 신플라톤주의의 영향은 파노프스키의 탁월한 저작의 핵심을 형성한다. 그가 동일한 중요성을 아리스토텔레스의 미메시스 이론에 부여하는 데 성공하지 못했다는 점은 심각한 약점으로 받아들여져야 한다. 데이비드 서머스는 자신의 중요한 저작에서 나와는 다른 견해에 도달했는데, 그는 파노프스키가 플라톤적 주제들을 선호해 아리스토텔레스적 주제들을 평가절하하거나 무시하는 경향을 보였다고 강조했다. David Summers, *The Judgment of Sense*, Cambridge: Cambridge University Press, 1987, pp. 1~2. [옮긴이] 쪽수 표시에서 "et passim"은 '그 외에도 여러 곳에서'를 의미한다.

질을 특별한 형태나 이미지로 형성한다면, 그는 물질적 세계를 현재의 형태로 제작했던 데미우르고스(demiurgos)의 임무를 나란히 수행하고 있는 셈이다.[42] 더군다나 예술가가 마음속에 구상한 아이디어의 기원은 형상의 세계에서 발견되며, 그 아이디어가 물질에 부여한 임무는 그 물질을 완벽하게 하거나 또는 최소한 개선하는 과정을 밟는 것이다. 그리하여 아무런 도움 없이는 자연에서 실현되지 못할 아름다움과 완벽함에 도달하겠다던 제욱시스의 목표는, 원형 세계의 형상을 완벽하게 하려는 노력으로 실천될 수 있었다. 요컨대, 물질과 그 물질의 개선으로부터 그 물질의 이면에 놓인 형상으로 강조점이 이동함으로써, 예술가의 마음속에 구상된 아이디어는 그 아이디어의 물질적 구현체보다 더 우월한 실체이며 회화와 조각은 신에 버금가는 형상이나 아이디어의 물질적 반영이라고 누구든지 주장할 수 있게 되었다. 그러나 이러한 주장은 물질의 실질적 변화와 표면적인 모방을 구별해야 한다는 아리스토텔레스의 견해와는 상당히 어긋난다. 아리스토텔레스의 관점에서, 미메시스는 자연을 능가하려는 것이지 자연 그 자체를 개선하려는 것이 아니었다.[43]

더군다나 아리스토텔레스가 말하는 완전성으로 이끄는 기예는 자연을 더 위대한 완전성으로 이끌기 위해 자연의 과정을 모방한다는 점에서 모방하는 기예에 속하기도 한다. 이러한 요점은 오늘날에는 아리스토텔레스의 실제 저작으로 널리 인정되는[44] 『기상학』 제4권에서 특히 명확하게

42 [옮긴이] 에르빈 파노프스키, 마순자 옮김, 『파노프스키의 이데아』, 29~34쪽.

43 나는 『옥스퍼드 영어 사전』으로부터 "개선"(improving)과 "능가"(improving upon)의 유용한 구별을 채택했다. "[*Improve*] *absol.* To make improvements(개선하다). *To improve on or upon*: to make or produce something better or more perfect than(더 나은 또는 더 완벽한 무언가를 만들거나 생산하다)." *The Compact Edition of the Oxford English Dictionary*, Oxford: Oxford University Press, 1971, p. 1393, s.v. "improve", no. 8. 이러한 구별에 따르면, "자연을 개선하다"는 "자연 그 자체를 더 낫게 만들다"라는 의미이고, "자연을 능가하다"는 "무언가를 자연보다 더 낫게 만들다"라는 의미다.

44 [옮긴이] 과거에는 『기상학』 제4권에 대한 아리스토텔레스 저작의 진정성(authenticity)을 의심하는 연구자들이 주를 이루었지만, 최근의 연구자들은 이 저작이 아

강조된다.[45] 하나의 단락에서(제4권 제3장, 381b3-9) 아리스토텔레스는 자연의 과정을 묘사하기 위해 인공적인 행위인 요리 용어를 채택해 사용했다. 그는 "기예는 자연을 모방한다"고 주장하면서 이 주장에 근거해 "끓이기"나 "굽기" 같은 요리 기술로 자연 현상을 수식한다.[46] 장인들은 자연을 모방함으로써 자신들의 작업을 학습해왔기 때문에, 그들의 기술 용어를 사용해 그들이 따르는 자연의 과정을 묘사하는 것은 그다지 문제가 되지 않는다. 만약 누군가가 이 단락을 근거로 장인의 기예 과정이 그 과정과 유비를 이루는 자연의 과정과 똑같은 과정이라고 말한다면, 기예의 원본인 자연을 모방하는 것이야말로 아리스토텔레스가 『자연학』 제2권 제8장(199a15-17)에서 말한 자연의 완전성으로 이어지는 길을 열어줄 수 있는 셈이다. 모방은 자연의 과정을 따르므로, 누구든지 모방하는 기예가 자연적 생산물을 낳아 사실상 자연을 완전성으로 이끈다고 주장할 수 있다는 것이다.

다른 한편으로 자연을 완전성으로 이끄는 것이 아니라 그저 자연을 흉내 내기만 하는 '단순히' 모방하는 기예는, 앞서 살펴보았듯이, 이미

리스토텔레스의 『생성소멸론』의 아이디어를 발전시킨 결과물로 보고 그의 저작성을 인정하는 경향을 보인다. 다만 『기상학』 제4권이 제1~3권과는 다른 원리와 방법을 취하고 있다는 점만큼은 분명하다. Malcolm Wilson, *Structure and Method in Aristotle's Meteorologica: A More Disorderly Nature*, Cambridge: Cambridge University Press, 2013, pp. 8~10.

45 데즈먼드 P. 리(Desmond. P. Lee)는 아리스토텔레스의 『기상학』을 번역하고 서문을 썼다. Aristotle, *Meteorologica*, Cambridge, MA: Harvard University Press, 1952, pp. xiii~xxi; David Furley, "The Mechanics of Meteorologica IV. A Prolegomenon to Biology", in *Zweifelhaftes im Corpus Aristotelicum*, ed. Paul Moraux and Jürgen Wiesner, Berlin: de Gruyter, 1983, pp. 73~93; Pierre Louis, *Aristote: Météorologiques*, Paris: Les Belles Lettres, 1982, pp. xii~xv. 그러나 다음을 보라. Hans Strohm, "Beobachtungen zum vierten Buch der Aristotelischen Meteorologie", in *Zweifelhaftes*, pp. 94~115. 슈트롬은 『기상학』 제4권을 '개작'(改作)으로 간주했다. 비교적 최근의 이슈에 관해서는 다음을 보라. Carmela Baffioni, *Il IV libro dei "Meteorologica" di Aristotele*, Naples: C.N.R., 1981, pp. 34~44.

46 Aristotle, *Meteorology* IV 381b3-9.

플라톤에게서 경멸적인 취급을 받았다. 회화와 조각은 [단순히] 모방하는 기예의 범주에 속하며, 아리스토텔레스적 의미에서 자연을 완전성으로 이끄는 것과는 아무런 관련이 없다. 실제로 갈레노스는 자연의 작업과 인간의 작업을 대비하면서 위대한 조각가들의 작업이 겉포장에 불과함을 정확하게 설명했다. "프락시텔레스와 피디아스를 비롯한[47] 모든 조형 제작자는 자신의 재료를 만질 수 있는 한에서 그저 바깥을 꾸미기만 하기 때문이다. 그들은 기예 또는 예측을 통해 그 재료의 내부를 아름답고 정교하게 꾸미지 못한 채로 내버려두는데, 이는 그들이 그 재료 내부로 뚫고 들어갈 수도 없고 그 재료의 모든 부분에 도달해 다룰 수도 없기 때문이다. 반면에 자연은 그렇게 할 수 있다." 위대한 조각가들은 자신들이 가진 모든 기술을 동원하더라도 "밀랍을 상아나 금으로 바꾸지도, 반대로 금을 밀랍으로 바꾸지도 못한다".[48] 심지어 다른 저작에서 갈레노스는 인간이 순수하게 균일한 혼합물을 만들 수 없다고 단정적으로 말한다.[49] 외부로 드러나는 모습에도 불구하고, 인간의 기교는 참으로 자연의 기교와 경쟁이 되지 않는다. 그러나 "기예는 자연의 노예"(ars ministra naturae)라는 갈레노스의 익숙한 공식에 따르자면, 의학 기예는 자연의 '노예'나 '대행자'이므로 그 기예의 작용 대상인 물질의 내부 구성을 바꾸도록 자연을 이끈다는 점에서 조각 기예와는 다르다. 반면에 조각을 바라보는 갈레노스의 관점과는 전적으로 다른 태도가, 고대의 향료 제조 및 직물 염색에 관한 대(大)플리니우스[기원후 1세기]의 묘사에서 발견된다. 대(大)플리니우스는 『박물지』에서 인간의 사치는 향료의 영역에서 이미

---

47 [옮긴이] 기원전 5세기에 활동한 피디아스는 올림피아의 제우스 신상과 파르테논의 아테나 신상을 조각한 전설적인 인물로 알려져 있다. 한 세기 뒤에 활동한 프락시텔레스는 그 유명한 크니도스의 아프로디테를 조각했다.

48 Galen, *On the Natural Faculties*, tr. Arthur John Brock, London: Heinemann, 1947, p. 129.

49 Galen, *Mixture*, in P. N. Singer, tr., *Galen: Selected Works*, Oxford: Oxford University Press, 1997, p. 227.

자연을 "정복"했고 염료의 영역에서는 자연에 "도전"하는 중이라고 말한다.[50] 그러나 그의 기록에서는, 뮈론과 제욱시스가 동물도 속일 만한 속임수 기예를 가지고서 참여했던 자연과의 대결 그 이상의 무언가가 의도된 흔적은 보이지 않는다. 모조품이 구경꾼을 우롱하거나 또는 자연이 구경꾼의 목적에 부합하는 수준 그 이상으로 모조품이 그 목적에 부합하는 한에서, 오로지 자연은 패배할 뿐이다.

자연을 정복하는 기예

완전성으로 이끄는 기예와 단순히 모방하는 기예 사이를 가르는 아리스토텔레스의 구별이 자연을 정복하겠다는 아이디어를 통해 매우 의미 있는 방식으로 정교해졌다는 사실에는 또 다른 의미가 담겨 있다. 역학(mechanics)이라는 주제를 다룬 저술가들은 '자연을 정복하는 것'을 기예의 셋째 범주로 만드는 데 성공했다. 시각예술에 관한 고대의 저술들에서 찾아볼 수 있는 자연과의 경쟁이라는 아이디어와는 달리 역학 저술가들은 대결의 무대를 미학의 세계에서 물리학의 영역으로 옮겨놓았다.[51] 대(大)플리니우스가 자연을 "정복"한다는 표현을 사용했던 것은 둘 중 하나를 의미했다. 첫째, 인간의 감각으로는 인공적 성질을 들키지 않을 만큼 그럴듯한 생산물 만들기, 또는 둘째, 자연적 생산물보다 더욱 호감이 가는 생산물 만들기가 그것이다. 양쪽 모두의 경우에서 자연과의 경쟁은 인간의 감각기관에 호소하는 인공적 생산물의 능력으로 한정된다. 이와는 달리, 역학을 다룬 고대 저술가들은 자신들이 자연의 대상들로 하여금 비자연적인 방식으로 작용하게끔 만들고 있다고 여겼다. 그들은 물질

50 Pliny the Elder, *Historia naturalis*, bk. 21, XXII, pp. 45~46. 기예와 자연에 관한 대(大)플리니우스의 여러 언급으로는 다음을 보라. Robert Halleux, *Les alchimistes grecs*, Paris: Belles Lettres, 1981, vol. 1, p. 76.

51 실천적 역학 기예와 다른 종류의 기예들의 관계에 관해서는 다음 책의 역학 기예 관련 챕터를 보라. Summers, *Judgment of Sense*, pp. 235~65.

에 새로운 특성들을 덧붙임으로써 그 물질이 자신의 고유한 경향과는 눈에 띄게 충돌하는 방식으로 작용하도록 하고 있었다. 그들이 부여한 변화는 단지 아름다움(aisthēsis)이라는 인간의 관점뿐만 아니라 사물 그 자체의 본성이라는 관점으로도 측정되었다.

이러한 태도를 보여주는 가장 오래된 사례는 아리스토텔레스의 저작으로 여겨졌지만, 아마도 그의 사망 직후에 기록되었을 『역학 문제들』에서 찾아볼 수 있다. 『역학 문제들』의 첫 부분은, 우리가 사물의 원인을 알지 못하거나 기예가 "자연에 대항해"(para physin) 작용하도록 유도될 때, 이 모든 경우로부터 불가사의한 현상이 생산될 수 있다고 주장한다(847a1ff). 그리스 시인 안티폰[기원전 5세기]을 인용해 위-아리스토텔레스[52]는 "자연에 의해 지배당할수록 우리는 기예를 통해 극복한다(kratoumen)"고 말한다. 이처럼 기예를 통해 자연을 정복하는 사례로서 위-아리스토텔레스는 이 저작의 주된 소재인 "더 작은 것이 더 큰 것에게 승리를 거두는 경우들"에 주목한다. 그가 자연에 대항하는 것 또는 자연을 정복하는 것에 관해 말하면서 염두에 두고 있었던 바는 사물의 물질적 구성에 관한 실제 아리스토텔레스의 가르침을 통해서라야 이해될 수 있다. 아리스토텔레스가 구축했던 체계의 근본 원리는 달의 천구 아래 존재하는 모든 실체가 4원소인 불, 공기, 물, 흙으로 구성된다는 것이었다. 4원소 각각은 저마다의 자연적 장소를 갖는다. 불은 달 바로 밑의 영역을 차지하고, 공기는 불의 영역 바로 밑에서 자신만의 자연적 장소를 찾는다. 가장 무거운 원소인 흙은 지구의 중심 부분에 상응하는 우주의 중심에 자연스럽게 모이며, 물은 흙을 둘러싸고 나름의 영역을 구축한다. 각각의 원소는 자신만의 자연적 장소로 되돌아가려는 경향을 지니기 때문에, 마치 무거운 몸체를 쉽게 일으키는 기계처럼 원소들이 어디로든 가

52 [옮긴이] 어느 저작의 저자로 알려진 인물이 실제로는 그 저작을 쓰지 않았다고 의심될 경우에 '위(僞, pseudo)-'라는 수식어를 붙일 수 있다. 이 책에서는 여러 명의 '위-'저자들이 등장할 예정이다.

도록 만드는 데 특화된 기예는 '자연에 대항해' 작용한다는 결론이 뒤따른다.[53]

이와 동시에 『역학 문제들』에서는 아리스토텔레스의 네 가지 성질, 즉 따뜻함, 차가움, 축축함, 건조함이라는 개념이 차용되지 않는다는 점도 강조되어야 한다. 아리스토텔레스는 이러한 네 가지 '제1성질'이 4원소 안에 존재하며, 하나의 원소를 다른 원소로 변화시키는 수단을 제공한다고 논증한다. 불은 건조하고 따뜻하고, 공기는 따뜻하고 축축하며, 물은 축축하고 차갑고, 흙은 차갑고 건조하다. 만약 불이 건조함을 잃고 축축해지면, 그것은 공기로 변성될 것이다. 만약 불이 건조함과 따뜻함을 모두 잃는다면, 자신의 정반대인 물로 변할 것이다. 4원소 및 네 가지 성질의 작용은 『자연학』은 물론 『생성소멸론』이나 『천체론』처럼 자연에 관한 아리스토텔레스의 저작들에서 상당한 비중을 차지한다. 그러나 『역학 문제들』의 지은이가 의심의 여지 없이 깨달았듯이, 역학의 원리는 원소의 내재적 성질에 의존하지 않는다. 바로 이 지점에 우리가 고대의 역학을 이해하기 위한 기초적이고도 더없이 중요한 요점이 놓여 있다. 지렛대의 법칙은 지렛대의 물질적 구성과 무관하게 적용되며, 오로지 힘점과 받침점 사이의 거리 및 받침점과 들려 올라가는 물체 사이의 거리에 의해서만 결정된다. 이처럼 물체를 수학적으로 논하는 방식은, 그 물체가 어떤 원소로 구성되었든 그 물체를 이루는 네 가지 성질이 무엇이든 간에, 전혀 상관하지 않는다. 역시 이러한 의미에서도 역학은 '자연에 대항해' 작용하는 것처럼 보이는데, 역학의 성공 여부는 아리스토텔레스적 관점에서 비롯된 물체의 물질적 본성에 의존하지 않기 때문이다. 이와는 달리,

53 이 미묘한 주제에 관한 고찰로는 다음을 보라. Gianni Micheli, *Le origini del concetto di macchina*, Florence: Olschki, 1995, pp. 24~35. 그러나 잔니 미켈리의 박학다식한 논법은 "자연에 대항하는"(para physin) 작용이라는 개념을 오로지 무거운 물체를 들어올리는 것에 한정해 다루었다. 과학으로서의 그리스 역학이 물체의 물질적 본성이 아니라 기하학적으로 표현되는 특성들만을 다루었다는 역사적으로 중요한 사실은 그의 논의에서 중요한 부분이 아니었다.

역학은 아리스토텔레스의 네 가지 성질에 일련의 새로운 특성들을 부여함으로써 그 성질들로 하여금 각자의 자연적 성향에 매우 어긋나는 방식으로 움직이게끔 만든다.[54] 네 가지 성질을 저마다의 내부에서 결정된 목표를 향해 이끄는 방식으로 작용하지 않는다는 점에서, 역학은 목공이나 회화와 마찬가지로 완전성으로 이끄는 기예에 속하지 않는다. 게다가 회화와 목공이 네 가지 성질과는 무관한 표면적인 변화를 생산하는 것과는 달리 역학은 네 가지 성질의 작용과는 정말로 반대되는 방식으로 작용한다. 그럼에도 불구하고 기예의 세 범주 모두는 인공물(artificialia)을 생산하는 것으로 한정된다는 점에서는 서로 비슷하다. 『자연학』에서 아리스토텔레스가 침대를 예시로 들어 기예와 자연을 구별했듯이, 그림 속의 말이 그림 속의 건초를 먹음으로써 배고픔을 달랠 수 없는 것만큼이나 철로 만든 지렛대는 새로운 지렛대를 낳을 수 없다.

그러나 『역학 문제들』의 주장에는 그저 물질에 새로운 특성을 격렬하게 부여하는 것 그 이상의 무언가가 있다. 기계를 뜻하는 그리스어의 동사형인 '메카노마이'(mēchanomai)는 계략으로 속이는 행동을 의미하는 부정적인 맥락으로 자주 사용되었다.[55] 위-아리스토텔레스는 숨겨진 원인들 및 자연에 대항하는 작용에 의해 생산된 주목할 만한 경이로움에 초점을 맞춤으로써 스스로 움직이는 신상이나 동물의 복제물처럼 놀랍지만 속임수에 불과한 다이달로스의 기계 전통을 끌어들인다. 『영혼론』에서 진짜 아리스토텔레스가 강조했듯이, 다이달로스의 오토마타는 길

---

54 이것이야말로 니콜로 레오니체노 토메오를 비롯한 르네상스 시기 저술가들이 "무게와 길이는 겉으로 보이는 자연적 물질로부터 추상되었으므로" 역학은 자연에 맞서며 수학의 지배를 받는다고 논증했을 때, 그들이 의미했던 바이다. W. R. Laird, "The Scope of Renaissance Mechanics", *Osiris*, 2d ser., 2, 1986, pp. 43~68, 특히 p. 49를 보라. 레오니체노 토메오를 르네상스 시기의 저명한 의사 니콜로 레오니체노와 헷갈려서는 안 된다. Charles Lohr, *Latin Aristotle Commentaries: II Renaissance Authors*, Florence: Olschki, 1988, pp. 452~54.

55 호메로스가 '메카노마이'(mēchanomai)와 '메카네'(mēchanē)를 사용했던 방식에 관한 몇몇 사례들로는 다음을 보라. Micheli, *Le Origini*, p. 10, n. 6.

거리의 사람들에게는 살아 있는 듯 보이겠지만 실제로는 그렇지 않다. 그러나 『역학 문제들』은 경이로운 기계들을 분석하면서 논증을 새롭게 비튼다. 이전의 저작들 대부분과는 달리 『역학 문제들』은 자연을 강력하게 정복하는 것을 오히려 바람직한 목표로 설정한다. 기계를 만드는 것은 더 이상 자연을 모방하는 것이 아니라 자연을 향해 실질적인 승리를 거두는 것이다. 이러한 주장은 역학을 다룬 후대 저술가들을 통해 의미 있는 결실을 맺게 될 것이었다.

기원후 4세기 알렉산드리아의 수학 저술가 파푸스는 『역학 문제들』로부터 시작된 전통이 500년이 지나도록 여전히 영향력을 발휘하고 있었음을 보여주는 사례다. 그는 역학이 어떻게 물체를 일반적인 상태와는 반대되게 움직이도록 강제해 "자연에 대항하도록" 하는지를 확신 있게 가르쳐준다. 훗날 중세에 이르러 어떠한 종류의 수공예 작업을 의미하는 '기계적 기예'[56]라는 명칭이 사용되리라는 것을 미리 보여주기라도 하듯이, 파푸스는 역학이 엄밀한 의미에서 기계 제작뿐만 아니라 금속 가공과 가옥 건축, 목공, 회화의 영역을 포함한다고 설명한다. 모방하는 기예를 '눈속임'으로 보았던 플라톤적 전통을 되풀이하면서 파푸스는 몇몇 역학자들이 "경이로운 일꾼들"(thaumasiourgoi)이라 불린다고 덧붙인다. 이는 그들이 풀과 실로 만든 끈의 도움으로 생명력 있는 존재의 움직임을 모방하는 오토마타를 제작하기 때문이다.[57] "자연을 정복"함으로써 경이로운 것들을 생산하는 작용에 대한 동일한 강조점이 6세기의 수도사이자 저술가 카시오도루스 세나토르의 저작에서도 발견된다. 카시오도루스는

56 [옮긴이] 중세 자유인을 위한 7자유학예(artes liberalis)와 대비되는 개념으로서, 기계적 기예(artes mechanicae) 또는 통속 기예라고도 불렸다. 자유학예에 비해 열등한 분야로 간주되었다.

57 Pappus of Alexandria, *La collection mathématique*, tr. Paul Ver Eecke, Paris: Desclée, de Brouwer, 1933, vol. 2, pp. 810~11. 실제로 파푸스도 역학은 자연에 따르는(kata physin) 또는 자연에 대항하는(para physin) 물체의 운동을 가르친다고 말한다. 그러나 몇 행이 지나 그는 "이성적 역학"과 반대되는 역학 그 자체는 자연에 대항해 작용한다고 되풀이 말한다(pp. 809, 811).

보에티우스에게 보내는 편지에서 대립하는 물질들로(ex contariis) 자연을 모방함으로써 자연을 정복하려는(superare) 분야라고 역학(mechanisma)을 정의한다. 그는 덧붙여 말한다. 다이달로스로 하여금 날도록 했고 "디아나 신전의 철 큐피드가 지지대 없이 걸리도록" 만들었으며, 지금까지도 말 없는 사물이 노래하고 감각 없는 존재가 살아가며 움직이지 못하는 것이 움직이도록 만드는 분야가 다름 아닌 역학이다. 기계공은 자연의 벗이라 해도 과언이 아니며, 그가 만든 기계는 경이롭게 작용하고 자연을 너무나 아름답게 재현하기에, 그 기계는 자연의 원본보다 더 실질적인 사물이라는 점을 의심할 수 없다.[58]

카시오도루스를 통해 우리는 미노스 왕으로부터 도망치게 했던 유명한 날개뿐만 아니라 이미 플라톤의 시대에 유명했던 스스로 움직이는 신상과 오토마타를 아우르는 다이달로스의 경이로운 기계들의 이야기로 되돌아왔다. 파푸스와 카시오도루스는 생명의 모방을 역학 전통의 더없는 성취이자 자연을 정복하는 기예의 대표적인 예시로 보았던 것 같다. 그러나 이들 두 저술가는 이러한 유사 생명이 환상이라는 점도 분명하게 인식했다. 파푸스가 보기에 역학자들이 경이로운 일꾼이라면, 카시오도루스가 보기에 그들은 너무나 성공적으로 자연을 재현하므로(simulans)

---

58 보에티우스에게 보낸 카시오도루스의 편지(507년)는 다음에서 인용되었다. Peter Sternagel, *Die Artes Mechanicae im Mittelalter: Begriffs- und Bedeutungsgeschichte bis zum Ende des 13. Jahrhunderts*, Münchener Historische Studien, Abteilung Mittelalterliche Geschichte, Band II, Kallmünz über Regensburg: Michael Lassleben, 1966, p. 14. "mechanisma solum est quod illam (sc. naturam) ex contrariis appetit imitari et, si fas est dicere, in quibusdam etiam nititur velle superare. Haec enim fecisse dinoscitur Daedalum volare; haec enim ferreum Cupidinem in Dianae templo sine aliqua illigatione pendere; haec hodie facit muta cantare, insensata vivere, immobilia moveri. Mechanicus, si fas est dicere, paene socius est naturae, occulta reserans, manifesta convertens, miraculis ludens, ita pulchre simulans, ut quod compositum non ambigitur, veritas aestimetur." 이 흥미로운 편지의 영역본은 다음에서 찾아볼 수 있다. S. J. B. Barnish, *The "Variae" of Magnus Cassiodorus Senator*, Liverpool: Liverpool University Press, 1992, pp. 20~23.

그들의 작업은 부주의한 사람들에게는 진짜인 것처럼 보였다. 이와 같은 평가에 깔려 있는 분명한 통찰은, 역학은 물질 내부에서 원소의 성질을 바꾸거나 개선하기보다는 그 물질에 일련의 새로운 특성들을 부여해 주므로 역학은 아리스토텔레스적 의미에서 완전성으로 이끄는 기예에 속하지 않는다는 점이다. 나무와 철은 마치 살아 있는 듯 보이는 오토마타로 제작된 이후에도 여전히 나무와 철이다. 이것이야말로 로게루스 바코누스를 비롯한 중세 저술가들이 기계를 일컬어 "순수하게 인공적인" 것이라 칭하면서 그 기계를 자연의 힘으로써 작용하는 다른 유형의 생산물들과 대비하려 했을 때, 그들이 의미했던 바이다.[59] 아리스토텔레스의 침대처럼 기계는 순수하게 인공적인 대상이며, 자신의 고유한 종을 번식시키는 것과 같은 진정으로 독자적인 운동을 갖지 않는다. 고대의 저술가들이 관습적으로 오토마타를 회화나 조각과 동일한 범주인 모방하는 기예로 분류했던 것도 이러한 까닭이다. 결국 세 가지 유형의 기예 모두에서 인공물은 본래의 물질적 구성을 그대로 유지하며, 그 외형이 변화함에도 불구하고 재현하고자 하는 대상으로 실제로 '변화하지는' 않는다. 다이달로스의 신상과 마찬가지로 제욱시스의 포도와 뮈론의 암소는 부주의한 사람들을 우롱했겠지만, 결과적으로 그것들은 속임당한 새와 황소를 불행한 상태로 남겨두었다. 자연은 추월당했을지는 몰라도 아직 복제되지는 않았다.

고대 연금술의 등장

자연과 경쟁하기 위해 모방과 속임수를 사용하고 더 나아가 자연을 완전성으로 이끌겠다는 정신은 그리스인들과 로마인들의 특징이었다. 그들의

---

59 Roger Bacon, *Epistola de secretis operibus artis et naturae*, in Manget, vol. 1, p. 619: 로게루스 바코누스는 오로지 기예만으로(per figurationem solius artis) 작동하는 기계를, 자연에 작용하는 기예를 통한 그리스의 불[화약] 제작이나 경이로운 생명의 연장 활동과 대비한다.

아이디어 다발 속에서 고대 후기[60]에 이르러 연금술이라는 새로운 분야가 등장했다. 기예와 자연에 관한 여러 가지 어리둥절한 생각들만큼이나 이 아이디어 다발에 편승하려고 했던 연금술도 원래는 모호하고 분명치 않은 대상이었다. 그러나 결국에 가서는 기예와 자연에 관한 논쟁을 명료하게 만들어준 것은 다름 아닌 연금술이었으며, 그것만큼 사람들에게 지속적인 관심을 얻으면서 이론과 실천이 나란히 걸어왔던 분야는 고대 세계에 없었다. 인공적 세계와 자연적 세계의 관계를 재평가함으로써 과학혁명의 불씨를 지폈고, 오늘날까지도 인류가 직면한 멈춤 없는 긴급한 이슈들을 수없이 제공한다는 것이야말로 연금술이 이룬 최종 성과다. 회화와 조각, 살아 있는 듯 보이는 오토마타를 제작하는 기예와는 달리 연금술은 자연적 생산물을 재생산하되 그 안에 포함된 모든 내부 성질까지도 재생산하기를 추구했던 기예였다. 연금술의 목표는 그저 표면적인 모조품을 만드는 것이 아니었다. 의학과 마찬가지로 연금술도 '완전성으로 이끄는 기예'에 속했지만, 그 목표가 물리적 상태[건강]를 '획득'하는 것이 아니라 물리적 대상을 '창조'하는 것이었다는 점에서 의학과도 달랐다. 비록 자연을 복제하려는 연금술사들의 시도가 우선은 고귀한 금속과 보석을 제작하는 일에 집중되었다 하더라도, 그들은 궁극적으로 인간의 생명 그 자체를 복제하려는 시도에까지 가지를 뻗었다. 그들의 시도는 필연적으로 실패로 돌아갔지만, 그들은 우리에게 근대 이전의 인간 정신을 들여다볼 수 있는 비범한 통로를 투명하게 제시해주었다. 역사라는 약품으로 살균 처리된 유리를 통해 들여다보는 이미지가 전적으로 매력적이지는 않겠으나, 아마도 그 유리는 창문보다는 거울에 더 가까울 것이다.

어떠한 기준을 놓고 보더라도 연금술의 기원은 모호하지만,[61] 다만 한

---

60 [옮긴이] 고대 후기(Late Antiquity)는 '고대의 후기'라는 평범한 의미가 아니라 프린스턴 대학의 역사학자 피터 브라운(Peter Brown)에 의해 확립된 고유한 개념이다. 에드워드 기번 이래 고대 문명이 쇠락하던 시기로 여겨졌던 3~8세기를, 브라운은 새로운 혁신의 시기로 바라보도록 제안했다.

61 나는 여기서 오로지 서유럽 연금술만을 다루고자 한다. 이 분야는 기원후 초기부

가지는 분명하다. 서양의 연금술 또는 그레코-로마 이집트[62]의 기술 관련 문헌들에서 막연하게 정의된 연금술의 선구자들은 앞서 분류했던 세 가지 기예 가운데 모방하는 기예와 상당히 깊은 관련을 맺었다는 사실이다. 연금술의 초창기 형성 단계를 '원(原, proto)-연금술'이라고 부른다면, 원-연금술을 파악하는 가장 좋은 방법은 그 분야가 장식예술의 한 갈래였다고 보는 것이다. 그런데 원-연금술의 전개 과정에서 의외의 일이 벌어졌다. 언제부턴가 원-연금술사들이 자신들의 작업장에서 제작된 생산물을 그 디자인의 모델이었던 자연의 원본과 별반 다르지 않다고 여기기 시작했던 것이다. 앞서 재현예술의 영역에서 살펴보았던 대결 상황을 떠올려보자. 모든 예술가 스스로가 퓌그말리온[63]이 되어 자신이 원하는 주제를 그릴 뿐만 아니라 그 그림을 말 그대로 살아 있는 존재로 만든다고 주장하는 모습을 상상해보라. 이러한 사태가 말 그대로 장식예술 작업장의 전통에서 벌어졌다는 사실이다. 그리고 이 전통은 점차 고대 후기 그레코-로마 이집트의 연금술로 변모하게 되었다.

고대 후기의 종교에 관한 영향력 있는 학자 앙드레-장 페스튀지에르는 고대 서양의 연금술이 여러 발전 단계를 거쳤다고 논증한다. 첫 단계인 '단순 기술로서의 연금술'은 고대 이집트로부터 기원전 200년경까지

터 그리스에서 확실하게 존재했던 것처럼 중국에서도 존재했다. 그럼에도 불구하고 두 문명권은 연금술 분야를 독자적으로 발전시켜왔고, 확실치는 않지만 아마도 먼저 성립되었을 그리스 연금술은 동아시아가 아니라 서아시아로 계승되었다. 이에 관한 논의로는 다음을 보라. Robert Halleux, *Les textes alchimiques*, Turnhout: Brepols, 1979, pp. 60~64. 로베르 알뢰는 조지프 니덤의 논법을 영리하게 요약하고 비판했다.

62 [옮긴이] 그레코-로마(Greco-Roman)라는 수식어는 대개 알렉산드로스 대왕 원정 이후의 헬레니즘 시대 및 로마 제정 시대를 아우름으로써 그리스와 로마의 문화적 특성을 모두 갖는 경향을 가리킨다.

63 [옮긴이] 오비디우스, 『변신이야기』, 438~40쪽. "그는 집으로 돌아오자 곧장 자기 소녀의 상(像)을 찾아가서 침상 위로 머리를 숙이고 입맞추었소. …… 사랑하는 남자는 소망하던 것을 다시 또다시 손으로 만져보았소. 그것은 사람의 몸이었소" (제10권 280~81, 288~89행).

그림 1.1 파라오 투탕카멘(기원전 14세기)의 무덤에서 발견된 가슴 장식. 보석 및 준보석들이 채색 유리와 함께 박혀 있다.

의 시기를 아우른다. 이집트인들은 왕실 및 신전의 부속 작업장에서 금속과 보석, 유리, 염료를 전문적으로 가공했다. 기원전 14세기의 파라오 투탕카멘은 공예품과 보석으로 장식된 독특한 은닉처에 매장되었다. 그의 화려한 가슴 장식(그림 1.1)에는 금과 은을 비롯해 그럴듯한 보석처럼 생긴 채색 유리는 물론, 옥수(玉髓)와 홍옥(紅玉), 방해석(方解石), 청금석(青金石), 터키석, 흑요석(黑曜石)과 같은 준(準, semi)보석들이 결합되어 있었다.[64] 무덤 안에서 '장밋빛'이 나는 금으로 제작된 여러 가지 단추들(도판 1)

도 발견되었다. 그 단추들은 보석과 염화철의 합금이었는데, 이집트의 보석 세공인들이 자연에서는 발견되지 않는 붉은 표면을 만들기 위해 열처리 가공을 했던 결과물이었다.[65] 이처럼 화려하고도 숙련된 기술이 자연적 생산물을 모방하거나 심미적으로 개선하는 것이 아니라 실제로 복제하는 것이라고 여겨졌을 아무런 근거가 없다.[66] 이러한 고대 원-연금술의 이면에 놓인 태도를 보여주는 가장 강력한 근거가 기원후 4세기 이집트에서 제작된 두 편의 파피루스에 담겨 있는데, 현재 그것들 각각을 소장하고 있는 도서관의 이름에 따라 레이덴(Leiden) 파피루스와 스톡홀름(Stockholm) 파피루스라고 부른다. 파피루스 자체는 후대에 필사되거나 제작되었지만, 여기에 묘사된 기술 레시피들은 아마도 연금술 역사의 가장 초기의 단계를 반영할 것이다.

레이덴 파피루스와 스톡홀름 파피루스는 자연적 생산물을 모방하는 작업에 초점을 둔 다양한 범위의 기술 과정을 묘사한다. 물론 인공적인 금과 은을 제작하는 레시피도 여럿 발견되지만, 두 파피루스는 직물 염료의 제작 및 가짜 보석의 제조에도 상당한 관심을 보인다. 놀랍게도 여기에는 자연적 생산물을 모조품으로부터 구별해내기 위한 다양한 분석 시험도 열거되어 있다.[67] 두 파피루스에서 가장 놀라운 부분은 모방 행위 그 자체를 향한 태도다. 비록 황금 제작(poiēsis chrysou)이나 은 제작(poiēsis argyrou)을 가리키는 용어들이 등장하기는 해도, 이 레시피가 고귀한 금속과 유사한 것을 만드는 데 만족하지 않고 진짜 금과 은을 만들고자 의도했는지는 어떤 식으로도 분명하지 않다. 여러 사례를 통한 근

64 [옮긴이] 지은이는 파피루스의 단어를 직접 인용하지 않았기 때문에, 그가 사용한 영어 단어만을 가지고 여기에 나열된 여러 종류의 보석이 실제로 무엇이었는지를 재구성하기는 어렵다는 점을 감안해야 한다.

65 Jack Ogden, *Jewellery of the Ancient World*, New York: Rizzoli, 1982, pp. 82, 18.

66 A. J. Festugière, *La révélation d'Hermès Trismégiste*, Paris: J. Gabalda, 1944, vol. 1, pp. 219~23.

67 Robert Halleux, *Les alchimistes grecs*, Paris: Belles Lettres, 1981, p. 52.

거로 보아 실제 결론은 그 반대에 가깝다. 어느 한 레시피는 금과 "유사하게 보이는"(phainesthai) 구리를 만드는 것이 목표임을 뚜렷하게 제시하며, 심지어 그 생산물이 분석가의 돌이든 시금석이든 그 어느 시험으로도 발각되지 않을 것이라고 확신 있게 말한다. 레시피 편집자는 이러한 "모사"(phantasia)가 반지 제작에 가장 효과적일 것이라고 덧붙인다.[68] 다른 어느 레시피는 동일한 표현으로 수정 바위를 준보석인 옥수가 "된 것처럼 보이도록"(phainesthai) 만드는 비법을 제시하며, 또 다른 레시피는 모직물을 "진짜처럼 보이도록 할"(dokein alēthinon) 염료를 만드는 비법을 전수한다.[69] 황금 제작법을 담은 어느 레시피는 비록 최종 산출물이 적어도 약간의 진짜 금을 포함하고 있는 까닭에 다른 레시피들과 동일한 수준의 부정 행위를 저지른 것은 아니지만, 실제로 '황금 속임수'(chrysou dolos)라고 불린다. 이 레시피의 비법이란 진짜 황금을 철과 합금해 무게를 늘림으로써 황금을 '배가'(倍加)하는 것에 불과하다.[70] 레이덴 파피루스의 어느 비슷한 레시피는 대놓고 "황금은 위조된다"(Doloutai chrysos)는 문구로 시작하면서 위조의 비법을 제안한다.[71] 니콜로[72]나 에메랄드처럼 보이도록 세공된 채색 유리로부터 자연 그대로의 벽옥(碧玉)을 모방한 붉은색 유광 도자기에 이르기까지(도판 2~3), 현재 남아 있는 사례로 제시된 이러한 레시피들이 고대의 보석 및 장신구 모조품 시장의 수요를 만족시키기 위해 작성되었다는 주장에는 일리가 있다.

레이덴 파피루스와 스톡홀름 파피루스의 편집자들이 자신들의 수공예품을 진짜가 아닌 모조품으로 여겼다는 분명한 근거가 있음에도 불구하고, 모조품과 자연적 생산물의 유사성을 강조하는 레시피 사례들도

68 Halleux, *Alchimistes grecs*, 94. 로베르 알뢰는 이와 같은 여러 예시들을 수집했다(p. 29).

69 Halleux, *Alchimistes grecs*, pp. 116, 146.

70 Halleux, *Alchimistes grecs*, pp. 88, 117.

71 Halleux, *Alchimistes grecs*, p. 104.

72 [옮긴이] 대응하는 우리말 단어를 찾기 어려운 보석이어서 그대로 음역했다.

적지 않다. 스톡홀름 파피루스의 '에메랄드 제작' 레시피는 그 생산물이 "자연적인 것과 동일한"(homoion tē physei) 돌일 것이라고 말한다.[73] 다른 레시피는 심지어 "자연적인 것보다 더 나은"(hyper ton physikon) 진주 제작 과정을 묘사한다.[74] 레이덴 파피루스의 은 제작 레시피는 놋쇠와 비소의 혼합물을 묘사하면서 "참으로 은보다 더 나을"(pros aletheian kreissōn asēmou) 것이라고 말한다.[75] 이처럼 확신 있는 표현들은 대(大)플리니우스의 『박물지』에 나타난 태도와 동일한데, 그는 인간이 만든 향료와 염료가 그것들이 따랐던 자연의 원본을 "정복했노라"고 선언했기 때문이다.[76] 그의 주장은 자연적인 것과 인공적인 것이 동일하다는 의미가 아니라 인공적인 것이 적어도 인간의 목적에 비추어 본다면 자연적인 것과 동등한 수준이거나 어쩌면 더 우월할 수도 있다는 의미다. 이와 유사한 주장이 오늘날에도 마가린으로부터 인조 모피를 아우르는 인공 제품들을 광고하기 위해 펼쳐진다. 이 또한 인공적인 생산물이 자연 세계의 원본과 동일하다는 주장과는 거리가 먼 외침이다. 그러나 레이덴 파피루스와 스톡홀름 파피루스가 필사되었던 시기 전후로, 다른 어떤 연금술사들은 자신들이 자연적 생산물을 재현하는 것이 아니라 똑같이 복제하고 있다는 뚜렷한 주장을 펼치고 있었다.

페스튀지에르의 연대기에 따르면, 고대 연금술의 전망은 대략 기원전 200년부터 기원후 100년 사이에 변화하기 시작했는데, 이 시기에 이집트인들의 단순 기술 레시피는 당대에 관심을 끌던 주제, 즉 서로 다른 실체들끼리의 '공감'과 '반감'이라는 주제와 뒤섞였다. 이 새로운 분야[연금술]의 기술 기반은 과거[장식예술]와 크게 다르지 않았지만, 이제 레시피가 제시하는 설명은 당시 널리 유행하던 특수한 자연철학적 용어들로 채워

73 Halleux, *Alchimistes grecs*, p. 116.

74 Halleux, *Alchimistes grecs*, p. 116.

75 Halleux, *Alchimistes grecs*, p. 103.

76 Pliny the Elder, *Historia naturalis*, bk. 21, XXII, pp. 45~46.

졌다. 이 용어들을 통해 연금술이 표면의 변화보다 더 깊은 차원에서 정말로 실재를 변화시킬 수 있다는 주장이 등장하기 시작했다. 이처럼 새로운 장르의 연금술이 확립되었던 데에는 전통적으로 잘 알려지지 않은 어느 인물의 기여가 있었다. 이집트의 멘데스(Mendes, 지금의 텔 티마이 엘 암디드[Tell Timai el Amdid]) 출신이었던 볼로스는 아마도 자신을 '데모크리토스주의자'[77]로 여겼던 것 같은데, 현재 그의 확실한 저작은 남아 있지 않다. 그리스의 연금술 문헌 가운데 하나로서 '데모크리토스'를 저자로 내세운 단편 『자연과 신비』가 볼로스의 잃어버린 저작에 근거했을 가능성이 있지만, 이 작품은 실제로는 기원후 4세기에 저술되었거나 개작되었을 것이다.[78]

이처럼 고대 이집트의 화학 기술에 그리스의 철학적 아이디어가 접목된 결실은, 그러나 한동안은 나타나지 않았다. 비로소 그 결실을 풍성하게 거둔 인물은 수많은 저작을 남긴 신비스러운 연금술사 조시모스였는데, 그는 상(上)이집트의 파노폴리스(Panopolis, 지금의 아크밈[Akhmim]) 출신이었음이 분명하며 기원후 300년 전후로 활약했다.[79] 조시모스는 그리스의 헤르메스 문헌을 비롯해 다양한 종류의 영지주의[80] 문헌에 등장하

---

77 [옮긴이] 고대 그리스의 원자론자들을 가리킨다.

78 Festugière, *La révélation*, vol. 1, pp. 224~38. 비록 논쟁적이지만 볼로스의 고전적인 논법으로는 다음을 보라. Max Wellmann, "Die *φυςικά* des Bolos Demokritos und der Magier Anaxilaos aus Larissa", *Abhandlungen der Preussischen Akademie der Wissenschaften, Teil I, Phil-Hist. Klasse 7*, 1928, pp. 1~80. 막스 벨만에 대한 최근의 논의와 비평으로는 다음을 보라. Matthew W. Dickie, "The Learned Magician and the Collection and Transmission of Magical Lore", in David R. Jordan, Hugo Montgomery, and Einar Thomassen, *The World of Ancient Magic: Papers from the First International Samson Eitrem Seminar at the Norwegian Institute at Athens, 4–8 May 1997*, Bergen: Norwegian Institute at Athens, 1999, pp. 163~93.

79 Michèle Mertens, *Les alchimistes grecs: Zosime de Panopolis*, Paris: Belles Lettres, 1995, vol. 4, p. xvii.

80 [옮긴이] 영지주의(Gnosticism)는 일반적으로 초기 그리스도교 역사에서 예수 그리스도의 육체성을 부인한 이단 종파로 알려져 왔지만, 실제로는 그리스도교 발생

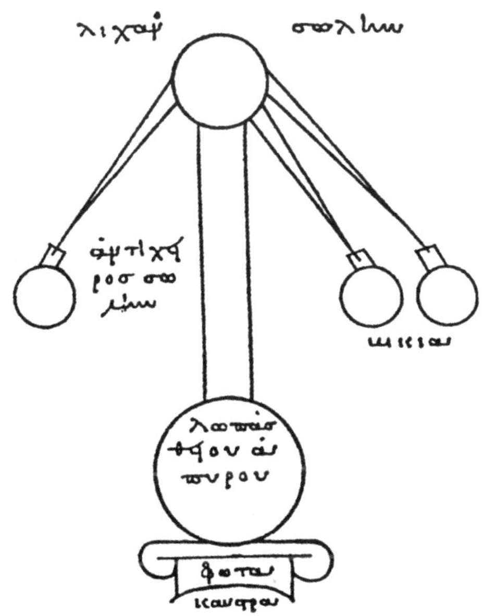

그림 1.2 그리스의 연금술 필사본에 실려 있는 세 개의 도관이 달린(tribikos) 증류기.
출처: *Marcianus graecus*, 299, fol. 194v.

는 신화적 인물 헤르메스 트리스메기스투스[81]가 내렸다는 계시에 정통했다. 조시모스와 그의 자료를 통해 우리는 위-데모크리토스 및 후기 스토아학파의 철학적 견해들과 결합된 종교적 모티프를 발견하게 되는데, 이 견해들 모두는 앞서 레이덴 파피루스와 스톡홀름 파피루스의 레시피가 제시했던 기술 기반을 해명하는 데 사용되었다. 조시모스에게서는 자연적 생산물을 재현하려는 목표가 더 이상 등장하지 않는다. 그가 바라보았던 연금술은 자연 그 자체가 불완전한 상태로부터 쇄신된 상태로 나아

의 배경이 되었던 서아시아 지중해 연안 지역의 토착적 세계관으로 이해하는 것이 더 타당하다.

81 [옮긴이] 헤르메스 트리스메기스투스(Hermes Trismegistus: 삼중으로 가장 위대한 자)는 이집트의 신(神) 토트와 그리스의 신 헤르메스가 결합된 헬레니즘 시대의 신화적 캐릭터였다. 그가 서유럽에 알려지게 된 것은 그가 썼다고 알려진 『에메랄드 평판』(*Emerald tablet*)이 소개되면서였는데, 이 짧은 문헌은 연금술의 역사에서 가장 중요한 경전이 되었다.

갈 수 있도록 만들어주는 수단이다. 조시모스의 관점은 그가 증류 및 승회[82] 장치를 묘사했던 기록에서 가장 잘 드러난다. 실제로 그의 저작에는 고대 세계 최초의 증류 장치가 묘사되어 있다(그림 1.2). 그가 보기에 증발이란 물체가 반(半, semi)물질 상태의 프뉴마[83]로 변환되는 과정 또는 프뉴마가 물체 내부에 붙잡혀 있다가 해방되는 과정을 의미했다. 그의 관점은 스토아 철학의 물질 이론과 일치하며,[84] 프뉴마는 광택, 활성도, 색깔의 원리이자 사실상 생명 그 자체의 원리다.[85] 따라서 증류기와 승화기는 연금술사에게 심오한 구원론적 의미를 가져다주는데, 이 기구들을 통해 연금술사는 프뉴마를 물질의 감옥으로부터 해방할 수 있기 때문이다. 연속적인 꿈과 해몽을 기록해놓은 조시모스의 기이한 작품인 『덕에 관하여』는 첫 부분에서 영혼론(pneumatology)의 용어를 사용해 연금술에 관한 하나의 정의를 내린다.

> [용기 안에서] 용액의 자리 잡음, 움직임, 성장, 탈육체화, 재결합, 육체로부터 프뉴마의 분리, 본성이 이질적이지 않은 프뉴마와 육체의 결속. 반면에 자연 그 자체는 그저 홀로 금속처럼 단단한 껍질 속에 식물의 즙을 가두어놓는다.[86]

---

82 [옮긴이] 증류(蒸溜, distillation)와 승화(昇華, sublimation)는 연금술의 오래된 기법이었다. 증류는 혼합 용액을 가열하여 끓는점 차이를 이용해 각 성분을 분리하는 기법이며, 승화는 고체를 곧장 기체로 변화시키는 기법이다.

83 [옮긴이] 프뉴마(pneuma)는 숨, 공기, 영혼을 의미하는 그리스어로 고대의 철학 및 종교에서 그 의미 면적이 매우 넓은 단어였다.

84 [옮긴이] 프뉴마가 물체 내부에 스며들어 있다는 생각은 스토아 철학의 이론과 비슷하지만, 프뉴마를 물체와 분리할 수 있다는 사고는 영지주의적이다. 조시모스에게서 이 두 가지 사고가 공존할 수 있었는지에 관한 문제를 지은이가 공들여 고민한 것 같지는 않다.

85 A. J. Festugière, *Hermétisme et mystique païenne*, Paris: Aubier-Montaigne, 1967, pp. 238~40.

86 Mertens, *Zosime*, vol. 4, p. 34. 나는 주로 메르텐스의 번역을 따랐고 약간의 수정을 가했다. 이 모호한 단락에 대한 메르텐스의 유용한 해설을 보라(pp. 214~15).

모든 면에서 애매모호해 보이는 위 인용문에서 한 가지가 분명하게 떠오른다. 조시모스가 물질적 실체라는 틀 속에 갇힌 프뉴마를 해방하는 것이야말로 연금술의 목표라고 여기는 한, 이야기는 아직 끝나지 않는다. 아마도 프뉴마가 해방되어 정화된 이후에는, 그 프뉴마는 물체와 다시금 결합해야 하기 때문이다. 조시모스는 다른 저작에서 이를 설명하기를, 물체는 치료받아 재활성화되기 전에 먼저 물리적 죽음을 경험해야 한다고 말한다.[87] 이렇게 물질의 작용 과정을 설명함으로써 연금술은 자연을 모방하는 것이 아닌 자연 그 자체를 변형히는 방법을 드러낸다.

조시모스도 가끔은 자연의 근본적인 변형이라는 자신의 목표를 사실적이고도 맹렬한 언어로 표현한다. 『덕에 관하여』에서 조시모스는 끓는 물로 가득 찬 플라스크를 보았던 꿈을 묘사한다. 용기 속에서 산 채로 삶아지고 있는 "셀 수 없이 많은 군중"이 꿈틀대고 신음한다. 그들 또한 프뉴마로 변성되는 과정을 견뎌내야만 하기에 이러한 "형벌"(kolasis)을 겪고 있다. 꿈에서 깨어난 조시모스는 그 꿈을 연금술의 알레고리로 판단하고서 기예의 방법에 관한 몇몇 일반적인 의견들로 해설을 마무리한다. 여기서 그의 논의의 초점은 형벌을 겪는 사람들로 의인화된 개별적인 반응 물질들로부터 자연 전체가 당하는 고문으로 이동한다. 그는 이렇게 논증한다. 연금술사가 성공하려면 자연(physis)이 "강제로 탐구되어야"(ekthlibomenē pros tēn zētēsin) 하며, 그로 인해 "고통당하는"(talaina) 자연은 형벌을 통해 영적으로 변화될 때까지 계속해서 견뎌야 한다.[88] 미셸 메르텐스가 『덕에 관하여』에 대한 탁월한 주석에서 지적했듯이, 의인화된 자연은 자신의 상태가 변화되기를 원할 수밖에 없도록 "혼란"의 상태로 떠밀린다. 그러면 연금술사는 자연을 촉진해서 죽음의 한계에 다다를 때까지 여러 가지 중간 상태를 거쳐가도록 한다. 오로지 이러한 방법으로만 자연은 프뉴마로 변화되어 연금술 작업에 적합한 상태에 도달

87 Mertens, *Zosime*, vol. 4, p. 215.

88 Mertens, *Zosime*, vol. 4, pp. 40~41.

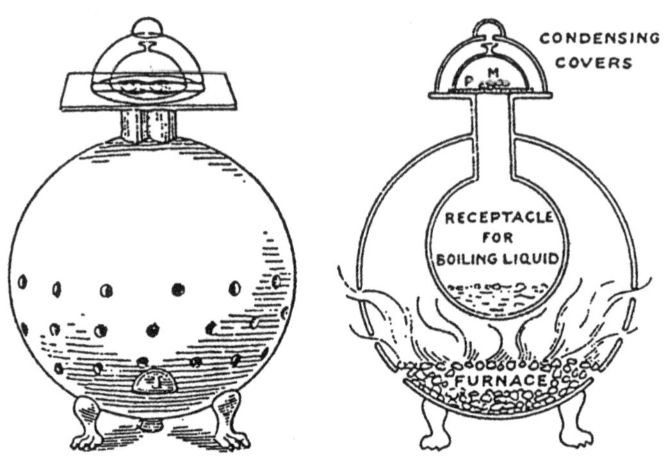

그림 1.3 셰어우드 테일러가 그린 승화기(케로타키스)의 복원도.
출처: *Marcianus graecus*, 299, fols. 112r, 195v.

한다.[89]

조시모스에 따르면, 프뉴마를 향한 작용 과정의 목표는 진정한 변성을 겪은 금속을 획득하는 것이며, 이렇게 얻은 금속은 레이덴 파피루스와 스톡홀름 파피루스가 제시했던 표면의 변색이나 합금 결과물과는 전혀 다르다. 조시모스는 물체를 프뉴마로 변화시키는 증류 기구뿐만 아니라 케로타키스(kērotakis) 또는 '화가의 팔레트'(그림 1.3)라고 부르는 개별 도구에 관해 언급한다.[90] 아마도 케로타키스라는 명칭은 납화 기법[91]으로 그림을 그리는 화가가 양초에 색소가 스며들도록 불로 녹이기 위해 받치는 접시로부터 파생되었을 것이다. 그러나 조시모스의 케로타키스는 열원 위에 놓아둔 금속 접시와는 매우 다른 그 무엇이다. 그것은 유황이나

89 Mertens, *Zosime*, vol. 4, pp. 224~25.

90 Mertens, *Zosime*, vol. 4, pp. cxxx~clii.

91 [옮긴이] 밀랍(蜜蠟)을 불로 녹인다는 의미의 납화(蠟火, encaustic)는 양초와 색소를 녹여 섞은 물감을 그림의 재료로 사용하는 기법이다.

황화비소 같은 물질을 승화하는 데 사용되던 복잡한 용기였을 것이다. 승화된 물질의 수증기 위로 금속 접시 또는 판이 적절히 고정되면, 조시모스가 프뉴마로 여기는 승화된 실체가 점차 금속의 본체 속으로 스며든다. 두 파피루스에 제시되었던 기술에 이와 같은 도구의 사용이 도입되면서 조시모스가 프뉴마와 물체의 필수적인 결합으로 해석했던 급진적인 변화가 금속의 색깔과 속성에서도 일어날 수 있게 되었다.

조시모스와 이후 연금술사들의 저작에서 우리는 인간 기예에 관한 고대의 다른 전통들과는 근본적으로 구별되는 하나의 태도를 발견하게 된다. 화가와 조각가의 고전적인 꿈은 자연을 시각적으로 완벽하게 모방하는 것이었지만, 이러한 모방이란 단지 표면상의 변화일 뿐이었다. 이는 또한 레이덴 파피루스와 스톡홀름 파피루스를 제작했던 숙련공들의 태도였다고 말해도 무방하다. 그들의 소망은 구경꾼의 눈과 심지어 분석 시험가의 눈까지도 속이려는 것이었지, 물질의 본성을 근본적인 방식으로 바꾸려는 것은 아니었다. 화가와 조각가는 원본을 추월해 자연의 어떠한 모델보다도 더 아름다운 재현을 이뤄냄으로써 자연에 "도전하는 것" 또는 자연을 "능가하는 것"이라는 표현을 전형적으로 사용했을 것이다. 이 표현은 고대의 향료 제작 레시피나 레이덴 파피루스와 스톡홀름 파피루스의 편집자들에 의해 공유된 언어였다. 다른 한편으로 고대의 기술자들은 기계의 도움을 받아 자연을 직접 "정복하는 것"이라는 특징적인 표현을 사용했지만, 그들도 지레와 도르래, 윈치, 톱니바퀴를 가지고 하나의 실체를 다른 실체로 변화시키려는 꿈을 꾸지는 않았다. 인간이 만든 기계 장치가 천상의 구(球)를 모방했다고 논증함으로써 기계와 자연의 유사함을 강조했던 비트루비우스의 사례는 오히려 역학의 역사에서는 희귀한 사례였다.[92]

---

92 Micheli, *Le origini*, pp. 96~97. 기계에 대한 비트루비우스의 견해가 이처럼 경시되었던 경향이 후대의 건축 관련 자료들에서도 유지되었음을 살펴보는 일은 흥미로울 것이다. 하지만 미첼리는 역학에 관한 논법들을 다루는 데 그쳤다.

물질의 근본적인 본성을 바꾸겠다는 조시모스와 당대 연금술사들의 주장은 동일한 지리적 기원을 가지면서 시기는 약간 앞서는 고대 후기의 철학적 마법인 강령술(theurgy)의 아이디어와 어느 정도 유사했다. 강령술사의 한 가지 목표는 생기 없는 물질을 활성화함으로써 의례(telestikē)의 도움을 받아 신상의 모양 속에 생명을 불어넣는 것이었다. 헤르메스 트리스메기스투스의 유명한 작품 『아스클레피오스』[93]에 따르면, 마법사는 다른 물질과 교감하거나 특별한 신성에 반응하는 다양한 물질들을 모을 수 있다. 마법사의 목표는 이러한 초월적인 존재들을 끌어다가 신상 속에 주입해 그 신상으로 하여금 신탁의 말을 내뱉게 하거나 기이한 묘기를 부리게끔 하는 것이다. 고대의 연금술과 마찬가지로 강령술은 활동의 원리를 분유(分有)함으로써 물질을 근본적인 방식으로 바꿀 수 있다고 주장했다. 그러나 이와 같은 마법의 존재 이유가 자연적 생산물의 복제는 아니었다. 오히려 강령술사의 종착점은 물질적 세계 너머 지성의 영역에 거주하는 형상적 존재들과의 의사소통이었다. 강령술의 관점으로는 자연적 생산물을 복제하겠다는 연금술의 목표가 그저 참된 방향으로부터 벗어난 저열한 일탈 행위처럼 보였을 것이다.[94] 이러한 점에서 보자면, 조시모스의 연금술은 결코 완전히 끊어진 적은 없었던 탯줄, 즉 이집트 장식 예술 작업장의 전통으로부터 비롯된 자신의 뿌리를 배반하고 말았던 셈이다.

---

93 [옮긴이] 아스클레피오스는 의술의 신으로 격상된 그리스의 영웅으로서 헬레니즘 시대에 대중적인 숭배의 대상이 되었다. 헤르메스 문헌에서 아스클레피오스는 주로 헤르메스 트리스메기스투스로부터 가르침을 받는 캐릭터로 등장한다.

94 E. R. Dodds, *The Greeks and the Irrational*, Berkeley: University of California Press, 1951, pp. 283~311[주은영·양호영 옮김, 『그리스인들과 비이성적인 것』, 까치, 2002]; Sarah Iles Johnson, *Hekate Soteira: A Study of Hekate's Roles in the Chaldean Oracles and Related Literature*, Atlanta: Scholars Press, 1990, pp. 76~110; Brian P. Copenhaver, trans., *Hermetica: The Greek "Corpus Hermeticum" in a New English Translation*, with notes and introduction by Copenhaver, Cambridge: Cambridge University Press, 1992, pp. 80~81, 90~91. 또한 다음을 보라. Kris and Kurz, *Legend, Myth, and Magic*, pp. 79~80.

레이덴 파피루스와 스톡홀름 파피루스의 원-연금술 및 고대 눈속임 예술가들의 시각적 미메시스와 밀접하게 연결되어 있었음에도 불구하고, 조시모스와 그의 후예들의 연금술은 다른 종류의 기예들과는 달리 의학 분야와 가까운 영역으로 진입했다. 연금술사들과 마찬가지로 의사들도 자연적 사물 안에 있는 형상을 '완전성으로 이끄는' 작용에 관해 말했다. 그러나 갈레노스의 전통은 균일한 혼합물을 만드는 작용에서는 인간의 능력이 자연을 따라갈 수 없다고 주장하면서, 이 영역에서 인간이 성취할 수 있는 수준에 엄격한 한계를 두었다. 금속의 복제는 확실히 불가능의 영역으로 여겨졌는데, 이는 아리스토텔레스와 그의 무수한 추종자들이 수많은 자연적 생산물과 더불어 금속을 균일한 실체로 분류했기 때문이다(『기상학』 제4권 제10장, 388a10-20). 이미 고대 후기에 이르면, 초월적이지 않은 방법으로 물질의 심층 구조를 바꿀 수 있다는 주장을 추종하는 사람들에 의해 연금술은 특권적인 지위에 올라 있었다. 황금변성 기예를 중심 주제로 삼아 형성된 논쟁적인 저작들을 통해 이후 수세기에 걸친 논의의 초점을 이루었던 것이 바로 이 주장이었다. 바로 이 주장 위에서, 감각을 속임으로써 자연을 모방하겠다는 주장을 뛰어넘어 모든 부분에서 자연을 복제하겠노라고 주장하는 분야가 자리매김했다. 연금술사들은 이제껏 어디에도 없던 새로운 금과 보석, 광물을 창조하려고 했기에, 연금술 반대자들이 보기에 연금술사들의 주장은 자신들을 신에 버금가는 존재로 만들려는 것과 같았다. 오늘날에도 일반적으로 유전공학의 선구자들을 향해 들려오는 '마치 자신이 신인 듯 행동한다'라는 비난은 자연 세계의 질서를 바꾸려 했던 중세 사람들에게도 이미 들려왔던 비난이었다.

제2장

연금술과 기예-자연 논쟁의 역사

가지 뻗을 준비를 마친 연금술

자연주의적 그리스 예술의 출발점이었던 뮈론의 시대로부터 기원후 시대 초기까지, 자연과의 경쟁이라는 주제는 폭넓고 다양하게 사용되었다. 인간의 눈을 속임으로써 또는 자연의 능력과 겨루기 위해 자연 세계의 어느 모델보다도 미학적으로 더욱 호소력 있는 대상을 생산함으로써 자연과 동등해지겠다는 주제는, 기술자들이 제작했던 향료로부터 '완벽한' 여성을 그리기 위해 여러 신체의 특징들을 조합했던 제욱시스의 작품에 이르기까지 풍부하게 반복하여 등장했다. 고대의 기계공들도 이 주제를 채택했다. 기원전 3세기의 위-아리스토텔레스로부터 대략 600년 후 알렉산드리아의 파푸스까지, 기계공들은 기계라는 수단을 통해 자연 세계를 '정복'할 수 있다고 강조해왔다. 비록 4원소의 자연적 경향을 바꿀 수는 없더라도, 그들은 도르래와 지레, 톱니바퀴와 같은 간단한 기계로 이전에는 없던 결과물을 생산해낼 수 있었다. 이와는 또 다른 결과의 사례로서, 마법은 천상의 힘을 물리적 물체에 이식함으로써, 의학은 인간의 몸을 병으로부터 벗어나게 하여 건강함으로 이끎으로써, 농업은 씨앗을 정성 들여 재배하고 경작함으로써, 자연적인 것을 더욱 탁월한 완전성으로 이끌 수 있다고 여겨졌다. 연금술사들도 자신들의 기예가 자연을 완전성으로 이끄는 능력을 가졌다고 주장했는데, 그들의 주장은 다른 종류의 기예들과는 매우 다른 차원에 있었다. 다른 분야들과는 달리, 늦어도 기원후 시대 초기부터 연금술은 평범한 물질을 그보다 훨씬 더 가치 있는 전혀 다른 물질로 변환하는 것을 핵심적인 탐구 주제로 삼았다. 기술의 성취를 통해 자연을 모방하거나 자연을 완전성으로 이끌겠다는 한 쌍의 주제는 아리스토텔레스의 『자연학』에서는 잠정적으로나마 별개의 영역으로 다뤄졌지만, 연금술 논저들은 이들 둘을 섞어 하나의 일관된 기획을 지닌 분야로 확립했다. 자연 세계의 생산물을 단지 모방하는 것이 아니라 그것과 대결하겠다는 연금술사들의 주장은, 독특하고도 설득력이 있어서 사람들의 주목을 끌지 않을 수 없었다. 이 장(章)에서는 자연에 맞서는 인간 기예의 능력에 관한 광범위하고도 활발한 논쟁의 핵심 속으로 어떻게 연금술이 점차 자리를 잡게 되었는지 살펴볼 것이다. 다른 어떤 주제와도 다르게 연금술은 중세와 근대 초 사람들 모두에게 자연과학과 기술의 도덕적이고도 존재론적인 한계를 깊이 성찰하게끔 하는 초점을 제시했다.

조시모스의 저작에서 볼 수 있었듯이, 기원후 시대 초기의 연금술 논저 저자들은 자연적 생산물을 모방할 뿐만 아니라 그것을 복제해야 한다고 주장하고 있었다. 레이덴 파피루스와 스톡홀름 파피루스의 비법에 따라 제작된 보석과 금속이 누렸던 애매한 지위는, 기본 금속[1]을 진짜 금과 은으로 변환할 수 있다는 연금술사들의 무르익은 주장으로 이양되었다. 그리스 문헌 및 그에 따른 레시피들은 복잡한 전승 과정을 통해 시리아어와 아랍어로 번역되었고, 그것들은 근대 학문이 아직도 미처 다 연구하지 못하고 있는 대량의 전집으로 확충되었다. 12~13세기에 이르러 상

1 [옮긴이] 고대 야금술 전통에서 기본 금속은 일곱 금속, 즉 금, 은, 구리, 수은, 주석, 철, 납을 가리킨다. 이 전통은 점성술과 결합해, 주요 행성이 기본 금속의 탄생에 관여한다는 사고가 이어져 내려왔다(예를 들어 태양은 금, 달은 은, 금성은 구리, 수성은 수은, 목성은 주석, 화성은 철, 토성은 납). 기본 금속을 금으로 바꾼다는 표현에서는, 당연하게도, 기본 금속의 범주에서 금은 제외된다.

당한 숫자의 아랍어 연금술 문헌들이 라틴어로 번역된 덕분에, 중세 성기[2]에는 연금술만을 위한 독특한 연구 방법이 발전할 수 있게 되었다. 앞으로 살펴보겠지만, 중세 성기 및 중세 후기의 스콜라주의 학자들은 자연적 생산물을 복제하겠다는 연금술의 주장이 지닌 독특성을 명민하게 포착했다. 실제로 연금술의 주장은 중세로부터 시작되어 17세기까지 지속된 자연적 생산물과 인공적 생산물의 지위에 관한 원숙한 논의로 이어졌고, 심지어 오늘날까지도 영향을 끼치고 있다. 이 논의는 눈에 잘 띄지 않는 스콜라주의적 논쟁의 영역에만 머물지 않고 연금술의 실천적 문헌들 가운데 생생하게 등장했으며, 심지어 속어 문학 작품들에도 스며들어 대중의 상상력이 발휘될 가능성을 열어놓았다. 이 장(章)은 이처럼 풍부하고도 복잡다단한 역사적 주제의 도입 부분을 다루겠지만, 그간 이에 관한 학문적 논의가 거의 없었던 까닭에 그 논의의 깊이를 측량하기란 거의 불가능하다.

연금술의 정당성을 둘러싼 논의는, 인간의 기예 일반을 깊이 성찰하기 위한 초점을 제시해준다. 기예는 언제나 자연에 대한 불완전한 모방에 그칠까? 아니면, 인간 존재는 진정으로 자연적 생산물을 재창조할 수 있을까? 연금술사들의 주장은 인간을 신과 동급인 창조주로 승격함으로써 신의 능력을 침범하는 것일까? 만약 인간이 이와 같은 고결한 능력을 가진다면, 이는 신, 천사들, 악마들로 구성된 중세 판테온과 우리 인간 사이의 초자연적 존재들에 관하여 무엇을 말해줄까? 이 초자연적 존재들은 새로운 실체를 창조하는 신의 능력을 나누어 가질까? 특히 연금술사들이 악마의 도움을 받아 놀라운 재주를 부리는 일이 가능할까? 만약 그렇다면, 이는 마녀들도 마법을 목적으로 물질적 물체들을 변화시키고 변형할 수 있음을 의미할까? 만약 연금술사들이 자신들의 능력에 종지부

2 [옮긴이] 중세 성기(中世盛期, High Middle Ages)는 대개 11세기부터 13세기의 서유럽 세계를 가리키는 용어이며, 지은이도 동일한 용법을 사용하고 있다. 중세 성기 이전을 중세 초기, 이후를 중세 후기로 지칭한다.

를 찍을 만큼 귀중한 금속을 만들어낼 수 있다면, 심지어 생명 그 자체의 복제도 시도될 수 있을까? 그렇다면 창조주가 만들어놓은 생명을 어쩌면 개선할 수도 있을까? 인간이 기본 금속을 어루만져 자연의 금보다 더 좋은 금을 만들어내는 방식으로, 자연적 인간보다 더 나은 인간 존재를 만들 수도 있을까? 이를 비롯한 수많은 질문이 연금술 논쟁으로부터 샘솟았다. 마치 멀어져가는 길 위로 떠오르는 어렴풋한 아지랑이가 세상의 모습을 기이하게 왜곡하듯이, 이 책의 제2장과 제3장은 연금술로부터 비롯된 질문들이 다른 분야의 기예들로 가지를 뻗어나가는 모습까지도 조망할 것이다. 기예-자연 논쟁이 서유럽 문화 전반에 끼쳤던 영향을 밝히는 것이야말로 이 책의 목표이기 때문이다.[3]

연금술을 향한 아랍 철학자들의 공격

연금술과 관련된 기예-자연 논쟁은 아랍의 자료들에서 처음으로 공식화되었다. 이슬람 과학의 여명기에 활동했던 화려한 박식가 야쿠브 이븐 이

---

3 이 주제에 관한 다른 연구들로는 다음을 보라. Chiara Crisciani, "La 'quaestio de alchimia' fra Ducento e Trecento", *Medioevo* 2, 1976, pp. 119~65; William R. Newman, "Technology and Alchemical Debate in the Late Middle Ages", *Isis* 80, 1989, pp. 423~45; Michela Pereira, "L'elixir alchemico fra artificium e natura", in *Artificialia: La dimensione artificiale della natura umana*, ed. Massimo Negroti, Bologna: CLUEB, c. 1995, pp. 255~67; Barbara Obrist, "Art et nature dans l'alchimie médiévale", *Revue d'histoire des sciences* 49, 1996, pp. 215~86; Crisciani, *Il papa e l'alchimia: Felice V, Guglielmo Fabri e l'elixir*, Rome: Viella, 2002. 주로 자연신학을 다루면서도 이 주제를 언급한 연구서도 있다. John Hedley Brooke and Geoffrey Cantor, *Reconstructing Nature: The Engagement of Science and Religion*, Oxford: Oxford University Press, 1998. 레이여 호이카스는 최근에 출판된 1976년 기퍼드 강연에서 기예-자연 논쟁을 길게 다루었다. Reijer Hooykaas, *Fact, Faith, and Fiction in the Development of Science*, Dordrecht: Kluwer, 1999. 호이카스가 이 주제를 다룬 논법은 어느 정도는 유용하게 읽힐 수 있지만, 그가 연금술을 둘러싼 논쟁을 설명하는 부분에서는 중요한 약점이 보인다. 한 가지만 지적한다면, 논쟁의 핵심 인물인 페르시아의 철학자이자 의사 이븐 시나(1037년 사망)가 호이카스의 설명에서는 전혀 언급되지 않았다는 점이다.

스하크 알-킨디가 이미 9세기에 연금술에 관한 논박을 저술했다는 사실을 안다면 몇몇 독자들은 놀랄지도 모르겠다. 왜냐하면 알-킨디는 점성술을 거리낌 없이 옹호했고, 심지어 부적 마법의 철학적 정당성을 기록으로 남겼던 인물이기 때문이다. 비록 그가 연금술을 비판했던 기록이 어떠한 사본으로도 근대 학문 세계에 전달되지 않았고 그의 논증 또한 간접적인 기록으로만 전해 내려왔음에도 불구하고, 연금술을 향한 그의 반감은 잘 알려져 있다.[4] 후대의 보고에 따르면, 알-킨디는 인간이 자연의 활동을 재생하기란 불가능하다고 주장하면서 연금술을 공격했다고 한다. 다음 세기의 의사이자 철학자, 연금술사였던 아부 바크르 무함마드 이븐 자카리야 알-라지는 알-킨디의 주장을 반박했지만, 그 자료도 소실되었다.[5] 잘 알려진 과학 저술가 알-파라비(950년 사망)는 연금술을 지지하는 논저 『연금술 기예의 필요성』을 저술했다. 여기서 그는 이렇게 논증한다. 모든 금속은 아리스토텔레스가 말했던 하나의 유(genus)[6]에 속해 있으며, 각각이 가진 부수적(accident) 속성들에 의해서만 서로 구별된다. 따라서 다양한 금속은 서로 간에 변성을 견딜 수 있어야만 한다.[7] 이와 동일하게 전문적인 표현이 페르시아의 철학자이자 의사 이븐 시나(1037년 사망)의 저작 『치유의 서(書)』에 담겨 있다. 우리가 앞으로 아비켄나[8]라고 부를 이

---

4 Yaʻqūb ibn Ishāq al-Kindī, *De radiis*, ed. M.-T. d'Alverny and F. Hudry, *Archives d'histoire doctrinale et littéraire du moyen âge* 41, 1974, pp. 139~269.

5 Manfred Ullmann, *Die Natur- und Geheimwissenschaften im Islam*, Leiden: Brill, 1972, p. 250.

6 [옮긴이] 게누스(genus)를 오늘날의 생물 분류의 범주에 해당하는 속(屬)으로 번역해서는 안 된다는 점을 주의해야 한다. 이 장(章)의 옮긴이주 13을 보라.

7 Eilhard Wiedemann, "Zur Alchemie bei den Arabern", *Journal für praktische Chemie*, n.s., 76, 1907, pp. 65~123, 115~23. 더 많은 언급으로는 다음을 보라. Ullmann, *Natur- und Geheimwissenschaften*, p. 250. 금속에서 유와 종이라는 용어는 위-아리스토텔레스가 언급했던 보석 세공인으로부터 영향을 받았는데, 이에 관해서는 다음을 보라. Ullmann, *Natur- und Geheimwissenschaften*, pp. 105~10.

8 [옮긴이] 아비켄나는 이븐 시나의 라틴어 명칭이다. 옮긴이는 이 이름이 아랍의 맥락에서 사용될 때만 이븐 시나로 칭하고, 이 책의 대부분을 차지하는 라틴 서유럽의

저술가의 저작은 연금술을 향한 역사상 가장 영향력 있는 공격으로 인정받게 되었다.

연금술을 향한 이븐 시나의 공격은 지질학과 광물학을 다룬 그의 인상적인 저작 『치유의 서』의 일부분으로 포함되었다. 이 해당 부분은 13세기가 시작될 즈음 영국 사레셸(Sareshel) 출신의 알프레두스에 의해 『암석의 응고와 유착에 관한 서(書)』[9]란 제목으로 라틴어로 번역되었다. 여기서 이븐 시나는 연금술에 맞서는 두 가지 매우 강력한 논증의 틀을 세운다. 그의 논증이 훗날 라틴 서유럽 사람들의 주목을 끌었던 이유는 이븐 시나의 연금술 반대 선언의 출발을 알리는 "기예가들로 하여금 알게 하라"(Sciant artifices)라는 표제 덕분이다. 그의 논증에는 신이 전혀 언급되지 않음에도 불구하고, 그 안에는 후대 저술가들에 의해 종교적 형태로 발전될 의미가 함축되어 있다. 이븐 시나는 먼저 기예가들이 자연적 생산물의 멋진 모조품을 제작할 수 있다는 점을 인정한 뒤, 연금술사들이 진정으로 자연적 생산물을 만들어낼 수 있다는 점은 부인한다. 그 이유는 다음과 같다.

> 기예는 자연보다 허약하고 자연을 따라잡지 못하며 다만 열심히 노력할 뿐이다. "따라서 금속의 종은 변성될 수 없음을 연금술 기예가들로 하여금 알게 하라"(Quare sciant artifices alkimie species metallorum transmutari non posse). 그러나 그들은 유사한 사물을 만들 수 있고, 붉은 [금속에] 노란색을 입혀 금처럼 보이게 하거나 하얀 금속이 금이나 구리와 매우 비슷해질 때까지 그들이 원하는 만큼 색을 입힐 수 있다. 또한 그들은 납의 불순물을 제거할 수 있지만 물론 그것은 앞으로도 여전히 납일 것이다. 심지어 그것이 은처럼 보인다 하더라도, 그 안에는 이질적인 성질들이 지배할 것이기 때문에 [인공적인] 소금과 염화

맥락에서는 유럽인들의 시각에 맞춰 아비켄나로 칭할 것이다.

9 [옮긴이] 이하 『응고에 관한 서(書)』로 줄여 쓰겠다.

> 암모늄을 받아들이는 이들이 저지르는 식의 실수를 여기서도 그들은 저지른다. 내가 믿기로는, 하나의 표면색을 다른 표면색으로 변환하는 그와 같은 [부수적 성질]로써는 어떠한 기술로도 특정한 차이를 제거하는 것이 불가능하다. 이러한 감각적인 사물은 종을 변성시키는 수단이 되지 않는 까닭이다. 오히려 그 사물은 부수적인 성질이자 속성이다. 금속들 간에 서로 차이가 있는지 알려져 있지 않고, 또한 그 차이가 무엇인지도 알려져 있지 않으니, 그 차이가 제거될 수 있는지 없는지 또는 어떻게 제거될 수 있는지를 아는 일이 어찌 가능하겠는가?[10]

위 인용문의 첫째 문장은 기예가 자연보다 열등하며, 따라서 자연의 원본에 참으로 견줄 만한 생산물을 만들 수 없다는 보편적 명제를 제시한다. 앞서 알-킨디가 연금술을 향해 공격하면서 표현했던 이 아이디어는 아마도 모든 기예는 자연을 모방함으로써 습득된다는 고대의 신념에 기초했던 것 같다. 이븐 시나는 복사본이 원본과 동등할 수 없다는 절대적인 결론을 스스럼없이 밝힌다.[11] 하지만 점성술과 연금술을 나란히 공격하는 다른 저작에서 이븐 시나는 더욱 분명하게 종교적 용어를 구사하면서 신이 자연의 능력을 통해 행한 일과 인간이 인공적 수단을 통해 성취할 수 있는 일을 구별한다.[12]

---

10 William R. Newman, *The "Summa perfectionis" of Pseudo-Geber*, Leiden: Brill, 1991, pp. 49~50. 아랍어 텍스트 및 번역은 다음에 실려 있다. Avicenna, *Avicennae de congelatione et conglutinatione lapidum*, ed. and tr. E. J. Holmyard and D. C. Mandeville, Paris: Paul Geuthner, 1927, pp. 85~86, 41~42.

11 기예가 자연과 동등하지 않다는 견해는 이미 고대 사회에서 상식적인 것이었다. 다음의 예시를 보라. Cicero, *De natura deorum*, I, 92; II, 35, 57, *et passim*. 이러한 고대 신념의 또 다른 예시로는 다음을 보라. A. J. Close, "Commonplace Theories of Art and Nature in Classical Antiquity and in the Renaissance", *Journal of the History of Ideas* 30, 1969, pp. 467~86.

12 A. F. Mehren, "Vues d'Avicenne sur l'astrologie et sur le rapport de la responsabilité humaine avec le destin", in D. Eduardo Saavedra, ed., *Homenaje á D.*

금속의 종은 변성될 수 없다고 주장하기 위해, 알-파라비가 그러했듯이, 『응고에 관한 서』의 둘째 명제는 유(類)와 종(種)이라는 아리스토텔레스적 범주를 채용한다.[13] 그러나 알-파라비와는 달리 이븐 시나는 단일한 유(금속이라는 실체)에 속한다는 사실만으로는 개별 종(여러 종류의 금속)이 서로 간에 변성될 수 있다는 결론은 불가능하다고 믿는다. 더 나아가 그는 인간의 감각이 기미(氣味), 색깔, 무게처럼 금속의 표면을 구별하는 부수적 속성들만을 지각할 뿐이라고 논증한다. 금속의 종을 결정하는 진정한 특성은 인간에게 알려져 있지 않으며, 감각 정보의 차원 너머에 숨어 있다. 금속들 간의 참으로 특정한 차이들을 인간이 지각조차 할 수 없다면, 어떻게 금속을 변성시키기를 기대하겠는가?

특정한 변성에 반대하는 이븐 시나의 논증은 아마도 발생과 혼합에 관한 그의 이론 전반에 기초를 두었을 것이다. 일반적으로 말하자면, 이븐 시나는 그저 작은 입자들의 병렬(synthesis)뿐인 것과 진정한 화학적 결합(화합, 化合, mixis)을 구별했던 아리스토텔레스의 이론(『생성소멸론』, 328a10-12)을 신봉했다.[14] 엄밀한 의미에서 화합은 균일한 결합이다. 즉

Francisco Codera, Zaragoza: Mariano Escar, 1904, pp. 235~50, 238~39. 또한 다음을 보라. Ullmann, *Natur- und Geheimwissenschaften*, p. 252.

13 [옮긴이] 아리스토텔레스의 "유"(그리스어 genos, 아랍어 jins, 라틴어 genus)와 "종"(그리스어 eidos, 아랍어 nau', 라틴어 species)은 원래 그의 논리학에서 사용되었던 개념이다. 종이 개별자를 포함한 가장 낮은 단계의 범주라면, 유는 그보다 상위에 있는 여러 범주를 포괄한다. 예를 들어 생물이 유라면, 사람은 종이 되는 셈이다. 문제는 이러한 논리학적 용법이 생물학에도 그대로 적용될 수 있는가 하는 것인데, 대개의 연구들은 유와 종 개념이 생물 분류에서는 유효하지 않다는 결론을 제시해왔다. 그러나 최근의 연구 경향에 따르면, 유와 종이 생물학 분류에서도 유효하게 사용되었다는 주목할 만한 주장도 제시되고 있다. 조대호, 「아리스토텔레스의 논리학과 생물학에서 게노스와 에이도스의 쓰임」, 『논리연구』 5, 2001, 119~45쪽. 지은이는 유와 종을 생물학적 분류로 별 의심 없이 사용하고 있다.

14 [옮긴이] "믹시스"(mixis)를 '화학적 결합(화합)'으로 번역하는 데에는 다음의 논문으로부터 도움을 받았다. 유재민, 「'화학적 결합'(mixis)의 조건과 현대적 해석의 가능성: 아리스토텔레스 『생성소멸론』 1권 10장을 중심으로」, 『철학연구』 126, 2019, 37~63쪽.

화합물의 모든 부분이 전체와 동질(同質)하다. 이븐 시나를 비롯해 다수의 아리스토텔레스 주석가들에 따르면, 단순한 병렬이 화합물로 변화하려면 4원소인 불, 공기, 물, 흙에 화합의 형상(forma mixti)이라는 새로운 형상이 부여되어야 한다. 중세의 아리스토텔레스 추종자들 대부분이 믿기로는 4원소 그 자체는 동일한 순수 질료(materia prima)에 네 가지 성질인 따뜻함, 차가움, 축축함, 건조함이 작용함으로써 구성된다. 원소들에 부여된 '화합의 형상'이 단일하고도 새로운 '실체'를 차례대로 생산하는 까닭에, 화합의 형상을 '실체적 형상'(forma substantialis)이라고도 부른다.[15] 또한 이븐 시나는 형상의 수여자(dator formarum)에 관한 신념을 오랫동안 지지했는데, 그 신념에 따르면 실체를 변화시키는 새로운 형상은 질료로부터 등장하는 것이 아니라 신의 의지를 대리해 활동하는 천상의 지성들과 행성의 지배자들에 의해 외부로부터 주어진다. 다시금 화합의 문제로 돌아가서, 이븐 시나는 4원소의 제1성질인 따뜻함, 차가움, 축축함, 건조함은 각 성질끼리 서로 결합해 새로운 화합물을 형성하는 것이 아니라 형상의 수여자에 의해 새로운 실체적 형상이 부여될 수 있도록 사전(事前) 조건을 마련할 뿐이라고 믿었다. 제1성질은 화합물 안에 어떻게든 남아 있지만, 단지 원소들과 새로운 실체적 형상을 묶어주는 비물질적이고도 독립적인 부수적 속성들로서만 남을 뿐이며, 이러한 부수적인 지위는 금속들의 기미, 색깔, 무게 같은 '제2성질'에도 더욱 유력한 근거로(a fortiori) 동일하게 적용된다.[16]

---

15 화합물 안에서 원소들은 지속적으로 존재하지만 실체적 형상 아래에서 그 원소들의 성질들은 축소된다는 점을 설명하는 이븐 시나의 난해한 이론인 깨진 성질(qualitates refractae) 또는 완화된 성질(qualitates remissae)을 여기서 설명하기는 어렵다. 이 이론에 관한 구체적인 내용으로는 다음을 보라. Anneliese Maier, *An der Grenze von Scholastik und Naturwissenschaft*, 2d ed., Roma: Edizioni di Storia e Letteratura, 1952, pp. 22~25.

16 스콜라주의에서 '제1성질' 및 '제2성질'의 용법에 관해서는 다음을 보라. Maier, *An der Grenze*, pp. 9~12. 형상의 수여자에 관한 이론으로는 다음을 보라. Avicenna, *Avicenna latinus: liber quartus naturalium, de actionibus et passionibus*, ed. Simone Van Riet, Leiden: E. J. Brill, 1989, p. 79, and *Avicenna latinus: liber*

이븐 시나의 입장을 이해하기 위해서는 4원소의 화합과 관련된 실체적 형상의 역할을 더 살펴보는 것이 도움이 된다. 무엇이 인간을 그저 원소들의 덩어리, 즉 뜨겁고 축축하고 습기를 내뿜는 흙더미가 아닌 인간으로 만들어줄까? 소요학파[17]의 여러 철학자가 내놓은 답변과 마찬가지로, 이븐 시나의 답변은 4원소를 인식 가능한 종에 속하는 개체로 변환해주는 실체적 형상이 필요하다는 것이다. 실체적 형상은 화합물을 특별한 종에 속한 확인 가능한 '실체'로 만들어줌으로써 화합물에 새로운 정체성을 부여한다. 실체적 형상의 역할이 개별 종에 속하는 개체를 만드는 것이라는 점에서 실체적 형상의 유의어로 '특정한 형상'(forma specifica)이라는 용어 또한 자주 사용되었다.[18] 결과적으로 금속의 색깔, 밀도, 녹는점 같은 자연적 대상의 지각 가능한 부수적 속성들은 그 대상의 본질을 결정하는 데 아무런 역할도 담당하지 않는다. 모든 사물의 실체적 형상이 감각 세계를 지탱하는 원인이 되는 한, 현상 이면에 숨어 있는 실체적 형상이란 이븐 시나에게는 도저히 지각할 수 없는 것이었다. 철을 끌어당기는 자석의 힘이나 소량의 한 첩만으로도 몸 전체에 퍼지는 독의 힘처럼, 스콜라주의 학자들이 비의적 성질[19]이라고 칭했던 것 그 이상으로

---

tertius naturalium, de generatione et corruptione, Leiden: E. J. Brill, 1987, p. 139.

17 [옮긴이] 스승과 제자가 함께 걸으면서(peripatein) 대화를 나누었다는 의미에서 페리파토스학파 또는 소요학파는 아리스토텔레스와 그의 제자들을 가리킨다.

18 많은 용례에서 '실체적 형상'과 '특정한 형상'은 서로 바꿔 쓸 수 있는 용어다. 이러한 동일성은 실체적 형상이 해당 대상을 종에 속하도록 만듦으로써 질료에 '제2실체'를 부여한다는 점으로 인해 성립 가능하다. 따라서 제2실체에서 '실체적'이란 '특정한'을 의미한다. 대부분의 스콜라주의자들에 따르면, '인간성'을 부여하는 인간의 영혼은 육체의 실체적 형상이다. 아리스토텔레스의 '실체' 개념에 관한 좋은 입문으로는 다음을 보라. W. D. Ross, *Aristotle*, London: Methuen, 1923, pp. 23~24, 165~67[김진성 옮김, 『아리스토텔레스: 그의 저술과 사상에 관한 총설』, 세창출판사, 2016]. [옮긴이] 여기서의 '제2실체'란 종이나 유를 아우르는 개별자들의 집합을 의미한다. 반면에 제1실체는 개별자를 의미한다. 제2실체는 이후 보편논쟁에서 보편자에 대응하는 개념이 된다.

19 [옮긴이] 이 책에서 비의적 성질(occult qualities)이라는 용어는 원소의 성질(elemental qualities)과 대비되는 개념으로 사용되었음이 분명하다. 중세에서 비의

실체적 형상은 인간의 감각으로는 접근 가능하지 않다.[20] 우리를 둘러싼 현상 세계를 떠받치고 있는 실체적 형상에 참으로 접근 가능한 존재는 신과 천상의 지성들뿐이다. 14세기의 위대한 이슬람 역사가 이븐 할둔[1406년 사망]이 이븐 시나의 견해에 주석을 달았듯이, "그[이븐 시나]의 생각은 (특정한) 차이가 인공적인 수단에 의해 영향을 받을 수 없다는 사실에 기반을 둔다. 그 차이는 사물의 창조주이자 결정권자인 전능한 신에 의해 창조된다. 그 차이의 진정한 특징은 철저하게도 알려져 있지 않으며 지각될 수도 없다."[21]

이븐 할둔은 이븐 시나의 "기예가들로 하여금 알게 하라"를 떠받치는 철학적·신학적 전제들을 더욱 정교하게 기록했다. 이븐 할둔은 특정한 차이에 관한 이븐 시나의 논증을 거부하지만, 그럼에도 그 역사가는 신과 대비되는 인간의 거대한 무지를 강조함으로써 그 철학자의 뒤를 따르는 듯 보인다. 이븐 할둔은 확신 있게 말한다. 인간은 뱃속에 있는 태아의 임신 단계를 지각하는 것 그 이상으로 땅속에 있는 금이 통과하는 여러 지점의 발달 단계를 다 알 수는 없다. "이 모든 것은 오로지 (신의) 포괄적인 지식에만 알려져 있다. 인간의 과학은 거기에 도달할 수 없다." 이븐 시나가 논증했듯이, 인간의 무지는 인간의 무능력을 의미하며, 따라서 인간은 금을 만들 수 없다. 여기서 이븐 할둔은, 기예는 자연보다 허약하다는 주장에 신학적 배경을 마련해줌으로써 이븐 시나의 논증을 더욱

적 성질은 타당한 설명이 알려져 있지 않은 속성들을 총체적으로 가리키는 용어였다. 그 대표적인 예시가 자석의 힘이다.

20 Maier, *An der Grenze*, pp. 14~15, 23~26. 이븐 시나가 확신 있게 주장한 형상의 지각 불가능성에 관해서는 다음을 보라. Avicenna, *De viribus cordis,* in *Avicennae arabum canon medicinae*, Venice: Junctae, 1608, vol. 2, pp. 340~41.

21 Ibn Khaldūn, *The Muqaddimah*, tr. Franz Rosenthal, London: Routledge and Kegan Paul, 1958, vol. 3, pp. 272~73. 이 삽입 구절 및 아래의 인용 단락은 프란츠 로젠탈의 번역에서 첨가된 것이다. [옮긴이] 따라서 아랍어 원전을 번역한 다음의 국내 번역서에서는 지은이가 인용한 단락들이 등장하지 않는다. 이븐 할둔, 김호동 옮김, 『역사서설: 아랍, 이슬람, 문명』, 까치, 2003; 김정아 옮김, 『무깟디마: 이슬람 역사와 문명에 대한 기록』, 소명출판, 2020.

명료하게 만든다. 또한 이를 통해 중요한 추가 요소들을 도입한다.

> 일반적으로 그들이 이해하는 (연금술은), 장인의 효력이 닿는 (영역의) 바깥에 있는 보편적인 피조물들과 관련되어 있다. 나무와 동물은 (평범한) 창조의 과정이 아닌 바에야 (저마다 가진 물질들)로부터 하루나 한 달 만에 성장할 수는 없다. 같은 이치로 금도 자신이 가진 물질로부터 하루나 한 달 만에 성장할 수 없다. 그것의 관습적인 (성장) 과정은 자연 세계와 장인의 활동 너머에 있는 무언가의 도움으로만 바뀔 수 있다.[22]

이븐 할둔의 요점은, 금이 땅속에서 성장하려면 수천 년이 걸리는데도 불구하고 연금술사들은 금을 만드는 작업이 고작 몇 주일이면 되는 과정이라고 주장한다는 것이다. 만약 그들의 말이 진실이라면, 그들의 방법은 자연의 방법보다 더욱 효과적인 셈이 된다. 이븐 할둔은 이는 불가능하다고 잘라 말한다. "자연이 무엇인가를 행할 때에는 언제나 가장 짧은 길을 택하므로", 기예는 자연보다 허약하다는 원리에 따라 연금술사들은 자연의 방법을 단축할 수 없다는 결론이 뒤따른다. 결과적으로 연금술은 자연적이지도 않고 인공적이지도 않은 방법에 의해서만 성공할 수 있다. 즉 연금술은 초자연적인 무언가의 방법을 빌려야만 한다는 것이다. 따라서 이븐 할둔은 계속해서 주장한다. 연금술이 성취한 생산물은 그저 "신의 은총이 드러난 기적 아니면 주술"로 보일 뿐이다.[23]

이븐 시나의 입장에 서서 신학적 해석을 전개했던 저술가가 이븐 할둔만은 아니었다. 다른 사례로 아리스토텔레스의 저작으로 잘못 알려졌던 매우 유명한 작품 『비밀들 중의 비밀』을 살펴보아도 충분할 것이다. 이 저작은 통치자의 직무에 속하는 연금술과 점성술, 관상을 비롯한 여

22 Ibn Khaldūn, *The Muqaddimah*, pp. 276~79.

23 Ibn Khaldūn, *The Muqaddimah*, p. 280.

러 종류의 기예에 관한 조각을 끼워 맞춰 제작한 '제왕의 거울'[24]이다. 아랍어로 기록된 어느 한 판본은 "실체들을 창조하는 일에 관해서는 인간은 스스로를 창조자와 동등하게 만들 수 없으며, 그저 그분의 이름만 드높일 뿐"인 까닭에, 연금술사들은 광물의 참된 실체에 접근할 수 없다고 주장하면서 이븐 시나의 연금술 반대 주장을 확장한다. 이어서 이 주석의 저자는 인간은 금속들의 부수적 속성들만을 지각할 수 있을 뿐이며, 따라서 고귀한 금속의 외양적 모조품만을 제작할 수 있다는 이븐 시나의 견해를 덧붙인다. 『비밀들 중의 비밀』이 덧붙인 이러한 설명은 히브리어 판본에서도 발견되는데, 이 판본이 르네상스 시기에 이르러서야 라틴어로 번역되어 출판되었다는 점에서 이 저작의 유통 경로가 시사하는 약간의 의미가 있다.[25] 앞으로 살펴보겠지만 그 의미란, 연금술은 신의 능력을 침해하는 것이라는 비판 논리가 흥미롭게도 중세 성기의 주요 신학자들에게는 채택되지 않았다는 사실이다. 하지만 그 비판 논리는 연금술을 지지하거나 반대하는 작품들 속으로 저마다의 길을 닦았고 라틴어로 번역되어 마치 언젠가 정원에서 활짝 피어나기 위해 적절한 상태의 토양과 기후를 기다리는 자생식물처럼 웅크리고 있었다.

라틴 서유럽 세계로 논의의 무대를 넘기기 전에, 아직 우리가 검토해야 할 또 다른 아랍인의 연금술 비판이 남아 있다. 12세기의 위대한 아리스

24 [옮긴이] 제왕의 거울(mirrors of princes, specula principum)은 중세에 유행했던 문학 장르 가운데 하나로서 주로 제왕들을 교육하기 위한 목적으로 통치술이나 처세에 관한 주제들을 다루었다.

25 Mario Grignaschi, "Remarques sur la formation et l'interprétation du *Sirr al-'Asrār*", in W. F. Ryan and Charles B. Schmitt, eds., *Pseudo-Aristotle: The "Secret of Secrets"*, London: Warburg Institute, 1982, pp. 3~33, 특히 pp. 31~32를 보라; Amitai I. Spitzer, "The Hebrew Translations of the *Sod Ha-Sodot* and Its Place in the Transmission of the *Sirr Al-Asrār*", in Ryan and Schmitt, *"Secret of Secrets"*, pp. 34~54; *Opera hactenus inedita Rogeri Baconi*, ed. Robert Steele, Oxford: Oxford University Press, 1920, vol. 5, p. 173: "은과 금을 생산하는 방법은 결코 알려질 수 없음을 기억해야 한다. 지고의 신께서 행하시는 사역과 비견되기란 불가능하기 때문이다."

토텔레스 주석가 이븐 루시드[1198년 사망]는 많은 영역에서 이븐 시나를 맹렬히 반대했음에도 불구하고, 연금술을 향한 불신만큼은 그 페르시아 철학자와 입장을 같이했다. 아리스토텔레스의 『동물발생론』 제1권에 대한 주석에서 이븐 루시드는 황금변성 기예를 자연 발생이라는 맥락에 도입한다. 먼저 그의 논증에 따르면, 곤충이나 쥐와 같은 "불완전한" 생명체는 암수 부모의 교접을 통해 태어날 수 있거나 아니면 부패한 물질을 통해서도 생겨날 수 있다. 후자의 경우로 자연 발생된 동물은 그 자체로 다른 동물을 유성 발생[26]시키지 못한다. 실제로 자연 발생된 동물과 유성 발생된 동물은 각자 다른 원인을 가지므로 본질적으로 서로 다르다. 이븐 루시드는 이러한 원리를 더욱 발전시켜 단일하고도 특정한 형상이 두 가지 서로 다른 물질에 각각 작용해 동일한 종에 속하는 존재를 생산하는 것은 불가능하다고 말한다.

이븐 루시드는 이 지점에서 연금술을 등장시킨다. "기예의 원인과 자연의 원인은 서로 다른 까닭에, 하나의 동일한 사물은 연금술사들이 상상하듯이 기예와 자연 모두를 통해 만들어질 수는 없다. 따라서 자연적 개체도 서로 다른 원인을 가질 수 없고 종이든 형상이든 그 원인은 하나여야 한다."[27] 그렇다면 오물에서 자연 발생된 쥐가 부모로부터 태어난 쥐와 동일하다고 생각하는 사람이 저지르는 실수를 연금술사들도 동일하게 저지르고 있는 셈이다. 연금술이라는 수단으로 자연적 생산물을 복

26 [옮긴이] 아리스토텔레스는 『형이상학』 제7권에서 자연적인 발생, 기예를 통한 발생, 우발적인 발생이라는 세 종류의 발생을 구별했다. 여기서 자연적인 발생이 오늘날 의미하는 유성 생식, 즉 암수 부모를 통해 태어나는 발생이다. 자연적인 발생과 자연 발생(이 책 프롤로그의 옮긴이주 25를 보라)을 동일한 개념으로 오해하지 않도록 주의해야 한다.

27 Averroes, *Aristotelis de generatione animalium*, in *Aristotelis opera cum Averrois commentariis*, Venice: Junctae, 1562~1574; reprint, Frankfurt: Minerva, 1962, vol. 6, p. 44v: "Et sicut non potest dari unum & idem factum ab arte, & natura, ut imaginati sunt Archymistae: cum causae artis, & naturae sint diversae: sic etiam causae entium naturalium non possunt esse diversae, & convenire in specie, & forma."

제하려는 기예는, 인공적으로 자연 발생을 유도함으로써 동물을 만드는 기예와 동일한 오류를 공유한다. 기예가 갖는 원인과 자연이 갖는 원인이 서로 다르다면 그 결과물들도 서로 달라야 한다. 인공적인 것과 자연적인 것의 구별에 관해 매우 강경한 노선을 취한 이븐 루시드는 연금술사들의 실수를 반복해 지적한다. "이와 마찬가지로 만약 자연적인 [무언가와] 매우 유사한 인공적인 무언가가 주어진다면, 그 유사함이 너무나 대단해 둘이 같은 종에 속한다고 생각될 수 있을 것이다. 하지만 만약 연금술 기예가 어떠한 실재를 만들어낸다면, 그 실재는 연금술의 범위 내에서만 만들어진다."[28] 인공적 사물과 자연적 사물은 서로 다른 원리들로부터 생겨나므로 양쪽이 동일해지기란 선험적으로(a priori) 불가능하다. 그럼에도 불구하고 비록 망상에 의한 결과일지언정, 인공적인 것과 자연적인 것은 서로 동일한 것처럼 보일 수는 있다.

이븐 시나와 마찬가지로 이븐 루시드는 연금술로 만든 금이 결코 진짜일 수는 없지만, 그 금이 자연적 금의 감각적 속성들을 충분히 공유할 수는 있으리라고 믿었다. 우리가 근대적 감각에 익숙한 결론을 그 원칙도 검토하지 않은 채로 쉽게 수용해버리는 습관에 빠지지 않도록 그들의 견해로부터 더 넓게 뻗어 나온 가지들을 살펴보도록 하자. 페르시아인 선배와 마찬가지로 이븐 루시드는 인간의 기술이 가지는 한계를 금의 복제에만 국한하려고 했던 것은 아니다. 인공적인 것과 자연적인 것은 본질적으로 달라야 한다는 그의 원칙은 화학적 생산물뿐만 아니라 인간 수공예의 모든 품목에도 적용되었다. 장미 열매로부터 비타민C를 추출한다고 주장하면서 자연의 쪽빛과 합성된 쪽빛은 근본적으로 다르다고 믿

28 Averroes, *Aristotelis de generatione animalium*, vol. 6, p. 44v: "Similiter etiam, si datur aliquid artificiale valde simile naturali, tanta poterit esse similitudo, quod existimabitur ipsum esse idem specie. &, si ars Archymiae habet esse, hoc est, quod potest fieri in ea." 이븐 루시드의 연금술 반대에 관한 또 다른 출전은 다음에서 발견된다. Averroes, *Destructio destructionum philosophiae Algazelis*. "in physicis disputatio prima", in the *Opera cum Averrois commentariis*, vol. 9, p. 127r.

는 사람들처럼 이븐 시나와 이븐 루시드는 인간과 자연이 동일한 결과물을 생산할 수 없다는 굽히지 않는 원칙을 채택했다. 이 원칙이 지닌 문제적 본성은 다음 세기에 이르러 더욱 뚜렷해질 것인데, 이는 연금술 지지자들이 자신들의 주장을 입증하는 자신만만한 경험적 결과를 검토해보라고 반대자들에게 반격을 가하기 시작했기 때문이다.

연금술을 향한 중세 스콜라주의의 공격

연금술이 서유럽에 유입된 시기는 대개 로베르투스 케테넨시스가 유명한 아랍어 문헌을 라틴어로 번역했던 1144년으로 추산된다.[29] 물론 이 연대를 서유럽 연금술의 재출발 시점으로 깔끔하게 결정할 수는 없겠으나, 1100년대 후반까지 다수의 아랍어 연금술 저작이 라틴어로 번역되었고 그다음 세기에 이르러 연금술이 스콜라주의 학자들에게 알려졌다는 사실은 분명하다. 이 시기에 방대한 문헌들이 등장했으며, 독창적인 라틴 연금술 문헌들이 다양한 익명의 저자들에 의해 기록되었다. 비록 중세 대학에서 연금술은 공식 과목이 아니었지만, 연금술 문헌들의 문체로 미루어 보아 상당수의 저자들이 나름의 학문적 배경을 가지고 있었음을 알 수 있다. 많은 문헌이 연금술 기예의 진실성에 관해 스콜라주의 철학의 스타일로 논의를 펼쳤다. 이러한 논의들은 아랍 연금술 문헌의 전통을 수용했을 뿐만 아니라 라틴 학자들에게는 특이하게 보였을 아비켄나의 "기예가들로 하여금 알게 하라"를 새로운 방식으로 강조했다.

저명한 번역가 게라르두스 크레모넨시스가 12세기에 아리스토텔레스 『기상학』의 라틴어 판본을 완성했지만, 제1권에서 제3권까지만을 담았

29 Halleux, *Les textes alchimiques*, Brepols: Turnhout, 1979, pp. 70~72; Julius Ruska, "Zwei Bücher De Compositione Alchemiae und ihre Vorreden", *Archiv für Geschichte der Mathematik, der Naturwissenschaften und der Technik* 11, 1928, pp. 28~37; Lee Stavenhagen, "The Original Text of the Latin Morienus", *Ambix* 17, 1970, pp. 1~12.

다. 제4권의 공백은 1156년에 헨리쿠스 아리스티푸스가 그리스어 판본을 라틴어로 번역함으로써 채워졌다. 그런데 1200년에 영국 사레셸 출신의 알프레두스가 아비켄나의 아랍어 저작 『응고에 관한 서』를 라틴어로 번역하고서 그것을 게라르두스와 헨리쿠스의 『기상학』 합본 필사본에 덧붙여 놓았다. 수많은 필사본이 오로지 아리스토텔레스의 저작으로 여겨졌던 까닭에 적지 않은 스콜라주의 학자들에게는 아비켄나의 『응고에 관한 서』가 아리스토텔레스의 저작인 것처럼 보였을 것이다.[30] 아리스토텔레스가 응당 '철학자들의 왕자' 또는 아예 '그 철학자'로 수식되던 세계에서 『기상학』에 무임승차한 『응고에 관한 서』의 합본은 아비켄나의 이 저작에 이루 말할 수 없는 명성을 안겨주었다. 실제로 볼 때, 이와 같은 일종의 저자 세탁은 연금술이 아리스토텔레스의 『기상학』 주석가들에게 중요하고도 정당한 논의 주제였음을 보여주었다. 이와 동시에 『응고에 관한 서』의 라틴어 번역은 비록 아비켄나가 연금술을 향해 벌였던 공격의 진면모를 다 드러내지는 못했더라도, 금속의 인공적인 변성은 그 금속이 '순수 질료'[31]로 환원되는 한에서만 가능하다는 결론을 제시했다. 아리스토텔레스의 자연철학에 따르면, 순수 질료란 모든 사물이 아직 분화되지 않은 물질적 상태를 말한다.[32] 이로써 아비켄나의 "기예가들로 하여금 알게 하라"는 연금술 문헌들 그 자체의 내부와 외부를 모두 가로지르는 스

30 이 자료의 전체 텍스트는 다음에서 찾아볼 수 있다. Halleux, *Les textes alchimiques*, p. 72.

31 [옮긴이] 로스, 『아리스토텔레스의 형이상학』, 290쪽. 아리스토텔레스의 질료형상 이론 체계에서 순수 질료 또는 "최초의 재료"는 순수 형상의 가장 반대쪽 극단에 있는 출발점이다. 그러나 순수 질료는 따로 어딘가에 존재하지 않는다는 것이 아리스토텔레스주의자들의 생각이었다. 지은이가 참고한 로스의 입문서와 더불어 옮긴이는 이 장(章)에서 아리스토텔레스의 몇몇 개념들을 번역하기 위해 나음의 책에 실린 용어집으로부터도 약간의 도움을 받았다. 마크 코헨, 김혜연 외 옮김, 『아리스토텔레스의 형이상학』, 전기가오리, 2016.

32 Newman, *Summa perfectionis*, p. 51: "순수 질료로 환원되지 않는 한, 물체의 구성은 다른 구성으로 바뀔 수 없다. 따라서 그것은 그것의 이전 상태에 비해 다른 것으로 온전히 변화한다."

콜라주의적 논쟁을 위한 게임에 정정당당히 참여하게 되었다.[33]

아비켄나의 "기예가들로 하여금 알게 하라"가 서유럽에 끼쳤던 영향력은 연금술에 관해 가장 먼저 알려졌던 논법에서부터 관찰될 수 있다. 이 논법을 제시했던 박사는 토마스 아퀴나스의 선생으로 유명했던 알베르투스 마그누스[1193~1280]였는데, 그는 아마도 1240년대 후반 즈음에 페트루스 롬바르두스[1160년 사망]의 『명제집』에 대한 주석을 썼다.[34] 12세기 중반에 페트루스가 네 권 분량의 전집으로 펴낸 『명제집』은 대체로 아우구스티누스로부터 수집된 자료들로 구성되었고, 그 외의 많은 자료도 반영된 신학적 문답집이었다. 13세기와 그 이후의 많은 저술가가 그랬듯이, 알베르투스도 다수의 주제에 관한 자신의 견해를 밝히면서 『명제집』에 대한 광범위한 주석을 썼다. 앞으로 살펴보겠지만, 알베르투스는 오로지 악마의 능력을 판정하기 위한 기준으로서 연금술을 활용했던 이른바 스콜라주의 전통의 초창기 대변자다. 여기서 우리는 연금술이나 마법이라는 분야를 '비학'(祕學)이나 '오컬트' 같은 하나의 항목 아래 죄다 묶어버려 논란을 없애려는 손쉬운 근대적 습관을 피해야 한다. 알베르투스는 연금술과 마법을 서로 동일시하지 않았음이 분명한데, 각 영역이 가진 독특성 덕분에 그는 둘 사이에서 의미 있는 대비를 이끌어낼 수 있었다. 그가 보기에 종을 변성시키겠다는 연금술의 주장은 자연 세계 속에서 인간의 능력이 펼칠 수 있는 궁극의 주장이다. 연금술이야말로 다른 종류의 기예들과, 심지어 악마가 소유한 기예까지도 평가하는 척도가 된다. 이러한 견해는 17세기까지 명맥을 유지했던 스콜라주의 학자들에게

---

33 William R. Newman, "Technology and Alchemical Debate in the Late Middle Ages", *Isis* 80, 1989, pp. 423~45.

34 Fridericus Stegmüller, *Repertorium commentariorum in sententias petri lombardi*, Würzburg: Ferdinand Schöningh, 1947, vol. 1, p. 25. 알베르투스의 『명제집 주해』에서 다룬 연금술에 관해서는 다음을 보라. Udo Reinhold Jeck, "*Materia, forma substantialis, transmutatio.* Frühe Bemerkungen Alberts des Großen zur Naturphilosophie und Alchemie", *Documenti e studi sulla tradizione filosofica medievale* 5, 1994, pp. 205~40.

는 흔한 상식이 되었다.

알베르투스의 요점을 이해하기 위해서는 먼저 그의 주석 대상이었던 페트루스의 본문을 살펴봐야 한다. 연금술에 관한 알베르투스의 비평은 『명제집』 제2권 제7장에 대한 주석의 일부분으로 포함되어 있다. 『명제집』 제2권 제7장에서 페트루스는 "마법의 기예는 신으로부터 허락된 악마의 능력과 지식을 수단으로 삼아 작용한다"는 입장을 밝힌다. 페트루스가 염두에 둔 출전은 『구약성서』의 「출애굽기」 7장과 8장의 여러 단락인데, 여기서 파라오의 마술사들은 뱀과 개구리를 포함한 다양한 동물을 만들 수 있었다고 묘사된다.[35] 성서가 이러한 능력을 마술사들에게 허락했던 반면에, 페트루스는 「출애굽기」 8장 18절에서 이집트인들에게 내린 셋째 재앙이었던 모기떼에는 마술사들이 저항하지 못했다는 점을 지적한다.[36] 페트루스가 보기에 이 구절은 마법의 능력이 환상에 불과하며, 마술사들의 놀라운 행위는 오로지 신이 허락하는 한에서만 그들에게 허용되었음을 지적한 것이다. 그렇지 않았다면 악마들은 스스로 신과 같은 창조자들(creatores)이 되려고 했을 텐데, 페트루스는 그럴 가능성을 단호히 거부한다. 그는 고대 스토아 철학에서 비롯된 '씨앗 이성'[37]이라는 아우구스티누스의 개념을 도입해 악마들이 직접 기적을 일으키기 위해 할

35 [옮긴이] "아론이 이집트의 물 위에다가 그의 팔을 내미니, 개구리들이 올라와서 이집트 땅을 뒤덮었다. 그러나 술객들도 자기들의 술법으로 그와 똑같이 하여, 개구리들이 이집트 땅 위로 올라오게 하였다"(「출애굽기」 8장 6~7절, 새번역).

36 [옮긴이] "아론이 지팡이를 잡고서 팔을 내밀어 땅의 먼지를 치니, 먼지가 이로 변해, 사람과 짐승들에게 이가 생겼다. 온 이집트 땅의 먼지가 모두 이로 변하였다. 마술사들도 이와 같이 하여, 자기들의 술법으로 이가 생기게 하려고 했으나, 그렇게 할 수가 없었다. 이가 사람과 짐승에게 계속해 번져나갔다"(「출애굽기」 8장 17~18절, 새번역).

37 [옮긴이] 아우구스티누스의 "씨앗 이성"(logoi spermatikoi, rationes seminales)은 스토아 철학의 씨앗 개념과 비교해 더 우주발생론적 성격을 갖는다. 이 개념을 그리스도교의 창조 개념과 결부해 이해하려는 경향이 후대에 파라켈수스에게까지 이어졌다. Hiro Hirai, "*Logoi Spermatikoi* and the Concept of Seeds in the Mineralogy and Cosmogony of Paracelsus", *Revue d'histoire des sciences* 61, 2008, pp. 245~64.

수 있는 일은 분리되어 숨겨진 사물의 "씨앗"을 수집하는 것뿐이라고 설명한다.

알베르투스는 이 본문을 주석하면서 페트루스의 견해로부터 파생된 여러 결론을 검토하는데, 우리의 관심은 '악마들이 변성된 물체 안에서 실체적 형상을 유도할 수 있는지 없는지'를 묻는 질문에 있다. 전형적인 스콜라주의적 방식으로,[38] 우선 알베르투스는 부정답변(responsiones quod non)의 목록을 제시한다. 「출애굽기」 7장에 대한 그리스도교의 더 오래된 주석들로부터 출발해 알베르투스는 파라오의 마술사들이 모세와 아론과 펼친 유명한 대결 중에 나무 지팡이로 만들었다는 뱀에 관한 논의를 전개한다. 이집트 마술사들이 오로지 악마의 도움으로 마법을 행할 수 있었다고 가정된 까닭에, 「출애굽기」의 이 구절은 악마의 능력을 증언하는 전형적인 사례로 기능한다.[39] 여기서 알베르투스는 악마들이 질료로부터 실체적 형상을 유도할 수 있다는 주장을 논박하려는 의도에서, 마술사들이 만들었던 뱀은 실제로는 그저 환영이었을 뿐이며 변성된 실체가 아니라고 논증한다. 이 견해를 지지하기 위해 알베르투스는 다음과 같이 논증한다.

> 이와 같이 기예는 하나의 실체적 형상을 [또 다른 실체적] 형상으로 변성시키지 않는다. 아리스토텔레스는 『기상학』 제4권에서 종이 변성될 수 없음을 연금술의 기예가들로 하여금 알게 하라고 말한다. 그러므로 악마들은 [종을 변성시킬] 수 없는데, 왜냐하면 그들은 오로지 기예를

38 [옮긴이] 이 책의 제2장에서 지은이가 자주 언급하는 '스콜라주의적 방식'이라 함은, 어떠한 주제에 대해 먼저 그 내용을 반대하는 부정답변을 나열하고 이어서 그 내용을 찬성하는 긍정답변을 나열한 뒤, 각각에 대해 저자의 의견을 밝히는 특유의 콘코르단치아(concordantia) 진술 방식을 말한다. 정원래, 「스콜라신학의 방법론과 진술방법」, 『역사신학논총』 17, 2009, 244~70쪽.

39 「출애굽기」 7장을 도입한 중세의 마법 논의에 관해서는 다음을 보라. Valerie I. J. Flint, *The Rise of Magic in Early Medieval Europe*, Princeton: Princeton University Press, 1991, 특히 pp. 18~19, 29, 45, *et passim*을 보라.

통해서만 일하기 때문이다.[40]

흥미롭게도 당시 알베르투스가 쌓아왔던 학문 이력의 단계에서, 그가 여기에 인용한 축약 표현인 "기예가들로 하여금 알게 하라"를 아리스토텔레스의 실제 발언으로 여기고 있었음을 관찰할 수 있다. 그가 몇 년 후에 쓰게 될 광물학과 연금술에 관한 인상적인 연구인 『광물의 서(書)』에서는 이 표현의 주인공이 아리스토텔레스가 아니었음이 명확하게 밝혀지고 아비켄나가 다시 등장한다.[41] 다만 위의 인용 시점에서는 알베르투스가 "기예가들로 하여금 알게 하라"를 아리스토텔레스의 말로 여겼던 탓에, 이 말이 악마에 관한 신학적 논법과 결합되지 않을 수 있었음에도 불구하고 결합되었다는 점에는 의심의 여지가 없다. 알베르투스의 "기예가들로 하여금 알게 하라"의 인용에서 주목할 것은 그가 금속에 관한 모든 언급을 건너뛰고 아비켄나의 공식을 금속뿐만 아니라 모든 종에 일반적으로 적용하려고 했다는 점이다.[42] "기예가들로 하여금 알게 하라"가 한편으로는 결여하고 있던 보편적 특징이 알베르투스 덕분에 획득된 셈이다. 이로써 이 공식은 자연 세계에서 기예가 갖는 한계를 표현하는 일반적인 진술이 되었다. 또한 악마들은 기예를 수단으로 삼아 일한다고 생각되었기에, "기

---

40 Albertus Magnus, *Beati Alberti Magni, Ratisbonensis episcopi, ordinis praedicatorum, commentarii in II. et III. lib. sententiarum*, ed. Pierre Iammy, Lyon: Claudius Prost et al., 1651, vol. 15, p. 86: "5. Item, Ars non transmutat a forma substantiali in formam, quia dicit Arist. In 4. Metheo. Sciant artifices alchimiae species transmutari non posse: ergo nec daemones, quia ipsi non operantur nisi per modum artis."

41 Albertus Magnus, *Book of Minerals*, tr. Dorothy Wyckoff, Oxford: Clarendon Press, 1967, pp. 170, 177.

42 Avicenna, *De congelatione* in *Avicennae de congelatione et conglutinatione lapidum*, ed. and tr. E. J. Holmyard and D. C. Mandeville, Paris: Paul Geuthner, 1927, pp. 41, 85. 이 텍스트에는 "금속들"이라는 단어가 등장하지 않는 까닭에, 알베르투스는 "금속들"(metallorum)이라는 단어가 빠진 라틴어 사본을 보았을 가능성이 있다.

예가들로 하여금 알게 하라"는 인간의 능력에 한계를 두었듯이 마찬가지로 악마의 능력도 제한하는 효과를 거두었다.

종을 실제로 변성시킬 수 있는 악마의 능력에 반대하는 여러 가지 논증을 펼친 다음, 이어서 알베르투스는 이 문제의 다른 측면으로 넘어간다. 스콜라주의 논증의 전형적인 방식에 따라 이제 그는 악마가 물리적 실체를 지배하는 실질적인 힘을 소유하고 있음을 찬성하는 일련의 답변들을 나열한다. 첫째, 알베르투스는 "씨앗 이성" 또는 신이 창조 행위 중에 질료 속에 심어둔 숨겨진 씨앗들로부터 지상의 모든 사물이 발생된다는 아우구스티누스적 견해의 요점을 되풀이한다. 마술사들이 마술을 실행할 때, 악마들은 세계 곳곳에서 그 씨앗들을 수집하느라 동분서주한다. "그들은 갑작스럽게(subito) 씨앗들을 한군데로 모아서 신의 허락을 받아, 그것들을 수단으로 삼아 마술을 행해 새로운 종을 이끌어낸다." 이러한 방식으로 기적을 일으키는 악마의 능력은 물질적 세계를 지배하는 어떠한 초자연적 능력이 허락되지 않고서도 유지된다. 악마가 할 수 있는 일은 자연적 피동자(patient)에 자연적 능동자(agent)를 부여하는 것이 전부이며, 다만 악마의 우월한 지식과 속도 덕분에 이 일을 인간보다 더 효과적으로 해낼 수 있을 따름이다. 이 지점에서 알베르투스는 악마가 가진 능력의 근거로서 연금술을 끌어들인다. 그는 서두에서 「욥기」 41장 33절을 인용하면서 리워야단(Leviathan)[43]의 능력은 지상의 모든 존재의 능력을 능가한다고 말한다.

> 이와 같이 「욥기」 41장은 이르기를, 땅 위에는 그것과 겨룰 만한 것이 없다고 한다. 그러므로 만약 연금술처럼 기예의 능력이 물체를 변성시키는 일에 작용한다면, 아마도 악마들은 이 일을 훨씬 더 강력하게 해

43 [옮긴이] "땅 위에는 그것과 겨룰 만한 것이 없으며, 그것은 처음부터 겁이 없는 것으로 지음을 받았다"(「욥기」 41장 33절, 새번역). 인간의 힘을 뛰어넘는 능력을 가진 이 신비스러운 바다 괴물은 훗날 토머스 홉스의 유명한 저작의 제목이 되었다.

낼 수 있을 것이다.[44]

위 인용문에서 알베르투스가 연금술을 끌어들이는 이유는 황금변성 기예를 긍정하기 위함인데, 이는 그가 앞서 언급한 "기예가들로 하여금 알게 하라"와는 정면으로 배치된다. 앞선 부정답변에서 알베르투스는 "기예가들로 하여금 알게 하라"를 근거로 기예는 진정으로 종을 변성시킬 수 없기에 악마는 단지 환영을 통해서만 일한다고 논증했다. 그런데 이제는 반대로 알베르투스는 연금술이 실제로 종을 변성시킬 수 있으며, 이 사실로부터 분명하게 기능할 수 있도록 "기예가들로 하여금 알게 하라"를 활용한다. 만약 인간이 현실적으로 종을 변성시킬 수 있다면, 인간보다 훨씬 더 강력한 악마들도 당연히 그렇게 할 수 있다는 결론이 도출된다. 알베르투스가 이러한 방식으로 연금술을 다루는 그 이면에 함축된 의미는 절대적으로 명백하다. 연금술은 인간 기예의 최고선(summum bonum)이다. 이제 인간적 기교의 정점인 연금술은 악마적 능력의 수위를 측정하는 최고 상한선으로 기능하게 된다. 자연 세계를 변화시키는 인간 능력의 상징인 연금술에 이와 같은 역할을 맡긴 것은 이후에 엄청난 결과를 낳았다. 비록 알베르투스가 『명제집』 주석의 전통에서 이러한 방식으로 연금술을 활용한 최초의 인물이었는지 아닌지는 확실치 않지만, 그가 연금술에 부여한 역할은 17세기까지 계속해서 싹을 틔워 활발히 가지를 뻗게 될 전통의 초창기 표본이었다.

악마에게 질료로부터 실체적 형상을 유도해내는 능력이 있는지 없는지에 관한 일련의 반대-찬성 답변을 나열한 뒤, 알베르투스는 어떻게든 이 문제를 해결하고자 몰두한다. 그가 내놓은 해결책에서 그는 악마들이 이러한 능력을 가졌는지 아닌지는 오로지 신과 천사들만 알고 있다고 조심

44 Albertus Magnus, *Commentarii in II. et III. lib. sententiarum*, vol. 15, p. 86: "4. Item Iob 41. Non est potestas super terram quae possit ei comparari: ergo videtur, quod si potestas artis operetur super corporum transmutationes, ut alchimia, quod daemones hoc multo magis facere praevaleant."

스럽게 인정한다. 그럼에도 불구하고 알베르투스는 확신을 가지고 이렇게 말한다. 부패로부터 쉽게 생겨나는 존재들의 경우[45]를 제외하고는, 교회의 권위에 힘입은 교리에 따라 악마들은 영구적인 실체적 형상을 질료 속으로 유도해내지 못한다고 가정할 수 있다. 명료한 분석을 위해 알베르투스는 네 가지 유형의 변성이 가능하다고 논증한다. 첫째, 마치 만병통치약의 의학적 효능처럼 혼합물의 구성 성분들이 각자의 정체성과 작용을 유지하면서도 동시에 일치단결해 새로운 효과를 생산함으로써 일어나는 변성, 둘째, 마치 불이 육체를 해체하듯이, 물체가 구성 요소들로 분해되는 변성, 셋째, 연금술을 통해 일어나는 변성, 넷째, 마치 개구리와 두꺼비가 부모 없이 자연 발생하듯 자연 그 자체가 하나의 실체를 다른 실체로 변환하는 변성이 그것들이다. 알베르투스가 이 네 가지 목록에 연금술을 포함한 것은 그가 황금변성 기예의 능력을 믿었기 때문일까? 그의 답변은 놀라우리만치 철저하다.

> 셋째 [유형의 변성]은 연금술사들에 의해 속성들을 벗겨내거나 액화, 배양, 승화, 증류를 통해 다른 속성들을 부여함으로써 일어난다. 이처럼 매우 잘 알려진 작용을 통한 방식으로 빵이나 잉크와 같은 것들이 존재하게 된다. 아비켄나가 이러한 방식으로 생산된 사물들 안에서 어느 누구도 종을 구성하는 속성들을 발견할 수 없다는 연금술의 징후에 관해 말했듯이, 나는 [연금술사들]이 실체적 형상을 부여하지 못한다고 지적하려 한다. 이러한 이유로 연금술의 금은 심장에 이롭지 않고 연금술의 청옥은 성적 흥분을 진정하거나 기관지의 질병을 치료해주지 않으며, 연금술의 홍옥은 독을 품은 증기를 제거해주지 않는다. 이와 같은 모든 사물에 대한 시험은 연금술의 금이 다른 금보다 불 속에

---

45 [옮긴이] "부패로 생겨나는" 존재는 아리스토텔레스식으로 말해 "자연 발생"(우발적 발생)된 존재를 의미한다. 부패는 자연 발생을 위한 필수적인 과정으로 여겨졌다. 이 책 제4장의 '자연 발생과 유성 발생'을 보라.

서 더 잘 타버리며 연금술에 의해 생산된 다른 보석들도 그러하다는 사실에 근거한다. 이처럼 그것들은 같은 종의 자연적 사물만큼 오랫동안 지속되지 않는다. 이는 그것들이 실체적 형상을 가지고 있지 않기 때문이며, 그래서 자연은 동일한 사물의 보존을 위해 실체적 형상에 주어진 덕성을 그것들에게는 허락하지 않는다.[46]

알베르투스의 후대 작품인 『광물의 서』에서 연금술사들이 귀중한 금속들을 실제로 생산해내는 작업 과정이 제시된다는 점을 고려한다면, 『명제집 주해』의 이 특이한 단락에서 그가 연금술을 향해 부정적인 태도를 드러낸다는 점은 놀라운 일이다.[47] 여기서 알베르투스는 연금술사들이 실질적인 변성을 일으킬 수는 없으며, 다만 일시적으로 부수적 속성들을 벗겨내고 그 빈 표면을 다른 동등한 부수적 속성들로 대체할 수 있을 뿐

46 이 단락의 인용을 위해 나는 다음 비평본에 의존했다. Jeck, "Materia", p. 226 (Albertus Magnus, *Commentarii in II. et III. lib. sententiarum*, vol. 15, pp. 86~87): "Tertia est per exspoliationem proprietatum et dationem aliarum et per liquefactionem et cibationem et sublimationem et distillationem, quibus operantur alchimici. Et hoc modo operatione satis nota fit panis et incaustum et huiusmodi. Et puto, quod non dant formas substantiales, sicut etiam dicit Avicen. in *Alchimia* sua. Cuius signum est, quod in talibus operatis non inveniuntur proprietates continentes speciem. Unde aurum alchimicum non laetificat cor, et saphirus alchimicus non refrigerat ardorem neque curat arteriacam, et carbunculus alchimicus non fugat venenum vaporabile in aëre. Et omnium talium experimentum est in hoc, quod aurum alchimicum consumitur plus in igne quam aliud, et similiter lapides alchimici. Et iterum non durant ita diu sicut naturalia illius speciei. Et hoc ideo est, quia non habent species. Et ideo negavit eis natura virtutes quae dantur cum speciebus ad conservationem specierum." "연금술"을 다룬 아비켄니의 또 다른 문헌으로서 아랍어로부터 번역된 텍스트로는 하센 왕에게 보낸 익명의 편지(pseudonymous *Ad Hasen regem epistola de re tecta*)가 있다. Robert Halleux, "Albert le grand et l'alchimie", *Revue des sciences philosophiques et théologiques* 66, 1982, pp. 57~80.

47 Albertus Magnus, *Book of Minerals*, pp. 177~79. 또한 다음을 보라. Halleux, "Albert le grand et l'alchimie", pp. 74~75.

이라는 아비켄나의 입장을 명백히 따른다. 황금이 심장을 강하게 만든다는 중세 의사들의 생각에 대해 알베르투스는 연금술의 금은 이러한 의학적 효능을 갖지 않으며, 인공적인 청옥과 홍옥도 자연의 원본에 부여된 놀라운 능력을 결여하고 있다고 말한다.[48] 연금술의 금과 보석의 허위성을 지지하는 실질적인 근거는 그것들이 무기력하게도 불의 융해(融解) 능력에 저항하지 못한다는 점에 있다. 흥미롭게도 이 지적은 『광물의 서』에서 다시금 등장하는데, 거기서는 알베르투스 자신이 직접 연금술의 금을 시험해보았고 그것이 예닐곱 차례의 점화 이후 분해되었음을 발견했노라고 말한다.[49] 그러나 그는 『명제집 주해』에서 이를 기예 그 자체가 가진 결점으로 보았던 것과는 달리, 이후 『광물의 서』에서는 연금술사의 실력 부족 탓으로 돌린다.

우리가 확인할 수 있었듯이, 알베르투스 마그누스는 악마의 능력에 관한 논의 속으로 연금술을 던져 넣은 전통의 초창기 대변자였다. 이처럼 기이한 출발에는 두 가지 이유가 있었다. 첫째, "기예가들로 하여금 알게 하라"는 단지 연금술뿐만 아니라 기예 일반에 한계를 두는 선언으로 여겨졌고 알베르투스도 그렇게 여겼다. 기예는 종을 변성시킬 수 없다는 가정 위에서, 악마들이 행했다는 기적이 적어도 기예를 통해서는 실제로 실행될 수 없다는 결론이 도출되었다. 둘째, 만약 누군가가 "기예가들로 하여금 알게 하라"를 부정하거나 무시한다면, 이는 연금술이 자연적 생산물을 단지 모방하거나 재현하는 데 그치지 않고 복제까지도 해낼 수 있다는 실질적인 주장이 되는 셈이므로 연금술이야말로 인간 기예의 모범이 된다는 결론이 도출된다. 이러한 결론을 토대로 연금술은 악마의 기예를 포함한 모든 종류의 기예가 비교 대상으로 삼아야 할 척도가 되었다. 만약 인간이 종을 변성시킬 수 있다면, 악마 또한 그렇게 할 수 있고

48 보석들의 능력을 평가하는 알베르투스의 견해에 관해서는 다음을 보라. Albertus Magnus, *Book of Minerals*, pp. 77~78, 115~16.

49 Albertus Magnus, *Book of Minerals*, p. 179.

그 이상도 해낼 수 있다. 앞서 살펴보았듯이, 알베르투스의 입장은 연금술이 적어도 부수적 속성들을 벗겨내고 새로운 부수적 속성들을 부여하는 방법만으로는 종을 변성시킬 수 없다는 것이었다. 그러나 문제의 끄트머리에서 그는 연금술이 자연을 도움으로써 금속을 실제로 변성시키는 우회로가 있을 수 있음을 암시한다. "앞서 말했듯이, 기예 그 자체는 형상을 유도할 수 없지만 자연을 도울 수는 있다."[50] 어쩌면 그는 이후 『광물의 서』에서 표현한 아이디어, 즉 올바른 연금술사는 의사가 자신의 환자를 대하듯이 금속을 대한다는 아이디어를 염두에 두고 있었는지도 모른다. 의사가 환자를 깨끗하게 하려고 구토제와 발한제를 사용하듯이, 연금술사는 먼저 오래된 금속을 깨끗하게 하고 정화한다. 이어서 금속의 실체 안에서 원소의 능력과 천상의 능력을 강화한다. 그 결과로 정화된 금속은 천체의 덕성으로부터 새롭고도 탁월한 실체적 형상을 부여받는다. 이 지점까지도 연금술사는 실제로 아직 어떠한 종도 변성시키지 않았다. 그는 단지 하나의 실체적 형상을 제거하고 다른 실체적 형상을 부여받기 위한 길을 닦아놓았을 뿐이다.[51]

연금술에 관한 알베르투스의 최종적 입장이 무엇이었든 간에, 그는 이후의 『명제집』 주석가들에게 중대한 영향을 끼쳤다. 1252년부터 『명제집』을 강의하기 시작했던 그의 제자 토마스 아퀴나스[1224/25~74]는 제2권 제7장에 대한 주석에서 알베르투스와 상당히 동일한 입장을 취한다. 토마스는 "악마들이 물질적 질료에서 진정한 물질적 효과를 유도해낼 수 있는지 없는지"로 질문을 시작한다. 알베르투스와 마찬가지로 토마스도 먼저 부정답변의 목록을 제시한다. 이 답변들 가운데 상당수는 점성술을 다루고 있어 우리의 관심사는 아니다. 그러나 곧이어 다섯째 부정답변에서 연금술이 등장한다.

---

50 Albertus Magnus, *Commentarii in II. et III. lib. sententiarum*, vol. 15, p. 87: "Ad aliud dicendum, quod bene potest esse, quod ars de se non potest inducere formam, ut prius dictum est: sed potest iuuare naturam, & ita facit daemon."

51 Albertus Magnus, *Book of Minerals*, pp. 178~79.

> 더군다나 악마들은 기예라는 방법 없이는 일하지 않는다. 그러나 기예는 실체적 형상을 가져다주지 않으며, 이는 『광물에 관하여』에도 언급되어 있다. 종이 변성될 수 없음을 연금술의 기예가들로 하여금 알게 하라. 그러므로 악마들도 실체적 형상을 유도할 수 없다.[52]

알베르투스와 정확히 동일하게 토마스도 기예 일반의 한계를 표현한 선언인 "기예가들로 하여금 알게 하라"로부터 출발한다. 이어서 그는 가장 강력한 반대 근거의 조각인 「출애굽기」 7장으로 곧장 넘어간다. 성서의 기록은 파라오의 마술사들이 실제로 지팡이를 뱀으로 바꾸지 못했다고 말씀한다.[53] 이 문제에 대한 토마스의 해결책은 이렇다. 신은 오직 정신만으로도 질료에 작용을 가할 수 있지만, 악마는 그렇게 할 수 없다. 아비켄나가 아리스토텔레스의 『영혼론』에 대한 주석에서 밝혔던 견해, 즉 악마들과 천사들처럼 분리된 실체들에 질료가 자연스럽게 "복종한다"는 그 페르시아 철학자의 신념에도 불구하고 토마스는 악마들이 오로지 기예라는 방법을 통해서만 질료에 작용할 수 있다고 말한다. 악마들이 할 수 있는 일은 피동자에 능동자를 부여하는 정도에 그친다. 만약 악마가 질료의 어느 한 부분을 가열하고 싶다면, 자신의 능력만으로는 그 일을 할

---

52 Thomas Aquinas, *Sancti Thomae Aquinatis commentum in secundum librum sententiarum, Distinctio* 7, *Quaestio* 3, *Articulus* 2, in *Sancti Thomae Aquinatis opera omnia*, Parma: Petrus Fiaccadorus, 1856, vol. 6, p. 450: "Praeterea, daemones non operantur nisi per modum artis. Sed ars non potest dare formam substantialem; unde dicitur in cap. de numeris: sciant auctores alchimiae, species transformari non posse. Ergo nec daemones formas substantiales inducere possunt." 이 단락에서 "de numeris"는 분명하게 "de mineris"로 수정되어야 한다.

53 [옮긴이] 엄밀히 말하자면, 파라오의 마술사들이 지팡이를 뱀으로 바꾸지 못한 것은 아니었다. "아론이 바로와 그의 신하들 앞에 자기의 지팡이를 던지니, 그것이 뱀이 되었다. 이에 바로도 현인들과 요술가들을 불렀는데, 이집트의 마술사들도 자기들의 술법으로 그와 똑같이 했다. 그들이 각자 자기의 지팡이를 던지니, 그것들이 모두 뱀이 되었다. 그러나 아론의 지팡이가 그들의 지팡이를 삼켰다"(「출애굽기」 7장 10~12절, 새번역).

수 없고, 그저 그 질료를 실제로 불에 놓아두는 수밖에 없다. 토마스가 악마들은 기예라는 방법으로만 활동한다는 입장을 채택한 까닭에, 종을 변성시키는 가장 뛰어난 기예인 연금술은 이제 그에게 중요한 이슈가 된다. 따라서 그는 다음과 같은 논지로 연금술에 대해 검토한다.

> 기예는 스스로의 힘으로 실체적 형상을 수여할 수 없지만, 다음에서 분명히 드러나듯이 자연의 능동자를 수단으로 삼아 이를 행할 수 있다. 가령 불의 형상은 기예를 통해 통나무에서 생산된다. 그러나 기예가 어떠한 수단으로도 유도해낼 수 없는 실체적 형상들이 있는데, 적절한 능동적 대상과 수동적 대상을 찾을 수 없는 경우에 그러하다. 이 경우에서조차 기예는 유사물을 생산할 수 있는데, 이는 마치 연금술사들이 외부의 부수적 속성들로써 금과 유사한 무언가를 생산하는 것과 같다. 그러나 그것은 참된 금이 아닌데, 금의 실체적 형상은 연금술사들이 사용하는 불의 열에 의해 [유도되는] 것이 아니라 광물의 능력이 배양되도록 한정된 장소를 내리쬐는 태양의 열에 의해 유도되는 까닭이다. 따라서 이와 같은 [연금술의] 금은 [진짜 금의] 특정한 형상에 따라 작용하지 않으며, 이는 그들[즉 연금술사들]이 만든 다른 사물들에 대해서도 동일하게 참이다.[54]

54 Thomas Aquinas, *Commentum in secundum librum sententiarum*, 6:451: "Ad quintum dicendum, quod ars virtute sua non potest formam substantialem conferre, quod tamen potest virtute naturalis agentis; sicut patet in hoc quod per artem inducitur forma ignis in lignis. Sed quaedam formae substantiales sunt quas nullo modo ars inducere potest, quia propria activa et passiva invenire non potest, sed in his potest aliquid simile facere; sicut alchimistae faciunt aliquid simile auro quantum ad accidentia exteriora; sed tamen non faciunt verum aurum: quia forma substantialis auri non est per calorem ignis quo utuntur alchimistae, sed per calorem solis in loco determinato, ubi viget virtus mineralis: et ideo tale aurum non habet operationem consequentem speciem; et similiter in aliis quae eorum operatione fiunt."

토마스의 연금술 반대 논증은 특정한 '장소의 능력'(virtus loci)이라는 개념을 도입한다는 점을 제외하고는 알베르투스의 논증과 거의 비슷하다. 토마스의 생각은 자연적인 열이 오로지 광물들과 금속들이 생성되는 땅 밑의 공간에 작용함으로써만 금속이 발생할 수 있다는 것이다. 태양열의 도움을 받아 '금속화하는 능력'이 작용하는 땅 밑 깊숙이 숨겨진 곳에서 인간이 실험실을 세울 수는 없는 노릇이기에, 인공적으로 금속을 만들기란 선험적으로 불가능하다. 그런데 알베르투스와 마찬가지로 토마스도 연금술을 활용해 악마적 능력의 한계를 설정한다. 인간은 질료로부터 어떠한 실체적 형상도 유도해낼 수 없으므로 악마 역시 이와 유사한 제약을 받는다. 연금술은 루시퍼[55]와 그의 수하들의 기예를 포함한 모든 종류의 기예가 비교 대상으로 삼는 척도로 다시금 기능한다.

연금술을 기예의 측정 기준으로 삼는 전통은 아마도 토마스보다 조금 이른 시기인 1250년에서 1253년 사이에 보나벤투라가 저술한 『명제집 주해』에서도 발견된다. 그도 제2권 제7장을 주석하면서 연금술을 다루었다.[56] 알베르투스나 토마스와 마찬가지로 보나벤투라는 "악마들이 질료 속에서 사물의 참된 형상을 이끌어낼 수 있는지"를 묻는다. 다시금 그의 관심은 파라오의 마술사들에 의해 생산된 것으로 보이는 뱀과 다른 동물들에게로 향한다. 그가 열거한 답변들 가운데 셋째 답변의 단정적인 근거에서 연금술이 등장한다. "이와 같이 악마의 힘은 기예를 통한 인간의 힘보다 위대하다. 그러나 인간은 연금술이라는 기예를 통해 다양한 금속의 종을 만들어낸다. 그러므로 악마도 이 일을 훨씬 더 강력하게 행할 수 있다."[57] 보나

---

55 [옮긴이] 사탄의 이름으로 알려진 루시퍼(Lucifer)는 「이사야」 14장 12절에 나오는 "새벽별"의 라틴어식 명칭에 불과하다. 따라서 성서에서는 루시퍼가 사탄의 이름이라고 명시되어 있지는 않으며, 루시퍼를 이러한 용법으로 사용한 대표적인 인물은 보나벤투라보다 한 세대 뒤에 태어난 단테였다.

56 보나벤투라의 『명제집 주해』가 기록된 시기에 관해서는 다음을 보라. *Bibliotheca sanctorum*, Rome: Istituto Giovanni XXIII, 1963, vol. 3, p. 242.

57 Bonaventure, *Commentaria in quatuor libros sententiarum magistri*, in *Petri Lombardi Doctoris seraphici S. Bonaventurae opera omnia*, Quaracchi: Collegii

벤투라는 자신의 주석에서 연금술에 관해 더 이상의 지면을 할애하지는 않지만, 알베르투스나 토마스와는 달리 연금술의 주장 그 자체에 문제를 제기하지는 않는다. 보나벤투라가 연금술의 주장을 수용한 것은 순수하게 인공적인 활동과 기예와 자연이 협력하는 활동을 앞선 두 사람보다 훨씬 철저하게 구별한다는 점에 기반을 둔다. 보나벤투라는 이렇게 주장한다. 순수하게 인공적인 사물에서 능동자는 피동자에게 아무것도 분유하지 않지만, 둘 모두는 마치 조각예술처럼 질료를 제거하거나 질료의 위치를 바꿀 수 있다. 따라서 만약 하나의 능동자가 신과 같은 순수한 작용이 아니라면, 그 능동자는 자신의 고유한 능력만으로는 자연적 형상을 생산할 수 없다. 그러므로 악마는 자연에 대해 그저 노예로서, 즉 주된 능동자[58]가 아닌 조력자로서 작용한다. 만약 그렇지 않다면, 악마는 자신과는 이름과 종이 다른 사물을 창조할 것이고, 그리하여 "창조주가 행하듯이 생산해 결국 스스로 창조주들이 되고 말 것이다".[59] 이어서 보나벤투라는 제작의 세 가지 유형을 소개한다. 첫째, 창조주인 신이 자신과는 이름과 종이 다른 사물을 창조하는 절대적 창조, 둘째, 자연을 새로운 목표로 이끌어주는, 완전성으로 이끄는 기예, 셋째, 질료로부터 새로운 실체적 형상을 유도하지 못하는, 마치 조각예술처럼 순수하게 인공적인 활동이 그것들이다. 연금술사는 스스로 창조주가 될 수는 없지만, 악마와 동일한 방식으로 피동자를 돕는 능동자의 역할을 할 수는 있다. 연금술사는 셋째 유형처럼 순수하게 인공적인 방식으로 대상을 제작하지는 않지만, 기예를 통하지 않고서는 도달할 수 없는 결말에 이르도록 자연을 이끌어줄 수 있다. 다시금 아우구스티누스의 씨앗 이성 개념을 도입해 보나벤투라는 연금술사와 악마가 그들 자신의 능력으로는 기적을 일으킬

S. Bonaventurae, 1885, vol. 2, p. 201.

58 [옮긴이] 아리스토텔레스의 체계에서 악마가 주된 능동자가 아니라는 것은 다시 말해서 악마가 스스로 원인을 만들어내지 못한다는 의미다.

59 Bonaventure, *Commentaria in quatuor libros sententiarum*, vol. 2, p. 202.

수 없으며, 오로지 온전한 성숙을 향해 모이고 반응하는 "씨앗들"의 능력을 통해서만 기적이 가능하다고 말한다.[60]

13세기 신학자들의 연금술 논쟁이 악마의 능력이라는 맥락에서 출발했다는 점은 분명하다. 이는 연금술이 마법의 일종이어서가 아니라 자연과의 관계에서 인간 기예의 정점을 대표하기 때문이다. 우리가 지금까지 살펴본 저술가들에게서 마법(magia)은 자연스럽게 악마의 활동을 의미했는데, 인간과 마찬가지로 악마도 금속의 변성에 뛰어들 수 있었을 텐데도 불구하고 그 저술가들은 악마의 활동을 연금술에 적용하지 않고 있었다. 『명제집』 주석가들은 연금술이 유용한 이유가 그것이 그 자체로는 결코 악마적이지 않고 인간에게 알려진 한 가지 기예이기 때문이라는 점을 정확히 발견했다. 따라서 연금술은 악마가 할 수 있거나 또는 할 수 없는 일들을 측정하는 척도로 사용될 수 있었다. 이러한 방식으로 연금술을 활용하는 것은 리카르두스 데 메디아빌라와 로베르투스 킬레와르드비[61] 같은 다음 세대의 『명제집』 주석가들에게서도 그대로 반복되었는데, 그들의 논의는 우리가 이미 다룬 논의의 범위를 거의 벗어나지 않았다.[62] 이와 더불어 신학 저술가들이 연금술을 다루었던 논법은 다른 장르의 저작들로 확산되었다.

그 가운데 한 가지 사례로서, 13세기의 마지막 20년에 걸쳐 에기디우스 로마누스[1243~1316]는 미묘한 문제들의 모음집을 저술했는데, 그 안

60 Bonaventure, *Commentaria in quatuor libros sententiarum*, vol. 2, p. 202: "그들이 하는 일은 그들의 덕성이 아니라 그들이 가져온 씨앗의 덕성으로 가능하다."

61 [옮긴이] 리카르두스는 프란체스코 수도회 소속의 신학자였던 반면, 로베르투스는 도미니코 수도회 출신으로서 캔터베리 대주교를 역임했던 신학자였다.

62 Ricardus de Mediavilla, *Clarissimi theologi magistri Ricardi de media villa seraphici ord. Min. convent. Super quatuor libros sententiarum*, Brixia: De consensu superiorum, 1591; reprint, Frankfurt: Minerva, 1963, vol. 2, pp. 99~100; Robert Kilwardby, *Quaestiones in librum secundum sententiarum*, ed. Gerhard Leibold, Munich: Verlag der Bayerischer Akademie der Wissenschaften, 1992, p. 133.

에는 "인간이 기예를 통해 금을 만들 수 있는가? 만약 그렇다면, 그렇게 만든 금을 팔아도 되는가?"를 묻는 질문이 담겨 있다. 에기디우스는 이와 같은 스콜라주의 방식의 토론문제(quaestio)를 수집한 동기를 밝히지는 않지만, 그의 동기는 『명제집』 제2권 제7장에 대한 토마스 아퀴나스의 주석과 밀접한 관련이 있다. 토마스를 비롯한 다른 『명제집』 주석가들과 마찬가지로 에기디우스는 파라오의 마술사들이 뱀을 만들었다는 「출애굽기」 7장을 연금술이라는 이슈와 관련지어 검토한다. "더 고귀한 형상에 [작용할] 수 있다면, 그보다 열등한 형상에도 작용할 수 있다. 파라오의 마술사들(magi)들이 살아 있는 뱀을 만들었으므로 감각적인 영혼은 기예에 의해 유도될 수 있다. 반면에 감각적인 형상은 금의 형상보다 고귀하다." 이러한 연금술 찬성 논리에 따르자면, 기예가 감각적인 형상을 유도할 수 있다면 또한 금속의 형상과 같은 비감각적인 형상도 부여할 수 있음을 의미한다. 이러한 찬성 논증에 반대해 에기디우스는 먼저 "기예가들로 하여금 알게 하라"를 인용한 뒤, 이어서 연금술 찬성 입장이 지지하는 고귀함의 간단한 등급부터 해체하기 시작한다. 그는 자연적 사물은 한정된 원리들에서 기인하므로 자연적 대상이 더 완전할수록 그 기원에는 더욱 특정한 물질이 요구된다고 전제한다. 따라서 말(馬)은 오로지 어미의 생리혈로부터만 발생하지만,[63] 그보다 덜 완전한 꿀벌은 황소의 부패한 몸으로부터도 직접 구성될 수 있으며 말벌도 부패한 말로부터 생겨날 수 있다. 이어서 에기디우스는 토마스처럼 특별한 '장소의 능력'을 언급한다. 심지어 부패에 의해 발생되는 덜 완전한 몇몇 사물들조차도 어떤 확실한 장소에서만 태어날 수 있다. 가령 포도주는 꿀벌과 말벌이 가진 감각적인 영혼을 결여하고 있음에도 불구하고 오로지 포도의 껍질 안

63 [옮긴이] 오늘날의 난세포 개념이 없었던 고대 자연철학에서 발생 과정에 필요한 질료로 여겨졌던 것은 여성 혹은 암컷의 생리혈이었다. 이 견해를 정립한 인물도 아리스토텔레스였다. 정현석, 「아리스토텔레스 vs 갈레노스: 고대 생명발생론의 중세적 수용과 변용—13세기 실체적 형상의 단/복수성 논쟁에서 중세의학의 역할」, 『의사학』 28, 2019, 243쪽.

에서만 발효된다. 이는 금속도 마찬가지다. 금속은 부패에 의해 생산되는 동물보다 덜 완전하지만, 그럼에도 금속의 생산을 위해서는 한정된 장소인 땅속의 자궁이 필요하다. 따라서 에기디우스의 결론은 토마스가 이미 도출했던 결론과 동일하다. 연금술사들은 땅속이 아닌 땅의 표면 위에서 금속을 만들려고 하기 때문에 실패할 운명에 놓일 수밖에 없다는 것이다.[64]

흥미롭게도 에기디우스는 연금술사들이 직접 제시한 논증, 즉 그들이 유리나 호박(琥珀) 같은 생산물을 만들 수 있으며 따라서 금을 만들 능력도 가질 수 있어야 한다는 논증을 검토한다. 그의 답변은, 유리와 금속의 관계는 자연 발생된 동물과 부모로부터 유성 발생된 동물의 관계와 같다는 것이다. 각각의 짝에서 전자는 한정된 발생 장소를 필요로 하지 않는 반면에 후자는 필요로 한다. 호박의 경우에도 그것은 금과 은의 혼합물에 불과하며, 변성에 관한 논의에서 다루기에는 적절하지 않다. 파라오의 뱀에 관한 논의로 되돌아가서 에기디우스는 감각적인 형상이 금속의 형상보다 고귀할지는 몰라도 이 사실이 여기서의 논의에는 알맞지 않다고 답변한다. 이미 그는 포도주를 예로 들어 덜 고귀한 사물들조차 때로는 특별한 발생 장소를 필요로 한다는 사실을 보였기 때문이다. 그리하여 에기디우스의 토론문제 및 마법에 의해 생산된 파라오의 뱀에 관한 언급을 통해 우리는 『명제집』의 주석들에서 표현된 관심사가 어떻게 하나의 가지를 뻗었는지를 볼 수 있다. 연금술이라는 이슈는 에기디우스의 작품에서도, 그리고 신학적 맥락에서도 여전히 명맥을 유지하고 있었다. 여기서 우리는 『명제집』의 주석들이 뿌려놓은 씨앗 덕분에 연금술 토론문제(quaestio de alchimia)가 다음 세대로 전달될 수 있었다는 사실을 분명히 확인하게 된다.

64 Aegidius Romanus, *B. Aegidii Columnae Romani ··· quodlibeta*, ed. Petrus Damasus de Coninck, Louvain: Hieronymus Nempaeus, 1646; reprint, Frankfurt: Minerva, 1966, *Quodlibet* 3, *Membrum* 3, *Quaestio* 3, *Quodlibeti* 8, pp. 147~49.

마법이라는 혐의를 뒤집어쓴 연금술

마법과 강신술, 비학이라는 이름으로 느슨하게 묶여 있는 다양한 이론과 실천들의 잡탕 속에 연금술을 포함시키려는 오늘날의 낡은 시각은 19세기 이전에는 역사적 타당성을 거의 갖지 못했다.[65] 그럼에도 불구하고 우리는 앞서 『명제집』의 초기 주석들을 통해, 종을 변성시키는 빼어난 기예인 연금술을 악마의 기예와 비교하고 사탄의 능력의 한계를 측정하는 척도로 활용함으로써 연금술을 악마학과 엮으려는 장면을 목격했다. 실제로 연금술과 마법의 연결고리를 지지하는 많은 자료가 있었는데, 1487년 도미니코 수도회의 종교재판관 하인리히 크라머와 야코프 슈프렝거에 의해 출판된 최초의 2절판[66] 책이자 모든 시대를 통틀어 가장 유명한 마녀사냥 교본인 『말레우스 말레피카룸』에서도 동일한 방식의 연결고리가 등장한다. 역사가들은 이처럼 특별한 사실을 거의 주목하지 않았지만, 근대 초 유럽의 마녀사냥 광풍을 지지했던 당시 권력자들 대부분의 마음속에 연금술과 마법이 연결되어 있었다는, 다른 어느 저작에서도 볼 수 없는 현실을 이 교본은 보여준다. 『말레우스 말레피카룸』을 살펴보기 전에 우선은 잠시 다른 대상으로 시선을 돌려보자. 왜 마녀사냥꾼들이 연금술에 관심을 가지게 되었는지를 이해하기 위해서는 물론 여전히 영향력을 끼치고 있던 『명제집』의 주석들 이외에 또 다른 자료로부터 비롯된 운명적인 결과를 검토할 필요가 있다. 여기서 언급되어야 할 저작은

---

65 Lawrence M. Principe and William R. Newman, "Some Problems with the Historiography of Alchemy", in William R. Newman and Anthony Grafton, eds., *Secrets of Nature: Astrology and Alchemy in Early Modern Europe*, Cambridge, MA: MIT Press, 2001, pp. 385~431. 또한 다음을 보라. Newman and Grafton, "Introduction: The Problematic Status of Astrology and Alchemy in Premodern Europe", in Newman and Grafton, *Secrets of Nature*, pp. 1~37.

66 [옮긴이] 2절판(folio) 책은 오늘날의 A3용지와 비슷한 크기였다. 4절판은 A4, 8절판은 A5에 가까웠다. 현대인들이 읽는 일반적인 단행본이 8절판에 가깝다면 2절판의 크기를 가늠할 수 있을 것이다. 2절판 책을 읽으려면 반드시 독서대가 필요했다.

아마도 중세 초기의 연대기 저술가이자 교회법학자, 음악극 작가였던 프륌(Prüm) 출신의 레기노가 편집한 『주교법령』이라는 작은 교회법 문서다.

10세기가 시작될 즈음 작성되어 이후 12세기의 유명한 교회법 백과사전인 그라티아누스의 『교령집』에 편입된 『주교법령』은 중세 초기에 널리 성행했던 마법에 대해 오히려 회의적인 시각을 드러낸다. 『주교법령』은 두 가지 주된 주장에 시선을 돌린다. 어떤 이단에 속한 여성들이 짐승의 등을 타고 먼 거리를 하룻밤 만에 달려와 거대한 집단을 이루어 이교(異敎) 여신인 디아나 또는 헤로디아[67]를 숭배한다는 주장, 그리고 동일한 여성들 또는 다른 어떤 여성들이 동물로 변신할 수 있다는 주장이 그것이다. 『주교법령』은 이러한 주장이 실제 현실이 아니라 사탄에 의해 유도된 환영이라는 입장에 서서 그 어느 누구라도, 심지어 사탄조차도 자신의 모양이나 종을 실제로 바꾸는 이단적인 행위 또는 이교도의 무지보다도 더 사악한 행위를 저질러서는 안 된다고 명확하게 주장한다.[68] 그런데 이 주장이 연금술과 어떻게 연결될까? 우선 제시될 수 있는 답은 『주교법령』이 황금변성 기예를 전혀 또는 최소한 개별적으로는 다루지 않는다는 사실이다. 『주교법령』은 연금술이 이슬람 세계로부터 서유럽으로 유입되기 약 3세기 전에 기록되었기 때문에 연금술이라는 분야에 관해 전혀 알지 못했다. 그러나 우리는 마녀들의 변신 능력에 대한 믿음을 거부하는 『주교법령』의 표현에 주목해야 한다. "그러므로 모든 것을 지으시고 모든 것의 원인이 되시는 창조주를 제외하고는, 어떠한 피조물이라도 더 좋게 혹은

---

67 [옮긴이] 헤로디아는 『신약성서』 「마태복음」 14장과 「마가복음」 6장에 등장하는 헤롯 안티파스 대왕의 왕후이자 살로메의 모친이다. 딸의 춤을 이용해 세례요한의 목을 벤 사건으로 유명하다.

68 Edward Peters, *The Magician, the Witch, and the Law*, Philadelphia: University of Pennsylvania Press, 1978, pp. 72~73. 『주교법령』의 라틴어 텍스트는 다음에서 찾아볼 수 있다. Emil Friedberg, ed., *Corpus iuris canonici*, Graz: Akademische Druck, 1955, vol. 1, cols. 1030~31. 『주교법령』의 영역본은 다음에 실려 있다. Alan C. Kors and Edward Peters, *Witchcraft in Europe 1100-1700: A Documentary History*, Philadelphia: University of Pennsylvania Press, 2001, pp. 61~63.

더 나쁘게 만들어지거나, 변화되거나, 또는 다른 모양(speciem)이나 그와 유사한 모양으로 변형될 수 있다고 믿는 사람이라면, 그는 의심할 여지 없이 이단이며 이교도보다 사악한 자다."[69]

여기서 반드시 짚어야 할 점은 『주교법령』이 아마도 마녀의 능력이 닿는 '모양'이나 '상'(像)이란 의미를 가리키고자 라틴어 "스페키에스"(species)를 사용했다는 사실이다. 아직 중세 성기의 스콜라주의가 등장하기 이전인 9세기 혹은 10세기의 상황에서 스페키에스란 용어가 '개체'와 '유' 사이에 끼어 있는 아리스토텔레스의 철학적 범주를 의미했다고 볼 이유는 없다.[70] 그러나 중세 대학에서 아리스토텔레스주의를 습득한 후대의 주석가들은 『주교법령』이 실제로 아리스토텔레스적 의미로서 '종'의 변성을 금지했노라고 받아들였을 것이다. 또한 앞서 살펴보았듯이, 한 금속의 종을 다른 종으로 변성시키는 연금술사들의 능력을 명백히 부인하는 아비켄나의 "기예가들로 하여금 알게 하라"가 이 연결고리를 지지하고 부추겼을 것이다. 13세기 중반부터 후반 사이에 어느 저명한 저술가가 아마도 아비켄나의 공식을 미리 염두에 두고 『주교법령』을 포함한 『교령집』을 주석하면서 연금술을 향한 관심을 대놓고 표명했다. 그는 도미니코 수도회의 연대기 작가 마르티누스 폴로누스(1278년 사망)였는데, 각 항목이 알

69 "Quisquis ergo credit fieri posse, aliquam creaturam aut in melius aut in deterius immutari, aut transformari in aliam speciem vel in aliam similitudinem, nisi ab ipso creatore, qui omnia fecit, et per quem omnia facta sunt, proculdubio infidelis est, et pagano deterior." Friedberg, *Corpus*, 1: col. 1031.

70 [옮긴이] 아리스토텔레스의 논리학 저작인 『범주론』은 6세기 이전에 이미 라틴어로 번역되었지만, 그 번역이 다시 주목받게 되었던 것은 12세기 초였다. 『주교법령』의 저자가 『범주론』을 읽었을 가능성은 아예 없지는 않더라도 매우 낮았을 것이다. 박승찬, 『서양 중세의 아리스토텔레스 수용사』, 누멘, 2010, 51, 53~54, 96쪽. 중세에 번역된 아리스토텔레스 저작들의 목록 및 번역가들과 연대에 관한 정보는 다음의 논문에 실린 도표에서 확인할 수 있다. Bernard G. Dod, "Aristoteles Latinus", in Norman Kretzmann et al. ed., *The Cambridge History of Later Medieval Philosophy*, Paperback edition: Cambridge: Cambridge University Press, 1988, pp. 74~79.

파벳 순서로 정렬된 그의 『마르가리타 교령』은 『교령집』의 권위 있는 요약집이었다.[71] 오늘날 100종 이상의 사본이 남아 있는 『마르가리타 교령』은 연금술이라는 표제어에 대한 해설을 다음과 같은 명제로 시작한다. "연금술은 거절당한(reprobata) 기예로 보이는데, 한 종이 다른 종으로 혹은 유사한 종으로 바뀔 수 있다고 믿는 사람은 신 자신을 제외하고는 이단이며, 이교도보다 사악하기 때문이다."[72] 마르티누스가 밝힌 분명한 의도에 따르면, 『주교법령』에 등장한 단어 스페키에스는 미혹된 마녀들이 변신할 수 있다고 생각했던 동물들의 '모양'이 아니라 아비켄나의 "기예가들로 하여금 알게 하라"가 말하는 금속들의 서로 다른 '종'을 가리키는 것으로 이해되었다.

마르티누스의 접근법은 이후의 교회법 저술가들에게 상당한 반향을 불러일으켰다. 교회법 법률가이자 아비뇽 유수기에 교황 요한 22세의 측근이었던 올드라도 다 폰테[1335년 사망]는 종의 변성을 주장한다는 혐의로부터 연금술을 변호하려는 오랜 전통의 출발점이 되었다.[73] 올드라도의 법적 판례(consilia) 가운데서 연금술이 『주교법령』을 위반했다는 주장에

71 Jean-Pierre Baud, *Le procès de l'alchimie: introduction à la légalité scientifique*, Strasbourg: Cerdic Publications, 1983, p. 25.

72 "Alchimia. Quod alchimia videtur esse ars reprobata: quia qui credit unam speciem posse transferri in aliam vel similem nisi ab ipso creatore, infidelis est, & pagano deterior. 26. qu. 5. episcopi. Circa finem." *Decretum gratiani emendatum et annotationibus illustratum cum glossis: Gregorii XIII. Pont. Max. iussu editum*, Paris, 1601, appendix, p. 4. 마르티누스 폴로누스와 『마르가리타 교령』에 관한 간략한 논의로는 다음을 보라. *Biographisch-Bibliographisches Kirchenlexikon*, Herzberg: Verlag Traugott Bautz, 1993, vol. 5, pp. 923~26.

73 Francesco Migliorino, "Alchimia lecita e illecita nel Trecento", *Quaderni medievali* 11, 1981, pp. 6~41은 올드라도의 연금술 관련 판례의 연대가 1310년 이전이었다고 가설적으로 추정한다. 올드라도는 1310~35년에 아비뇽에 머물렀는데, 이 시기에 교황 요한 22세가 연금술을 정죄하는 교서 「그들은 지킬 수 없는 약속을 한다」(Spondent quas non exhibent)를 반포했기 때문이다. 또한 다음을 보라. Chiara Valsecchi, *Oldrado da Ponte e i suoi consilia*, Milan: Giuffré, 2000, pp. 675~76; Lynn Thorndike, *A History of Magic and Experimental Science*, New York: Columbia University Press, 1934, vol. 3, pp. 48~51.

맞섰던 항변을 발견할 수 있다. 올드라도는 오히려 기술에 기반한 변증으로 대응하면서 연금술사들은 종을 변성시키지 않으며 단지 하나의 금속 종을 다른 금속 종으로부터 생산할 뿐이라고 답변한다. 벌레로부터 명주실을 만들고 불에 탄 식물로부터 유리를 생산하듯이, 자연에서도 유사한 경우가 벌어진다고 그는 말한다. 아마도 올드라도는 종을 질료 속에 원래부터 있던 영원불멸의 형상으로 여겼던 것 같다. 따라서 하나의 종은 종 그 자체가 "변성되지" 않고서도 주어진 질료 덩어리로부터 제거되어 다른 질료 덩어리에 부여될 수 있다.[74] 나중에 연금술 반대자들을 향한 연금술사들의 항변을 살펴보겠지만, 『주교법령』에 맞섰던 올드라도의 흥미로운 우회 전략은 반대자들의 항변 논리로부터 직접 근거했을 가능성도 있다. 하지만 올드라도의 변호가 이후 교회법 법률가들에게 커다란 충격을 주었을지는 몰라도 연금술을 악마숭배로 비난하기를 즐겼던 마법 교본의 저자들 대부분은 이러한 변호의 영향에 꿈쩍도 하지 않았다.

연금술을 향한 강력한 비난의 사례는 프란체스코 수도회 소속의 저술가 알폰소 데 스피나의 『신앙의 요새』(1459)에서 발견된다. 그는 개종한 유대인으로서 신학 교수들을 감독하기 위해 살라망카(Salamanca) 대학에 파견되었던 인물로, 카스티야 국왕 후안 2세의 고해신부이기도 했다. 『신앙의 요새』의 한 부분에서는 다양한 유형의 악마들을 다루는데, 알폰소는 『주교법령』이 제기했던 이슈들, 즉 마녀들이 굉장한 속도로 공간 이동을 할 수 있는지, 또는 그들이 스스로 외양을 바꿀 수 있는지를 검토한다. 알폰소는 그 이슈들 모두를 조심스럽게 부정하면서 악마들이 실제로 할 수 있는 일이 무엇인지를 분명하게 제시한다. 악마들은 다른 사물

74 종(species)은 그리스어 '에이도스'(eidos)와 '모르페'(morphē)에 해당하는 흔한 라틴어다. 두 단어 모두 질료형상 이론의 맥락에서 '형상'을 의미한다. 연금술의 적법성을 다룬 올드라도 다 폰테의 저술은 다음에서 볼 수 있다. Johannes Chrysippus Fanianus, *De jure artis alchemiae*, in Manget, vol. 1, pp. 210~16, 특히 pp. 211~12를 보라. 올드라도의 또 다른 연금술 변호로는 다음을 보라. Newman, "Technology and Alchemical Debate", pp. 440~41.

과 표면적으로 같은 것처럼 보이는 사물을 실제로 만들 수 있으며, 그 과정을 가속해 보통 한 달은 걸리는 일을 즉시 일어나게 할 수도 있다. 이 지점에서 알폰소는 연금술을 거론함과 동시에 「출애굽기」 7장을 다루었던 『명제집』 주석가들의 관심사를 꺼내 든다.

> 그 이유는, 파라오의 마술사들이 행했던 이러한 일들에서 나타나듯이, 그[악마]가 동인을 수용체에 적용하는 법을 알고 있기 때문이다. 그러나 악마가 어느 사람으로 하여금 자신을 뱀이나 새나 식물로 바꾸도록 하는 것, 이것은 악마에게 불가능하다. 그러므로 사악한 그리스도교도 연금술사들은 속고 있으며, 악마와 조약을 맺고서 자신들이 기예를 통해 철을 금으로 변성시킬 수 있다고 믿는다.[75]

여기서 우리는 악마가 살아 있는 생물체를 변성시킬 수 없다는 『주교법령』의 가르침이, 기본 금속들을 금으로 변성시킬 수 있다는 연금술사들의 주장으로 노골적으로 비약하고 있음을 볼 수 있다. 알폰소가 생각하기에 연금술의 변성은 어쩌면 자신들도 모르게 사탄에게 영혼을 팔아버린 연금술사들에게 나타나는 환영임이 분명하다. 이어지는 단락에서 알폰소는 디아나 여신과의 만남을 위해 여행한다는 마녀들의 믿음을 있는 그대로 검토하면서 『주교법령』의 결론을 되풀이한다.

『주교법령』을 이러한 방식으로 활용했던 악마학 저술가는 알폰소 데

---

75 "Et causa est, quia scit applicare activa passivis, sicut patet in his, quae fecerunt magi Pharaonis. Quod tamen diabolus faciat, quod unus homo convertatur in serpentem vel avem vel plantam, hoc est sibi impossibile; et ideo in hoc multi perversi christiani alchimistae sunt decepti, habentes pacta cum demonibus, cogitantes quod per eorum artem ferrum convertent in aurum." Joseph Hansen, *Quellen und Untersuchungen zur Geschichte des Hexenwahns und der Hexenfolgung im Mittelalter*, Hildesheim: Olms, 1963; photoreproduction of Bonn, 1901, p. 148. 알폰소의 생애에 관한 정보로는 pp. 145~46을 보라.

스피나 외에도 더 있었다. 프란체스코 수도회 엄수파[76] 소속의 사무엘 데 카시니스의 『괴물들의 문제』(1505)는 연금술에 관한 더욱 미묘한 철학적 논법을 구사했다. 이 저작도 마녀들의 마법 이동에 관한 『주교법령』의 관심사로부터 출발하는데, 사무엘은 마법 비행에 대한 믿음을 완강히 거부하는 인물이었으므로 『주교법령』이 제시한 반대 논리를 그대로 따른다. 인간이 악마를 통해 공기에 몸을 싣는다는 것은 곧 자연이 규정한 능력을 위반하거나 침해하는 것이다. 사무엘은 정교한 인과관계 논법으로 이를 설명하는데, 여기서 그 세부 사항까지 다 살펴볼 필요는 없을 것 같다. 다만 중요한 점은 그가 인공적 활동과 자연적 활동을 구별한다는 것이다. 사무엘은 기예가 자연보다 열등하다는 명백한 원칙에 근거해 마법 비행은 자연에서는 일어나지 않는 우월한 활동이므로 악마에 의해 유도될 수 없다고 논증한다. 이러한 식의 구별짓기 과정에서 사무엘은 앞서 살펴보았던 아베로에스의 인공 쥐를 인용한다. 사무엘에 따르면, 악마가 동인(actives)을 수용체(passives)에 적용하려면 먼저 악마의 행동을 이끌어주는 추론 능력 속에 "각인된 기예의 형상"이 어느 정도는 갖춰져 있어야 한다. 다시 말해 자신이 적절한 능동자를 수동적 피동자에 부여해 현실태를 이끌어낸다는 아이디어가 먼저 악마의 정신 속에 존재해야만 한다. 그러나 "기예의 형상"이라는 존재야말로 악마가 순수한 자연적 능동자를 사용할 때 그 능동자로부터 만들어진 생산물이 자연의 원본에 부합하지 않으리라는 사실을 충분히 입증한다. 이 지점에서 쥐가 등장한다. "왜냐하면 부패로부터 생산된 쥐는 비록 종이 같다고 하더라도 교미에 의해 발생된 쥐와 다르지 않다고 상상하기는 어렵기 때문이다. 그 다른 점이란, 최소한 부수적이지만 분리될 수는 없는 무언가일 것이다."[77] 사무

76 [옮긴이] 프란체스코 수도회 엄수파(Observant)는 프란체스코 사후에 전개된 수도회 내부의 논쟁 끝에 갈라져 나온 분파다. 청빈을 강조하는 프란체스코의 사상을 엄격하게 따르려는 원리주의적 성향을 보였다. 교황 요한 22세는 온건파가 아닌 엄수파를 주로 박해했다.

77 "Non est enim imaginandum, quin mus productus ex putrefactione habeat

엘은 동일한 이치가 연금술에서도 참이 된다고 확실하게 논증한다. "[악마의] 지성에 각인된 기예의 형상"은 자연 그 자체가 능동자와 피동자를 결합해 만든 생산물과 유사하지만, 이 인공적인 형상만으로는 불충분한 생산물을 낳을 수밖에 없다.

> 그로부터 다음과 같이 추론할 수 있다. 만약 연금술 기예가 참된 기예이며 가속의 방법을 통해 몇몇 자연적 혼합물을 생산한다 하더라도, 그 혼합물은 순수하게 자연에서 일어나는 자연적 능동자와 피동자의 결합에 의해 생산된 것만큼의 동일한 완전성과 선함을 결코 지닐 수 없다.

알폰소 데 스피나와 사무엘 데 카시니스는 『주교법령』의 회의주의를 강화하기 위해 연금술을 예시로 활용함으로써 자연에 대한 기예의 상대적 허약함을 논증했다. 두 사람 모두 마녀들이 믿을 수 없는 속도로 여행할 수 없고 스스로 모습을 바꿀 수도 없다는 『주교법령』의 견해를 지지하는 직접적인 근거로서 연금술의 실패를 제시했다. 이어서 연금술에 관한 또 하나의 급진적인 접근법이 악명 높은 『말레우스 말레피카룸』과 더불어 등장했다. 이 저작 또한 『주교법령』에 대한 응답이었다. 모든 시대를 통틀어 의심할 바 없이 가장 유명한 마녀사냥 교본이었던 『말레우스 말레피카룸』은 1487년부터 1669년까지 라틴어 판본으로 최소한 26쇄 이상 출판되었으며, 근대 옹호자들의 뻔뻔스러운 표현에 따르면 영원의 관점 아래에서(sub specie aeternitatis) 기록되었다.[78] 두 명의 저자가 굽히지

---

aliquid diversitatis ab eo, qui est generatus per coitum, quamvis sit eiusdem speciei, que diversitas erit saltem aliquod accidentale inseparabile, sed non quarti(!)." Hansen, *Quellen*, p. 266. 삽입된 어구 및 해독 불가능한 단어인 "quarti" 다음에 나오는 느낌표는 한센의 강조다. 데 카시니스라는 인물에 관해서는 다음을 보라. Charles H. Lohr, *Latin Aristotle Commentaries: II Renaissance Authors*, Florence: Olschki, 1988, p. 83.

78 Montague Summers, tr., *Malleus maleficarum*, London: Pushkin Press, 1948; reprint, 1951, p. xvi.

않는 시선과 일치단결된 헌신으로 해로운 상대방의 사악한 눈을 마주하고 있음을 고려한다면, 이 저작의 출발에서부터 그 초점이 불분명하다는 점은 꽤나 의외다. 『말레우스 말레피카룸』이 마법과 마찬가지로 연금술도 고발하고 있다는 사실에는 반박의 여지가 없지만, 이 사실이 대놓고 언급되지는 않기 때문이다(그림 2.1). 마녀들의 능력을 부인하는 것이 이단적인지 아닌지를 묻는 필수질문에 대한 답변으로서 이 책은 나중에 가서는 논박될 일련의 부정답변을 먼저 나열한다. 2절판의 첫 페이지에는 마술의 실재와 효력을 부인하는 논증이 등장하는데, 여기에는 토마스 아퀴나스의 『명제집 주해』가 은연중에 차용된다.

> 악마들은 기예를 통하지 않고서는 일하지 않으며, 기예는 인간과 동물에게 참된 형상을 제공할 수 없다. 그렇기에 광물에 관한 장에서 말하기를, 종이 변성될 수 없음을 연금술 저술가들로 하여금 알게 하라고 했다. 그러므로 기예를 수단으로 일하는 악마들은 건강과 질병의 실제적 속성들을 유도해낼 수 없다. 만약 이러한 [속성들이] 실제로 나타난다면, 그 속성들은 악마들과 마법사들의 영향력을 넘어서는 미지의 원인을 가진다.[79]

---

79 Heinrich Kramer and Jakob Sprenger, *Malleus maleficarum von Heinrich Institoris (alias Kramer) unter Mithelfe Jakob Sprengers Aufgrund der Dämonologischen Tradition Zusammengestellt*, ed. André Schnyder, Göppingen: Kümmerle Verlag, 1991, p. 7: "Item demones non operantur nisi per artem. Sed ars non potest dare veram formam. Unde in c. de mineris dicitur Sciant auctores alchimie species transmutari non posse[.] Ergo et demones per artem operantes veras qualitates sanitatis aut infirmitatis inducere non possunt. Sed si vere sunt habent aliquam aliam causam occultam absque opere demonum et maleficorum." 이 단락은 토마스 아퀴나스의 다음 텍스트를 축약한 그 이상도 이하도 아니다. Thomas Aquinas, *Sancti Thomae Aquinatis commentum in secundum librum sententiarum*, in *Sancti Thomae Aquinatis opera omnia*, Parma: Petrus Fiaccadorus, 1856, vol. 6, p. 450: "Praeterea, daemones non operantur nisi per modum artis. Sed ars non potest dare formam substantialem; unde dicitur in cap. de numeris: sciant auctores

Prima questio in ordine

Utrum asserere malefi/
cos esse sit a deo catho/
licum ꝙ eius oppositũ
pertinacit defendere oĩ/
no sit hereticum. Et ar
guitur ꝙ non sit catho
licum quicq3 de his asserere .xxvi.q.v.
epi. Qui credit posse fieri aliquã creatu
ram aut in melius deteriusue transmu
tari. aut in aliam speciem vel similitudi
nem transformari ꝗ ab ipso omniũ cre
atore ꝑ pagano et infideli deterior. Talia
autẽ cũ referunt fieri a maleficis: ideo
talia asserere non est catholicum sed he/
reticum. Preterea nullus effectus ma/
leficialis est in mundo. Probaf. Quia
si esset opatione demonu fieret. Sed as/
serere ꝙ demones possint corpales trãs/
mutatiões aut impedire aut efficere nõ
videtur catholicu3. quia sic pimere pos/
sent totum mũdũ. Preterea omnis al/
teratio corpalis puta circa infirmitates
aut sanitates ꝓcurandas reducif in mo
tum localem. patet ex .vij. phisicoꝝ ꝗrũ
B primus est motus celi. Sed demones
motũ celi variare non possunt. Dionisi
us in epistola ad policarpu3. q2 hoc soli⁹
dei est. ergo videtur ꝙ nullam transmu
tationem ad minus veram in corpibus
causare possunt. et ꝙ necesse sit huius/
modi transmutationes in aliquam cau
sam occultam reducere. Preterea sicut
opus dei est fortius ꝗ opus diaboli. ita
et eius factura. Sed maleficiũ si esset ĩ
mundo esset vtiq3 opus diaboli cõtra fa
cturã dei. ergo sicut illicitum est assere/
re facturam supsticiosam diaboli excede/
re opus dei. ita illicitũ est credere vt cre
ature et opa dei in hominib9 et iumẽtis
valeant viciari ex opibus diaboli. Pre/
terea id qđ subiacet virtuti corpali non
habet virtutem imprimendi in corpora
Sed demones subdunf virtutib9 stel/
larum qđ patet ex eo ꝙ certi incantato/
res constellationes determinatas ad in
uocãdum demones obseruant. ergo nõ
habent virtutem imprimendi aliquid ĩ
corpa. et sic multominus malefice. Itẽ

demones non opantur nisi ꝑ artẽ. Sed C
ars non potest dare veram formã. Unđ
in c. de mineris dicif. Sciant auctores
alchimie species transmutari non posse
Ergo et demones ꝑ artem opantes ve/
ras qualitates sanitatis aut infirmitatis
inducere nõ possunt. Sed si vere sunt
habent aliqua3 aliam causam occultam
absq3 ope demonũ et maleficorũ. Sed
contra in decretis .xxxiij.q.i. Si ꝑ sortiari
as atq3 maleficas artes nõ nunq3 occul
to iusto dei iudicio pmittente ⁊ diabolo
ꝓparante ⁊c. loquif de impedimẽto ma/
leficiali quo ad actus coniugales tria cõ
currere. sc3 maleficam. diabolum et dei
pmissionem. Preterea fortius agere po
test in id qđ est minus forte. Sed virt⁹
demonis est fortior virtute corpali Iob
xl. Non est potestas sup terram q̃ ei va/
leat comparari q̃ creatus est vt neminẽ
timeret. Responsio. Hic impugnandi
sunt tres errores hereticales quibus re
probatis veritas patebit. Nam quidam
iuxta doctrinã sancti tho. in .iiij. di. xxxiiij
vbi tractat de impedimento maleficiali D
conati sunt asserere maleficiũ nihil esse
in mundo nisi in opinione hominum q̃
naturales effectus quoꝝ cause sunt oc/
culte maleficijs imputabãt. Alij q̃ male
ficos ꝯcedũt sed ad maleficiales effect⁹
illos tantũmodo imaginarie et fantasti
ce concurrere asserunt. Tertij q̃ effect⁹
maleficiales oĩno dicũt esse fantasticos
et imaginarios. lic3 demon cũ malefica
realiter concurrat. Quorũ errores sic de
claranf et reprobanf. Nã primi oĩno de
heresi notanf ꝑ doctores in quarto ꝓfa/
ta di. precipue ꝑ sanctũ Tho. in .iiij. ar. et
in corpe. q. dicens illam opinionem esse
oĩno cõtra auctoritates sanctorũ et ꝓ/
cedere ex radice infidelitatis. Quia vbi
auctoritas scripture sacre dicit ꝙ demo
nes habent potestatem supra corporalia
et supra imaginationem hominũ qñ a
deo permittunf. vt ex multis scripture
sacre passibus notatur. Ideo illi qui di
cunt maleficium nihil esse in mũdo ni/
si in estimatione hominu3. Etiam non

a 4

7

그림 2.1 유명한 마녀사냥 매뉴얼인 『말레우스 말레피카룸』의 첫 폴리오. 둘째 칼럼의 상단 셋째 줄에 아비켄나의 유명한 연금술 반대 공식인 "기예가들로 하여금 알게 하라"(Sciant)가 보인다.

원본 출처: Heinrich Kramer and Jakob Sprenger, *Malleus maleficarum* (1487), p. 7.
팩시밀리 출처: *Malleus maleficarum von Heinrich Institoris (alias Kramer) unter Mithelfe Jakob Sprengers Aufgrund der Dämonologischen Tradition Zusammengestellt*, ed. André Schnyder (Göppingen: Kümmerle Verlag, 1991).

위 인용문의 주장은 매우 친숙해 보인다. 이는 이 장(章)에서 앞서 논의했던 알베르투스 마그누스로부터 출발해 토마스에 의해 다듬어진 전통으로부터 비롯된 주장이기 때문이다. 그러나 『말레우스 말레피카룸』에서 크라머와 슈프렝거는 토마스의 입장을 즉각 희석해 물질적 세계에서 악마들과 마녀들의 능력, 특히 인간의 몸에 질병을 가져다주는 능력의 존재를 인정한다. 앞서 보나벤투라가 제시했던 "순수하게 인공적인 기예"와 "자연에 작용을 가하는 기예"의 구별을 차용함으로써 크라머와 슈프렝거는 마녀들이 강력한 이유가 그들이 마치 연금술사처럼 기예를 통해 자연을 바꾸는 능력을 가지기 때문이라고 논증한다.[80] 크라머와 슈프렝거는 과거의 주석가들과 동일하게 다음과 같이 논증한다. 악마들은 기예만을 수단으로 삼아서는 실제로 종을 변성시킬 수도 없고 실체의 형상이든 부수적 속성의 형상이든 어떠한 형상도 유도해낼 수 없다. 그러나 악마들이 절대적으로 종을 변성시키거나 형상을 유도해낼 수 없다는 의미는 아니다.[81] 이 의미야말로 두 저자가 첫째 질문의 말미에서 "왜냐하면

alchimiae, species transformari non posse. Ergo nec daemones formas substantiales inducere possunt." 여기서 "de numeris"는 명백하게 "de mineris"로 읽혀야 한다. [옮긴이] 다음의 번역서를 참고했지만, 번역이 원문의 의미를 잘 드러내지 못한다고 판단해 옮긴이가 다시 번역했다. 야콥 슈프랭거·하인리히 크라머, 이재필 옮김, 『말레우스 말레피카룸: 마녀를 심판하는 망치』, 우물이있는집, 2016, 14~15쪽.

80 Edward Peters, *The Magician, the Witch, and the Law*, Philadelphia: University of Pennsylvania Press, 1978, p. 95.

81 앞으로 출판될 논문에서 내가 선보일 예정인데, 비록 크라머와 슈프렝거가 악마들과 그 앞잡이들이 가령 저등하고 덜 완전한 동물의 자연 발생을 유도함으로써 새로운 실체적 형상을 부여할 수 있음을 절대적으로 부인하지는 않는다 하더라도, 그 저자들이 보여주는 일반적인 경향은 특정한 변성에 대한 더욱 강력한 주장은 회피하고서 부수적 변화에 대한 더 약한 주장을 선호하는 것이다. 의심할 바 없이 이와 같은 우유부단함은 특정한 변성에 대한 믿음을 금지하는 『주교법령』의 명령과 대놓고 충돌하는 것을 피하려는 의도였다. Kramer and Sprenger, *Malleus maleficarum*, ed. Schnyder, p. 11: "Hec tres partes si nude intelligantur sunt contra processum scripture et determinationem doctorum. Nam posse fieri aliquas creaturas a maleficis utpote vera animalia imperfecta. Inspiciatur

우리는 누구라도 다른 능동자의 도움 없이는 기예를 통해 해로운 마법(maleficium)을 야기할 수 있다고 말하지 않기 때문이며, 따라서 그와 같은 도움을 받는다면 악마들은 질병을 비롯한 여러 가지 효과의 참된 속성을 유도해낼 수 있다"[82]고 말했을 때 그들이 의미했던 바이다. 다시 말해 마법의 효과는 순수하게 인공적인 것이 아니라 오히려 자연에 의해 제공된 "다른 능동자"를 통한 기예의 생산물이라고 주장하는 것만큼이나 연금술의 효과도 진짜일 수 있다는 것이다. 물론 이러한 결론은 토마스의 의도와는 매우 다른데, 그는 『명제집 주해』에서 연금술은 명백한 실패이며 신이 인간과 악마의 능력에 가한 한계를 잘 보여주는 사례라는 견

---

sequens canon. Nec mirum post allegatum canon. episcopi quid Augustinus determinat de magis pharaonis qui virgas in serpentes verterunt inspiciatur glosa super illud Exo. vii. Vocavit pharao sapientes." 그러나 나중에 가면 그들은 인간이 자연 발생을 경험할 수 없는 더 "완전한" 동물처럼 더욱 우월한 종을 변성시킬 가능성을 명백하게 부인한다. p. 119: "de primis loquitur canon et precipue de formali seu quidditativa transmutatione prout una substantia in aliam transmutatur. Cuiusmodi solus deus qui talium quidditatum creator existit facere potest." [옮긴이] 지은이가 예고한 논문은 3년 뒤에 출판되었다. William R. Newman, "Art, Nature, Alchemy and Demons: The Case of the *Malleus Maleficarum* and Its Medival Scource", in William R. Newman and Bernardette Bensaude-Vincent, eds., *The Artificial and the Natural: An Evolving Polarity*, Cambridge: MIT Press, 2007, pp. 109~34.

82 Kramer and Sprenger, *Malleus maleficarum*, ed. Schnyder, p. 13: "Demones operantur per artem circa effectus maleficiales et ideo absque amminiculo alterius agentis nullam formam substantialem vel accidentalem inducere possunt et quia non dicimus quod maleficia inferat partem absque amminiculo alterius agentis. Ideo etiam cum tali amminiculo potest veras qualitates egritudinis aut alterius passionis inducere." 문제적 구절인 "non dicimus quod maleficia inferat partem absque amminiculo alterius agentis"는 1487년 초판본(ed. Schnyder, p. 13)이 보여주듯이 분명한 비문(非文)이다. 나는 1574년 베네치아 판본을 참조해 "inferat"를 "inferant"로 고치고, "maleficia inferant"의 대상으로서 작용하는 문제시되는 "partem"은 내버려두었다. 더 합리적으로는, 내 견해로는 "partem"은 "[per] artem"의 오타이거나 오독인 듯 보인다. *Malleus maleficarum in tres divisus partes*, Venice: Antonium Bertanum, 1574, p. 14.

해를 확정했기 때문이다. 악마들이 숨겨진 능동자를 적절한 수동적 대상에 부여함으로써 기적의 결과를 생산할 수 있다는 점을 토마스도 분명히 받아들이기는 했지만, 그는 연금술이 실패이듯이 악마의 결과도 제한적일 수밖에 없다고 강조하려 했다. 그러나 크라머와 슈프렝거는 토마스가 설정한 악마의 능력의 한계를 오로지 순수하게 인공적인 능동자에게만 적용한다. 자연적 피동자에 자연적 능동자를 부여한다면 악마와 연금술사도 질료에 작용을 가할 수 있다.

중세의 회의적인 저술가들에 의해 연금술은 악마의 능력에 한계를 설정하는 역할을 수행했지만, 이제는 두 명의 도미니코 수도회 종교재판관의 손에 의해 그 한계를 오히려 제거하는 역할을 맡게 되었다. 크라머와 슈프렝거는 마녀의 능력을 부풀리는 데 열중하느라 질료에 형상을 새기는 연금술사의 능력이 제한되어야 한다는 토마스의 논증을 훼손했던 것이다. 마녀사냥꾼은 아비켄나의 "기예가들로 하여금 알게 하라"라는 족쇄를 풀어버림으로써 새로운 형상을 부여할 수 없는 무능력으로부터 자신들의 사냥감들을 해방했으며, 이로써 믿음직스러웠던 세계를 파괴하고 말았다. 이처럼 거대한 능력의 수혜자가 된 마녀는 마땅히 파괴되어야 했고, 이는 우리가 잘 알고 있듯이 마녀사냥의 음울한 역사가 출발하는 신호탄이 되었다. 이와 같은 종교적 박해 속에서 연금술의 역할은 그저 미미했을 뿐이었다. 결국 황금변성 연금술을 향한 증언, 즉 자연 세계에서 인간의 기예가 가진 능력의 표본이라는 연금술의 이미지는 아비켄나에 의해 올바르게 폭로되었고, 이어서 『말레우스 말레피카룸』에 의해 악의적으로 회피되었다.

연금술을 향한 공격을 방어하는 연금술사들

지금까지 우리는 아비켄나로부터 영향을 받아 인간 기예의 척도를 수립하는 데 열중했던 스콜라주의 저술가들이 어떻게 연금술을 악마적 능력의 측정 기준으로 삼았는지 살펴보았다. 또한 연금술과 악마의 연결고리가 마법을 다루는 문헌에 등장했고, 이는 부분적으로는 『주교법령』의 회의석 관점을 오해했던 결과였음도 살펴보았다. 그렇다면 정작 연금술사 자신들은 기예의 한계에 관해 뭐라고 말해야 했을까? 신학자들과 종교재판관들이 논쟁을 벌이는 천둥소리가 귓가에 울려댈 때, 연금술사들은 그저 수세적인 방관자로 남아 있었을까? 아리스토텔레스의 『기상학』에 대한 40여 종 이상의 중세 주석들을 살펴보면, 스콜라주의가 연금술 이슈를 다루기 위해 참으로 포괄적인 논법을 사용했음을 알 수 있다.[83] 그러나 이 필사본 형태의 주석들은 아비켄나의 "기예가들로 하여금 알게 하라"에 맞서 항변한 연금술 논저들을 언급하지 않는다. 우리의 의도는 이러한 연금술 토론문제들을 일일이 다루는 것이 아니라 연금술이 기예-자연 논쟁에 어떻게 기여했는지를 탐색하는 것이므로, 우리는 표본이 될 만한 가장 중요한 몇 가지 문헌들에 의존할 수밖에 없다. 앞으로 살펴보겠지만, 중세의 연금술사들 가운데 비교적 철학적인 성향을 보이는 몇몇이 아비켄나의 공격을 방어하는 역할을 열정적으로 떠맡았다. 그러면서 그들은 연금술 기예에 관한 포괄적인 옹호 논리를 제시했고, 기예라는 영역에서 펼쳐진 인간 노력의 정점으로서 연금술의 지위를 신중하게 지켜냈다. 우리가 검토하려는 첫 작품은 13세기 말부터 14세기 초에 걸쳐 수많은 사본이 존재했던 『헤르메스 서(書)』다. 이 짧은 논저는 아마도 아랍어로부터 번역되었겠지만, 아랍어로 기록된 해당 문헌은 오늘날 남아 있지 않다.[84] 어쨌거나 『헤르메스 서』는 연금술을 위한 보기 드문 방어 논리를 담고 있으면서 인공적 생산물과 자연적 생산물은 "형태나 본질에 따라서가 아닌 단지 작용에 따라서만" 다를 뿐이라는 17세기 프랜시스

---

83 중세의 『기상학』 주석들에 관해서는 다음을 보라. Charles Lohr, "Medieval Latin Aristotle Commentaries", *Traditio* 23, 1967, pp. 313~414; 24, 1968, pp. 149~245; 26, 1970, pp. 135~216; 27, 1971, pp. 251~351; 28, 1972, pp. 280~396; 29, 1973, pp. 93~197; 30, 1974, pp. 119~44.

84 Newman, *Summa perfectionis*, pp. 9~15. 아랍어 텍스트가 부분적으로는 편집되어 있다(pp. 52~56).

베이컨의 유명한 주장을 떠올리지 않을 수 없게 만드는 표현을 제시한다.[85] 이 책의 마지막 제5장에서 제안하겠지만, 실제로 『헤르메스 서』를 비롯한 중세의 여러 연금술 문헌이 채택한 인공-자연 구별의 경험주의적 접근법은 베이컨과 그의 17세기 후예들인 로버트 보일, 존 로크의 입장을 미리 보여주는 것이기도 하다.

앞서 살펴본 『명제집』 주석들처럼 『헤르메스 서』도 찬성(pro) 논증과 반대(contra) 논증을 구분해 "금속성의 물체는 그것이 자연의 작품인 한에서는 자연적인 것이지만, 인간의 작품은 자연적인 것이 아니라 인공적인 것이다"라는 연금술 반대 논증으로 출발한다. 그에 따르면, 인공적인 것과 자연적인 것은 엄격하게 구별되므로 인간은 자연적 생산물을 복제할 수 없다. 그러나 우리가 다루는 이슈의 핵심으로 넘어가면 『헤르메스 서』의 저자는 기예의 방대한 다양성이 참으로 자연의 생산물들을 재생시킬 수 있다는 찬성 논증을 펼치기 시작한다.

> 그러나 인간의 작용은 불, 공기, 물, 흙, 광물, 나무, 동물에서 볼 수 있듯이, 자연의 작용만큼이나 다양하다. 자연의 번개에서 얻는 불과 돌에서 얻는 불은 동일한 불이기 때문이다. 자연을 둘러싼 공기와 증기로 만든 인공적 공기는 둘 다 공기다. 우리 발밑에 있는 자연의 흙과 물을 침전시켜 얻은 흙은 둘 다 흙이다. 푸른 소금, 황산염, 산화아연, 암모니아 염은 모두 인공적이면서 또한 자연적이다. 그러나 인공적인 것이 자연적인 것보다 더 나은데, 이는 광물에 관한 지식을 가진 사람이라면 누구라도 부정하지 못할 것이다. 자연의 야생 나무와 인공적으로 접목된 나무는 둘 다 나무다. 자연의 벌과 썩은 황소로부터 생겨난 인공적인 벌은 둘 다 벌이다.[86] 기예가 이 모든 것을 다 만들어내지는

---

85 Francis Bacon, *De augmentis scientiarum*, in Bacon, *Works*, vol. 4, p. 294.

86 [옮긴이] 아리스토텔레스가 구별했던 자연 발생과 기예를 통한 발생을 『헤르메스 서』의 저자는 같은 것으로 보고 있다는 점이 흥미롭다.

> 못하더라도 자연을 도와 그것들을 만들어낼 수 있다. 이러한 기예의 도움은 사물의 본성을 변질시키지 않는다. 그러므로 인간의 작용은 본질에 따라서는(secundum essentiam) 자연적이면서 생산 방식에 따라서는(secundum artificium) 인공적이다.[87]

『헤르메스 서』가 제시한 항변의 첫 문장은 인간이 작업한 4원소의 변성이 자연에 의한 변성과 다르지 않다고 주장한다. 이처럼 겉보기에는 간단한 반론이 아리스토텔레스적 범주에 기초한 인공적인 것과 자연적인 것 사이의 견고한 구별의 급소를 찌른다. 부싯돌을 부딪쳐 얻은 불이 빽빽한 숲에 떨어진 번개로부터 생겨난 불과 동일하다는 사실을 과연 누가 부인할 수 있을까? 심지어 앞서 토마스 아퀴나스조차도 피동자에 능동자를 부여하는 기예, 즉 자연적 생산물을 낳기 위해 자연에 작용을 가하는 기예의 근거로서 인간에 의한 나무의 연소를 전형적인 사례로 제시하지 않았던가? 그러나 자연적 발화의 경우와 인공적 발화의 경우, 각각에서 생산된 불이 동일한 불이라는 사실은 결국 자연과 동일한 방식으로 인간이 원소를 변성시킬 수 있음을 의미하기 때문에, 이를 인정하는 것은 곧 게임의 종료나 다름없다. 이와 더불어 만약 그 기원이 무엇으로부터든 상관없이 불은 불이라고 말한다면, 누구든지 요리나 제련처럼 불에 의존하는 작업도 본래 비자연적이지 않다고 주장할 수 있게 된다. 인간의 능동적 작용이 하나의 사례와는 결부되지만 다른 사례와는 그렇지 않다는 단순한 사실만으로 전자를 인공적인 것이라고 넘겨짚기에는 충분하지 않다. 왜냐하면 불이라는 근접 능동자[88]는 하나의 사례에서는 인간에 의해 발생되었고 다른 사례에서는 자연에 의해 발생되었음에도 불구하고, 양쪽의 경우 모두에서 동일하다는 점이 이미 받아들여졌기 때문

---

87 Newman, *Summa perfectionis*, pp. 11~12.

88 [옮긴이] 지은이는 인공적 능동자가 마치 자연적 능동자처럼 작용하는 경우에 "근접"(proximal)이라는 형용사를 사용한다. 따라서 근접 능동자는 사실상의 능동자로 이해될 수 있다.

이다. 그럼에도 만약 인간의 능동적 작용을 기준으로 삼아서는 어떠한 과정이 인공적인지 아닌지를 판단할 수 없다면, 경험을 통해서는 기예의 생산물이 자연의 생산물과 어떻게 다른지 결코 확인할 수 없게 된다. 그렇다면 인공적인 것과 자연적인 것의 구별은 어떻게 유지될 수 있단 말인가?

『헤르메스 서』의 이와 같은 경험주의적 접근법은 화학 기술로 만든 생산물들을 언급함으로써 계속 이어진다. 푸른 소금(아마도 푸른 녹), 황산염(주로 구리와 황산철), 투티아(아마도 산화아연), 암모니아 염(염화암모늄)은 자연적 생산물로서도 존재하고 인간의 의도적인 결과물로서도 존재한다. 대개 푸른 녹은 구리를 식초에 담금으로써, 황산염은 황화물 금속을 바람에 노출시킴으로써, 산화아연은 놋쇠를 만드는 과정에서 생겨난 침전물을 모음으로써, 염화암모늄은 털과 살, 동물의 신체 유래물을 파괴적으로 증류시킴으로써 만들 수 있다.[89] 비록 자연에서도 이러한 생산물들이 발견되지만, 『헤르메스 서』는 인공적인 것이 자연적인 것보다 더 낫다고 일러줌으로써 양쪽을 구별짓는 정체성을 약화하는 주장을 펼친다. 만약 이 문헌의 저자가 양쪽의 차이는 단지 인공성의 순수한 정도의 차이일 뿐이라고 믿었다면(그는 아마도 그렇게 믿었을 것 같은데), 그의 논증은 유지될 수 있을 것이다.

마침내 『헤르메스 서』는 연금술사들이 선호할 만한 두 지점에 도달한다. 접붙임 방법을 통한 새로운 '종'의 제작, 그리고 자연 발생의 방법을 통한 동물의 '인공적' 생산이 그것이다. 원예는 연금술사들이 자주 활용했던 사례였는데, 이미 중세에는 접붙임으로 생산된 인상적인 결과물들이 잘 알려져 있었다. 금속과 마찬가지로 식물도 질료에 작용하는 특정

89 황화물을 황산염으로 풍화시키는 작업은 19세기에도 영국에서 상업적으로 실행되었다. John S. Davidson, "A History of Chemistry in Essex (pt. 1)", *Essex Journal* 15, 1980, pp. 38~46, 특히 p. 40을 보라. 또한 다음을 보라. Robert P. Multhauf, *The Origins of Chemistry*, Langhorne, PA: Gordon and Breach, 1993, p. 338.

한 형상의 산물로 여겨졌기 때문에, 식물도 금속과 동일한 방식으로 각자가 아리스토텔레스적 종에 속했다. "기예가들로 하여금 알게 하라"가 하나의 영역에 적용된다면, 그것이 다른 영역에도 적용되어야 함은 당연한 이치다. 1240년대에 저명한 스콜라주의 학자 로게루스 바코누스도 위-아리스토텔레스의 『식물론』에 대한 주석에서 "기예가들로 하여금 알게 하라"를 도입해 접붙임 기예로는 식물 종이 진정한 변성을 겪을 수 없음을 논증하려 했다![90] 동물의 자연 발생이 연금술 논쟁과 연결되었다는 점은 이미 에기디우스 로마누스의 사례에서 살펴보았다. 이 연결고리 이면에 놓인 논리는 단순하다. 자연에서 서로 다른 물질들이 우연히 축적된 결과든 또는 인간의 기예가 생산한 결과든 간에, 두 경우 모두에서 자연 발생은 가능하다. 알베르투스 마그누스는 『명제집 주해』에서 '인공 발생'의 여러 가지 사례를 제시했는데, 주로 아비켄나를 참고한 것들이었다. 그 페르시아 의사 겸 철학자의 권위에 따르면, 따뜻하고 습한 곳에 둔 여성의 머리카락은 뱀으로 변하며, 명아주 약초는 개구리의 날 재료(raw material)가 된다. 썩어가는 황소나 암소에서 발생하는 벌의 사례는 이미 베르길리우스의 『농경시』(제4권, 295~314)에서 묘사된 바 있는데, 이 사례는 이 책의 제4장에서 다시 등장할 것이다. 『헤르메스 서』의 저자는 모두에게 동의를 얻고 있던 정보는 간단히만 짚고 넘어가면서 그 정보를 연금술 방어에 도움이 되도록 활용한다.

『헤르메스 서』의 저자는 경험을 통해서는 인공적 생산물과 자연적 생산물이 서로 다른 종임을 알아낼 수 없다는 여러 가지 사례를 들어 주목할 만한 결론을 이끌어낸다. "인간의 작용은 본질에 따라서는 자연적이면서 생산 방식에 따라서는 인공적이다." 물론 저자가 모든 인공적 생산물이 필연적으로 자연적 생산물과 동일하다고 말하려는 것은 아니다. 그렇게 말하는 것은 오늘날에도 어리석은 주장이 될 텐데, 가령 비닐로 만든

---

90 Roger Bacon, *Questiones supra de plantis*, in *Opera hactenus inedita Rogeri Baconi*, ed. Robert Steele, Oxford: Clarendon Press, 1932, vol. 11, pp. 251~52.

모조 가죽이 진짜 동물 가죽과 동일할 수 없음은 명백한 사실이기 때문이다. 오히려 여기서 저자의 요점은 본질에 기초한 필연적인 차이를 처음부터(ab initio) 가정해 인공적인 것과 자연적인 것을 구별하겠다는 강조점을 제거하려는 것이다. 인공적인 것과 자연적인 것 사이의 구별은 경험으로 결정되어야지, 기예와 자연 사이에 우뚝 선 넘을 수 없는 장벽에 의해 결정되어서는 안 된다. 『헤르메스 서』는, 아리스토텔레스가 이미 『자연학』(제2권 제8장, 199a15-17)에서 제시했던 바, 완전성으로 이끄는 기예(의학이나 농업)라는 범주를 은연중에 끌어들인다. 따라서 저자는 기예가 "이 모든 것을 다 만들지는 않더라도 자연이 그것들을 만들도록 돕는다"고 말할 수 있으며, 이는 곧 기예가 자연 혼자서는 도달하기 어려운 완전성으로 자연을 이끌어줌을 의미한다.

지금까지 초기 연금술 문헌인 『헤르메스 서』가 기예와 자연은 본질적으로 다른 생산물을 낳는다는 견고한 주장에 어떻게 균열을 일으켰는지 검토했다. 이제는 논란의 여지 없이 라틴 서유럽에서 성립되었음이 분명하면서 로게루스 바코누스의 저작으로 잘못 알려졌던 『요약 성무일도서』를 살펴보도록 하자. 이 문헌은 알베르트투스의 『광물의 서』보다는 분명히 늦게, 그리고 1270년대 후반에 나온 장 드 묑의 연시(聯詩) 『장미 이야기』보다는 아마도 먼저 성립되었을 것인데, 프랑스어로 기록된 『장미 이야기』가 위-로게루스의 이 문헌을 참고한 듯 보이기 때문이다.[91] 『요약 성무일도서』는 서두 격인 「이론」과 이어지는 「실천」으로 나뉘어 구성되며, 「실천」 편에서 연금술의 작업 과정이 펼쳐진다. 아비켄나의 "기예가들로 하여금 알게 하라"에 대한 간단치 않은 답변이 담겨 있는 「이론」 편도 매우 흥미롭다. 이 저작의 대부분은 연금술이 아리스토텔레스의 『기상학』 제4권에 근거한 정당한 경험과학이라는 논증으로 채워져 있는데, 『기상학』의 경험과학적 측면은 나중에 다시 살펴볼 것이다. 우선 여기서는 종

---

91 『요약 성무일도서』의 저자의 불확실성에 관해서는 다음을 보라. Newman, "Technology and Alchemical Debate", p. 441, n. 57.

이 변성될 수 없다는 아이디어에 대한 위-로게루스의 답변에 초점을 맞춰야 하는데, 이 아이디어는 기예가 자연보다 열등하다는 논증의 핵심을 차지하기 때문이다.

『요약 성무일도서』의 서두는 모든 금속이 동일하게 수은과 유황으로 구성되었다고 말한다. 아비켄나도 동의했던 이 2원소 이론은 아리스토텔레스의 『기상학』 제3권(378a15-378b6)에 막연하게 기초한다. 이 이론은 아마도 중세 초기인 8세기에 발리나스라는 아랍 저술가에 의해 편찬된 영향력 있는 문헌인 『창조의 비밀의 서(書)』를 통해 기록으로 남았던 것으로 보인다.[92] 위-로게루스는, 금속들 각자의 고유한 물질적 정체성은 그것들이 땅속에서 형성되는 과정에서 경험하는 요리와 정화의 정도에 따라 근원적으로 구별된다고 논증한다. 이 논증을 근거로 "기예가들로 하여금 알게 하라"에 도전하면서 위-로게루스는 "종의 진화는 정화와 소화의 다양성으로부터 진행된다"고 말하는데, 이러한 방식의 진화는 땅속에서와 마찬가지로 인공 용기 속에서도 쉽게 일어날 수 있다. 그럼에도 위-로게루스는 "기예가들로 하여금 알게 하라"를 전적으로 부인하려고 하지는 않는다. 실제로 그는 변성을 경험하는 대상은 종 그 자체가 아니라 그 종에 속한 개체들이라는 완곡한 접근법을 취한다. 우리는 앞서 저명한 교회법학자 올드라도 다 폰테의 법적 판례에서 이와 유사한 연금술 변호 논증을 마주한 적이 있다. 어쩌면 올드라도는 위-로게루스의 다음과 같은 논증을 차용했을지도 모른다.

> 종은 실제로 변성되지 않지만 개체들은 가능하다. 그리고 이는 다음과 같은 방식으로 이해될 수 있다. 종은 사실상 변성될 수 없다. 그[아비켄나]가 이를 참되게 말했고 [종에 관해] 그 자체로 즉시 적절하게 이해했다. 그러나 종은 우연히, 부적절하게, 간접적으로 변성되며, 이는 종에

92 Paul Kraus, *Jābir ibn Hayyān: Contribution à l'histoire des idées scientifiques dans l'Islam*, Cairo: Institut Français d'Archéologie Orientale, 1942, vol. 2, p. 1.

게는 변화의 능력도, 일반적인 변화 가능한 주체도, 변화 작용의 즉각적인 대상도 없기 때문이다. 오히려 모든 종은 다른 대상이 작용을 가한 결과다. 따라서 '은성'(銀性, argenteity)을 가진 은의 종은 '금성'(金性, aureity)을 가진 금의 종으로 변성되지 않는다. 종은 변성될 수 없는 까닭에 은성도 금성으로 변화할 수 없으며, 이는 종이 그 자체로 감각 작용의 대상이 아니거나 혹은 반대로 종이 변성의 원인이나 대상이 되는 분할 가능한 성분으로 구성되지 않기 때문이다. 그러나 복합적 감각 작용의 대상 또는 주체인 분할 가능하며 부패하기 쉬운 개체가 변화함으로써 종은 우연히, 부적절하게, 간접적으로 변성된다.[93]

라틴어 문장의 조악한 상태에도 불구하고, 위 인용문에서 위-로게루스가 의도하는 바는 명확하다. 라틴어 스페키에스(species)는 두 가지 그리스어 에이도스(eidos, 종)와 모르페(morphē, 형상)의 번역어였다. 따라서 이 번역어는 논리적 범주로도, 특정한 형상으로도 모두 이해될 수 있었다. 양쪽을 다 고려하자면, 위-로게루스는 후자의 의미를 염두에 둔 것으로 보인다. 그렇다면 그의 초점은 특정한 형상 그 자체는 감각적이지도 않고 잘 변하지도 않는다는 아이디어, 즉 우리가 이미 아비켄나에게서 보았던 아이디어의 반복인 셈이다. 위-로게루스는 특정한 형상이 대립자를 가지고 있지 않다고 지적함으로써 그 형상의 불변성을 강조한다. 아리스토텔레스의 자연철학 체계에서는 질적인 변화가 오로지 뜨거움이나 차가움 같은 대립자들 사이에서만 일어나야 하기 때문에 안티테제의 결여는 곧 변화 불가능성을 함축한다. 그러나 위-로게루스가 보기에 개별 금속이 다른 개별 금속으로 변화하는 것은 종 그 자체가 변성되는 것이 아니다. 은의 특정한 형상인 '은성'이 금의 특정한 형상인 '금성'으로 변화되지

---

93 Pseudo-Roger Bacon, *Breve breviarium*, in *Sanioris medicinae magistri D. Rogeri Baconis*, Frankfurt: Johann Schoenwetter, 1603, pp. 124~25. 이 텍스트 전체에 걸쳐 모든 형태의 "accretio"는 "actio"로 읽혀야 한다. "differentia specifica"도 일관되게 "doctrina specifica"로 오독되고 있다.

않고서도 하나의 은 조각은 하나의 금 조각으로 바뀔 수 있다. 은의 특정한 형상이 은 조각으로부터 분리되고, 그 은 조각의 텅 빈 질료 속에 금의 특정한 형상이 부여됨으로써 말이다. 형상 그 자체는 분리 불가능하고 심지어 비감각적이지만, 그 형상이 질료에 부여됨으로써 새로운 실체를 창조한다.

『요약 성무일도서』에서 볼 수 있는 종과 개체들에 관한 위-로게루스의 흥미롭고도 영향력 있는 논의는 어느 정도 잘 알려진 변성의 사례들로 이어진다. 우선 그는 감각적이고 이성적인 동물들이 무감각적인 채소 물질을 매일 자신의 육체적 실체로 바꾸고 있음을 지적한다. 이것이야말로 전혀 다른 종에서 종으로의 변성, 아니면 종에 속한 개체에서 개체로의 변성이 아닌가? 만약 이처럼 인상적인 변성이 자연에서도 일어날 수 있다면, 식물과 인간 사이보다 더 가까운 사이에 있는 금속끼리의 실체들을 기예가 변성시키지 못할 이유가 무엇이란 말인가? 만약 누군가가 이 모든 일이 자연에서는 매우 잘 일어나지만 기예에서는 그렇지 않다고 반론한다면, 위-로게루스는 기예가 능히 불을 사용해 양치류 식물을 태워 재로 만들 수 있고, 그런 다음에 그 재를 녹여(아마도 모래나 다른 규산염을 첨가하여) 유리로 만들 수 있노라고 답변할 것이다. 기예는 납으로 유리와 비슷한 것을 만들어낼 수 있으므로 금속을 다른 무언가로 실제로 변성시킬 수 있음을 보여준다. 위-로게루스는 자신의 논증을 마무리하면서 "기예가들로 하여금 알게 하라"를 다음과 같이 수정한다. "종이 변성될 수 없음을 연금술의 기예가들로 하여금 알게 하라. 그러나 종에 속한 개체는 적절하게 매우 잘 변성될 수 있다."[94]

위-로게루스의 답변 이후, 얼마 지나지 않아 "기예가들로 하여금 알게 하라"에 대한 매우 다른 종류의 답변이 어느 라틴 연금술사에 의해 제시되었다. 『이론과 실천』이라는 주목할 만한 저작 외에는 중세 자료에서 잘 알려지지 않은 이름인 파울루스 데 타렌툼은 13세기에 아시시(Assisi)에

94 Pseudo-Roger Bacon, *Breve breviarium*, p. 131.

서 활동했던 프란체스코 수도회 소속의 강사였을 것이다. 소개된 그의 저작은 연금술 실천을 중세 성기 스콜라주의 자연철학과 연결하려는 포괄적인 시도였다. 자신의 목표를 달성하기 위해 파울루스는 당시 잘 알려졌던 저작 『원인론』에 대한 해설로 시작한다. 『원인론』은 토마스 아퀴나스 이전까지는 스콜라주의 철학자들에 의해 아리스토텔레스의 저작으로 여겨졌지만, 오늘날 그 저작은 고대 후기의 신플라톤주의자 프로클로스의 저작 『신학의 요소들』의 요약본이었음이 밝혀졌다.[95] 『이론과 실천』에서 파울루스의 논증은 자연이 지성의 지배를 받는다는 주장으로부터 출발한다. 여기서 말하는 지성이란 천상을 지배하고 움직이게 함으로써 불, 공기, 물, 흙의 혼합물로 하여금 지상의 운동을 관장하게끔 하는 높은 차원의 지성 및 인간이 가진 더 낮은 차원의 지성 모두를 가리킨다. 자연은 "질료이자 도구"이며, 물론 천상의 지성과 인간 그 자체는 지고의 지성인 신에게 종속되어 있다. 그러나 파울루스는 인간의 지성에 더 초점을 맞추는데, 영혼이 육체를 지배하듯이 신이 인간에게 주입한 불꽃 덕분에 인간은 자연을 지배할 수 있게 되었기 때문이다. 이 지점에서 파울루스는 기예라는 이슈를 등장시킨다. 지성을 가진 영혼이 손으로 하여금 편지를 쓰게 할 때, "손은 오로지 자연의 운동에 의해서만이 아니라 기예를 통한 지성의 지배를 받아 편지를 쓰는 것이다".[96] 아마도 파울루스는 생산 과정에서의 기술을 염두에 둔 아비투스(habitus)[97] 또는 후천적 조건

---

95 Adriaan Pattin, *Le liber de causis*, Leuven: Uitgave van Tijdschrift voor Filosofie, 1967.

96 Paul of Taranto, *Theorica et practica*, translated in William R. Newman, "*The Summa perfectionis* and Late Medieval Alchemy: A Study of Chemical Traditions, Techniques, and Theories in Thirteenth-Century Italy", (Ph.D. diss., Harvard University, 1986, vol. 4, p. 4. The Latin text is found in vol. 3. 이 단락에 관해서는 다음을 보라. vol. 3, p. 5: "neque solo motu nature manus scribit sed ut recta ab intellectu per artem."

97 [옮긴이] 프랑스 사회학자 피에르 부르디외에 의해 사용되어 널리 알려진 개념인 아비투스는 인간의 무의식이 사회화된 결과라고 볼 수 있다. 지은이의 맥락에서 아비투스의 중요한 특징은 그것이 교육을 통해 형성된다는 점이다.

으로서 스콜라주의적 기예 개념을 이해한 듯하다. 기예라는 수단을 통해 모든 자연은, 손과 펜이 그러하듯이, 지성의 도구가 된다. 따라서 파울루스는 "조각가, 농부, 의사 같은 기예가들"이 자신들의 질료와 도구로 자연을 지배한다고 결론을 내린다.

인간의 숙련된 능력을 이처럼 매력적인 방식으로 방어한 뒤, 단순히 모방하는 기예와 완전성으로 이끄는 기예를 주의 깊게 구별하는 일련의 조건들이 제시된다. 모든 기예는 자연적 사물에 형상을 새겨냄으로써 작용한다. 그러나 때로는 기예의 결과가 "그리기, 조각하기, 집짓기 같은 기예들처럼 부수적이고 외부적인 형상"에 제한되는데, "이 형상은 '기예의 형상'이라고 알맞게 부를 수 있다. 또한 기예의 결과가 때로는 농업이나 의학에서처럼 실체적이고 내부적인 형상에 제한되는데, 이 형상은 '자연의 형상'이라고 부를 수 있다".[98] 외부적 형상을 취하는 기예와 내부적 형상을 활용하는 기예를 가르는 파울루스의 구별짓기는 우리가 이 책의 제1장에서 살펴보았던 아리스토텔레스의 『자연학』(제2권 제1장, 192b9-19)에 근원적으로 기초하므로 하등의 문제가 없다. 이어서 파울루스는 이러한 구별을 설명하기 위해 제1성질과 제2성질을 구분하는 스콜라주의적 용법을 차용한다. 제1성질은 4원소 안에 존재하는 뜨거움, 차가움, 축축함, 건조함이다. 제2성질에 관해 파울루스는 하얀, 검은, 달콤한, 쓴, 딱딱한, 부드러운, 날카로운, 무딘과 같은 스콜라주의 저술가들에게서 자주 발견되는 관습적인 단어들을 나열한다.[99] 파울루스의 요점은 '순수하게 인공적인' 기예는 오로지 제2성질만을 다룬다는 것이다.

> 그러므로 그림에 더해진 색깔이나 조소와 조각 같은 것에서의 구도의 형태, 또는 칼이나 곡괭이의 견고함처럼 기예가 제2성질의 유에 속하

---

98 William R. Newman, "Technology and Alchemical Debate", p. 443. 『이론과 실천』 제2장의 라틴어 및 영어 본문이 pp. 442~45에 실려 있다.

99 Maier, *An der Grenze*, pp. 9~15.

는 자연의 덕성을 도구로 삼으면 부수적 형상은 외부로 유도된다. 그 이유는 다음과 같다. 이 경우에 기예와 기예가는 작용의 대상이 되는 수동적 사물인 자연과 외부적으로 관계한다. 그러나 위에서 말한 제2성질은 우연한 경우를 제외하고는 어떠한 자연에 대해서도 스스로 적절하게 작용하지 않는다. 왜냐하면 제2성질이 스스로 의미 있게 작용하는 경우는, 우연을 제외하고는 자신의 자연적 존재가 아닌 영적이고 의도를 가진 존재를 따르는 경우뿐이기 때문이다.[100]

이 흥미로운 인용문이 도출하는 교의는, 불행하게도 지금은 남아 있지 않은 아리스토텔레스의 『영혼론』에 대한 파울루스의 주석에서 아마도 더욱 풍부하게 전개되었을 것이다. 파울루스의 강조점은 이렇다. 기예가는 오로지 색, 모양, 강도 같은 제2성질만을 자신의 도구로 삼으므로, 제1성질 속에 깃든 질료의 근본적인 본성을 다루지 않는다. 파울루스는 잘 알려진 스콜라주의적 교의에 호소함으로써 자신의 주장을 철저히 납득시키려 한다. 제2성질은 "의도를 가진" 모호한 존재에 의해 인간의 영혼에 작용하는 외부적 현상에 불과하다.[101] 비록 제2성질이 제1성질을 원인으로 삼는다 하더라도(이 지점에서는 파울루스의 설명이 명쾌하지 못하다), 인과의 방향은 일방통행이다. 누구도 제1성질에 작용을 가할 수 없으며, 따라서 제2성질로써만 "실체를 변성"시키려 한다. 이러한 이유로 시각적 기예는 애초부터 표면적 변화의 영역에 제한될 수밖에 없다.

하지만 의학이나 농업처럼 완전성으로 이끄는 기예의 경우에는 다르다. 의사는 '체질', 즉 저마다 한 쌍의 제1성질들로 특징되는 네 가지 체액의 혼합물을 직접 다룬다. 다혈질은 뜨겁고 축축한 존재, 점액질은 축축하고 차가운 존재, 우울질은 차갑고 건조한 존재, 담즙질은 건조하고 뜨

---

100 Newman, "Technology and Alchemical Debate", p. 445.

101 몇몇 단락에서 토마스 아퀴나스는 의도를 가진 존재에 관해 언급했다. Roy J. Deferrari, *A Lexicon of St. Thomas Aquinas*, Baltimore: Catholic University of America Press, 1948, pp. 376, 586.

거운 존재다. 농부는 색깔이나 모양처럼 '수동적인 부수적 속성'이 아니라 씨앗과 열매 속에 거(居)하면서 그 자체가 변성의 능력인 자연의 덕성을 다룬다. 따라서 의사와 농부의 활동은 부수적이기보다는 본질적이다. 이처럼 모방하는 기예와 완전성으로 이끄는 기예를 구별했던 아리스토텔레스에게 은연중 호소하면서 파울루스는 "모든 사물 안에서 자연은 만들고 기예는 관리하고 참여하며 지배할 뿐이므로, 분명히 그 결과물은 기예가 아닌 자연에 또는 기예의 작용 대상이 되는 자연에 돌아가야 한다"고 덧붙인다.[102]

오직 이 지점에서만 파울루스는 2절판으로 된 『이론과 실천』에서 세 페이지씩이나 할애해 연금술이라는 주제를 다룬다. 굳이 말할 필요도 없이, 질료의 제1성질을 수단으로 삼아 실체를 참으로 변성시킨다는 점에서 진정한 연금술사는 의사나 농부와 같다. 만약 자연이 직접 금속을 만들기 위해 사용하는 재료인 유황과 수은을 연금술사가 사용한다면, 그는 심지어 의사보다도 유리한 위치에 설 것이다. 왜냐하면 의사가 사용하는 의약에서는 제1성질이 혼합을 통해 깨지고 묽어지지만, 연금술사는 더욱 단순한 상태의 제1성질을 다루게 될 것이기 때문이다. 그러나 또한 화가나 조각가처럼 "오로지 겉모습으로만" 작업하는 숙련되지 못한 가짜 연금술사도 있다. "색깔과 표면의 작용을 통한 제2성질의 덕성 외에는 어느 것도 알지 못하거나 다루기를 원치 않는 자는 공허한 겉모습을 통한 외부의(ad extra) 부수적인 것 이외에는 그 무엇도 만들어낼 수 없을 것이다."[103] 다시 말해 겉모습만을 놓고 작업하는 무지한 연금술사는 금속을 '그리는' 사람에 불과하며, 시각예술에서 벽이나 화판에 대상을 그리는 것과 정확히 동일한 방식으로 새로운 색깔을 금속의 표면에 덧칠할 뿐이

102 Newman, "Technology and Alchemical Debate", p. 445.

103 Newman, "The *Summa perfectionis* and Late Medieval Alchemy", vol. 3, p. 12: "Quicunque autem aut nescit aut non vult uti talibus nisi secundarum qualitatum virtutibus per colorem et superficiales operationes, nunquam dabit nisi accidens ad extra per vanam apparentiam."

다. 결국 파울루스는 이렇게 말하고 있는 셈이다. 『기상학』 제4권에서 "아리스토텔레스"(사실은 아비켄나)가 "기예가들로 하여금 알게 하라"며 비판하는 대상은 다름 아닌 이러한 궤변적인 연금술사인 것이다.

파울루스 데 타렌툼은 단순히 모방하는 기예와 완전성으로 이끄는 기예를 대조해 후자로부터 이득을 얻는 오랜 전통을 계승했지만, 회화와 조각을 향한 그의 노골적인 폄하는 라틴 서유럽의 연금술이 가졌던 짙은 특징이기도 하다. 그 이유는 매우 분명하다. 금속의 표면에 색깔을 입히는 기법을 가르치는 수많은 사본이 보여주듯이, 속임수 연금술은 참된 현상도 아니었거니와 연금술 그 자체도 스콜라주의 학문의 위계 내에서 결코 안정적인 위치를 차지하지 못했기 때문이다. 근대 이전의 의학이 제공했던 치료가 연금술만큼이나 여러 방면에서 효과적이지 못했음에도 불구하고, 의학과는 달리 연금술은 중세 대학의 교과목에 오르지 못했다. 대학의 교과목에서 연금술을 발견하려면 우리는 17세기 벽두까지 기다려야 하며, 심지어 그 이름도 '알케미아'(alchemia)가 아니라 '키미아트리아'(chymiatria)나 '화학적 의학'으로 호칭되었다.[104] 따라서 파울루스를 비롯한 철학적 연금술사들은 변성을 위한 자신들만의 노력을 '궤변가들' 또는 그 노력을 갉아먹는 폭로를 일삼는 허풍쟁이들의 노력과 구별짓기 위해 무던히 애를 썼다. 반면에 의학 같은 분야는 "기예가들로 하여금 알게 하라"는 형태로 기예의 능력을 억압한 아리스토텔레스의 가르침과 굳이 대적할 필요조차 없었다. 연금술은 스콜라주의 철학자들의 세계 안에서

---

104 '화학적'(chemical)이란 단어를 사용해 시대착오의 오류를 범하지 않기 위해 나는 여기서 근대 초의 용어인 '연금술적 화학'(chymical)을 사용한다. 이러한 용법의 정당성에 관해서는 다음을 보라. William R. Newman and Lawrence M. Principe, "Alchemy vs. Chemistry: The Etymological Origins of a Historiographic Mistake", *Early Science and Medicine* 3, 1998, pp. 32~65. 근대 초 대학의 교과목에 연금술적 화학이 편입된 과정에 관해서는 다음을 보라. Bruce T. Moran, *Chemical Pharmacy Enters the University*, Madison: American Institute of the History of Pharmacy, 1991, pp. 15~16. 또한 다음을 보라. Moran, *The Alchemical World of the German Court*, Stuttgart: Franz Steiner, 1991.

불안정한 지위를 누렸기에, 이제껏 확인했듯이, 파울루스 데 타렌툼과 그의 동료들은 '순수하게 인공적인 것'의 구현으로 여겨졌던 시각예술을 직접적으로 공격하고 나섰던 것이다.

이제 스콜라주의적 연금술이 활짝 꽃을 피웠던 마지막 작품을 살펴보고자 한다. 나는 다른 연구 논문에서 아랍 연금술에서 가장 유명한 이름 가운데 하나인 '자비르 이븐 하이얀'의 라틴식 표현인 '게베르'의 저작이라고 전통적으로 알려졌던 『완전성 대전』이 아마도 실제로는 파울루스 데 타렌툼의 저작이었을 것이라고 주장한 바 있다.[105] 『완전성 대전』은 라틴 서유럽 연금술의 전개에서 더욱 진일보한 단계를 반영하는데, 여기서 연금술은 더 이상 그저 자연의 대상을 복제하는 행위가 아니라 자연 그 자체가 자연의 대상을 만드는 과정에 다름 아니다. 게베르 또한 금속의 표면적 모방에 그칠 뿐인 모방하는 기예와 자연을 더 우월한 상태로 이끄는 완전성으로 이끄는 기예를 분명하게 구별하지만, 그가 말하는 완전성으로 이끄는 기예도 그 자체로 성공을 거두기 위해서는 자연의 작용을 모방할 수밖에 없다. 이러한 점은 아마도 알베르투스 마그누스로부터 받은 영향이었겠지만, 게베르의 접근법에 영감을 불어넣은 전승은 아리스토텔레스의 『기상학』 제4권의 두 단락이다. 이들 두 단락 가운데 더욱 잘 알려진 제4권 제3장 381b3-9에서 아리스토텔레스는 인공적인 요리 활동과 관련된 용어를 사용해 자연의 과정을 묘사한다. 자연의 과정을 넓은 맥락에서 묘사하기 위해 아리스토텔레스가 사용한 단어인 "옵테시스"(optēsis)는 부엌에서 사용되는 용어로서 그 기본적인 의미는 '굽기'다.[106] 앞서 『자연학』 제2권 제1장 192b8-34를 비롯한 여러 문헌에서

---

105 William R. Newman, "New Light on the Identity of Geber", *Sudhoffs Archiv für die Geschichte der Medizin und der Naturwissenschaften*, 69, 1985, pp. 76~90; Newman, "The Genesis of the *Summa perfectionis*", *Les archives internationales d'histoire des sciences* 35, 1985, pp. 240~302.

106 [옮긴이] Aristoteles, *Meteorologica: Liber Quartus*, Translatio Henrici Aristoppi, Elisa Rubino (ed.), Aristoteles Latinus vol. 10.1, Bruxelles: Brepols, 2010, p. 15. "**Optesis** ergo et epsesis fiunt quidem arte, fiuntque,

아리스토텔레스가 자연적 과정과 인공적 과정을 구별했다는 점을 고려한다면, 과연 이처럼 인간 활동의 표현으로 자연의 활동을 수식하는 것이 정당할까? 아리스토텔레스는 "물론 굽기와 끓이기는 인공적인 과정이지만, 우리가 말해왔듯이, 자연에서도 특별히 동일한 과정들이 존재한다. 우리에게 그것들을 지칭할 단어가 없다 하더라도 현상은 유사하기 때문이다. 인간의 작업은 자연적인 [것]을 모방하기 때문이다"라고 답변한다(제4권 제3장, 381b3-6). 여기서 아리스토텔레스가 말하고자 했던 의미를 최종적으로 결정하는 것이 나의 의도는 아니지만, 이 단락이 약한 의미로도 또는 강한 의미로도 해석될 수 있었다는 점은 분명하다. 약한 의미의 해석에 따르면, 아리스토텔레스는 그저 기예가 자연의 과정을 모방하므로 우리는 자연의 과정에 유비(analogy)의 방식으로 인간 활동의 이름을 붙일 수 있다고 말한 것이다. 부엌에서 벌어지는 오리 고기 굽기와 화산에서 벌어지는 굽기는 상당히 다른 작용이겠지만, 그럼에도 오븐에 관한 우리의 지식은 자연의 과정에 관한 대략적인 의미를 우리에게 제시해 줄 수 있다. 반면에 게베르가 지지했음이 분명했던 강한 의미의 해석에 따르면, 아리스토텔레스는 어디에서 어느 수단을 통해 일어나든 상관없이 굽기는 굽기라고 주장한 것이다. 이와 같은 강한 의미의 해석은, 자연의 과정에 대한 인간의 모방 행위는 여러 가지 자연의 과정들을 분류하고 정확하게 이해하기 위한 열쇠를 우리에게 제공한다.

『기상학』 제4권의 덜 알려진 둘째 단락에서 아리스토텔레스는 "헵세시스"(hepsēsis), 즉 '끓이기'에 관해 논의한다. 아리스토텔레스는 제4권 제3장 381a9-12에서 "그러면 이것을 끓이기에 의한 혼합이라고 부른다. 그것이 인공의 용기에서 벌어지든 자연의 용기에서 벌어지든 상관없이(en organois technikois kai physikois) 양쪽에는 아무런 차이가 없는데, 이는

---

sicut dicimus, species uniuersaliter iste etiam natura; similes siquidem facte passiones, ceterum innominabiles. Imitatur enim ars naturam, quoniam et eius quod in corpore alimenti digestio similis epsesi est"(3, 381b4-9). 게베르(실제로는 위-게베르)는 아리스토텔레스를 라틴어 번역으로 읽었을 것이다.

양쪽의 경우 모두에서 그 원인이 동일하기 때문이다"라고 말한다.[107] 이 단락은 연금술사가 자신의 재료를 인공적인 용기에서 요리하고 인공적인 화로에서 가열하는 행위에 정당성을 부여하는 것으로 명확하게 해석될 수 있다. 게베르에게도 이 단락은 기예가 자연의 방법을 모방하는 일에 성공할 수 있다는 아이디어를 허용하는 의미로 읽혔다. 비록 그 방법이 순수한 자연의 원본이 처한 상황과는 매우 다른 상황에서 활용된다 하더라도 말이다. 이 원칙을 따라 『완전성 대전』은 연금술사가 자연의 발생 방법을 베껴 언제라도 발생이 가능하도록 만들어야 한다고 분명하게 논증한다. 그런데 이러한 교의에는, 불가피하게도 금속을 변성시키는 작업 과정에서 연금술사는 자연이 금속을 형성할 때 사용하는 물질인 수은과 유황만을 사용해야 한다는 결론이 뒤따른다. 이 결론은 두 가지 점에서 획기적인 결정이었다. 첫째, 이로써 게베르는 아랍 세계와 라틴 세계에서 전통적인 연금술 재료로 사용되었던 많은 종류의 식물 및 동물의 유래물이 금속 변성의 능동자인 현자의 돌에 관한 탐구 과정으로부터 배제되어야 한다는 결론에 도달한다. 자연 그 자체는 금속을 물들이기 위해 오랫동안 사용되었던 기름이나 소금 같은 '가속용 촉매제'를 사용하지 않으며, 금속에 가단성[108] 같은 물리적 특성을 적절히 부여하지도 않는다.[109] 따라서 기예도 유기물 재료로부터 비롯된 생산물을 사용하지 말아야 하며, 스스로를 자연의 도구로 제한해야 한다. 둘째, 게베르는 이 결론을 확장해 금속이 거의 순수한 수은으로 만들어졌으며 유황, 즉 '유

107 [옮긴이] Aristoteles, *Meteorologica: Liber Quartus*, 14. "Atque oleum non elixatur ipsum secundum se ipsum, quia horum nichil patitur. lgitur secundum **epsesim** dicta digestio hec est; et nichil differt in organis artificialibus siue in naturalibus, si fiat. Propter eandem nimirum causam uniuersa erunt"(381a9-12).

108 [옮긴이] 가단성(可鍛性, malleability)은 금속에 힘을 가해 누르면 깨지지 않고 늘어나게 할 수 있는 성질이다.

109 Newman, *Summa perfectionis*, p. 718.

성'(油性) 및 가연성[110]을 가진 실체는 본질적으로 부산물이거나 불순물이라고 가정하는 '수은 일원론'에 도달했다. 이 이론은 이후 14세기 서유럽의 연금술을 지배하는 이론이 되었다.

게베르는 연금술사가 금속을 만드는 과정에서 자연이 기피하는 요소들을 똑같이 기피해야 한다고 가르치지만, 금속 발생의 모든 단계마다 자연을 그대로 따라야 한다고까지는 믿지 않는다. 앞서 살펴보았듯이, 『기상학』 제4권은 자연의 용기 속에서 일어나는 과정이든 인공적인 용기 속에서 일어나는 과정이든 상관없이 양쪽이 동일함을 인정한다(연금술사의 해석으로는). 만약 연금술사의 증류기에서 벌어지는 증발이나 응결이 물의 자연적 순환 과정에서의 증발이나 응결과 동일하다면, 또한 화로에서 벌어지는 금속의 융해가 땅속에서 일어나는 융해와 동일하다면, 분명히 연금술사는 주변 환경과 무관하게 자신의 화로와 실험 도구를 가지고 마음대로 자연적 과정을 시작하고 끝낼 수 있게 된다. 그렇다면 연금술사가 자연의 출발점과는 다른 더 나은 출발점에서 금을 제작하는 과정을 시작하지 않을 이유가 어디에 있을까? 경험적 관찰을 통한 이와 같은 고찰을 통해 연금술사가 자연의 과정과 똑같이 유황과 수은만을 가지고 금속을 만드는 것은 불가능하다는 사실을 게베르도 인정하지 않을 수 없다. 이를 인정함으로써 게베르는 금속이 땅속에서 형성되는 정확한 방법에 관한 인간의 무지가 변성을 향한 인간의 노력을 좌절시킨다는 아비켄나의 주장에 저항한다. 게베르는 이렇게 진술한다. "자연을 따르겠다는 우리의 의도는 자연의 원칙이나 원소의 혼합 비율이나 원소의 상호 혼합 방식이나 가열의 평형을 따르겠다는 것이 아니다. 그것들 모두는 따르기에 불가능하며 알려지지도 않았기 때문이다."[111] 수은과 유황으로 새로운 금속을 만드는 방법 대신에, 게베르는 금속으로부터 불순한 흙과 과도하게 타오르는 유황을 제거하라고 조언한다. 이처럼 철저하게 정화의 과정

---

110 [옮긴이] 가연성(可燃性, inflammability)은 불에 쉽게 타거나 잘 타는 성질이다.

111 Newman, *Summa perfectionis*, p. 646.

을 거치고 난 금속은 '철학적 수은', 즉 그 자체로 정결하고 정화된 섬세한 수은에 노출될지도 모른다. 게베르는 철저하게 질료의 입자론을 지지하면서, 극도로 작은 입자들로 구성된 섬세한 수은이 기본 금속 내부의 깊은 곳으로 스며들고 그 기본 금속 고유의 정화된 실체에 들러붙어 특정한 무게로의 증가와 부식 방지, 색깔 변화, 가단성, 연성[112] 같은 고귀한 금속의 필수적인 특징들을 더해줄 것이라고 논증한다.

『완전성 대전』에는 실체적 형상에 관한 실질적인 논의가 등장하지 않는데, 저자의 사상적 발전 단계 가운데 이 저작의 시점에서 그는 스콜라주의 철학자들의 심부름꾼 노릇을 포기하고 순전히 경험적인 '실체' 개념을 채택한 것으로 보인다.[113] 이러한 점은 그가 금에 대해 내렸던 정의를 살펴보면 분명히 알 수 있다. 그가 내린 정의는 이후 17세기에 이르러서도 철학과 야금술, 연금술의 저술가들에 의해 지속적으로 반복된다.

> 그러므로 우리는 금이 금속성을 가진 노랗고 무거우며 소리 없이 빛나는 물체, 즉 땅의 자궁 속에서 알맞게 소화되고, 매우 오랜 시간 동안 광물의 용액에 의해 씻겨 망치로 펴질 수 있고 녹을 수 있으며, 회취법과 침탄법을 견뎌낼 수 있는 물체라고 말한다. 이로부터 만약 당신의 금이 금의 정의에 열거된 모든 원인과 차이를 지니고 있지 않다면, 당신이 거둔 금은 아무것도 아님을 헤아려야 한다. 그러나 금속을 근본적으로 노랗게 물들이고 질적으로 동등하도록 이끌어 정화한다면 어떠한 유에 속한 금속이라도 금으로 만들 수 있다.[114]

---

112 [옮긴이] 연성(延性, ductility)은 금속에 힘을 가해 잡아당길 때 깨지지 않고 늘어나게 할 수 있는 성질이다. 가단성과는 힘의 작용 방향에서 다른 성질이다.

113 『완전성 대전』은 영혼에 관한 묘사에서 실체적 형상을 완곡하게 언급하는데, 게베르는 이를 "완전성으로 이끄는 형상"이라고 불렀다. Newman, *Summa perfectionis*, p. 648.

114 Newman, *Summa perfectionis*, p. 671.

프랜시스 베이컨이나 로버트 보일 등 17세기 '신(新)과학'의 대표 주자들과 상당히 비슷한 방식으로 게베르는 황성(黃性, yellowness)과 무거움, 그리고 가장 중요하게는 회취법이나 침탄법[115] 같은 시금 분석을 통과할 수 있는 능력이라는 특정한 차이들로 형성된 하나의 종으로서 금을 정의한다.[116] 만약 주어진 질료 덩어리에 이렇게 특정한 차이들의 완벽한 세트가 부여된다면, 한마디로 그 질료는 금으로 변할 것이다. "기예가들로 하여금 알게 하라"던 아비켄나와는 달리 종을 결정하는 숨겨진 특성들에 관한 질문은 여기에 없다. 게베르의 접근법은 토마스 아퀴나스와 그의 추종자들의 화합 이론과 비교했을 때, 그 참신성을 충분히 인정받을 수 있다. 아비켄나처럼 토마스도 원소의 성질들이 스스로 결합해 새로운 실체적 형상(화합의 형상)을 형성한다고는 믿지 않았다. 대신에 그 성질들은 알맞게 배치된 질료 위에 화합의 형상이 외부로부터(ab extra) 부여되기 위한 길을 준비할 따름이다.[117] 인풋과 아웃풋의 관계를 경험으로는 인식할 수 없다. 아비켄나의 질료형상 이론이 말해주었듯이, 종의 기저에 놓인 특정한 차이들은 실체적 형상 또는 특정한 형상 안에 머물기 때문에 감각으로는 접근 불가능하다. 우리의 감각으로는 실체적 형상 그 자체에 접근할 수 없으므로 서로 다른 실체들을 구별해주는 속성들의 완결된 목록을 획득하기란 불가능하다. 만약 그렇다면, 우리는 자연적 금과 인공적 금이 참으로 동일한지를 어떻게 알 수 있을까? 그 답은, 우리는 알 수

---

115 [옮긴이] 회취법은 납이 섞인 금이나 은을 녹여 적절히 처리함으로써 납의 산화물을 제거하는 기법이고, 침탄법은 금속 표면에 탄소 성분을 스며들게 하여 담금질하는 기법이다.

116 시금 분석에 관한 『완전성 대전』의 묘사로는 다음을 보라. Newman, *Summa perfectionis*, pp. 769~76. 이와 유사한 베이컨의 금 정의에 관해서는 다음을 보라. Francis Bacon, *Sylva sylvarum* in Bacon, *Works*, experiment 328, vol. 2, p. 450; 또한 다음을 보라. Bacon, *Novum organum*, in Bacon, *Works*, aphorism 5, vol. 4, p. 122. 보일의 정의로는 다음을 보라. Robert Boyle, *the Origin of Forms and Qualities*, in Michael Hunter and Edward B. Davis, *The Works of Robert Boyle*, London: Pickering & Chatto, 1999, vol. 5, pp. 322~23.

117 Maier, *An der Grenze*, pp. 13~14, 31~35.

없다는 것이다. 비록 우리가 연금술의 금이 거짓임을 보여주는 테스트를 수행하더라도, 원칙적으로 우리는 연금술의 금이 진짜임을 입증할 수 없다. 이러한 이유로 토마스의 추종자였던 에기디우스 로마누스는 연금술의 금이 회취법 시금 테스트를 통과한다 해도, 그것은 자연의 금과 동일하지 않다고 보았던 것이다. 인간의 심장에 도움이 된다고 여겨졌던 금속의 의학적 특성처럼 연금술의 금은 자연의 금이 지닌 접근 불가능한 특징들을 여전히 결여하고 있을지도 모른다.[118]

이와는 반대로, 단지 입자들의 연결만으로도 새로운 특정한 차이들을 만들어낸다는 게베르의 연결[119] 개념은 사실상 기계론적인 사고다. 『헤르메스 서』에서처럼 게베르는 실체 개념에 경험적으로 접근함으로써 인공적 생산물과 자연적 생산물 사이의 필연적인 구별을 지워버린다. 자연이 흙 속에 있는 특별히 미세한 입자들의 연결로써 금을 만들든, 연금술사가 기본 금속을 정화하기 위해 동일한 입자들을 첨가해 금의 특정한 차이들에 도달하든 간에, 게베르의 실체 개념은 양쪽의 어떠한 차이도 만들어내지 않는다. 인공적 금속과 자연적 금속은 그 본질에서 필연적인 차이를 드러내지 않지만, 단지 각각의 생산 방식만이 다를 뿐이다. 올바른 연금술사라면 자연의 방법에 기반을 둔 방법을 사용할 것이기에 인공적인 생산 방식조차도 본질적으로는 자연적인 생산 방식과 다르지 않다. 요컨대, 기본 금속의 황금변성에 관해 게베르는 원소들이 상호 변성된다는 질료형상론적 설명을 입자론적 설명으로 대체했다. 그의 전복적인 사고는 17세기에 이르러 다니엘 제네르트와 로버트 보일의 입자론적 화학을 통해 그 열매를 맺게 될 것이다.[120]

---

118 Aegidius Romanus, *Quodlibeta*, p. 149.

119 [옮긴이] 아퀴나스의 화합, 즉 화학적 결합과 대비되는 의미로 '연결'(association)이란 번역어를 선택했다. 'synthesis'에 대해서는 '병렬'이란 번역어를 선택했다.

120 William R. Newman, "Experimental Corpuscular Theory in Aristotelian Alchemy: From Geber to Sennert", in *Late Medieval and Early Modern Corpuscular Matter Theory*, ed. Christoph Lüthy, John E. Murdoch, and

속어(俗語) 문학으로 가지를 뻗은 연금술

위-로게루스 바코누스의 『요약 성무일도서』, 파울루스 데 타렌툼의 『이론과 실천』, 게베르의 『완전성 대전』으로 예시되는 연금술 찬성론은 곧이어 이 문헌들의 확산에 기여할 변곡점을 맞이했으며, 자연적 사물을 복제하겠다는 주장은 중세 후기 유럽의 궁정문화 및 민간문화를 통해 연금술을 독보적인 지위의 기예로 발돋움시켰다.[121] 1270년대에 학식 있는 시인 장 드 묑은 기욤 드 로리스의 미완성작 『장미 이야기』를 전면적으로 확충해 완성했다.[122] 장이 완성한 버전은 대단히 장황해 수세기 동안 프랑스에서 왕족으로부터 귀족, 성직자, 부르주아에 이르기까지 각계각층의 지식인 집단에 읽혔다. 오늘날의 연구에 따르면, 장의 시(詩)는 프랑스를 넘어 플랑드르와 영국, 이탈리아, 심지어 비잔티움 제국에서도 상당히 유행했다고 한다.[123] 원래는 사랑에 관한 정통 기사도 문학이었던 기욤의 원작과는 달리, 장은 12세기의 철학적 시인이었던 알랭 드 리유의 『자

William R. Newman, Leiden: E. J. Brill, 2001, pp. 291~329. 또한 다음을 보라. Newman, "The Alchemical Sources of Robert Boyle's Corpuscular Philosophy", *Annals of Science* 53, 1996, pp. 567~85.

121 에르네스트 랑글루아가 초기 연구에서 주장했듯이, 또한 양쪽 텍스트의 긴밀한 상응관계로 보아 장 드 묑이 『요약 성무일도서』를 읽었을 가능성이 있다. 그러나 나는 그가 『완전성 대전』을 읽었을 것이라는 랑글루아의 주장에는 동의하지 않는다. Ernest Langlois, *Origines et sources du roman de la rose*, Paris: Ernest Thorin, 1891, pp. 142~46. 아래 인용할 랑글루아의 『장미 이야기』 판본에서 그는 연금술에 관해 장이 참고했던 정확한 자료를 찾으려는 희망을 포기한다.

122 [옮긴이] 기욤 드 로리스, 김명복 옮김, 『장미와의 사랑 이야기』, 도서출판 숲, 1995, 7쪽. 국내에 소개된 번역서는 로리스의 작품만을 번역했고, 아쉽게도 장 드 묑이 추가한 부분은 번역하지 않았다. 로리스가 4509행까지 쓰고 남겨둔 미완성 작품에 장 드 묑이 2만 1780행을 더 추가해 작품을 완성했다.

123 Sylvie Huot, *The "Romance of the Rose" and Its Medieval Readers*, Cambridge: Cambridge University Press, 1993, p. 10. 또한 다음의 인상적인 연구를 보라. Pierre-Yves Badel, *Le Roman de la rose au XIVe siècle*, Geneva: Librairie Droz, 1980; Badel, "Lectures alchimiques du *Roman de la rose*", *Chrysopoeia* 5, 1992~96, pp. 173~90.

연의 탄식에 관하여』로부터 비롯된 하나의 개념을 발전시켰다. 알랭은 무엇보다도 비생식적이고 따라서 비자연적인 성행위의 형태를 통해 분명하게 드러나는 인간의 사악함을 목도하면서 인간의 타락을 통렬히 비난했다.[124] 그의 관점을 공유해 장은 순결이야말로 자연에 대한 일차적 의무인 생식으로부터 인간을 멀어지게 하는 위선의 악덕이라고 보았다. 인간 종을 보존하기 위한 인류의 자연적 의무를 상징적으로 나타낸다는 점에서, 『장미 이야기』 완결판이 가장 중요하게 요청하는 대상은 사랑하는 사람과 사랑받는 사람 사이에서 완성되는 사랑이다. 이 작품의 가장 심원한 단계에서 장은 비자연적 기예와 자연을 구별하는 데 관심을 갖는다.

『장미 이야기』에서는 자연 그 자체가 하나의 인물로 등장하는데, 그는 죽음과 타락으로 잃어버린 이들을 대체하기 위해 새로운 개체들(singulieres pieces)을 만드느라 분주하다. 이러한 방식으로 그는 인간 및 다른 종들(espieces)을 보존한다.[125] 개체와 종을 가리키는 이 용어들과 『요약 성무일도서』의 연금술 용어들의 병행은 결코 우연이 아니며, 간략히 살펴보겠지만 이는 장이 양쪽 모두로부터 연금술적 표현을 끌어들이기 때문이다. 이어서 장은 "검은 얼굴을 가진 죽음"이라는 등장인물을 생생하게 묘사하는데, 그는 종을 멸절하라는 요청에 따라 땅끝까지 인간을 추적해 "각각의 개체들을 게걸스럽게" 집어삼키면서 지칠 줄 모른 채 경주한다. 죽음이 이 계획에 실패하는 것은 오로지 재창조를 위한 자연의 중단 없는 노력 덕분이다. 그러나 순결 또는 정도를 벗어난 섹스에 빠져

---

124 Alan M. F. Gunn, *The Mirror of Love: A Reinterpretation of "The Romance of the Rose"*, Lubbock, TX: Texas Tech Press, 1952, pp. 222~27, 253~55; Jan Ziolkowski, *Alan of Lille's Grammar of Sex: The Meaning of Grammar to a Twelfth-Century Intellectual*, Cambridge, MA: Medieval Academy of America, 1985.

125 Guillaume de Lorris and Jean de Meun, *Le roman de la rose par Guillaume de Lorris et Jean de Meun*, ed. Ernest Langlois, Paris: Édouard Champion, 1922, line 15893; Gérard Paré, *Les idées et les lettres au XIIIe siècle: le Roman de la Rose*, Montreal: Centre de psychologie et pédagogie, 1946, pp. 53~71.

들어 생식 행위로부터 일탈하는 인간에게서 자연은 여전히 인정받지 못한다. 이 지점에서 장은 모든 사물의 조상인 어머니를 향한 존경심을 불어넣기 위해 인간의 기예와 자연 그 자체의 기예를 정교하게 비교한다. 그러나 곧장 파울루스 데 타렌툼의 정신으로 충만해 이 비교는 시각예술과 연금술 기예 사이의 대조로 돌변한다. 장은 알랭 드 리유에게서 이어받은 이미지, 즉 개체들을 발생시키는 자연의 이미지를 표현하기 위해 망치와 모루라는 은유를 사용한다.[126] 인간 역시 동전을 만들어 자연의 과정을 문자 그대로 따라보려 하지만, 그들의 예술은 자연의 형상만큼 "참된 형상을 만들지 못한다". 따라서 장은 예술을 의인화해 자연의 발 앞에 무릎 꿇리고서 자연이 만든 창조물을 재생하는 방법을 알려달라고 빌도록 만든다. 자연과 비교하자면, 예술은 "지식과 능력이 부족하며" 자연을 좇아가는 것만으로도 자신의 에너지 전부를 발휘해야 할 지경이다. 장은 예술이 자연을 흉내 낸다는 전통적인 아이디어를 차용해 예술이 자연의 작품을 모방할 줄밖에 모른다고 말한다. 예술은 자연의 생산물을 정확히 복제하기를 원하지만, 이는 불가능한 일임을 알아차린다.

> 하지만 예술은 헐벗었고 기술도 없어
> 그는 결코 생명을 낳을 수도,
> 자신을 자연적인 것처럼 보이게 할 수도 없다.
> 그는 최대한의 관심과 고통으로,
> 자연이 부여한 형상대로 사물을 있는 그대로 만들기 위해,
> 그는 조각하고,
> 위조하고 색을 더하거나 칠한다.
> 전투를 위해 무장한 기사들이나 그들의 준마는 훌륭하고,

---

126 Guillaume de Lorris and Jean de Meun, *Le roman de la rose*, André Lanly, Paris: Librairie Honoré Champion, 1976, vol. 2, p. 199 (line 16016 in Langlois's edition).

파란색이나 녹색 또는 노란색이나 여러 색깔로,
또한 그들이 바라는 다양한 색깔로
장식된 방패를 든다.
청량한 숲속의 새들, 범람하는 물속의 물고기들,
삼림에서 먹고 자라는 모든 야생 짐승,
봄에 피는 모든 꽃과 풀을,
처녀와 젊은이들이 즐겁게 잡으러 간다.
꽃과 잎, 그리고
가축과 포획된 새들이 처음 나올 때,
공, 춤, 그리고
잘 차려입고 멋지고 잘생긴
용감한 총각들의 손을 잡은
아름다운 여인들의 파랑돌[127]을,
금속이나 나무나 밀랍이나 그 밖의 물질에,
그림이나 벽 위에, 예술은 결코 만들어낼 수 없다.
그가 재생할 수 있는 모든 특성으로,
그가 만든 인물들은 살아 움직이고 느끼고 말한다.[128]

이처럼 장은 시각예술을 인간의 '순수하게 인공적인' 활동으로서 생생하게 묘사한다. 대학의 선생들과 연금술사들의 분석을 따르자면, 회화와 조각은 사물의 실체적 형상을 변화시키지 못한다. 이와 같은 기예는 외부로부터 작용하며, 오로지 절단이나 주조, 조합을 통한 공간적 움직임, 즉 다른 형태의 움직임(motus)이나 변화가 아닌 장소에서 장소로의 움직임으로만 작용한다. 시각예술의 생산물은 변화의 내부적 원리를 언제나 결

127 [옮긴이] 파랑돌(parandole)은 프로방스 지방 전통 춤의 이름이다.

128 Guillaume de Lorris and Jean de Meun, *The Romance of the Rose*, tr. Harry W. Robbins, New York: E. P. Dutton, 1962, p. 342. 랑글루아 판본의 프랑스어 텍스트는 다음에서 찾아볼 수 있다. vol. 4, pp. 130~31, lines 16032~64.

여하고 있는데, 이 원리는 아리스토텔레스가 『자연학』 제2권 제1장에서 자연적 산물의 정체성으로 규정했던 특징이었다. 이것이야말로 장이 기예의 창조물은 결코 움직이거나 느끼거나 말할 수 없음을 암시했을 때 그가 의도했던 바이다. 그러나 이야기는 여기서 끝나지 않는다. 장은 모든 종류의 기예를 모조품의 지위로 제한하려고 의도하지는 않는다.[129] 더 나아가 장은 시각예술을 연금술과 대비해 시각예술이 연금술로부터 배워야 한다고 제안한다. 아래의 인용은 아비켄나의 "기예가들로 하여금 알게 하라"의 시(詩) 버전이라고 할 수 있겠는데, 연금술 문헌인 『요약 성무일도서』의 여과를 거쳤던 것으로 보인다. 이 단락의 의미를 포착하기 위해서는 장의 논증을 충분히 이해하지 못한 해리 로빈스의 번역을 어느 정도는 수정할 필요가 있다.[130]

비록 예술은 연금술로부터
모든 금속에 색을 칠할 수 있다는 것을 많이 배워야 하지만,
그는 죽을 때까지 일하더라도
한 종을 다른 종으로 변성시킬 수 없다.
그가 금속을 순수 질료로
환원하는 데 실패한다면,
그는 평생을 노력하더라도
자연의 미묘함에 결코 도달하지 못할 것이다.[131]

---

129 Pace Lorraine Daston and Katherine Park, *Wonders and the Order of Nature: 1150–1750*, New York: Zone Books, 1998, p. 264. 로레인 대스턴과 캐서린 파크는 장이 '순수하게 인공적인' 모방하는 기예와 연금술을 구별하고 있음을 발견하지 못했다.

130 [옮긴이] 이 책의 문학 텍스트 인용에서 참고 가능한 우리말 번역이 없을 경우, 옮긴이는 항상 지은이의 사역(私譯) 또는 수정안에 따라 번역했다.

131 Robbins, *Romance of the Rose*, p. 131. 이 인용문에서 5~6행에 해당하는 로빈스의 번역인 "The best that he can do is to reduce/Each to its constitution primitive"를 나의 사역으로 대체했다. 이 부분은 랑글루아 판본의 16069~70행

위 인용문의 강조점은 시각예술은 자연에 대한 흉내를 멈추기 위해 순수 질료, 즉 스콜라주의 철학자들이 말하는 '제1질료'로의 환원이 먼저 일어나지 않고는 종이 변성될 수 없음을 배워야만 한다는 것이다. 물론 장의 이러한 강조점은 여러 연금술 문헌들로부터의 배움을 통해 그가 "기예가들로 하여금 알게 하라"에 대해 내린 나름의 독해다. 아비켄나의 라틴어 번역에서 만약 하나의 금속이 순수 질료로 환원된다면 진정한 변성이 일어날 수 있을 것이라고 제안한 마지막 행을 언급함으로써, 연금술을 향한 아비켄나의 공격을 다소나마 누그러뜨리는 것은 흔한 전략이었다. "이 조합은 아마도 순수 질료로 환원되어야만 다른 것으로 변성될 수 있으며, 따라서 이전에 존재했던 것과는 다른 무언가로 변성될 수 있을지도 모른다."[132] 장은 자연을 진정으로 복제하는 과정 가운데 예술가들이 실패해왔던 그 지점에서 연금술사들은 성공했노라고 말하고 있을 뿐이다.

이어서 장은 연금술 변성의 선행 조건들을 더 상세하게 구체적으로 밝힌다. 연금술사는 혼합(atrempance)의 적절한 방법을 알아내 참으로 다른 금속을 정의하는 특정한 차이들(especiaus differences)에 도달해야 한다. 이는 금속의 특정한 차이들이 알려질 수 없으며 색깔이나 무게나 맛의 차이 같은 겉보기의 차이는 부수적인 차이들일 뿐이라는 아비켄나의 주장에 대한 장의 답변이다. 금의 '황색, 무거움, 가단성, 가용성[133]'처럼 금속의 정의를 수식하는 특성들이 해당 금속의 본질을 구성한다고 주장함으로써 장은 연금술사의 편에 선다. 이어서 그는 위-로게루스의 『요약성무일도서』와 전적으로 유사한 방식으로 종과 그것에 속한 개체들에 관해 말한다.

에 해당한다. "Se tant ne fait qu'el les rameine/A leur matire prumeraine." 앙드레 랑리의 현대 프랑스어 번역(vol. 2, p. 140)은 이 부분을 "s'il ne parvient pas à les ramener/à leur 'matière première'"로 바꾸었다.

132 Newman, *Summa perfectionis*, p. 51.

133 [옮긴이] 가용성(可鎔性, fusibility)은 금속이 비교적 낮은 온도에서 잘 녹는 성질을 말한다.

그러나 잘 알려져 있다,
연금술은 진정한 기예이며, 누구라도
그것을 지혜로써 실행하면
커다란 경이로움을 발견한다는 것을.
그것은 종과 개체에 관여하며
감각적인 작용 과정을 통해
많은 형태로 변형할 수 있다.
다양한 소화와 변화에 의해
그것들의 양상이 결정될 때,
그것들 가운데 대부분은,
그것들이 원래의 종을 잃고 나면,
서로 다른 종의 아래 단계[134]에서 변화한다.
유리공예가들이 손쉬운 정화 과정으로
양치식물로 먼저 재를 만들고 이어서 투명한 유리를 만드는
숙련된 기술을 보지 못했는가?
우리는 안다, 양치식물이 유리이듯 유리도 양치식물이라는 것을.[135]

앞서 『요약 성무일도서』가 논증했듯이, 장도 연금술사가 실제로 종을 변성시킬 필요는 없으며, 그 종에 속한 개체들을 변성시키는 것만으로도

---

134 [옮긴이] 종의 하위 범주인 개체를 의미한다.

135 대체로 로빈스의 번역에 기초했다(랑글루아 판본의 16083~16101행). 여기서 로빈스의 번역은 지나치게 자유분방해 해당 본문의 기술적 의미를 포착하기 어렵다. 나는 랑글루아 판본의 16084행에 해당하는 인용문(로빈스의 번역) 둘째 행의 "art veritable"을 수정했다. 여섯째 행(16089행)의 "sensibles euvres"는 "sensible operations"으로 고쳤는데, 이는 아마도 참된 특징한 차이들은 지각 불가능하다는 아비켄나의 주장에 대한 답변일 것이다. 아홉째 행은 랑글루아 판본의 16092행의 "digestions"와 상응하는 영어 "digestions"를 포함하도록 고쳤다. 열째, 열한째, 열둘째 행은 랑글루아의 16093~95행인 "Si changier entr'aus que cist changes/Les met souz espieces estranges/E leur tost l'espiece prumiere"에 일치하도록 로빈스의 번역을 완전히 다시 번역했다.

충분하다고 논증한다. 그리고 다시금 위-로게루스를 따라 양치류 식물의 재로부터 유리를 만드는 자업을 사례로 든다. 위-로게루스와 장 모두가 보기에 식물을 태워 알칼리성 소금을 얻고 그로부터 얻은 재(규산염과 더불어)의 혼합물로 유리를 만드는 것은 진정한 변성이라 할 수 있다. 그러나 이 단락에서 놀랄 만한 점은 장이 종과 개체들에 관한 『요약 성무일도서』의 기술적 논증을 자연에 관한 자신만의 은유적 세계로 끌어들인다는 것이다. 자연이 자신의 중심부에서 새로운 개체들을 만들어내는 것과 동일한 방식으로 연금술사는 금속을 변성시킴으로써 이미 존재하는 종에 속한 새로운 개체들을 만들어낸다. 장은 연금술이 시각예술을 능가한다는 점을 인정했을 뿐만 아니라 능산적 자연(natura naturans)[136]을 정확히 모방함으로써 변성을 이루는 데까지 나아간다. 이는 연금술사가 자연 그 자체가 행하는 것과 동일한 방법으로 질료에 형상을 부여하기 때문이다.

연금술이 시각예술보다 우월하다는 장 드 묑의 보기 드문 주장은 이어지는 행에서 우회적인 방법으로 더욱 정교하게 묘사된다.[137] 금속을 완전하게 하는 방법에 관한 어느 정도의 상세한 묘사 이후에, 이제 장은 인간의 죄로 인해 비통해하는 자연의 이미지로 되돌아온다. 자연의 가련한 상태에도 불구하고 시인이 그것을 상세히 묘사함으로써 항변하고 있는 위대한 아름다움을 자연은 갖추고 있다. 이어서 장은 고대의 위대한 조각가들과 화가들을 열거하면서 퓌그말리온과 파라시오스, 아펠레스, 뮈론, 폴뤼클레이토스[138]가 모두 이러한 임무에 실패했다고 말한다. 아름다

---

136 [옮긴이] 스피노자의 독특한 해석으로도 잘 알려진 능산적(能産的) 자연 개념은 사실 아베로에스의 용어다. 쉽게 표현하면, 능산적 자연은 세계의 원인을 구성하는 신 또는 신의 속성이다. 이와 대비되는 개념인 소산적(所産的) 자연(natura naturata)은 신적 원인을 통해 형성된 결과, 즉 피조 세계다.

137 랑글루아 판본의 16149~16248행.

138 [옮긴이] 앞서 이 책의 제1장에서 언급되지 않은 폴뤼클레이토스는 피디아스와 동시대의 조각가로 인간 신체의 이상적인 비례인 '카논'(Kanon)을 처음으로 확립했던 인물이다.

운 다섯 소녀의 특징들을 조합한 자연(실제로는 트로이의 헬레네)을 회화로 남긴 것으로 유명했던 제욱시스조차도 그 임무에 도달하지는 못했다. 가장 위대한 예술가들을 포함한 모든 예술가는 "자연의 너무나 위대한 사랑스러움을 묘사하는 데" 실패해왔다. 여기서 연금술이 다시금 뚜렷하게 언급되지는 않지만, 자연적 생산물을 그저 모방하기만 했을 뿐 복제하지는 못했다는 이유로 시각예술을 비판했던 16032~64행의 단락과 이 단락 사이에는 명백한 연결고리가 존재한다. 은유적인 차원에서 자연 그 자체에 대한 예술적 묘사는 자연 세계의 이미지와 동등할 것이다. 그러나 자연 전체에 대한 가장 참된 재현은 자연 세계 그 자체가 되는 것이며, 오직 자연의 창조자인 신만이 자연을 하나의 전체로서 재현할 수 있다. 이러함에도 불구하고 장은 단순히 모방하는 예술과는 달리, 연금술은 개별적인 자연적 생산물을 복제할 수 있다고 공들여 논증했다. 이로써 그는 위-로게루스 바코누스와 파울루스 데 타렌툼 같은 저술가들의 건조하고 기계적인 논증을 우아한 사랑의 이야기로 바꾸어냈고, 각계각층의 지식인 집단으로 구성된 독자들로부터 인정받기에 이르렀던 것이다. 장 드 묑은 연금술사의 손으로부터 건틀렛을 낚아채 자신들이 받은 선물[연금술]을 할당할 책임을 떠맡은 예술 후원자들의 발 아래로 그것을 던져버렸다.[139] 이 책의 제3장에서 살펴보겠지만, 순수예술을 향한 장의 평가절하는 대대적인 반격을 각오해야만 했다.

종교와 제휴를 맺은 연금술

그저 연금술에 관한 대중적인 고정관념에만 익숙한 독자들이라면 13세기에 존재했던 연금술이 합리주의적 특징을 가졌다는 사실에 놀랄지

---

139 [옮긴이] 건틀렛을 낚아채 넘겨주었다는 지은이의 표현은 최근 마블 시리즈 영화 「어벤져스: 엔드게임」(2019)에서 너무나 인상적으로 묘사되었듯이, 연금술사의 공격에 이어 이제는 예술가가 공격할 차례임을 암시한 것이다.

도 모르겠다. 당대의 저명한 아리스토텔레스 주석가들, 특히 알베르투스 마그누스와 로게루스 바코누스는 지속적으로 스콜라주의 철학의 울타리 안에 연금술을 포함하려 애썼다.[140] 앞서 살펴보았듯이, 라틴 서유럽의 스콜라주의적 열정으로부터 영감을 받은 연금술 문헌들은 이슬람 세계를 계승했던 연금술로 하여금 스콜라주의 철학자들이 이해하는 방식대로 아리스토텔레스의 자연철학 경전들에 적응하게끔 만들었다. 그러나 13세기 말에 이르러 연금술은 여러 방면에서 악평을 얻기 시작했다. 1270년대를 시작으로 성직자의 연금술 실행을 반대하는 여러 금지령이 종교적 권위에 의해 포고되었다.[141] 중요한 주석가로 평가받기에 마땅한 에기디우스 로마누스는, 앞서 살펴보았듯이 『자유토론 문제집』에서 연금술을 향해 노골적인 적대감을 표명했다. 마르티누스 폴로누스와 올드라도 다 폰테를 비롯한 법학 관련 저술가들은 연금술사들이 약속한 종의 변성을 마녀의 변신이라는 민간신앙과 연결했다. 가장 중요한 계기는 교황 요한 22세가 연금술을 정죄하는 교서 「그들은 지킬 수 없는 약속을 한다」(Spondent quas non exhibent)를 반포했던 사건이었는데, 이 교서는 변성이 "사물의 본성 안에 있지 않다"고 논증함으로써 연금술사들에게 위조범이라는 딱지를 붙였다.[142] 연금술을 향한 악평이 급증했던 분위기와

140 알베르투스 마그누스에 관해서는 다음을 보라. Halleux, "Albert le grand et l'alchimie". 연금술에 대한 실제 로게루스 바코누스의 관심에 관해서는 다음을 보라. Newman, "An Overview of Roger Bacon's Alchemy", in *Roger Bacon and the Sciences*, ed. Jeremiah Hackett, Leiden: Brill, 1997, pp. 317~36; Newman, "The Philosophers' Egg: Theory and Practice in the Alchemy of Roger Bacon", *Micrologus* 3, 1995, pp. 75~101; Newman, "The Alchemy of Roger Bacon and the Tres Epistolae Attributed to Him", in *Comprendre et maîtriser la nature au moyen âge*, Geneva: Droz, 1994, pp. 461~79. 또한 다음을 보라. Michela Pereira, "Teorie dell'elixir nell'alchimia latina medievale", *Micrologus* 3, 1995, pp. 103~48.

141 Halleux, *Textes alchimiques*, p. 127; Newman, "Technology and Alchemical Debate", p. 440.

142 이 교서의 원문은 다음에서 복원 및 번역되었다. Halleux, *Textes alchimiques*, pp. 124~26.

더불어 연금술사들의 주장 자체도 점차 껄끄러운 모습을 드러내기 시작했는데, 이는 14세기에 이르러 연금술 실천가들이 자신들의 수련 과정을 종교적인 색깔의 언어로 은폐함으로써 기예의 습득을 신으로부터 주어진 계시의 결과로 여겼기 때문이었다. 속임수와 위조라는 비난이 증가하던 바로 그 시점에 연금술은 스스로를 종교적 논쟁의 영역으로 밀어넣었고, 이로써 라틴 서유럽 연금술의 새로운 강조점이 기예-자연 논쟁에 심원한 영향을 끼치게 되었다.

14세기에 연금술과 종교가 제휴를 맺은 특이한 사례는 1330년부터 1339년 사이에 페라라(Ferrara)의 페트루스 보누스가 저술한 비범하고도 탁월한 작품 『고귀한 진주』에서 찾아볼 수 있다. 페트루스는 의사이자 당시 이탈리아의 이스트리아(Istria) 속주에 위치했던 도시 폴라(Pola, 지금의 풀라[Pula])의 관리였다.[143] 『고귀한 진주』는 대체로 스콜라주의 방식으로 연금술을 변호함으로써 기예-자연 논쟁에서 한 자리를 굳건하게 차지했다. 아랍 자료들로부터 전래된 연금술이 게베르의 『완전성 대전』이나 『헤르메스 서』 같은 과거의 논쟁을 참고하면서도 어떻게 매우 다른 방향으로 전개될 수 있었는지를 잘 보여준 인물이 바로 페트루스였다.[144] 게베르의 『완전성 대전』은 그 자체로 연금술을 위한 스콜라주의적 변호이자 해설이었음에도 자비르 이븐 하이얀의 『칠십의 서(書)』[145]로부터 차용한

143 Chiara Crisciani, "The Conception of Alchemy as Expressed in the Pretiosa Margarita Novella of Petrus Bonus of Ferrara", *Ambix* 20, 1973, pp. 165~81. 또한 다음을 보라. Crisciani, "Aristotele, Avicenna e *Meteore* nella *Pretiosa margarita* di Pietro Bono", in *Aristoteles Chemicus: Il IV Libro dei "Meteorologica" nella tradizione antica e medievale*, ed. Cristina Viano, Sankt Augustin: Academia Verlag, 2002, pp. 165~82; Lynn Thorndike, *History of Magic and Experimental Science*, New York: Columbia University Press, 1934, vol. 3, pp. 147~62.

144 페트루스의 『헤르메스 서』 활용에 관해서는 다음을 보라. Newman, *Summa perfectionis*, pp. 5~8.

145 [옮긴이] 『칠십의 서(書)』(*Kitāb al-Sabe'en*)는 자비르의 연금술을 조직적으로 해설한 책으로서, 열 가지씩의 논저를 담은 일곱 편으로 구성되었다. 주로 엘릭시르와

초창기 언어들도 활용해 다채로운 표현을 담았다. 게베르는 빛의 아버지가 오직 그분의 신실한 "교의의 아들들"에게 베풀어줄 "신의 선물"(donum dei)이야말로 바로 연금술이라고 말했던 바 있다.[146] 이 여러 가지 주석 및 문헌에 기대어 페트루스는 마르실리오 피치노와 조반니 피코 델라 미란돌라 같은 르네상스 저술가들이 말한 '고대의 지혜'(prisca sapientia)[147] 전통을 예고하는 이론을 전개한다.[148] 한마디로 말해 페트루스는 고대의 연금술사들이 곧 예언자였다고 주장하면서 이 논리를 확장해 아담과 모세, 다윗, 솔로몬, 복음서 저자 요한이 모두 연금술사였다고 제안한다.[149] 또한 오비디우스나 베르길리우스 같은 옛 시인들도 사실은 신화의 탈을 쓴 연금술에 관해 노래하고 있었다는 것인데, 이 아이디어는 르네상스 시기에 이르러 크게 유행했다.[150] 페트루스는 이렇게 강조한다. 누구든지 "신성한 기예"를 습득하기 위해서라면, 스스로 교의의 아들들 중 하나가 되어 신으로부터 연금술의 비밀에 관한 계시를 직접 받아야만 한다.[151]

페트루스는 계시를 강조했으면서도 한편으로는 연금술이 신성한 측면

4원소 등의 주제를 다루었다.

146 Newman, "Genesis of the *Summa perfectionis*", pp. 288~98.

147 [옮긴이] 르네상스 시기의 신세대 작가들은 고대 문헌 해석의 한계를 극복하기 위해 동방과 그리스의 옛 사상가들을 문헌과 연결했다. 헤르메스 트리스메기스투스를 비롯해 오르페우스, 조로아스터 등이 이 시기에 고대 문헌의 실제 저자로 부각되었다. 움베르토 에코·리카르도 페드리가, 윤병언 옮김, 『경이로운 철학의 역사: 근대 편』, 아르테, 2019, 93~94쪽. 아마 연금술사도 자신의 전통을 성서의 위대한 인물들과 연결하고 싶었을 것이다.

148 르네상스 시기 및 '고대의 지혜' 전통에 관해서는 다음의 고전적인 연구를 보라. Frances Yates, *Giordano Bruno and the Hermetic Tradition*, Chicago: University of Chicago Press, 1964; D. P. Walker, *The Ancient Theology*, Ithaca: Cornell University Press, 1972. 『고귀한 진주』에 나타난 신의 아들들 모티프에 관해서는 다음을 보라. Petrus Bonus, *Margarita pretiosa novella*, in Manget, vol. 2, p. 29, *et passim*.

149 Crisciani, "Conception of Alchemy", p. 171.

150 Petrus Bonus, *Margarita*, p. 43.

151 Petrus Bonus, *Margarita*, p. 32.

뿐만 아니라 자연적 측면도 가지고 있다고 믿는다. 『고귀한 진주』에서 실제로 더욱 탁월한 부분은 연금술이 아리스토텔레스적 학문의 위계에 잘 들어맞는 기예임을 정당화하는 논증에 할애된다. 페트루스의 해설이 보여주는 독보적인 특징은 스콜라주의적 명민함과 종교적 열광의 기이한 혼합이다. 여기서 이성과 신앙의 날실과 씨실은 이전 세기 스콜라주의 학문이 눈에 띄게 낡아지기 시작할 때까지 능수능란하게 뒤얽힌다. 건축이 기하학에 종속되고 음악이 산술에 종속되듯이, 페트루스는 처음부터 연금술이 아리스토텔레스의 자연철학, 특히 기상학과 광물학의 일부분으로 종속되었다고(subalternata) 주장한다. 페트루스는 연금술의 지식이 신으로부터 직접 계시되기를 원함에도 불구하고, 여기서는 하위 분야의 원칙들이 바로 위의 상위 분야(이 경우에는 아리스토텔레스의 기상학)의 원칙들에 포섭된다고 논증한다. 만약 상위 분야의 과학이 참이라면, 그에 종속된 하위 분야의 과학 역시 참이어야 하며, 따라서 아리스토텔레스의 체계가 전체적으로 참이라면 그에 종속된 하위 분야인 연금술도 참이어야 한다는 것이다.[152] 이러한 식의 논증을 통해 페트루스는 변성이 실제로 가능함을 지지하려 했을 뿐만 아니라 기계적 기예라는 불명예로부터 연금술을 지켜내기를 원했다. 페트루스 이전까지 수세기 동안 자유인에게 적합한 7자유학예는 수공업이나 교역과 관련된, '부정하게 태어난' 일곱 가지 기계적 기예와 당연히 구별되어야 하는 것이 상식이었다.[153] 12세기의 수도사이자 저술가였던 우고 데 상토 빅토레는 7자유학예[154]

152 Petrus Bonus, *Margarita*, p. 2. 편집자는 시종일관 "meteora"와 그 변형을 "metaphysica"로 오독한다.

153 Peter Sternagel, *Die Artes Mechanicae im Mittelalter: Begriffs- und Bedeutungsgeschichte bis zum Ende des 13. Jahrhunderts*, Münchener Historische Studien, Abteilung Mittelalterliche Geschichte, vol. 2, Kallmünz über Regensburg: Michael Lassleben, 1966.

154 [옮긴이] 자유학예는 중세 대학에서 가르쳤던 기본과목으로서 3학(學) 4과(科)로 구성되었다. 3학에는 문법, 수사학, 논리학이, 4과에는 대수학, 천문학, 기하학, 음악이 포함되었다. 자유학예와는 달리, 기계적 기예는 통속적인 기예로 천시당하는

에 상대되는 일곱 가지 기계적 기예를 '직물, 무기, 상업, 농업, 사냥, 의학, 연극'으로 명시하고자 했다. 우고에 따르면, 기계적 기예는 그것의 속임수 때문에 '부정하게 태어난'이란 의미의 그리스어 '모이케이아'(moicheia)란 명칭을 얻었다. 이로부터 만들어진 인공적 생산물은 자연을 복사할 수는 있어도 자연의 원본과 결코 동일하거나 동등할 수는 없었다.[155]

이제는 우리에게도 익숙한, 순수하게 인공적인 기예와 완전성으로 이끄는 기예를 가르는 구별짓기에 이의를 제기하면서 페트루스는 부정직하고 기계적인 기예라는 혐의에 맞서 연금술을 변호한다. 이러한 변호 전략이 필요했던 이유는 '기계적'이라는 단어의 어원이 자연의 복사본이지만 자연과 동등하지는 않은 거짓된 속임수 기예라는 의미를 내포한다고 여겨졌기 때문이다. 페트루스는 이렇게 말한다. 모방하는 기예는 그저 사실처럼 보이길 추구하며, "오로지 외부의 질료만을 다루어 인공적 형상을 만드는 방식으로만 작용한다. 이와 같은 방식의 작용은 기계적 기예에 적합한 듯 보인다". 그러나 완전성으로 이끄는 기예에 속하는 의학과 연금술은 인공적 형상이 아닌 자연적 형상을 도입함으로써 자연을 돕는 방식으로 작용한다. 페트루스는 아리스토텔레스의 『자연학』 제2권(제1장, 192b9-19)의 익숙한 단락을 인용해 말한다. 연금술은 질료 안에서 내부적 변화의 원리와 더불어 작용하는 반면에, 건축가는 내부의 형상을 완전성으로 이끌어내지 못한다. 건축의 재료들은 건축물이 되려고 하는 내재적 경향을 전혀 가지고 있지 않기 때문이다.[156] 파울루스 데 타렌툼과 마찬가지로 페트루스도 완전성으로 이끌지 않는 기예는 그저 인공적이고 표면적인 형상과 더불어 작용할 뿐임을 예리하게 보여준다. 페트루

경향이 있었다.

155 Hugh of Saint Victor, *The Didascalicon of Hugh of Saint Victor*, ed. and tr. Jerome Taylor, New York: Columbia University Press, 1961, pp. 51, 55~56, 74. 추가적인 자료들로는 다음을 보라. Newman, "Technology and Alchemical Debate", p. 424, nn. 4~5.

156 Petrus Bonus, *Margarita*, pp. 4~5.

스는 아리스토텔레스의 『형이상학』 제7권에 등장하는 기예와 자연에 관한 논의에 근거해 이렇게 말한다. 부수적 형상은 그저 모양과 형태에 불과하며, 마치 기예가에 의해 또는 우연에 의해 돌이 깨질 때 생겨나는 것과 같다. 인공적 형상은 '연속적으로'[157] 부여된 존재라는 점에서 자연적 형상과는 다르다. 연속성은 실체적 형상을 가진 자연적 사물에 해당되는 속성이 아니다. 하나의 인간이 다른 인간보다 덜 인간일 수는 없다. 실체적 형상을 전부 가지거나 아니면 전혀 가지지 않거나 둘 중 하나여야만 한다. 이는 연금술로 만든 생산물들에 대해서도 참이다. 그 생산물들의 조합은 연속적이지만, 완전한 존재를 즉시(in instanti) 부여받는다.[158] 반면에 집이나 배, 반지를 제작하는 과정에서는 그것들이 모양을 갖추는 만큼만 인공적인 형상이 부분적으로 부여된다.

> 기예는 자연에 목판과 석회, 못을 제공하지만, [자연은] 집이나 배를 짓는 법을 전혀 알지 못한다. 기예는 이 재료들을 자연으로부터 공급받아 스스로 배치해 인공적 형상을 연속적으로 만든다. 따라서 사물의 자연적 형상, 즉 실체적 형상은 자신의 종을 바꾸지 않지만 어떤 부수적 형상들은 지역에 따라 가지각색이며, 모든 인공적 형상은 모양을 변화시키는 기예가의 의지에 따라 여러 형태로 다양하다. 이와 마찬가지로 절대적으로 인공적인 사물에서는 동일한 질료와 동일한 자연적 형상이 보존되는 반면에, 인공적 형상은 자의적으로 변화한다. 그러나 기예가 돕는 자연적 사물에서는 질료가 보존되지 않는 반면에, 그 자연적 사물은 질료의 배치가 변화됨에 따라 다양한 형상으로 배치되도록 계속해서 변화한다.[159]

157 [옮긴이] 여기서의 '연속적'이란 표현은 수학이나 통계학에서 말하는 이산(離散)적인 것과 반대되는 의미로 이해하면 쉽다. 인공적 형상이 연속적으로 부여된다면, 실체적 형상은 이산적으로 부여된다.

158 Petrus Bonus, *Margarita*, p. 59.

159 Petrus Bonus, *Margarita*, p. 59 및 각주를 보라. 이 단락은 후대에 첨가된 해설

페트루스가 믿기로는 "절대적으로 인공적인" 생산물은 기계적 기예의 영역에 속하기 때문에 연금술은 이 하위 범주로부터 벗어날 수 있다. 연금술은 자연의 노예(ministra naturae)이자, 자연적 형상을 최종적인 단계까지 이끌어주는 완전성으로 이끄는 기예인 까닭이다. 그러나 페트루스는 이러한 위계의 결과에 아직도 불만이 남아 있는데, 내재된 자연적 형상에 작용하는 기예로서 가장 빛나는 분야인 의학도 연금술과 같은 범주에 포함되기 때문이다. 따라서 그는 치료의 기예와 연금술을 구별하는 분석적 논증을 추가한다. 두 분야 모두는 신체에 내재된 자연적 형상을 다루지만, 의학은 신체를 건강한 상태로 유지함과 동시에 병약한 신체를 건강한 상태로 이끌어준다. 이와는 달리, 연금술은 하나의 금속을 다른 금속으로 변환하면서 "[기본 금속들을] 변성시키고 치료하고 고치며, 또한 새로운 실체적 형상을 유도한다".[160] 의사가 다루는 대상인 인간의 신체는 치료된 존재가 되더라도 동일한 신체를 유지하기 때문에, 의학은 새로운 실체적 형상을 도입하지는 못한다. 의심할 바 없이 이와 같은 구별 방식은 파라오의 마술사들에게 막대기를 뱀으로 바꾸는 능력이 있는지 알아보기 위해 연금술을 활용했던 13세기 『명제집』 주석가들의 정신으로 되돌아가는 것이다.

페트루스는 연금술을 완전성으로 이끄는 다른 종류의 기예와 대조함으로써, 기예는 "자연보다 더 멀리 사물을 이끌 수 있다"(『자연학』 제2권 제8장, 199a15-17)는 아리스토텔레스의 신념이 상당한 융통성을 가졌음을 드러내는 방향으로 나아간다. 페트루스가 생각하기에 자연을 돕는 다양한 기예들은 자연에 존재하지 않으면서도 모든 면에서 "절대적으로 인공적"이지도 않은 사물을 만들어낼 수 있다. 별로 대단치 않아 보이는 벽돌이 이 경우에 들어맞는 예시가 될 수 있다. 진흙이 물과 혼합되어 천연

일 수 있지만, 페트루스의 정신을 담고 있다. 다양한 지역이 다양한 부수적 속성을 이끌어낸다는 개념은 p. 71에서 정교하게 설명된다.

160 Petrus Bonus, *Margarita*, p. 23.

벽돌이 테라코타로 구워져 결국 용해되지 않는 '돌'이 생산되는 과정에서, 기예는 자연을 돕고 있다. 이처럼 완벽한 육면체의 돌이 자연 속 어디에서도 발견되지 않는다는 사실에도 불구하고, 페트루스는 그 벽돌이 순수한 인공적 생산물이 아니라 자연을 돕는 기예의 생산물임을 기꺼이 인정한다.[161] 이는 음식을 요리하는 과정에서도 동일하게 적용된다. '발생과 혼합'이 진행되는 한에서 요리의 작용은 전적으로 자연적이며, 인간이 감독하고 관리하는 과정은 오로지 자연을 돕는 경우뿐이다.[162] 페트루스가 이처럼 흥미로운 결론에 도달한 이유는, 진흙이 그릇이 되고 빵이 구워지는 과정에서 그것들에 새로운 실체적 형상이 도입됨을 보여주는 심원하고도 불가역적인 변화가 일어난다는 명백한 사실 때문일 것이다. 이와 같은 극단적인 변화는 단지 부수적 속성들이 도입되는 것만으로는 가능하지 않기에 그 생산물이 순수하게 인공적일 수 없다는 결론이 도출된다.

그러나 인간의 개입 없이는 자연에서 발견될 수 없는 더욱 감탄스러운 '자연적' 생산물의 예시는 다름 아닌 '현자의 돌'[163]이다. 그것은 기본 금속들이 금으로 변성되도록 재촉하는 경이로운 능동자다. 우리는 페트루스의 연금술이 가진 목표가 단지 금의 제작에 기울어져 있지 않다는 점을 잊어서는 안 된다. 오히려 그의 목표는 자연의 고유한 변성 방법을 압축하고 단축할 수 있는 능동자인 현자의 돌을 제작하는 것이다. 현자의 돌은 자연 그 자체와 동일한 방식으로 기본 금속을 금으로 변환하되, 단지 빠르게 그 일을 한다는 점에서 제2의 자연이다. 페트루스도 현자의

161 Petrus Bonus, *Margarita*, p. 19.

162 Petrus Bonus, *Margarita*, p. 58.

163 [옮긴이] 그 유명한 '해리포터' 시리즈의 제목으로도 사용되었던 '현자의 돌'(lapis philosophrum)은 금속의 변성이나 질병의 치료를 가능하게 하는 궁극의 능동자로서, 모든 연금술사의 목표이기도 하다. 현자의 돌을 획득했다고 알려진 인물로는 14세기 프랑스의 연금술사 니콜라 플라멜이 있다. 독자들은 이 개념이 다양하게 가지를 뻗는 광경을 이 책의 제3장과 제4장에서 볼 수 있을 것이다.

돌은 기예를 통해 제작될 수밖에 없으며, 자연 세계에서는 발견되지 않는다는 점을 인정한다. "자연더러 기예가 하듯이 연금술사의 돌을 제작하도록 하는 것은 불가능하다."[164] 자연은 오로지 날것의 재료인 수은을 제공할 따름이며, 수은을 완전하게 해 황금변성을 가능케 하는 돌로 만드는 방법까지는 알지 못한다. 그렇다면 현자의 돌의 경우에서 연금술이 순수하게 인공적인 생산물을 생산한 것이라는 결론을 어떻게 피할 수 있을까? 벽돌의 예시에서와 마찬가지로 현자의 돌을 만드는 과정에서 기예는 자연을 오로지 섬길 뿐이라고 페트루스는 답변한다. 연금술 기예는 금속이 땅속에서 만들어지는 방법을 주의 깊게 탐색해야만 하며, 그럼으로써 가능한 많은 단계에서 자연을 따라할 수 있다. 자연 그 자체는 땅속에서 기본 금속들을 소화하고 유황의 불꽃을 제거하는 점진적인 과정을 통해 그것들을 금으로 만들어내기에, 기예도 이 과정을 따를 수 있다. 오히려 훨씬 더 짧은 시간 동안에 말이다.

명민한 독자들이라면, 페트루스가 '생산물(현자의 돌의 경우)의 자연적 성질'로부터 그 생산물을 만드는 '과정의 자연적 성질'로 강조점을 옮겼음을 발견할 것이다. 『완전성 대전』이 연금술사가 만든 생산물의 자연적 성질은 어디에서든 자연의 작용을 모방할 수 있는지 없는지에 달려 있다는 주장을 끊임없이 반복했다는 점에서, 페트루스의 강조점은 게베르의 연금술로부터 받은 선물이었다. 페트루스는 게베르의 접근법으로부터 자연스러운 귀결을 이끌어냈을 뿐이다. 그러나 게베르의 결론을 논리적으로 확장하면, 연금술사는 자신이 제작한 대상이 자연의 작용 방법을 따르는 한, 자연에 존재하지 않는 생산물이라도 '자연적'이라고 주장할 수 있게 되어버린다. 그런데 연금술의 금은 자연이 사용하는 재료만을 사용해야 한다는 반복된 주장을 제거함으로써, 게베르의 접근법을 변형한 접근법이 이미 1260년대에 로게루스 바코누스에 의해 활용되었다. 로게루스는 그리스의 불과 화약의 조합[165] 같은 경이로운 조합은 마법을 통한

164 Petrus Bonus, *Margarita*, p. 73.

성과가 아니라 기예의 도움을 받은 자연의 생산물이라고 논증한다. 이 실체적 생산물이 자연 세계 어디에서도 발견되지 않는다는 사실에 로게루스는 난처해하지 않는다. 이와 유사하게 그는 자연의 금을 24캐럿이나 초과한 상태의 금이 만들어질 수 있다고도 논증한다.[166] 참으로 기예가 가진 능력이란 인간의 신체를 구성하는 4원소의 성질들을 완전성으로 이끌어줌으로써 인간의 수명을 거의 무한대로 늘어나도록 할 만하다. "신과 자연만이 이러한 일을 할 수 있는 것이 아니라 기예도 그렇게 할 수 있다. 기예는 수많은 방법을 통해 자연을 완전성으로 이끌기 때문이다."[167]

관심의 초점이 생산물에서 과정으로 옮아가면서, 연금술사들은 어떠한 대상을 생산하는 작용이 자연의 미덕을 활용하고 자연을 완전성으로 이끄는 한 그 대상을 사실상 '자연적인 것'이라고 부를 수 있게 되었다. 이러한 논법은 연금술사들에게 오로지 자연적 생산물을 맹목적으로 복제하는 데만 초점을 맞추도록 제한되었던 프로크루스테스의 침대[168]로부터 탈출할 길을 열어주었다. 여전히 연금술사들이 자연에서 발견되는 사

165 [옮긴이] 그리스의 불은 7세기부터 비잔티움 제국의 해군에서 사용되었던 화공무기로, 물에도 잘 꺼지지 않았다고 한다.

166 Roger Bacon, *Epistola de secretis operibus artis et naturae*, in Manget, vol. 1, pp. 616~26; cf. pp. 619~20; Roger Bacon, *The "Opus Majus" of Roger Bacon*, ed. John Henry Bridges, Frankfurt: Minerva, 1964, vol. 2, pp. 214~15.

167 Roger Bacon, unprinted passage from the *Opus minus*, found in MS. Vaticanus reginensis 1317, f. 127v: "Et non solum Deus et natura possunt hanc equalitatem facere sed etiam [*MS. iter.* sed etiam] ars quia ars perficit naturam in multis et ideo potest ars devenire preparationes corporis equalis, nam potest purificare [*MS. leg.* parificare] quodlibet elementum alicuius mixti ab infectione alterius ut redigantur ad simplicitatem puram et tunc corrumpere potest quod superfluum est de quolibet donec redigantur ad naturas activas equales tam in substantia quam in qualitatibus."

168 [옮긴이] 오비디우스, 『변신이야기』, 308쪽. 노상강도인 프로크루스테스는 지나가는 나그네를 붙잡아 침대에 묶어 침대보다 크면 잘라 죽이고 짧으면 늘여서 죽였다고 한다.

물의 완전한 복제물을 생산한다는 식의 주장을 펼친다 하더라도, 앞서 『헤르메스 시』가 논증했듯이, 그들은 또한 자신들의 생산물이 자연적 생산물보다 더 우월하다고 주장할 수도 있게 되었다. 그러나 이와 같은 주장은 상당히 무거운 신학적 짐 꾸러미를 짊어져야 했다. 만약 인간의 작용이 자연의 작용보다 더 낫다면, 그리고 자연이 세계 속에서 그저 신에 의해 부여된 능력에 불과하다면, 신과의 관계에서 인간은 어디에 위치해야 할까? 이 질문은 이미 아랍 저술가들에 의해 뚜렷하게 제기되었는데, 그 가운데 『비밀들 중의 비밀』을 주석한 어느 익명의 저자는 인간이 "스스로를 창조주와 동등하게 만들 수 없다"고 주장했다. 『고귀한 진주』에서 페트루스는 연금술의 오랜 이미지인 "신의 선물"(donum dei)을 확장해 이 문제를 해결한다. 그의 해법에 따르면, 연금술에서 성공을 거두려면 자연적 지식뿐만 아니라 신께서 가치 있는 연금술사에게 직접 내리시는 초자연적인 계시도 필요하다. 따라서 연금술은 신의 특별한 섭리이며, 창조주의 규정된 능력[169]에 의해 부여된 한계로부터 인간이 탈출할 수 있도록 그분이 직접 허락하신 길이다. 다른 한편으로 연금술의 이와 같은 특별한 위치는 기계적 기예라는 불명예를 깔끔하게 걷어내고 도리어 의학의 명예보다 더 높은 명예를 허락한다. 하지만 이는 양날의 검이기도 하다. 종교와 제휴를 맺은 연금술사들의 주장은 이제부터 신학자들의 까다로운 심사를 받게 될 것이기 때문이다.

우리가 페트루스 보누스에게서 목격한 연금술과 종교 간의 제휴는 프

169 [옮긴이] '규정된 능력'(potentia ordinata)은 '절대적 능력'(potentia absoluta)과 쌍을 이루어 아리스토텔레스의 가능태 개념을 수용해 전개된 중세의 신학적 개념이다. 페트루스 롬바르두스에게서 언급되어 토마스 아퀴나스에게서 확립된 바에 따르면, 신의 절대적 능력은 가능성을 내포한 모든 영역에 미치는 신의 능력을 의미하는 반면에, 규정된 능력은 신이 원해 그대로 어김없이 실행하는 전체적인 계획을 말한다. 박승찬, 「토마스 아퀴나스에 의한 가능태 이론의 변형: 신학적 관심을 통한 아리스토텔레스 철학의 비판적 수용」, 『중세철학』 14, 2008, 65~105쪽. 지은이의 맥락에서 연금술은 신의 규정된 능력을 벗어날지언정, 신의 절대적 능력을 벗어나지는 않는다.

란체스코 탁발 수도회의 한 갈래인 영성파[170]와 연루된 14세기 연금술사들의 저작들을 통해 더욱 진전되었다. 가령 프란체스코회 제삼회[171] 소속의 라이문두스 룰루스가 1330년경에 썼다고 여겨졌던 『유언』의 익명의 저자 또는 절대적 가난을 옹호하면서 수십 년을 감옥에서 보냈던 요아킴주의[172] 예언자이자 연금술사였던 요한네스 데 루페시사는 연금술을 전적으로 종말론적 주제와 연결지었다.[173] 여기서는 카탈루냐의 의사이자 자칭 예언자였으며 역시 프란체스코 수도회와 긴밀히 연결되었던 인물인 아르날두스 빌라노바누스(1311년 사망)의 저작으로 여겨지는 연금술 문헌을 살펴보는 것으로도 충분할 것이다.[174] 실제로 아르날두스가 연금술에

170 [옮긴이] 프란체스코 사후에 프란체스코 수도회는 엄격한 청빈을 따르려는 엄수파와 비교적 유연한 콘벤투알로 분열되었다. 이후에 콘벤투알에서 다시금 청빈을 추구하는 엄격한 분파가 갈라졌는데, 이 소수의 분파는 영성파라 불렸고 극심한 탄압을 받았다.

171 [옮긴이] 프란체스코가 가장 먼저 조직한 작은형제회를 제일회, 아시시의 성녀 글라라가 창설한 수녀회를 제이회라 하고, 이후에 프란체스코가 직접 관여하지는 않았지만 그의 뜻을 따르는 수도사들과 재속회원들이 제삼회를 세웠다.

172 [옮긴이] 12세기 이탈리아의 수도사 요아키무스 데 플로레(피오레의 요아킴)의 사상을 가리키는 용어다. 이 책의 맥락에서 요아킴주의는 연금술의 종교적 변환 및 정치적 함의에 결정적인 영향을 끼쳤는데, 이는 옮긴이가 향후 별도의 연구를 준비하고 있는 주제다(옮긴이 해제의 마지막 챕터를 보라). 시토 수도회 소속인 요아키무스는 이탈리아 남부의 산 조반니 다 피오레(San Giovanni da Fiore) 수도원의 창설자였으며, 중요한 역사철학 저술들을 남겼다.

173 Pseudo-Ramon Lull, *Il "Testamentum" alchemico attribuito a Raimondo Lullo*, Michela Pereira and Barbara Spaggiari, eds., Florence: SISMEL, Edizioni del Galluzo, 1999; 추가해야 할 더 많은 참고문헌으로는 다음을 보라. Pereira, "'Vegetare seu Transmutare': The Vegetable Soul and Pseudo-Lullian Alchemy", in *Arbor Scientiae: Der Baum des Wissens von Ramon Lull*, ed. Fernando Domínguez Reboiras et al., Brepols: Turnhout, 2002, pp. 93~119. 요한네스 데 루페시사에 관해서는 다음을 보라. Jeanne Bignami-Odier, "Jean de Roquetaillade", in *Histoire littéraire de la France*, Paris: Imprimerie Nationale, 1981, vol. 41, pp. 75~240; Robert Halleux, "Les ouvrages alchimiques de Jean de Rupescissa", in *Histoire littéraire*, vol. 41, pp. 241~77.

174 Harold Lee et al., *Western Mediterranean Prophecy: The School of Joachim of Fiore and the Fourteenth-Century Breviloquium*, Toronto: Pontifical Institute

관한 논저를 하나라도 직접 쓴 적이 있는지는 매우 불분명하지만, 상당한 분량의 연금술 문헌들이 그의 이름을 저자로 삼았다.[175] 그의 문헌들 가운데 몇몇은 연금술에 관해 그리스도교의 용어로 표현된 상당히 화려한 논법을 담고 있는데, 이는 아마도 실제 아르날두스가 자신의 생애 말기에 예언자 요아키무스 데 플로레의 추종자가 되었던 사실과 관련 있을 것이다. 『자연의 비밀에 관하여』를 비롯한 여러 아르날두스 논저는 연금술사들의 '위대한 작업'[176]을 예수의 삶과 죽음에 빗대었다. 아르날두스는 말한다. 마치 예수처럼 수은도 "붙잡혀 매 맞고 채찍질을 당해야 하며 명예롭게 죽어서는 안 된다". 이 주제는 더 정교하게 전개된다. "그러므로 매를 맞은 뒤에 그 아들[수은]을 데려다가 침대에서 잠시 동안 즐기게끔 하라. 그가 즐기고 있다고 생각될 때 그를 찬물로 데려가 씻기고 제압하라. 이러한 과정을 반복하고 나면, 그를 유대인에게 넘겨 십자가에 달리도록 하라."[177]

라틴어에서 '고문'을 의미하는 일반적인 단어가 '크루키아투스'(cruciatus, crucifixion)[178]임을 주목해보자. 크루키아투스는 태형(笞刑)에서 교살(絞殺)까지 아우를 만큼 의미의 폭이 넓은 단어다. 그렇다면 수은이 경험하는 크루키아투스는 그 수은의 형상이 변화될 만큼이나 가혹한 고문을 의미한다. 이처럼 예수의 수난과 동일한 학대를 수은에 가하라는 충격적인 명령은 1350년경까지 유통되었던 아르날두스 계열의 다른 저작 『비유 논고』에서 더욱 정교하게 서술된다.[179] 여기서는 수은의 변형이 예수

---

of Medieval Studies, c. 1989.

175 Newman, *Summa perfectionis*, pp. 194~204.

176 [옮긴이] '위대한 작업'이란 '현자의 돌'을 만드는 과정인 '마그누스 오푸스'(magnus opus)를 일컫는 연금술의 전문 용어다.

177 Lynn Thorndike, *History of Magic and Experimental Science*, New York: Columbia University Press, 1934, vol. 3, p. 76.

178 [옮긴이] '크루키아투스'가 '십자가에 매달다'라는 뜻의 동사 '크루시파이'(crucify)와 연결되어 있음을 주목할 필요가 있다.

179 Antoine Calvet, "Le *Tractatus parabolicus* du pseudo-Arnaud de Villeneuve",

의 수난 및 고문과 상세히 비교된다. 예수가 먼저 피를 흘리기까지 채찍질을 당하고, 가시로 만든 면류관을 쓰고, 십자가에 못 박혀 결국 쓸개즙과 식초를 치료제로 맛보았듯이, 수은도 네 단계에 걸쳐 고문을 당해야만 한다. 비록 이러한 내용이 텍스트상에서 불분명하게 서술되었더라도, 셋째 수난의 단계를 살펴보면 저자의 의도만큼은 분명하게 알아낼 수 있다. "셋째 수난은, 그리스도께서 매달려 당신의 영혼이 고문을 당하셨던 십자가다. 수은 역시 그것이 요리를 통해 붉게 변했을 때, 그 붉음은 그리스도의 몸을 표시하는 것이다."[180]

위-아르날두스의 『비유 논고』는 기예-자연 논쟁에 직접 뛰어들지는 않지만, 그의 접근법이 연금술이라는 분야를 초자연적인 지위에 버금가는 지위로 격상한다는 점은 분명하다. 기본 금속에서 금으로의 변환은 이제 그리스도의 고난과 궁극적인 세계 구원의 여정을 정교하게 복제한다. 프란체스코 수도회의 급진적 수도사들이 이처럼 연금술을 구원론 및 종말론과 융합한 덕분에, 종교적 전통에 충실해 연금술사들을 오로지 탐욕에 이끌린 위조 사기꾼으로만 보았던 신앙인들의 눈에 이제는 황금변성 기예가 솔깃한 목표로 탈바꿈되었다. 종교재판소가 연금술에 대해 처음으로 관심을 가졌던 지역이 정확히 이베리아반도 북동부였는데, 이 지역에서 아르날두스와 룰루스의 추종자들이 가장 활발히 활동했다는 사실은 아마도 우연이 아닐 것이다. 1320년대 초에 베르나르두스 귀도니스의 『종교재판의 실행』이 출간된 이래, 프란체스코 수도회 내부의 급진적인 경향을 제거하는 일은 교황청 종교재판관들의 주된 목표였다. 이보다 후대에 나온 교본인 아라곤 종교재판소의 수장 니콜라스 에이메리히의 『종교재판관 규칙』(1376)은 아르날두스와 룰루스 학파와의 관련성을 직접 언급하지는 않으면서도 대놓고 연금술을 정죄한다. 에이메리히는 연금술이 간접적으로나마 초자연적인 것과 연결되어 있다는 점을 인식하고 있

Chrysopoeia 5, 1992~96, pp. 145~71, 특히 p. 149를 보라.

180 Calvet, "Le *Tractatus parabolicus*", p. 166.

다. 그는 주술사와 점쟁이, 점성술사, 연금술사는 저마다의 주된 목표에 필연적으로 도달하지 못하며, 따라서 공개적으로든 암묵적으로든 악마의 도움에 의지한다고 논증한다.[181] 에이메리히는 연금술의 성공을 신으로부터의 직접적인 계시의 결과로 보았던 페트루스 보누스 같은 저술가의 논증을 염두에 두었던 것일까? 이미 연금술사들의 탐욕과 부정직함, 습관적 호기심으로 인해 그들을 비난하는 선입견을 가졌던 에이메리히 같은 이들에게는, 연금술이 주장하는 특별한 계시를 악마의 개입에 의한 위장으로 바라보는 편이 쉬웠을 것이다. 에이메리히가 1396년의 또 다른 저작 『연금술사들에 반대하여』에서 연금술을 향해 보였던 배타적인 공격을 통해 종교재판관들의 접근법은 더욱 확장될 수 있었다.

신학 전문가로서 에이메리히는 페트루스 롬바르두스의 『명제집』 및 그 주석들의 사고방식에 깊이 몰두해 있었고, 그로부터 발견되는 연금술 관련 논증에 익숙했다. 동시에 이 아라곤 종교재판관은 황금변성 기예에 대한 여러 가지 찬반 논증들을 숙지하면서 『연금술사들에 반대하여』의 저술 작업을 스스로 준비했을 것이다. 그럼에도 『연금술사들에 반대하여』의 독자라면, 이 저작의 첫 부분에서부터 놀라지 않을 수 없다. 베네딕토 수도회 소속 수도사인 베르나르도 에스트루초에게 보내는 서문에서 에이메리히는 사기꾼 연금술사가 제안한 유혹적인 매력으로부터 벗어나도록 에스트루초를 설득하는 것이 이 저작의 목적이라고 진술한다. 자신의 목적을 달성하기 위해 먼저 에이메리히는 신이 피조물을 창조한 순서대로 천사, 천상의 존재들, 지상의 요소들, 인간, 그리고 마지막으로 금, 은, 보석을 나열한다. 그의 결론은 아마도 보석과 금속은 제외하고 이 모든 것이 태초에(in mundi principio) 창조되었다는 것이다. 성서는 아담부터 노아까지의 제1세대[182]에서 보석과 금속을 언급하지 않으며, 노아부터

---

181 Sylvain Matton, "Le traité *Contre les alchimistes* de Nicholas Eymerich", *Chrysopoeia* 1, 1987, pp. 93~136, 특히 p. 93의 각주 1을 보라.

182 [옮긴이] "아담 자손의 계보가 이러하니라"(「창세기」 5장 1절, 개역개정). 『구약성서』의 「창세기」에 등장하는 기나긴 족보를 세대의 단위로 구분하는 기준으로

아브라함까지의 제2세대에서도 언급하지 않는다.[183] 이 부분이 에이메리히의 논저 3분의 1 이상을 차지하고 있음에도 불구하고, 그는 신의 창조 사역에서 보석과 금속은 불청객에 불과했다는 사실로부터 명확한 결론을 도출하지는 않는데, 실은 그 결론이 너무나 명백해 진술될 필요조차 없기 때문이다. 에스트루초에게 보내는 서문에서 에이메리히는 연금술사를 둥근 사각형을 만들려는 사람과 비교한다. 그런 사람은 시간을 헛되이 보내며 지나친 호기심의 지배를 받는다. 아마도 에이메리히가 의도한 강조점은 보석과 금속이 인간의 삶과 구원에 필수적이지 않으며, 따라서 그것들을 복제하려는 목표도 불필요하다는 것이다.

이어서 『연금술사들에 반대하여』는 금, 은, 보석이 자연에 의해 만들어졌는지 혹은 기예에 의해 만들어졌는지를 검토한다. 에이메리히는 그것들은 자연의 생산물이며, 기예는 그것들의 불순물을 제거하고 정화할 수 있다고 결론을 내린다. 그런데 그것들이 기예를 통해 '본질을 지닌 존재'로 태어날 수 있을까? 이 질문에 대해 에이메리히는 아리스토텔레스 『기상학』의 흔한 반복으로 답변한다. "기예는 자신이 가능한 만큼 자연을 모방한다"(제4권 381b6). 이 종교재판관은 이렇게 말한다. 사물의 '이미지'를 만들 뿐인 화가와 방직공, 조각가의 경우에, 그들은 분명히 가능한 한 세부적으로 모방하기를 원한다. 그러나 아비켄나의 접근법대로 "기예는 자연을 온전히 완벽하게 모방할 수 없다". 이러한 점은 특별히 사물의 운동, 작용, 열정을 살펴보면 드러난다.

> 비록 기예 또는 앞서 말한 기예가들이 자신들이 만든 형태와 이미지의 대상이 되는 자연적 사물을 어느 정도껏 모방한다 하더라도, 그들은

서, 히브리어 '톨레돗'(toledoth, 계보 또는 후예)이 사용된다. 아담부터 노아까지가 하나의 톨레돗, 노아부터 아브라함까지가 또 하나의 톨레돗이며(「창세기」 10장 10절), 이들 두 톨레돗을 합해 역사 이전의 시대, 즉 원(源)역사라고 부른다.

183 Eymerich, *Contra alchimistas*, in Matton, "Le traité *Contre les alchimistes*", pp. 108~16.

> 그것의 모든 특징과 특히 얼굴까지 완벽하게 [모방한] 것은 아니다. 진실로 그들은 어떠한 방법으로도 대상의 움직임, 노랫소리, 그리고 새의 지저귐, 비행, 노래 같은 모든 활동과 열정까지 모방하지는 않으며 모방할 수도 없다. 이는 나무와 식물과 열매의 냄새와 맛, 또한 인간의 읽기, 말싸움, 미덕, 결함의 경우에도 마찬가지다.[184]

분명히 이 아라곤 종교재판관은 연금술의 지위를 낮추어 보고 있다. 기예가는 운동의 아리스토텔레스적 원리를 물체에 불어넣을 수 없을 뿐만 아니라 얼굴과 특징을 성공적으로 재현할 수조차 없다. 에이메리히는 계속해서 논증한다. 자연은 "지성의 작용"이며, 이는 자연에서 벌어지는 무의식적인 행동의 사례들을 통해 입증된다. 양은 늑대를 보면 도망쳐야 하고 양치기 개를 따라가야 함을 틀림없이 무의식적으로 안다. 불이 나거나 바위가 구를 때도 마찬가지다. 무감각한 바위든 살아 있는 양이든 간에, 이러한 행동에서 이유를 찾을 수는 없다. 따라서 그것들의 행동은 최초의 지성, 즉 신의 작용에 기인하는 것이다. 때로는 잠들어 있거나, 광란을 벌이거나, 혼수상태에 있거나, 심지어 거룩한 사람에 의해 벌어지는 기이하고도 비의도적인 행동에서도 신의 지성이 드러난다. 이와는 달리 인간의 기예는 경험으로부터 발달할 뿐, 신의 지성으로부터 직접 기인하지 않는다. 일자무식의 선원이나 노동자도 경험을 통해 기예를 학습하고 발달시킬 수 있다. 어쩌면 에이메리히는 계시를 주장하는 동시대의 연금술사들에게 에둘러 쓴소리를 가하려는 듯하다. 그들은 에이메리히와는 정반대의 주장을 확신 있게 펼침에도 불구하고, 특별히 계시된 지식도 갖고 있지 않고, 신과 경쟁할 수 있을 리도 만무하다. 그러나 이처럼 신의 지성과 인간의 더듬거리는 지식 사이에 분기점을 놓으려는 이 종교재판관의 주된 목적은 자연과 기예의 구별을 더욱 강화하려는 것이다. 그는 "금과 은, 보석들은 인공적인 것이 아니라 자연적인 것이며" 인간의 "사고"

---

184 Eymerich, *Contra alchimistas*, pp. 120~22.

로는 만들어질 수 없다고 말함으로써 그 구별을 굳건히 한다.

연금술의 효력을 부인하는 기초 근거들을 제시한 뒤, 에이메리히는 그 근거들에 대한 다섯 가지 반론을 일일이 열거해 답변한다. 그의 답변을 통해 우리는 자연적인 것과 인공적인 것을 견고하게 구별하는 한 가지 논법을 뚜렷이 보게 될 텐데, 이는 앞서 『헤르메스 서』에 의해 공격받았던 논법이기도 하다. 첫째 반론은 우리에게 익숙하다. 인간이 양치식물이나 돌을 재료로 유리를 만들 수 있다면 금이라고 왜 안 되겠는가? 이 종교재판관은 답변하기를, 유리는 인공적 사물이며, 자연적 사물을 만드는 이슈와 무관하다. 더군다나 기예가는 반지의 재료가 되는 금을 만들 수 없는 만큼이나 유리의 재료가 되는 양치식물이나 돌을 만들 수도 없다. 둘째 반론에 대한 답변에서도 에이메리히는 보수적인 사고를 이어나간다. 장미를 증류해 추출액을 얻듯이, 불은 식물이나 꽃으로 물을 만들 수 있지 않은가? 이 역시 자연적 사물을 만드는 이슈에 해당하지 않는다. 장미 추출액은 4원소 가운데 하나로서의 물이 아니라 "증류된 인공적인" 물에 불과하다. 석회석을 태워 만든 석회나 막달라 마리아가 예수의 머리에 부었던 기름[185]의 경우도 마찬가지다. 이러한 사물들은 기예를 통해 만들어졌기 때문에, 기예가 그것들을 만들었다고 해서 자연적 사물까지 만들 가능성이 높아지는 것은 아니다. 『명제집』의 주석가들이 곧잘 예시로 들었던 모세의 지팡이 뱀의 경우에는, 에이메리히는 그 일이 기예가 아닌 신의 능력의 도움으로 이루어졌다고 답변한다.[186]

---

185 [옮긴이] "예수께서 베다니에서 나병 환자였던 시몬의 집에 머무실 때에, 음식을 잡수시고 계시는데, 한 여자가 매우 값진 순수한 나드 향유 한 옥합을 가지고 와서, 그 옥합을 깨뜨리고, 향유를 예수의 머리에 부었다"(「마가복음」 14장 3절, 새번역). 이 여인이 막달라 마리아였는지는 불확실하다.

186 Eymerich, *Contra alchimistas*, pp. 124~26: "Primum obiectum est, quod ex filice seu certo lapide fit per artem vitrum. Cur et non de argento aurum, vel de stagno seu plumbo argentum? Respondetur, quod vitrum est res ⟨non⟩ naturalis, sed artificialis. Fit ergo ex filice per ignem vel ⟨ex⟩ lapide vitrum per artem, sed non filix neque lapis. Sed sunt res naturales que per artem fieri non possunt, sed per naturam. Sic et fit per artem anulus ex

자연적 생산물과 인공적 생산물을 가르는 에이메리히의 극도로 보수적인 입장은 아리스토텔레스 해석에 대한 연금술 저술가들의 철저한 반대 태도에서 드러난다.[187] 앞서 살펴보았듯이, 『헤르메스 서』 이후로 줄곧, 완전성으로 이끄는 기예라는 아리스토텔레스적 개념에 관한 연금술사들의 해석에 따르면, 인간이 자연의 구성 성분에 개입해 만들어낸 생산물

---

auro, et cifus ex argento, sed aurum et argentum per naturam et non per artem sunt neque esse possunt. ¶Secundum obiectum est, quod ex erba vel flore fit aqua virtute ignis, ut aqua rosacea. Respondetur, quod aqua rosacea non est res naturalis. Non enim est aqua elementaris sed distillata et artificialis. Rosa autem est res naturalis. Unde si per artem fiat talis aqua, non tamen per artem fit rosa. ¶Tercium obiectum est, quod ex lapide fit calx. Respondetur, quod calx res est artificialis et non naturalis. Patet igitur calx fieri per artem, sed non lapis que res est naturalis. ¶Quartum obiectum est de unguento quod Magdalena effudit super Christi caput, quod erat *nardi spicati preciosum*. Respondetur quod illud unguentum sicut et alia unguenta, res artificialis est, sed nardus et alia ex quibus fuit factum, res naturales sunt. Patet igitur per artem fieri unguentum, sed non nardus. ¶Quintum obiectum est de virga lignea Moysi, ex qua factus est coluber ut patet Exo. IIII. Cur non eciam ex argento aurum, et plumbo argentum? Respondetur, quod illud non fuit factum per artem sed per divinam virtutem, per quam non negatur quin de argento possit fieri aurum, et de plumbo argentum, et de aqua lapis preciosus. *Non* enim hoc est *impossibile apud Deum,* Luc. I°; *potens* enim *Deus de lapidibus … suscitare filios Abrahe.* Mt. III. Sed negatur quod ⟨per⟩ humanam artem virtute ignis fiat aliquis preciosus lapis, aurum vel argentum in tavernis, per quod modum alchimistae additis aliquibus aquis seu erbis nituntur argentum in aurum transformare et plumbum in argentum transmutare, et aqua in lapidem preciosum mutare. Et hec ad quintam questionem." p. 124에서 나는 마통의 텍스트에서 아마도 편집자의 추측일 것으로 보이는 단어 "calix"를 더 적합한 단어인 "calx"로 전부 바꾸었다.

187 나는 "보수적"이란 표현의 힌트를 다음으로부터 얻었다. Charles B. Schmitt, *John Case and Aristotelianism in Renaissance England*, Kingston, ON: McGill-Queen's University Press, 1983. 이 표현은 정치적 의미를 갖지 않으며, 오히려 기예와 자연을 구별하는 엄격성을 가리키는 표현이다(이러한 의미로 반대말인 "진보적인"은 구별의 유연성을 가리킨다). Schmitt, pp. 191~216, 특히 pp. 196, 206을 보라.

을 반드시 비자연적인 것으로 여길 필요가 없었다. 『헤르메스 서』의 언급 대로 오히려 기예를 통해 복제된 광물은 "자연의 광물보다 더 뛰어나다". 『기상학』 제4권(제3장, 381b3-5)에서 굽기와 끓이기는 기예에 의해 일어나든 자연에 의해 일어나든 상관없이 동일하다는 데 수긍했던 아리스토텔레스를 근거로, 동일한 아이디어가 더 강력하게 제시되었다. 이러한 기초 위에서 실험실에서의 과정은 비록 자연 세계에서 생겨나지 않는 생산물을 만들어낸다 하더라도 자연적인 과정으로 간주될 수 있었다. 그러나 에이메리히는 이 관점에 분명하게 반대한다. 연금술을 향한 본능적인 반감으로 인해 그는 토마스 아퀴나스의 『신학대전』에 이미 등장했던 접근법을 확장한다. 황금변성 기예에 관한 이 천사 박사[188]의 고찰을 잠시 살펴보자.

토마스의 견해에 따르면, 연금술뿐만 아니라 인공적 생산물 일반의 지위도 자연의 원본보다 낮은 위치로 강등된다. 앞서 살펴보았듯이, 토마스는 『명제집 주해』에서 연금술로 금을 만든다는 아이디어를 명료하게 기각했다. 그의 다른 저작 『힘에 관한 정규토론 문제집』도 동일한 거부에 한몫을 한다. 여기서도 토마스는 노골적으로 기예의 생산물을 자연의 생산물보다 낮은 지위로 강등한다. "어느 능동적 미덕이 다른 미덕보다 더 우월한 정도에 따라 동일하게 보이는 것이 더 우월한 결과일 수 있다. 따라서 자연은 땅속에서 혼합된 여러 원소로 금을 만들 수 있지만, 기예는 그렇게 할 수 없다."[189] 이에 비해 고귀한 금속을 만드는 일에 관한 『신학

---

188 [옮긴이] 토마스 아퀴나스가 '천사 박사'(Angelic Doctor)라는 칭호를 얻게 된 이유에 관해서는, 그가 황소라는 별명을 가졌던 이유만큼의 유력한 정설이 없다. 그가 천사의 보호로 여인의 유혹을 물리쳤다는 전설, 그가 가졌다는 천사와 같은 성품, 또는 그의 신학이 하늘과 땅을 연결하는 천사 역할을 한다는 점 등 여러 설이 있다.

189 Thomas Aquinas, *Quaestiones disputatae, de potentia*, in *Sancti Thomae Aquinatis doctoris angelici ordinis praedicatorum opera omnia*, Parma: Petrus Fiaccadorus, 1852~73, vol. 8, p. 125 (*Quaestio 6, Articulus 1, Ad decimumoctavum*): "Ad decimumoctavum dicendum, quod quanto aliqua virtus activa est altior, tanto eamdem rem potest perducere in altiorem effectum: unde natura potest ex terra facere aurum aliis elementis commix-

대전』의 설명은 덜 분명한데, 여기서는 그가 연금술이 금을 생산할 가능성보다는 그 금을 판매하고 주조하는 일의 적법성에 관한 문제에만 집중하기 때문이다. 그가 연금술의 금이 존재한다고 가정한 것은 순전히 그에 뒤따르는 법률적인 파생 효과를 판단하기 위함일 뿐이다.[190] 하지만 지금 우리가 관심 있게 보아야 할 것은 금이 아니라 세례에서 사용되는 물에 관한 『신학대전』의 논의다. 토마스는 이렇게 말한다. 불순한 물을 사용할 가능성이 허용된다 하더라도, 그 물은 물의 특정한 형상[종]을 여전히 간직하고 있어야 한다. 물이 아닌 다른 종에 속한 액체라면, 기예는 그 액체를 물로 바꿀 수 없다. 왜냐하면 "기예는 자연의 작용과 동등하지 않아 자연은 실체적 형상을 부여할 수 있는 반면에, 기예는 그렇게 할 수 없기 때문이다".[191] 이 원칙은, 가령 자연 그 자체가 기존의 물에 새로운 실체적 형상을 부여한 결과인 포도주나 장미즙에도 적용될 수 있다. 기예는 물의 형상을 포도주나 장미즙으로 바꿀 수 없다. 따라서 인간이 실행하는 증류 과정이 물의 증발과 응결을 재생하는 것처럼 보여도 물의 자연적 순환 방식처럼 다른 액체를 물로 분해하지는 못한다. 기예는 자연보다 허약하다는 원칙에 근거해, 증류에 의해 생산된 장미 추출액이나 '연금술 용액'은 물의 진정한 실체적 형상을 결여한다. 자연의 능력은 기예의 능력보다 위대하기에 인공적인 증류는 해당 물질에 참된 변성을 부여할 수 없다.[192]

---

tis, quod ars facere non potest."

190 Thomas Aquinas, *Summa theologiae, Tertia pars, Quaestio* 77, *Articulus* 2. 아리스토텔레스의 『기상학』에 대한 토마스의 주석은 연금술의 금에 호의적인 논법을 담고 있지만, 이 논법이 등장하는 부분은 토마스가 아닌 그의 제자 가운데 한 사람에 의해 첨가된 것이다. 이에 관한 논의로는 다음을 보라. Newman, "Technology and Alchemical Debate", p. 437.

191 Thomas Aquinas, *Summa theologiae, Tertia pars, Quaestio* 66, *Articulus* 4, *Ad quartum*, in *Sancti Thomae Aquinatis ordinis praedicatorum opera omnia*, Rome: Typographia Polyglotta, 1906, vol. 12, p. 66: "Ars autem deficit ab operatione naturae: quia natura dat formam substantialem, quod ars facere non potest."

아마도 아비켄나의 "기예가들로 하여금 알게 하라"로부터 영감을 얻어 토마스는 실험실이나 작업장에서 수행되는 증류가 해당 질료 외부의 부수적 속성들만을 변화시킨다고 생각한다. 장미 추출액이나 연금술 용액은 사실상 인공적인 사물이며 기예는 자연보다 허약하므로, 속임수로 변화된 물의 겉모습 이면에는 실제로는 변화하지 않은 자연의 실체적 형상이 도사리고 있다. 마찬가지로 에이메리히도 기예를 자연과 동등하지 않은 것으로 보고, 이러한 강조점을 근거로 들어 장미 추출액을 비롯한 실험실의 생산물은 그저 인공물일 뿐 참된 변성을 논의할 거리가 못 된다고 논증한다. 그의 입장은 그가 참고했을 법한 토마스의 입장과 상당한 정도로 동일하다. 실제로 기예와 자연을 구별하는 것이 토마스주의의 보수적 전통이라고 말해도 충분히 정당하다. 이와 같은 전통을 우리는 앞서 에기디우스 로마누스의 『자유토론 문제집』에서도 마주했는데, 에이메리히도 에기디우스처럼 인간 기예의 허약함이 드러내는 강력한 의미를 이 천사 박사로부터 흡수했다.

기예와 자연을 엄격하게 구별하는 에이메리히의 보수주의는 연금술사들이 자연적 활동과 초자연적 활동의 경계를 무단으로 넘나든다는 그의 견해와 잘 맞아떨어진다. 앞서 살펴보았듯이, 그는 연금술사들이 변성을 위한 그들의 헛된 노력에 도움을 얻고자 필사적으로 악마의 능력을 소환한다고 생각한다. 그러나 정말로 악마가 그들을 도울 수 있을까? 13세기의 『명제집』 주석가들이 분석했던 「출애굽기」 7장과 8장을 떠올리면서 에이메리히는 고귀한 금속이나 보석을 만드는 일 또는 연금술사를 도와 그것들을 만드는 일은 악마에게도 불가능하다고 말한다. 창조는 오로지 신의 사역이다. 악마는 숨겨진 재물을 긁어모아 자신에게 호소하

---

192 Thomas Aquinas, *Summa theologiae*, vol. 12, p. 67. 이와 유사한 견해가 성례전에서 사용되는 성체 제작에 관한 토마스의 입장에도 깔려 있다. 만약 누군가가 장미 추출액 같은 "인공적인 물"을 사용해 반죽한다면, 그렇게 만든 빵은 "참된 빵"(verus panis)이 될 수 없다. 그것은 빵의 실체적 형상을 결여하기 때문이다. *Summa theologiae, Tertia Pars, Quaestio 74, Articulus 7, Ad tertium.*

는 연금술사들에게 그것을 넘겨줄 수 있을 뿐이다. 하지만 악마에게 호소하는 것은 중차대한 범죄인데, 이는 "신을 포기하고 악마에게 들러붙는 것이고 스스로가 신처럼 되려는 것이며, 죽음과 계약을 맺는 것"이기 때문이다.[193] 에이메리히의 주석에서는 두 가지가 눈에 띈다. 첫째, 그는 기본 금속들이 금으로 변화되는 것을 변성이 아닌 창조의 문제로 파악한다. 따라서 연금술이 성공한다면, 이는 신이 가진 특권을 직접 침해하는 일이 된다. 둘째, 신의 창조 능력을 복제하기란 불가능하므로 연금술사들이 이루었다는 어떠한 성공이라도 그것은 망상일 수밖에 없다. 그들의 성공이 부분적으로 속임수의 생산물이든, 악마의 개입의 결과든 상관없이 말이다. 연금술사만큼이나 악마에게도 금을 만드는 능력이 없다 하더라도, 악마는 은밀한 장소로부터 금을 모아 마치 연금술이 성공을 거둔 것처럼 보이도록 만들 수 있다. 하지만 이러한 서비스 제공에는 그에 상응하는 대가가 따르기 마련이므로 연금술사는 쉽사리 악마의 숭배자가 되고 만다. 에이메리히가 보기에 그 최종 결과는 연금술이 극도로 악한 속임수로 전락하는 것이다. 연금술은 어떠한 자연적 생산물도 낳지 못하므로 그것이 자연에 부여하는 인공적인 변화는 효력을 낳지 못한다. 기예는 언제나 자연보다 허약하기 때문이다.

니콜라스 에이메리히의 사례로부터 우리는 연금술의 비종교적 특징을 내세우는 비타협적 호소가 14세기 후반에 이르러 자연적 생산물과 인공적 생산물의 근본적이고도 본질적인 구별을 지지하는 완고한 주장과 어떻게 결합되는지 살펴보았다. 이 아라곤 종교재판관의 관점은 아마도 프란체스코 수도회의 급진적 분파에 의한 연금술의 새로운 적응에 맞서는 대응이었을 것이다. 페트루스 보누스와 마찬가지로 급진적 분파의 저술가들은 황금변성 기예를 예언적 소명으로 삼았다. 이와 동시대에 에이메리히는 아비켄나의 "기예가들로 하여금 알게 하라"를 궁극의 기초로 삼아 토마스 아퀴나스의 우물에서 직접 물을 길었다. 토마스주의의 입장은

193 Eymerich, *Contra alchimistas*, p. 130.

인간 기예가 자연보다 허약하다는 점을 강조했는데, 이는 『신학대전』에서 연금술의 황금을 판매하는 문제에 관한 논의보다는 증류에 관한 분석을 통해 더욱 뚜렷하게 명시되었다. 이제 우리가 근대 초의 시기로 넘어가더라도 여전히 토마스의 입장을 따르는 수많은 지지자를 보게 될 것이다. 그 가운데에는 에이메리히처럼 소수지만 극렬한 추종자도 포함되어 있다.

기예-자연 논쟁에 영향을 끼친 연금술

14세기 말까지 기예와 자연은 신학자와 철학자, 연금술사, 심지어 시인들까지 나서서 공들여 세워놓은 무대 위에서 논쟁의 주인공 노릇을 해왔다. 전통적으로 기예의 능력 대(對) 자연의 능력에 관한 논쟁은 연금술의 변성을 핵심 소재로 삼았다. 다음 두 세기 반에 걸쳐 반복될 논증들의 상당수가 이미 기틀이 잡혔고, 그 논증들은 중세의 후계자들에게는 풍성한 보물창고 역할을 했다. 정말로 이 보물창고를 포괄적으로 연구하려면 수많은 자료가 필요하다. 여기서는 단지 간략한 개괄만을 제시하되, 연금술이 인간의 기예와 그 한계라는 이슈에 제공했던 강력한 초점을 소개할 것이다. 앞으로 살펴보겠지만, 훗날 화학 기술의 효능이 사람들에게 널리 인식되는 시대에 이르러서도 이 이슈는 사라지지 않았다. 오히려 기예-자연 논쟁은 더욱 활발하게 자라나 종교개혁 전후의 과열된 분위기 속으로 진입해 어떤 이들에게는 거대한 울림으로 다가가게 되었다. 먼저 토마스 아퀴나스가 전해준 영향으로부터 출발하자.

토마스가 가졌던 권위를 직접적으로 보여주는 사례는 15세기 전반 아빌라(Avila, 지금의 카스티야 이 레온[Castilla y León])의 저명한 주교였던 알론소 토스타도의 저작에서 찾아볼 수 있다. 그는 대(大)마녀사냥 시대[194]

194 [옮긴이] 마녀사냥의 광기가 몰아친 시대는 중세였을 것이라는 통념과는 달리, 그것이 극에 달했던 때는 오히려 중세 말부터 근대 초(15세기 중반~17세기 중반)를 아우르는 시기였다.

의 초창기에서 중요한 인물이었다.[195] 「출애굽기」에 대한 광범위한 주석을 통해 토스타도는 파라오의 마술사들이 뱀으로 변성시켰다는 막대기에 관한 이슈를 검토한다. 이 마술사들은 정말로 기적과 같은 일을 일으킬 수 있었을까? 만약 그랬다면, 어떻게 가능했을까? 토스타도는 『명제집』 제2권 제7장에 대한 토마스의 주석으로부터 차용한 분석을 빌려 답변한다. "악마들은 기예를 수단으로 삼아 일한다. 그러나 기예는 자연적 결과물을 변성시킬 수도, 사물의 형상을 유도할 수도 없다. 다만 자연의 능동자를 자연의 피동자에 적절히 적용하는 경우는 예외로 하고 말이다. 그러므로 악마들은 어떠한 것도 바꾸거나 변화시키지 못한다." 뿐만 아니라 연금술사들은 금과 은의 부수적 속성들을 기본 금속들에 덧씌울 수는 있어도, 실제로 변성을 일으킬 수는 없다. 금속의 변성이 불가능한 이유가 땅속의 열은 화덕 속의 열과 다르기 때문이라고 설명한다는 점에서 토스타도는 토마스를 그대로 따른다. 하지만 토스타도는 한 걸음 더 나아간다. 연금술사들은 새로운 실체적 형상을 유도하지 못하는 이상, 금의 모든 부수적 속성을 기본 금속에 분유시키지도 못함이 분명하다. 다만 황성이나 가단성 같은 일부 속성들만 분유시킬 수 있을 뿐이다. 부수적 속성들은 실체적 형상으로부터 흘러나오기 때문에, 부수적 속성들의 총체는 실체적 형상과 일대일로 대응한다. 실체적 형상은 부수적 속성들이 생겨나기 위한 조건으로서 작용하는 효과적인 원인이 아니다. 오히려 실체적 형상은 질료가 특정한 방식으로 배치된 결과로서 획득되며, 부수적 속성들과 동시에 생산된다. 따라서 실체적 형상이 없이 모든 부수적 속

---

195 Walter Stephens, *Demon Lovers: Witchcraft, Sex, and the Crisis of Belief*, Chicago: University of Chicago Press, 2002, pp. 69~70, 146~59. 또한 다음을 보라. Sylvain Matton, "Les théologiens de la Compagnie de Jésus et l'alchimie", in *Aspects de la tradition alchimique au XVIIe siècle*, ed. Frank Greiner, Paris: S.É.H.A., 1998, pp. 383~501, 특히 p. 387, n. 19를 보라. 예수회와 연금술에 관해서는 다음을 보라. Martha Baldwin, "Alchemy and the Society of Jesus in the Seventeenth Century: Strange Bedfellows?", *Ambix* 40, 1993, pp. 41~64.

성이 드러난다고 말하는 것은 명백한 모순이다. 연금술사들이 금의 실체적 형상을 유도할 수 없다고 전제한다면, 이는 곧 모든 부수적 속성을 가진 실체도 만들어낼 수 없다는 의미다.[196]

텍스트의 난해한 부분을 제쳐두고 말하자면, 연금술사들은 금을 만들 수 없을 뿐만 아니라 부수적 속성들을 모두 구비한 모조품조차 만들 수 없다는 것이 토스타도의 입장이다. 다시금 그의 논증은 실체적 형상에 관한 이론을 활용해 본질의 기초 위에서 인공적인 것과 자연적인 것 사이에 엄격한 구별을 가하는 방법을 보여준다. 우리는 이미 에기디우스 로마누스의 『자유토론 문제집』에서 동일한 방식의 논증을 만나보았다. 그

---

196 Alonso Tostado, *Commentaria in primam partem exodi*, in *Eccam vobis quis sacris litteris* …, Venice: Petrus Liechtenstein, 1528, Exodi cap. VII, quaest. 10, fol. 30v: ¶"Item demones operantur per modum artis: sed ars non potest transmutare naturales effectus aut formas rebus inducere nisi naturalia agentia et passiva sibi debite applicando ergo non possunt aliquid aut mutare aut alterare. Antecedens patet quia ars non habet aliquas res ad se subiectas in potentia naturali: sed obeditiva. Et dicitur sic de alchimistis quod species transmutare non possunt: [30vb] quia nec verum aurum nec verum argentum efficere possunt: quia licet alchimiste possint inducere in aliquam materiam accidentia aliqua auri vel argenti: non tamen possunt inducere formam substantialem auri cum omnibus suis dispositionibus: quia ad hoc non requiritur calor ignis quo utuntur alchimiste: sed calor creatus per radios solares et quod hoc fiat ubi est virtus mineralis: idem aurum quod alchimiste efficiunt non habet operationes consequentes verum aurum secundum proprietates speciei. Nec est dicendum quod alchimiste possint inducere omnes qualitates accidentales in materiam de qua volunt facere aurum et non possint inducere formam substantialem auri: quia hoc pene includit contradictionem cum forma substantialis non sit aliqua dispositio ad quam generans specialem laborem aut actionem habeat sicut ad causanda cetera accidentia: quia forma substantialis naturaliter educitur de potentia materie: materia ultimate disposita. Nec est possibile secundum philosophorum positione esse materiam ultimate dispositam quin sequatur immediate substantialis forma sive de potentia materie educatur sive inducatur in materiam a datore formarum: vel secundum qualibet aliam variam positionem materiarum et formarum de quibus Aristotles primo physicorum licet nos diciamus per deum posse istum effectum impediri."

는 손으로 제작된 연금술의 금이 비록 시금 분석 테스트를 통과한다 하더라도 자연의 원본과 동일할 가능성을 부정한다. 이러한 그의 입장은 알려져 있는 금의 특정한 차이들을 모두 가지고 있는 대상은 곧 금이라는 게베르의 입장과 얼마나 다른가! 다시 토스타도로 돌아와서, 그는 훗날 연금술사들에게 중요한 주제가 될 인간 생명의 인공 발생에 관한 의미 있는 주석을 남겼다. 일단은 근대 초 유럽에서 토마스주의의 영향을 전달하는 중요한 통로 가운데 하나가 된 예수회[197]에 관해 간략히 살펴보자. 1590년대 로베르토 벨라르미노가 예수회 신학의 권위자로 떠오른 이래, 대부분의 예수회 회원들이 연금술 변성에 관한 입장에서 토마스 아퀴나스를 따랐다는 점은 그리 놀랍지 않다. 그러나 최근에 실뱅 마통이 주장했듯이, 『신학대전』과 『명제집』 주석 등의 저작들에서 보이는 연금술에 관한 토마스의 입장은 상당히 다채로워 주석가에 따라 토마스의 결론이 서로 다르게 표현될 수 있을 정도였다고 한다. 따라서 기예-자연의 구별에 관한 강경한 입장이 반드시 토마스를 따른 결과였다고만 말할 수는 없다. 그럼에도 불구하고 앞서 니콜라스 에이메리히의 『연금술사들에 반대하여』와 알론소 토스타도의 「출애굽기」 주석이 보여주었듯이, 우리는 보수적인 전통이 이 천사 박사에게까지 거슬러 올라간다는 사실을 추적해낼 수 있다.[198]

토마스의 보수적인 추종자들 가운데 하나였던 후안 데 피네다는 1572년에 예수회 회원이 되었다. 1609년에 그는 솔로몬에 관한 여덟 권 분량의 저작을 출판했는데, 이 저작이 다룬 많은 주제 가운데 이 고대의 현자가 남겼다는 연금술 책들이 포함되었다. 여기서 피네다는, 연금술은

---

197 [옮긴이] 예수회(Societas Iesu)는 1539년 이냐시오 데 로욜라에 의해 창립된 반(反)종교개혁 성향의 가톨릭 단체다. 학문과 교육, 선교에 열정적이었으며, 16~17세기 유럽 사상계 및 동서교류사에서 중요한 하나의 축이었다.

198 Matton, "Les théologiens", pp. 383~428; 벨라르미노의 역할에 관해서는 p. 383을 보라. 예수회 회원들 사이에서 토마스가 가졌던 권위에 관해서는 다음을 보라. Roger Ariew, *Descartes and the Last Scholastics*, Ithaca: Cornell University Press, 1999, pp. 13~17, 40.

참된 기예가 아니었기에 솔로몬이 실제로 연금술에 관여할 일은 없었다고 말한다. 이 전제를 입증하기 위해 피네다는 자연과 기예의 관계에 관한 더욱 일반적인 몇몇 진술들을 활용한다.

> 자연이 생산한 형상들은 기예의 지배를 받지 않을 것이다. 반대의 입장에서 기예의 결과로 낳은 형상들은 자연에 의해 생산되지 않을 것이다. 빵과 포도주, 다양한 의약의 형상은 혼합, 작용, 반응, 혼돈을 통해 생겨나며, 이는 기예의 결과에 해당한다. 호박금도 금과 은을 비롯한 여러 융해된 금속으로부터 비롯되었기에 아마도 이와 동일한 종류일 텐데, 더 작은 부분들로써 최소한의 [양이] 합쳐지면 금과 은의 필연적인 배치가 마치 우연인 듯 또는 자연에 의해 거의 의도되지 않은 듯 다른 형상이나 배치를 만들어낸다. 마치 씨앗도 없이 우연히 뜻밖에 생산된 동물의 형상들(그 불완전성으로 인해 여전히 자연적인)이 자연 그 자체에 의해서는 생산되지 않는 법이듯이, 그 자체로 주로 자연에 의해 생산되는 사물이 기예를 통해 우연하게 비의도적으로 생산될 수는 없다.[199]

위 인용문에서 피네다의 논증은 자연과 기예와 우연[우발]을 비교하는 아리스토텔레스의 『형이상학』 제7권에 은연중에 의존한다.[200] 그러나 피네다는 이 자료를 근거로 자연은 "의도적으로", 즉 목적인[201]을 통해서는 호박금이나 자연 발생된 동물 같은 생산물을 만들지 않는다고 말한다.

---

199 Juan de Pineda, *Ad suos in Salomonem commentarios Solomon praevius, id est, De rebus salamonis regis, libri octo*, quoted in Matton, "Les théologiens", p. 473.

200 [옮긴이] 이 책 프롤로그의 옮긴이주 25를 보라.

201 [옮긴이] 목적인(final cause)은 아리스토텔레스의 4원인 가운데 하나다. 그는 하나의 사물을 이해하기 위해서는 질료인, 형상인, 작용인, 목적인에 관한 앎이 필요하다고 보았다. 아리스토텔레스 특유의 목적론적 철학체계에서는 자연적 사물의 발생에 관한 원인들 가운데 목적인이 가장 중요한 것으로 여겨진다.

이러한 생산물은 자연의 목적인을 통한 생산물이 아니라 우연을 통한 생산물이며, 만약 그것을 인간이 만들었다면 인공적 생산물이 된다. 반면에 기예와 우연 모두는 자연이 목적인을 통해 발생시키는 실제 금속이나 더 완전한 동물 같은 생산물을 발생시키지 않는다. 따라서 기예와 자연의 영역은 전적으로 구별되며, 연금술사의 불은 요리된 음식에서 피를 발생시킬 수 없듯이 기본 금속을 금이라는 완전성에 이르도록 요리할 수도 없다.

보수적 토마스주의의 또 다른 대표주자인 파올로 코미톨리는 1559년 수도생활을 시작해 1609년 『도덕적 답변들』을 출판했다. 코미톨리의 이 저작은 토마스의 『명제집 주해』를 분명하게 인용해 천상의 불과 화산의 불을 구별한 토마스의 주장을 지지하지만, 여기에 몇 가지 새로운 반대 논증을 덧붙인다. 첫째, 코미톨리는 16세기의 유명한 순회의사였던 줄리오 체사레 델라 스칼라가 제시했던 강조점, 즉 화덕에서 달걀을 배양하는 이집트인의 관습이 하늘의 열과 화덕의 열의 동일성을 설명해준다는 주장을 거부한다.[202] 코미톨리는 불은 오로지 자연의 미덕이 활동하도록 자극할 뿐이라고 답변한다. 이와 동일한 방식으로 후추와 불 모두는 음식을 소화시킬 수 없지만, 차가운 위장으로 인해 고통받던 불이 우리가 후추를 먹음으로써 비로소 열을 낸다.[203] 그러나 이러한 식의 논증에 대해 연금술사라면, 자연의 능력이 기본 금속들을 금으로 바꿔내도록 자극함으로써 기본 금속들의 변성도 동일한 방식으로 일어날 수 있다고 응수할 것이다.

코미톨리의 논증이 가진 약점은 대부분의 잘 알려진 예수회 저술가들이 연금술 변성에 관해 죄다 강경한 입장에 서 있지만은 않았다는 사실을 확실히 설명해준다. 연금술을 강경하게 반대하지 않았던 저술가로는 베니토 페레이라, 마르티누스 델 리오, 코임브라의 주석가들[204]이 있었는

202 Matton, "Les théologiens", p. 394, n. 39는 J. C. Scaliger를 전거로 삼았다.

203 Matton, "Les théologiens", p. 476.

데, 특히 페레이라는 연금술에 대항하는 선험적인 논증을 찾으려는 모든 기획이 헛된 일이라고 직설적으로 말한다.

> 그것은 왜 불가능한가? 자연으로부터 생겨나는 어떠한 사물이라도 기예를 자신의 기원으로 삼을 수는 없기 때문일까? 그러나 자연만의 힘으로 [발생된] 사물과 다르지 않게 인간의 작용과 기예의 도움으로 발생된 수많은 동물 및 여러 사물의 발생으로 보아 이는 거짓임이 드러난다.[205]

놀라운 박식가 아타나시우스 키르허는 1665년 『지하 세계』에서 황금변성을 향한 통렬한 비판을 긴 분량으로 서술했는데, 아비켄나의 연역적 논증을 정교하게 만들기보다는 경험적 근거 및 인간은 지하의 금속 발생에 관해 아무런 지식도 갖지 못한다는 사실에 기초해 황금변성 기예를 거부했다.[206] 여기서 의미 있는 점은 예수회의 주류가 알베르투스 마그누스와 보나벤투라, 토마스 아퀴나스에 의해 출발한 옛 전통, 즉 자연을 마

---

204 [옮긴이] 16세기 말부터 17세기 초에 걸쳐 포르투갈의 코임브라(Coimbra) 대학의 예수회 소속 교수들과 학생들은 아리스토텔레스에 대한 방대한 주석과 철학 저작들을 편찬했다.

205 Benito Pereira, *De communibus omnium rerum naturalium principiis & affectionibus libri quindecim*, Paris: Michael Sonnius, 1579, p. 504.

206 Athanasius Kircher, *Athanasii Kircheri e Soc. Iesu Mundi subterranei tomus ii^us in v. libros digestus*, Amsterdam: Ex officina Janssonio-Waesbergiana, 1678, pp. 254~55. 여기서 키르허는, 만약 연금술사들이 금속의 지하 발생에 관한 진짜 지식을 알고 있다면 아마도 그들은 변성을 일으킬 수 있을 것이라고 인정한다. Manget, vol. 1, pp. 59~60에서 재인쇄된 『지하 세계』의 후반부에서 키르허는, 『성무 요약일도서』에서 위-로게루스 바코누스가 말했던 바, 만약 종이 변성될 수 없다 하더라도 개체는 변성될 수 있나는 논증을 수용한다. 그러나 여기서 다시금 키르허는 자연의 능력에 대한 침해를 제한하고, 인간의 불완전한 지식이 자연의 능력과 나란한 능력을 부여하리라는 결론을 부인한다. 키르허와 연금술에 관한 더 많은 정보로는 다음을 보라. Baldwin, "Strange Bedfellows", pp. 46~54; Baldwin, "Alchemy in the Society of Jesus", in *Alchemy Revisited*, ed. Z. R. W. M. von Martels, Leiden: Brill, 1990, pp. 182~87.

주해 인간 기예의 능력 일반을 결정하는 척도로 연금술을 활용했던 전통을 재확립했다는 것이다. 가령 페레이라는 『자연적 사물의 일반적인 원리와 영향에 관하여』에서 아리스토텔레스 자연철학의 맥락에서 자연을 논하면서 변성이라는 이슈를 다루었다. 코임브라의 주석가들은 더욱 눈에 띄도록 연금술을 이슈로 삼아 '화학 기예의 산업이 진정한 황금을 생산할 수 있는지 없는지'를 논의했는데, 그들의 논의는 아리스토텔레스의 『자연학』 제2권 제1장에 대한 주석의 일부분으로 편입되었다.[207] 페레이라와 마찬가지로 코임브라의 주석가들은 연금술에 반대하는 기본 원칙들을 거부했다. 다만 그들은 기예를 실행하는 최고의 실천가들에게도 뚜렷한 성공의 경험이 없으며, 그 결과로 위험이 뒤따른다는 점을 지적했다.

연금술을 활용해 기예의 한계를 결정하는 중세의 전통은 16세기 후반 및 17세기의 자연철학 교과서 장르에서도 여전히 유효했다. 주로 청소년을 위한 학습용으로 저술되었기 때문에 상대적으로 독창성이 빈약했음에도 불구하고, 교과서 장르의 저작들은 근대 초 대학 문화에 널리 확산됨으로써 비교적 복잡한 논저들이 갖지 못했던 중요성을 획득하게 되었다. 이러한 교과서들은 데카르트에서 뉴턴에 이르기까지 후대의 많은 혁신가를 위한 양식이 되었으며, 당대 지식인들의 기예-자연 논쟁에서 연금술의 역할을 확산시키는 역할을 했다.[208] 당시의 교과서들을 방대하게 인용한 연구를 남긴 메리 레이프는 상당수의 교과서 저자들이 '기예가 자연의 어떠한 작용에 영향을 끼치는지 아닌지'를 질문했다고 지적한다. 이 질문에 대한 대부분의 답변은 항상 금속의 변성과 연결되어 제시되었다.[209]

---

207 Pereira, *De communibus*, p. 497; [Conimbricenses], *Commentarii collegii conimbricensis societatis Iesu. In octo libros Physicorum Aristotelis Stagiritae*, Lyon: Horatius Cardon, 1602, pt. 1, cols. 283~86.

208 아이작 뉴턴이 활용했던 요한네스 마기루스(아래에서 소개할)의 교과서에 관해서는 다음을 보라. Richard Westfall, *Never at Rest*, Cambridge: Cambridge University Press, 1980, pp. 84, 101.

레이프가 연구한 가장 초창기의 교과서 저자들 가운데 한 명이 다니엘 제네르트다. 그는 비텐베르크 대학의 저명한 의학 교수였으며, 그가 아직 기예의 권위자로 평가받던 1599년부터 1600년 사이에 학생들에 의해 이루어졌던 일련의 논박 시리즈를 대중의 반응을 의도해 저술했다. 제네르트는 특이한 사례의 저술가로 꼽기에 적합한 인물인데, 이는 그가 그의 인생 후반에는 열렬한 연금술 옹호자가 되었기 때문이다. 이 책의 제5장에서 제네르트의 견해를 구체적으로 다루겠지만, 그는 경력 초기에 놀라우리만치 회의적인 인물이었다. 그는 논박 시리즈 가운데 넷째 논박인 「자연과 그 원인에 관하여」에서 '기예가 자연의 작용에 영향을 끼칠 수 있는지'를 질문한다. 그는 전적으로 전통적인 방식으로 답변한다. "기예는 자신이 가진 고유한 능력으로는 자연의 작용에 영향을 끼칠 수 없지만, 자연의 능동자를 피동자에 부여함으로써 영향을 끼칠 수 있다." 이 답변으로 미루어 보아 제네르트는 황금변성이 실제로 가능하다고 여겼을까? 그의 답변은 아마도 예수회의 영향으로부터 벗어났던 페레이라의 논증을 떠올리게 한다. "아직 성공의 사례가 발견되지는 않았음에도 불구하고, 비교적 최근의 여러 저술가는 이것이 가능하다고 확언한다. 하지만 많은 이유로 인해 그들의 주장이 충분히 설득력이 있는지는 의심스럽다."[210] 그러나 1618년에 『자연학 개요』를 출판하면서 제네르트의 입장은 180도 변한다. 이 저작은 그의 앞선 논쟁 시리즈와 동일한 제목을 달았지만, 그 내용을 상당한 정도로 개작하고 확장했다. 1618년의 『자연학 개요』에서 제네르트는 연금술의 현실성을 부정하기는커녕, 우리가 어떤 사물이 그렇지 않다는 사실을 알게 될 때 그 사물이 이러이러하

---

209 Mary Richard Reif, "Natural Philosophy in Some Early Seventeenth-Century Scholastic Textbooks", Ph.D. diss., Saint Louis University, 1962, p. 238.

210 [Daniel Sennert], *Epitome naturalis scientiae, comprehensa disputationibus viginti sex, in celeberrima academia Wittebergensi* ⋯, Wittenberg: Simon Gronenberg, 1600. 넷째 논박은 1599년에 저술되었고, 별도의 제목이 달린 페이지로 시작되었다. *Disputatio quarta*, theses 40 and 41.

게 된 이유를 찾는 것은 정신의 연약함 때문이라는 아리스토텔레스의 가르침에 동의한다고 말한다. 스몰니카(Smolnica)와 고슬라(Gosla)[211]에 분포한 황산 샘에서 철이 구리로 변성되는 것으로 보아 금속의 변성은 입증된 현실임이 분명하다. "자연의 물만으로는 이러한 일이 일어날 수 없다. 그러나 동일한 일이 기예를 통해서는 일어날 수 있다."[212] 1599년과 1600년의 제네르트는 변성에 대해 논증의 가치도 없는 불가능한 일이라고 외면했던 반면에, 1618년의 제네르트는 진실에 직면하고 보니 모두 순전히 궤변에 불과하다면서 연금술에 반대하는 논증을 외면한다. 도대체 1599~1600년과 1618년 사이에 무슨 근원적인 변화가 일어났던 것일까? 그사이에 제네르트는 방대한 연금술 문헌들을 발견했던 것이다.

17세기 초의 또 다른 교과서 저자를 살펴보자면, 우리는 연금술 변성의 가능성에 관한 광범위한 의견들을 발견할 수 있다. 1597년에 초판이 나온 이후 수차례 인쇄되어 대단한 인기를 누렸던 요한네스 마기루스의 『여섯 권의 순환생리학』은 완벽하게 혼합된 물체에 관한 주제 아래에서 변성 이슈를 다루었다. 먼저 마기루스는 이 이슈가 해결하기 매우 어려운 문제지만, 이러한 어려움이 기예가 자연을 모방하는 일에 무능하다는 근거가 되지는 않는다는 전제를 받아들인다.[213] 그러나 마기루스의 논저 이후에 출판된 다른 주석은 앞선 낙관적인 견해와 곧장 충돌하는데, 그 주석은 아비켄나의 방식대로 금속들이 서로 다른 종에 속해 있다고 지적하기 때문이다. 이어서 마기루스는 장소의 능력에 관한 토마스의 논증을 빌려온다. "자연이 금속을 변성시킨다면 기예도 [그렇게 할 수 있다]. 그러나

211 [옮긴이] 두 도시는 각각 현재의 폴란드와 독일(니더작센주)에 위치해 있다.

212 Daniel Sennert, *Epitome naturalis scientiae*, Wittenberg: Schürer, 1618, p. 408: "Neque hoc saltem aquae naturales praestant, sed & arte idem fieri potest."

213 Johannes Magirus, *Johannis Magiri physiologiae peripateticae libri sex* ..., Cambridge: R. Daniel, 1642, p. 196, thesis 22. 이 텍스트의 초판에 관해서는 다음을 보라. Reif, "Natural Philosophy", p. 20.

자연은 [발생을 위한] 고유의 장소 바깥에서는 작용하지 않기 때문에 금속을 변성시키지 않는다. 하물며 자연의 모방자인 기예는 더 말할 것도 없다."[214]

또 다른 부정적인 결론이 1610년 그단스크(Gdańsk)에서 처음 출판된 바르톨로메우스 케케르만의 『자연의 체계』에서 등장했다. 마기루스와 마찬가지로 케케르만은 먼저 변성에 호의적인 논증을 제시한 뒤, 마치 철이 자연적으로 구리로 변성되듯이 자연 그 자체는 하나의 금속을 다른 금속으로 변환한다고 말한다.[215] 그러나 몇 페이지를 넘어가면 케케르만은 인간이 동일한 변성의 재주를 부릴 수 있다는 점을 대놓고 부정한다. 그의 부정의 근거에는 아마도 그가 신봉했던 칼뱅주의 정신이 반영된 것으로 보인다.[216] 케케르만은 신이 법정화폐나 건축재료처럼 특정한 쓰임의 목적을 위해 금속들을 창조했다고 논증한다. 각각의 목적은 저마다 매우 다르므로 금속들은 서로 구별될 필요가 있다. "그러므로 만약 인간이 모든 금속을 금으로 바꿀 수 있는 수단으로 기예를 가져야 한다면, 이는 각각의 금속의 목적에 반하는 것이다. 신은 세계 속의 모든 금속이 각각의 쓰임으로 당신께 영광을 돌리도록 그대로 변치 않고 남아 있기를 원하시기 때문이다." 이에 더해 신은 부자와 가난한 자, 귀족과 평민의 질서가 유지되기를 원하는데, 만약 인간이 금을 만들어낸다면 이러한 질서가 위협을 받을 것이다. 인간이 연금술의 유혹 및 자연과 사회의 근본적인 질서를 바꾸려는 시도에 굴복하는 것은 오로지 신과 자연에 만족하지 못

---

214 Magirus, *Physiologiae peripateticae*, p. 200.

215 Bartholomaeus Keckermann, *Systema physicum*, Hannover: Joannes Stockelius, 1623, p. 603. 아마도 케케르만은 황산 샘을 고슬라 지역의 샘으로 생각하고 있었을 것이다. 그곳에서 빌어지는 철 표면이 구리로 덮이는 현상은 실제 변성의 과정으로 흔히 생각되었다.

216 [옮긴이] 지은이가 말하는 칼뱅주의 정신은 사회학자 막스 베버의 『프로테스탄트 윤리와 자본주의 정신』에서 다룬 프로테스탄트 윤리의 맥락과 잘 어울린다. 물론, 이러한 식의 칼뱅주의 해석은 오늘날 그리스도교 신학 내에서도 충분한 비판의 대상이 되어야 마땅하다.

하기 때문이다.[217]

널리 읽혔던 또 다른 교과서의 지자 에우스티키우스 아 상토 파울로는 데카르트가 학생 시절에 라 플레슈(La Flèche)에서 읽었던 교과서 『철학대전』의 저자였다는 사실로 인해 특별히 흥미로운 인물이다.[218] 에우스타키우스는 '자연적인 것과 인공적인 것은 어떻게 다른가?'라는 질문을 놓고 변성 이슈를 다루었다. 그의 답변은 아리스토텔레스 『자연학』 제2권 제1장의 유명한 구별, 즉 오로지 자연적인 것만 운동과 정지의 내부적 원리를 갖는다는 구별 기준에 의거한다. 만약 누군가가 연금술은 기예를 통해 금과 은을 만들 수 있으며 이렇게 만들어진 인공적인 금속들도 내부의 원리를 동일하게 갖는다고 반론한다면, 에우스타키우스는 그 원리가 "기예에 의한 결과가 아니라 기예에 의해 적용된 자연적 원인"이라고 재반박한다. 실제로 그는 연금술의 노력이 거두는 현실적인 성공에 대해 매우 회의적이었으며, 이러한 시각을 자신의 저작에도 드러냈다. 페레이라와 마찬가지로 에우스타키우스도 철학적 논리에 근거한 연금술의 가능성은 받아들였지만, 현실에서 연금술사가 성공을 거둘 가능성은 의심했다.[219]

지금껏 살펴보았듯이, 과학혁명의 변두리에서 연금술 변성이라는 이슈에 관한 매우 다양한 해결책이 쏟아져 나오고 있었다. 마기루스와 케케르만, 1599~1600년의 제네르트는 그 이슈에 매우 부정적이었지만 조심스러운 낙관적 견해도 적지 않았다. 낙관주의자들 가운데 한 명이었던 요한네스 카수스는 1599년 저술한 아리스토텔레스의 『자연학』 주석에 연금술을 연상케 하는 『철학의 돌』이라는 제목을 달았다. 카수스에 관한 연구를 남긴 찰스 슈미트는 그 제목이 변성 이슈를 향한 긍정적인 희망

217 Keckermann, *Systema*, p. 612.

218 Reif, "Natural Philosophy", p. 17.

219 Eustachius a Sancto Paulo, *Summa philosophiae quadripartita*, Cambridge: Roger Daniel, 1648, pp. 136, 244.

을 표현했다고 보았다.[220] 이와 유사한 관점이 이탈리아 산 세베리노(San Severino)의 카르멜 수도회 소속 신학 교수였던 라파엘 아베르사의 저작 『형이상학과 자연학으로 구성된 철학』(1625~27)에서도 발견된다. 자연과 기예의 구별을 다룬 가장 철저한 논법을 제시한 이 저작에서 아베르사는 먼저 아리스토텔레스가 구별했던 완전성으로 이끄는 기예와 모방하는 기예를 검토한 뒤, 곧장 '기예가 자연의 작용에 영향을 끼칠 수 있는지'라는 문제를 살펴본다. 그 카르멜회 수도사는 이렇게 진술한다. "자연의 어떠한 작용에 기예가 영향을 끼칠 수 있는지를 놓고 분쟁을 벌이다가 끝내 진정한 금이 연금술적 화학을 통해 만들어질 수 있다고 결론을 내리는 것은 『자연학』 제2권의 주석가들에게는 관례적인 일이다." 아베르사는 만약 이 일이 가능하려면 기예가 지향하는 자연적 동인을 통해야만 한다고 지적한다. 하지만 이어서 그는 이 문제를 『형이상학과 자연학으로 구성된 철학』 제2권으로 미루어둔다.[221] 제2권에서 아베르사가 제시하는 논법은 변성에 대한 찬반 목록을 포괄적으로 나열해 놓고서 각각에 대한 자신의 의견을 덧붙이는 것이다. 그는 다양한 금속이 저마다 서로 다른 종에 속한다고 확신함에도 불구하고, 황금변성의 가능성을 인정한다. 그는 이렇게 논증한다. 열등한 금속은 기예에 의해 만들어질 수 있는데, 가령 연금술적 화학으로 만든 금은 자연의 금과 매우 유사하면서도 특정한 무게의 일부나 비가연성을 결여하고 있다는 점으로 보아 이러한 결함을 보완하기만 한다면 완전한 금을 만들 수 있음을 부정해서는 안 된다. 게다가 자연과 기예에는 이보다 낮은 수준의 변성들의 풍부한 사례들이 있다. 아베르사는 인공적으로 납을 주석으로, 철을 구리로 변성시킨

---

220 Charles Schmitt, "John Case on Art and Nature", *Annals of Science* 33, 1976, pp. 543~59. 또한 다음을 보라. John Case, *Lapis philosophicus*, Oxford: Josephus Barnesius, 1599, pp. 181~83.

221 Raphael Aversa, *Philosophia metaphysicam physicamque complectens quaestionibus contexta. In duos tomos distributa. Auctore OP. Raphaele Aversa*, Rome: Jacobus Mascardus, 1625~27, vol. 1, p. 268.

사례가 잠바티스타 델라 포르타의 『자연마법』에 묘사되어 있다고 지적한다. 끝으로 아베르사는 유명한 카르파티아(Carpathia)산맥의 황산 샘을 언급하면서 단락을 마무리한다. 이 샘의 물은 자연적으로 철을 구리로 변환한다고 알려졌는데, 저명한 야금학 저술가인 게오르크 아그리콜라도 이 샘에 관해 묘사한 바 있다. 아베르사는 은연중에 토마스 아퀴나스에 맞서 장소의 능력에 관한 논증을 뒤집음으로써 변성 가능성을 변호한다. 지하의 불 및 태양의 작용으로 생겨나 땅의 언덕 속에 충만해 있는 열은 기예의 방법으로 적절한 용기에 가하는 불의 열과 동일할 것이다. "인과 관계에 따르면 모든 열과 모든 장소는 동일"하기 때문이다(omnis calor & omnis locus est ejusdem rationis).[222] 누군가가 나무 조각에 불을 붙일 때처럼 이 경우 기예는 오로지 우연적으로만 작용한다.

연금술 논쟁의 스펙트럼에서 마기루스와 대척점에 서 있는 아베르사의 변호는 인공적인 것과 자연적인 것이라는 이슈에 관한 아리스토텔레스의 견해가 어느 정도로 자유롭게 해석될 수 있었는지를 보여준다. 이 이슈에 관한 참으로 보수적인 입장은 아리스토텔레스 본인에게서 발견되는 것이 아니라 그를 해석했던 아비켄나와 아베로에스, 토마스 아퀴나스에게서 발견된다.[223] 이 주제를 다루는 마지막 진술에서 아베르사는 토마스만큼이나 아리스토텔레스주의자였던 알베르투스 마그누스의 『광물

---

222 Aversa, *Philosophia*, vol. 2, p. 198.

223 물론, 「권고」 단편(B13)에서 볼 수 있듯이, 아리스토텔레스 자신이 자연적 생산물은 단순히 모방하는 기예에 의한 생산물보다 더 완전하다고 믿었다는 사실은 참이다. 이 단편에서 아리스토텔레스는 자연적 생산물은 인공적 생산물보다 더욱 탁월하다고(beltionos heneken) 명백하게 말한다. 또한 『니코마코스 윤리학』(제2권 제6장, 1106b14–16)에서도 그는 탁월성과 자연을 나란히 놓는다. 그러나 아리스토텔레스는 완전성으로 이끄는 기예에 이러한 우열관계를 적용하지는 않았다. 그의 자연철학의 체계에서 완전성으로 이끄는 기예는 기예 없이는 도달할 수 없는 더욱 완전한 상태로 자연을 이끌어준다. 더군다나 「권고」는 중세 및 근대 초의 학자들에게 알려진 문헌이 아니었다. Ingemar Düring, *Der "Protreptikos" des Aristoteles* in *Quellen der Philosophie 9*, ed. Rudolph Berlinger, Frankfurt: Vittorio Klostermann, 1969, pp. 32~33.

의 서』를 향한 충성을 표현한다. 알베르투스와 아베르사가 보기에 금속의 질료는 자신의 실체적 형상을 포기하고 다른 형상을 취해 '실체적 변환'이 가능하게끔 만들어졌다. 그러나 아베르사의 접근법은 실제로는 게베르와 매우 유사하다. 이 카르멜회 수도사는 금속이 금의 감각적 특성들을 점진적으로 취하는 방식으로 금이 됨으로써 그 금의 양이 점차 증가함을 인정하기 때문에, 즉시(in instanti) 부여되는 실체적 형상이라는 개념은 결국엔 모호한 것이 되어버린다. 그 개념의 즉시성은 '인간은 덜 인간일 수 없고 말은 덜 말일 수 없다'는 스콜라주의적 표현에 따라 단지 실체적 형상을 정의하기 위해 규정된 특성일 뿐이다. 게베르에게서처럼 아베르사에게도 실체적 형상은 자신의 작용 대부분을 이미 종료했다. 결국 게베르와 아베르사는 금의 겉보기 특성들이 '초(超)유도'(super-induction)라고 부르는 과정 속에서 차례차례 부여될 수 있다고 생각했던 프랜시스 베이컨과 놀라울 만큼 가까운 거리에 서 있었던 셈이다.[224] 분명히 이 저명한 대법관은 기예-자연 논쟁의 진보적 해석을 제안했던 바로 그들의 문헌에서 자신의 모델을 찾았을 것이다. 우리가 이 책에서 논의하는 주제 역시 그들의 문헌에 빚을 졌듯이 말이다.

우리가 분석할 수 있는 근대 초의 자연철학 교과서들은 얼마든지 있다. 널리 인용되었던 길베르투스 자케우스도 변성 이슈를 논의했던 여러 저술가 가운데 한 명이었다.[225] 실제로 이 주제에 관한 논의는 신대륙으로도 전파되었다. 멕시코의 산 페드로 산 파블로 대학(Colegio Máximo de San Pedro y San Pablo)에서 가르쳤던 안토니우스 루비우스도 아리스토텔레스의 『자연학』 주석에서 이 이슈를 다루었다. 루비우스는 강한 부정적 입장에 서서 연금술의 변성은 환상에 불과하다고 결론을 내린다. 인공적 형상과 자연적 형상은 기예와 자연 각각에만 영향을 끼치며, 실제로 구별

---

224 Francis Bacon, *Novum organum*, in *Works*, aphorisms 4 and 5, vol. 4, pp. 120~23.

225 Reif, "Natural Philosophy", p. 235, n. 93.

되어야 마땅하다. 루비우스는 완전성으로 이끄는 기예의 능력이 외부의 부수적 속성들을 조작하는 것에 불과하다고 노골적으로 주장하는 데까지 나아간다.[226] 북아메리카로 방향을 돌리면, 청교도 저술가 윌리엄 에임스와 조너선 미첼이 쓴 필사본 형태의 자연철학 저술에서도 연금술 변성에 관한 이슈가 등장하는데, 이 저작은 하버드 대학의 학생들과 교수들에게 열렬히 읽혔다. 17세기 내내 하버드 대학에서는 이 주제가 날로 인기를 얻었다. 1687년에 찰스 모턴의 『자연학 대계』가 교과서로 채택된 이후, 연금술의 변성은 석사학위 논문의 주제로 반복적으로 등장했다.[227] 몇몇 중요한 예외는 있었지만, 하버드 대학을 비롯한 뉴잉글랜드 지역의

226 Antonius Ruvius, *R. P. Antonii Ruvio Rodensis doctoris theologi societatis Jesu, sacrae theologiae professoris, commentarii in octo libros Aristotelis de physico auditu*, Lyon: Joannes Caffin and Franc. Plaignart, 1640, pp. 189~94, 특히 p. 194를 보라: "Ad secundum de arte chimica dicendum est ad effectum efficiendi verum aurum, & argentum, vanam, ac delusoriam esse, neque unquam verum efficere; sed semper apparens … Mihi tamen videtur [formas artificiales et res naturales] distingui realiter, quia naturalia, & artificialia habent causas per se distinctas realiter, nempe naturam, & artem: ergo sunt effectus realiter, vel saltem ex natura rei diversi." 완전성으로 이끄는 기예의 제한적 특성에 관한 루비우스의 논의로는 p. 191을 보라: "Simpliciter autem perfectiorem [naturam] esse dicimus, quia secundum quid ars est perfectior: sicut substantia simpliciter est perfectior accidentibus; sed haec sunt perfectiora secundum quid, in quantum substantia ipsa perficitur ab accidentibus, tanquam proprio, ac naturali ornatu, ita natura perficitur per artem, & opera eius, & quasi illustratur, atque elevatur, & longe perfectior apparet, in quo sensu verum est illud axioma satis tritum, *ars perficit naturam*, & ex hoc videmus, quasi novum quendam modum vel innovatum certe, & maxime perfectum processisse ex usu diversarum artium, ut existimari possit in rerum naturalium conditione, quasi prima huius mundi fundamenta iecisse Deum, per diversarum vero artium opera, ad perfectum usque eum perduxisse." 루비우스에 관해서는 다음을 보라. Lohr, *Latin Aristotle Commentaries*, vol. 2, pp. 395~96.

227 William R. Newman, *Gehennical Fire: The Lives of George Starkey, an American Alchemist in the Scientific Revolution*, Chicago: University of Chicago Press, 2003; first published, 1994, pp. 35~38.

교과서 저자들은 변성에 대해 신중한 입장을 취하면서 그것의 가능성을 성급하게 확신하지도 절대적으로 부인하지도 않았다. 그들이 이 주제에 관해 상대적으로 침착함을 보였다는 사실은, 교과서라는 장르가 대개는 무미건조한데다가 그 목표도 깊이 있는 논법을 제시하기보다는 주어진 지식을 쉽게 기억하기 위한 개요로서 저술되었다는 현실을 잘 보여준다. 이즈음에서 우리가 다른 형태의 자료로 눈을 돌린다면, 기예-자연 논쟁에서의 연금술 이슈가 항상 그렇게 차분하게 언급되기만 했던 것은 아니었음을 보게 될 것이다.

16세기 및 17세기의 스콜라주의적 장르의 교과서들은 유럽에서 종교개혁과 그 여파가 한창 이어지던 시기에 연금술을 둘러싸고 벌어졌던 폭풍우 같은 사건들의 흔적을 거의 보여주지 않는다. 하지만 그 사건들이야말로 기예-자연 논쟁에서 연금술의 역할을 극적으로 변화시켰으며, 연금술 이슈가 품고 있던 종교적 감수성을 극도로 증대했다. 스위스의 주목할 만한 의학 및 종교 저술가이자 파라켈수스라는 이름으로 불렸던 테오프라스투스 폰 호헨하임(1493~1541)[228]은 자연마법 및 비의적 실천과 깊게 연결된 근본 과학으로서의 연금술을 옹호했던 갑작스러운 인물이었다. 또한 그는 성서에 대한 비정통적 해석을 제시하면서 「창세기」 1장에 묘사된 신의 창조 활동을 액체를 증류하고 재를 제거하는 금속 제련의 과정으로 그려냈다. 뿐만 아니라 무엇보다도 파라켈수스는 금속의 변성으로부터 벗어나 연금술 기술의 의약적 적용, 즉 새로운 분야로서 연금술적 화학 또는 의화학의 정립이라는 방향으로 연금술의 목적을 재조정했던 인물로 널리 알려졌다. 연금술 분야가 라틴 서유럽에 처음 수용된 이후 중세 성기에 형성되었던 문헌들은, 의화학자들이 연금술에 부여한 더욱 위대한 전망이 안겨다줄 감동을 아직 경험하기도 전에 파라켈수스와

228 [옮긴이] 파라켈수스의 정확한 본명은 테오프라스투스 봄바스투스 아우레올루스 필리푸스 폰 호헨하임(Theophrastus Bombastus Aureolus Philippus von Hehenheim)이다. 또한 그의 출생연도는 1493년인지 1494년인지 확실하지 않다.

그의 추종자들이 쏟아냈던 문헌들과 가히 비교가 되지 않았다. 파라켈수스의 3원소, 즉 수은, 유황, 소금은 아랍 세계로부터 전승된 더 오래된 수은 및 유황과는 달리 더 이상 금속의 구성 성분으로만 그치지 않았다. 파라켈수스주의자들은 자신들이 지상 세계 전체의 구성 요소를 발견했다고 논증하면서 심지어 천상 그 자체도 3원소로 구성되었다고 주장하기까지 했다.[229] 화학 기예가 의학적 역할을 수행한다는 파라켈수스주의자들의 주장도 이와 유사하게 확장된 전망을 보여주었다. 게베르와 알베르투스 마그누스의 연금술은 스스로를 무생물 대상의 복제와 연구로 제한했던 반면에, 파라켈수스의 연금술은 무엇보다도 자신의 기술을 의학에 적용했을 뿐만 아니라 실험실 기술로 생명의 여러 과정을 설명하는 진정한 화학적 생리학으로 확장되었다. 비록 파라켈수스가 요한네스 데 루페시사나 위-라이문두스 룰루스 같은 옛 의학적 연금술사들로부터 많은 빚을 졌다 하더라도, 파라켈수스의 우주론적 의화학에 필적할 만한 포괄적인 사상이 중세에는 없었다고 말해야 정당할 것이다.[230]

파라켈수스의 저작들이 보여주는 비범한 독설은 전통적인 의사들로부터 동일하게 독설적인 반응을 낳았다. 그들은 파라켈수스의 명성을 말 그대로 악마의 것으로 묘사했다. 파라켈수스주의자들의 기다란 논쟁을 여기서 다 소개할 수는 없겠지만, 주된 적대자들 가운데 한 명을 잠시 살펴보는 것으로 위안을 삼아야겠다. 가장 초창기에 영향력 있었던 적대자는 하이델베르크 대학의 의학 교수였던 토마스 에라스투스[1524~83]였는

---

229 발터 파겔의 연구는 파라켈수스에 관한 한 여전히 필수불가결한 자료다. Walter Pagel, *Paracelsus: An Introduction to Philosophical Medicine in the Era of the Renaissance*, Basel: Karger, 1958, pp. 82~104. 파라켈수스와 중세 의학의 관련성에 관한 평가로는 다음을 보라. Wilhelm Ganzenmüller, "Paracelsus und die Alchemie des Mittelalters", in his *Beiträge zur Geschichte der Technologie und der Alchemie*, Weinheim: Verlag Chemie, 1956, pp. 300~14.

230 Pagel, *Paracelsus*, pp. 244, 258~59, 263~73. 독일에서의 루페시사 저작 전승에 관해서는 다음을 보라. Udo Benzenhöfer, *Johannes de Rupescissa: Liber de consideratione quintae essentiae omnium rerum deutsch*, Stuttgart: Steiner, 1989.

데, 그는 교회가 정부에 복속되어야 한다는 에라스투스주의의 창시자로 역사가들에게 알려져 있다.[231] 그의 저작 『필리푸스 파라켈수스의 새로운 의학에 대한 논박』(1571~73)[232]은 파라켈수스의 저작들에 담긴 신성모독적이고 부정직한 사탄의 요소들을 집중 겨냥한 격렬한 공격이었다.[233] 그러나 에라스투스는 이 저작을 쓰기 이전부터 이미 전통적인 연금술을 향해서도 지속적인 공격을 가하고 있었다. 『논박』의 초판은 부록에 포함된 그의 다른 저술인 「참된 금이 자연의 기예를 통해 열등한 금속으로부터 제련될 수 있는지를 묻는 악명 높은 질문에 관한 해설」[234]과 함께 출판되었다. 아비켄나와 토마스 아퀴나스의 정신을 따라 연금술을 전복하고자 이 저작을 저술하던 시점에 에라스투스는 아직 파라켈수스주의의 교의에 관해 거의 알지 못했다. 따라서 이 저작이 열어둔 창문을 통해 우리는 이 장(章)에서 다루어왔던 자료들에 대한 이 성질 급한 의사[에라스

231 Charles D. Gunnoe Jr., "Erastus and Paracelsianism", in *Reading the Book of Nature: The Other Side of the Scientific Revolution*, ed. Allen G. Debus and Michael T. Walton, Kirksville, MO: Sixteenth Century Journal Publishers, 1998, pp. 45~66; Gunnoe, "Thomas Erastus and his Circle of Anti-Paracelsians", in *Analecta Paracelsica*, ed. Joachim Telle, Stuttgart: Franz Steiner, 1994, pp. 127~48; Lynn Thorndike, *A History of Magic and Experimental Science*, New York: Columbia University Press, 1941, vol. 5, pp. 652~67. 에라스투스의 연금술 반대 경향이 끼친 영향은 다음 저작들에서 뚜렷하게 발견된다. Nicolas Guibert, *Alchymia ratione et experientia* …, Argentorati, 1603; *De interitu alchymiae metallorum*, Tulli, 1614. 에라스투스의 견해는 가스통 뒤클로와 안드레아스 리바비우스 등으로부터 공격을 받았다. Lawrence M. Principe, "Diversity in Alchemy: The Case of Gaston 'Claveus' DuClo, A Scholastic Mercurialist Chrysopoeian", in *Reading the Book of Nature: The Other Side of the Scientific Revolution*, ed. Allen G. Debus and Michael T. Walton, Kirksville, MO: Sixteenth Century Journal Publishers, 1998, pp. 181~200.

232 [옮긴이] 이하 『논박』으로 줄여 쓰겠다.

233 Thomas Erastus, *Disputationum de medicina nova Philippi Paracelsi*, Basel: Petrus Perna, 1572.

234 [옮긴이] 이하 「해설」로 줄여 쓰겠다.

투스]의 답변을 들여다볼 수 있을 것이다.[235] 이제부터 우리가 확인할 것은, 에라스투스가 불경함을 향한 고발을 초창기부터 최대한으로 확장했고, 그의 고발은 아비켄나로부터 비롯된 연금술 반대 전통에서 이미 발견되며 에이메리히 같은 마술 및 마법의 열렬한 반대자들에 의해 전개되었다는 사실이다.

금속들은 저마다 다른 종에 속하며 종은 변성될 수 없다는 아비켄나의 원칙에 기초해 에라스투스는 연금술에 맞서는 가장 근본적인 논증을 펼친다. 하지만 에라스투스는 여기에 한 가지 비틀기를 덧붙인다. 그에 따르면, 여러 종류의 조류 종의 알들이 모두 '알'이라는 유에 속하는 것과 동일한 이치로, 다양한 금속을 하위 범주에 둔 가장 근접한 유는 '금속'이다. 그러나 어느 누구도 한 종의 알이 다른 종의 알로 변성될 수 있다고 주장하지 않는다. 다만 그 알은 점진적인 부화 과정을 통해 더욱 고귀한 새의 종으로 변성될 따름이다. 이러한 식의 근거를 들어 에라스투스는 근접 유에 속한 같은 종끼리는 결코 상호 변성을 겪을 수 없다고 결론을 내린다. 따라서 서로 다른 금속 역시 서로 간에 변성될 수 없다. 만약 연금술사들이 자신들은 이미 이 문제를 해결했으며 금속을 먼저 순수 질료로 환원했다가 다른 종의 실체적 형상을 그 금속에 부여함으로써 변성을 이룰 수 있다고 반론한다면, 에라스투스는 알을 예시로 들어 재반박한다. 알이 제아무리 새의 몸속에 있는 실체로부터 태어났다 하더라도, 과연 어느 누가 그 알이 새의 피[236]로 환원될 수 있다고 주장하겠는가? 금속을 순수 질료로 환원하려는 시도도 이와 마찬가지 아니겠는가? 같은 이치로 연금술사들은 새가 자신이 먹었던 모이로 환원될 수 있다고도 생각하려는가? 이처럼 에라스투스가 생물학적 유비를 활용해 재반론한 데에는 근본적으로 종의 변성을 거부하는 것 이상의 의도가 있다. 그

---

235 Thomas Erastus, *Explicatio quaestionis famosae illius, utrum ex metallis ignobilioribus aurum verum & naturale arte conflari possit*, appendix to *Disputationum de medicina nova*, pp. 63~64.

236 [옮긴이] 아리스토텔레스는 정액을 피의 한 종류로 여겼다.

는 인간이 어떠한 실체로부터 형상을 제거해 그 형상을 그 형상의 재료였던 근접 물질로 환원할 수 있다는 주장을 절대적으로 거부한다. 만약 연금술사가 금속을 그 구성 요소인 수은과 유황으로 분해함으로써 인간의 기예가 이 일을 해낼 수 있는 것처럼 보인다 해도, 그 결과는 환상에 지나지 않는다. 도대체 왜, 어떠한 물체를 분해한 결과물을 단지 분해의 산물이 아니라 그 물체의 구성 성분이라고 믿어야 하는가? 시체와 치즈가 부패하면 벌레를 낳는다고 해서 벌레가 그것들의 구성 성분이라고 결론을 내려서야 되겠는가?[237] 에라스투스의 저작 이후 한 세기가 지나 로버트 보일의 『회의적인 화학자』에서도 연금술적 화학에 기초한 불 분석[238]의 결과를 뒤집기 위해 동일한 예시가 사용된다.[239]

우리가 확인할 수 있듯이, 에라스투스는 인간 기예의 한계에 대해 완고한 생각을 가졌다. 인간은 필연적으로 변성에 실패할 뿐만 아니라 자연적 실체를 그 구성 성분들로 분해하는 일조차 해낼 수 없을 것이다. 더군다나 에라스투스는 인간에게 서로 다른 실체를 진정으로 화합[화학적 결합]할 능력도 없다고 논증한다. 이미 2세기 갈레노스의 『기질에 관하여』에서 표현되었던 아이디어를 채택해 에라스투스는 오직 신과 자연만이 진정한 화합을 이룰 수 있다고 말한다.[240] 참된 화합물은 절대적으로 균일한 반면에, 인간이 할 수 있는 최대치는 실체를 작은 조각들로 나누어 병렬시키는 것에 불과하다. 따라서 금속 같은 자연적 화합물과는 달리 인간이 만들었다는 '혼합물'은 증류나 다른 방식으로 언제든 분리될 수 있는 것이다. 인공적인 혼합물이 가진 결합은 "기예를 통한 결합은 자연

---

237 Erastus, *Explicatio*, pp. 22, 28, 106, 112.

238 [옮긴이] 이 책의 제5장 옮긴이주 104를 보라.

239 Robert Boyle, *The Sceptical Chymist*, in *The Works of Robert Boyle*, ed. Michael Hunter and Edward B. Davis, London: Pickering & Chatto, 1999, vol. 2, p. 224.

240 Galen, *Mixture*, in P. N. Singer, tr., *Galen: Selected Works*, Oxford: Oxford University Press, 1997, p. 227.

에 대한 흉내에 불과하며 이러한 결합으로는 실체를 만들 수 없다"는 사실로부터 도출된다. 여기서 에라스투스는 우리가 앞서 접했던 스콜라주의적 상식을 내세운다. 진정한 화합물은 새로운 실체적 형상, 즉 '화합의 형상'이 부여됨으로써만 발생한다. 물론, 이러한 사실 자체가 화합물의 제작 가능성을 무효화하는 것은 아니다. 대부분의 스콜라주의 저술가들은 기예가 피동자에 능동자를 부여함으로써 자연을 완전성으로 이끌 수 있다고 여겼기 때문이다. 이 경우에도 실체적 형상은 천상의 존재나 신으로부터 또는 질료 그 자체로부터 부여될 수 있다. 그러나 에라스투스는 만약 기예가 실체적 형상을 제작할 수 있다면 기예와 자연의 구별은 사라지고 말 것이라고 말하면서, 이 지점에서 강경한 입장을 취한다. "만약 기예가 수많은 구성 성분의 결합만으로도 하나의 사물 그 자체를 만들어낼 수 있다면, 이는 외부의 원리에 그쳐서는 안 되고 질료 전체에 균일하게 퍼져 있는 내부의 원리여야 마땅하다."[241]

에라스투스가 실체적 형상에 관한 분석에서 사용한 단어 "제작하다"(fabricari)는 그의 공격이 감추어둔 비장의 무기다. 페트루스 롬바르두스의 『명제집』을 주석했던 중세 저술가들이 악마는 파라오의 마술사들이 지팡이로부터 만들었다는 뱀을 결코 만들어낼 수 없다고 주장했던 것과 마찬가지로, 에라스투스는 기예의 능력에 관한 이슈를 신의 창조라는 맥락에 위치시킨다. 그는 이렇게 진술한다. "자연은 신의 능력이며, 실체를 모양 지을 수 있는 자격은 자연에게만 있다." 실체적 형상이 질료와 결합해 새로운 무언가를 생산하면 이는 정확히 실체의 발생이라 말할 수 있다.[242] 따라서 『명제집』 주석가들이 파라오의 마술사를 사례로 들어 이미 지적했듯이, 연금술사가 새로운 실체적 형상을 분유시켜 금속을 변성시키겠다는 것은 결국 창조주의 역할을 찬탈하는 것이며 명백한 헛수고를 저지르는 셈이다. 에라스투스는 이를 확고하게 분명히 강조하면서 다

241 Erastus, *Explicatio*, p. 121.

242 Erastus, *Explicatio*, pp. 123, 79.

음과 같이 수차례 반복해 말한다.

> 그러므로 실체적 형상은 신으로부터 기원하며, 이 실체를 질료에 주입하는 것은 틀림없는 창조 행위에 다름 아니다. 여하간에 어떠한 방법으로든 형상을 질료에 자연적으로 주입하겠다고 주장하는 사람들은 불경스럽게도 신의 사역을 자신들이 하겠노라고 사칭하고 있음이 분명하다.[243]

따라서 연금술사는 신의 능력을 자처하면서 자연과 전쟁을 벌이겠다는 반종교적인 사기꾼이다.[244] 그들은 "거대한 황금 파괴자"(chrysophthoroi)이며, 스스로를 신과 자연과 동급으로 여긴다.[245]

우리는 토마스 에라스투스의 저작에서 역사가 이븐 할둔을 비롯한 아랍 저술가들의 아비켄나 주석으로부터 출발해 서유럽에 이르러 종교재판관 에이메리히에 의해 정교하게 다듬어져왔던 전통의 정점을 보게 된다. 이 전통은 오직 신 이외에는 종의 변성이 불가능하다는 한계 설정으로부터 출발해 연금술을 초자연적인 것과 연결하여 그 지지자들을 사탄의 추종자로 내모는 것으로 끝난다. 이 전통을 분명히 드러낸 에라스투스의 「해설」은 특별한 계시를 주장했던 페트루스 보누스 같은 저술가들을 향해 참으로 거룩한 사람들이라고 비꼬아 말한다. "그런 사람들 대부분은 불경스럽고 미신적인 점성술사, 마법사, 악마 숭배자들이다."[246] 이후 에라스투스는 『논박』에서 이러한 논증을 더욱 확장해 자신이 겨냥하

---

243 Erastus, *Explicatio*, p. 79: "Proinde cum formarum substantialium ortus a Deo sit, nec aliud dici talis formae in materiam insertio debeat, quam quaedam creatio, patet illos sibi divinitatis opera impie arrogare, quicunque hoc sibi sumunt scilicet formas naturaliter in materiam quovis modo praeparatam immittere."

244 Erastus, *Explicatio*, p. 68.

245 Erastus, *Explicatio*, pp. 67~68.

246 Erastus, *Explicatio*, p. 53.

고 있는 논적(論敵)인 파라켈수스가 참으로 악마 숭배자였음을 알게 되었노라고 말한다. 에라스투스가 묘사하는 파라켈수스는 빈번히 술에 취할 때마다 흉악한 기예를 자랑스러워하면서 악마의 군대를 불러일으켜 위협을 가하곤 했다.[247] 또한 그는 카코다이몬(cacodaemon),[248] 즉 사탄을 위해 기꺼이 신을 포기했던 인물이다.[249] 그러나 불경스럽고 심지어 악마적이라고 비난받던 파라켈수스의 견해는 당대 의료체계의 보수적인 구성원들로부터 적지 않은 수의 열렬한 지지자들을 만들었는데, 이는 특히 프랑스에서 더욱 활발했다. 프랑스 국왕 앙리 4세의 주치의이자 퀘르케타누스라고도 불렸던 조제프 뒤셴이 1603년 출판한 『옛 철학자의 참된 의학에 관한 문제』에서 하나의 유명한 논쟁이 촉발되었다. 이 저작에서 그는 수은, 유황, 소금으로 구성된 파라켈수스의 3원소를 뒷받침하는 고대의 전통을 내세웠다.[250] 뒤셴의 책은 출판된 바로 그해에 파리 대학 의학부로부터 공식적인 비난을 받았고, 뒤셴의 지지자와 반대자들 사이에 사생결단의 싸움이 벌어졌다. 반대자들 가운데 눈에 띄는 인물은 의학부의 검열관이었던 장 리올랑(1539~1606)과 그의 아들 장 리올랑(1577~1657)이었다. 뒤셴과 그의 추종자들을 향한 장 부자(父子)의 공격은

---

247 [옮긴이] 파라켈수스의 행동을 묘사한 그의 조수 요한네스 오포리누스의 편지의 핵심 부분이 찰스 귀노(Charles D. Gunnoe Jr.)에 의해 복원되었는데, 에라스투스의 비난은 이 편지를 근거로 삼았다. Charles D. Gunnoe, Jr., "Thomas Earastus and His Circle of Anti-Paracelsians", in *Analecta Paracelsica*, ed. Joachim Telle, Stuttgart: Franz Steiner, 1994, pp. 147~48.

248 [옮긴이] 파라켈수스가 바젤 대학에서 강의하던 시기에, 그의 비방자들은 '테오프라스투스'라는 그의 본명을 '카코(나쁜)프라스투스'로 바꾸어 조롱하곤 했다.

249 Erastus, *Disputationum de medicina, pars altera*, p. 2; *pars prima*, p. 22.

250 Josephus Quercetanus, *Liber de priscorum philosophorum verae medicinae materia* …, Saint-Gervais: Haeredes Eustathii Vignon, 1603. 프랑스에서의 파라켈수스주의 논쟁에 관한 매우 포괄적인 연구로는 다음을 보라. Didier Kahn, "Paracelsisme et alchimie en France à la fin de la Renaissance (1567-1625)", Ph.D. thesis, Université de Paris IV, 1998. 또한 다음을 보라. Allen G. Debus, *The French Paracelsians*, Cambridge: Cambridge University Press, 1991, 특히 pp. 46~101을 보라; Thorndike, *History of Magic*, vol. 6, pp. 247~53.

더욱 극렬한 연금술 옹호자였던 안드레아스 리바비우스의 더욱 지독한 반박과 맞닥뜨려야 했다. 리바비우스의 응답을 담은 1606년 저작 『연금술』(1597년에 출판된 『연금술』의 개정 증보판)은 에라스투스와 그의 추종자들이 제기했던 기예-자연 논쟁의 이슈를 철저히 반박한다. 하지만 리바비우스의 가장 주된 강조점들조차 이미 13~14세기 연금술사들에 의해 마련된 것들이었고, 그 내용을 여기서 다시 반복할 필요는 없을 것이다.

이 장(章)에서 우리는 11세기 아비켄나에 의해 제시된 연금술 공격이 어떻게 기예와 자연의 관계에 대한 놀라운 재평가로 이어졌는지를 살펴보았다. 중세 및 근대 초의 세계에서 이러한 재평가는 두 개의 진영으로 양극화되었다. 연금술을 지지하는 진영은 필연적으로 진보적 입장에 서서 기예를 통한 자연적 생산물의 복제 가능성에 찬성했다. 반면에 연금술을 반대하는 진영은 인공적인 것과 자연적인 것의 엄연한 구별을 주장했다. 아리스토텔레스의 『기상학』 제4권과 붙어 출판된 아비켄나의 『응고에 관한 책』이 겪은 오해 덕분에, 이 논쟁은 일찍부터 급작스럽게 불이 붙었다. 알베르투스 마그누스와 토마스 아퀴나스, 보나벤투라 같은 13세기의 신학 박사들은 연금술에 맞서는 아비켄나의 선언인 "기예가들로 하여금 알게 하라"를 수용해 이를 악마의 능력과 맞서 싸우기 위해 인간의 능력을 제한하는 장벽으로 삼았다. 이와 동시에 위대한 신학자들이 바라보기에 연금술은 물체의 빠른 변성이 가능하다고 주장함으로써 스스로를 인간 기예 가운데 독보적인 위치로 올려놓았다. 동일한 자연적 동인을 사용했던 의사들과는 달리 연금술사들은 자신들이 변성을 수단으로 삼아 자연으로 하여금 새로운 실체를 만들어내도록 유도해낼 수 있다고 믿었다. 또한 접붙임 기술을 통해 자신들도 종을 변성시킬 수 있다고 믿었던 식물 재배업자들과는 달리 연금술사들은 자연이 땅속에서 진행시키는 과정을 가열된 플라스크 속에서도 상당한 정도로 가속할 수 있다고 주장했다. 다른 무엇보다도, 표면의 속임수 변화만을 일으킬 수 있었던 건축가와 조각가, 화가와는 달리 연금술사들은 자신들의 기예가 운동과 정지라는 아리스토텔레스적 원리를 질료의 심층구조 속으로 분유시킬 수 있노라고 주장했다.

중세 성기의 말엽에 이르러 교회의 탐욕과 대학의 세속성에 반발하는 분위기 가운데, 연금술 저술가들은 이러한 반발을 한층 더 높은 소명으로 연결했다. 의사 페트루스 보누스와 프란체스코 수도회의 예언자 요한네스 데 루페시사, 이 수도회와 관련된 아르날두스 빌라노바누스와 라이문두스 룰루스 같은 인물들을 추종했던 익명의 저술가들은 연금술을 신의 능력에 준하는 기예로 바꾸어놓았다. 연금술이 가진 경이로운 능력은 그것이 신에 근접했다는 특별함으로부터 비롯된다. 성서에 등장하는 고대 예언자들은 연금술의 실천가들이었으며, 심지어 그리스도의 죽음과 부활 이야기조차 은밀한 연금술 텍스트였다. 그러나 이와 같은 접근법은 결국 에이메리히 같은 종교재판관들로부터 의혹의 눈초리를 받게 되었다. 그들은 계시로부터 내려온 특별한 선물을 내세우던 프란체스코 수도회의 급진적 인물들을 추적할 만한 충분한 이유를 이미 가지고 있었다. 앞서 살펴보았듯이, 에이메리히의 대응은 기예-자연의 구별에 보수적인 접근법을 적용함으로써 인공적 생산물에 엄격한 괄호를 쳐 자연적 생산물과 분리했다. 토마스 아퀴나스의 저작에서 발견되는 주석들의 기반 위에, 에이메리히는 금속의 변성을 넘어 자신의 비판을 실험실에서 증류된 액체나 기름 같은 생산물에까지 확장했다. 기예의 능력에 틀 지운 이처럼 극단적인 제한은 15~16세기에 많은 지지자를 얻었지만, 이 흐름은 반-파라켈수스주의 의사 토마스 에라스투스와 그의 추종자들의 저작에 이르러 절정을 맞았다. 에라스투스는 자연적 생산물의 진정한 변성과 분해, 심지어 화합조차도 인간의 능력 밖의 일이라고 주장하면서 인공적 세계와 자연적 세계를 가르는 선명한 균열을 옹호했다. 연금술사들이 자신들의 목표를 추구하는 것은 신의 능력을 시험하고 악마의 환심을 사기 위함인데, 이는 자연 속에 내재된 신적 동인의 능력을 찬탈하려는 불경스러운 행위이기 때문이었다.

그러나 연금술을 매개로 삼았던 기예-자연 논쟁의 결과가 단지 지식인 세계를 열렬한 두 대립 진영들로 고착시키는 씨앗만을 제공했던 것은 아니다. 연금술 문헌에서 발견된 논의들은 다른 분야의 영역에까지 여파를 미쳐 놀라운 결과를 이끌어냈다. 그 가운데 하나가 대(大)마녀사냥 시대의 작품들이었다. 마녀 장르의 몇몇 저자들은 마녀에 회의적인 시각을 보였던 중세 『주교법령』의 전통을 이어받아 연금술을 활용해 악마와 마녀의 능력을 제거하려 했다. 이와는 달리, 『말레우스 말레피카룸』의 저자들은 마녀의 존재에 대한 믿음을 북돋우려는 시도를 통해 도리어 연금술 변성의 반대 교리를 약화시켰다. 연금술의 충격이 눈에 띄었던 또 다른 영역은 장 드 묑의 연작 『장미 이야기』를 위시한 세속적 시(詩)문학 장르였다. 장은 중세 성기 연금술사들의 논증을 받아들였고, 황금변성 기예가 기예 일반을 위한 모델로 기능하도록 제안했다. 다른 종류의 기예들은 자연을 모방하는 임무에 상대적으로 실패할 운명이었지만, 정말로 연금술만은 홀로 자연을 재생산해낼 수 있었다. 이 책의 제3장에서 살펴보겠지만, 이러한 논증은 연금술사들이 비판의 대상으로 삼았던 바로 그 화가와 조각가들로부터 활발한 반응을 이끌어냈다. 다른 한편으로 연금술 논쟁은 아직 발길이 닿지 않은 새로운 영역으로도 흘러들어갔는데, 이는 이 책 제4장의 주제를 이룰 것이다. 변성과 기예의 능력을 더욱 일반적으로 뒷받침하기 위한 자연 발생 및 '인공' 발생에 대한 반복적인 호소는 궁극적으로 연금술 실천가들이 광물의 영역뿐만 아니라 생물의 영역에서도 자연을 개선할 수 있다는 주장을 이끌어냈다. 인공적인 인간 존재를 만들겠다는 꿈은 파라켈수스의 저작으로 알려진 16세기 작품들을 통해 수면 위로 등장했으며, 그 꿈은 다름 아닌 기예-자연 논쟁 속에서 자신의 기원까지는 아니더라도 자신의 정당성을 찾을 수 있었다. 마침내 실험실의 실험 및 자연의 복제를 주장하는 연금술사들의 논증은 직접적이고도 증명 가능한 방식을 통해 프랜시스 베이컨과 그의 학파의 기술적 변증으로 이어졌다. 과학혁명이 한창이었던 17세기의 후반에조차 로버트 보일과 그의 동료들은 13~14세기의 연금술사들이 짜놓았던 논증을 사용해 기예의 능력을 변호하고 있었다. 중세 스콜라주의가 거두었던 이처럼 놀라운 수확의 결과는 시들어버린 나뭇가지로부터 얻은 쪼그라든 유물이 아니었다. 그것은 17세기의 실험과학에 영양분을 제공할 생생한 열매였다.

제3장
시각예술과 연금술의 경쟁

그대의 아버지는 다섯 길 바닷속에.
그의 뼈는 산호가 되고
그의 눈은 진주가 되었다.
그의 몸은 하나도 퇴색하지 않고
바닷속에서 변화를 겪어
값지고 신기한 물건이 되었다.
바다의 님프들이 시간마다 울린다,
그를 애도하는 종을.
— 셰익스피어, 『템페스트』, 제1막 제2장[1]

연금술사와 경쟁하는 예술가

셰익스피어의 『템페스트』에서 요정 에어리얼이 퍼디난드의 아버지 알론소의 겉모습을 산호와 진주로 바꾸는 장면은 기이한 변성을 향한 후기 르네상스의 간절한 환희를 보여주는 예시다.[2] 이와 유사한 열정이 당대의 부유한 왕족들이 소유했던 호기심의 방[3]을 지배했다. 설탕으로 만든 용

1 [옮긴이] 윌리엄 셰익스피어, 이경식 옮김, 『템페스트』, 문학동네, 2010, 34쪽에서 인용.

2 퍼디난드의 아버지 알론소의 "변성"은 물론 환영이었는데, 퍼디난드와는 달리 이 연극의 관중들은 에어리얼의 대사 시점에 이미 알고 있듯이, 알론소는 실제로 죽지 않았기 때문이다.

3 [옮긴이] 호기심의 방(Kunstkammer, Wunderkammer)은 르네상스 및 근대 초 권력자들이 다양하고 진귀한 예술품들을 모아둔 방으로서 그들의 사회적 지위를 과시

에 둘러싸인 채 탁자들이 인상적으로 배치된 믿기 어려운 설탕 궁전, 춤추는 소녀가 탄 배로 변형된 거대한 진주, 목욕하던 디아나[아르테미스]가 놀라 악타이온을 사슴으로 막 변신시키려는 장면 전체가 태엽 장치에 의해 작동되는 트롱프뢰유,[4] 이 모든 것은 16~17세기 호기심의 방 문화가 보여주던 전형적인 특징이었다.[5] 믿기 힘들 정도로 놀라운 변형을 강조하는 것은 회화의 특징이기도 했다. 누군가는 채소와 물고기, 심지어 가연성 물체들로 합성된 머리를 환상적으로 묘사했던 주세페 아르침볼도의 초상화 작품들을 떠올릴 것이다. 변신을 향한 끝없는 기쁨을 선사하는 기이하고 희귀한 사물들을 탐구하는 이러한 엄청난 흐름 가운데에서 연금술도 일정 부분 역할을 했다. 우리는 독일어권 지역에서 연금술을 후원했던 팔츠(Paltz)의 오트하인리히, 호엔로에(Hohenlohe)의 볼프강, 헤센-카셀(Hessen-Kassel)의 모리츠, 그리고 이들 모두의 가장 위대한 마이케나스[6]였던 신성로마제국의 황제 루돌프 2세[1576~1612년 재위]를 떠올리는

하는 기능을 수행했다. 수집품의 장르는 예술품에 국한되지 않았고 점차 과학 기구의 비중이 높아졌다.

4 [옮긴이] 이 책의 제1장 옮긴이주 5를 보라.

5 이러한 예시들은 모두 다음을 참조했다. Ernst Kris, "Der Stil 'Rustique': Die Verwendung des Naturabgusses bei Wenzel Jamnitzer und Bernard Palissy", *Jahrbuch der kunsthistorischen Sammlungen in Wien*, n.s., 1, 1926, pp. 137~208. 여전히 필수적인 다음의 연구를 보라. Julius von Schlosser, *Die Kunst- und Wunderkammern der Spätrenaissance*, Leipzig: Klinkhardt & Biermann, 1908. 이제 막 싹트고 있는 호기심의 방 연구의 최근 경향으로는 다음을 보라. Oliver Impey and Arthur MacGregor, *The Origins of Museums*, Oxford: Clarendon Press, 1985; Joy Kenseth, *The Age of the Marvelous*, Hanover, NH: Hood Museum of Art, Dartmouth College, 1991; Eleanor Bergvelt and Renée Kistemaker, eds., *De wereld binnen handbereik: Nederlandse Kunst- en Rariteitenverzamelingen, 1585-1735*, Zwolle: Waanders, 1992; Horst Bredekamp, *The Lure of Antiquity and the Cult of the Machine*, Princeton: MarcusWiener, 1995; and Lorraine Daston and Katherine Park, *Wonders and the Order of Nature*, New York: Zone Books, 1998.

6 [옮긴이] 마이케나스는 로마 제정 시대를 열었던 아우구스투스(옥타비아누스)의 충실한 정치적 조력자이자 후원자였다.

것으로 충분하다. 그들은 자발적으로 실험실 연구에 몰두했던 당대의 수많은 왕족 가운데 대표적인 몇몇에 불과하다.[7] 그런데 회화예술이나 조형예술에 종사하면서 지체 높은 후원자들에게 경이로움을 선사했던 화가나 조각가들은 기적적인 변화를 재현할 뿐만 아니라 창조하기까지 한다고 주장하던 연금술에 대해 어떻게 생각했을까?

연금술 그 자체는 원래 장식예술의 한 갈래였다. 고대 후기의 장식예술 실천가들은 자신들의 생산물을 마치 퓌그말리온처럼 자연 세계에 대한 재현물이 아닌 복제물로 바라보기 시작했다. 중세 및 근대 초의 연금술사들도 자신들이 일종의 트롱프뢰유에 관여한다는 잠재적 임무를 언제나 인식하면서 자신들의 분야가 자연을 그저 모방하는 것이 아니라 자연을 완전성으로 이끄는 것이라고 드러내 주장했다. 그들의 관점은 아리스토텔레스가 『자연학』(제2권 제8장, 199a15-17)에서 도입했던 구별에 근거했다. "자연의 기초 위에서 기예는 자연이 할 수 있는 것보다 더 멀리 사물을 나르고(epitelei), 또한 자연을 모방한다(mimeitai)."[8] 연금술 저술가들이 이해했던 이 문장의 의미는, 제비 둥지를 관찰하면서 건축을 발명하거나 거미의 활동을 보고 직조를 발명했다는 옛이야기처럼 일반적이고 느슨한 의미에서든, 회화와 조각을 비롯한 재현예술에 적용되는 특정한 의미에서든 간에, 선박 건조와 직물 직조, 시각예술처럼 물리적 생산물을 만드는 분야들 대부분이 자연적 생산물을 단지 모방할 뿐이라는 것이었다. 반면에 연금술의 지지자들은 자연이 가진 방법을 개선함으로써 황금변

7 Joachim Telle, "Kurfürst Ottheinrich, Hans Kilian und Paracelsus: Zum pfälzischen Paracelsismus im 16. Jahrhundert", in *Von Paracelsus zu Goethe und Wilhelm von Humboldt*, Salzburger Beiträge zur Paracelsusforschung 22, Vienna: Verband der Wissenschaftlichen Gesellschaften Österreichs, 1981, pp. 130~46; R. J. W. Evans, *Rudolph II and His World*, Oxford: Clarendon Press, 1973; Jost Weyer, *Graf Wolfgang II. von Hohenlohe und die Alchemie*, Sigmaringen: J. Thorbecke, 1992; Bruce Moran, *The Alchemical World of the German Court*, Stuttgart: Franz Steiner, 1991.

8 Aristotle, *The Physics*, tr. Philip H. Wicksteed and Francis M. Cornford, London: Heinemann, 1929, p. 173.

성 기예가 자연적 생산물을 실제로 복제할 수 있다고 주장했다.

자신들이 자연을 모방하는 것이 아니라 자연을 완전성으로 이끌 능력을 가졌다는 연금술사들의 주장은 그들이 자연적 사물의 종을 변성시킬 수 있다는 주장을 통해 더욱 완성된 형식으로 표현되었다. 이 책의 제2장에서 살펴보았듯이, 황금변성 기예가 가장 공격적이고도 지속적인 비난을 받았던 이유는 다름 아닌 종의 변성에 대한 확신 때문이었다. 그 비난의 내용인즉슨, 연금술사들이 자연을 왜곡하고 조물주의 창조 능력을 찬탈하려 한다는 것이었다. 아리스토텔레스주의가 신플라톤주의에 동화되어가던 중세 및 근대 초 자연철학의 맥락에서, 오로지 신의 몫인 창조 행위는 무질서한 질료에 실체적 형상을 부여하는 행위를 함축했다.[9] 아비켄나와 아베로에스, 토마스 아퀴나스와 그들의 라틴 서유럽 추종자들의 연금술 반대에서 볼 수 있었듯이, 그들이 연금술을 독단적인 월권으로 보았던 이유도 바로 이 창조 행위 때문이었다. 하지만 연금술사들이 자신들의 기예를 어떻게 정의했는지 검토해본다면, 늦어도 중세로부터 연금술 자체의 내부에서도 지속적인 긴장이 있어왔음이 분명하다. 레이덴 파피루스와 스톡홀름 파피루스 같은 고대 후기의 원-연금술 레시피에서 발견되는 비교적 천한 기술들이 염색이나 수공예를 비롯해 서로 공생하고자 애썼던 다양한 기술들과 더불어 연금술 논저 속에서 계속해서 살아남았다는 사실을 통해 이러한 긴장을 확인할 수 있다. 그 기술 레시피들은 금속을 금으로 바꿔줄 수 있는 독특한 능동자인 현자의 돌을 찾으려는 더욱 거창한 소망과 더불어 연금술 논저에서 같은 지면을 떳떳하게 차지하고 있었다.

연금술 내부의 긴장은 두 가지 정의를 대조함으로써 뚜렷하게 드러난다. 하나는 변성이라는 목표가 강조되는 기예이고, 다른 하나는 우리가

---

9 여기서 내가 말하는 것은 질료 그 자체의 창조, 즉 「창세기」 1장의 무(無)로부터의 창조(creatio ex nihilo)가 아니라 그에 따르는 모든 종과 개체의 창조다. 스콜라주의 학자들은 전자가 아닌 후자를 구체적인 자연철학의 대상으로 삼았다.

연금술의 일부분임이 분명하다고 여기는, 오늘날 화학 기술이라고 부를 만한 것이 강조되는 기예다. 아마도 전자의 정의를 보여주는 가장 극단적인 사례는 12세기 이베리아의 스콜라주의 저술가였던 도미니쿠스 군디살리누스에게서 발견될지도 모른다. 그는 위-알-파라비의 『학문의 융성에 관하여』에 의존해 "사물의 다른 종으로의 변환을 다루는 연금술 학문(science)"[10]이라는 표현을 썼다. 군디살리누스는 자신이 참고했던 자료에서와 마찬가지로 연금술을 단지 금속의 변성이 아니라 종 그 자체의 변성에 관한 대단히 뛰어난 지식 체계라고 설명했다. 역시 변성에 초점을 맞추었지만 금속의 변성으로만 제한을 둔 더욱 전형적인 정의는 이 책의 제2장에서 살펴보았던 14세기 페트루스 보누스의 『고귀한 진주』에서 발견된다. "모든 금속의 원리, 원인, 속성, 수난을 근본적으로 알도록 해준 지식이 연금술이다. 따라서 불완전한, 미완성된, 혼합되고 부패한 모든 금속의 이러한 요소들은 진정한 금으로 변성된다." 그러나 변성에 초점을 맞춘 정의뿐만 아니라 더욱 포괄적인 다른 방식의 정의도 있다. 13세기의 저명한 스콜라주의 저술가였던 로게루스 바코누스는 "원소들로부터 비롯된 모든 무생물과 모든 발생 생물에 관한 이론을 제시하는 이론적 연금술"을 논의했으며, 이에 더해 "귀중한 금속과 색소를 만드는 법이나 많은 사물을 자연 상태보다 더욱 낫고 풍성한 상태로 변화시키는 법을 가르쳐주는 활동적이고 실천적인 연금술"도 언급했다. 로게루스 또한 자연을 더 낫게 바꾸는 일에 열중했지만, 화학 기술로 만든 비교적 천한 생산물도 황금변성 기예의 범위 안에 명백하게 포함해 다루었다.[11]

---

10 [옮긴이] 여기서 스키엔티아(scientia)를 근대적 의미의 '과학'으로 번역하지 않도록 주의해야 한다. 이 단어는 인간의 인식적 앎의 총체로서 '지식'이나 '학문'으로 번역될 수 있다.

11 세 가지 정의 모두는 다음에서 다시금 정리되었다. Robert Halleux, *Les textes alchimiques*, Turnhout: Brepols, 1979, p. 43: Gundissalinus, "sciencia de alquimia, que est sciencia de conversione rerum in alias species"; Petrus Bonus, "Alchimia est scientia, qua metallorum principia, causae, proprietates et passiones omnium radicitus cognuscuntur, ut quae imperfecta,

이 장(章)에서 살펴보겠지만, 근대 초의 시각예술 종사자들은 일종의 기술 과정으로서 연금술에 대해 상당한 흥미를 가졌다. 특히 색소 제작, 야금술, 귀중한 재료를 저렴한 비용으로 복제하는 일에 적용되는 연금술 기술이 그들의 관심을 끌었다. 그러나 이와 동시에 자신들의 변성 작업을 '창조 행위'로 표현하는 연금술사들의 황금변성 목표를 노골적으로 평가절하하려는 화가와 조각가들의 거센 반응도 있었다. 여러 사례에서 나타나는 평가절하의 태도는, 간단히 말해(tout court) 대부분의 연금술사가 화학 기술의 변변찮은 과정을 강조하기보다는 변성이라는 언어를 선택해 자신들의 기예를 규정한다는 사실로 인해 받는 비난이었다. 그러나 시각예술의 연금술 폄하는 일방통행으로만 흐르지는 않았다. 실제로 연금술사들도 다른 종류의 기예들을 향해 자신들의 기예가 가진 독보적 특징을 강조하려는 목적으로 갈등 속에 뛰어들었다. 완전성으로 이끄는 기예(가령, 연금술)와 단순히 모방하는 기예의 구별을 강조하기 위해 연금술 저술가들은 건축이나 조각, 회화를 연금술과는 차별되는 기예의 전형적인 예시로 사용했다. 건축가나 조각가는 질료의 본성 그 자체를 바꾸지 못하며, 그저 질료 위에 표면적이고 부수적인 속성들을 부여할 따름이라는 것이다. 마찬가지로 화가도 자신이 가진 기예를 통해 이미지를 속여 외부로 드러나는 부수적 성질들을 조작한다. 이와 같은 외양적 환상은 "궤변을 부리는 변성"에 불과하다는 것이 게베르의 『완전성 대전』이 내렸던 평가였다. 이렇게 만들어진 겉모습은 실재 위에 덧입혀진 것일 뿐이므로 위조된 금속처럼 시험을 견뎌내지 못한다. 그 겉모습은 사람들로 하여금 참이라고 받아들이게 만들지만, 자세히 검토해보면 단지 속임수였음이 드러난다. 사실상 연금술사들은 조형예술가와 회화예술가들이 사용하는

---

incompleta, mixta et corrupta sunt, in verum aurum transmutentur"; Roger Bacon, "alkimia speculativa, quae speculatur de omnibus inanimatis et tota generatione rerum ab elementis. Est autem alkimia operativa et practica, quae docet facere metalla nobilia et colores, et alia multa melius et copiosus quam per naturam fiant."

속임수 환상을 나쁜 연금술의 지위로 강등한 셈이다.

연금술적 화학자들이 환심을 얻고자 했던 궁정 수호자들로부터 동일한 관심을 차지하기 위해 팽팽한 신경전을 벌였던 예술가 집단이 이와 같은 연금술사들의 논증에 박수갈채를 보낼 리는 만무했다. 그러나 앞서 살펴보았듯이, 연금술이 회화예술가들로부터 상당한 선호의 대상이 되었던 또 다른 측면도 존재했다. 자신들만의 고유한 회화 매체를 제작하는 이들에게 일용할 양식이 되는 바로 그 색소 레시피를, 다름 아닌 연금술이 오랫동안 보존해왔기 때문이다. 13세기 말 또는 14세기 초의 저작인 위-알베르투스 마그누스의 『올바른 길』은 붉은색과 흰색, 선홍색, 청록색[12]을 비롯한 모든 주요 색소의 레시피를 담고 있다.[13] 이러한 레시피들은 매우 흔했는데, 이는 연금술의 기원이 그레코-로마 이집트의 기술로부터 유래했다는 이 책 제1장의 논의를 반영한다. 실제로 예술가가 사용하는 재료에 관한 중세 초의 레시피 모음집인 『마파이 클라비쿨라』가 고대 후기 연금술에 기원을 두었다는 연구가 최근에 발표되기도 했다.[14] 연금술과 시각예술의 밀접한 기술적 관계는 예술가들에 의해서도 널리 인정받았다. 15세기의 여명에 첸니노 첸니니의 『예술의 서(書)』는 화가들에게 붉은색과 선홍색, 황색, 청록색, 흰색 같은 '인공적인' 색소를 구하기 위

---

12 [옮긴이] 이 책의 제1장에 소개된 금속의 이름들과 마찬가지로 여기 레시피에 등장하는 색소의 이름 역시 정확한 명칭이나 색깔을 재구성해 번역하기는 어렵다. 그저 대략적인 색깔을 가늠하는 정도일 뿐이다.

13 Pseudo-Albertus Magnus, *Libellus de alchimia*, tr. Virginia Heines, Berkeley: University of California Press, 1958, pp. 34~39.

14 Robert Halleux and Paul Meyvaert, "Les origines de la *mappae clavicula*", *Archives d'histoire doctrinale et littéraire du moyen âge* 54, 1987, pp. 7~58. 이 이슈에 관한 더 일반적인 정보로는 다음을 보라. Robert Halleux, "Entre technologie et alchimie: couleurs, colles et vernis dans les anciens manuscrits de recettes", in *Technologie industrielle: conservation, restauration du patrimoine culturel, Colloque AFTPV/SFIIC*, Nice, September 19~22, 1989, pp. 7~11. 유사한 강조점으로는 다음을 보라. A. Wallert, "Alchemy and Medieval Art Technology", in *Alchemy Revisited*, ed. Z. R. W. M. von Martels, Leiden: Brill, 1990, pp. 154~61.

해 연금술(archimia)을 살펴보라고 권장했다.[15] 위대한 르네상스 화가들의 삶을 담은 조르조 바사리의 1550년 역작 『평전』(개정판은 1568년)은 이러한 사실을 더욱 분명하게 보여준다. 바사리는 템페라 회화[16]의 재료를 설명하는 가운데, 부분적으로는 광물로부터 부분적으로는 연금술사들로부터 비롯된(parte dagli alchimisti) 색소들을 언급한다.[17] 심지어 그는 플랑드르의 거장 얀 반 에이크가 연금술을 애호했던 덕분에 유화를 발명하게 되었다고 주장하기까지 한다. 오늘날 우리는 반 에이크가 유화의 실제 발명가가 아니었다는 사실을 알고 있지만, 템페라 회화에 기여한 그의 발명[18]이 연금술 분야로부터 뻗어 나온 가지였다는 바사리의 견해는 여전히 살아남아 있다.[19]

다 빈치의 연금술 비판

바사리가 몇몇 세부 사항에서 틀렸다 하더라도 그의 전반적인 주장은 틀리지 않았다. 레오나르도 다 빈치[1452~1519]의 노트를 간략히 살펴보면, 르네상스 시기의 가장 성공적이었던 예술가들 가운데 한 사람이 회화 및 연관 분야의 기술에 관한 연금술 레시피를 베끼고 있었음을 곧장 확인

---

15 Cennino Cennini, *Il Libro dell'Arte*, ed. Franco Brunello, Vicenza: Neri Pozza, 1971, chaps. 40, 41, 47, 56, 59, pp. 40, 42, 50, 59, 61.

16 [옮긴이] 템페라 회화는 유화 기법이 확립되기 전에 널리 사용되었던 기법으로, 달걀 노른자를 비롯한 다양한 재료를 용매로 삼아 물감을 만들어 사용했다. 기름을 용매로 쓰지 않는다는 점만 제외하면, 회반죽 위에 색을 칠했던 프레스코 기법의 단점을 극복하고 유화 기법에 근접해가는 발전 단계를 보여준다.

17 Giorgio Vasari, *Le vite de' piu eccellenti pittori scultori e architettori*, ed. Rosanna Bettorini and Paola Barocchi, Florence: Sansoni, 1966, vol. 1, p. 131.

18 [옮긴이] 회화 기법의 발전 단계에서 유화는 템페라 회화의 다음 단계이므로, 지은이의 표현에는 오해의 여지가 있음을 지적해둔다.

19 William Whitney, "La legende de Van Eyck alchimiste", in *Alchimie: art, histoire et mythes*, ed Didier Kahn and Sylvain Matton, Paris: Société d'Étude de l'Histoire de l'Alchimie, 1995, pp. 235~46.

할 수 있다. 가령 레오나르도의 잘 알려진 「필사본 B」에는 "아름다운 유리 색소"(bel crocum ferri)의 레시피가 필사되어 있다. 그 색소는 쇳가루를 질산에 용해해 그 용액을 증류한 뒤 남은 잔여물을 하소[20]해 만든 붉은 색소다.[21] 아마도 이 레시피는 붉은 철 용질로 물을 붉게 만드는 옛 연금술 장르로부터 비롯되었을 것이다.[22] 레오나르도의 유명한 『코디체 아틀란티코』[23]는 연금술 레시피나 다름없는 '금의 색조 작업'을 위한 레시피를 유사한 다른 레시피들과 나란히 담고 있다. 이 텍스트는 황산, 푸른 녹, 질산칼륨을 담은 도가니에 색조를 입히고 싶은 대상을 집어넣으라고 조언한다. 이는 15세기 출판업자 아르날두스 데 브룩셀라의 연금술 필사본에서 발견되는 레시피와 매우 밀접한 관련이 있다. 아르날두스의 레시피에 따르면, 식초가 가미된 황산, 염화암모늄, 구리 합성물, 백반(白礬)을 포함한 부식성 능동자로 석회를 만들 수 있다.[24] 이어서 그 석회로 금을 덮고 코팅한 뒤, 다시 그 위를 얇은 천으로 덮고 도가니에 넣어 타오르는 석탄으로 가열한다. 이후 그것을 식히면 그 안에 담긴 금은 "겉과 속 모두 색조가 잘 스며든 채로" 발견될 것이다. 여기에 황소의 쓸개즙을 가미해 침탄(침투 도금) 작용을 반복하면, 플로린 금화 색깔을 지닌 양질의 금이 생산될 것이다. 이렇게 만든 금은 "도금에 적합하며, 용해에는 견디겠

20 [옮긴이] 하소(煆燒, calcination)는 고체를 녹는점 이하의 온도로 가열해 분해하거나 휘발성 성분을 제거하는 연금술의 기법이다.

21 Ladislao Reti, "Le arti chimiche di Leonardo da Vinci", *Chimica e l'industria* 34, 1952, pp. 655~66, 특히 p. 664를 보라. 이 단락은 MS B, fol. 6r에서 발견된다.

22 William R. Newman, "The *Summa perfectionis* and Late Medieval Alchemy: A Study of Chemical Traditions, Techniques, and Theories in Thirteenth-Century Italy", Ph.D. diss., Harvard University, 1986, vol. 3, pp. 204~07 *et passim*.

23 [옮긴이] 『코디체 아틀란티코』는 다 빈치의 유고 노트로서, 지은이는 연금술 레시피에 주목했지만 사실 이 노트에서 가장 잘 알려진 것은 자연과학 및 기계공학 분야의 설계도들이다.

24 구리 합성물에 관해서는 다음을 보라. *The Dictionary of Art*, London: Macmillan, 1996, vol. 24, p. 793.

지만 침탄법 시험에는 견디지 못할 것이다".[25] 아르날두스나 레오나르도의 레시피는 품질이 낮은 금 합금의 외양을 개선하는 것을 목표로 했다. 짐작하건대, 그 합금은 많은 양의 은이 더해졌던 까닭에 색이 지나치게 옅었을 것이다.[26] 구리 합성물의 첨가는 합금을 붉게 만드는 효과를 가져다주었을 것이고, 황산과 초석(醋石)으로부터 뿜어져 나오는 부식성 수증기는 어떠한 기본 금속이 주어지더라도 그것 속으로 뚫고 스며들 수 있었을 것이다. 레오나르도는 금 장식 공예에 사용하기 위한 공정을 의도했을 것이기에, 대상의 표면을 농축함으로써 겉모습을 개선할 수 있었다. 그러나 아르날두스의 레시피가 말해주듯이, 소금 및 부식성 물질로 인해 기본 금속의 모든 존재가 제거된 그 대상은 침탄법을 통한 분석 시험에는 견디지 못할 것이므로 그것은 여전히 순수한 금은 아니다.

연금술 문헌에 의존한 『코디체 아틀란티코』의 또 다른 레시피는 "원하는 만큼이나 큰" 인공 진주 제작에 관한 것이다. 이 레시피는 작지만 진짜인 진주를 레몬주스로 용해해 얻은 반죽을 깨끗한 물로 세척하라고 조언한다. 이어서 가루를 건조시킨 뒤 달걀 흰자위와 함께 섞어 응고시킨다. 그 결과로 얻은 덩어리를 선반 위에 두고 윤기를 내주면, 처음 상태와 동일한 광택을 얻을 수 있다.[27] 인공 진주를 제조하기 위한 여러 가지 레시피가 이미 4세기의 스톡홀름 파피루스에서도 발견되었다. 그것들은 중세 연금술 문헌에 대개 포함되어 있었고, 레오나르도의 시대까지도 유

25 William J. Wilson, "An Alchemical Manuscript by Arnaldus de Bruxella", *Osiris* 2, 1936, pp. 220~405, 특히 p. 316을 보라. 레오나르도의 레시피에 관해서는 다음을 보라. Reti, "Arti chimiche", pp. 664~65.

26 Wilson, "An Alchemical Manuscript", p. 319에서 언급되는 또 다른 레시피는 유명한 연금술 코덱스 팔레르모(Palermo) MS 4QqA10에서 발견되는데, 50퍼센트의 은과 50퍼센트의 금으로 만든 반지를 침탄시켜 "24캐럿의 금색으로" 염색할 수 있다고 한다. 이 또한 레오나르도의 레시피에 가깝다.

27 Leonardo da Vinci, *The Notebooks of Leonardo da Vinci*, trans. Edward MacCurdy, New York: Reynal and Hitchcock, 1939, pp. 1175~76 (from *Codice Atlantico* 109vb).

통되었던 것이다.[28] 이 책의 제2장에서 살펴보았던 파울루스 데 타렌툼의 『이론과 실천』은 레오나르도와 거의 같은 레시피를 담고 있다. 동일하게 그 레시피의 목적은 너무 작아서 값어치 없는 진주를 훨씬 크고 가치 있는 진주로 변환하는 것이다. 레오나르도의 레시피에서처럼 파울루스도 원래의 진주를 용해하기 위해 레몬주스를 사용하며, 이어서 그 반죽을 물로 씻는다.[29] 파울루스는 레오나르도가 사용한 달걀 흰자위가 아닌 비둘기나 닭의 아교 접착제를 사용하지만, 두 레시피의 유사성은 각각의 레시피가 스톡홀름 파피루스와 레이덴 파피루스의 고향인 이집트로부터 기원한 동일한 연금술 문헌 레시피를 참고했음을 보여준다.

레오나르도의 레시피가 연금술 문헌에 빚을 졌음이 분명해 보여도, 정작 그 분야에 대한 그의 입장은 호의적인 것과는 거리가 멀었다. 아마도 누군가는 그가 연금술을 무시했던 것이 당대 인문주의자들의 견해를 그저 따른 것에 불과하다고 논증할지도 모른다. 페트라르카와 에라스무스를 위시한 여러 인문주의자들은 연금술사들이 탐욕을 추구하는 사회적 일탈자라는 입장에 서 있었다.[30] 그러나 레오나르도의 입장은 이들보다 더 심했다. 우리는 앞으로의 검토를 통해 연금술을 향한 레오나르도의 맹렬한 비판 속에서, 전통적인 기예-자연 논쟁에서 연금술이 차지하는 위치에 관한 그의 놀라운 지식이 직접적인 경험을 통해 주어졌음을 보게 될 것이다. 레오나르도의 해부도 필사본 또한 이 주제에 관한 짧지만 대단히 충격적인 분석을 담고 있는데, 여기서 연금술은 가증스러운 주술의 영역과 연결된다. 그는 혀를 움직이는 근육에 관한 논의에서 연

---

28 Paola Venturelli, *Leonardo da Vinci e le arti preziose: Milano tra XV e XVI secolo*, Venice: Marsilio, 2002, pp. 105~22.

29 Newman, "The *Summa perfectionis* and Late Medieval Alchemy", vol. 4, p. 171.

30 인문주의자들의 연금술 비하에 관한 유용한 이야기로는 다음을 보라. Sylvain Matton, "L'influence de l'humanisme sur la tradition alchimique", *Micrologus* 3, 1995, pp. 279~345.

금술을 끌어들인다. 다양한 언어에서 요구되는 다양한 발음을 위해 혀가 만들어냄이 분명한 여러 가지 놀라운 움직임을 공들여 살펴본 뒤, 그는 언어가 그 자체로 지속적인 변형, 탄생, 소멸을 경험한다고 덧붙인다. 이러한 점에서 혀는 눈과 다른데, 가령 눈은 자연이 생산하는 사물에만 계속해서 관심을 기울이기 때문이다.[31] 이어서 레오나르도는 이렇게 말한다. 실제로 자연은 창조된 사물의 일반적인 종(spezie)에 변화를 가하지 않는 반면에, 인간의 공예품은 시시각각 변화한다.[32] 오로지 자연만이 "단순물"(semplici)을 만들 수 있는 반면에, 자연의 가장 위대한 도구(massimo strumento di natura)인 인간은 "합성물"(composti)의 생산에 그칠 뿐이다. 이어서 레오나르도는 자연이 만들 수 있는 사물들 가운데 가장 열등한 사물조차 창조해낼(crear) 능력이 없었던 "옛 연금술사들"을 근거로 내세운다. 이 맥락에서 레오나르도가 "종"(spezie)이라는 단어를 사용한 것은 자연적 사물의 종을 변성시키는 연금술사들의 능력을 부인하는 가장 영향력 있는 연금술 비판인 아비켄나의 "기예가들로 하여금 알게 하라"를 레오나르도도 알고 있었음을 의미한다. 실제로 14세기 파리의 예술적 거장이었던 유대인 테모가 아리스토텔레스의 『기상학』에 대해 쓴 주석에서 제시했던 바로 이 논법을 레오나르도가 잘 알고 있었다는 사실은 오래전

---

31 Anna Maria Brizio, *Scritti scelti di Leonardo da Vinci*, Torino: Unione Tipografico-Editrice Torinense, 1996, pp. 494~98. 이 단락은 다음에서 인용되었다. *I manoscritti … dell'anatomia —fogli B* [28v], ed. G. Piumati, Torino: T. Sabachnikoff, 1901. 레오나르도가 눈과 혀를 대조한 것은 그가 자주 반복했던 주장, 즉 회화가 시보다 고귀한 예술이라는 주장과 관련 있다. 이는 부분적으로는 회화가 곧장 파악 가능한 시각적 이미지로 자연을 재현하는 반면에, 시는 언어에 부여되는 관습적이고 '부수적인' 의미에 의존하기 때문이다. Frank Fehrenbach, *Licht und Wasser: Zur Dynamik naturphilosophischer Leitbilder im Werk Leonardo da Vincis*, Tübingen: Ernst Wasmuth, 1997, pp. 39~40. 특별히 레오나르도가 이 주제에 관해 다룬 단락의 숫자가 인용된 각주 125를 보라.

32 "spezie"는 이탈리아어 "specie"와 대체 가능하다. Salvatore Battaglia, *Grande dizionario della lingua italiana*, Torino: Unione Tipografico-Editrice Torinese, 1998, vol. 19, p. 773.

부터 확인되었다.[33] 테모는 종의 변성을 향한 아비켄나의 공격을 다루었을 뿐만 아니라 레오나르도의 "단순물"과 "합성물"의 정확한 의미가 무엇인지도 알려주었다. 테모는 "단순물"은 4원소이며, "합성물"은 4원소로 만들어진 혼합물이라고 정의했다.[34] 그렇다면 레오나르도는, 자연은 4원소로부터 직접 금속을 만드는 반면 혼합물만 만들 수 있는 인간은 4원소를 합성하지 않으면 안 된다는 점을 강조한 셈이다. 연금술을 둘러싼 기예-자연 논쟁에 관해 레오나르도가 이처럼 놀라운 지식을 갖고 있었다는 사실을 고려한다면, 그가 전통적인 지혜에 근거해 연금술의 종의 변성을 자연에 의해 매개된 신의 창조 행위와 동일시하는 데까지 나아갔던 것은 자연스러운 일일 수밖에 없다.

레오나르도는 자신의 연금술 비판을 계속 이어간다. 연금술사들은 자연이 만들 수 있는 것들 가운데 가장 열등한 사물조차 창조할 능력이 없다(non ha podestà di creare)는 사실에도 불구하고, 그들은 자연의 생산물 가운데 가장 뛰어난 사물인 황금을 만들려고 항상 노력한다. 앞서 위-아리스토텔레스의 『비밀들 중의 비밀』에 대한 중세의 주석에서 표현되었듯이, 연금술사들이 신에게만 가능한 새로운 금속을 창조하는 능력을 찬탈하려 한다는 비판은 이제는 진부할 지경이다. 예술가가 신과 같은 능력을 가졌음을 칭송했던 것으로 유명한 사람이 자신의 저작 『회화론』에서 신의 경쟁자가 되겠다는 연금술사를 대놓고 공격했던 사람과 동일 인물이라는 사실이 얼마나 놀라운가![35] 질료에 시각적 형상을 부여하기를 원하

33 Pierre Duhem, "Thémon le fils du juif et Léonard de Vinci", *Bulletin italien* 6, 1906, pp. 97~124, 185~218. 뒤엠의 논증은 기본적으로 프랑스 학사원 도서관(Bibliothèque de l'Institut)에 소장된 MS F 사본에서 레오나르도가 인용한 알베르투스 데 삭소니아와 유대인 테모에 근거했다.

34 Themo Judaei, in *Quaestiones et decisiones physicales insignium virorum: Alberti de Saxonia in Octo libros physicorum* ⋯, Paris: Ascensius & Resch, 1518, fol. 203r.

35 창조주와 예술가 사이의 유비에 관해서는 다음에서 충분히 논의되었다. Fehrenbach, *Licht und Wasser*, pp. 60~88. 또한 다음을 보라. Erwin Panofsky, *Idea*, New

는 화가와 질료 안에 숨어 있는 형상을 이끌어내기를 바라는 연금술사 사이의 경쟁을 이보다 더 강렬하게 표현할 수는 없었을 것이다. 지금까지 우리는 연금술을 향한 두 가지 전통적인 반대 논증에 감정을 쏟았던 레오나르도를 발견했다. 하나, 종은 변성될 수 없다. 둘, 인간은 새로운 실체를 창조하는 신의 능력을 갖지 못한다. 여기에 그가 제3의 전통적인 비판 논증을 추가한다고 해서 그리 놀랄 일은 아닐 것이다. 셋, 연금술사들은 잘못된 구성 성분들로 금을 만들려고 한다. 레오나르도는 이렇게 진술한다. 연금술사들은 한번쯤은 금광을 직접 방문해 금을 만드는 데 유황이나 수은을 사용하지 않는 자연 그 자체를 보고 배워야 할 것이라고 말이다. 이는 물론 모든 금속은 다양한 정도의 순도, 휘발성, 색깔, 비중에 따라 유황과 수은으로 구성된다는 연금술 이론의 토대를 직접 공격하는 논증이다. 하지만 레오나르도의 주장처럼 금 광산에서는 결코 유황과 수은을 발견할 수 없다는 사실을 근거로 유황-수은 이론이 거짓임을 논증하려는 시도는 오래전 파울루스 데 타렌툼의 『이론과 실천』에서조차 이미 지나치게 낡은 근거라며 반박되었던 적이 있다.[36]

레오나르도는 연금술과 강신술(negromanzia)을 흥미롭게 대조해 연금술 비평의 결론을 내린다. 그가 "자연적인 단순물의 어머니"라고 비꼬아 말했던 연금술은 강신술의 자매다. 짐작하건대, 둘 모두는 자신이 기적적인 효과를 일으킨다고 주장하기 때문이다. 그러나 연금술은 자신의 자매보다 더욱 심한 거짓말을 한다. 연금술은 자연이 결여하고 있는 '유기적 도구'를 제공해 자연을 예상치 못한 결과(가령, 유리의 생산)로 이끈

York: Harper and Row, 1968, p. 248, n. 37. 레오나르도의 『회화론』 ¶40의 비범한 단락도 반드시 참조해야 한다. 여기서 그는 "화가의 정신은 정신 그 자체를 자연의 현실적인 정신으로 변성시켜서 자연과 기예 사이를 해석하게끔 강요당한다"고 주장한다. 이 단락은 상세한 주석과 더불어 다음에서 찾아볼 수 있다. Claire J. Farago, *Leonardo da Vinci's "Paragone": A Critical Interpretation with a New Edition of the Text in the "Codex Urbinas"*, Leiden: Brill, 1992, pp. 273, 403~06.

36 Newman, "The *Summa perfectionis* and Late Medieval Alchemy", pp. 26, 31.

다는 점을 고려한다면, 실제로 연금술은 자연이 생산한 단순물의 노예(ministratrice de' semplici, prodotti dalla natura)에 불과함에도 불구하고 그런 거짓말을 일삼는 셈이기 때문이다. 반면에 강신술은 영혼을 불러내 말하게 하거나 기적을 일으키게 할 수 있다고 주장한다는 점에서 그저 한 조각의 거짓말만 할 뿐이다. 레오나르도는 자연의 생산물을 '창조'하겠다는 연금술사들의 목표는 거부했지만, 그들이 가진 화학 기술에 대해서는 마지못해 존중하는 모습을 보였다.

바사리의 『평전』으로 잠시 되돌아오자면, 레오나르도와 마찬가지로 바사리도 연금술을 향한 극도의 양면적 태도를 가졌음을 볼 수 있다. 그는 피렌체의 화가 코시모 로셀리(1439~1507)의 생애를 묘사하면서 코시모가 교황 식스투스 4세의 잘못된 취향을 이용해 벌어들인 돈을 그가 말년에 처했던 가난과 뚜렷하게 대비한다. 코시모는 지나치게 번쩍거리는 많은 양의 황금과 감청색 물감을 사용해 그림을 그림으로써 교황의 눈을 끝내 사로잡았다. 그러나 그는 쇠퇴기 동안 연금술을 취미로 삼아 빠져들었다가 부정하게 번 돈을 허비하고 말았다. 바사리는 "이런 취미를 가진 사람들"처럼 코시모 역시 가난해졌다고 말한다.[37] 연금술로 신세를 망친 또 다른 예술가 이야기는 파르미자니노로 알려진 명민한 화가 프란체스코 마추올리(1504~40)의 생애와 이른 죽음에 관한 바사리의 비평에서 발견된다. 신과 자연이 파르미자니노에게 화가의 재능을 주었다는 사실에도 불구하고, 그는 수은을 응고시켜 "찾아낼 수 없는 것을 찾아내려는" 시도로 삶을 낭비했는데, 그가 성공하고자 꿈꾸었던 것은 다름 아닌 금속의 변성이었다.[38] 파르미자니노는 파르마(Farma)의 산타 마리아 델라 스테카타(Santa Maria della Steccata) 성당의 천장 프레스코화를 그려달라는 주문을 받았지만, 연금술 연구를 시작하느라 자신의 임무를 소홀히 했다.

---

37 Vasari, *Le vite*, vol. 3, p. 446. [옮긴이] 조르조 바사리, 이근배 옮김, 『르네상스 미술가 평전 2』, 한길사, 2018, 1104쪽에서 인용.

38 Vasari, *Le vite*, vol. 4, p. 532. 또한 다음을 보라. Rudolf and Margot Wittkower, *Born under Saturn*, New York: Norton, 1963, pp. 85~87.

"이처럼 아름다운 생각을 마음에 품거나 붓을 움직이는 대신에 숯, 나무, 화로를 만지면서 나날을 낭비해 하루에 쓰는 비용이 그가 스테카타 성당에서 일주일을 일해 얻는 것보다 많았다. 그에게는 돈이 별로 없었지만 화로는 계속해서 더 많은 돈을 소비했다."[39] 연금술에 심취했던 파르미자니노의 결말은 재앙이었다. 주문 의뢰는 취소되었고, 그는 밤중에 도망치듯 파르마를 떠나야 했다. 이에 더해 그는 멜랑콜리 기질[40]이 야기한 어리석음으로 인해 자신의 외모를 방치하기 시작했다. 수염이 자라도록 내버려두었고, 자신을 신사가 아닌 야만인처럼 보이도록 했다. 결국 파르미자니노는 악성 이질과 열병에 걸려 세상을 떠나고 말았다.

바사리와 레오나르도는 연금술이 시각예술의 재료를 제작하는 기술에 기여했다는 점은 인정했음에도 불구하고, 그 분야를 비딱한 시선으로 바라보았다. 앞서 살펴보았듯이 연금술을 정의했던 군디살리누스나 페트루스 보누스 같은 중세 사상가들과 마찬가지로, 바사리와 레오나르도는 연금술이 몇몇 유용한 보조 기술들을 포함하고 있었음에도 불구하고 그것을 기본적으로 변성에 관한 탁월한 분야로 이해했다. 그러나 연금술사들과 그 추종자들과는 달리 바사리와 레오나르도는 황금변성을 향한 도전은 필연적으로 실패할 것이라고 확신했다. 그렇다면 이들 작가와 화가가 연금술에 부여했던 암울한 그림으로부터 배울 만한 점은 무엇일까? 16세기의 예술가들도 서로 간에 견해를 공유했을 가능성이 있지만, 과연 연금술의 치명적인 특징에 대해 그들 가운데 어느 정도의 의견 일치가 있었다고 말할 수 있을까? 분명히 누군가는 시각예술 분야에서 페루자(Perugia)의 화가 빈센초 단티 같은 인물을 주목할 것이다. 그도 비슷하

---

39 Vasari, *Le vite*, vol. 4, pp. 543~44. [옮긴이] 조르조 바사리, 이근배 옮김, 『르네상스 미술가 평전 3』, 한길사, 2018, 1979쪽에서 인용.

40 [옮긴이] 중세 의학을 지배한 체액설에 따르면, 검은 담즙을 의미하는 멜랑콜리(melancholia)는 차가운 성질과 건조한 성질이 결합된 기질이다. 르네상스 시기 이전까지는 부정적인 의미로 자주 사용되었던 반면에, 르네상스 시기의 멜랑콜리는 예술가만의 독특한 기질로 재해석되어 예술적 자의식으로 표현되는 경우가 많아졌다.

게 연금술에 대해 독설로 가득 찬 견해를 가졌다.[41] 더군다나 최근의 미술사 연구는 당시 이러한 견해가 흔한 것이었음을 보여준다. 토마스 다코스타 카우프만의 독창적인 논문에 따르면, 집요하게 이어져온 연금술 반대 정서는 르네상스와 바로크 시대에 걸쳐 북유럽의 회화 및 판화 예술의 주류 전통을 통해 확산되었다.[42] 연금술이 북유럽 예술가들 사이에서 "비도덕의 본보기"가 되었다는 카우프만의 주장은 타당하다. 그들은 종교적인 관점에서 연금술을 탐욕과 어리석음, 부정직함의 체현으로 여겼다. 이러한 경향을 보여주는 좋은 사례는 대(大) 피터르 브뤼헐의 1558년 작품인 「연금술사들」(베를린 인쇄물 박물관 소장)이다. 이 작품을 지배하는 주제는 분명히 연금술에 의해 초래된 가난이었다(그림 3.1).

만약 우리가 바사리와 레오나르도의 견해를 당대 예술가들 일반의 견해로 볼 수 있다 하더라도, 굳이 연금술을 황금변성과 연결하지만 않는다면 연금술이 때로는 매우 실제적이고 유익한 생산물을 만들어낸다는 점으로 인해 그것에 대한 거부감이 누그러지기도 했다. 게다가 레오나르도는 기예-자연 논쟁에서 연금술이 가졌던 전통적인 역할을 알고 있었음이 분명하다. 그렇다면 기예-자연 논쟁 및 그 안에서 연금술이 가졌던 중심적인 역할을 통해 16세기의 조형예술 및 회화예술 전통이 더욱 활기를 얻을 수 있었다고 보아도 될까? 특히 연금술사들의 우쭐대는 주장을

41 단티의 시 「연금술 반대의 장(章)」(Capitolo contra l'alchimia)에 관해서는 다음을 보라. J. David Summers, "The Sculpture of Vincenzo Danti: A Study of the Influence of Michelangelo and the Ideals of the Maniera", Ph.D. diss., Yale University, 1969, pp. 505~12.

42 Thomas DaCosta Kaufmann, "Kunst und Alchemie", in *Moritz der Gelehrte: ein Renaissancefürst in Europa*, ed. Heiner Borggrefe et al., Eruasberg: Minerva, 1997, pp. 370~77, 373을 보라. 로런스 프린시프와 로이드 드윗은 연금술을 소재로 한 이처럼 완고한 그림의 중요한 예외를 플랑드르 화가 다비드 테니르스 2세의 작품에서 발견했다. 세평에 따르면, 그는 연금술사이면서 직접 그림을 그렸다고 한다. Lawrence M. Principe and Lloyd DeWitt, *Transmutations: Alchemy in Art*, Philadelphia: Chemical Heritage Foundation, 2002, pp. 12~18.

그림 3.1 대(大) 피터르 브뤼헐의 「연금술사들」.

향해 예술가들이 반응했던 것은 단지 도덕적 이유 때문만이 아니라 연금술사들이 자신들의 기예야말로 유일하게 자연을 진정으로 복제한다고 주장하면서 시각예술을 표면적 모방의 영역으로 격하했기 때문은 아니었을까? 아마도 우리는 연금술과 시각예술이 서로 간에 계속된 경쟁 관계를 통해 지식인층 문화와 후원자들의 세계에서 저마다의 위치를 정당화하기 위해 분투했다고 평가할 수 있을 것이다. 이들 각각은 자연과의 관계에서 자신만이 특권을 가졌다고 스스로를 추켜세우면서 경쟁자의 주장을 평가 절하했다.

독자들이 이 장(章)의 의도를 잊지 않도록, 16세기 시각예술에 종사했던 인물들이 어느 정도로 연금술의 기예-자연 논쟁을 인식하고 있었고 또 그로부터 영향을 받았는지 탐색하기 위해 몇 가지 사례 연구의 개요를 제시하려 한다. 이제 소개할 세 명의 저술가는 예술의 영역 내에서 매우 상이한 경향들을 보여준다. 첫째, 시에나(Siena)의 야금 기술자이자 건축가였던 반노치오 비링구치오(1480~1537), 둘째, 철학자이자 시인, 역사가, 예술비평가로서 피렌체 아카데미와 긴밀히 연결되었던 베네데토 바르키(1503~65), 끝으로 오랜 생애 동안 내내 프랑스 귀족들을 위해 생생한 형태의 도자기를 만들며 보냈던 베르나르 팔리시(1510~90)가 그들이다. 이들 세 인물은 연대로나 직업으로나 16세기 전체를 포괄한다. 비링구치오는 시에나에서 대단한 예술가이자 공학 기술자였고, 금속을 제련하는 거친 기술의 영역 및 주물을 다루는 비교적 순수예술에 가까운 영역 모두에서 활동했다. 그는 자신이 직접 제작한 총의 성능을 감독했고, 시에나 두오모 성당의 건축을 지휘했던 발다사레 페루치의 후계자이기도 했다.[43] 한편으로 바르키는 실천적인 사람이 아니라 지식인 집단의 구성원이었다. 그럼에도 그는 비링구치오에 관한 사안들을 알고 있었고, 비교적 귀족층에 어울리는 관점으로 여러 종류의 기예를 비교하고 순위를 매기는 저술을 남겼다.[44] 마지막으로 팔리시는 어느 정도는 비링구치오와 유사한 사람이었다. 그와 마찬가지로 팔리시도 건축에 관심을 가졌고 약간의 실용수학을 익혔던 배경도 갖고 있었다. 팔리시는 예술품(objets d'art)의 생산에 더욱 많은 열정을 기울였던 반면 전쟁 도구에는 비교적 무심했다. 세 인물 모두는 연금술을 향한 진지한 호기심도 공유했다.

비링구치오와 참된 연금술

비링구치오가 관여했던 활동들은 상당히 폭넓지만, 그가 오늘날 얻은 명성은 거의 전적으로 그의 저작 『불꽃에 관하여』(1540) 덕택이다. 이 10권 분량의 개론서는 야금술의 모든 측면을 다루었고, 광물 일반의 자연사에서 중요한 부분들을 검토했다. 하지만 이 정도의 소개로는 비링구치오의 저작이 다룬 범위를 다 담지 못하는데, 『불꽃에 관하여』는 유리 제작, 종

43 *Dizionario biografico degli italiani*, Rome: Istituto della enciclopedia italiana, 1968, vol. 10, pp. 625~31.

44 Leatrice Mendelsohn, *Paragoni: Benedetto Varchi's Due Lezzioni and Cinquecento Art Theory*, Ann Arbor: UMI Research Press, 1982; Umberto Pirotti, *Benedetto Varchi e la cultura del suo tempo*, Florence: Olschki, 1971.

(鐘) 주조, 도자에 관한 내용뿐만 아니라 심지어 사랑의 기예도 다뤘다. 다만 여기서 살펴봐야 할 점은 비링구치오가 연금술에 매료되었다는 분명한 사실이다. 바사리와 레오나르도처럼 비링구치오도 연금술이 유용한 발견을 여럿 이끌어냈다는 사실을 인정한다. 가령, 그는 연금술사들이 금을 생산하려다가 최초로 구리와 아연으로 놋을 만들었다고 생각한다. 비링구치오에 따르면, 연금술사들은 인공 보석을 만들기 위한 탐구를 통해 유리도 발명했다. 증류와 승화의 기법 역시 그들의 몫이었고, 차례로 경이로운 향수와 의약의 발명으로 이어졌다. 심지어 회반죽의 핵심 구성 성분인 생석회를 생산하기 위한 석회석 하소 기법의 발견도 연금술과 유사한 과정으로부터 빚을 졌다. 비링구치오는 이렇게 말한다. 영구적인 거주 공간을 세우기 위해 최초의 인간들은 돌을 형성하는 자연의 과정을 흉내 내려 했다. 그들은 마치 연금술사들처럼 행동하면서 기존의 돌을 "순수 질료"로 환원하려고 했다. 돌의 구성을 학습하기 위해 그것을 불에 태워보고, 그럼으로써 회반죽을 만드는 법을 발견했다.[45]

그러나 인류가 연금술에 빚을 졌다는 인식에도 불구하고, 비링구치오는 연금술의 교의를 거의 믿지 않는다. 『불꽃에 관하여』에는 연금술사들의 주장을 다룬 두 개의 중요한 부분이 포함되어 있다. 앞 장의 첫째 부분에서는 금과 금의 추출을 다루고, 둘째 부분은 연금술이라는 구체적인 주제에 할애된다. 이들 두 부분을 차례로 살펴보면 비링구치오가 기예-자연 논쟁과 그 안에서의 연금술의 역할에 관해 속속들이 알고 있었음을 확인할 수 있다. 그는 금에 관한 장(章)에서 이 주제를 논의하기 시작한다. 많은 현자와 왕족이 자신들의 시간을 바쳐 금속의 변성에 헌신했지만, 누군가가 성공했다는 관찰 결과는 아직까지 전혀 알려지지 않았다. 이 논증은 이미 게베르의 『완전성 대전』에서 발견된다. 게베르는 비링구치오가 언급한 저자들 가운데 한 명이었기 때문에 그의 논증이 게베르에게서 비롯되었음은 충분히 가능한 일이다.[46] 이어지는 논의는 이 책의

45 Biringuccio, 19v, 41v, 124v, 147r–v (facs.)/pp. 70, 126, 339, 397 (Eng.).

핵심적인 연구 주제인 기예와 자연에 관한 것이다.

비링구치오는 연금술의 원리를 자연의 과정과 비교해 양쪽이 매우 다름을 발견했노라고 말한다. 자연은 내부에서 작용한다. 반면에 기예는 "비교적 상당히 허약하고 자연을 따라 자연을 모방하고자 애쓰지만, 외부에서 표면을 다루는 방식으로 작동한다".[47] 이 논증의 전반부는 물론 빈티지 아비켄나다. 이 페르시아 철학자는 『응고에 관한 서』에서 "기예는 자연보다 허약하며 자연을 추월할 수 없음에도, 그렇게 하려고 애쓴다"고 선언했다.[48] 기예는 자연을 향해 오로지 외부적이고 표면적인 변화만을 가할 수 있다는 비링구치오의 주장은, 물론 아비켄나를 전거로 삼았을 것이다. 『응고에 관한 서』의 결론이 제시했던 주장에 따르면, 연금술사들의 방법은 참된 변성이 아닌 "확실히 부차적인 사물"을 이끌어내는 정도에 그친다.[49] 이와 동시에 비링구치오는 『자연학』 제2권(192b23-24)에 등장하는 인공적인 것과 자연적인 것의 아리스토텔레스적 구별을 은연중에 언급한다. 집을 짓는 사람은 외부에서 작업하지만, 자연적 사물은 변화의 내부적 원리를 갖는다고 아리스토텔레스는 강조했다. 이 흐름을 계속 이어나가 비링구치오는 다음과 같이 덧붙인다. 만약 누군가가 금속을 만들기 위한 적절한 재료들을 갖춘다 하더라도, 여전히 그 사람은 그 재료들이 섞여야 할 비율도 알지 못하고 자연이 그것들을 완전성으로 이끄는 방법에도 무지하다. 이는 다시금 『응고에 관한 서』의 메아리인데, 아비켄나도 인간은 금속의 구성 성분들이 어떤 비율로 섞여야 하는지 알 수 없다고 강조했기 때문이다. 그러나 앞으로 이어지는 비링구치오의 평가는, 아비켄나의 문헌이 서유럽에 수용된 이래 연금술의 기예-자연 논쟁

---

46 Biringuccio, 5r (facs.)/p. 36 (Eng.).

47 Biringuccio, 5b (facs.)/p. 37 (Eng.): "Et larte debilissima respetto a essa, la segue per veder de imitarla, ma va per vie esteriori & superficiali."

48 William R. Newman, *The "Summa perfectionis" of Pseudo-Geber*, Leiden: Brill, 1991, p. 49.

49 Newman, *Summa perfectionis*, p. 51.

이 얼마나 멀리 진전했는지를 보여줄 것이다.

비링구치오가 펼친 논의의 대부분은 자연과 동등해지거나 자연을 능가하려는 연금술사들의 불경함과 교만에 초점을 맞춘다. 금속의 변성은 인간에게 주어진 작업이 아니라 신 본연의 임무다.

> 그와 같은 일을 어떻게 해야 하는지 아는 이들이라면, 그들은 인간이 아니라 신으로 불려야 할 것이다. 그들은 이 세계의 만족할 줄 모르는 탐욕의 갈증을 제거할 것이고, 보기 드문 탁월한 지혜로 자연(창조된 모든 사물의 어머니이자 노예이고, 신의 딸이며, 세계의 영혼)의 능력을 앞지를 것이기 때문이다. 그들은 어쩌면 자연이 갖지 못한 방법을 사용하거나, 만약 가졌더라도 자연이 결코 이루어내지 못할 결말에 도달할 것이다.[50]

여기서 다시금 우리는 위-아리스토텔레스의 『비밀들 중의 비밀』에 대한 중세 주석서들에서 발견되었고 14세기 종교재판관 에이메리히가 『연금술사들에 반대하여』에서 제시했던 모티프를 마주하게 된다.[51] 요약하자면, 비링구치오는 연금술사들이 능동적으로 스스로를 신의 경쟁자 자리에 올려놓으려 애쓴다는 비난을 끌어들였다. 하이델베르크 대학 교수였

---

50 Biringuccio, 5v–6r (facs.)/pp. 37~38 (Eng.): "Perche quelli che tali cose far sapessero, non solo si poterebbeno chiamar homini ma dei esser quelli che al mondo estinguerino la insatiabile sette del'avaritia, & per la strasordinaria eccelentia vel sapere e col quale di gran longa avanzerebbono il potere de la natura, madre & ministra dittute cose create, figliuola di Dio, & anima del mondo, con adoperare mezzi quali forse lei non gli ha in essere, & se gli ha a tali effetti forse non gli usa."

51 Sylvain Matton, "Le traité *Contre les alchimistes* de Nicolas Eymerich", *Chrysopoeia* 1, 1987, pp. 93~136, 특히 pp. 122~24를 보라. 에이메리히는 전체 이슈를 금속의 "변성"이 아닌 "창조"로 표현한다. 이로써 연금술의 근간이 신의 능력을 찬탈하는 무가치한 것임을 강조하려 한다. p. 128에서 그는 신이 이러한 창조적 능력을 다른 존재나 심지어 초자연적인 존재에게 허락할 리 없다고 주장한다.

던 츠빙글리파 신학자 에라스투스의 저작에서 볼 수 있듯이, 비링구치오의 비난은 16세기에 더욱 큰 호응을 얻었다. 시에나의 이 예술가는 비난을 이어가면서 연금술사들이 영혼(휘발성 구성 요소)을 한 차례 제거하고 나면 그것을 물체와 다시 결합시키기란 불가능하다고 말한다. 이러한 일은 "죽은 사람을 다시 살리는" 것과 같은 불가능한 일이기 때문이다.

연금술사들이 주장하는 방식대로 정말로 자연을 능가할 수 있다면야 그들 자신은 "축복"을 받겠지만, 그 성공의 결과 역시 터무니없을 것이라고 비링구치오는 지적한다. 연금술사들은 위대한 왕족들을 능가해 더 많은 부(富)와 무기, 위대한 건축물을 얻을 것이고, 다른 모든 종류의 기예가 가진 지식을 쓸모없게 만들 것이다. "도대체 누가 더욱 어리석지 않고서야 다른 종류의 기예와 지식을 추구하는 데 시간을 낭비할 것이며, 그토록 유용하고 가치 있는 아니, 신성하고 초자연적인 이러한 기예[연금술]를 배우고 익히는 데 실패하겠는가?"[52] 여기서 우리는 연금술이 다른 종류의 기예와 벌이는 경쟁 관계가 뚜렷한 언어로 표현되고 있음을 목격한다. 연금술이 가진 문제는 단지 그것이 기예의 왕좌를 차지하겠다는 주장뿐만 아니라 진정으로 자연의 주인이 됨으로써 유일한 "진짜" 기예가 되겠다고 주장하는 데 있다는 것이다. 연금술의 주장에 대해 비링구치오는 다시금 그것의 불경스러움을 고발함으로써 응수한다. 만약 연금술사들이 자신들이 원하는 어떠한 금속이라도 금으로 변성시켜줄 수 있는 엘릭시르를 가지고 있다면, 그들은 "이 모든 사물의 창조주인 신을 자신들이 플라스크 속에 포로로 잡아두었다"고 말할 수 있을 것이다.[53] 그런데 심지어 이조차도 그들이 내세우는 주장의 최대치가 아니다.

---

52 Biringuccio, 6v (facs.)/p. 39 (Eng.): "Et qual sarebbe maggiore errore a gli homini che perdere il tempo a seguitar laltre scienze & arti, & lassar d'imparare o studiar questa tanto utile, & tanto degna anzi divina & sopranaturale."

53 Biringuccio, 6v–7r (facs.)/p. 40 (Eng.): "quello Iddio che fattore di tutte le cose, se quel che dican fusse vero prigione in una boccia potrebben dire d'havere."

비링구치오가 보기에 연금술사들은 금속의 변성을 넘어서서 빵이나 약초, 과일을 플리스크 속의 인공적인 소화 과정을 통해 디욱 싱싱하게 바꿀 수 있다는 주장을 고집한다. 그들은 탄화된 나무도 다시금 푸르게 만들 수 있으며, 그로부터 싹을 틔워 더 많은 나무를 생산할 수 있다고까지 말한다. 비링구치오는 이 책의 제4장에서 다룰 주제인 연금술의 인공 생명 프로젝트도 이미 접했을 가능성이 있다. 그는 이 주제를 다음과 같은 방식으로 전개한다.

> 이를 비롯한 다른 많은 이유로, 그들은 당신으로 하여금 심지어 여성의 몸 바깥에서도 근육과 뼈와 힘줄을 가진 인간이나 여타 동물을 발생시키거나 형성할 수 있으며 영혼을 비롯해 필요한 모든 속성으로 그에게 생기를 불어넣을 수 있다고 믿게끔 하려 한다. 그들은 유사한 방식으로 자연적 씨가 없이도 나무와 풀을 자라게 하거나, 나무와 분리된 과일에 자연적 과일이 가진 모양과 색깔, 냄새, 맛을 부여하는 일도 기예를 통해 가능하다고 말한다.[54]

이 정도면 누구라도 왜 비링구치오가 연금술사들이 이 세계의 모든 사물을 지배하는 데 그치지 않고 더 나아가려 한다고 비난하는지 이해할 것이다. 그들의 호언장담은 하나의 금속을 다른 금속으로 변환하는 단순한 작업을 넘어선다. 그들은 겉으로는 부인하는 척하지만, 실은 변성의 능력자로 만족하지 않고 신의 역할까지 탐하는 것이다.[55]

---

54 Biringuccio, 8r (facs.)/p. 43 (Eng.): "Et con questa & con moltre altre ragioni vogliano che si creda che fuor del ventre feminile generar & formar si possa uno homo & ogni altro animale con carne & ossa & nervi & ancho animarlo di spirito con ogni altra convenientia che se gli ricercha. Et similmente far nascere gli arbori & lherbe con larte senza il seme lor naturale, E cosi i frutti separati da gli arbori dandolo le forme loro, & cosi li colori, gli odori & sapori come li veri naturali."

55 Biringuccio, 8r (facs.)/p. 43 (Eng.).

『불꽃에 관하여』의 앞부분에 등장하는 적대적인 평가에도 불구하고, 이 저작의 뒷부분에 등장하는 연금술에 관한 장(章)은 나름 절제의 미덕을 보여준다. 여기서 비링구치오는 연금술을 두 갈래로 구분하는데, 하나는 "올바르고 거룩하며 선한 길"이고, 다른 하나는 "궤변적이고 폭력적이며 비자연적인 길"이다.[56] 첫째 길을 걷는 실천가는 자연의 모방자이자 조력자이기를 자처하고 사물의 결함을 제거하는 작업을 우선으로 삼으며, 그 사물의 미덕을 증대한다. 그 길의 목표가 비록 헛되어 보이더라도 그로부터 얻는 부산물의 유용함만으로도 충분히 도전할 만한 가치가 있는 길이다. 반면에 궤변적인 유형의 길은 속임수를 비롯한 여러 가지 범죄를 저지르는 행위다. 이러한 유형의 연금술은 "오로지 겉모습으로만" 드러나고, 고의로 거짓된 모조품을 생산하며, 사물을 "첫눈에 그 사물이 아닌 다른 무언가로 보이게끔" 만든다.

비링구치오는 '착한' 연금술의 가능성을 인정하기는 했지만, 자신만의 주장을 제시하면서 결론을 내린다. "이러한 것들의 효과는 이득을 가져다주지는 못하지만, 금과 수정과 보석에 대응하는 동(銅)과 유리와 에나멜의 유사성을 생산한다." 다시 말해 그의 결론은 두 갈래의 연금술 모두는 결국에 가면 자연적 생산물에 대한 진정한 복제물을 만드는 데 실패한다는 것이다. 모두가 이렇게 실패할 운명이라면 도대체 왜 비링구치오는 연금술을 두 갈래로 굳이 나누었을까? 한 가지 분명한 답은 그가 연금술에 진지한 흥미를 보이는 권력자들에게 굳이 그것을 공격하는 모습을 보이고 싶지 않았기 때문이다. 비링구치오가 활동했던 1520년대 후반의 피렌체는 연금술을 향한 관심이 집중된 도시였다.[57] 이와 더불어 연금술을 참된 유형과 "궤변적인" 유형으로 구분하는 것은 연금술이라는 분야 그 자체에 깊이 배어 있는 습관이기도 했다는 점이 고려되어야 한

56 Biringuccio, 123r–v (facs.)/pp. 336~37 (Eng.).

57 피렌체에서 비링구치오가 펼쳤던 활약에 관해서는 다음을 보라. *Dizionario biografico degli italiani*, Rome: Istituto della enciclopedia italiana, 1968, vol. 10, p. 626.

다. 게베르는 『완전성 대전』에서 '의학'의 상승 단계를 셋으로 나누어 말한 바 있다. 첫째 단계는 일시적인 잦은 변화만을 생산하지만, 셋째 단계에 이르면 고귀한 금속으로의 영구적인 변성을 완성할 수 있다.[58] 이와 유사한 구분법이 비링구치오가 읽었음이 분명한 알베르투스 마그누스의 『광물의 서』에서도 발견된다.[59] 요컨대, 비링구치오는 자신의 의견을 표현하기 위해 연금술사들이 자신들을 위해 고안했던 구분법을 단지 그대로 반복했을 뿐이다. 즉 연금술은 그것이 가져다주는 부산물의 유용함에도 불구하고 전체적으로는 현실과 맞지 않는 분야라는 것이다.

자연을 능가해 신과 동등해지겠다는 연금술의 주장이 교만이라는 비링구치오의 견해는, 자신들의 기예가 다른 모든 기예를 추월해 어떤 의미에서는 그것들을 불필요한 것으로 만들겠다는 연금술사들의 넌더리 나는[비링구치오가 보기에] 주장과 정면으로 충돌한다. 연금술에 관한 장에서 양쪽의 주장 모두는 철저히 묵살당한다. 비링구치오는 참된 연금술과 거짓된 연금술 모두가 자연적 사물을 모방하는 존재일 뿐이라고 보면서 자연을 완전성으로 이끄는 기예라는 아리스토텔레스적 개념을 거부한다. 그의 입장은 다 빈치와 매우 가까웠다. 두 사람 모두 자연과 동등해지고 어쩌면 신 자신과도 동등해지겠다는 연금술의 주장에 퇴짜를 놓았으면서도 연금술사들이 결국에는 가치 있는 몇몇 생산물을 제작하게 될 것임을 인정했다. 비링구치오와 레오나르도는 외부의 모습만을 조작하는 화가나 조각가와는 달리 자신들은 참으로 질료의 내부적 속성들을 다룬다는 연금술사들의 주장을 부인했다. 비링구치오가 자신의 논증을 한 걸음 더 밀어붙여 분명히 지적했던 바, 만약 그렇다면 연금술이 다른 모든 기예를 불필요하게 만들 것이라는 평가는 근본적으로 레오나르도의 입장과 동일했다. 이제 연금술사들의 지위는 인정하면서도 그들이 다른 모든 기예보다 우월하다는 주장만큼은 어떻게든 부정하려고 했던, 비링구

58 Newman, *Summa perfectionis*, pp. 752~69.

59 Biringuccio, 3v (facs.)/pp. 32~33 (Eng.).

치오와 동시대에 살았던 또 다른 인물을 검토할 차례다.

바르키와 기예의 위계

오늘날 알려진 베네데토 바르키는 피렌체의 포괄적인 역사를 저술했고 토스카나 방언을 옹호했으며, 르네상스 시기의 예술 이론에 깊은 영향을 끼쳤던 인물이다. 피렌체 아카데미의 저명한 회원으로서 그는 너무나 다양한 주제를 논했다. '괴물은 어떻게 발생하는가', '사랑하는 자가 사랑받는 자보다 더 고귀한가' 같은 질문을 던졌던 그는 우아한 웅변가이자 스콜라주의의 세례를 받은 철학자였다. 그는 볼로냐(Bologna) 대학에서 로도비코 보카디페로에게서 아리스토텔레스를 배웠으며, 아카데미의 동료 회원들을 교화하기 위해 자신의 모든 박식함의 무게를 끌어모아 단테와 페트라르카를 해설했다.[60] 바르키를 처음 접하는 사람이라면 그보다 더 비링구치오와 거리가 먼 사람을 상상하기 어렵겠지만, 실은 두 사람은 친구였다. 바르키의 『피렌체의 역사』에는 비링구치오가 주물로 제작한 코끼리 모양의 기괴한 총이 1529~30년 피렌체가 포위되었을 당시 실제로 사용되었다는 사실이 언급된다.[61] 게다가 바르키는 연금술이라는 주제에 관해서도 중요한 논쟁을 벌였고 비링구치오의 견해를 상세히 기록으로 남기기도 했다.

바르키의 저작 『연금술에 관한 질문』은 최근에 알프레도 페리파노에 의해 본격적으로 연구되었고, 메디치 가문의 대공 코시모 1세 주변의 연금술 서클에 관한 중요한 증언을 담은 작품으로 평가받았다. 코시모 1세가 베키오(Vecchio) 궁전에 세워진 주조 공장(fonderia) 또는 실험실을 소유했으며, 그곳에서 식물의 증류와 연금술의 야금 공정이 실행되었다는

---

60 Umberto Pirotti, *Benedetto Varchi e la cultura del suo tempo*, Florence: Olschki, 1971. 보카디페로에 관해서는 pp. 64~78을 보라.

61 Benedetto Varchi, *Storia fiorentina,* in *Opere*, Trieste: Lloyd austriaco, 1858, vol. 1, p. 219.

사실은 잘 알려져 있다.[62] 그는 이러한 작업들을 비롯한 과학적 시도에 적극적으로 관여했던 인물이었다. 그가 만들었다는 카드의 방(Sala delle Carte)은 호기심의 방과 비슷했으며, 그곳에 수집된 경이로운 물건들 중에는 기계로 움직이는 두 개의 지구와 하나의 천상, 또 다른 지구가 있었다. 과학을 향한 코시모 1세의 관심은 그저 사색에 머물지 않았다. 이 대공의 이름으로 기록된 다양한 연금술 레시피가 필사본으로 남아 있으며, 그 가운데는 황금변성이 묘사된 전통적인 스타일로 금속을 "붉게 물들이는" 비법도 포함되어 있다.[63] 이와 동시에 코시모 1세는 피렌체 아카데미의 설립에도 적극적이었는데, 그는 1541년 '축축한 것의 아카데미'[64]를 '피렌체 아카데미'로 개명했다. 코시모 1세가 보여준 연금술을 향한 관심과 아카데미를 향한 후원이 바르키가 강의할 무대를 마련해주었다는 사실을 고려한다면, 그가 변성 기예에 대해 차츰 관심을 갖게 된 것도 결코 무리는 아니었다.

『연금술에 관한 질문』은 1544년에 완성되어 피렌체의 부유한 상인이자 바르키의 오랜 친구였던 바르톨로메오 베티니에게 헌정되었다. 바르키는 헌정사에서 이 저작을 쓰게 되었던 배경을 설명한다. 어느 날 밤, 그는 몇몇 동료들과 함께 돈 페드로 디 톨레도의 방에 머물고 있었다. 그곳에서 연금술에 관한 생생한 토론이 벌어졌고, 그 과정에서 연금술에 대한 찬반으로 의견이 두 패로 갈렸다.[65] 바르키가 토론 과정을 중재했기 때문

62 Alfredo Perifano, *L'alchimie à la Cour de Côme Ier de Médicis: savoir, culture et politique*, Paris: Honoré Champion, 1997, pp. 46~47. 또한 다음을 보라. Suzanne B. Butters, *The Triumph of Vulcan: Sculptors' Tools, Porphyry, and the Prince in Ducal Florence*, Florence: Olschki, 1996, vol. 1, pp. 241~67.

63 Perifano, *L'alchimie*, p. 45(카드의 방), p. 57(코시모의 "붉은 금속 제작" 레시피).

64 [옮긴이] 피렌체 아카데미의 원래 이름이었던 '축축한 것'(Accademia degli [H]umidi)은 4원소 가운데 하나인 물을 의미했다.

65 돈 페드로 디 톨레도가 누구였는지는 알려져 있지 않다. 바르키의 『연금술에 관한 질문』을 편집했던 도메니코 모레니는 그가 나폴리(Napoli)의 총독(viceroy)이었다고 믿었다. 페리파노는 모레니의 주장에 의심을 제기하면서 돈 페드로 디 톨레도가 실제로는 "나폴리의 에레모(St. Eremo) 영주로서 나폴리 궁정에서 축출되어 코모

에 돈 페드로는 바르키에게 이 주제에 관한 생각을 글로 써보도록 요청했고, 이 일이 『연금술에 관한 질문』의 탄생 배경이 되었던 것이다. 이 책의 내용에 관한 논의로 들어가기 전에 바르키의 저작들 전체에서 이 책이 차지하는 위치를 짚고 넘어갈 필요가 있다. 누군가는 『연금술에 관한 질문』의 중요성을 과대평가하기를 원치 않을 테지만, 그날 밤의 논쟁이 바르키의 다른 저작들의 여러 중요한 단락들에서도 언급되었다는 점을 주목할 필요가 있다. 페리파노도 지적했듯이, 바르키는 후대 저작인 『열에 관한 가르침』에서 『연금술에 관한 질문』을 언급하는데, 그는 『연금술에 관한 질문』이 이후의 저작들을 가능케 했던 기폭제가 되었노라고 술회한다. 『연금술에 관한 질문』에서 바르키는, 인공적인 열과 자연적인 열의 필연적인 차이가 근본적으로 다른 생산물을 낳는다는 아이디어를 반박한다. 『열에 관한 가르침』은 "금속은 자연과 기예를 통해 동일한 종으로 만들어질 수 있다"고 진술하면서 『연금술에 관한 질문』에서의 논의를 인용한다. 『열에 관한 가르침』의 헌정사에서도 바르키는 열에 관한 이 저작의 논의가 돈 페드로의 방에서 열렸던 연금술의 타당성에 관한 바로 그 논쟁에서 비롯되었노라고 강조한다.[66]

뿐만 아니라 바르키는 『연금술에 관한 질문』이 그보다 2년 뒤에 출판되어 널리 알려진 『회화와 조각에 관한 두 가르침』[67]의 윤곽을 만들어주었다고 언급한다. 『두 가르침』에서 첫째 가르침은 그 유명한 미켈란젤로의 시 분석을 담고 있는데, 우리가 더 살펴볼 주제는 아니다. 바르키가 여러 가지 기예를 대조하면서 『연금술에 관한 질문』을 언급한 부분은 둘째 가르침에서 등장한다. 그는 의사의 전통적인 역할이 자연의 노예였음을 설명하면서 "이에 관한 논의를 『연금술에 관한 질문』의 첫째 논문에서 상

(Como) 궁정에 들어갔을" 것이라고 제안한다(Perifano, *L'alchimie*, p. 95).

66 Benedetto Varchi, *Lezione sui calori*, in *Opere di Benedetto Varchi*, Trieste: Lloyd Austriaco, 1859, vol. 2, p. 522, 특히 p. 508을 보라; Perifano, *L'alchimie*, p. 93, n. 3.

67 [옮긴이] 이하 『두 가르침』으로 줄여 쓰겠다.

세히 서술했다"고 언급한다.[68] 이를 비롯한 여러 언급을 통하여 최근 연구자인 리트리스 멘덜슨은 바르키가 연금술을 순수예술과 나란한 것으로 보았다고 결론을 내렸다. 멘덜슨에 따르면, "[피렌체] 아카데미가 인간을 창조주로 신격화했던" 표현들은 연금술과 순수예술에서 모두 나타난다. 두 영역에서 인간은 자연의 창조 능력과 동등해질 수 있을 뿐만 아니라 자연을 추월할 수도 있다. "이러한 견해의 직접적인 결론은 질료에 대한 인간의 지배력을 입증하는 기예(arte)에 영광을 돌리는 것이었다." 따라서 멘덜슨에 따르면 피렌체 아카데미의 회원들, 특히 바르키에게 연금술을 비롯한 회화와 조각, 시문학은 모두 인간의 변형 능력을 대표하는 분야들이었다.[69] 비록 피코 델라 미란돌라의 '경이로운 인간'[70]으로부터 영향을 받은 몇몇 회원들이 연금술에 매료되었던 것도 사실이지만, 현실에서는 시각예술을 극찬하기를 원하는 이들에게 변성 연금술은 해결책이 아닌 문젯거리를 던져주었다. 앞서 강조했듯이, 연금술사들은 시각예술을 가짜 연금술의 지위로 격하해왔다. 그들의 논증을 인정하는 어느 예술가라도 그렇게 격하된 위치에 강제로 내몰릴 것이 뻔했다. 스승 보카디페로로부터 철저한 아리스토텔레스주의의 철학적 훈육을 받았다는 사실 때문에 이 문제는 바르키에게 더욱 복잡하게 다가왔다. 연금술사들이 사용했던 바로 그 논증이야말로 아리스토텔레스에 의해 거부되었던 것이었기 때문이다.

『두 가르침』이 기예의 본성에 관한 논의의 배경으로 『연금술에 관한 질문』을 꼬집어 언급하는 까닭에, 바르키의 이론 및 여러 기예의 대조에

68 Varchi, *Due lezioni*, in *Opere*, vol. 2, p. 632.

69 Mendelsohn, *Paragoni*, pp. 22~23.

70 [옮긴이] 피코는 『인간의 존엄성에 관한 연설』 및 『헵타플루스』에서 인간을 '위대한 기적'으로 칭송했다. 인간은 피조물의 지배자이며, 인간의 자유 의지는 피조물의 세계를 넘어 수직으로 상승한다는 피코의 인간 이해는 연금술사들의 인간관과 크게 다르지 않았다. 움베르토 에코·리카르도 페드리가, 윤병언 옮김, 『경이로운 철학의 역사: 근대 편』, 103쪽.

서 연금술의 정확한 역할을 살펴보려면 우리는 『연금술에 관한 질문』으로부터 출발할 수밖에 없다. 따라서 우리는 연금술에만 해당되는 많은 부분을 일단 차치해두고 예술 전반에 대한 바르키의 비평에 초점을 맞춰 보려 한다. 레오나르도보다 어쩌면 또한 비링구치오보다 그 이상으로, 바르키는 화학 기술의 공급자 역할을 하는 연금술의 유용함을 강조한다. 연금술이 다루는 주된 대상인 금속은 의사와 화가에게 상당히 쓸모 있는 재료다. 하소 기법, 유리 제작, 화약, 많은 종류의 유용한 '용액'이 연금술로부터 비롯되었다.[71] 바르키는 이렇게 말한다. 연금술이 가진 유용함에도 불구하고 많은 사람이 그것을 전면적으로 부인하고, 어떤 사람들은 인간이 몇몇 금속과 광물은 복제할 수 있지만 보석과 금, 은은 만들 수 없다는 중도적 입장을 취하기도 한다.[72] 이어서 바르키는 연금술에 반대하는 열 가지 논증을 제시하는데, 그 가운데 몇몇은 우리의 관심을 끌기에 충분하다. 그 논증 목록의 앞부분은 종의 변성은 불가능하다고 말했던 아비켄나의 "기예가들로 하여금 알게 하라"를 떠올리게 한다. 그러나 바르키는 여기에 흥미로운 비틀기를 덧붙이는데, 이 지점에서 기예-자연 논쟁에 관한 그의 광범위한 지식이 드러난다. "아비켄나가 말했듯이, 어떠한 종도 다른 종으로 변성될 수 없다. 만약 그렇지 않다면, 으레 시인들이 그런 척하듯이, 인간이 늑대로 변할 수 있다는 결론이 뒤따르기 때문이다." 바르키는 이어서 말한다. 이 논리를 따르자면, 인간은 "사자로 변성될 수도 있고, 특히 마녀들이 주장하듯이 고양이로 바뀔 수도 있는 셈인데, 이러한 일이 가능할 리 없다".[73] 고양이로 변신할 수 있다는 마녀들의

---

71 Benedetto Varchi, *Questione sull'alchimia*, ed. Domenico Moreni, Florence: Magheri, 1827, pp. 2~4.

72 Varchi, *Questione*, p. 10.

73 Varchi, *Questione*, pp. 12~13: "e niuna spezie, come dice Avicenna, si può trasformare in un'altra, perchè altramente ne seguirebbe, che li uomini, come favoleggiano i Poeti, potessero diventar Lupi, e la medesima ragione è, che il piombo, o il rame essendo diversi di spezie, si convertano in oro, o in argento, essendo diverse spezie, che gli uomini si tramutino in Lioni, o

주장을 바르키가 끌어들인 배경에는 아비켄나의 "기예가들로 하여금 알게 하라"와 마녀의 능력에 대한 믿음을 금지하는 중세 교회법 문서 『주교법령』 사이의 오랜 제휴 관계가 반영되어 있다. 『주교법령』은 "어떠한 피조물도 …… 다른 모양이나 어떠한 유사한 것으로 변성될 수" 없으며, "오로지 신만이" 그렇게 할 수 있다고 명백하게 주장했다. 이 문헌은 무려 13세기부터 마녀뿐만 아니라 연금술에도 같은 잣대를 들이대기 시작했다.[74]

바르키가 기예-자연 논쟁에 관한 폭넓은 지식을 가졌다는 사실은 연금술을 다룬 그의 다른 논저들에 반영된 전통적인 성격에서도 잘 드러난다. 가령, 그는 토마스 아퀴나스를 인용해 어떠한 종도 기예를 통해서든 자연을 통해서든 만들어질 수 없다고 결론을 내린다. 또한 아베로에스를 인용해 인간이 부패한 질료에 어떠한 방법을 적용해 의도적으로 발생시킨 쥐는 자연이 부모를 통해 만들어진 쥐와 다를 수밖에 없다고 말한다.[75] 더군다나 인간에게는 쥐보다 더 우월한 동물인 개를 인공적으로 자연 발생시킬 능력이 아직은 없다.[76] 개처럼 "헐겁고" 분명히 드러나는 원

---

diventino gatte, come si dice delle streghe; ma questo è impossibile, dunque è impossibile, che il piombo, o alcuno altro metallo si trasformi in oro; dunque non è vera l'Archimia."

74 *Corpus iuris canonici*, ed. Emil Friedberg, Graz: Akademische Druck, 1955, col. 1031. 또한 다음을 보라. Jean-Pierre Baud, *Le procès de l'alchimie*, Strasbourg: Cerdic, 1983, pp. 17~23.

75 Varchi, *Questione*, pp. 13~14, 49~51. 비록 토마스는 『명제집 주해』(*Volumen I, Distinctio XIII, Quaestio I, Articulus II*)와 『정규토론 문제집』에서 아베로에스의 원칙을 채택했지만(*Quaestio XII de veritate, Articulus II, 4*), 『기상학 주해』에서 자신의 입장을 수정하거나 명료하게 했다(*Liber VII, Lectio VI*). 여기서 그는 같은 동물이 자연 발생 또는 유성 발생으로 태어날 수 있다고 분명하게 말했다. 이 언급은 다음에서도 볼 수 있다. *Sancti Thomae Aquinatis doctoris angelici ordinis praedicatorum opera omnia*, Parma: Petrus Fiaccadorus, 1852~73, vol. 6, p. 105; vol. 9, p. 193; vol. 20, p. 472.

76 [옮긴이] 이때로부터 정확히 450년 뒤에 인간은 이 능력을 갖게 되었다. 물론, 엄밀한 의미에서 자연 발생을 통한 방식은 아니었지만 말이다.

소들의 혼합물도 아직 만들 수 없는데, 하물며 훨씬 더 "딱딱하고" 분명히 드러나지 않는 혼합물인 금속을 어떻게 만들 수 있겠는가? 설령 이러한 일을 해낼 수 있게 된다 하더라도, 어떻게 연금술사들이 주장하듯이 그토록 짧은 시간 내에 금속을 만들어낼 수 있겠는가? 자연조차 땅속에서 금속을 만드는 데 매우 긴 세월이 걸리지 않는가? 더군다나 기예에서와 자연에서의 "질서"와 "과정"은 서로 다르며, 양쪽의 능력도 서로 균형이 맞지 않는다. 자연의 과정은 내부적으로 진행되는 반면에, 기예는 "자연을 모방하기 위해 자연을 따른다는 점에서 매우 허약하며, 그 과정이 외부적이고도 표면적인 방식으로 진행된다. 이로 보아 기예는 자연이 만드는 것을 결코 만들 수 없으며 자연을 완전성으로 이끌지도 못한다".[77] 여기서 바르키는 다시금 아비켄나의 비판으로 되돌아간다. 기예는 자연을 모방할 뿐 능가할 수 없으며, 기예는 자신의 모델인 자연보다 항상 허약하다고 말했던 이는 물론 아비켄나였다. 끝으로 바르키는 장소의 능력에 관한 토마스의 논증을 내세워 자연은 "단순물"(semplici)로부터 금속을 발생시키며, 자연적인 금속은 땅의 언덕 속에서 자연의 열로 발생될 자신만의 고유한 결정적인 장소를 갖는다고 말한다. 바르키는 다 빈치와 동일한 단어를 사용해 기예를 통해 만든 금속은 자연에서와는 달리 "합성물"(cose composte)을 사용해 비자연적인 열을 통해 외부의 장소에서 발생된다고 결론을 내린다.

이와 같은 연금술 반대 논증을 반박하기에 앞서 바르키는 상당히 의미심장한 태도 변화를 보인다. 그는 아마도 반대 의견을 가진 독자층을 달래기 위한 '비아 메디아'[78]를 의도했을 것이다. 자신의 친구 비링구치오와 마찬가지로 바르키는 연금술이 '참된' 유형과 '궤변적인' 유형으로 구

---

77 Varchi, *Questione*, pp. 15~16.

78 [옮긴이] 영국국교회로부터 출발한 성공회의 핵심 가르침 가운데 하나인 비아 메디아(via media)는 대개 중용(中庸)으로 번역되며, 단순한 기하학적인 중간이나 절충이 아니라 전통과 극단을 아우르는 포괄적인 의미를 가진 개념이다. 바르키의 전략적인 비아 메디아도 이와 비슷한 의미를 갖는다.

분될 수 있음을 강조한다. 그는 연금술을 참된 연금술(archimia vera), 궤변적인 연금술(archimia sofistica), 거짓된 연금술(archimia falsa)의 세 갈래로 나누는데, 이는 금속을 세 차원의 완전성으로 이끄는 '의학'의 세 단계를 제시했던 게베르의 『완전성 대전』으로부터 영향을 받은 결과였을 것이다. 참된 연금술은 사물의 부수적 속성뿐만 아니라 실체까지도 변성시킨다. 그렇게 만들어진 인공적 금은 자연적 금과 동일할 것이며, 그 의학적 효능 또한 동일할 것이다. 이와는 달리, 궤변적인 연금술은 질료의 부수적 속성들만을 변성시킨다. 그렇게 변성된 기본 금속들은 금이나 은처럼 보이겠지만 본래의 실체를 그대로 간직한다. 이 지점에서 만약 바르키가 변성 연금술에 관해 전통적인 방식의 논증을 택했다면, 그는 궤변적인 연금술을 향해 적대적인 표현을 구사하면서 그 허위적인 성격을 시각예술의 허위적인 재현과 비교했을지도 모른다. 하지만 바르키는 예리하게도 이와 같은 방식을 취하지 않는다. 대신에 그는 궤변적인 연금술이 만약 선한 결과를 낼 수만 있다면, 그것의 "아름답고도 어느 정도는 신성한 작용"은 매우 유쾌하고 유용하며 칭송받을 만하다고 선언한다.[79] 반면에 궤변적인 연금술이 돈을 위조하듯이 악한 결과를 낳는다면, 그것은 범죄이고 악마적이다. 독자들은 도대체 궤변적인 연금술에서의 "선한 결과"란 무엇일지 궁금할 것이다. 바르키는 앞선 저술에서 예술가를 위한 이익에 대해 언급한 적이 있기 때문에 아마도 그는 시각예술 작업에 필요한 '궤변적인' 진주와 보석이나 심지어 금속을 염두에 두었을 법하다. 그의 의도는 앞선 레오나르도에게서도 발견되었던 전통이다. 어찌 되었든 간에, 바르키가 연금술사들이 시각예술과 동일한 범주로 놓았던 궤변적인 연금술에 긍정적인 역할을 부여했다는 점은 매우 의미심장하다. 바르키는 궤변적인 연금술을 긍정적으로 다룸으로써 변성과 재현 사이의 장벽 자체

79 Varchi, *Questione*, p. 24: "onde tal arte siccome dritta a buon fine, può esser mediante le sue belle, e quasi divine operazioni, et al mondo, et a chi la fa, di molto piacere, e di molta utilità, e onore."

를 무너뜨리기보다는 시각예술과 연금술 사이에 다리를 놓아 두 분야를 연결하기를 원했던 많은 이들의 노력을 더욱 손쉽게 만들어주었다.[80]

바르키의 셋째 범주인 거짓된 연금술은 자연을 따르고 모방하는 것에 그치지 않고 "자연을 정복하고 제쳐두려 한다. 그러나 이는 가능하지도 않을뿐더러 우스꽝스럽기까지 하다".[81] 바르키가 보기에 특히나 견디기 힘든 것은 연금술사들이 "영혼이라 부르는 어떠한 실체"를 어느 사물로부터 제거해 다른 사물로 되돌릴 수 있다는 주장이다. "죽은 자가 다시 소생"하지 않는 이상, 이러한 일은 불가능하다. 비링구치오와 마찬가지로 바르키는 영혼을 제거했다가 다시 부여하는 것을 문자 그대로 죽은 사람의 부활로 본다. 이는 빈 모자에서 토끼를 꺼낼 수 없다는 아리스토텔레스의 원칙에 대한 위반이다. 이와 같은 거짓된 연금술은 누구든지 어떠한 질병이라도 즉각 치료받을 수 있으므로 인간은 불사(不死)의 존재에 가깝게 만들어질 수 있다고까지 주장한다. 게다가 말하는 동상이나 그 밖의 말도 안 되는 존재들도 만들 수 있다고 자랑하는데, 이는 강신술의 주장과 다르지 않다. 레오나르도와 비링구치오처럼 바르키도 어떠한 유형의 연금술은 마법과 깊이 연결되어 있다고 보는데, 이 지점 또한 그가 연금술을 마녀들의 주장과 연결한 옛 전통[이 책의 제2장에서 논의했던]에 대해 잘 알고 있었음을 보여준다.

세 가지 유형으로 구분된 연금술을 묘사한 뒤에 바르키는 참된 연금술에 대한 방어로 넘어간다. 그는 먼저 『형이상학』 제7권에서 아리스토텔레스가 논의했던 기예, 자연, 우연 개념을 압축해 설명한다. 가령, 건강과 같은 어떤 것들은 기예 또는 자연을 통해 이뤄진다. 집과 같은 또 다른

---

80 내게는 특별히 바르키의 친구이자 저명한 조각가, 금속 세공업자였던 벤베누토 첼리니가 떠오른다. 첼리니와 연금술의 흥미로운 연결고리에 관해서는 다음을 보라. Michael Cole, "Cellini's Blood", *Art Bulletin* 81, 1999, pp. 215~35.

81 Varchi, *Questione*, p. 26: "La terza spezie dell'Archimia è quella, che promette non solamente di volere, e poter seguitare, et imitare la natura, ma di potere ancora, e voler vincerla, e trapassarla, il che è del tutto non solo impossibile, ma ridicolo."

것들은 기예를 통해서만 생산된다. 그것들의 차이는 각각의 재료가 되는 질료에 기인한다. 어떤 질료는 내부에 운동의 원리를 가지고 있으므로 신체를 건강하게 할 수 있다. 반면에 집의 재료가 되는 질료는 외부의 생산적 원리를 필요로 한다. 바르키는 이렇게 질문한다. 자연을 그것의 목표에 도달하도록 돕는 의료나 농업 같은 부류의 기예에 연금술도 속한다는 사실을 누가 알지 못하겠는가? 이는 물론 전통적으로 연금술을 지지해왔던 가장 잘 알려진 근본 논증이다. 아리스토텔레스가 『형이상학』과 『자연학』에서 완전성으로 이끄는 기예의 전형적인 예시로 의학을 꼽았기 때문에, 연금술 지지자들이 연금술을 긍정적인 시각에서 묘사하기 위해 이처럼 간단한 대안을 사용하기란 손쉬운 문제였을 것이다. 이렇게 차려진 무대 위에서, 앞서 언급했던 연금술에 대한 반대 논증들에 대해 바르키가 어떻게 답변하는지 살펴보자.

먼저 종의 변성에 대한 아비켄나의 거부 및 그 거부에 수반해 연금술사가 마녀처럼 행동한다는 비난에 대한 바르키의 답변부터 살펴보자. 그의 답변에 따르면, 아비켄나는 위대한 철학자이자 의사였지만 그의 변성 거부는 그야말로 잘못된 것이었다. 인간은 늑대나 고양이 같은 동물이 될 수 없다는 부가적인 주장도 잘못되었다. "『정규토론 문제집』에서 유대인 테모가 말했듯이", 타락해 자신의 참된 형상을 잃어버린 사람은 정말로 늑대처럼 변성될 수 있기 때문이다. 무엇보다 단 하루 만에도 동물의 살코기와 과일은 소화의 과정을 통해 "인간이 된다". 여기서 보이는 바르키의 교묘한 변증법적 논리는 실은 유대인 테모에게서 비롯되었다. 테모의 『정규토론 문제집』은, 인간은 "자신의 형상이 한 차례 더럽혀지고 나면 오랜 변성을 통해" 당나귀로 변할 수 있다고 논증했다.[82] 바르키는 테모의 논증에 그것을 지지하는 정보를 덧붙인 뒤, 이어서 토마스 아퀴나스의 강조점으로 넘어간다. 토마스는 기예를 통해 생산된 사물과 자연을

---

82 Themo, *Quaestiones*, fol. 203v: "dicendum quod per longam transmutationem corrupta forma hominis vel econverso homo potest mutari in asinum."

통해 생산된 사물은 필연적으로 종이 다르다고 주장했다. 그렇다면 '인공적인' 자연 발생을 통해 생산된 쥐는 자연적인 유성 생식을 통해 생산된 쥐와 서로 다른 종에 속하는 셈이 되며, 이는 금속에도 동일하게 적용된다는 것이다. 바르키는 이 주장의 일반적인 전제는 묵인하지만, 이를 연금술에 적용하는 것에는 반대한다. 그는 금속의 자연적 생산과 인공적 생산(참된 연금술을 통한)에서 "발생의 방법은 다양하지 않다"고 논증하면서 기예와 자연 사이의 구별을 삭제하려고 애쓴다. 이 지점에서 그는 나중 저작인 『열에 관한 가르침』의 기초를 이룰 원리를 도입한다. "모든 종류의 열 및 열의 성질을 가진 사물들은 동일한 종에 속한다. 그것들 모두는 동일한 결과를 생산하기 때문이다."[83] 땅속의 열과 연금술 화로의 열은 서로 간에 특정한 차이를 갖지 않는다. 연금술사와 자연은 열이라는 동일한 자연적 능동자의 작용을 받은 동일한 재료로 작업하는 셈이므로 인공적 생산물은 자연적 생산물과 동일할 수밖에 없다는 결론이 뒤따른다. 다만 여기서 기예는 자연의 도구일 뿐 그 자체로 스스로 원리가 되지는 못한다. 기예와 자연의 핵심적인 구별을 지워버린 것이나 다름없는 바르키의 논증을 보면, 이 책의 제5장에서 살펴볼 다음 세기의 철학자 프랜시스 베이컨의 유명한 주장을 떠올리지 않을 도리가 없다. 베이컨에 따르면, 인공적 생산물과 자연적 생산물은 "형상과 본질에 따라서는 같고 작용에 따라서만 다르다".[84]

바르키의 다음 상대는, 인간은 개와 같은 더 고등한 동물을 만들 수 없다는 논증이다. 헐거운 혼합물인 개를 만들 수 없다면, 딱딱한 혼합물인 금속을 만들기를 어찌 기대할 수 있겠는가? 앞선 답변과 마찬가지로 이에 대한 바르키의 답변은 흥미롭게도 연금술의 영역 그 자체를 넘어서까지 울려 퍼진다. 그는 먼저 어떤 동물은 자연 발생할 수 있는 반면에,

---

83 Varchi, *Questione*, p. 50: "tutti i calori, in quanto calori, sono della medesima spezie, perchè tutti fanno i medesimi effeti."

84 Francis Bacon, *De augmentis scientiarum*, in Bacon, *Works*, vol. 4, p. 294.

다른 어떤 동물은 그렇지 못한 이유를 제시한다. 쥐처럼 덜 완전한 동물은 더 고등한 동물에 비해 덜 완전한 재료로부터 발생한다. 이는 쥐가 더럽고 부패한 재료로부터 태어나는 이유를 설명해준다. 반면에 더 완전한 종은 부모에 의해 공급된 특정한 질료를 필요로 한다. 덜 완전한 동물과 더 완전한 동물 사이에 이것 외의 다른 차이는 존재하지 않는다. 가령, 나비는 머리 없이도 여러 날 동안 날아다닐 수 있고 도마뱀의 꼬리는 절단된 이후에도 움직일 수 있는데, 오히려 이러한 현상은 더 완전한 존재에게서는 벌어지지 않는다. 실제로 더 고등한 동물의 경우에, 절단된 날개는 더 이상 날개가 아니다. 날개가 다시 자라는 일은 오로지 "회화 작품이나 대리석 재현물 같은" 애매한 존재들에게서나 가능하다. 이 모든 근거로부터 바르키는 결론을 내린다. 비록 인간이 기예를 통해 더 고등한 동물을 만들 수 없다고 논증하더라도, 이 논증은 연금술에 반대하는 근거가 될 수 없다. 왜냐하면 "기예는 금을 발생시키지 않지만, 자연은 기예를 수단으로 삼아 그렇게 할 수 있기" 때문이다.[85] 회화와 조각의 생산물을 자연의 생산물과 뚜렷하게 대비한 이 논증은 연금술에 대해서도 같은 결론을 내비친다. "참된" 연금술에 의해 생산된 금은 기예의 생산물이 아니라 자연의 생산물이다. 따라서 그렇게 생산된 금은 인간 신체의 필수적인 부위와 마찬가지로 참된 존재이며, 예술적 재현물이라는 모호한 존재와는 다르다. 궤변적인 연금술(시각예술을 통해 암시된)을 어느 정도는 가치 있는 것으로 인정했음에도 불구하고, 바르키는 회화와 조각에 대한 연금술사들의 아전인수식 비교를 여전히 받아들인다. 연금술사들의 방식대로 시각예술을 검토한 바르키는 앞으로 『두 가르침』에서 흥미로운 결과를 이끌어낸다.

바르키의 연금술 옹호 논증들을 여기서 더 나열할 필요는 없을 것 같다. 그의 논증들 이면에는, 연금술은 모방하는 기예가 아니라 완전성으로 이끄는 기예이며, 자연의 노예라는 역할만 잘 수행한다면 불가능한 일

---

85 Varchi, *Questione*, p. 53: "l'arte non genera l'oro, ma la natura mediante l'arte."

을 시도한다는 비난으로부터 자유로워질 수 있다는 전제가 깔려 있다. 바르키는 아비켄나의 원칙, 즉 자연은 기예보다 더 강력하며 따라서 기예는 자연의 완전성을 따라잡을 수 없다는 원칙은 받아들이지만, 이 원칙이 연금술과는 무관하다고 본다. 실제로 연금술은 금속을 만들지 않으며, 자연이 금속을 만드는 것을 단지 도울 뿐이기 때문이다.[86] 다시 말해서, 아비켄나의 원칙은 완전성으로 이끄는 기예에는 적용되지 않으며, 오로지 자연적 사물에 내재된 운동의 원리를 다루지 못하는 기예에만 적용된다는 것이다. 그러나 연금술 지지자들에게는 편안하게 와 닿는 이런 식의 논증은, 자연을 완전성으로 이끌지 못하는 기예들을 모조리 이류 기예로 몰아내버리는 결과를 낳는다. 어떠한 기예가 새로운 실체적 형상을 부여하는 결과를 낳도록 자연을 바람직한 목표로 이끌어냄으로써 자연적 생산물을 실제로 만들어내는지 아닌지를 기준으로 삼아 누군가가 그 기예의 가치를 평가하는 한, 시각예술은 자동적으로 시합에서 탈락할 수밖에 없다. 예술은 상대적으로 "매우 허약"하므로, 자연을 "추월하지" 못한다.

이제 바르키의 『두 가르침』으로 방향을 돌려 연금술 관련 논증이 시각예술의 영역에서 바르키에게 야기한 문제를 살펴보자. 이 저작의 둘째 가르침은 본질적으로 회화와 조각 가운데 어느 쪽이 더 고귀한지를 판단하기 위한 비교, 즉 파라고네[87]로 구성된다. 그러나 바르키는 이러한 우열 논쟁에 직접 뛰어들지는 않는다. 대신에 그는 기예의 위계를 더욱 보편적인 차원에서 늘어놓는다. 그는 서두에서 다음과 같은 방식으로 인공적 사물로부터 자연적 사물을 구별한다. 신이 자연을 통해 생산한 결과물은 자연적 사물이다. 반면에 인간이 기예를 통해 생산한 결과물은 인공적

---

86 Varchi, *Questione*, p. 57: "si confessa, che l'arte non fa i metalli, come s'è detto tante volte, ma sì bene la natura con l'aiuto, e magistero dell'Arte."

87 [옮긴이] 파라고네(paragone)가 르네상스 시기의 미술사에서 회화와 조각의 우위 비교 논쟁으로 알려져 있기는 하지만, 실제로는 분야를 막론하고 후원자에게 호소하기 위해 벌였던 예술가들의 경생을 총칭하는 개념이다.

사물이다. 자연적 사물이 신에 비해 한없이 덜 완전하듯이, 인공적 사물은 자연적 사물에 비해 그 가치가 훨씬 덜하다(assai meno degne). 그럼에도 불구하고 인공적 사물은 삶에 커다란 기쁨을 가져다주며, 많은 경우에 삶 그 자체를 가능하게 만들어준다. 그러므로 우리는 위대한 예술가들에게 경의를 표해야 마땅하다. 예술이 인간에게 유용성과 즐거움을 선사한다는 강조점은 둘째 가르침 전체에 걸쳐 바르키의 논의를 지배한다. 앞으로 살펴보겠지만, 단순히 모방하는 기예가 완전성으로 이끄는 기예에 비해 이류의 위치에 놓인다는 문제를 풀기 위한 바르키의 해법은 바로 이러한 인간 중심적인 초점이다.

이어서 바르키는 스콜라주의적 심리학을 논하기 시작한다. 여기서 그 세부적인 내용까지 살펴볼 필요는 없지만, 기본적인 요점은 이렇다. 지식의 목표는 사색이며 정신의 '우월한 영역'에 속하는 반면에, 기예는 '열등한 영역'에 속하며 그 결과는 사색이 아니라 제작과 작용(fare ed operare)이다. 따라서 "고귀한 결과, 즉 사색에 이르는 모든 지식은 모든 종류의 기예보다 의심할 바 없이 더 고귀하다. 그러나 열등한 영역에 속한 기예는 덜 고귀한 결과, 즉 작용에 머문다."[88] 이어서 바르키는 서론을 지나 첫째 논박을 시작하는데, 여기서 그는 다양한 종류의 기예를 서로 비교한다. 그는 다음과 같이 기예를 정의한다. 기예란 인간 정신에 습득된 습관으로서 인간으로 하여금 작용을 실행하도록 만든다. 바르키는 아리스토텔레스의 『자연학』(제2권 제1장, 192b8-34)을 따라 인공적 사물은 변화의 외부적 원리를 갖는 반면에, 자연적 사물은 고유한 운동 원리를 갖는다는 진부한 아이디어를 되풀이한다. 바르키가 말한 모든 내용으로 보아 이 지점에서 독자들은 그가 『연금술에 관한 질문』에서 사용했던 접근법을 반복하겠거니 예상하겠지만, 그는 갑자기 분위기를 바꾼다. 그는 지식의 고

---

88 Varchi, *Due lezioni*, in *Opere*, vol. 2, p. 628: "tutte le scienze, essendo nella ragione superiore, ed avendo più nobile fine, cioè contemplare, sono senza alcun dubbio più nobili di tutte l'arti, le quali sono nella ragione inferiore, ed hanno men nobile fine."

귀함을 판단하는 일반적인 방법은 주제의 고귀함과 설명의 확실성을 참고하는 것이라고 제안한다. 어떤 이들은 이런 식으로 우열을 가리는 방법이 기예에도 적용될 수 있을 것이라고 생각하지만, 이는 "매우 잘못된" 생각이라고 바르키는 주장한다. 기예의 목적은 설명이 아니며, 자연의 "속성과 열정"에는 입증할 것이 아무것도 없기 때문이다. 지식에서와는 달리, 기예에서는 각 분야의 고귀함을 결정하는 기준으로서 '목표'(fine)의 고귀함에 우선권이 주어진다. 오히려 주제의 고귀함은 부차적인 기준으로 밀려난다.[89]

기예의 순위를 매기기 위한 기준이 될 원칙을 도입해, 이제 바르키는 무작위로 선택한 듯 보이는 몇몇 분야의 기예들을 예시로 듦으로써 각각의 기예의 고귀함 여부를 판정하는 일이 얼마나 어려운지를 보여준다. 여기서 그가 언급하는 분야는 연금술, 의학, 건축인데, 앞의 둘은 완전성으로 이끄는 기예에 속하고 나머지 하나는 그렇지 않다. 여기서의 강조점은 『연금술에 관한 질문』에서와는 다른 반전을 보여준다.

> 어떤 기예들은 오로지 기예로만 이루어질 수 있는 일을 한다. 마치 건축처럼 이러한 기예는 자연을 정복한다고들 말한다. 또 어떤 기예는 의학이나 연금술처럼 기예와 자연이 같이 이룰 수 있는 일을 한다. 앞서 건축에 대해 말했듯이, [자연이] 할 수 없는 일을 하는 기예는 자연을 정복하는 셈이다. 반면에 자연의 완전성에 도달하지 못하는 기예는 자연에 정복당한 기예인데, 이러한 기예는 그 수가 많다. 의학이나 연금술 같은 기예는 자연의 노예(ministre della natura)다.[90]

---

89 Varchi, *Due lezioni*, in *Opere*, vol. 2, p. 629.

90 Varchi, *Due lezioni*, in *Opere*, vol. 2, p. 631: "Dell'arti alcune fanno cose che si possono fare solamente dall'arte sola, e queste si dicono vincere la natura, come l'Architettura: alcune fanno cose che si possono fare dall'arte e dalla natura parimente, come la Medicina e l'Alchimia. Dell'arti alcune vincono la natura, come s'è detto di sopra dell'Architettura, che fanno quello che ella non può fare; alcune sono vinte da lei, come tutte l'arte, che non arrivano

위 인용문에서 바르키는 완전성으로 이끄는 기예가 지닌 전통적인 미덕, 즉 "자연의 노예"로 봉사하는 능력을 오히려 그 기예의 결함으로 뒤바꾼다. 이제는 자연이 할 수 없는 일을 해내는 기예(가령, 건축)가 우월함을 누린다. 자연을 정복하고 지배하는 건축은 자연에 복종해 돕기만 하는 의학이나 연금술과 강렬하게 대비된다. 이와 같은 가치 평가의 전복은 이어지는 페이지에서 바르키의 설명을 통해 더욱 선명하게 드러난다. 의학은 "아직 다른 많은 기예보다 열등하며, 이는 의사가 자연을 정복하지 못했을 뿐만 아니라 자연을 모방하지도 못하기 때문이다. 의학은 자연의 노예일 뿐이며, 건강을 유도하고 보존하는 주된 책임자도 아니다. 그 책임은 기예와 기예의 작용을 수단으로 삼는 자연의 몫이며, 이는 『연금술에 관한 질문』의 첫째 글에서 상세히 서술해놓은 바와 같다".[91] 이처럼 특이해 보이는 주장을 이해하려면 『연금술에 관한 질문』에서 자연을 정복하는 기예에 관해 바르키가 뭐라고 말했는지 직접 찾아보는 수밖에 없다. 앞서 그 기예는 거짓된 연금술로 간주되었는데, 그것의 주된 특징은 "[자연을] 정복하고 능가하는 것이며, 이러한 일은 가능하지도 않거니와 우스꽝스럽기까지" 하다.[92] 물론, 여기서 바르키가 염두에 둔 대상은 마법이더라도, 그는 『연금술에 관한 질문』에서 자연을 완전성으로 이끄는 것은 미덕이지만 자연을 정복하는 것은 악덕이라고 분명하게 서술한다. 반면에 『두 가르침』의 해당 페이지에서는, 더 고귀한 미덕을 제시하는 것은 오히려 자연을 정복하는 기예이고, 상대적으로 완전성으로 이끄는 기예는 노예의 신분으로 강등을 당한다고 서술한다. 도대체 왜 바르키는 두 저작

---

a quella perfezione della natura, le quali sono moltissime. Alcune sono ministre della natura, come la Medicina e l'Alchimia."

91 Varchi, *Due lezioni*, in *Opere*, vol. 2, p. 632: "È ancora inferiore a molte altre arti, perchè il medico non solo non vince la natura, ma non l'imita ancora, ma è suo ministro, non essendo egli quello che induca e conservi la sanità principalmente, ma la natura mediante l'arte e l'opera di lui, come si disse lungamente nel prima trattato della quistione d'Alchimia."

92 Varchi, *Questione*, p. 26.

사이에서 명백한 충돌을 일으켰으며, 이러한 충돌은 어떻게 해명되어야 할까?

이 질문에 대한 답은 바르키가 이어받은 아리스토텔레스의 유산에 달려 있다. 아리스토텔레스의 추종자로서 바르키는 자연과 자연에 대한 연구가 인공적 세계보다 우월하다는 입장을 적극 지지했다. 이것이 그가 『연금술에 관한 질문』에서 취했던 입장이었고, 『자연의 가르침』을 비롯한 여러 강의에서 표현했던 견해이기도 하다. 그는 "우주라는 가장 경이로운 조각"을 여전히 아름답지만 덜 완전한 인간의 조각 및 회화와 대비했다.[93] 그러나 정작 아리스토텔레스는 『시학』에서 모방하는 기예의 가치를 강조했던 바 있으며, 바르키가 『두 가르침』에서 제시한 요약에는 시각예술의 당위성을 더욱 보편적으로 확립하려는 의도가 담겨 있었다. 따라서 경쟁 상대가 되는 다른 여러 기예를 돋보이지 않게 하면서 그것들의 선망의 대상 자리에 시각예술을 올려놓은 것은 바르키로서는 불가피한 선택이었다. 그는 자신이 부각하고 싶었던 대상인 회화와 조각에 높은 점수를 주는 방식으로 기예의 세계에 새로운 질서를 부여할 수 있었다. 이처럼 바르키는 목적론적 접근법을 취함으로써 기예의 정점에 여전히 의학을 올려놓지만, 그것이 자연을 완전성으로 이끄는 기예이기 때문은 아니다. 『두 가르침』에서 의학이 가장 높은 자리에 위치하는 기예인 이유는 인간을 치료하고 건강한 상태로 유지하겠다는 의학의 목적이 가장 고귀한 목적이기 때문이다. 바르키는 의학의 바로 다음 자리에 건축을 올려놓는데, 이 역시 건축이 가진 목적의 고귀함과 그 대상의 존엄성 때문이다. 의학과 마찬가지로 건축도 인간을 보호하며 결국에는 인간을 건강하게 한다. 그러나 건축은 의학과는 달리 건강이 없는 상태에서 건강을 유도해내지는 못한다. 건강을 유지하는 것이 건축의 유일한 결과는 아니며, 건축은 기품이나 장식 같은 다른 목적도 갖는다. 따라서 회화와 조각은 건축 바로 아래에 종속되며, 건축은 기품 있는 건물을 짓겠다는 목적을 위해 회

93 Varchi, *Lezione della Natura*, in *Opere*, vol. 2, p. 649.

화와 조각을 사용한다.[94]

바르키의 『두 기르침』에서 뚜렷하게 발견되는 어색한 문제는, 완전성으로 이끄는 기예[의학]가 실체가 아닌 겉모습만을 변화시키는 기예[시각예술]를 대표한다는 것이다. 양쪽이 저마다의 고유한 능력에 잘 부합한다는 주장만으로는 어색함이 직접 해소되지 않는다. 의학이나 연금술 같은 완전성으로 이끄는 기예는 자신들이 표면적인 동인으로 자연을 모방하거나 자연의 외부에서 작용하는 것에 불과하지 않다고 주장함으로써 기예의 위계에서 나름의 위치를 유지해왔다. 완전성으로 이끄는 기예의 입장에서 보자면, 비자연적인 수단으로 자연을 "정복"한다는 아이디어는 저주받을 일이었다. 반면에 단순히 모방하는 기예는 회화나 조각과 같은 재현적인 모방 기예(technai mimētikai)만을 포함하는 것이 아니라 비트루비우스에 따르면 건축과 역학도 포함하므로, 의학과 연금술, 심지어 농업이 자연 그 자체를 개선한다는 사실을 부인할 수 없었다. 뮈론과 아펠레스, 파라시오스의 옛이야기들로부터 르네상스의 경이로운 트롱프뢰유에 이르기까지 울려 퍼지는 합창으로서, 모방하는 기예의 응답은 자신이 자연을 완전성으로 이끌지는 않지만 자연을 추월한다는 주장이었다. 가장 아름다운 모델들의 특징들만을 모아 하나의 이상적인 모델을 만들었던 고대의 화가 제욱시스의 사례처럼 모방하는 기예는 자연을 능가할 수 있었다. 그러나 일반적인 스콜라주의의 관점에서 보자면, 모방하는 기예는 자연의 실체를 변화시킬 수 없기에 자연 그 자체도 개선하지 못하며, 따라서 자연을 완벽하게 하는 그 기예의 능력은 색깔 입히기와 같은 위치 이동을 비롯한 표면적 작용에만 제한되었다.[95]

---

94 Varchi, *Due lezioni*, in *Opere*, vol. 2, p. 633.

95 크로톤의 아름다운 다섯 아가씨의 조합으로 만들어진 트로이의 헬레나에 대한 제욱시스의 묘사로는 다음을 보라. J. J. Pollitt, *The Art of Greece*, Englewood Cliffs: Prentice-Hall, 1965, p. 156. 위치 이동을 통해 자연을 돕는(adjuvare) 것과 실체의 변성을 통해 자연을 완성하는(complere) 것 사이의 현저한 구별은 비텐베르크 대학의 교수 요한네스 벨쿠리오의 『아리스토텔레스 자연학 개론』(1540)에서 발견된다. 벨쿠리오는 자연이 모직물의 염색으로부터 도움을 받을 수 있음

밀라노의 화가이자 예술 이론가였던 잔 파올로 로마초의 『회화의 이상적인 신전』(1590)이 보여주었듯이, 질료에 관여하는 탈육체적 형상이라는 신플라톤주의적 개념을 구체적으로 전유(專有)하는 접근법이 이러한 문제적 상황을 타개하는 하나의 출구를 열어준다. 미술사가 로버트 클라인은 로마초에 관한 특별히 통찰력 있는 연구를 통해 그가 르네상스 시기의 택일 점성술[96] 개념을 차용해 당시의 회화를 부적과 거의 동일한 것으로 여겼다고 지적한다. 여기서 부적이란 천상의 형상을 그 형상의 재료인 다른 비활성 질료에 부여함으로써 생산되는 것을 말한다. 이러한 방식으로 회화는 질료를 활성화하는 작업의 일종이 되었고, 따라서 자연을 위반하는 것이 아니라 그것을 더 직접적으로 완벽하게 하는 수단이 되었다.[97] 그러나 이러한 접근법으로 로마초의 이론이 확립되었다고 해서 그의 『회화의 이상적인 신전』이 연금술에 대해서도 긍정적인 이미지를 갖는다는 의미는 아니다. 로마초는 점성술에 깊이 관여했음에도 불구하고, '마촐리노'라는 이름의 어느 예술가에 관한 이야기를 들려준다. 그 예술가는 파르미자니노를 가리키는 것이 분명한데, 그는 인생의 말년을 황금 변성이라는 헛된 꿈에 허비했다고 알려진 인물이다. 회화 기예에 필요한 지식(scienze)의 순위에 로마초는 연금술을 넣지 않는다.[98] 어찌 되었든 간

을 인정하지만, 이는 부수적인 변화에 불과하고 주장한다. 그는 연금술과 마법을 거부하는데, 그것들은 실체의 변성이 가능하다고 거짓 주장을 펼치기 때문이다. 해당 단락의 원문은 다음에서 복원되었다. Charles B. Schmitt, *John Case and Aristotelianism in Renaissance England*, Kingston, ON: McGill-Queen's University Press, 1983, p. 215, n. 72.

96 [옮긴이] 일반적으로 점성학은 세속 점성학(Mundane astrology)과 법 점성학(Judicial astrology)으로 분류된다. 전자는 일반적인 자연 현상과 관련된 점성학을 일컫는 반면에, 후자는 비판적인 판단력을 동원해 개인의 운명을 구체적으로 예견해주는 점성학이다. 여기서 말하는 '택일 점성술'은 후자에 더 가깝다.

97 Robert Klein, *Form and Meaning: Essays on the Renaissance and Modern Art*, Princeton: Princeton University Press, 1979, pp. 51~56. 또한 다음을 보라. Panofsky, *Idea*, pp. 85, 95~99, 141~53. 로마초의 생애에 관한 유용한 요약으로는 다음을 보라. Giovanni Paolo Lomazzo, *Rabisch*, Turin: Einaudi, 1993, pp. 355~59.

에, 자연을 완벽하게 하는 것에 대한 로마초의 점성술적인 접근법을 바르키는 받아들이지 않았다. 우리가 『두 가르침』을 『연금술에 관한 질문』과 대면시키면서 발견한 바르키의 갑작스러운 태세 전환의 밑바닥에는 완전성으로 이끄는 기예와 모방하는 기예 사이의 아리스토텔레스적 구별이 근본적으로 깔려 있었을 따름이다. "연금술사들과 예술가들은 인간의 창조성에 대한 견해를 공유함으로써 하나가 될 수 있다"고 몇몇 근대인들이 주장하기도 했지만, 피코 델라 미란돌라의 『인간의 존엄성에 관한 연설』에서 말하는 경이로운 존재, 즉 "제작자로서의 인간"이라는 주제를 변성 연금술과 시각예술이 모두 예시하고 있음에도 불구하고 두 분야는 서로 동맹을 맺기에는 그 타고난 본성이 맞질 않았다.[99] 대부분의 연금술사

98 이는 어느 누구도 '비학' 분야의 어느 한 갈래의 저술가가 동일한 비학 분야의 다른 갈래에 당연히 흥미를 갖거나 심지어 공감할 것이라고 단순하게 가정해서는 안 된다는 중요한 사실을 뒷받침한다. 연금술과 점성술의 관계에 관한 논의로는 다음을 보라. William R. Newman and Anthony Grafton, "Introduction: The Problematic Status of Astrology and Alchemy in Premodern Europe", in *Secrets of Nature: Astrology and Alchemy in Early Modern Europe*, ed. Newman and Grafton, Cambridge, MA: MIT Press, 2001, pp. 1~37. 마촐리노에 관해, 그리고 로마초가 제시한 화가에게 필수적인 지식(scienze necessarie al pittore)의 목록에 관해서는 다음을 보라. Giovanni Paolo Lomazzo, *Idea del tempio della pittura*, ed. and tr. Robert Klein, Florence: Istituto Palazzo Strozzi, 1974, vol. 1, pp. 28~29, 84~99. 혹자는 자연스럽게 마촐리노가 화가 루도비코 마촐리노를 가리킨다고 생각할지도 모르지만, 루이지 란치가 『이탈리아 회화사』(1795~96)에서 제시했던 논증에 따르면, 로마초가 말하는 마촐리노는 실제로 '프란체스카 마추올리', 즉 파르미자니노를 의미했다. Silla Zamboni, *Ludovico Mazzolino*, Milan: "Silvana" Editoriale d'Arte, 1968, pp. 62~63. 또한 다음을 보라. Lomazzo, *Idea*, vol. 2, p. 655, n. 11.

99 Butters, *Triumph of Vulcan*, vol. 1, p. 233. 이 인상적인 연구서에는 시각예술에 맞서는 연금술의 전통적인 논쟁 혹은 그에 대한 예술가들의 응답이 전혀 언급되지 않는다. 이 연구서의 답변에서 연금술과 시각예술 사이의 논박은 종의 변성 및 새로운 실체적 형상의 부여에 초점을 맞추었음이 강조되어야 한다. 바르키의 "궤변적인 연금술"이나 색소 제작에 관한 첸니니의 논의에서처럼 변성이 이슈가 되지 않는 영역에서는 의견이 불일치할 이유가 거의 없다. 연금술과 시각예술이 인간의 창조성에 대해 비슷한 견해를 갖는다는 저자의 일관된 입장을 공유하는 논의들은 다음과 같다. Mendelsohn, *Paragoni*, pp. 22~23; Pamela H. Smith, "Science and

가 보기에 모방을 시도하려는 화가나 조각가는 궤변적이고 허약했다. 반면에 예술가들이 보기에 창조를 시도하려는 연금술사들은 속 빈 강정이었다.

팔리시와 현자의 돌

이제 우리는 시각예술 종사자들의 흔한 연금술 반대 입장을 자신만의 활력으로 옹호했던 인물을 살펴보려 한다. 베르나르 팔리시는 연금술사들에 맞서 강력한 논증을 구축하고자 애썼을 뿐만 아니라 놀라지 않을 수 없는 독창적인 방식으로 자신의 어젠다를 전유했다. 연금술사들은 예술가들이 자연을 모방하는 임무에 실패한 사기꾼이라고 주장해왔던 반면, 팔리시는 연금술사들이야말로 변성의 실제 대상을 오해했다고 응수했다.[100] 위대한 비밀은 하나의 금속을 다른 금속으로 변환하겠다는 그들의 엉터리 시도가 아니라 동물과 식물이 돌로 바뀌는 진정한 변환 속에 담겨 있다. 현자의 돌은 문자 그대로 황금변성이 아니라 석화(石化)의 영역에서 발견된다는 것이다. 이처럼 놀라운 주장은 팔리시가 죽음을 앞두었을 때 분명하게 밝혔던 것이지만, 그의 주장이 지닌 의미를 이해하기 위해서는 그의 생애 과정 전체에 걸친 예술의 전개 및 연금술을 향한 태도를 모두 살펴보아야 한다. 팔리시가 얻은 오늘날의 명성은 16세기 중반부터 후반까지 그가 '투박한 양식'으로 제작했던 보기 드문 도자기들에 기인한다. 실물과 똑같은 도마뱀과 뱀, 물고기, 식물로 뒤덮인 대야, 단지, 접시는 그의 작업장의 전형적인 특징이었다. 그러나 이와 동시에 그는 정

Taste: Painting, Passions, and the New Philosophy in Seventeenth-Century Leiden", *Isis* 90, 1999, pp. 421~61(pp. 454, 459~60을 보라).

100 Philippe Morel, *Les grottes maniéristes en Italie au XVIe siècle: Théâtre et alchimie de la nature*, Paris: Macula, 1998. 이 매혹적인 연구는 팔리시의 예술적 목표를 연금술과 연결했다. 하지만 이 책의 부제와는 어울리지 않게 연금술은 pp. 37~39, 94에서만 다루어졌고, 내가 이 장(章)에서 다루는 주제들도 다루어지지 않았다.

당한 자격을 갖춘 저술가이기도 했다. 우리는 팔리시가 저술한 세 권의 주요 저작을 살펴볼 텐데, 그것들은 1563년에 연이어 출판된 『건축과 질서』와 『참된 처방』, 1580년에 출판된 『놀라운 담화』다. 시간 간격을 두고 나온 『참된 처방』과 『놀라운 담화』는 연금술을 향한 그의 적대감이 그사이에 증가하고 있었음을 보여준다. 그럼에도 불구하고 나는 팔리시의 적대감이 그가 연금술사들의 고유한 목적을 전유하고 변성시킨 결과였음을 논증하려 한다.

우리는 팔리시의 생애에서 처음 30년에 관한 정보를 거의 갖고 있지 않다. 다만 바스티유(Bastille)에서 말년을 보내며 남겼던 기록은 그가 프랑스 남서부 아쟁(Agen)에서 아마도 1510년 전후로 태어났을 것이라는 정보를 제공한다. 그가 직접 남겼던 이야기에 따르면, 팔리시의 초기 활동에는 유리 및 유리화 제작과 더불어 제도, 지도 제작, 그리고 어쩌면 측량이 포함되었다.[101] 그가 이 시기에 연금술을 익혔을 가능성도 있는데, 이는 그가 황금변성 기예를 비난했던 시기에 저술되었음이 분명한 1580년 저작 『놀라운 담화』에서 연금술사들의 "유해한 책들이 나로 하여금 40년 동안이나 삽질하게 만들었다"고 진술했기 때문이다.[102] 어찌 되었든 간에, 팔리시에 관한 우리의 첫 번째 확고한 지식은 비스케이(Biscay, Gascogne)만(灣) 연안의 도시 생트(Saintes)에서 출발한다. 이 도시에서 그는 1530년대 후반의 이른 시기에 활약했고, 숙련된 도예가이자 프로테스탄트 진영의 운동가로 이름을 알렸다. 그가 1563년에 첫 저작으로 『프랑스의 귀족이자 경찰관 몽모랑시 공작 나리를 위한 동굴의 건축과 질서』[103]를 썼던 곳도 이곳이었다. 제목에서 볼 수 있듯이, 이 저작은 팔

---

101 Leonard N. Amico, *Bernard Palissy: In Search of Earthly Paradise*, Paris: Flammarion, 1996, pp. 13~16.

102 Jean Céard, "Bernard Palissy et l'alchimie", in *Actes du colloque Bernard Palissy 1510–1590: L'écrivain, le réforme, le céramiste*, ed. Frank Lestringant, Paris: Amis d'Agrippa d'Aubigné, 1992, pp. 155~66, 특히 p. 159를 보라.

103 [옮긴이] 이하 『건축과 질서』로 줄여 쓰겠다.

리시의 후원자이자 프랑스의 유력한 경찰관이었던 안 드 몽모랑시를 위해 저술되었다. 몽모랑시는 팔리시에게 인공 동굴을 설계하고 제작해 바치라는 임무를 주었지만, 1562년 생트의 개혁 운동에 가담했던 팔리시는 이윽고 신성 모독의 혐의로 수감되고 말았다. 『건축과 질서』는 몽모랑시의 중재와 팔리시의 사면을 이끌어내려는 희망으로 동굴 제작 계획을 상세히 묘사해 몽모랑시에게 전달하려던 작품이었다. 프랑스의 제1차 종교전쟁을 종식시킨 앙부아즈(Amboise) 칙령의 결과, 종교 관련 범죄자들은 가톨릭 진영으로 돌아온다는 조건 아래 사면되었고 팔리시도 1563년 봄에 석방되었다.[104]

석방된 직후에 팔리시는 『참된 처방』을 썼다. 이 흥미로운 논저는 "모든 프랑스인"에게 "그들의 보석을 배가하고 증가시켜줄" 방법을 가르쳐주겠다고 약속한다.[105] 이 저작에는 칼뱅주의를 위한 강력한 변증이 포함되어 있지만, 그의 가장 중요한 저작이 될 『놀라운 담화』를 예고하는 내용들도 여러 지점에서 등장한다. 『참된 처방』에서는 짧게만 다루었던 연금술에 관한 팔리시의 논법의 본령에 접근하려면, 1580년에 출판된 이 『놀라운 담화』를 검토하지 않으면 안 된다. 『놀라운 담화』는 1570년대 팔리시가 행했던 개인 강연의 내용에 기초를 두었다. 그의 강연은 지원자들 가운데 청중을 선발해야 할 정도로 충분한 인기를 누렸다. 이 저작은 연금술을 파헤치기 위해 상당한 분량으로 별도의 장(章)을 할애한다. 팔리시는 이러한 작업을 수행하기에 적절한 위치에 있었으며, 게베르와 장 드 묑, 지롤라모 카르다노를 비롯해 의심의 여지가 없는 저술가들이 제시했던 연금술 찬반 논증들을 잘 알고 있었다.[106] 다 빈치나 비링구치오보다

---

104 Amico, *Earthly Paradise*, pp. 28~32.

105 Bernard Palissy, *Recette véritable*, ed. Frank Lestringant and Christian Bartaud, Paris: Macula, 1996, p. 51.

106 Palissy, *Discours*, vol. 2, pp. 11, 105 (Cameron)/24, 81 (la Rocque). 또한 다음을 보라. Ernest Dupuy, *Bernard Palissy*, Paris: Société Française d'Imprimerie et de Librairie, 1902, p. 149. 팔리시가 카르다노에게서 받은 영향에 관해서는 다

더욱 강력하게 팔리시는 신의 능력을 찬탈하려는 연금술사들을 향해 통렬한 비난을 퍼붓는다. 금을 만들겠다는 노력을 통해 연금술사들은 "신이 홀로 보유하고 있는 비밀"을 자신들이 전유하려 한다. 팔리시는 자신의 궁극적인 자료인 아비켄나의 주장을 충분히 이어받아 연금술사들의 무지함을 강조한다. 그들은 자연이 금을 만들기 위해 무슨 물질을 사용하는지, "어떠한 능력을 활용하는지, 사물을 완전성에 이르도록 하는 데 얼마나 걸리는지"에 관해 아는 것이 하나도 없다.[107] 신은 인간에게 금속을 증가시키는 재능을 부여한 적이 없으므로 그 일을 시도하는 것은 어리석은 일이다. 광기 그 이상으로 이 일은 "신의 소유인 것을 찬탈하려고 그분의 영광을 가로막는 무분별한 기획이다".[108] 특별히 기예를 수단으로 삼아 "호화롭게 살기를" 원하는 연금술사들을 팔리시가 콕 집어 비판한다는 점에서 연금술을 향한 그의 반감을 칼뱅주의의 자연스러운 발로로 보는 것은 손쉬운 선택이다. 하지만 그의 『참된 처방』의 일차적 목표가 자연의 비밀을 차지함으로써 부(富)를 증진하는 법을 프랑스인들에게 가르치겠다는 것이었음을 잊어서는 안 된다. 팔리시의 연금술 공격이 지닌 듯 보이는 종교적 요소는 종의 변성에 대한 아비켄나의 경고와 연금술사들이 그리스도교 신의 창조 능력을 찬탈하려 한다는 믿음이 은연중에 결합된 전통을 이어받았다고 보아야 옳다. 이러한 기초 위에서 팔리시는 아우구스티누스의 헥사메론 신학[109]을 은연중에 도입한다. 아우구스티누스에 따르면, 모든 광물과 돌은 하루 동안에 만들어졌으며, 그 가운데 어느 것도 불완전하지 않았다. 신은 각각의 모든 종을 온전하게 창조했으

음을 보라. Pierre Duhem, "Léonard de Vinci, Cardan et Bernard Palissy", *Bulletin italien* 6, 1906, pp. 289~319.

107 Palissy, *Discours*, vol. 2, p. 134 (Cameron)/99 (la Roque).

108 Palissy, *Discours*, vol. 2, p. 106 (Cameron)/82 (la Roque).

109 [옮긴이] '6'을 의미하는 그리스어 '헥사'(hexa)에서 파생된 헥사메론(hexameron)은 「창세기」 1장에 근거해 신이 6일 만에 세상을 창조했음을 묘사하는 신학 논저의 한 장르로서 중세에 크게 유행했다.

므로 그것을 변성시키려는 시도는 불경한 것이다.[110]

팔리시는 스콜라주의적 논박 및 연금술 문헌 그 자체로부터 연금술을 공격할 논증들을 쌓아두고 있었지만, 그가 내보인 견해들 가운데 몇몇은 매우 분명하게 연금술사들과 경쟁하는 예술가들의 입장을 대변한다. 그가 자신의 논증을 위해 세운 전략은 연금술사들이 신의 피조물 가운데서 금과는 비교도 안 되는 가장 비천한 것조차도 복제할 수 없음을 보이는 것이다. 가령, 그는 조개껍질을 관찰하면서 그 안에 놓인 진주층의 아름다움이 금의 아름다움을 능가할 만하다고 경탄한다. "바다에서 발견될 수 있는 가장 기형적인 물고기"가 이처럼 사랑스러운 조개껍질을 만들어 내지만 그것은 인간에 의해 복제될 수 없다.[111] 하물며 땅속에서 비밀스럽게 발생하는 금을 인간이 만들어낼 것이라고 어찌 기대할 수 있겠는가? 이와 같은 여러 논증을 통해 팔리시는 인간 기예의 최고봉(summum bonum)인 금에 대한 강조점을 개성 있게 거둬버리고서는 장인들의 관심을 또 다른 시각적 아름다움의 대상으로 옮겨놓는다. 가령, 그는 만약 누군가가 자연을 탐구한다면, "무수히 아름다운 색깔들을 지닌 뱀과 애벌레, 나비를 발견할 것"이라고 지적한다. 동물은 땅으로부터 그 색깔들을 추출하여 얻는다. 만약 연금술사들이 이와 동일한 색깔들을 기예를 통해

---

110 Didier Kahn, "Paracelsisme et alchimie en France à la fin de la Renaissance (1567–1625)", Ph.D. thesis, Université de Paris IV, 1998, pt. 3, chap. 2; Palissy, *Oeuvres complètes*, vol. 2, p. 105. 팔리시 저작의 편집자들(Cameron et al.)은 불경스러운 연금술에 대한 팔리시의 거부를 칼뱅의 『창세기 주해』와 연결했다. J. Calvin, *Commentaire sur la Genèse*, ed. A. Malet et al., Aix-en-Provence: Kerygma-Farel, 1978, chaps. 2, 3, p. 34. 아마 그들은 아비켄나의 전통을 알지 못한 듯 보인다. 신이 모든 사물을 첫째 날에 창조했다는 아우구스티누스의 견해를 연금술 반대 논증으로 사용한 유명한 논법에 관해서는 다음을 보라. Symphorien Champier, "Epistola campegiana de transmutatione metallorum", in *Annotatiunculae Sebastiani Montui*, Lyon: Benoist Bounyn, 1533, pp. 36v–39r. 샹피에르의 연금술 논의는 다음에서 더 찾아볼 수 있다. Brian Copenhaver, *Symphorien Champier and the Reception of the Occultist Tradition in Renaissance France*, The Hague: Mouton, 1978, pp. 229~35.

111 Palissy, *Discours*, vol. 2, pp. 134~37 (Cameron)/93~94 (la Roque).

땅으로부터 추출해낼 수 있다면, 팔리시는 그들이 금과 은도 능히 만들어낼 수 있음을 기꺼이 인정할 것이다.[112] 그러나 그렇지 않을 것임이 분명하므로(non sequitur) 연금술에 관한 논의는 시각예술과의 모방 경쟁이라는 맥락에서만 유효하다. 이처럼 빛나고 생생한 여러 가지 색깔들을 정확히 모방하는 것이야말로 팔리시가 법랑과 유리를 탐구하는 목적이다. 몇 페이지가 지나 그는 동일한 논증을 되풀이한다.

> 씨앗들을 보라. 그것들을 땅에 뿌리면, 그것들 모두는 동일한 색깔을 갖는다. 그것들이 자라서 성숙하면, 많은 색깔을 만들어낸다. 꽃과 잎, 가지, 잔가지, 꽃눈은 모두 저마다 다른 색깔을 가진다. 심지어 한 송이의 꽃 안에서도 다양한 색깔들이 발견된다. 이와 유사하게 뱀과 애벌레, 나비도 경이로운 색깔로 인해, 아니 어떠한 화가나 자수업자도 모방할 수 없는 순수예술의 작용으로 인해 칭송을 받아 마땅하다. 더 깊이 생각해보자. 이 동물들이 땅으로부터 먹이를 얻는다는 사실로 보아 그것들의 색깔 역시 땅으로부터 얻는다는 사실을 인정할 수 있을 것이다. 어떻게 그리고 무엇이 그 색깔의 원인이라고 말해야 할까? 만약 당신이 이에 관한 분명한 증거를 제시해 연금술 기예를 통해 이 작은 동물들이 할 수 있듯이 그 다양한 색깔들을 땅으로부터 얻어낼 수 있다면, 나는 당신이 금속의 질료도 이끌어내 그것을 결합해 금과 은을 만들어낼 수 있음을 기꺼이 인정하겠다.[113]

---

112 Palissy, *Discours*, vol. 2, pp. 136~38 (Cameron)/101 (la Roque).

113 Palissy, *Discours*, vol. 2, p. 151, lines 6~21 (Cameron)/109 (la Roque): "Regarde les semences, quand tu les jettes en terre elles n'ont qu'une seulle couleur, & en venant à leur croissance & maturité elles se forment plusieurs couleurs, la fleur, les feuilles, les branches, les rameaux & les boutons, seront toutes couleurs diverses, & mesme à une seulle fleur il y aura diverses couleurs. Semblablement tu trouveras des serpens, des chenilles & des papillons, qui seront figurez de merveilleuses couleurs, voire par un labeur tel que nul peintre ny brodeur ne sçauroit imiter leurs beaux ouvrages. Venons à present à philosopher plus outre: tu me confesseras que d'autant

이 단락의 의미를 제대로 알기 위해서는 "어떠한 화가나 자수업자"도 뱀과 애벌레, 나비의 색깔을 모방할 수 없다는 문장이 눈에 들어와야 한다. 이처럼 장황한 실패의 사례에서 특이하게도 도예가[팔리시 자신의 직업]는 빠져 있다. 그렇다면 팔리시가 여러 해에 걸쳐 도자기에 법랑을 발라 광택을 내는 작업을 통해 묘사하고자 했던 대상은 분명 이와 같이 환하게 빛나는 피조물들이었을 것이다. 유리는 그의 예술이 지닌 위대한 비밀이었고, 그는 『참된 처방』에서 말했듯이 자신의 예술을 통해 뭐론의 장난을 보여줄 수 있었으며, 자신이 재현한 바로 그 동물들을 속일 수 있었다. "앞서 말한 동물들은 조각으로 새겨지고 법랑을 입힘으로써 자연의 다른 도마뱀과 뱀이 경탄할 정도로 생생한 모습을 갖추게 될 것이다." 실제로 팔리시는 자신의 작업장에서 개가 자신의 작품을 보고 짖었노라고 증언하기도 했다(도판 4~5).[114] 연금술사들에게 이와 같은 색깔을 재현해보라고 도전하면서 팔리시는 자신의 경쟁자들에게 건틀렛을 던진다.[115] 연금술사들은 황금변성을 향한 자신들의 주장으로부터 좋은 결과를 낳지 못하는 반면에, 팔리시는 자신이 성공적으로 자연 세계의 색깔들을 모방한다고 주장한다. 그의 이러한 주장이야말로 모방하는 시각예술 기예의 노력에 맞서 장 드 묑이 전개했던 비판에 대한 팔리시의 응답이라고 상상하지 않을 도리가 없다. 『장미 이야기』는 팔리시가 인용했던 소수의 작품들 중 하나인데, 이 시(詩)는 기예-자연 논쟁에서 사용된 연금술의 예시를 참고하기 위한 팔리시의 확실한 자료들 가운데 하나였다.[116]

---

que toutes ces choses prennent nourriture en la terre, que leur couleur procede aussi de la terre: & je te dirai par quel moyen, & qui en est la cause? Si tu me donnes raisons apparentes de ce que dessus, & que tu puisses attirer de la terre par ton art alchimistal, les couleurs diverses, comme font ces petits animaux, je te confesseray que tu peux aussi attirer les matieres metaliques, & les rassembler, pour faire l'or & l'argent."

114 Bernard Palissy, *Recette véritable*, p. 142.

115 [옮긴이] 이 책의 제2장 옮긴이주 139를 보라.

116 Dupuy, *Bernard Palissy*, p. 149; Céard, "Bernard Palissy", pp. 157~59.

"예술은 헐벗었고 기술도 없어 그는 결코 생명을 낳을 수도, 자신을 자연적인 것처럼 보이게 할 수도 없다"는 대중의 비난을 오로지 연금술만이 피할 수 있다는 장의 논증은 미메시스를 향한 팔리시의 야심을 직접적으로 모욕하는 것처럼 보였음이 틀림없다.

앞으로 살펴보겠지만 팔리시의 주장은 자연에 대한 솔직한 모방을 넘어 그 이상으로 나아간다. 역설적이게도 그는 연금술사들이 가졌던 바로 그 목표, 즉 단순한 모방물의 제작이 아닌 자연의 복제를 자신의 목표로 전유한다. 자연의 모방과 복제를 향한 팔리시의 태도는 다소 복잡한데, 이는 연금술에 대한 부정적 평가 때문만이 아니라 예술가로서 가졌던 자신만의 거창한 영감 때문이기도 하다. 자신의 능력을 자랑스럽게 여겼던 팔리시를 파악하기 위해서는 그의 첫 저작 『건축과 질서』로 되돌아갈 필요가 있다. 1563년 생트의 감옥에서 이 책을 썼던 이 도예가는 서두에서 독자와 몽모랑시에게 자신이 감옥에 갇히게 되었던 상황을 설명한 뒤, 드망드(Demande)와 레스퐁스(Responce)라는 간단한 이름으로 불리는 두 등장인물 간의 대화로 출발한다. 근황에 관한 질문을 받자, 레스퐁스는 자신이 생트 지역을 여행했노라고 답한다. 그곳에서 그는 팔리시의 인공 동굴을 보았는데, 너무나 기이하고 경이로워서 그것의 "가공스러움" 때문에 꿈이나 환상이 아닌가 생각될 정도였다고 말한다. 인공 동굴로 들어가는 입구에는 "테름", 즉 고대의 헤름[117]이 여럿 세워져 있었다. 테름은 르네상스 시기에 흔했던 머리와 토르소로 구성되어 허리 아래가 역삼각형 모양으로 만들어진 형상이다(그림 3.2와 3.3).[118] 레스퐁스는 확신 있게 말한다. 팔리시의 테름은 겉보기에 너무나 자연스러워 인공 동굴의 방문객들이 그것으로 인해, 특히 거의 진짜처럼 보이는 옷과 머리카락으로

---

117 [옮긴이] 고대 그리스에서 사각 기둥 위에 두상(頭像)이나 토르소(torso, 상반신 몸통)가 놓여 있는 형태의 조각상을 헤르마(herma) 또는 헤름(herm)이라고 불렀는데, 이 양식이 르네상스 시기에 부활한 것을 테름(terme)이라 한다.

118 Amico, *Earthly Paradise*, pp. 58~59. 나는 아미코가 인쇄한 판본에 의존했다(pp. 220~24).

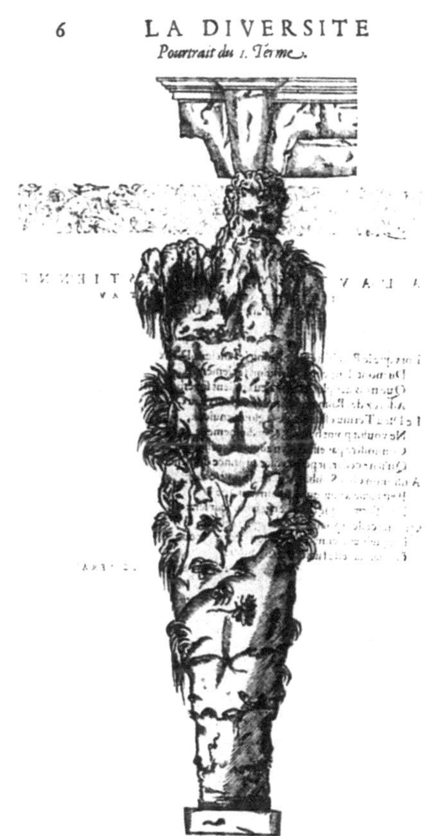

그림 3.2 테름을 그린 삽화. 출처: Hugues Sambin, *Oeuvre de la diversité des termes dont on use en architecture* (Lyon: Jean Durant, 1572).

인해 놀라지 않을 수 없었다. 인공 동굴 안에는 해자(垓字)와 수로(水路)가 만들어져 있는데, 그 안에는 상형 자기[119]로 만든 물고기와 자갈, 이끼, 산호, 초목, 기암괴석들이 놓여 있었다. 그것들 모두는 "자연을 모방"했지만, 레스퐁스는 특별히 물고기에 초점을 맞춘다. 물고기가 노니는 물이 계속해서 흐르도록 고안되어 마치 물고기가 정말로 헤엄치는 것처럼

119 [옮긴이] 도자(陶瓷)예술에서 도자기의 재료인 세라믹으로 그릇이 아닌 다른 다양한 종류의 사물 모양을 모방해 제작한 작품을 일컬어 '상형 자기'라고 한다.

그림 3.3. 베르나르 팔리시의 작업실에서 만들어졌던, 지금은 소실된 주형으로 빚은 테름 머리의 주물(19세기).

보이도록 했기 때문이다. 무엇보다도 상형 자기 도마뱀들이 "기이한 바위"를 덮고 있었는데, 그것들 또한 정말로 살아 있는 듯 보였다. 동굴 위쪽으로는 문틀, 프리즈,[120] 띠 장식이 되어 있었는데, 프리즈 위에 안 드 몽모랑시의 좌우명인 "아플라노스"(Aplanos)란 단어가 새겨졌다. 이 부분은 팔리시가 의도한 농담이다. 그리스어 아플라노스는 '올곧은' 또는 '변하지 않는'을 뜻한다. 프리즈 위에 새겨진 좌우명을 묘사한 직후, 레스퐁스는

120 [옮긴이] '프리즈'(frieze)는 고대 그리스 건축에서 지붕을 얹기 위해 기둥 윗부분을 수평으로 연결한 장식 부분을 가리키는 용어다.

이 건축적 요소들 위에 경탄할 만한 여러 개의 창문이 달려 있었다고 덧붙인다. 그 창문들은 "구부러지고, 튀어나오고, 비딱하고, 기이하게 접혀" 있어 어떠한 빛도 직선이나 수직으로 들어오지 못하도록 한다는 장점이 있었다.[121] 여기서 설계자 팔리시의 본래 의도는 "자연의 바위를 닮은" 창문을 만드는 것이었지만, 이에 더해 그 후원자의 좌우명인 "올곧음"과 인공 동굴의 창문이 지닌(사실상 인공 동굴 전체가 지닌) "비틀린 본성"이 대비를 이루어 언어 유희를 이루었음이 분명해 보인다.

레스퐁스의 찬사에 대해 드망드는 도저히 믿지 못하겠다는 반응을 보인다. 그는 팔리시의 동식물이 그토록 자연과 닮아 어느 누구도 그것들을 "부정할" 수 없다는 주장을 곧이곧대로 받아들이기가 어렵다. 무엇보다도 도마뱀은 몸집은 너무 작고 숫자는 많아 일일이 헤아리기 어려울 정도인데, 하물며 그 복사본은 말할 것도 없지 않겠는가. 뿐만 아니라 몸집 크기의 범위가 워낙 다양하다보니, 그 파충류 머리의 척도와 꼬리의 척도가 서로 맞지 않을 것이다. 식물을 모방하는 데에도 비슷한 문제가 생겨날 텐데, 잎사귀의 크기도 매우 작기 때문이다. 드망드의 의심에 레스퐁스는 아펠레스와 제욱시스에 필적할 만한 이야기로 대답한다. 이 동굴예술가[팔리시]는 도마뱀의 크기에 따른 모든 미세한 차이를 포착했을 뿐만 아니라 식물의 잎사귀에서 겨우 보일까 말까 하는 작은 "잎맥, 동맥, 늑골"까지도 재생산했다는 것이다. 또한 그는 잠자는 개의 형상을 만들었는데, 그것의 털까지도 진짜 개의 털만큼이나 뛰어났다는 것이다. 몇 마리의 진짜 개가 인공 동굴로 접근해 들어갔을 때, 으르렁 소리를 듣고는 "스스로를 방어할 힘도 없고 짖어댈 능력조차 없는" 상형 자기 개를 향해 짖어댔다. 그러나 팔리시는 고작 동물을 속이는 고대의 미메시스를 꿈꾸는 것으로 만족하지 않는다. 『건축과 질서』의 말미에 이르러 드망드는 마침내 레스퐁스의 주장이 진실됨을 확신하기 시작한다. 레스퐁스는 자신이 경험한 놀라운 사건을 이야기하는 것으로 응답한다. 화가보다 더

---

121 Amico, *Earthly Paradise*, p. 221.

섬세하고 우아한 광맥이 빚어냈을 알록달록한 벽옥을 재료로 삼아 인공석으로 제작된 동굴 속의 기이한 좌석에 레스퐁스가 앉아 사색하고 있었는데, 그의 명상은 그에게 이 인공 동굴에서 아름다움을 찾았는지 질문하는 바로 그 예술가[팔리시]의 등장으로 인해 중단되었다. 레스퐁스가 매우 아름답고 신기했노라고 대답하자, 인공 동굴의 제작자는 이렇게 말했다. 이 동굴 속의 인공적인 돌은 레스퐁스가 생각하는 것 그 이상으로 더욱 기이하며, "바깥으로 드러나는 광맥과 형태, 작용은 또한 내부와 연결되어 있다". 레스퐁스가 의문을 제기하자, 그 제작자는 조각들 가운데 하나를 깨뜨려 내부 단면의 "광맥과 형태"를 보여주었다. 그것은 마치 "자연의 돌"과 똑같아 보였다.[122]

둘의 대화 장면에서 우리가 포착할 수 있는 점은 팔리시가 그저 자연 세계의 외부 모양과 색깔을 복사하는 것에 만족하지 않고 내부 구조까지도 복제하기를 원했다는 사실이다. 여기서 자연스럽게 두 가지 질문이 떠오른다. 그의 목적이 모방이라는 사실을 고려한다면, 왜 그 예술가는 바위의 광맥을 재현하는 작업으로 스스로를 제한하면서 동물이나 식물의 피하 혈관을 묘사할 가능성은 언급하지 않았을까? 레스퐁스의 진술은 순전히 허풍이었을까, 아니면 실제로 팔리시의 도예 기술에 어느 정도 근거를 두었을까? 둘 가운데 훨씬 간단한 둘째 질문에 먼저 답해보겠다. 팔리시의 도자기에 관한 오늘날의 연구에 따르면, 그는 때때로 돌 내부 광맥의 착시를 일으키기 위해 붉은 점토나 흰 점토를 섞기도 했다고 한다.[123] 이 정도의 기술로는 분명 동물이나 채소처럼 살아 있는 물체의 내부 구조를 세심하게 재현할 수 있다고 기대하기 어려울 것이다. 따라서 팔리시는 어느 정도는 자신의 매체가 가진 본성에 의해 제약을 받았을 것이다. 그런데 레스퐁스와 인공 동굴 제작자 사이의 대화에는 그 예술가의 목적이 생물의 내부 구조가 아니라 바위의 광맥을 모사하는 것인지

122 Amico, *Earthly Paradise*, p. 224.

123 Amico, *Earthly Paradise*, pp. 94, 243.

를 묻는 질문이 빠져 있다. 이 사실은 우리를 첫째 질문으로 돌려보낸다. 이 첫째 질문은 더 명료하게 다시 표현될 수 있다. 자연을 재현하는 작업 과정에서 도예가에게 주어지는 제약에 관해 확실히 그 어느 누구도 팔리시보다 더 잘 알 수는 없다. 비록 그의 도마뱀과 뱀, 벌레, 심지어 인간의 옷과 신체 일부분까지도 대부분은 살아 있는 존재로 빚은 거푸집을 통해 주조되었겠지만[그림 3.4], 팔리시는 그저 구경꾼의 눈만 속이기를 바랐을지도 모른다. 뮈론의 암소처럼 팔리시의 주물도 곧장 그것이 인공적 생산물임을 들켰을 것이다. 하지만 팔리시의 주된 목표가 사실은 생물의 재현이 아니라 바위로 변성된 생물의 복제였다고 해석할 수는 없을까? 후자의 해석을 암시하는 힌트가 이미 『건축과 질서』에서 발견된다. 물론, 나는 살이 돌로 변화한다는 주제가 팔리시의 후대 저작으로 갈수록 그의 생각을 지배하게 되었다고 믿는다. 하지만 우선은 『건축과 질서』를 다시 살펴보도록 하자.

레스퐁스는 테름을 묘사하면서 살이 조개껍질이나 돌로 변형되는 점진적인 과정을 보여주는 여러 유형을 언급한다. 첫째, 그 모습이 괴물 같아 비웃지 않고서는 차마 볼 수 없는 유형이 있었다. 그것은 머리에 옷을 두르고, 얼굴은 공기에 지속적으로 노출되어 닳아버렸다. 『템페스트』에 등장하는 알론소처럼 그것의 눈은 수중 변형을 겪어 조가비 껍데기로 변했다. 그럼에도 그의 옷은 너무나 완벽해 전적으로 자연적인 것처럼 보였다. 둥근 기둥으로 된 테름의 발은 주름이 접혔고 이끼와 초목, 기이한 돌들로 풍성하게 덮였다. 첫째와 유사하면서 그에 못지않게 기이한 둘째 유형의 테름은 더 닳아 있어 누가 보아도 더 오래된 것임을 알 수 있었다. 따라서 그것은 첫째 테름보다 더 많은 초목과 돌들로 덮였고, 인간의 형체를 어느 정도만 유지하고 있을 뿐이었다. 가장 조악한 형태의 셋째 테름은 형상 전체가 조가비 껍데기와 수중바위, 돌들로 덮여 있어 반으로 쪼개면 그 안에서 더 많은 조개가 쏟아져나올 것만 같았다. 지속적으로 변형되고 있는 중인 넷째 테름은 한 덩어리의 사암(砂岩)처럼 보였다. 그것은 군데군데 자갈과 조개껍질로 덮여 있어 마치 자연이 그것들을 돌 속에서 창조한 듯했다.[124] 다섯째 테름 역시 바위로 만든 듯이 보였지만, 사암이 아니라 인공 벽옥으로 구성되었다. 그것의 얼굴 이목구비는 전부 조개껍질로 재현되었다. 그것의 몸체는 담쟁이덩굴로 덮였는데, 그 덩굴은 테름을 둘러싸고 자라 인접한 영역을 다 덮어버려 마치 오래된 집의 담쟁이덩굴과 같았다. 여섯째 테름도 있었는데, 그것은 자신의 모양을 거의 다 잃어버렸고 앞선 테름들보다 더 오래되었다. 얼굴 형태는 공기에 의해 거의 마모되었고, 하얀 줄무늬와 반점이 나 있는 얼굴 표면은 터키석의 청록색 법랑을 칠한 바람에 "끔찍하게 밝았다". 이에 더해 레스퐁스는 지나가는 말로 다른 테름들도 언급한다. 어떤 것은 옥수와 같은 색깔을 띠었고, 다른 어떤 것은 다양한 종류의 벽옥같이 보였고, 줄무늬가 있거나 얼룩덜룩한 사암 같은 것도 있었다. 줄무늬가 난 금강사 같은 것이나 여전히 청동처럼 보이는 것도 있었다. 처음에는 조개껍질로 변환되었다가 이어서 돌이나 보석, 금속으로 변환되는 과정이 보여주듯이, 테름의 인간적 특성이 점차 퇴화해가는 일련의 과정은 무엇을 의미할까? 시간의 흐름은 먼저 테름의 인간적 특징을 소멸시키고, 신체 기관을 조개껍질로 재현된 석회 형태로 바꾸며, 마침내 돌과 금속성 물질로 뒤덮인 무기물 형태로 향하는 궤적을 보여준다. 다시 말해 테름은 점진적으로 석화된 존재인 것이다.

바위와 금속으로 변환되는 팔리시의 테름은, 그가 석화라는 주제에 깊은 관심을 가졌음을 드러낸다. 이 매혹적인 주제는 그의 후기 저작들에서 더욱 풍부하게 등장한다. 유기물의 석화라는 주제는 팔리시에게 고착관념(idée fixe)이었다고 말해도 지나치지 않다. 이 주제는 땅속에서의 광물 및 금속의 발생에 관한 팔리시의 이론과 매우 긴밀히 엮여 있다. 게다

---

124 "grison"과 "grès"가 동의어라는 점에 관해서는 다음을 보라. Palissy, *Recette véritable*, p. 264. 나는 "grès"를 사암(砂岩)으로 번역했다. 그러나 이 지질학적 용어가 퇴적물의 무른 층으로부터 바위 등산가에 의한 파손으로 갈라진 규암을 아우르는 다양한 특성을 지닌 수많은 돌을 지칭하는 용어이기도 하다는 점을 주목해야 한다.

가 바위와 돌의 기저에 깔려 있는 태고의 물질에 관한 그의 아이디어와도 엮여 있다. 따라서 우리는 이 주제를 주로 1580년 저작인 『놀라운 담화』의 완숙한 이론에 초점을 맞추어 어느 정도는 깊이 있게 다룰 텐데, 경우에 따라서는 1563년 저작 『참된 처방』도 참고하려 한다. 아마도 파라켈수스주의와 중세 연금술의 영향을 받아[125] 팔리시는 소금이 가진 다양성과 여러 가지 속성에 깊은 인상을 받았던 것 같다.[126] 그가 소금으로부터 느꼈던 매력은 『참된 처방』에 이미 드러났지만, 더욱 완숙한 표현은 『놀라운 담화』에서 찾아볼 수 있다. 팔리시는 소금이 보존, 응고(凝固), 응결(凝結)[127]에 놀라운 능력을 발휘한다고 지적한다. 오크나무 껍질을 갈색으로 그을리게 하는 능력도 그 껍질로부터 추출된 소금의 몫이다. 고대 이집트인들은 미라를 보존하는 일에 소금을 사용했다. 소금의 보존 능력은 땅을 비옥하게 만드는 거름의 능력에서 더욱 빛을 발한다. 소금을 함유한 거름이 비를 맞으면 소금기가 씻겨 땅에 스며들어 효력을 발휘한다. 소금의 응고 및 응결의 능력을 설명하기 위해 팔리시는 식물의 하소 및 침출의 과정을 통해 생산된 알칼리성 재를 예시로 든다. 자갈과 모래가 고온에서 함께 섞여 유리를 만들어내는 것도 알칼리성 재에서 비롯된 소금의 역할 덕분이다.[128] 응고의 효과를 과시하는 또 다른 종류의 소금은 황산염(황산구리 혹은 황산철)인데 그것은 자연의 샘 속에 존재하며, "그것이 존재하는 곳에서 맞닥뜨리는 사물을 청동으로 변화시키는 일 외에는 할 줄 아는 것이 없다".[129] 아마도 소금이 가진 고체화[응고] 능력의 가장

125 [옮긴이] 파라켈수스가 중세 연금술의 정통 이론이었던 금속의 2원소(유황과 수은) 이론에 소금을 추가해 3원소 이론을 확립했다는 점에서, 소금의 중요성을 강조하는 것은 파라켈수스주의의 특징이기도 하다.

126 팔리시가 보았을 법한 파라켈수스주의 자료로는 다음을 보라. Céard, "Bernard Palissy et l'alchimie", pp. 159~62.

127 [옮긴이] 응고는 액체가 엉겨 굳어지는 현상이고, 응결은 기체가 낮은 온도의 표면에 액체나 고체로 달라붙는 현상이다. 팔리시의 이론을 이해하기 위해 이 둘을 구별할 필요가 있다.

128 Palissy, *Discours*, vol. 2, pp. 186~92 (Cameron)/129~31 (la Roque).

중요한 사례는 결정(結晶)을 이루는 능력일 것이다. 팔리시는 자신이 직접 질산칼륨을 물에 넣고 끓여 용해했던 경험으로부터 특별한 인상을 받았다. 그 결과물을 식히면 정동석(晶洞石) 내부의 포인트와 비슷한 '다이아몬드 포인트'가 눈에 띄도록 형성된다. 철과 주석, 은도 자연적으로 결정체를 이룰 수 있다는 사실을 통해 팔리시는 이러한 결정화 과정이 자연의 광물 형성 과정에서 근본적인 역할을 수행한다고 여겼다.[130] 그의 통찰은 연금술사들에게 대항할 강력한 도구를 마련해준다. 금속의 발생에 관한 연금술 이론은 일반적으로 유황과 수은에 열을 가해 그것들로부터 붉은색을 이끌어내는 과정을 모델로 삼았다.[131] 반면에 결정화 과정에 기초한 팔리시의 이론은, 금속의 생산을 위해 땅이 필요로 하는 것은 열이 아니라 오히려 추위임을 함축한다.[132]

팔리시는 질산칼륨의 결정화 과정을 묘사하면서 물 자체는 얼음이 될 때와는 달리 결정화 과정 중에는 응결되지 않는다는 점에 주목한다. 이로부터 팔리시는 "돌이나 금속으로 응결되는 물은 일반적인 물이 아니"라는 결론을 내린다.[133] 이는 곧장 광물의 형성에 관한 팔리시의 이론으로 연결된다. 그의 아이디어는 광물의 응결을 주도하는 소금의 원리가 물의 응결에서도 동일하게 작용한다는 것인데, 이렇게 응결되는 물을 일컬어 "결정수" 또는 "생성수"라고 부른다.[134] 실제로 식물의 질료를 하소

---

129 Palissy, *Discours*, vol. 2, p. 228 (Cameron)/152 (la Roque).

130 Palissy, *Discours*, vol. 2, pp. 128~29, 222~23 (Cameron)/95, 149 (la Roque). 이러한 관찰은 다음에서 기록되었다. Palissy, *Recette véritable*, pp. 108~09.

131 [옮긴이] 연금술의 금속 변성 과정에 대한 은유적 표현인 유황과 수은의 화학적 결혼은 실제로는 매우 복잡한 과정이지만, 대략적으로 나누어 니그레도(nigredo, 黑化), 알베도(albedo, 白化), 루베도(rubedo, 赤化)의 단계를 거친다. 플라스크 속의 내용물이 붉어진다(赤化)는 것은 현자의 돌이 태어나는 최종 단계 직전까지 도달했음을 의미했다.

132 Palissy, *Discours*, vol. 2, pp. 113~14, 152 (Cameron)/85~86, 110 (la Roque).

133 Palissy, *Discours*, vol. 2, p. 222, lines 18~19 (Cameron)/149 (la Roque).

134 Palissy, *Discours*, vol. 2, p. 148, lines 9 (Cameron)/107 (la Roque).

할 때 생겨나는 것이 바로 이러한 종류의 "물"이다. 하소 및 침출의 과정 이후에 남은 알칼리는 자연의 수정 바위가 땅속에서 만들어질 때 사용되는 "물"의 응결된 형태와 비슷하다. 재가 유리의 재료로 사용될 수 있는 이유도 바로 이 때문이다.[135] 그렇다면 결론적으로 팔리시는 두 종류의 물이 존재한다고 말하고 있는 셈이다. 모든 사람이 알고 있는 일반적인 물은 열에 의해 증기로만 변하기 때문에 "발산"(發散)한다. 반면에 다른 종류의 물은 광물의 재료를 공급하기 때문에 "결정을 이루고, 응결되고, 생성한다".[136] 이 물이야말로 아리스토텔레스의 4원소보다 더욱 고귀한 제5원소다.[137] 아마도 파라켈수스의 제1존재[138] 개념으로부터 받은 영향으로, 팔리시는 광물이 발생되는 근원인 물성(水性)의 액체야말로 광물이 응결되기 전에 투명한 액체 형태로 존재하던 제1본질(essence première)이라고 본다.[139] 그렇다면 광물의 응결 과정은 정확히 어떻게 땅속에서 일어나는 것일까? 그 답은 광물과 화석의 형성 과정 모두를 설명해준다.

본질적으로 팔리시의 제5원소는 땅속에서 응결하는 세 가지 길을 갖고 있다. 첫째, 응결수가 다량의 물속에 포함되어 있다가 그 응결수로부터 결정이 생겨날 수 있다. 앞에서 살펴본 사례로서, 팔리시는 정동석의

135 Palissy, *Discours*, vol. 2, pp. 145, 329 (Cameron)/105, 213 (la Roque).

136 [옮긴이] 결정을 이루는 물, 응결되는 물, 생성하는 물을 간결하게 결정수(結晶水), 응결수(凝結水), 생성수(生成水)라고 번역하겠다.

137 Palissy, *Discours*, vol. 2, pp. 143~45, 326~27, 335 (Cameron)/104~05, 211, 217 (la Roque).

138 [옮긴이] 파라켈수스는 『재생과 개선에 관하여』(*De renovatione et restauratione*)에서 죽음을 정의하기를, 사물의 '첫째 본성'이 소멸하고 '새로운 본성'이 생겨날 수 있도록 하는 과정이라고 했다. 여기서 말하는 첫째 본성이 제1존재(primum ens)이며, 그것은 최종적으로 개선되어야 할 아직은 불완전한 상태의 존재다. Urs Leo Gantenbein, "Real or Fake? New Right on Paracelsian *De natura rerum*", *Ambix* 67, 2020, p. 20. 따라서 팔리시에게는 결정화 이전의 아직 액체 상태인 결정수가 제1존재가 되는 셈이다.

139 Palissy, *Discours*, vol. 2, pp. 361~63 (Cameron)/233~34 (la Roque).

형성과 질산칼륨의 결정화를 뚜렷하게 비교한다. 이 비교는 지하에서의 금속 발생을 설명하는 팔리시의 습관적인 방식인데, 그는 자신의 설명을 입증하기 위해 모난 황철석과 백색 철광석의 결정체가 자연적으로 형성된다는 사례를 근거로 든다.[140] 그런데 동일한 결정수로부터 형성된 각각의 결정체는 왜 식용 소금과 철의 차이만큼이나 서로 극단적인 차이를 보일까? 이 질문에 대한 팔리시의 해명은, 마치 식물의 재가 모래와 결합하여 유리를 만들듯이, 제5원소가 땅속에서 먼지나 흙의 입자들에 들러붙어 그 입자들을 결합해 개별적인 광물을 형성한다는 것이다.[141] 따라서 사물에 물질적 다양성을 부여하는 것은 다름 아닌 제5원소라는 자궁 속에 갇혀 있는 실체다. 팔리시가 제시하는 광물 형성의 둘째 유형은 첫째와 비슷하지만, 비결정 광물의 형성을 설명해준다는 점에서는 다르다. 첫째 유형의 광물 형성이 물속에서 결정체가 발생함으로써 이루어지는 반면에, 둘째 유형은 발산수가 결정수로부터 제거됨으로써 이뤄진다. 이러한 과정은, 가령 방울로 떨어지는 '제1본질'이 자신의 '부수적 속성'인 물[발산수]을 증발로 잃어버려 제5원소와 흙만 남음으로써 종유석(鐘乳石)을 형성할 때 일어난다. 폐쇄된 공간 속에 응결수가 충분히 있고 발산수가 증발이나 다른 원인에 의해 떠나간다면, 제5원소는 종유석의 경우와는 달리 자신을 담는 그릇의 모양으로 응결될 수도 있다. 이 둘째 유형의 응결은, 물론 화석을 비롯한 여러 광물의 형성을 설명한다.[142] 마지막 셋째 유형의 광물 형성은 헐겁게 결속된 실체의 구멍 속으로 제5원소나 응결수가 스며들어 그 실체의 입자들을 이어 붙여줌으로써 이루어진다. 대다수의 화석이 이 방식으로 형성되는데, 유유상종(類類相從)의 원리에 따라 이 화석들이 자연적으로 품고 있던 소금 실체가 제5원소의 소

140 Palissy, *Discours*, vol. 2, pp. 128~30, 252, 368 (Cameron)/95~96, 167, 238 (la Roque).

141 Palissy, *Discours*, vol. 2, pp. 330~31, 352~53 (Cameron)/214, 228 (la Roque).

142 Palissy, *Discours*, vol. 2, pp. 361~66, 326~27 (Cameron)/233~36, 211 (la Roque). 종유석에 관해서는 다음을 보라. Palissy, *Recette véritable*, p. 111.

금기를 끌어당기기 때문이다. 팔리시가 카르다노로부터 차용했던 것으로 보이는 아이디어에 따르면, 조개껍질은 바다 연체동물들로부터 추출되는 소금을 근원적으로 포함하는 까닭에 쉽게 석화할 수밖에 없다.[143] 이는 또한 나무가 화석화하는 방법도 설명해준다. 팔리시는 무화과와 모과, 순무, 게, 밤, 꽃 같은 다양한 대상들을 석화의 결과물로 간주했다. 그는 심지어 인간조차도 이러한 방식으로 돌이나 금속으로 응결될 수 있다고 보았는데, 바로 이것이 이제 우리가 살펴보아야 할 주제다.[144]

앞서 우리는 팔리시가 땅속에서 광물과 화석이 형성되는 과정을 어떻게 설명했는지 살펴보았다. 이제는 그의 장인적 실천의 영역으로 넘어갈 차례다. 그는 도예예술과 자연의 지하 활동 사이의 관계를 어떻게 바라보았을까? 『놀라운 담화』의 여러 지점에서 팔리시는 도자기 예술과 자연의 석화는 원칙적으로 동일하다는 점을 분명히 한다.[145] 우선 그는 도예가의 진흙이 "증발성을 가진 부수적인 체액과 고정적이고 근원적인 체액이라는 두 가지 종류의 체액"으로 구성된다고 논증한다. "습하고 부수적인 체액은 증발의 대상이며, 한꺼번에 동시에 증발된다. 반면에 근원적인 체액은 흙의 실체를 돌로 변성시킨다."[146] 여기서 말하는 증발성 습기는 팔리시가 말하는 발산수이고, 근원적인 습기는 그가 흔히 응결수라고 표현하는 것을 가리킴이 분명하다. 다른 단락에서 팔리시는 그것들의 정체

143 Duhem, "Léonard de Vinci, Cardan et Bernard Palissy", pp. 311~19.

144 Palissy, *Discours*, vol. 2, pp. 237~56, 146~49 (Cameron)/157~69, 106~08 (la Roque).

145 로레인 대스턴과 캐서린 파크도 팔리시의 화석 발생 이론과 생명체 거푸집을 사용한 특유의 도자기 제작 과정 사이의 동일성에 주목했다. 하지만 그들은 이 주제에 관한 팔리시의 사고를 연금술을 향한 그의 관심과 연결짓지는 않았다. Daston and Park, *Wonders and the Order of Nature*, New York: Zone Books, 1998, p. 286.

146 Palissy, *Discours*, vol. 2, p. 280, lines 8~11 (Cameron)/185 (la Roque): "y a deux humeurs, l'une évaporative & accidentale, & l'autre fixe & radicale: l'humide & accidentale est sujette à s'evaporer & estant evaporée, la radicale transmue la substance de terre en pierre."

를 분명히 확인해준다. "이러한 흙 속에는 두 종류의 물이 있는데, 하나는 '발산'(exalative)하고 다른 하나는 '응결'(congélative)한다."[147] 도자기를 굽는 과정에서 발산수는 떠나가버리고, 고정적이고 근원적인 체액이 남아 진흙 속에 있는 모래와 흙의 입자들을 더 끈끈하게 결합한다. 여기서 "부수적"(accidentale)이라는 외래 용어와 대비를 이루는 "고정적"(fixe), "근원적"(radicale)이라는 수식어는, 근원적인 체액이 흙을 돌로 "변성시킨다는"(transmue) 놀라운 표현에서도 볼 수 있듯이, 연금술로부터 차용된 용어들이다. 하지만 당장 우리의 관심은 연금술이 아니라 도자예술과 자연의 병렬 관계에 있다. 도예가는 자신의 가마 속 진흙으로부터 부수적인 물을 증발시킴으로써 앞서 살펴보았던 둘째 유형의 과정, 즉 자연이 땅속에 응결수를 남겨 돌과 화석을 고체로 응결하는 과정을 복제한다. 금속과 유리의 주조 과정에서 거푸집을 사용하듯이, 도예의 과정 역시 자연의 과정과 나란히 간다.

> 모든 종류의 금속 및 여러 가용성 물질이 주형틀이나 거푸집 속으로 주입되어 그 모양대로 만들어지듯이, 그것들은 땅속에서도 그것들이 던져지거나 부어진 곳의 모양대로 만들어진다. 따라서 모든 종류의 바위 물질은 그 물질이 응결된 장소에 따라 모양을 갖는다.[148]

그렇다면 예술과 자연은 둘 다 거푸집을 사용한다는 공통점을 갖는다. 다만 땅속에서 돌이 형성되는 과정은 열에 의한 물질의 융해에 의존하지

---

147 Palissy, *Discours*, vol. 2, p. 352, lines 24~25, and p. 353, line 1 (Cameron)/228 (la Roque).

148 Palissy, *Discours*, vol. 2, p. 361, lines 8~14 (Cameron)/233 (la Roque): "Tout ainsi que toutes especes de metaux, & autres matieres fusibles, prenants les formes des creux, ou moules, là où ils sont mis, ou jettes, memes estans jettez en terres prennent la forme du lieu où la matiere sera jettée ou versée, semblablement les matieres de toutes especes de pierres, prennent la forme du lieu où la matiere aura esté congelée."

그림 3.4 베르나르 팔리시가 살아 있는 곤충으로 만든 거푸집.

않는다. 오히려 땅속의 물질은 자연의 거푸집 안에서 융해가 아닌 증발의 과정을 통해 발산수가 탈출함으로써 응결된다. 앞서 살펴보았듯이, 팔리시가 보기에는 도예가의 가마 속에서 벌어지는 일도 이와 동일한 과정이다. 광물이 자연적으로 형성되는 과정과 마찬가지로 부수적인 습기가 진흙으로부터 빠져나와 증발됨으로써 그 진흙은 도자기로 굳어진다.

이제 팔리시의 도예 기술을 상세히 살펴보자. 우리는 그가 주물로 파충류와 곤충, 식물, 신체 일부, 옷의 재생물에도 생명을 불어넣었음을 알고 있다. 그가 만든 몇 개의 거푸집이 지금까지도 남아 있으며, 그것들 대부분은 튈르리(Tuileries)에 있었던 그의 작업실에서 발굴되었다(그림 3.4). 이 거푸집은 세심한 과정을 통해 제작되었는데, 먼저 진흙이나 석고 반죽 위에 죽은 동물을 찍어누른다. 석고 반죽을 쓸 경우에는, 결국에는 석고 거푸집이 진흙 거푸집의 역할을 하게 되는 셈이다. 거푸집이 준비되면 그 안을 진흙으로 채워 넣고 거푸집을 제거한 뒤, 유약을 발라 불에 굽는 일반적인 과정이 이어진다.[149] 어느 모로 보나 이 과정은 팔리시가 검토했던 돌과 화석의 세 가지 형성 유형 가운데 둘째 유형과 유비를 이룬다. 그가 생명을 불어넣는 자신의 주물을 자연적 과정의 근접 복제로 여겼다고 생각할 만한 이유는 얼마든지 있다. 자연 그 자체가 살을 돌로 변환하기 위해 사용하는 바로 그 방법을 자신도 사용하고 있기에, 팔리시는 자신이 만든 작은 형상들로써 개와 도마뱀을 속이는 위치에 서게 되었다고 여겼다. 결국 그가 제작한 도마뱀과 두꺼비, 뱀의 주물은 동물의 복제물이 아니라 화석의 복제물인 셈이다. 14세기의 유대인 테모와 같은 연금술 변증가들이 인간에 의해 만들어진 파리(Paris)의 벽돌이나 석고가 자연에 의해 만들어진 돌과 실제로는 전혀 다르지 않다고 논증했다는 점을 염두에 둔다면, 팔리시의 아이디어에는 이상할 것이 거의 없다.[150] 이와 같은 전통적 사고방식에 따라 팔리시의 동물들은 결코 복제물이 아니라 화석 그 자체라고 누구든 말할 수 있을 것이다. 이는 마치 자연의 방법을 단지 가속하기만 하여 만들어진 연금술의 금이 모방물이 아니라 진정한 금 그 자체로 여겨졌던 것과 같다.

기이하게도 팔리시의 예술이 연금술의 성격을 지녔다는 것은 그저 안경을 선택적으로 쓴 채 역사를 바라본 근시안적인 이소모피즘[151]은 아니다. 그는 1590년 세상을 떠나기 직전에 보고된 하나의 기이한 사건으로

149 Amico, *Earthly Paradise*, pp. 86~96.

150 Themo Judaei, in *Quaestiones*, p. 202v: "Item de mixtis inanimatis videmus quod possunt fieri lapides: sicut plastrum parisius et later."

151 [옮긴이] '이소모피즘'(isomorphism)은 구성 내용은 다르지만 구조적 틀은 같다(同形異質)는 관점을 말한다. 지은이는 연금술의 이론과 팔리시의 석화 이론이 구

극적인 반전을 보여주었다. 네무르(Nemours) 칙령(1585) 이후, 팔리시는 반복된 회심 거부 또는 망명 실패로 인해 1588년에는 파리에 수감되어 있던 상태였다. 그는 처음에는 사형을 선고받았지만 재판이 받아들여져 바스티유에 갇혔다. 거기서 그는 장 뷔시-르클레르크라는 가학적인 간수의 잔인한 장난의 대상이 되었다. 이 간수는 팔리시가 칼뱅주의 신앙을 포기하지 않는다 해서 어느 때고 즉시 그를 처형하러 가는 척했다. 2년씩이나 이러한 대우를 견디다가 팔리시는 1590년 고령의 나이로 영양실조에 걸려 죽고 말았다. 이 기간 동안에 『놀라운 담화』의 판권을 소유했던 피에르 드 레스투알은 팔리시의 투옥에 관해 수차례 보고문을 작성했다.[152] 그가 쓴 기사의 한 페이지를 보면, 레스투알은 팔리시의 죽음을 보고하면서 이 노령의 위그노[153]가 죽기 직전에 자신에게 보낸 선물에 대해 묘사했다.

> 이 선한 사람은 죽어가는 와중에도 나에게 하나의 돌을 남겼는데, 그는 그것을 "현자의 돌"(pierre philsophale)이라고 소개했다. 그는 확신 있게 말하기를, 그것은 두개골(teste de mort)인데 시간이 흐르면서 돌로 변환되었고, 그의 작업을 수행하는 데 기여한 또 다른 돌도 있어 모두 두 개의 돌이 그의 캐비닛 속에 있다고 했다. 나는 내가 사랑하여 돌보았던 이 선한 노인을 기억하면서 그 돌을 애정 어린 마음으로 간직할 것이다. 내가 그 돌을 원해서가 아니라 그저 내가 그렇게 할 수 있어서다.[154]

화석화한 해골의 모양을 지닌 "현자의 돌"을 소유했다는 팔리시의 놀

조적 차원에서도 차이가 있음을 '현자의 돌'을 통해 예증하려고 한다.

152 Amico, *Earthly Paradise*, pp. 44~45.

153 [옮긴이] 팔리시의 시대에 위그노(Huguenot)는 프랑스의 칼뱅주의자들을 부르는 명칭이었다.

154 Amico, *Earthly Paradise*, p. 238, document 40.

라운 주장을 어떻게 받아들여야 할까? 이처럼 기이한 메멘토 모리(memento mori)는 연금술사들의 최고선을 향해 던지는 냉소였을까? 아니면 그 이상의 무언가가 있었던 걸까? 어떤 이들은 팔리시에게 역설적인 의도가 있었을 가능성을 배제하고 싶지 않겠지만, 역설은 냉소로만 표현되지는 않는다. 팔리시는 상당한 깊이의 연금술 지식을 가졌기 때문에 귀중한 무언가로 점차 변성되어가는 두개골을 보면서 기본 금속에 변화를 일으키는 현자의 돌이 그 두개골과 물리적으로 병렬을 이룬다는 통찰을 놓쳤을 리 없다. 적어도 드 레스투알의 기사는 광물과 화석의 형성에 관한 팔리시의 설명에 연금술적 의미가 더해졌다는 특이한 사실이 결코 우연은 아니었음을 보여준다.

팔리시가 즐겨 사용했던 부수적인 발산수와 근원적인 응결수의 구별은 금속이 변성된다고 말했던 게베르의 이론과 강하게 공명한다. 그는 팔리시가 읽었다고 우리가 추론할 수 있는 몇 안 되는 저자들 가운데 한 명이었다. 게베르의 『완전성 대전』에 따르면, 모든 금속은 두 겹의 유성(油性)을 지니는데, 한쪽은 본질적이고 다른 한쪽은 부수적이다. 게베르가 금속의 원리인 유황과 동일시했던 기름 본성은 금속의 완성을 위해 먼저 정화되어야 한다. 기름의 부수적 부분은 휘발성을 가지므로 본질적 부분을 남겨두고 떠나가는 반면에, 본질적 부분은 "고정되어"(fixum) 있어 고정된 수은과 결합한다. 고정된 기름[유황]과 고정된 수은은 금속의 "뿌리에서"(in radice) 발견되는 반면에, 고정되지 않고 휘발성을 지닌 요소들은 하소와 승화의 과정을 통해 발산될 수밖에 없다.[155] 앞서 진흙에 관한 팔리시의 묘사에서 살펴보았듯이, 그도 근원적인(radicale) 습기를 설명하면서 "고정된"(fixe)이란 표현을 사용했고, 부수적인 습기는 진흙이 도자기로 "변성되기"(transmue) 전에 제거될 수밖에 없다고 논증했다. 부수적 기름이 제거됨으로써 정화된 금속을 현자의 돌이 변성시킨다는 메커

155 Newman, *Summa perfectionis*, pp. 730~32, 734. 이에 대응하는 라틴어 원문은 pp. 484~92, 498을 보라.

니즘이 게베르의 생각을 지배했다고 본다면, 팔리시의 병렬 논증이 놀랍게 드러난다. 게베르의 논증에 따르면, 극도로 작은 입자들로 구성된 특별히 순수한 "철학적" 수은이 기본 금속의 빈틈으로 스며들도록 유도되어 그 안에 있던 본질적인 수은과 유황을 결합한다. 바로 이렇게 정화된 수은이야말로 "여러 저술에서 주목했던 돌", 즉 현자의 돌이다.[156] 기본 금속의 내부에서 현자의 돌과 본질적인 습기가 만나 결합하면, 그 기본 금속은 빈틈이 줄어 더욱 촘촘해지고 부식성 능동자와 열의 공격에도 더 잘 견디게 된다. 게베르는 이 아이디어를 질료입자 이론의 일환으로 다루었다. 그의 질료입자 이론에 따르면, 작고 미세한 입자들로 구성된 물체는 밀도가 더 높아서 크고 헐거운 조각들로 만들어진 물체보다 더 무겁다.[157]

게베르와 마찬가지로 팔리시도 광물의 구성에 대해 입자론의 관점으로 사고했다. 진흙과 돌은 응결수에 의해 결합된 흙의 입자들로 구성된다. 더 작은 입자일수록 더 촘촘하고 무거운 구조를 만든다는 팔리시의 생각도 게베르와 동일했다. 팔리시는 진흙을 묘사하면서 그것의 "미세한 부분들"을 언급하고, "진흙의 순도는 진흙을 더 촘촘하고 꽉 들어차게 만든다"고 말했는데, 이 역시도 게베르의 『완전성 대전』으로부터 직접 비롯된 표현이다.[158] 석화에 관한 팔리시의 아이디어가 전통적으로 카르다노의 연금술 비판과 연결되는 측면도 있지만, 한편으로는 팔리시의 화석화 묘사에서 그가 게베르의 변성 이론에 전적으로 빚을 졌다는 사실을 확인할 수 있다.[159] 팔리시에 따르면, 화석은 주로 유기물 내에서 벌어진 입자들 사이의 틈으로 침투한 응결수에 의해 형성된다. 석화 과정을 겪고 있는 대상 물체 안에서 제5원소와 소금 물질이 서로 끌어당기기 때문

156 Newman, *Summa perfectionis*, p. 784.

157 Newman, *Summa perfectionis*, pp. 143~67.

158 Palissy, *Discours*, vol. 2, p. 280, lines 25~26 (Cameron)/185 (la Roque).

159 Duhem, "Léonard de Vinci, Cardan et Bernard Palissy", pp. 311~19.

에 둘이 결합해 더 촘촘하고 딱딱한 화석이 형성된다. 팔리시의 응결수와 게베르의 철학적 수은은 각각의 작업 절차가 사실상 거의 같다. 둘 모두는, 발산을 통해 부수적 습기(혹은 부수적 기름)를 떠나보낸 실체의 가장 미세한 틈으로 침투해 실체 내부의 본질적 입자들을 결합해 그 입자들을 영구적이고 무거운 고체로 응결시키는 일종의 접착제로 작용한다. 그렇다면 팔리시의 석화된 두개골을 '현자의 돌'이라 부르는 것에 이의를 제기할 수 있을까? 그 두개골에 가득 찬 응결수는 야금 전통의 연금술이 말했던 철학적 수은을 모델로 삼지 않았던가?

팔리시가 게베르를 비롯한 여러 연금술사로부터 변성 이론을 배웠던 덕분에, 그는 미세한 "현자의 돌"의 틈새 침투로 벌어지는 석화 과정을 변성의 한 가지 형태로 여길 만한 여러 근거를 확보할 수 있었다. 하지만 팔리시의 현자의 돌이 아마도 인간의 석화한 두개골이었다는 사실은 그가 수수께끼에 넣어둔 현자의 돌 개념에 또 다른 의미가 있을지도 모른다는 생각을 갖게 한다. 앞서 살펴보았듯이, 팔리시는 땅속에서 진행되는 화석화 과정을 모방해 자신이 만든 작은 주물 형상에 생명을 부여하는 기술을 사용했는데, 매 경우마다 응결수는 거푸집이나 자궁 안에서 응결되어 그것들의 모양에 따라 굳어졌을 것이다. 그렇다면 석화한 두개골이야말로 신의 가장 위대한 피조물인 인간을 「요한계시록」에 등장하는 새 예루살렘의 열두 보석[160]처럼 썩지 않을 고귀한 물질로 변환하는 팔리시의 고유한 도예 기술이 따르던 자연적 원본이었던 것이다.[161] 다른 한편으로는 보통의 스콜라주의 저술가들이 인간 기예와 그 능력에 관한 논쟁에서 연

---

160 [옮긴이] "그 성벽의 주춧돌들은 각색 보석으로 꾸며져 있었습니다. 첫째 주춧돌은 벽옥이요, 둘째는 사파이어요, 셋째는 옥수요, 넷째는 비취옥이요, 다섯째는 홍마노요, 여섯째는 홍옥수요, 일곱째는 황보석이요, 여덟째는 녹주석이요, 아홉째는 황옥이요, 열째는 녹옥수요, 열한째는 청옥이요, 열두째는 자수정이었습니다"(「요한계시록」 21장 19~20절, 새번역).

161 팔리시는 「요한계시록」의 거룩한 성에 많은 관심을 가졌다. Palissy, *Recette véritable*, pp. 115~17.

금술을 필수 불가결한(sine qua non) 소재로 삼았던 것과 동일한 방식으로 인간 두개골의 석화는 자연이 행하는 변성의 최고봉으로 이해될 수도 있다. 연금술사들에게 금을 향한 탐구를 포기하고 도마뱀과 곤충, 연체동물의 색깔을 복제하라고 촉구함으로써, 팔리시는 하나의 예술적 목적을 다른 목적으로 대체하려고 했던 것일까? 만약 그렇다면 우리는 팔리시가 "현자의 돌"이라는 단어를 사용한 방식을 통해 우아하고도 역설적인 긴장을 발견할 수 있을지도 모른다. 연금술사들은 수은을 응결시킴으로써 유체 물질을 돌과 같은 것으로 변형하려고 애쓰지만, 살아 있는 주물을 만드는 도예가는 자연이 팔리시의 두개골에 작용한 과정을 복제함으로써 사람을 직접 돌로 변환한다. 사실상 이와 같은 연금술적 메멘토 모리는 미메시스를 향한 고착에 잘 어울리는 상징인 듯 보인다. 팔리시의 고착은 그의 예술을 이끌었으며, 그를 금속 제작자에서 투박한 형상(rustiques figulines)의 제작자로 진화시켰다.

이 장(章)에서 우리는 16세기를 아우르는 세 명의 예술가 및 한 명의 예술 이론가가 연금술의 주장과 시각예술의 주장 사이의 충돌을 어떻게 다루었는지를 살펴보았다. 다 빈치와 비링구치오, 팔리시는 모두 연금술로부터 등장한 기술의 열매를 인정했지만, 황금변성이라는 연금술의 목적은 거부했다. 그들의 동기는 부분적으로는 종교적이었지만, 그들이 공유했던 진짜 종교는 페르시아의 철학자 아비켄나의 견해였다. 아비켄나는 전능자의 권능을 침해하고 찬탈하려 한다는 근거 위에서 종의 변성에 반대하는 논증을 일반화했다. 그러나 이러한 연금술 반대 이데올로기도 다른 종류의 기술 영역에 종사했던 장인들의 희망을 꺾지는 못했다. 이탈리아의 예술가 및 기술자들이 가졌던 목표가 게베르나 파라켈수스의 목표만큼이나 전적으로 도달 불가능한 것이었다는 사실을 깨달으려면, 그저 레오나르도의 유명한 비행기와 전쟁 기구 설계도만 떠올려보아도 충분하다.[162] 세 명의 장인이 연금술을 거부했던 것은 오로지 경험주의만의 산물도 아니었고, 그리스도교의 산물도 아니었다. 오히려 그들은 자연을 모방하고 정복하겠다는 예술 고유의 목적을 위험하게 갉아먹는 경쟁자로 연금술을 지목했다. 그들의 이데올로기는 예술가들의 저술들에서만 비롯되었던 것이 아니라 피렌체의 세련된 탐미주의자 바르키의 이론적 저작으로부터도 비롯되었다. 다른 세 인물과는 달리 바르키는 기예의 전반적인 가치를 기준 삼아 각 기예의 위계를 결정하는 논증을 펼쳤고, 완전성으로 이끄는 기예와 모방하는 기예 사이에서 화해 불가능할 것처럼 보이는 주장들과 마주하고 있는 자신을 발견했다. 그가 제시한 해결책은 여러 기예와 자연 사이의 관계 설정이 아니라 인간에게 봉사하는 기예의 고귀함을 강조하는 쪽으로 경쟁의 방향을 재조정해야 한다는 것이었다. 한편, 팔리시가 세웠던 전략은 바르키의 전략보다 훨씬 더 전복적이었던 것 같다. 파리의 이 도예가는 하나의 목표를 다른 목표로 대체하지 않은 대신에, 연금술사들의 목표를 자신만의 강박적인 초점, 즉 살아 있는 물질을 돌로 변환하겠다는 강조점으로 흡수해버렸다. 만약 팔리시가 아직 요리되지 않은 진흙 판에 도마뱀이 아니라 연금술사를 강제로 찍어누름으로써 부정적인 인상을 주조했더라면, 그는 황금변성의 목표를 도치하는 더욱 중요한 과업을 달성할 수 없었을 것이다.

162 Paolo Galluzzi, *The Art of Invention: Leonardo and Renaissance Engineers*, Florence: Giunti, 1999.

제4장

인공 생명과 호문쿨루스

인공 생명이라는 이슈

기예-자연 논쟁에서 연금술의 역할에 초점을 맞춘 방대한 문헌들은 연금술의 변성을 논증하기 위해 동물의 자연 발생을 자주 예시로 들곤 했다.[1] 유충이 나비로 변하는 것과 같은 다채로운 사례들은 종의 변성을 옹호하려는 의도로 제시되었다. 또 다른 경우에서, 연금술사들이 점성술의 결정론으로부터 자유로워야 한다고 주장하는 맥락에서도 자연 발생의 사례가 사용되었는데, 일반적으로 동물의 발생은 천체의 특별한 배치를 기다릴 필요 없이 그 동물의 욕구에 따라 진행되기 때문이다. 그러나 그 직접적인 목표와 무관하게 이러한 사례들 모두는 하나의 인상적인 사실을 지적해왔다. 근대 이전의 자연과학자들이 이해했던 자연 발생은 적절한 자연적 요소들을 혼합해 그것들을 부패시킴으로써 의도적으로 유도해낼 수 있는 그 무엇이었다. '자연 발생'이라는 개념은 실제로는 참이 아님에도 불구하고, '생산'에 도달하려는 목표를 가지고 능동자를 피동자에 의도적으로 부여하는 작용에 관여하는 한, 그것은 기예의 지위를 누린다

1 [옮긴이] 이 책 프롤로그의 옮긴이주 25를 보라.

고 여겨졌다.

이러한 사고를 보여주는 좋은 사례가 존 로크의 필사본 원고에서 발견되는데, 이 문서는 이 저명한 경험주의 철학자가 주로 로버트 보일의 유고로부터 가져온 자료를 담고 있다.[2] 안티몬이나 부식성 용액을 비롯해 연금술적 화학 기술로 여러 가지 침전 생성물을 얻기 위한 상당히 기술적인 레시피가 여기저기 등장하는데, 그 가운데 하나가 "두꺼비나 뱀을 만들기 위한" 레시피다. 그에 따르면, 이미 죽어서 깃털이 제거된 거위나 오리를 가져다가 마치 그것을 먹으려는 양 삶되, 거기에 "어떠한 소금도 쳐서는 안 된다". 그런 다음에 그 요리된 새를 흙으로 만든 두 장의 대접 사이에 놓고, 세심하게 무게를 측량한 진흙이나 포도주 찌꺼기, 모래, 소금, 기름진 흙의 혼합물로 틈을 밀봉해 "어떠한 공기도 들어갈 수 없도록 겉을 칠해야 한다". 그것을 살코기가 부패될 수 있을 만한 환경에 두어 2~3주가 지나고 나면, 레시피의 저자는 그 새가 들어 있는 공간 안에서 "때로는 긴 발을 가진 우글거리는 뱀을, 때로는 크고 검은 두꺼비 떼를 발견했는데, 둘 다 사나워 만약 풀어놓으면 마구 돌아다닐 듯 보였다" 고 확신 있게 말한다. 폴란드의 어느 의사가 이러한 일을 여섯 차례나 성공했고, 심지어 하노버(Hanover)의 대공이 보는 앞에서도 성공한 적이 있다는 확신에 찬 주장으로 레시피는 마무리된다.

부패한 사체를 개봉하는 스릴 넘치는 장면을 관람하던 하노버 귀족의 반응이 어떠했는지는 상상하기 어렵겠지만, 누구라도 이처럼 잘 고안된 실험으로 묘사된 과학적 절차로부터 깊은 인상을 받지 않을 수는 없었을 것이다. 그 새는 삶을 때 소금을 넣지 않았으므로 필시 부패했으리라 확신할 수 있다. 신중하게 용기를 선택해 주변 공기가 차단되도록 밀

---

2 Oxford University, Bodleian Library, MS Locke C 44, [p. 188]. 완숙기의 보일은 자연 발생에 관한 믿음에 반대했는데, 이는 다음에서 찾아볼 수 있다. Michael Hunter and Edward B. Davis in their introduction to *The Works of Robert Boyle*, ed. Hunter and Davis, London: Pickering & Chatto, 2000, vol. 13, p. xlvii.

봉하는 것은, 추측건대 뱀과 두꺼비가 유해한 침입자로부터가 아닌 오로지 그 새로부터 생겨난 진짜 생산물임을 입증했을 것이다. 용기를 밀봉하기 위해 사용된 "찌꺼기"는 주의 깊게 선택된 성분들의 혼합물이며, 그 성분들은 저마다 최선의 방법에 따라 그 양이 결정되었다. 만약 목표로 삼는 생산물이 두꺼비가 아니라 무기물이었다면, 이는 볼 것도 없이 완벽한 화학 레시피였을 것이다. 실제로 우리가 지금 목격하고 있는 것은 긴 역사를 가진 전통에 속한 살아 있는 존재의 연금술이다. 이러한 종류의 연금술은 파충류와 쥐, 두꺼비 같은 '덜 완전한' 동물의 복제로만 제한되지 않았다. 이 장(章)에서는 자연적 인간을 발생시키려는 서투른 시도들이 중세 및 근대 초에 널리 퍼져 있던 논의의 주제였음을 보일 것이다. 이에 더해 파라켈수스의 추종자들이 인간 창의성의 최고봉은 합성 황금을 제작하는 것이 아니라 인공 인간을 제작하는 것이라고 주장함으로써, 이 주제는 16세기에 이르러 기예-자연 논쟁 속에 편입되었다. 자연의 질서를 향한 그들의 도전은 우생학 및 유토피아에 관한 사색을 본격적으로 출발시키는 더할 나위 없는 기회를 마련해주었다. 그들의 사색은 오늘날의 유전공학과 시험관 생명 복제를 둘러싼 윤리적이고 종교적인 이슈들과 놀라울 만큼 비슷하다.

인공 생명이라는 주제를 다뤘던 초기 저술가들은, 만약 발생의 방식에 변화를 가한다면, 특히나 그 변화가 여성 또는 암컷의 관여 없이도 가능하다면, 동물과 인간이 과감하게 서로 뒤바뀔 수 있음을 의심하지 않았다. 앞으로 살펴보겠지만, 이러한 사고는 근대 이전에 남성 또는 수컷에 관한 의식 속에 배어 있는 생물학적 고정 관념을 내세워, 비자연적인 성이라는 주제를 다루는 놀라운 과학적 사색으로 그 고정 관념을 이끌었다. 하지만 발생에 관한 근대 이전의 지나친 주장들이 현실적인 성취 가능성과 반비례했다는 점이야말로 이 주제가 갖는 기이한 역설이다. 오늘날에서조차 그 어느 누구도 중세의 골렘이나 파라켈수스의 호문쿨루스가 가졌다는 능력에 필적할 만한 인조 인간을 제작하는 기술이 등장할 것이라고 쉬이 예측하지 못한다. 그러나 이러한 기획을 꿈꾸었던 근대 이전의 저술가들에게는 성공을 바랐던 나름의 이유가 있었다. 인조 인간의 창조가 자연 법칙과 충돌할 수밖에 없다는 논증을 지지할 만한 설득력 있는 근거가 당대의 생물학으로부터는 전혀 도출되지 않았기 때문이다.

인공 생명에 관한 고대 후기 및 중세의 이론은 두 가지 주요 범주로 나뉠 수 있다. 하나는 주로 아리스토텔레스의 생물학 저작들이 제시해놓은 개요에 따른 자연 발생 이론에 기초한 범주이고, 다른 하나는 중세 유대교의 골렘처럼 창조주 신의 우주론적 신화에 기초한 범주다. 골렘 이야기는 근대 이전까지 유대교 문헌 바깥에서는 거의 영향력이 없었기 때문에, 우리는 우선 자연 발생이라는 자연철학적 관점에 기반을 둔 인공 생명의 전통에 관심을 기울이려 한다. 이 첫째 범주와 더불어, 정액의 역할에 관한 아리스토텔레스의 견해는 발생에 관한 후대의 사색을 위한 대략적인 기반이 되었다. 따라서 인공 생명에 관한 진지한 주장을 어떻게든 이해해보려면 우리는 아리스토텔레스로부터 시작하지 않으면 안 된다. 자연 발생에 관한 그의 견해 및 그것이 끼친 영향을 설명하는 것으로부터 출발해 인간의 발생에 관한 그의 견해를 논의하는 것으로 나아가도록 하자.

자연 발생과 유성 발생

아리스토텔레스가 쓴 세 권의 위대한 생물학 저작 『동물지』, 『동물발생론』, 『동물부분론』에서는 자연 발생이라는 주제가 큰 비중을 차지한다. 이는 전혀 놀라운 일이 아닌데, 신화의 모습을 한 그리스 문화는 자연 발생의 현실적 가능성을 오랫동안 당연한 사실로 여겨왔기 때문이다. 가령, 오비디우스는 고전 그리스의 홍수 이야기에서 그리스 버전의 노아라 할 수 있는 데우칼리온이 자신의 어깨 너머로 돌을 던지자 그 돌이 이윽고 남자로 변신함으로써 지상에서 다시금 인간이 번성하게 되었다고 말한다. 그의 아내 퓌라도 동일한 방식으로 여자를 만들었다(『변신』, 제1권, 395-415). 또한 오비디우스는 강조한다. "여러 형태의 다른 동물들은 대지가 저절로 낳았다. 그것은 오랫동안 남아 있던 습기가 태양의 열기에 데워지고, 진흙과 습기 찬 늪지가 열기에 부풀어 오르고, 마치 어머니의 자궁 속처럼 사물의 비옥한 씨앗이 생명을 주는 흙 속에서 부양되고 성장하여 차츰 어떤 형태를 취하고 난 뒤의 일이었다"(『변신』, 제1권, 416-21).[3] 피렌체의 보볼리(Boboli) 정원에 있는 16세기에 제작된 인공 동굴에서 오비디우스 시의 묘사처럼 원시적인 거름으로부터 온전한 형체로 등장하는 인간의 형상을 발견할 수 있었다는 사실로 미루어 보아, 오비디우스의 상상은 르네상스 시기에도 여전히 창조의 능력을 간직하고 있었다.[4]

소크라테스 이전의 몇몇 철학자는 원시적인 점액으로 출발하는 일종의 진화 과정에 의해 생명이 태어났다고 분명하게 논증했다. 기원전 6세기 밀레토스(Miletos)의 아낙시만드로스가 남긴 기록에 따르면, 태양열의 영향 아래에서 흙과 물로부터 물고기 모양의 생물들이 직접 생겨났다. 상어의 일종에서 태어난 물고기가 자라 인간이 되었다.[5] 이처럼 흥미로운 이론은 아마도 이른바 돔발상어(Mustelus laevis)가 알이 아니라 어린 새끼를 낳는다는 실제 관찰에 근거했을 것이다. 이미 기원전 6세기부터 자연발생이라는 아이디어는 오늘날의 관점으로는 터무니없는 실수로 보일 만한 관찰 결과가 세심하고도 흥미롭게 섞인 결과였다.

이어서 아리스토텔레스 시대까지 자연 발생은 그리스 문화와 과학에서 더도 덜도 아닌 기정사실이었다. 따라서 아리스토텔레스도 그것을 사실로 받아들였고 그것을 지지하는 더 많은 관찰을 남겼다. 앞으로 살펴보겠지만, 자연 발생에 대한 아리스토텔레스의 입장은 이론이 아니라 경

---

3 Ovid, *Metamorphoses*, tr. A. D. Melville, Oxford: Oxford University Press, 1998. [옮긴이] 오비디우스, 『변신이야기』, 47쪽에서 인용.

4 Philippe Morel, *Les grottes maniéristes en Italie au XVIe siècle: Théâtre et alchimie de la nature*, Paris: Macula, 1998, pp. 49~57.

5 G. S. Kirk, J. E. Raven, and M. Schofield, *The Presocratic Philosophers*, Cambridge: Cambridge University Press, 1983, p. 141, fragments 133~37. [옮긴이] 김인곤 외 편, 『소크라테스 이전 철학자들의 단편 선집』, 147쪽.

험의 결과였다. 그는 생명의 영(靈) 또는 프뉴마가 물과 섞여 생명을 낳는다고 종종 언급한 바 있는데(『동물발생론』, 762a20), 이 언급을 제외하면 아리스토텔레스의 생물학 이론은 거의 전적으로 관찰에 기반을 두었다. 그의 관찰은 때로는 상당히 뛰어났고, 특정한 유기체의 발생이 특정한 유형의 물질이나 장소와 연결된다는 의미 있는 결론을 도출하기도 했다. 어떻게 인간의 몸이 이 또는 진드기를 발생시키는지 아리스토텔레스의 설명을 살펴보자.

> 이는 살에서 생겨난다. 이가 생겨나려고 할 때, 살은 작은 분화구 모양이지만 그 안에 고름은 없다. 거기에 자극이 주어지면 이가 나타난다. 몸에 상당한 양의 수분이 있을 경우, 어떤 사람들은 이렇게 이가 생겨나는 질병을 얻기도 한다. 실제로 몇몇 사람은 이 질병으로 인해 죽기도 했는데, 시인 알크만과 쉬로스 사람 페레퀴데스[6]도 그렇게 죽었다고 전한다(『동물지』, 556b28-557a3).[7]

위 인용문에서 진드기가 피부로부터 분화 또는 추출된다는 사실이 어떻게 진드기 그 자체가 몸에 병이 든 결과라는 믿음으로 이어지는지를 쉽게 확인할 수 있다. 게다가 아리스토텔레스는 벌레가 생겨나는 질료가 인간의 신체임이 분명하다고 말한다. 심지어 흰 눈처럼 부패하는 성질을 갖지 않은 것처럼 보이는 물질이라도 생명체를 생산하는 특징을 가질 수 있다. 또한 그는 쌓인 눈이 오래되어 붉게 바뀌면 작은 벌레들을 발생시킨다고 말한다(『동물지』, 552b6-8). 벌레를 번식시키는 붉은 조류(藻類)가 눈 속에서 자라난다는 그의 관찰은 1778년 스위스의 자연학자 오라스-

6 [옮긴이] 알크만은 기원전 7세기의 서정시인이었다. 그리스 쉬로스(Syros)섬 출신의 페레퀴데스는 기원전 6세기의 사상가로서, 그의 우주론적 사유는 헤시오도스의 신화와 소크라테스 이전 철학자들의 우주론 사이에 가교 역할을 했다.

7 Aristotle, *Historia animalium*, ed. and tr. A. L. Peck, Cambridge, MA: Harvard University Press, 1970, vol. 2, p. 209.

베네딕트 드 소쉬르에 의해 비로소 다시금 언급되었다.

특정한 유형의 물질이 특정한 발생을 일으킨다는 아리스토텔레스의 견해는, 고대 후기에는 이미 기록으로 확립되었기 때문에 주의 깊은 관찰로부터 얻은 근거를 더는 필요로 하지 않게 되었다. 가령, 오비디우스는 『변신』에서 벌이 부패한 소로부터 생겨나며, 말벌은 말로부터, 전갈은 게의 껍질로부터, 뱀은 분해된 척수로부터, 쥐는 아마도 끈끈한 점액으로부터 생겨난다고 말한다(『변신』, 제15권, 361-71; 제1권, 416-33). 무엇이든 저마다의 재료를 부패의 원인으로 삼고 그로부터 저마다의 특징을 가진 생명의 형태를 생산한다. 7세기의 주교 이시도루스 이스팔렌시스의 『어원론』에서는 부패의 원인이 되는 여러 종류의 물질이 더 구체적으로 언급된다. 꿀벌은 부패한 소로부터 발생하며, 호박벌은 말로부터, 일벌은 노새로부터, 말벌은 원숭이로부터 발생한다(『어원론』, 제7권 제8장, 16-20).

그러나 고대 세계에서 의심의 여지 없이 가장 흥미로운 자연 발생 이야기의 주인공은 벌이었는데, 고대인들은 벌의 발생에 부고니아(bougonia)라는 기술적 명칭을 붙여주었다. 벌이 부패한 소로부터 생겨난다는 아이디어는 베르길리우스의 『농경시』 제4권에서 사실상의 기예 교본의 형식으로 등장한다. 여기서 그는 이미 시들어버린 벌집을 다시 채우기 위해 벌을 인공적으로 발생시킬 것을 제안한다. 이 시인의 묘사를 살펴보자.

> 사용이 제한된 좁은 장소를
> 먼저 선택하고서, 그들은 그곳을 벽으로 둘러싸고 덮는다,
> 좁은 아치 지붕을. 네 개의 창문을 끼운다,
> 빛이 희미하도록 바람을 향해 기울어진.
> 그들은 뿔이 자라고 있는 2년 된 송아지를 발견하고
> 그것의 콧구멍과 숨 쉬는 입을 막는다.
> 그것이 발버둥치더라도, 때리고 부순다,
> 그 사체를. 반면에 가죽은 그대로 유지한다.
> 그들은 밀봉된 장소에 그 사체를 남겨두고, 나뭇가지들을 놓고

백리향과 새로 거둔 계피를 뿌린다,
그 사체의 옆구리 밑에. 이 모든 것이 실행되었다,
봄에 서풍이 대양의 파도를 일으킬 때,
목초지가 새로운 색깔로 밝게 물들기 전에,
지저귀는 제비가 서까래로 된 헛간에 둥지를 틀기 전에.
그러는 동안에 그 사체 속 액체가 덥혀지고 부드러운 뼈가 미지근해지면서,
놀라운 모습의 생물체들이 등장한다.
처음에는 날개가 없다가, 곧 날개를 달고 윙윙거리며,
그것들은 떼를 지어 …… (295-314).[8]

이토록 불가사의한 부고니아 기예는 어린 황소나 암소를 죽도록 때리고 채찍질해 그 사체의 구멍들을 막고, 네 개의 창문이 달린 신중하게 마련된 밀실에 그 사체를 놓아두는 과정으로 구성된다. 밀실 안에 백리향과 계피를 뿌린 후에, 활발한 벌 떼를 보기 위해 그다음으로 해야 할 일은 그저 기다리는 것뿐이다. 근대의 여러 주석가가 지적했듯이, 이 과정이 현실 속에서 성공하지 못하리라는 점은 굳이 말할 필요도 없을 것이다. 그러나 고대인들은 그러한 의심에 개의치 않았다. 나중에 부고니아는 마법 작용의 근거로 다시 등장할 것이다.

어떠한 특정 물질이 자연 발생을 일으킨다는 고대 후기의 아이디어는 물질 속에 내재된 자연의 힘(physikai dynameis) 또는 비의적 성질이라는 개념과 엮여 있는데,[9] 이러한 힘이나 특성은 대개 잠재되어 있다가도 어떠한 상황이 되면 놀라운 효과를 일으킬 수 있다. 2세기 로마의 의사 갈레노스의 시대까지 물질 속에 숨은 힘은 아리스토텔레스 자연철학의 네

8 Virgil, *Virgil's Georgics: A Modern English Verse Translation*, tr. Smith Palmer Bovie, Chicago: University of Chicago Press, 1956.

9 [옮긴이] 이 책의 제2장 옮긴이주 19를 보라.

가지 성질, 즉 따뜻함, 차가움, 축축함, 건조함과 대비되는 것으로 흔히 여겨졌다. 빨판상어와 엇비슷하게 닮은 에케네이스(echenēis)가 바다에서 자신의 몸을 배에 밀착시키는 것만으로도 그 배를 멈추게 할 수 있다고 믿어졌던 능력은 이미 대(大)플리니우스에 의해 비의적 성질로 간주되었다. 천연 자석의 신비스러운 작용과 그 작용의 능력을 방해한다고 믿어졌던 마늘의 능력 또한 비의적 성질로 분류되었다. 특정한 유형의 물질은 매우 특별한 능력을 담는 저장소이므로 그 물질로부터 너무나 다른 유형의 생명이 생산될 수 있다는 생각은 그리 놀랍지 않다.[10] 뿐만 아니라 이 책의 제2장에서 파라오의 뱀에 관해 살펴보고 확인했듯이, 아우구스티누스가 제시했던 씨앗 이성이라는 개념도 마법을 통한 불가사의한 변성을 편리하게 설명해준다.[11] 밤이 되면 인쿠부스와 수쿠부스가 남성의 씨앗을 모아 적절한 수동적 재료에 부여해 거인이나 괴물을 발생시킨다는 상상 속 이야기도 악마의 능력이 씨앗 이성에 효력을 끼친다는 또 다른 사례다.[12] 앞으로 살펴보겠지만, 이 씨앗 이성 개념은 중세의 자연마법 및 인간 생명의 인공적인 제작이라는 영역에서 상당한 의미를 함축하고 있었다. 자연이 할 수 있는 일이라면 인간도 해낼 수 있다는 주장은 충분히 논리적인 귀결이었다. 부패하기에 적합한 물질을 알맞은 조건 아래 그저 맡겨둠으로써 그 물질의 특성에 따라 일어나는 자연 발생을 향해, 그것은 인간

---

10 Brian Copenhaver, "Natural Magic, Hermetism, and Occultism in Early Modern Science", in *Reappraisals of the Scientific Revolution*, ed. David C. Lindberg and Robert S. Westman, Cambridge: Cambridge University Press, 1990, pp. 261~301; Copenhaver, "A Tale of Two Fishes: Magical Objects in Natural History from Antiquity through the Scientific Revolution", *Journal of the History of Ideas* 52, 1991, pp. 373~98.

11 [옮긴이] 이 책의 제2장 옮긴이주 37을 보라.

12 [옮긴이] 인쿠부스(incubus)와 수쿠부스(sucubus)에 관한 이야기를 이해하려면, 스위스 출신의 화가 헨리 퓨젤리(Henry Fuseli, 1741~1825)의 대표적인 작품 「악몽」(The Nightmare, 1781)을 감상하는 것만으로도 충분하다. 2017년 개봉된 하이파 알-만수르(Haifaa al-Mansour) 감독의 영화 「메리 셸리, 프랑켄슈타인의 탄생」에서는 메리가 퓨젤리의 작품을 인상적으로 바라보는 장면이 묘사된다.

이 이루어낸 일이라고 얼마든지 말해도 되었다.

인공 생명이라는 구조물을 떠받치는 또 하나의 거대한 기둥은 자연 발생과는 반대되는 의미로 아리스토텔레스가 언급한 '유성 발생'이다. 아리스토텔레스는 모든 물질적 실체가 질료와 형상으로 구성되어야 한다고 믿었다. 그런데 유성 발생의 경우에는 질료와 형상의 양극단에 위치한 두 가지 실체가 등장한다. 생리혈은 거의 순수한 질료인 반면에, 정자는 거의 순수한 형상이다. 살아 있는 존재를 생산하기 위해 실제로 정자는 생리혈이 공급하는 질료에 형상을 부여한다. 남성의 정액이 자궁으로 들어가면 정자와 생리혈 사이에 충돌이 벌어진다. 아리스토텔레스는 『동물발생론』에서 다음과 같이 말한다(766b15-18).

> 만약 [남성의 정액이] 주도권을 얻는다면, 그것은 [그 물질을] 자신의 편으로 끌어들일 것이다. 그러나 만약 주도권을 뺏긴다면, 그것은 그 반대편으로 변환되거나 그렇지 않으면 소멸될 것이다. 남성의 반대편인 여성은 혼합을 이끌어내지 못하는 무능력으로써만, 그리고 피의 모습을 지닌 차가운 영양분의 미덕으로써만 여성이 된다.[13]

남녀의 성차 그 자체를 설명하기 위해 아리스토텔레스는 남성이 여성보다 더 뜨겁다는 견해를 활용한다. 더 많은 열 때문에 남성 태아는 여성이 도달할 수 있는 수준보다 더 높은 완전성에 도달한다. 다른 단락에서 아리스토텔레스는 이렇게 말한다(『동물발생론』, 775a14-16). "여성은 그 본질상 [남성보다] 더 약하고 더 차갑다. 따라서 우리는 여성의 존재를 기형적 상태였던 것으로 보아야 한다." 여성에게 외부 생식기가 없다는 점은 완전성의 결여를 지지하는 또 하나의 근거다. 생식기를 외부로 완전하게 발달시켜주는 원인은 오로지 남성 태아가 가진 더 많은 열뿐이기 때문

13 Aristotle, *Generation of Animals*, ed. and tr. A. L. Peck, Cambridge, MA: Harvard University Press, 1943, p. 395.

이다.

이렇다 보니 아리스토텔레스가 발생의 과정에서조차 여성의 역할을 부차적인 것으로 보았다는 사실이 그리 놀랍지 않다. 그는 인간이 만들어지기 위한 조건으로서 생리혈을 특별하고 필수적인 물질로 여겼기 때문에, 발생 과정에서 여성의 역할이 그저 인큐베이터에 그치는 것은 아니었다. 하지만 그가 정액에만 거대한 능력을 부여했다는 점 또한 사실과 다르지 않다. 정액은 생명을 부여하는 영(靈)으로 가득한 영적인 실체이며(『동물발생론』, 735b32-736a1), 피의 혼합이 낳은 최종적이고도 가장 강력한 생산물이다(『동물발생론』, 725a11-24).

정자는 형상이고 생리혈은 질료라는 관점으로 태아의 발생을 설명했던 아리스토텔레스의 이론이 이후로 도전을 피할 길은 없었을 테지만, 그의 이론은 중세 전체를 지배하는 규범이 되었다. 갈레노스는 여성도 여성 정액을 가지고 있다는 조금은 다른 견해를 펼쳤지만, 발생 과정에서 여성 정액이 기여하는 역할도 역시 부차적일 뿐이라는 관점을 벗어나지 못했다.[14] 갈레노스가 말하는 여성 정액의 일차적인 목적은 성교 때 여성을 흥분시켜 자궁의 입구를 열어주는 것이었다. 물론, 여성 정액이 무언가를 형성하는 미덕을 전혀 갖지 않은 것은 아니나, 그 미덕은 남성의 정액이 가진 형성의 미덕에 도저히 비할 바가 아니었다. 우리가 중세에 이르러 만날 수 있는 보편적인 관점은 신학자 에기디우스 로마누스의 1276년 저작 『자궁 속 인간 신체의 형성에 관하여』에서 발견된다. 에기디우스는 정액을 목수에, 생리혈을 나무에 비유했다. 그는 동일한 질료를 뼈와 신경처럼 전혀 다른 형태의 기관들로 분화시키는 정액의 능력에 매료되었다. 최근에 두 연구자가 평가했듯이, "아리스토텔레스의 권위에 기대어 [에기디우스는] 정액이 가진 미덕을 신성한 미덕으로 규정할 수 있었다. 질료보다 훨씬 우월한 위치에 있는 독자적인 실체들이 정액 안에 담

14 Galen, *On the Usefulness of the Parts of the Body*, tr. Margaret Tallmadge May, Ithaca: Cornell University Press, 1968, bk. 14, chap. 11, vol. 2, p. 643.

겨 있다고 주장할 수 있는 한, [에기디우스는] 정액의 미덕과 신의 지성이 서로 유사함을 확실히 논증할 수 있었다."[15]

특정한 유형의 물질이 생명의 자연 발생을 가능케 하는 능력을 가진 것과 마찬가지로, 남성의 정액이 불가사의한 능력을 가졌다는 아이디어는 인공 생명의 가능성에 관한 광활한 사색의 장(場)을 열어놓았다. 아리스토텔레스 자신은 남녀로 구성된 부모가 없이도 인간이라는 존재가 태어날 수 있다고는 생각하지 않았지만, 그를 널리 알렸던 추종자들은 스승만큼 편협하지 않았다. 그들은 알고 싶어 했다. 만약 인간의 정액이 인간의 생리혈이 아닌 다른 종류의 자궁에 놓인다면 무슨 일이 일어날까? 만약 남성의 정액이 그런 상황에 있다면, 그것은 거의 무제한적인 형성 능력을 갖고 있음에도 불구하고 왜 태아를 발달시키지 못할까? 궁극적으로 파라켈수스와 그의 추종자들이 호문쿨루스 또는 '인공적인 작은 인간'이라는 기예와 자연의 경이로움에 도달하도록 길을 열어준 것은 다름 아닌 아리스토텔레스의 발생 이론이었다.

조시모스의 은유적 호문쿨루스

인공 생명이라는 주제 및 그 주제와 기예-자연 논쟁의 관계를 다루려면 먼저 학자들의 잘못된 실책을 걷어낼 필요가 있다. 앞으로 우리는 인공적인 인간 생명에 관한 사색이 자라나는 가장 비옥한 토양을, 특히 후기 르네상스의 연금술에서 만나게 될 것이다. 이토록 잘 알려진 토양 위에서 학자들은 고대 후기로 거슬러 올라가 그 시대의 연금술사들에게 호문쿨루스라는 주제를 투사했다. 그러다 보니 호문쿨루스가 역사가들에 의해

15 Danielle Jacquart and Claude Thomassé, *Sexuality and Medicine in the Middle Ages*, Princeton: Princeton University Press, 1988, p. 59. 남성 및 여성 씨앗의 능력에 관한 더 많은 논의로는 다음을 보라. Joan Cadden, *Meanings of Sex Difference in the Middle Ages: Medicine, Science, and Culture*, Cambridge: Cambridge University Press, 1993, pp. 117~30.

언급될 때마다 파노폴리스의 조시모스도 함께 언급되곤 했다. 우리가 앞서 이 책의 제1장에서 만나보았던 그는 그레코-로마 이집트의 비밀스러운 연금술사였다. 하지만 우리는 조시모스의 호문쿨루스가 실제로는 이 책의 주된 주제인 인공적인 인간 생명의 전통과는 거리가 상당히 먼 위-호문쿨루스임을 확인하게 될 것이다.[16]

조시모스는 기원후 1세기에 성립했던 그 유명한 철학 및 종교 대화 모음집인 『헤르메스 전집』의 저자로 알려졌던 헤르메스 트리스메기스투스를 추종했던 인물이다. 『헤르메스 전집』에서 눈에 띄는 주제는 몸이 영혼의 감옥이라는 영지주의적 아이디어였다. 헤르메스에 따르면, 물질적 세계는 영혼으로 채워져 활성화되었지만 타락에 의해 오염되었다. 조시모스는 이 아이디어를 온 마음으로 받아들였고 세계를 죄로부터 해방하라는 강력한 의미의 종교적 사명을 연금술사에게 부여했다. 연금술사는 문자 그대로 물질 속의 어둡고 무거운 속성들을 씻어내는 일을 해내야만 했다. 증류 및 잔여물의 정화를 비롯한 여러 가지 작업에 몰두하는 과정을 통해 조시모스와 그의 동시대 사람들은 물질의 불순함을 제거하고 그 물질을 영적인 것으로 만들어냄으로써 결국 물질적 세계를 '부활'시키기를 소망했다.[17]

조시모스가 인간의 죄를 물질의 불순함과 연결지었음을 고려한다면, 그가 영적 응징을 당하는 인간이라는 은유를 연금술의 금속 정화와 연결지었다는 점도 그리 놀랄 일은 아니다. 바로 이것이야말로 『덕에 관하여』라는 신비한 삽화 저작에서 정확하게 조시모스가 수행했던 작업이다. 이 저작에서 조시모스는 아마도 그가 직접 꾸었던 연속된 꿈들을 묘사하는데, 여기서는 연금술의 주제가 고도의 상징적인 언어로 표현된다. 일련의 꿈을 묘사하고 난 뒤, 조시모스는 잠에서 "깨어나" 꿈속의 기이한

16 As in the *Handwörterbücher zur Deutschen Volkskunde*, sec. 1, Berlin: Walter de Gruyter, 1927, s.v. "homunculus", pp. 286~90.

17 A. J. Festugière, *Hermétisme et mystique païenne*, Paris: Aubier-Montaigne, 1968, pp. 209~48.

이미지들을 연금술의 언어로 해석한다. 그는 첫째 꿈-경험에서 이른바 호문쿨루스라는 것에 대해 묘사한다.

> 나는 잠에 들었고, 내 앞에 있던 희생자가 플라스크 모양의 제단 위에 놓인 광경을 보았다. 제사장이 있는 그 제단은 열다섯 개의 층계로 이루어져 있었다. 나는 위로부터 들려오는 그의 음성을 들었다. "나는 어둠을 내뿜으면서 열다섯 층계를 내려가고 빛을 발하면서 층계를 오르는 행위를 견뎌왔노라. 희생자 자신이 내 몸의 혼탁함을 거절함으로써 나를 새롭게 만들고 있노라. 그리고 필요에 의해 거룩히 구별됨으로써 나는 프뉴마로 완전해졌노라." 플라스크 속에 있는 그의 음성을 들으면서 나는 그에게 그가 누구인지 말해달라고 요청했다. 그는 약한 목소리로 나에게 대답해 이르기를, "나는 영원(Aeon)이며, 가까이 올 수 없는 곳들의 제사장이니라. 날이 샐 때 누군가가 달려와 스스로를 나의 주인으로 삼아 나를 칼로 자르고, 조화의 구조에 따라 나를 산산이 찢고, 움켜쥔 칼로 내 머리 전체를 도려냈노라. 그는 뼈와 살을 뒤얽고 그의 손에 들린 타오르는 불로 나를 태우기를, 내가 나의 몸이 프뉴마로 변했음을 알게 될 때까지 그리했노라. 나에게 주어진 참을 수 없는 폭력을 보라." 그가 이러한 일들을 이야기하고 나는 그가 계속 말하도록 압박하던 중에, 그의 눈이 피와 같이 되었고 그는 자신의 육체를 토해냈다. 나는 그가 자신의 이빨로 스스로를 물어 다치게 하는 훼손된 호문쿨루스(anthrōparion)로 변하는 장면을 보았다. 나는 두려움에 사로잡혀 생각했다. "그러면 용액의 구성 성분이 생산된 것 아닌가?" 그리고 나는 내가 제대로 이해했다는 확신을 얻었다.[18]

조시모스의 환상적인 꿈은 연금술 용기 안에 담겨 커다란 질료에서 미

18 Michèle Mertens, *Les alchimistes grecs: Zosime de Panopolis*, Paris: Belles Lettres, 1995, vol. 4, pp. 35~36.

묘한 프뉴마로 변환되고 있는 제사장의 모습으로부터 출발한다. 아마도 그의 모습과 대응되는 실제의 과정은 증류일 것인데, 조시모스가 용기를 가리키는 단어로 사용한 "피알레"(phialē)가 그의 다른 저술에서 증류 과정의 일부를 설명하는 데 사용되기 때문이다. 플라스크 속에 있는 사람의 이미지는 진작부터 인공 생명의 이미지를 떠올리게 한다.

이 해석은 그 제사장이 스스로 자신을 절단하는 "안트로파리온"(anthrōparion), 즉 호문쿨루스 또는 작은 인간으로 변했다는 조시모스의 묘사를 통해 곧장 확증되는 듯 보인다. 이러한 플라스크 이미지가 연금술에 관한 주된 도상학 전통의 문을 열어젖혔던 것은 사실이다. 중세는 연금술 플라스크 속의 남성, 여성, 동물을 묘사한 수많은 삽화예술의 창작을 목격할 수 있었던 시대였다(도판 6~7). 실제로 이 도상학적 주제는 성스러운 혼례(hieros gamos)라는 형태로 묘사된 생물학적 과정 속으로 연금술을 융합했다. 즉 화학적 실체들이 성스러운 혼례를 맺어 성교로 결합해 마침내 현자의 돌이라는 영예로운 실체를 잉태한다는 것이다. 이러한 까닭에 플라스크 속에 밀봉된 채로 관계를 맺고 아이를 낳는 왕과 여왕의 삽화가 흔하게 발견되었다. 이와 더불어 조시모스가 묘사한 정화와 응징이라는 의례를 통해 플라스크 속의 실체가 처벌받고 죽임을 당해 영예롭고도 갱신된 상태로 다시 태어남이 분명하다는 견해를 이끌어낼 수 있다. 이 견해가 죽음과 거듭남이라는 그리스도교의 신화와 멋지게 일치한다는 점은 굳이 말할 필요도 없으므로, 죽었다가 다시 살아나는 연금술 커플을 발견하는 일 또한 전혀 어렵지 않다. 때로는 그 커플은 죽었다가 하나의 몸을 가진 자웅동체로 다시 태어나기도 한다(그림 4.1과 4.2).

그러나 인공적으로 제작된 인간을 그린 이미지들은 단지 피상적으로만 서로 닮았을 뿐이다. 조시모스가 이렇게 인간 이미지를 사용했던 것은 실험실의 유리 기구 안에서 연금술 과정을 견디는 금속을 비롯한 여러 실체를 묘사하기 위함이었다. 물론, 그 이미지는 문자 그대로 받아들여서는 안 되고 비유적인 암시로 보아야 한다. 이러한 점은 이미 조시모

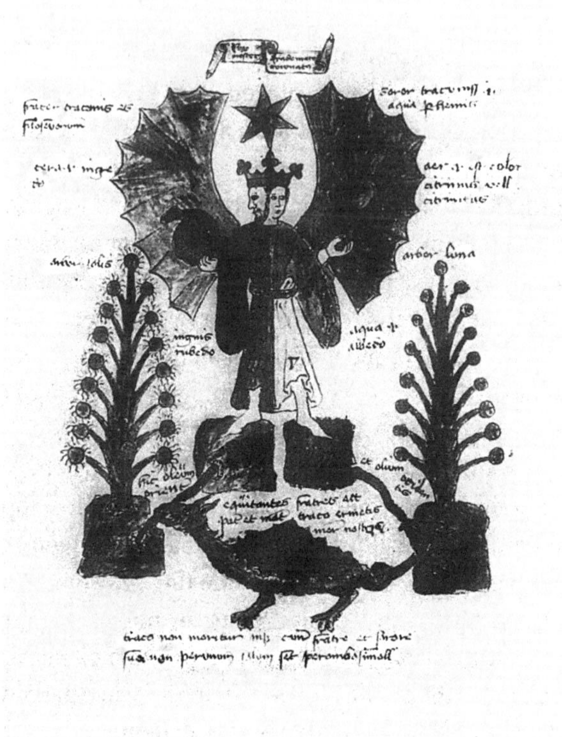

그림 4.1 중세 후기의 문헌 『성 삼위일체의 서(書)』에 실린 연금술적 자웅동체.

스의 꿈속에서부터 강조되는데, 잠에서 깨어난 그 연금술사가 이른바 호문쿨루스의 절단을 이후의 과정에서 사용될 일종의 '용액' 제작을 위한 레시피로 해석했기 때문이다. 결국 조시모스의 안트로파리온은 인공적인 인간 생명의 사례가 아니라 연금술 과정의 실제 본성을 감추기 위해 상상 가능한 모든 이미지를 활용해 묘사된 풍부한 상징 체계의 예시인 셈이다. 그러므로 우리는 조시모스의 안트로파리온을 '위-호문쿨루스'라고 부를 수밖에 없다.

EMBLEMA XXXIII. *De ſecretis Naturæ.* 141
Hermaphroditus mortuo ſimilis, in tenebris jacens, igne indiget.

EPIGRAMMA XXXIII.

ILle biceps gemini ſexus, en funeris inſtar
Apparet, poſtquam eſt humiditatis inops:
Nocte tenebroſâ ſi conditur, indiget igne,
Hunc illi præſtes, & modò vita redit.
Omnis in igne latet lapidis vis, omnis in auro
Sulfuris, argento Mercurii vigor eſt.

S 3 Ex

그림 4.2 요리되고 있는 연금술적 자웅동체.
출처: Michael Maier, *Atalanta fugiens* (Oppenheim: de Bry, 1618).

살라만-압살 설화의 철학자 호문쿨루스

조시모스의 호문쿨루스가 단지 금속의 변성을 상징한 것이었다면 과연 체외 발생을 통해 생산되는 최초의 진정한 호문쿨루스는 어디에서 만날 수 있을까? 그 답은 어림잡아 조시모스와 동시대에 형성되었을 것으로 추정되는 살라만과 압살의 매우 기묘한 설화에서 찾을 수 있을 듯하다. 이 설화의 한 가지 판본이 아비켄나(1037년에 사망)에 의해 해설된 바 있다. 그러나 우리가 살펴보려는 판본은, 비록 아랍어로 기록되기는 했어도, 이 페르시아 철학자가 해설한 판본과는 상당히 다르며 아마도 그보다 훨씬 더 오래되었을 것이다. 따라서 우리는 유대인 학자 슐로모 파인스가 번역한 살라만-압살 설화의 줄거리를 부분적으로 검토하려 한다.

“그리스와 이집트를 아울러 바닷가까지 이르던 룸(Rūm) 제국”에 불의 홍수가 내리기 전, 옛적에 하르칼 알-수피스티키의 아들인 하르마누스라는 이름의 왕이 다스리고 있었다. 그에게는 아이가 없었고 여인과의 잠자리는 그에게 불쾌한 일이었다. 그러나 그는 아들이 없다는 사실로 인해 비탄에 젖어 있었고, 그의 조언자였던 신성한 알-일라히 칼리쿨라스에게 자신의 슬픔을 토로했다. 한 세대 전체에 걸친 시간 동안 세라페이온[19]이라는 이름의 동굴에서 고행하면서 약간의 약초를 먹는 것을 주기로 삼아 매 40일씩 단식을 하던 칼리쿨라스는 모두 합쳐 무려 30세대 동안 생존하고 있었다. 그는 하르마누스에게 거주 가능한 모든 땅을 정복할 수 있는 능력을 주었고 모든 비밀스러운 지식을 그 왕에게 가르쳤다. 성관계를 멀리할 만큼 생명과 지성의 향상을 향한 열망이 너무나 간절했던 하르마누스에게 칼리쿨라스는 칭찬을 아끼지 않았다. 이 조언자는 왕에게 인공적인 방법으로 사내아이를 낳도록 일러주었다. 필요한 모든 재료는 왕의 정액 약간이면 충분했다. 그 정액을 만드라고라처럼 생긴 용기 안에(혹은 용기로 사용된 만드라고라 안에) 넣고 칼리쿨라스가 알고 있는 특별한 기술, 즉 남자아이의 생산이라는 결과를 낳을 기술을 그 용기 안에 가하면 되었다. 약간의 갈등 끝에 하

19 [옮긴이] ‘세라페이온’(Serapeion) 또는 ‘세라페움’(Serapeum)은 이집트의 세라피스(Serapis) 신을 모신 신전의 이름이었다. 세라피스는 헬레니즘 시대의 이집트에서 이집트인들과 그리스인들 모두에게 받아들여질 수 있도록 새롭게 구성된 혼합주의적 신이었다.

르마누스는 이를 승낙했다. 칼리쿨라스가 자신의 기술을 발휘하자 완성된 합성 물질은 이성적 영혼을 얻어 하나의 완전한 인간 존재가 되었다. 이 사내아이는 살라만이라는 이름을 얻었다.[20]

위의 인용문에서 눈에 띄는 주제가 인공 인간임은 누구라도 금방 알아차릴 것이다. 아마도 헤르메스 자신일 수도 있는 룸 제국의 왕은 육체의 유혹을 경멸했고, 따라서 아이를 가질 수 없었다. 그의 지혜로운 조언자 칼리쿨라스는 맨드레이크 또는 맨드레이크처럼 생긴 용기에서 인공 수정을 통해 인공 아이를 생산하는 기술을 발명한다. 그 결과로 그냥 아이가 아닌 남자아이가 태어난다. 금욕주의라는 소재만 제외하면 이 설화의 모든 요소는 앞서 살펴보았던 두 가지 아리스토텔레스적 전통, 즉 자연 발생 및 정액의 형성 작용이 결합한 결과로 볼 수 있다. 비록 아리스토텔레스 자신은 생리혈의 도움 없이 인간이 창조될 수 있다는 생각에는 동의하지 않았겠지만, 살라만-압살 설화의 저자는 중요한 한 걸음을 내디뎠다. 그는 인간의 정액 그 자체를 단독으로 자연 발생을 가능케 하는 실체로 다루기로 작정했던 것이다. 생명을 부여하는 프뉴마가 정액 속에 가득 차 있다던 아리스토텔레스의 논증을 고려한다면, 그 영적 실체가 다른 형태의 질료 속에서도 유기체 생명의 자연 발생을 유도해내지 못할 이유가 있을까? 또한 속이 텅 비어 있는 맨드레이크 용기 안에서 정액을 '지배'하거나 그 정액의 '혼합'을 억제할 만한 해로운 질료가 전혀 언급되지 않는다는 점을 고려한다면, 그로부터 인간의 남자아이 이외에 다른 무엇이 생산될 수 있었을까? 설화 주인공들의 강박적인 금욕주의를 비롯한 이와 같은 중요한 주제들은 앞으로 계속되는 호문쿨루스의 역사 속에서 놀라운 모습으로 탈바꿈할 것이다.

---

20 Shlomo Pines, "The Origin of the Tale of Salāmān and Absal: A Possible Indian Influence", in Pines, *Studies in the History of Arabic Philosophy*, Jerusalem: Magnes Press, 1996, pp. 343~53, 특히 p. 345를 보라. 이 논문을 나에게 소개해준 동료 존 월브리지에게 감사한다.

살라만-압살 설화는 여기서 끝나지 않는다. 파인스의 번역을 이어서 살펴보자.

> 그에게는 그 아이에게 젖을 먹일 유모가 필요했다. 압살이라는 이름의 아름다운 18세 소녀가 이 임무를 위해 선택되었다. 살라만은 그녀를 원했고, 그가 사춘기가 되었을 때, 서로간의 사랑이 왕자의 임무에 대한 그의 본분을 다하는 데 방해가 되었다. 왕은 왕자를 질책하고 그녀를 경계하라고 이르면서, 인간은 이 낮은 세상에 애착을 갖지 말고 우선은 중간 단계인 "승리의 빛"(al-anwār al-qāhira)을 볼 수 있도록 상승해야 하며, 사물의 참된 실재를 깨달을 수 있도록 계속해서 상승해야 한다고 말해주었다.[21]

그렇게 살라만은 자신의 아름다운 유모와 사랑에 빠졌다. 온전히 지혜로운 칼리쿨라스라면 이러한 결과를 미리 내다보았으리라 짐작할 수 있다. 살라만은 물질의 세계와 형상의 세계 사이에 있는 천상의 중간 지대로 올랐어야 할 운명이었음에도 불구하고, 둘의 사랑이 현실 세계의 요구에 그를 속박함으로써 그로 하여금 플라톤적 철인으로 살아가야 할 자신의 운명과 거리를 두게끔 만들었다. 설화의 이후 줄거리는 다음과 같이 간략하게 요약할 수 있다. 살라만이 더 이상은 압살을 볼 수 없도록 왕이 금(禁)하자 두 연인은 서쪽 바다를 가로질러 도망친다. 분노한 왕이 마법으로 그들의 위치를 찾아내 그들을 무기력하게 만들고, 그들은 도망친 곳에서조차 왕의 능력으로부터 벗어나지 못한다. 둘은 모두 강물에 몸을 던지지만, 살라만만 물의 정령에 의해 구출된다. 잃어버린 압살로 인해 그저 절망에 빠진 바로 그때, 칼리쿨라스가 그에게 나타나 만약 40일 동안 세라페이온 동굴에서 명상한다면 압살에게 생명을 돌려주겠노라고 제안한다. 살라만은 이에 동의하고 압살을 되찾기 위해 칼리쿨라스와 함께

21 Pines, "Origin", p. 346.

동굴에서 아프로디테 여신에게 호소하기 시작한다. 머지않아 압살의 모습이 동굴에 나타났고, 살라만은 압살과 대화를 나눌 수 있게 된다. 그러나 잠시 후 아프로디테가 스스로 모습을 드러낸다. 그 여신의 아름다움이 너무나 뛰어나 살라만은 압살에 관한 모든 것을 잊어버리고 만다. 결국 살라만은 명상을 통해 영성으로 충만해가는 세계로 올라가 아프로디테에게조차도 싫증을 느낀다. 마침내 살라만은 육체적 사랑을 모조리 끊어버리고 아버지의 바람대로 왕권을 이어받는다.

파인스는 칼리쿨라스가 오랜 단식 기간을 보낸 동굴을 그리스도교 황제 테오도시우스에 의해 기원후 4세기 말에 파괴된 그레코-이집트의 신 세라피스의 신전 일부와 동일하다고 보았다. 따라서 파인스는 이 설화의 저작 연대가 세라피스 신전의 파괴보다 앞섰으며, 등장인물의 이름인 살라만과 압살은 '고행자'라는 의미의 산스크리트어 슈라마나(Sramana)와 그 고행자를 유혹하러 특별히 보내진 수쿠부스의 한 형태인 압사라(Apsara)에서 유래되었다고 확신한다. 결국 이 설화는 동방 문화의 요소들이 특색 있게 유입되었던 후기 헬레니즘 시대의 산물인 셈이다. 본질적으로 살라만-압살 설화는 비물질적 형상의 세계에서 물질 세계를 거부하는 플라톤적 영감으로 기록된 이야기인 것이다.

『암소의 서(書)』의 이성적 동물

그레코-로마 이집트에서 보기 드문 작품이었을 살라만-압살 설화는 호문쿨루스와 동일시될 수 있는 존재를 묘사해놓았다. 고행자 하르마누스 왕의 정액이 맨드레이크 용기 속에 밀봉되어 인공적으로 발생된 살라만은 기묘하게도 훗날의 호문쿨루스 레시피를 떠올리게 한다. 그러나 살라만-압살 설화 그 자체는 레시피가 아니라 물질적 세계를 떠나 비물질적 형상의 세계에 이르는 영혼의 여행을 묘사하고자 했던 교훈적 서사였다는 점을 기억해야 한다. 이러한 점 때문에 살라만-압살 설화는 이제 우리가 검토하려는 문헌과는 그 성격이 다르다. 지금부터 인간을 포함한 인공 생명의 실제적인 제조법을 가르쳐주는 문헌 전승을 살펴보도록 하자.

살라만-압살 설화가 이미 보여주었듯이, 인공적인 인간 생명이라는 주제는 이슬람 문명권에서 열정적으로 채택되었다. 특별히 아랍 문화에서 이 주제는 서로 구별되면서도 부분적으로는 겹치는 두 가지 전통으로 계승되었다. 하나는 비의적 성질을 다루는 가장 뛰어난 분야, 즉 라틴 중세에서 자연마법(magia naturalis)이라고 불리던 분야다. 다른 하나는 물론 연금술이다. 비의적 성질을 다루는 장르인 마법 전통은 아랍인들 사이에서 괄목할 만한 성장을 과시했다. 자연마법의 대가들에게는 달의 경로를 바꾸거나 미래를 예언하거나 먼 거리를 눈 깜짝할 새에 관통하는 거대한 능력이 있다고 생각되었다. 오늘날에는 이와 같은 내용을 동화나 공상 속 이야기로 치부해버리겠지만, 당시의 수많은 저작은 이러한 묘기를 부리기 위한 비법들을 장황하게 서술해놓고 있다. 이와 같은 장르의 저작들 가운데 하나였던 위-플라톤의 『암소의 서』는 비위가 약한 사람들에게는 권장할 만한 것이 못 된다. 이 저작의 텍스트 전체는 조악한 라틴어 번역본으로만 존재하는데, 이제 그 내용을 살펴보도록 하자.

『암소의 서』라는 제목은 아마도 이 저작에 등장하는 첫째 희생 동물이 암소였기 때문에 붙여졌을 것이다. 이 저작이 자연 발생 전통과 관련되어 있음을 확인하려는 의도에 맞추어, 거두절미하고 우리에게 필요한 부분으로 곧장 넘어가는 편이 좋겠다. 이제 살펴볼 대상은 벌의 자연 발생을 묘사했던 베르길리우스의 고전적인 부고니아 기예를 다소 변형해 작성한 레시피임이 틀림없다. 플라톤의 가면을 쓴 지은이는 무시무시한 상상력을 발휘해 이 레시피를 공들여 작성했다는 분명한 느낌을 준다. 그는 다음과 같이 지시한다. 먼저 암소를 잡고, 동쪽 방향으로 열네 개의 작은 창문이 달린 집을 지은 다음에 창문을 닫고 봉인한다. 이어서 암소의 머리를 베어 피를 뺀 뒤에 그 머리를 다시 이어붙이고 입과 눈, 귀, 코, 항문, 외음부도 꿰매어 봉한다. 여기까지의 과정은, 암소를 채찍질하는 것이 아니라 목을 베어 죽인다는 점만 제외하고는, 베르길리우스의 묘사와 매우 가깝다. 그렇다면 위-플라톤은 채찍질 대신에 무엇을 하려고 했을까? 이 질문의 답은 즉시 제시된다. 이제 "커다란 개의 페니스를 가져다가 암소를 때리되, 살이 변색되고 뼈가 부러질 때까지 쉬지 않고 때려야 한다". 이 절차의 효과가 모호한 까닭에 무언가가 잘못 번역된 것이 아닐까 의심스럽지만, 어찌 되었든 큰 문제는 아니다. 『암소의 서』는 사실 관계를 따지는 일에 그리 까다롭지 않기 때문이다. 아무튼 7일이 지난 후, 암소의 가죽을 벗겨내고 골수 같은 물질들을 제거한다. 바닥에는 독해 불가능한 어떤 약초(아마도 베르길리우스의 묘사에 나오는 백리향과 계피일 것이다)를 으깨어 깔아둔다. 이렇게 만든 혼합체를 밀봉된 집의 한쪽 구석에 놓아두면 적절한 때에 그것은 벌레들로 변할 것이다. 그때부터 매일 창문을 하나씩 열고 벌을 빻은 가루 한 줌을 그 벌레들 위에 뿌린다. 그러면 그 벌레들로부터 살아 있는 벌들이 발생할 것이다. 물론, 고전적인 부고니아 기예와 비교하자면 벌을 빻은 가루를 뿌려야 한다는 지시가 약간은 실망스럽고 꽤 비효과적인 듯이 보인다. 하지만 위-플라톤이 창작한 이 레시피는 오히려 그다음에 이어질 가능성을 바라본다. 만약 이 레시피가 묘사한 모든 과정의 순서를 반대로 뒤집기만 한다면, 부패한 벌들로부터 살아 있는 새로운 암소를 발생시킬 수 있다는 것이다.

죽은 벌로부터 암소를 만들어낼 수 있다는 터무니없어 보이는 주장도 『암소의 서』에 등장하는 첫째 레시피와 비교해보면 아무것도 아니다. 위-플라톤은 이 레시피에서 틀림없는 진짜 호문쿨루스를 보여준다. 비록 텍스트 대부분의 세부 사항이 모호하기는 하지만, 앞서 저자가 고전적인 부고니아 기예를 각색했듯이, 이 레시피도 자연 발생의 전통에 확실히 뿌리내리고 있다.[22] "이성적 동물"을 제작하기 위한 위-플라톤의 레시피는

22 여기서 나는 『암소의 서』가 메소포타미아 북부 도시 하란(Harran)에서 기원했으며, 그 인공 발생 레시피는 악마 마법에 의존한다는 데이비드 핑그리의 주장에 동의할 이유가 전혀 없다. 자비르 이븐 하이얀에게 소급되는 전집의 편찬자들이 제시한 후대의 비평에 주로 근거해 핑그리는 『암소의 서』의 호문쿨루스가 실제로는 악마를 의미했다고 논증한다. 그러나 『암소의 서』 그 자체로는 어떠한 장르인지를 말해주지 않으며, 핑그리 자신이 찾아냈다는 '숨은 의미'를 받아들일 만한 설득력 있는 근거도 없다. 그는 이 텍스트가 고대 후기의 부고니아 및 자연 발생에 관한 작품들에

다음과 같이 시작된다. "이성적 동물을 만들고 싶은 사람이라면, 자신의 물이 아직 따뜻할 때 그것을 가져다가 태양의 돌이라고 부르는 돌과 동일한 양만큼 섞어줘야(conficiat) 한다. 이 돌은 그것이 발견된 장소가 환해지기 전까지 밤중에도 램프처럼 환하게 비추는 돌이다."[23] 그런 다음에 암소 또는 암양을 잡는다. 그것의 외음부를 약품으로 깨끗이 닦고 자궁 안에 무엇이 들어가더라도 받아들일 수 있도록 만든다. 암소를 사용할 경우에는 암양의 피를 암소의 외음부에 붓고, 암양의 경우에는 암소의 피를 붓는다. 이어서 외음부를 태양의 돌로 막는다. 이렇게 하고 나서 그 동물을 어두운 집 안에 두고 매주 다른 동물의 피를 1파운드씩 입에 주입한다. 약간의 태양의 돌과 그것과 동일한 양의 유황, 자석, 산화아연을 모아 그것들 모두를 갈아 버드나무 수액과 섞은 뒤 그늘에서 건조시킨다. 암소나 양이 어떠한 형체를 출산하면 "그 형체를 가져다가 건조시킨 가루 안에 던져넣는다. 그러면 즉시 그 형체가 인간의 피부를 입게 될 것이다".[24] 그런 다음에 그 형체를 "거대한 유리 용기 혹은 납 용기 속에" 넣는다. 3일이 지나면 그 형체는 굶주려 돌아다닐 것이므로 7일 동안 "그 형체의 어미로부터 흘러나오는 피를 먹여야 한다".[25] 그러면 "수많은 불가

폭넓게 의존하고 있다는 점을 알지 못했음이 분명하다. David E. Pingree, "Plato's Hermetic 'Book of the Cow'", in *Il Neoplatonismo nel Rinascimento*, ed. Pietro Prini, Rome: Istituto della Enciclopedia Italiana, 1993, pp. 133~45, 특히 p. 141을 보라.

23 New Haven, Yale University, Codex Paneth, 392vb: "Qui vult facere animal rationale accipiat aquam suam dum calidam[?] et conficiat eam cum equali mensura eius ex lapide qui nominatur lapis solis. et est lapis qui lucet in nocte sicut lucet lampas donec illuminatur ex eo locus in quo est."

24 New Haven, Yale University, Codex Paneth, 393ra: "accipe illam formam et pone eam in illo pulvere. ipsa enim statim vestietur cute humana."

25 New Haven, Yale University, Codex Paneth, 393ra: "pone illam formam animalem in vas magnum vitreum vel plumbeum non aliud usque quo pretereant ei tres dies et pacietur famem et agittabitur. Ciba ergo ipsam ex illo sanguine qui exivit de matre. et non ergo cesses similiter donec pretereant septem dies."

사의를 내뿜을 듯이 보이는 동물의 형체가 완성될 것이다".[26] 그 형체는 달의 경로를 바꾸는 일이나 무언가를 암소나 양으로 바꾸는 일에 사용될 수 있다. "만약 당신이 그 형체를 데려다가 40일 동안 먹이고 양육한다면, 그리고 피와 우유 이외에는 일절 먹이지 않고 태양 빛을 전혀 쬐지 못하게 한다면", 당신이 그 형체를 해부해 얻은 분비액을 누군가의 발에 바르는 연고로 사용하자마자 그 사람은 물 위를 걸을 수 있을 것이다.[27] 마침내 "만약 누군가가 1년이 꽉 찰 때까지 그 형체를 키우고 양육해 그것을 우유와 빗물 속에 담근다면, 그 형체는 이제까지 누구도 들어본 적 없는 모든 것에 관해 말해줄 것이다".[28]

이성적 동물을 제작하기 위한 이 레시피의 기원은 부분적으로는 매우 분명하다. 살라만-압살 설화의 저자와 마찬가지로 위-플라톤도 레시피의 첫 부분에 언급된 "물", 즉 인간의 정액을 적절한 자궁 속에서 기한이 찰 때까지 유지하는 작업만으로도 지성을 가진 존재를 발생시킬 수 있다고 가정한다. 앞서 주목했듯이 자궁 내 정액의 역할에 관한 아리스토텔레스의 이론과 연결지어 보았을 때, 이러한 가정은 자연 발생에 대한 믿음으로부터 도출되는 자연스러운 귀결이다. 그러나 위-플라톤의 자궁 외 생산물, 즉 이성적 동물은 살라만과는 극단적으로 다르다. 살라만이 인간의 살과 피를 온전히 갖춘 개체였다면 이성적 동물은 제대로 된 피부를 얻기 위해 특별한 가루를 뒤집어써야 한다. 그 동물은 우유와 빗물을 담아놓은 유리 용기 혹은 납 용기 속에 갇혀 있어야 하고, 피와 우유가 아닌 다른 것을 먹어도 된다는 언급도 없다. 물론, 이 이성적 동물은 살

26 New Haven, Yale University, Codex Paneth, 393ra: "ipsa complebitur forma animalis que convenit rebus multis mirabilibus."

27 New Haven, Yale University, Codex Paneth, 393rb: "Et si acceperis hanc formam et cibaveris et nutriveris ipsam usque quo pretereant ei. xl. dies et cibabis eam sanguine et lacte non alio et non viderit eam sol."

28 New Haven, Yale University, Codex Paneth, 393rb: "Et si homo rexerit eam et nutriverit ipsam usque quo pertranseat ei annus integer, et dimiserit eam in lacte et aqua pluviali narrabit ei omnia absencia."

라만에게는 결여되었던 것으로 보이는 불가사의한 능력을 가지고 있다. 그렇다면 양쪽의 차이를 어떻게 설명해야 할까?

먼저 우리는 각 저자의 동기를 따져봐야 한다. 살라만-압살 설화의 작가는 고행자 하르마누스 왕이 여전히 성관계를 기피하면서도 아이를 낳을 수단으로서 살라만의 인공 발생을 제안했다. 하르마누스가 자신의 평범한 후계자 이외에 다른 무언가를 생산하기를 원했다는 언급은 없다. 반면에 『암소의 서』의 레시피는 이와 전적으로 다르다. 여기에는 고행자에 관한 이야기도 없고, 평범한 인간 상속자가 아니라 그 이상의 경이로운 존재를 생산하는 도구를 창조하겠다는 목적을 가진다. 추측해보건대, 이성적 동물 제작 레시피의 존재 근거는 인간의 정액 및 저자가 태양의 돌이라고 부르는 인광성 물질의 혼합체다. 이 기묘한 실체는 정액에 물질적 자궁을 제공함으로써 정액이 생리혈에서 정상적으로 작용하는 것과 동일한 방식으로 작용할 수 있도록 해준다. 물질적 존재의 거친 조잡함에 의해 짓눌리는 대신에, 이 이성적 동물은 인간의 정액이 품었던 영적 실체를 부여받아 문자 그대로 빛의 존재가 될 것이다. 그리하여 이 동물의 능력이 땅에서 태어나 어머니 조상들의 육체라는 쇠사슬에 매인 유한한 인간의 능력을 뛰어넘으리라는 것은 결코 놀랍지 않다. 이러한 점으로 보아 이성적 동물은 인간과는 다른 그 무엇이다. 이 동물은 마법을 부리기 위해서라면 자신의 내장도 내줄 수 있는 존재다. 『암소의 서』의 이와 같은 측면은 서로 다른 신체 부위를 사용해 그 안에 담긴 효력을 살아 있는 몸의 부위에 전달하려 했던 중세 드레카포테케[29] 전통의 섬뜩한 '장기 요법'을 떠올리게 한다. 가령, 유명한 중세 마법서 『피카트릭스』는 생생한 인간의 뇌는 물론이고 땀, 담즙, 피, 고환을 비롯한 모든 것을 섭취해 옴 진드기에서 노화까지 아우르는 다양한 신체적 쇠약 증세를 치료하도

29 [옮긴이] '드레카포테케'(Dreckapotheke)는 인간이나 동물의 신체 유래물 혹은 장기를 의약 목적으로 사용하는 전통을 가리키는 용어다. 이 요법은 고대 이집트로부터 근대 유럽에 이르기까지 지속적으로 시도되었다.

록 시도해야 한다고 권한다.[30]

자비르의 예언자 호문쿨루스

위-플라톤의 『암소의 서』를 지나 이 저작을 알았지만 지지하지는 않았던 어느 저술가에게로 가보자.[31] 세간에는 8세기 페르시아의 현인으로 알려진, 때로 '아랍인들의 파라켈수스'라고도 불리는 자비르 이븐 하이얀의 이름으로 구성된 방대한 전집에는 거의 3천 권이나 되는 작품들이 포함되어 있다. 1942년에 자비르에 관한 탁월한 연구를 남겼던 폴 크라우스가 보여주었듯이, 실제로 이 전집의 작품들 대부분은 9세기와 10세기에 기록되었다. 자비르 전집은 시아파에 속한 민중 집단인 이스마일리 계파 저술가들의 창작이었는데,[32] 그들은 자신들의 영웅 자비르가 명성 높은 이맘이었던 자파르 알-사디크의 제자였다고 주장했다. 자비르의 저작들 대부분은 연금술과 자연마법을 다루며, 그 가운데서 자연의 모든 영역으로부터 비롯된 생산물을 인공적으로 재창조할 수 있다는 명시적인 가르침을 발견할 수 있다. 그 가르침이란 광물의 왕국으로부터 고귀한 금속이나 보석을, 채소로부터 불가사의한 식물을, 그리고 마침내 인공 인간을 포함한 인공적인 동물들을 만들어낼 수 있다는 것이었다. 이처럼 연금술사를 거의 신의 경지로 높이는 듯하는 방식으로 자비르는 자신이

---

30 David Pingree, ed., *Picatrix: The Latin Version of the Ghāyat al-Hakīm*, London: Warburg Institute, 1986, pp. 161~64.

31 Paul Kraus, *Jābir ibn Hayyān: Contribution à l'histoire des idées scientifiques dans l'Islam*, Cairo: Institut Français de l'Archéologie Orientale, 1942, vol. 2, pp. 104~05, n. 12.

32 [옮긴이] 이맘 이스마일의 열광적 신봉자들이었던 이스마일리(Ismā'īlī)파는 악명 높은 집단으로만 알려졌다가 20세기에 와서야 학문적으로 연구의 대상이 되었다. 그들이 편찬한 자비르 전집은 3천여 편의 논저를 포함하는 방대한 분량이지만, 어느 정도는 일관된 통일성을 갖추고 있다. 앙리 코르방, 김정위 옮김, 『이슬람 철학사: 태동기부터 아베로에스까지』, 서광사, 1997, 106, 176~78쪽. 코르방의 연구도 크라우스의 연구에 근거했다.

자연의 생명체를 모방할 수 있을 뿐만 아니라 전에 본 적 없던 새로운 것도 생산해낼 수 있다고 논증한다.[33]

자비르의 저작 가운데 하나인 『수집의 서(書)』는 양이 정해지지 않은 "원소", "질료", "정수", "신체", 또는 "정액"을 가져다가 부분 분리가 가능한 형틀 안에 넣어 밀봉하라고 지시한다.[34] 그런 다음에 물을 덥힌 수증기로 가열할 수 있도록 구멍이 뚫린 용기 속에 그 형틀을 집어넣어 내용물을 부패시킨다. 자비르는 그가 고안한 가열 장치를 정확하게 묘사한다. 이상적인 설계에 따르면 그 형틀을 부피가 1.5배 더 큰 커다란 구(球) 안에 넣는데, 형틀의 꼭대기와 바닥이 구와 접해 있어야 한다. 구는 톱으로 잘라 두 개의 반구(半球)로 나뉘어 있다. 최종적으로는, 마치 로티세리로 고기를 굽듯이, 구를 계속 회전시킬 수 있는 장치를 만들어 구 주위로 은은하게 불이 비치도록 한다. 구 속에 담긴 형틀의 모양을 다양하게 만듦으로써, 소년의 얼굴을 가진 어린 소녀나 또는 어른의 지성을 갖춘 젊은이 같은 어떠한 종류의 존재라도 생산할 수 있다.[35]

자비르가 확실하게 설명하듯이, 구의 표면을 회전시키는 이유는 프톨레마이오스의 체계에 따라 지구 주위를 공전하고 천체를 운반하는 투명한 구의 효과를 모의로 실험하기 위함이다. 실제로 『수집의 서』 뒷부분의 어느 단락은 중심이 동일한 여러 개의 구가 우주의 체계를 이전보다 더욱 가깝게 모방하려는 용도임을 상세히 설명한다.[36] 자신이 악마적인 작품이라며 거부했던 『암소의 서』와 마찬가지로 자비르는 무언가가 더욱 탁월한 완전성에 도달할수록 그것이 예언의 능력을 가진 인공적인 존재를 생산할 수 있다는 기대를 피력한다. 또 다른 단락에서 자비르는 인공발생이라는 주제에 관한 여러 다른 '학파들'의 기술을 소개한다. 어느 학

33 Kraus, *Jābir*, vol. 2, p. 109.

34 Kraus, *Jābir*, vol. 2, p. 110.

35 Kraus, *Jābir*, vol. 2, p. 111.

36 Kraus, *Jābir*, vol. 2, pp. 114~15.

파는 오로지 지성적인 존재를 생산하려고 시도할 경우에만 정자를 중앙 집중형 틀[구의 내부에 접해 있는 형틀] 안에 넣어야 한다고 주장한다. 다른 어느 학파는, 가령 날개 달린 인간 같은 새로운 동물을 생산하려면, 반드시 남성의 정액과 새의 정액을 혼합해야 한다고 주장한다. 이 주장에 반대하는 어느 학파는 어느 한 동물의 정액과 약을 섞어야 한다고 주장한다. 또 다른 어느 학파는 약도 불필요하고 다만 그 동물의 피가 첨가되어야 한다고 주장한다.

이처럼 비법이 제각각인 '학파들'을 고려하자면, 자비르가 보기에 인공 발생을 가능케 하는 물질의 종류는 실제로 매우 많을 것임이 분명하다. 그런데 왜 그는 마법사가 천구를 모델로 삼아 회전하는 구 안에 중앙 집중형 틀을 배치해야 한다고 덧붙였을까? 또한 왜 자비르는 중앙 집중형 틀 안에 약을 넣어두어야 한다고 주장했을까? 크라우스는 그 주장이 고대의 믿음으로 거슬러 올라간다고 보았는데, 헤르메스 트리스메기스투스를 저자로 내세우는 기원후 1세기 저작 『아스클레피오스』의 매우 분명한 기록에 따르면, 마법 의례를 거행하는 동안 신들의 형상 안에 보석과 초목, 향기로운 물질을 넣어두면 그 형상이 살아 움직이게 된다는 것이었다. 여기서 헤르메스가 "인간은 위대한 기적이다"라고 말한 이유는 이처럼 인간이 살아 있는 신들을 '만들 수 있기' 때문이었다. 뿐만 아니라 고대의 신플라톤주의 철학자 포르퓌리오스는 「아네보에게 쓴 편지」에서 신들의 형상을 만드는 자는 그 형상의 이미지가 신이 머무를 처소가 될 수 있도록 천체의 움직임을 관찰해야 한다고 썼다.[37] 자비르가 당대에 이와 같은 설명으로부터 영감을 얻어, 그가 생명 발생을 위해 고안한 형틀 속에 천체의 영혼과 유사한 성분을 넣어둠으로써 정말로 천체의 영혼이 그 형틀 속에 유입되도록 할 수 있으리라 생각했을 가능성은 없을까? 또한 하늘을 관찰해야 한다고 말했던 포르퓌리오스의 영향을 받아 자비르도 중앙 집중형 틀 주위로 자신만의 인공적인 하늘을 생산했을 가능성은

37 Kraus, *Jābir*, vol. 2, p. 129, n. 8.

없을까? 만약 그렇다면, 인공 인간의 생산에 관한 탐구를 통해 그가 도출한 새로운 요소들은 훨씬 오래된 발생 이론들인 자연 발생 및 유성 발생으로부터 확립되어왔던 전통에 접목된 곁가지들이었을 것이다. 다음으로 우리는 인공적인 인간 생명에 관해 전적으로 다른 뿌리를 가진 또 하나의 전통을 검토하려고 한다. 그 전통은 고대 히브리인들의 우주발생론 전승으로부터 솟아나왔는데, 그들에 따르면 신은 오로지 언어라는 수단만을 가지고 자신의 피조물을 창조했다고 한다.

유대교의 골렘

인공적인 인간 생명에 관한 문헌들을 탐색하려면 우리는 근대 이전 유대교의 자료도 검토해야 한다. 유대교 전통은 이 주제에 관해 대단히 풍부한 논의를 제공하는데, 유대교 학자들이 생각했던 인간 생명 복제의 작업 방식(modus operandi)은 우리가 지금까지 검토해왔던 어떤 전통들과도 전혀 다르다. 골렘(Golem)은 종교적 마법이라는 수단을 통해 생명을 얻은 인공 인간이다. 알려지기로는 16세기에 골렘을 만들었다는, 폴란드 헤움(Chelm)의 랍비 엘리아스 바알 쉠의 이야기를 따라가보기로 하자.[38] 다음은 17세기에 기록된 이야기다.

> 어떠한 기도문을 읊고 어떠한 금식 기간을 보낸 후에, 그들은 흙으로 인간의 모양을 빚었다. 그들이 그 형상을 향해 '쉠 하메포라쉬'[39]라고 말하자, 그것이 생명을 얻었다. 그 형상은 스스로 말할 수는 없었지만,

---

38 [옮긴이] 랍비 엘리아스 바알 쉠의 골렘 이야기를 비롯해 다양한 버전의 골렘 이야기들의 모음은 다음에서 찾아볼 수 있다. Klaus. Völker, *Künstliche Menschen Dichtungen und Dokumente über Golems, Homunculi, Androiden und liebende Statuen*, Berlin: Hanser, 1971, pp. 5~30.

39 [옮긴이] "쉠 하메포라쉬"(shem hamephorash)는 '정확한 이름'이라는 의미의 히브리어 표현으로 카발라 전통에서는 신의 숨겨진 이름으로도 알려졌다.

자신을 향해 말하는 것과 명령하는 것을 알아들었다. 폴란드의 유대인들 사이에서 그 형상은 온갖 종류의 집안일을 수행하지만, 집을 떠나는 것은 허락되지 않았다. 그들은 그 형상의 이마 위에 '에메트'[אמת]라고 새겼는데, 이 단어의 뜻은 '진실'이다. 그런데 그 형상은 날이 갈수록 자라났다. 처음에는 아주 작았지만, 급기야 집 안에 있는 모든 사람보다 더 커졌다. 결국 집 안에 있는 모든 사람에게 위협이 되어버린 그 형상의 힘을 빼앗기 위해 그들은 재빨리 그것의 이마에 있는 단어 '에메트'에서 알레프[א] 글자를 지웠다. 그러자 단어 '메트'[מת]만이 남았는데, 이 단어의 뜻은 '죽음'이다. 그러자마자 그 형상, 즉 골렘은 쓰러졌고 원래의 모습이었던 흙 또는 진흙으로 흩어졌다…… 그들은 말하기를, 폴란드에서 랍비 엘리아스라고 불리는 바알 쉠이 골렘을 만들었는데, 그것이 너무나 커져 랍비가 글자 '에'[א]를 지우려 해도 그것의 이마에 손이 도저히 닿을 수 없었다. 랍비는 속임수를 떠올렸는데, 골렘은 그의 종이어서 그의 신발을 정리해야 했으므로, 골렘이 허리를 숙였을 때 이마의 글자를 지우면 되겠다는 것이었다. 그의 생각대로 그 일이 벌어졌지만, 골렘이 다시금 진흙이 되었을 때 그 진흙의 엄청난 무게가 벤치 위에 앉아 있던 랍비를 덮쳐 그를 부수고 말았다.[40]

고전적인 마법사의 제자가 처했던 운명[41]과 맞닥뜨린 랍비 엘리아스의 놀라운 이야기에는 골렘에 관한 전통 민담에 속하는 수많은 요소가 담겨 있다. 엘리아스가 인공 인간을 제조했던 방법부터 검토해보자. 골렘은 흙으로 만들어지며, '능력의 이름'인 "쉠 하메포라쉬"를 읊음으로써 살아 움직이게 된다. 그러나 골렘이 계속 살아남기 위해서는 '진실'이라는 뜻

---

40 Gershom Scholem, *On the Kabbalah and Its Symbolism*, New York: Schocken Books, 1969, pp. 200~01.

41 [옮긴이] 지은이의 이 표현은 괴테의 시작품 『마법사의 제자』(*Der Zauberlehrling*, 1797)를 가리키는 것으로 보인다. 이 작품에서 마법사의 제자는 스승이 여행을 간 사이에 마법으로 빗자루를 움직여 물동을 나르도록 했다가 큰 어려움에 처한다.

의 히브리어 "에메트"를 이마에 지니고 있어야 한다. 첫 글자 알레프가 지워지면 그 단어는 "메트", 즉 '죽음'이 되어 그 생명체도 죽는다. 이때 랍비 엘리아스도 괴물 같은 생명체의 무게에 짓눌려 인간의 교만이 초래한 희생자가 되고 만다. 여기에 두 가지 주제가 눈에 띈다. 첫째, 골렘은 마법의 이름을 통해 흙으로부터 창조된다. 둘째, 골렘은 궁극적으로 파괴될 운명이다. 우리는 아직 이러한 주제를 마주한 적이 없는데, 앞서 살펴보았던 호문쿨루스 자료에서는 인공 인간이 거의 언제나 인간의 정액 또는 정액을 다른 물질과 혼합한 물질을 통해 만들어졌다. 비(非)유대교 자료에서는 이미 한 차례 환영식을 치른 호문쿨루스를 굳이 다시금 제거하는 일에 골몰하려고 시간을 허비하지 않는다. 이처럼 두드러진 차이가 나타나는 이유는 앞으로의 검토를 통해 점차 분명해질 것이다.

먼저 골렘은 카발라(Cabala)라는 다소 막연한 이름으로 불리는 전통적인 유대교 신비주의의 산물이다. 카발라는 가장 오랜 출발점에서부터 히브리어 단어와 문자의 의미를 강조해왔다. 카발라의 대부분은 고전 히브리어 텍스트에 대한 정교한 주석들로 구성되었는데, 외부 사람들이 보기에는 기이하게 느껴질 해석학적 기법들에 근거하고 있다. 이러한 여러 가지 기법들 중에는 두 단어가 동일한 숫자 값을 가질 경우에[42] 한 단어를 다른 단어로 대체하는 게마트리아(gematria) 기법, 하나의 구(句) 안에 있는 각 단어의 첫 글자만을 따서 구 전체를 하나의 머리글자단어(acronym)로 압축하거나 또는 역으로 하나의 머리글자단어를 하나의 구로 확장시키는 노타리콘(notarikon) 기법,[43] 주어진 글자들을 다른 글자들로 치환하거나 교체하는 테무라(temurah) 기법 등이 있다.

카발라 문헌의 기원은 하나의 유명한 문헌 『세페르 예시라』(또는 『창조의 서』)로 거슬러 올라간다. 이 문헌의 저자가 『구약성서』의 인물 아브라

42 [옮긴이] 히브리어의 각 알파벳은 저마다 고유한 숫자 값을 갖는다. 가령, א는 1, מ은 40, ת는 400이다. 그렇다면 단어 אמת의 숫자 값은 441(=1+40+400)이다.

43 [옮긴이] 흔히 게임의 소재로 사용되는 삼행시 작법을 떠올리면 쉽다.

함이었다는 전설이 있지만, 실제로는 그 저작 연대가 대략 기원후 3세기부터 6세기 사이로 추정되는 위서(僞書)다. 『세페르 예시라』는 극도로 난해한 텍스트다. 때로는 신이 글자들로 우주를 만든 방법을 묘사한 책으로 이해되기도 했고, 마법 실행자를 위한 지침서로 추정되기도 했다. 다음의 인용문은 이토록 기이한 작품이 지닌 훌륭한 의미를 설명해준다.

> 22개의 글자들, 그분은 그것들을 새겼고, 그분은 그것들을 추출했고(또는 조각했고), 그것들의 무게를 달았고 그것들을 배열했고 그것들을 결합했으며, 그분은 그것들을 통해 미래에 형성될 모든 피조물(yetzur)의 영혼(nefesh)과 모든 말(dibbur)의 영혼을 창조하셨다 …… 231개의 문에서 바퀴에 고정된 22개의 기본 글자들.[44]

여기서 우리는 글자라는 수단을 통한 신의 창조가 조각이라는 감각적 비유를 통해 구체적으로 묘사되었음을 볼 수 있다. 이처럼 말과 사물이 일대일로 대응한다는 가정은 물론 창조주의 신성한 말씀(logos)에 의해 뒷받침되며, 성서가 말씀하는 바 하나님이 가라사대 "빛이 생겨라" 하시니 "빛이 생겼다"라는 「창세기」의 유명한 본문을 통해 예시된다.[45] 그러나 저명한 히브리 학자 모쉐 이델이 지적했듯이, 위의 인용문에서 "피조물"로 번역된 히브리어 단어 '예쭈르'(yetzur)는 '사람'이라는 의미로도 번역될 수 있기 때문에 이 단락 전체가 어떻게 인간이 특별하게 처음 만들어졌는지를 묘사한 것으로 볼 수도 있다. 만약 누군가가 『세페르 예시라』를 실질적인 마법 입문서로 여긴다면, 이 책이 제시하는 기술을 통해 그 마법사는 인공 인간을 만들 수 있어야 한다는 결론이 뒤따른다. 또한 『탈

---

44 Moshe Idel, *Jewish Magical and Mystical Traditions on the Artificial Anthropoid*, Albany: State University of New York Press, 1990, p. 10.

45 [옮긴이] "하나님이 말씀하시기를 '빛이 생겨라' 하시니, 빛이 생겼다"(「창세기」 1장 3절, 새번역).

무드』[46]에서도 골렘 제작을 옹호하는 언급을 찾아볼 수 있는데, 여기에 소개된 전실적인 초기 랍비들의 업적들 가운데 하나는 분명하게도 흙으로 사람을 만드는 일이었다.

> 랍비 라바(Rava)가 말했다. 의로운 자들이 원한다면 그들은 세상을 창조할 수 있다. 기록되기를, "너희의 부정함이 너희와 너희 하나님 사이의 장벽이 되었다"고 했기 때문이다.[47] 라바는 사람을 창조해 그를 랍비 제이라(Zeira)에게 보냈다. 제이라가 그에게 말을 걸었지만 그는 대답하지 않았다. 그러자 그 랍비는 말했다. "너는 경건한 사람들로부터 [왔으니], 흙으로 돌아갈지어다."[48]

이후에 뒤따르는 상당한 분량의 골렘 민담은 위 인용문을 이해하고 활용하려는 시도로 볼 수 있다. 라바는 신과의 친분을 과시하려는 명백한 이유 때문에 흙먼지로 사람을 만들어 랍비 제이라에게 보냈다. 그러나 랍비는 골렘을 영리하게 심문해 그 존재가 벙어리임을 즉시 알아챘다. 골렘이 불완전하고 인간의 언어 능력을 결여하고 있다는 사실을 확인하자, 랍비 제이라는 속임수였음을 깨닫고는 골렘에게 그것의 근원이었던 흙먼지로 돌아가라고 말했다. 골렘은 순종했고 그렇게 이야기는 끝난다.

언어의 마법적 힘만을 가지고서 흙먼지로 어떠한 존재를 만든다는 점

---

46 [옮긴이] 『탈무드』(*Talmud*)는 『구약성서』와 더불어 유대교 사상을 이해하는 데 또 하나의 중요한 축을 이루는 방대한 문헌 모음집이다. 5세기와 7세기에 각각 팔레스타인과 바빌로니아에서 편찬되었다. 기록으로 전승된 『구약성서』 율법(토라, Torah)에 대응하는 구전(口傳) 율법인 『미쉬나』(*Mishna*)와 『미쉬나』에 대한 주석인 게마라(Gemara)로 구성되었다는 점에서 『탈무드』 역시 비(非)토라 전승을 강조하는 카발라와 일맥상통하는 측면을 가진다.

47 [옮긴이] 라바의 인용은 다음의 『구약성서』 구절에 근거한다. "오직 너희 죄악이 너희와 너희의 하나님 사이를 갈라놓았고"(「이사야」 59장 2절, 새번역).

48 Idel, *Artificial Anthropoid*, p. 27. [옮긴이] "주께서 호흡을 거두어들이시면 그들은 죽어서 본래의 흙으로 돌아갑니다"(「시편」 104편 29절, 새번역).

이외에도, 이델이 지적한 대로 이 이야기의 또 하나 흥미로운 점은 그 결말이 실패로 끝난다는 것이다. 골렘은 인간만이 갖는 특징인 언어를 갖지 못했으므로 사실상 라바는 자신이 설계한 대로 진정한 인간 존재를 창조했던 것이 아니라 모조품을, 그것도 불량품을 만들었던 셈이다. 후대의 랍비 엘리아스 이야기에서 골렘이 대체로 쓸모 있는 허드렛일을 수행하다가 자신의 거대한 몸집으로 인해 파괴되어야만 했던 것과는 달리, 『탈무드』에서의 골렘은 전혀 위험스럽지 않다. 그것은 오로지 신에 의한 진정한 인간 창조에 위배된다는 이유로 파괴되었다.

언어의 마법을 통해 흙이나 먼지로부터 창조된 골렘, 그리고 진짜 인간에 비해 골렘이 가진 열등함이라는 주제는 유대교 전통 안에서 반복적으로 나타났다. 유대학자 게르숌 숄렘과 파라켈수스 연구자 발터 파겔은 골렘이 16세기 파라켈수스의 호문쿨루스를 미리 보여주었다고 논증한다. 반면에 모쉐 이델은 카발라 자료들은 정액이나 생리혈로 만들어진 인간을 전혀는 아니더라도 거의 언급하지 않는다고 확신 있게 주장한다.[49] 카발라 자료들의 목적은 신성한 마법을 통해 창조 행위를 재현할 수 있는 히브리어의 기적적인 능력을 과시하려는 데 있었다. 온전히 현실화한 골렘은 어리석고 둔했다. 골렘의 주된 존재 이유는 골렘의 창조가 야기하는 필연적 결과에 놓여 있었다. 골렘은 제작자의 완벽함을 과시하기 위한 존재였다. 따라서 골렘이 대개 말을 할 수 없고 아마 지능도 낮았을 것이라는 점은 이야기 속에 반드시 포함되어야 하는 요소였다. 그렇지 않다면 인간의 창조 능력보다 신의 창조 능력이 더 우월하다는 그 어떤 근거도 찾지 못할 것이다. 우리가 앞서 살펴보았던 비(非)유대교의 자료들에서

---

49 Gershom Scholem, "Die Vorstellung vom Golem in ihren tellurischen und magischen Beziehungen", *Eranos-Jahrbuch* 22, 1953, pp. 235~89, 특히 p. 281을 참조하라. 파겔은 숄렘의 논증을 수용했다. Pagel, *Paracelsus: An Introduction to Philosophical Medicine in the Era of the Renaissance*, Basel: Karger, 1958, pp. 215~16. 숄렘에 대한 이델의 반론으로는 다음을 보라. Idel, *Artificial Anthropoid*, pp. 185~86.

는 이러한 특징들이 지나칠 만큼 결여되어 있다. 아버지 하르마누스의 정액으로 만들어진 청년 살라만은 확실히 지능 면에서는 결핍을 보이지 않았다. 『암소의 서』에 등장하는 이성적 동물은 예언을 하는 생물체였고, 그의 피와 신체 부위는 마법사에게 초자연적인 능력을 부여했다. 자비르의 호문쿨루스 역시 그것이 가장 완벽한 상태일 때만큼은 예언적인 존재였다. 유대교의 골렘과는 달리 이 모든 인공적 피조물은 평범하게 발생한 생산물과 동급이거나 오히려 그것을 능가했다. 앞으로 살펴보겠지만 파라켈수스의 호문쿨루스는 분명히 자연을 능가하는 존재로 구상되었고, 인간의 기술이 가진 능력의 최고봉으로 여겨졌다. 발생의 방식이라는 측면에서, 그리고 창조주와 평범한 피조물의 관계라는 측면에서 파라켈수스의 호문쿨루스는 히브리 골렘과 가장 먼 대척점에 서 있다. 파라켈수스의 호문쿨루스는 유대교의 골렘과는 달리 공격적이지도 않고 위협적이지도 않기에 파괴될 필요가 없다. 벙어리가 된 존재로서 말을 하지 못하는 골렘은 어떤 점에서는 열등한 하위 인간이다. 반면에 위-플라톤과 자비르 전통의 호문쿨루스는 단지 평범한 대화에 그치지 않고 자연의 비밀들까지도 말해준다. 이는 파라켈수스의 경우에서도 마찬가지임을 앞으로 확인하게 될 것이다.

다른 골렘 이야기를 하나 더 살펴보자. 이델이 지적했듯이, 엄격한 유대교적 골렘 전설은 때로는 약리학이나 의학 같은 다른 전통과 접촉하게 되었다. 이러한 식으로 자료들이 상호 교류하는 하나의 장면을 우리는 르네상스의 유명한 인문주의자 조반니 피코 델라 미란돌라의 유대인 스승들 가운데 한 사람이었던 15세기의 카발라 학자 요하난 알레만노의 저작에서 찾아볼 수 있다. 피코는 비(非)유대인들에게도 접근 가능한 카발라 체계를 수립하려고 시도했던 최초의 그리스도교 신자로 잘 알려져 있지만 우리의 관심 사항은 아니다. 오히려 흥미를 끄는 지점은 알레만노가 의학과 자연철학의 관점에서 골렘을 다루었던 방식, 그리고 골렘의 제작을 유성 발생과 뚜렷하게 대비했던 방식이다. 알레만노는 『구약성서』의 「아가서」에 대한 주석에서 지혜로운 카발라주의자는 인간의 정액 같은 혼합물을 생산하기 위해 4원소를 측정하고 결합하는 방법을 정확히 알고 있다고 말한다. 자신이 가진 지혜를 동원해 그는 자궁 속의 열과 같은 "측정된 열"을 생산할 수도 있다. 이들 두 요인을 결합해 그는 "남성의 정액과 여성의 생리혈 없이도, 남성성과 여성성의 개입 없이도 인간을 탄생시킬" 수 있다.[50] 다시 말해 알레만노가 그리는 골렘은 무성 생식의 생산물, 즉 우주의 기본적인 근원 요소들로부터 이끌어낸 완전한 새 창조(creatio de novo)의 결과다. 이 지점에서는 골렘의 전통과 호문쿨루스들의 전통을 과도하게 구별해서는 안 된다. 어떤 의미에서 골렘은 오로지 언어의 마법을 통해 무생물로부터 창조된 존재이기에 호문쿨루스들보다 더욱 기적적인 생명체다. 「아가서」 주석의 다른 부분에서 알레만노는 심지어 예언을 하는 골렘도 만들어질 수 있다고 제안하는데, 아마 이 부분은 자비르 이븐 하이얀으로부터 영향을 받았을 가능성이 있다.[51] 그러나 이러한 가능성에도 불구하고 예언하는 골렘조차 인간의 정액으로 만들어지지는 않는다. 이로 보아 알레만노는 골렘 전통에 충실하게 머물러 있다. 예언을 행하는 가장 고차원적인 골렘에 대해 설명하면서, 카발라주의자는 심지어 4원소나 어떠한 물질적 실체도 전혀 필요로 하지 않으며 대신에 신성한 문자 마법을 통해 영적인 세계로부터 직접 골렘을 구현해낼 수 있다고 알레만노는 말한다.[52] 결론적으로 골렘은 호문쿨루스들의 세계와는 다른 사유의 세계에 머물러 있다. 오늘날과 비교하는 것이 경솔한 일이 아니라면 어쩌면 골렘은 보통의 생물학적 과정이 비-생물학적 방법에 의해 제거되거나 복제되는, 로봇공학이나 사이버네틱스, 인공지능의 세계와 같은 '딱딱한'(hard) 인공 생명의 영역에 속한다고 말할 수 있을 것 같다. 반면에 진정한 의미의 호문쿨루스는 생물학을 제거하기보다는 변화시키는, 즉 시험관 수정이나 클로닝, 생명공학과 같은 '축

50 Idel, *Artificial Anthropoid*, p. 171.

51 Idel, *Artificial Anthropoid*, pp. 174~75.

52 Idel, *Artificial Anthropoid*, p. 172.

축한'(wet) 세계의 소산이다.[53]

의료 목적으로 활용되는 호문쿨루스

지금까지 우리는 이슬람교 및 유대교 전통에서의 인공 인간에 관한 주요 저작들을 개괄해보았다. 이 주제에 관한 라틴 서유럽의 문헌은 그리 풍부하지 않지만, 이를 논의했던 저술가들의 관심사는 실험과학과 의학, 종교, 윤리의 분야를 아울러 오늘날의 관심사와 놀랄 만큼 비슷하다. 오늘날에는 교리의 억압을 받고 시대를 역행하는 변증으로 곤경에 처한 이슈들에 대해 중세의 사람들은 의외로 열린 태도를 가지고 있었다. 이 책의 프롤로그에서 언급했듯이, 재생을 실행하는 작업에 대한 나름의 배경적 근거를 획득하고자 그 부당함의 근거를 과거의 전통에서 찾으려는 최근의 관점은 인공 발생을 다룬 중세 문헌의 활발한 논의들로부터는 아마도 충분한 지지를 얻지 못할 것이다.

가장 먼저 검토할 자료는 토마스 아퀴나스의 저작으로 여겨졌지만 아마도 14세기 익명의 저자가 썼을 『본질들의 본질들에 관하여』다. 저자가 토마스 아퀴나스로 여겨졌던 것은 그저 우연일 뿐인데, 왜냐하면 이 저작에서는 실제로 토마스가 그다지 참고하지 않았던 학자인 로게루스 바코누스가 눈에 띄게 자주 언급되기 때문이다.[54] 이 흥미로운 과학 백과사전에서 위-토마스는 여성의 씨앗이 인간의 발생 과정에 기여한다는 이론

53 나는 이러한 구별에 대해 다음으로부터 빚을 졌다. N. Katherine Hayles, "Narratives of Artificial Life", in *Future-Natural*, ed. George Robertson et al., London: Routledge, 1996, pp. 146~64. [옮긴이] 그러나 지은이가 인용한 '하드'와 '웨트'의 대비는 어쩌면 오늘날 공학자들에게는 조금 어색해 보일 수도 있을 것 같다. '하드'와 '소프트'(soft)의 대비, 또는 '드라이'(dry)와 '웨트'의 대비가 더 편안해 보인다.

54 Lynn Thorndike, *A History of Magic and Experimental Science*, New York: Columbia University Press, 1934, vol. 3, pp. 136~39, 684~86. 이 연구서는 『본질들의 본질들에 관하여』에 대한 간략한 분석을 제시하며, 일부 사본의 저자는 토마스 카펠라누스(Thomas Capellanus)로 불린다고 지적한다.

을 반박하는 결정적인 증거로서 호문쿨루스를 제시한다. 아리스토텔레스의 말을 자신의 말로 바꾸어 설명하면서 그는 인간을 발생시키는 것은 인간과 태양이지만 자궁도 여기에 포함되어야 한다고 말한다. 실제로 자궁은 "자연적으로" 그리고 "인공적으로"도 인간을 발생시킨다. 자궁은 정액을 보존하고 거기에 성장을 촉진하는 자연적 열을 공급한다는 점에서는 자연적으로 작용한다. 반면에 생리혈로 정액에 양분을 공급한다는 점에서는 마치 농부가 들판을 비옥하게 만들기 위해 하는 행동처럼 인공적으로 작용한다. 위-토마스는 이러한 추론을 통해 어머니는 아이의 본질에는 아무런 기여도 하지 않고, 다만 일종의 인큐베이터와 양분만을 제공한다고 결론을 내린다. 어떤 사람들은 양쪽 부모 모두가 후손의 씨앗에 본질적으로 기여한다고 주장하면서 반대 논증을 펼치지만, 위-토마스는 9세기의 의사이자 연금술사 아부 바크르 무함마드 이븐 자카리야 알-라지로부터 실험실에서의 경험적 증거를 차용해 그들의 반대 논증에 맞서 응수한다.

> 동물의 신체 부위에 관한 책에서 라시스[55]는 이 [여성의 씨앗]에 반대하는 논증을 제시했지만, 그것이 참인지 아닌지를 나는 알지 못한다. 그러나 나는 그가 매우 위대한 철학자이자 의사였으며, 그렇기에 아베로에스가 그를 자신의 선구자로 높여 칭송했다는 사실을 알고 있다. 라시스는 말하기를, 만약 누군가가 남성의 정액을 가져다 깨끗한 용기 안에 넣고 30일 동안 똥의 열로 데우면, 사람의 모든 신체 부위를 갖춘 인간이 거기서 발생된다고 했다. 그리고 그의 말에 따르면, 이 인간의 피는 많은 종류의 질환을 이겨내는 데 유용하게 쓰인다. 만약 그의 말이 참이라면, 나는 이렇게 만들어진 인간이 이성적 영혼을 가질 것이라고는 결코 믿지 않는다. 왜냐하면 이 인간은 남자와 여자의 연합으로부터 발생한 것이 아니기 때문이다. 다만 그가 감각적 [영혼을] 가질 것이라는 점

---

55 [옮긴이] '라제스'(Rhazes) 또는 '라시스'(Rasis)는 알-라지의 라틴식 이름이다.

에는 의심의 여지가 없다.[56]

아쉽게도 위-토마스가 언급한 호문쿨루스의 출전은 불확실하다. 하지만 『암소의 서』에 등장하는 훨씬 더 터무니없는 사례에서처럼 인공 인간을 의학적으로 활용하자는 제안은 장기 요법이라는 이슈를 다시금 떠올리게 한다.[57] 만약 그렇다면, 두 가지 인상적인 결론이 도출된다. 첫째, 위-토마스는 호문쿨루스에 대한 강조점을 치료의 맥락으로부터 여성 씨앗의 필요성을 반박하는 사고 실험으로 옮겼는데, 이는 상당히 놀라운 전환이다. 둘째, 위-토마스가 호문쿨루스를 토막 내는 일에 무덤덤한 모습을 보인다는 사실이 누구에게라도 충격으로 느껴질 수 있을 텐데, 그는 아마도 호문쿨루스의 피가 건강에 유익한 특성을 가진다는 생각으로부터 실마리를 얻었을 것이다. 여기서 위-토마스는 호문쿨루스가 이성적 영혼이 아닌 감각적 영혼만을 가졌다고 간단히 주장함으로써 도덕성의 문제로부터 가까스로 벗어난다. 오늘날에도 복제된 태아의 조직을 의료의 목적으로 활용하는 일에 관한 논쟁이 진행 중임을 떠올려본다면, 위-토마스의 선견지명은 우리를 섬뜩하게 만든다. 미국의 대통령직속 생명윤리심의회가 내렸던 결론[이 책의 프롤로그에 언급된]과는 달리 위-토마스

56 University of Manchester, MS John Rylands lat. 65, 205v: "Aliqui autem volunt quod essentia animalis educatur a semine femine et masculi per cohitum adunato quod non credo. Rasis in libro de proprietatibus membrorum animalium ponit unum experimentum contra hoc [i.e., that the offspring is produced from a mixture of male and female seed] sed utrum sit verum nescio. Scio tamen ipsum fuisse maximum philosophum et medicum unde averrois super omnes antecessorum suorum laudat eum. Dicit quod si accipiatur semen hominis et reponatur in vase mundo sub caliditate fimi quod ad triginta dies erit inde generatur homo habens omnia membra hominis. Et eius sanguis valet ad multas infirmitates secundum quod ipse ponit. Si hoc verum est bene credo illum hominem non habere posse animam rationalem quia non est ex coniunctione maris cum femina. Sed nulli dubium est quod sensitivam habet."

57 Kraus, *Jābir*, vol. 2, p. 122.

에게는 이 이슈가 얼마나 간단한 문제로 보였을까? 조물주가 태아에게 부여하는 이성적 영혼이 부재한다는 것은 곧 호문쿨루스를 하위 인간으로 분류해도 된다는 근거가 되며, 따라서 그것을 연구의 목적으로 사용해도 좋다는 의미인 셈이니까 말이다.

위-토마스는 개구리의 자연 발생을 사례로 들면서 재생이라는 관심사에서 여성의 필요성을 계속해서 평가절하한다. 때때로 습지에서 개구리들이 엄청난 속도로 불어나는 광경을 보고 평범한 사람들은 개구리가 비처럼 하늘에서 내려온다고 믿었다. 물론, 이 현상에서는 암컷 개구리가 필요하지 않다. 알을 따뜻한 똥으로 배양하는 경우에도 마찬가지다. 하지만 이러한 논증들이 위-토마스가 알-라지의 호문쿨루스를 활용했던 유일한 사례는 아니다. 여성 정액의 기능을 반박하는 역할, 그리고 의료 목적으로 피를 제공하는 역할 이외에도 호문쿨루스는 자연철학의 맥락에서도 역할을 발휘한다. 위-토마스는 진짜 토마스가 옹호했던 아이디어, 즉 모든 실체는 단 하나의 실체적 형상[58]만을 담는다는 이론에 맞서 장황한 반론을 펼친다.[59] 위-토마스는 이렇게 말한다. 인간의 실체적 형상은 이성적 영혼이므로 하나의 실체적 형상이라는 교리를 따르자면, 인간은 식물의 영혼이라든지 전통적으로 성장과 운동을 관할한다고 여겨졌던 감각적 영혼을 비롯한 다른 종류의 영혼들을 가질 수 없다는 결론이 뒤따른다. 하지만 그 결론과는 달리 살아 있는 신체는 뼈와 피, 신경 같은 여러 가지 다른 실체들도 포함하고 있으므로 각각의 부수적 형상들이 모두 하나의 실체적 형상[이성적 영혼]으로부터만 파생될 수는 없다. 하나의 실체적 형상이라는 믿음은 상식에 어긋날 뿐만 아니라 알-라지의 호문쿨루스가 오해된 결과이기도 하다. 이 존재는 이성적 영혼이 없음에도 불구하고 뼈와 피, 신경을 가졌기 때문이다! 인간 신체를 구성하

---

58 [옮긴이] 이 책 제2장의 '연금술을 향한 아랍 철학자들의 공격'을 보라.

59 Roberto Zavalloni, O.F.M., *Richard de Mediavilla et la controverse sur la pluralité des formes: Textes inédits et étude critique*, Louvain: Éditions de l'Institut Supérieur de Philosophie, 1951, pp. 213, 252, 266.

는 원소들에 집합적인 통일성을 부여하는 바로 그 원리가 호문쿨루스에게는 결여되어 있기 때문에, 인공 인간의 존재는 토마스주의 특유의 실체적 형상 교리가 불필요하다는 경험적 근거가 된다. 경험적 근거가 그토록 확실하다면, 왜 우리는 이와 같은 난해한 이슈를 놓고 입씨름을 벌여야만 할까?[60]

아랍 문헌을 참고해 인공 발생에 관하여 다룬 둘째 자료는 13세기 전반에 신학자 귈리엘무스 알베르누스가 쓴 『우주에 관하여』와 『법에 관하여』다. 귈리엘무스는 그가 잘 알고 있던 『암소의 서』에 극도로 비우호적이었다. 그는 그 저작에 등장하는 동물들의 비자연적인 발생이 그저 마법을 빙자해 정해진 시간에 그것들을 도살하는 행위에 불과하다고 비난한다.[61] 악마와 천사가 인간 안에 함께 머물 수 있다고 주장했던 아우구스티누스를 비롯한 여러 저술가로부터 영감을 받았을 가능성이 있는 귈리엘무스는 악마적인 인쿠부스와 수쿠부스가 밤중에 사정된 정액을 모아 거인 같은 괴물을 생산하려는 시도가 위-플라톤의 그 레시피와 동일하다고 본다.[62] 귈리엘무스는 어느 정도는 회의적인 입장이었지만, 이와 같은 모든 비자연적인 발생은 가증스러운 행위이며 자칫 무시무시한 괴물을 탄생시키는 결과를 낳을지도 모른다. 하나의 사례로 그는 훈족(Huns)에 대해 언급하는데, 어떤 이들이 말하기를 이 종족은 악마와 사람 사이의 바로 그러한 비자연적(sodomy) 성교를 통해 태어난 족속이라는 것

---

60 Manchester, MS. John Rylands 65, 206v.

61 William of Auvergne, *De legibus in Gulielmi Alverni, episcopi Parisiensis, mathematici perfectissimi, eximij philosophi, ac theologi praestantissimi, opera omnia*, Venice: Joannes Dominicus Traianus Neapolitanus, 1591, p. 34.

62 William of Auvergne, *De universo*, in *Opera omnia*, 1009A. 또한 다음을 보라. Augustine of Hippo, *De civitate dei*, in J.-P. Migne, *Patrologia latina*, Paris: Migne, 1845, vol. 41, bk. 15, chap. 23, cols. 468~71. [옮긴이] 아우구스티누스, 성염 옮김, 『신국론』, 분도출판사, 2004, 1643쪽. "속된 말로는 도깨비들(incubi)이 여자들에게 못되게 굴었고 여자들을 뒤쫓아다녔고 교접을 했다는 이야기인데, 그렇게 말하는 사람들의 믿음을 굳이 의심할 일도 아닌 듯하다."

이다. 그러나 어쩌면 모든 종류의 비자연적 관계가 훈족만큼 끔찍한 후손을 생산하는 것은 아닐지도 모른다. 귈리엘무스는 '오르시니'(Orsini)라는 이름을 가진 어느 이탈리아 가문의 기원에 관한 이야기를 풀어놓는다. 어느 곰 한 마리가 어느 한 여인을 훔쳐 동굴에 수년 동안 가두고서는 아들들을 낳았는데, 그들은 성장해 훗날 기사가 되었다. 그들은 확실히 곰과 같은 특성을 가졌다. 그들의 얼굴은 곰과 비슷했고, 그래서 사람들은 그들을 '우르시니'(곰을 의미하는 라틴어 단어 우르수스[Ursus]에서 파생된)라고 불렀다. 두 가지 종이 밀접하게 관여된 혈족의 존재는 곰과 인간의 경우처럼 혼종된 후손이 얼마든지 생산될 수 있다는 주장의 근거가 된다.

귈리엘무스 알베르누스의 관찰을 통해, 위-플라톤의 『암소의 서』에서 묘사된 것과 같은 행위들을 악마의 활동과 연결지었던 중세 사람들의 흔한 태도를 잘 엿볼 수 있다. 이러한 연결고리는 더 나아가 15세기의 보수적인 신학자 알론소 토스타도에 의해 확립되었는데, 그는 우리가 이 책의 제2장에서 만났던, 연금술에 반대했던 토마스주의자다. 그는 성서의 여러 책에 대한 수많은 주석을 썼을 뿐만 아니라 종교 저술가들이 다루었던 '역설들'에 관해 매우 흥미로운 분석을 남겼다. 그 가운데 하나가 마리아를 "밀봉된 용기"(vas clausum)로 확대 해석한 논법이다. 토스타도는 이처럼 포괄적이면서도 지엽적인 논법을 활용해 어떻게 마리아가 처녀이면서도 예수를 잉태해 낳을 수 있었는지를 철저히 해설한다. 토스타도의 논증에 따르면, 마리아의 자궁에는 정액이 들어간 적이 결코 없었음에도 불구하고 정상적인 인간 태아의 경우처럼 신의 태아도 처녀의 생리혈을 질료로 삼았기 때문에 예수의 인간됨(人性)은 보증될 수 있다. 보통의 인간 발생 과정에서는 생리혈과 섞인 아버지의 정액이 자궁 안에서 점진적으로 배아를 형성한다. 이 지점에서 토스타도는 심각한 문제와 맞닥뜨린다. 아리스토텔레스의 발생 이론과 토마스의 신학이 충돌을 일으키기 때문이다. 토마스가 『신학대전』에서 분명하게 밝혔듯이, 유아 예수는 보통의 아기처럼 배아 단계를 거치지 않고 첫 순간부터 유아의 모습 그대로 형성되었다. 어떻게 이러한 일이 가능할까? 그 주된 이유는, 성령은 무한한 권능의 능동자이며 따라서 순간적으로 질료를 적절한 형상으로 빚어낼 수 있기 때문이다. 토마스는 "집합된 질료가 수태의 지점에 도달한 바로 그 첫 순간에, 그리스도의 몸은 완벽하게 형성되어 나타났다"고 기록했다.[63] 물론, 토스타도는 토마스의 입장을 수용해, 그렇기 때문에 예수의 태내 발달과 보통 아기의 태내 발달 간의 차이가 더욱 벌어진다고 지적한다. 다만 그 순간에 마리아의 자궁 안에는 아기의 연골과 뼈, 그 외의 딱딱한 부분들을 "응축"할 만한 넉넉한 생리혈이 없었기 때문에, 유아 예수는 이미 완전히 발달했음에도 불구하고 처음에는 크기가 작을 수밖에 없었다는 것이다. 만약 마리아의 자궁이 정상적으로 충분히 자라난 크기의 아기를 담을 만큼 큰 부피를 유지할 수 있었다 하더라도, 실제로는 다른 신체 부위들로부터 피가 자궁으로 쇄도해 몸을 마르게 하고 마리아를 곧장 죽음으로 내몰았겠지만 말이다. 어찌 되었든 간에, 토스타도가 설명한 바 처녀의 자궁 속에서의 예수의 성장은 배아의 발달이 아니라 이미 발달 완료된 신체의 확대에 불과하다. 그렇다면 어떤 의미에서 예수 자신은 밀봉된 용기 속에서 창조된 첫 순간부터 호문쿨루스로 잉태된 셈이다.[64] 예수의 순간적인 창조라는 아이디어는 후기 중세 예술에서도 풍부한 도상으로 표현되었는데, 하늘로부터 마리아의 자궁 속으로 강하하는

---

63 Thomas Aquinas, *Summa theologiae*, New York: Blackfriars and McGraw-Hill, 1972, *Pars* 3, *Quaestio* 33, *Articulus* 1, p. 59. 도미니코 수도회의 수사들이 번역했다.

64 Alonso Tostado, *Alphonsi Thostati Episcopi Abulensis in librum paradoxarum* in *Eximium ac nunc satis laudatum opus* …, Venice: Joannes Jacobus de Angelis, 1508, fol. 4v-5r. 토스타도는 제29장에서 다음과 같이 결론을 내린다. "그분은 우리의 여주인의 용기 속으로 가장 적절한 형태로 들어오셨다. 그녀의 생리혈에서 그분의 신체가 형성된 날로부터 그분이 깨고 나와 빛을 보는 날까지, 그녀의 가장 성스러운 자궁은 아홉 개월 동안 우리의 구세주를 품으셨다." 마리아와 생리혈에 관한 이슈로는 다음을 보라. Charles T. Wood, "The Doctors' Dilemma: Sin, Salvation, and the Menstrual Cycle in Medieval Thought," *Speculum* 56, 1981, pp. 710~27.

거룩한 유아는 대개 충분히 발달한 모습의 아기로 그려졌다.[65]

예수의 발생에 관한 신중한 논법에 이어 토스타도는 정상적인 발생에서 남성의 정액이 수행하는 역할을 검토한다. 마리아가 '밀봉된 용기'로 여겨질 수 있다는 사실이 담아내는 다양한 의미를 여전히 고민하면서, 토스타도는 어느 이름 없는 사람들이 예수 탄생의 기적을 단지 정액의 부재로만 이해한다는 문제점을 덧붙여 지적한다. 토스타도에 따르면, 이처럼 계발되지 않은 사색가들은 발생의 과정이 전적으로 남성의 정액에 빚지고 있다고 주장한다. 이러한 정원론[66]의 관점을 반박하는 널리 알려진 사례들, 가령 아이는 종종 어머니를 닮는다는 사실 등을 제시하고 나서 토스타도는 만약 정원론의 교리가 참이라면 어머니는 단지 정액을 담는 그릇에 불과해 '어머니'라는 이름의 가치를 잃게 될 것이라고 지적한다.[67] 이어서 그는 우리가 이 책의 제2장에서 만났던 유명한 의사 아르날두스 빌라노바누스가 실행했다는 하나의 실험을 묘사한다.

> 남성의 정액을 어떠한 유리 용기나 금속 용기로 담을 수 있으며 어떠한 기예를 통해 그 안에서 인간의 몸을 형성시킬 수 있다고 해서, 그 용기

---

65 David M. Robb, "The Iconography of the Annunciation in the Fourteenth and Fifteenth Centuries", *Art Bulletin* 18, 1936, pp. 480~526, 특히 pp. 523~26을 보라. 로브의 지적에 따르면, 이 도상에 관해 중세 후기 화가들이 참고했던 핵심 텍스트는 보나벤투라의 『생명의 나무』였다(p. 524, 각주 155). 이 저작은 예수의 신체에 관해 "순간적으로 몸이 형성되었다"고 말한다. 아기 예수의 하강 도상은 이후에 예수의 완전한 인성을 부인했던 고대 발렌티누스 이단의 재등장으로 간주되어 정죄되었다. [옮긴이] 발렌티누스는 기원후 2세기의 그리스도교 교부로서 영지주의적 가르침을 펼쳤다는 이유로 정통 교부들에 의해 이단시되었다.

66 [옮긴이] '정원론'(精原論, spermism)은 전성설(이 책 에필로그의 옮긴이주 6을 보라)의 이론적 모델 가운데 하나로서, 후손 생물체의 모든 형태와 기관이 남성의 정자 속에 이미 담겨 있다는 개념이다. 지은이의 맥락에서는 여성의 기능을 필요로 하지 않는 발생을 설명하는 이론으로 이 개념이 사용된다.

67 호문쿨루스의 맥락에서 '정원론자'(spermist) 및 그 반대의 '난원론자'(ovist)의 용법에 관해서는 다음을 보라. Clara Pinto Correia, *The Ovary of Eve: Egg and Sperm and Preformation*, Chicago: University of Chicago Press, 1997.

를 그 안에서 잉태된 인간의 어머니라고 부를 만하다는 것은 매우 어리석은 논증이다. 높은 명성을 누리던 능숙한 의사 아르날두스 빌라노바누스는 자연에 관한 실험을 하던 도중에 어떤 용기 안에서 이와 같은 일을 실행했다. 그는 인공적으로 고안된 용기 안에 남성의 정액을 며칠 동안 보존하면서 정액이 가진 형성의 미덕을 제거하려는 목적으로 그 안에 변성을 위한 어떤 약들을 첨가했다. 며칠이 지나 마침내 여러 가지 변성이 일어났는데, 그로부터 한 인간의 신체가 형성되었지만 완전히 조직되지는 않았다. 아르날두스는 더 이상 기다리지 않고 이미 신체가 형성된 정액을 담은 그 용기를 깨부수었다. 그는 혹여나 신이 그렇게 잉태된 [호문쿨루스] 안에 이성적 영혼을 주입하지 않을까 궁금해하면서 신을 부추기고 싶지 않았던 것이다. 어리석은 논증의 방식대로라면 수쿠부스와 인쿠부스 같은 악마들 역시 필연적으로 '어머니들'이라고 불러야 할 텐데, 올바르게 사고하는 사람이라면 누구라도 이에 동의하지 않을 것이다.[68]

아르날두스가 상상했던 결과에 대해 토스타도는 회의적 입장을 분명하

68 Tostado, *Alphonsi Thostati … in librum paradoxarum*, chap. 36, f. 5v: "Quia tunc semen virile in aliquo vitreo aut metallino vase poneretur. et ibi aliquo artificio corpus formaretur humanum vocaretur vas illud mater illius hominis ibi concepti: quod evidentissime fatuitatis arguitur. Fecit autem simile in quodam vase arnaldus de villa nova medicus opinatissimus et peritissimus in experientiis naturalibus: qui suscepto semine masculino in vase artificialiter fabricato conservavit illud diebus aliquot adiunctis quibusdam transmutativis speciebus adiuvantibus virtutem formativam decisam in semine denique factibus pluribus transmutationibus per aliquot dies corpus humanum inde formatum est: nec tamen perfecte organizatum: non enim sustinuit arnaldus ulterius praestolari frangens vas illud cum semine iam formato ne deum tentare videretur considerans utrum deus corpori illi sic concepto animam rationalem infunderet. Item hanc viam insequentes necessario diceremus demones incubos et succubos matres esse: quod nullus fatetur qui recte intelligat."

게 드러내지만, 그 실험의 중요성만큼은 간과하지 않으려 애쓴다. 무엇보다도 유리 용기 또는 금속 용기가 "어머니"라는 호칭을 부여받는다는 사실이 문제가 된다. 오늘날의 재생 기술이 가져올 결과로서 비-인간화를 염려하는 사람들처럼 토스타도는 어머니가 텅 빈 플라스크의 지위로 격하되지 않을까 염려한다. 그러나 아르날두스의 호문쿨루스는 또 다른 고민의 영역으로 가지를 뻗는다. 토스타도는 호문쿨루스를 충분히 발달된 인간 존재로 성장시키는 일이 신을 "부추기는" 위협으로 다가올 것이라고 분명하게 진술한다. 『본질들의 본질들에 관하여』에서 위-토마스는 호문쿨루스가 이성적 영혼을 결여하고 있다고 굳게 확신했고, 그 최고의 능력이 부재하다는 믿음을 근거로 삼아 실체는 오로지 하나의 실체적 형상만을 가진다는 이론을 반박했다. 그러나 토스타도는 위-토마스와 달랐다. 오히려 토스타도는 호문쿨루스를 담은 플라스크를 그 존재가 충분히 성장하기 전에 깨버림으로써 그것[호문쿨루스]을 완전한 인간으로 만들어줄 영적 존재가 주입될 가능성을 처음부터 피하려 했던 아르날두스의 편에 섰다.[69]

마침내 토스타도는 귈리엘무스 알베르누스와 매우 유사한 방식으로, 물론 약간의 차이점은 있지만, 악마적인 능동자에 대해 검토한다. 이어서 그의 다음 관심은 "어머니"라는 용어의 의미가 퇴색되는 문제다. 그가 염려하는 까닭은 이렇다. 인쿠부스와 수쿠부스가 잠들어 있는 남자의 정액을 손쉽게 수집해 그것을 따뜻한 환경 속에 밀봉함으로써 그것으로부터 직접적으로 괴물을 발생시킬 수 있다면, 그 환경 자체가 "어머니"가 될 수 있다는 사실을 아르날두스의 실험이 암시해주기 때문이다. 토스타도는 어떻게 실제로 악마가 자신의 후손을 생산하는지를 충분히 설명하지

69 토스타도가 언급한 아르날두스의 호문쿨루스 제작 전설은 파라켈수스보다 앞선 시기에 형성되었다는 점이 강조되어야 한다. 하지만 숄렘은 "[호문쿨루스 제작]의 실행이 옛 권위들, 가령 의사이자 신비가, 명망 높던 마법사 아르날두스 빌라노바누스 같은 인물로 소급되는 것은 파라켈수스보다 한참 뒤의 일"이라는 관습적인 견해를 드러냈다. Scholem, *On the Kabbalah*, p. 198.

는 않았지만, 그 이미지는 가히 충격적이다. 그는 정말로 악마가 "체격이 건상하고 힘 있는 재능을 가진 괴물을 발생"시킨다고 인정할 뿐만 아니라 심지어 켈트족의 예언자 멀린이 이러한 모습으로 태어났다고도 진술한다.[70] 인간의 정액을 모아 훈족 같은 '슈퍼 인종' 또는 그보다는 못하더라도 괴물이나 마법사를 배양하려는 사악한 음모가 보여주는 이미지는 오늘날 동물생물학을 조작하려는 시도에 가장 소리 높여 반대하는 사람들을 떠올리지 않을 수 없게 한다. 그러나 토스타도는 인간의 기예가 자연을 능가할 수 없다는 자신의 연금술 반대 입장과 일치하도록 생리혈뿐만 아니라 배아를 발달시키는 장소도 제공하는 여성의 도움 없이는 실제로 악마가 뛰어난 존재를 발생시킬 수 없다고 일관성 있게 주장한다. 따라서 토스타도는 이렇게 논증한다. 비록 멀린이 "악마 같은 인쿠부스와 수쿠부스에 의해 발생되었다"(per demones incubos et succubos genitus est) 하더라도, 그에게는 진짜 인간 아버지와 어머니가 있었을 것이다. 토스타도는 아르날두스 빌라노바누스의 일화를 여전히 염두에 두고서 그 카탈루냐 의사가 호문쿨루스를 배양했던 용기를 악마의 신체와 비교한다. 멀린의 탄생에 관여한 악마는 아르날두스의 플라스크만큼이나 '어머니'라는 이름의 권리를 갖지 못한다. 둘 모두는 그저 인간이 제공하는 정액을 담는 그릇에 불과하기 때문이다. 실제로는 처녀 마리아 같은 인간 여성만이 태아에게 생리혈을 제공함으로써 진정한 "어머니"가 될 수 있다.[71] 따

70 Tostado, *Alphonsi Thostati … in librum paradoxarum*, chap. 36, f. 6r: "gigantes generant corpore robusti et ingenio valde potentes." 멀린이 악마에 의해 태어났다는 생각은 이미 중세 성기에도 널리 퍼져 있었다. 가령, 폴란드의 저명한 광학[시각학] 저술가 비텔로의 저작 『악마의 본성에 관하여』에서도 이러한 생각이 발견된다. Aleksander Birkenmajer, "Etudes sur Witelo", *Studia Copernicana* 4, 1972, p. 128.

71 아르날두스의 호문쿨루스를 인쿠부스 및 수쿠부스와 뚜렷하게 연결한 위의 인용 단락 이외에도, 토스타도는 다른 단락에서 악마가 생산력을 지닌 액체를 담아 전달하는 "용기"를 아르날두스의 용기와 연결한다. Tostado, *Alphonsi Thostati … in librum paradoxarum*, chap. 36, ff. 5v–6r: "인쿠부스와 수쿠부스라는 이름의 악마가 씨앗을 획득하는 방법에 관해, 그리고 그렇게 획득한 정액을 주입하는 방법에

라서 만약 악마가 정액을 수집해 인간 여성의 도움을 받아 실제로 초인(superman)[72]을 만들어낸다 하더라도, 그 악마는 발생되는 물질을 담는 일시적인 그릇으로서만 작용하기 때문에 '어머니'로 불릴 수 없다.

인공 발생을 부정적으로 평가했던 궐리엘무스 알베르누스와 알론소 토스타도를 앞서 살펴보았던 아랍 저술가들과 비교해보는 것도 유용할 것 같다. 아랍의 선배들과는 대조적으로 궐리엘무스와 토스타도는 인공 발생의 실행을 악마적인 것으로 묘사하기로 결심했다. 『암소의 서』의 저자인 위-플라톤은 악마를 겁내지 않았음에도 불구하고 이른바 이성적 동물을 만들기 위해 악마의 도움을 필요로 하지 않았음이 분명했으며, 자비르 이븐 하이얀은 오히려 악마로부터 벗어나기 위해 위-플라톤의 방법을 거부했다. 살라만-압살 설화의 작가도 인공적인 후손을 생산하기 위한 방법으로 자연주의적 방법을 선택했던 것 같다. 우리가 앞서 살펴본 위-토마스의 저작도 마찬가지로 호문쿨루스를 분명히 자연주의적 관점으로 묘사하는 아랍의 의학 저술, 특히 알-라지의 저작에 의존했다. 우리가 인공적인 인간 생명에 관한 아랍의 전통을 검토할수록 중세 서양

관해 말하자면, 이러한 일들은 남자와 여자 모두를 대상으로 벌어진다. 이로부터 어떻게 견고한 신체와 강력한 지성을 가진 거인이 발생되는지에 대해서는, 물론 그것이 자연스러운 탐구의 대상이기는 하지만, 위에서 논의한 「창세기」 5장 본문으로부터 비롯된 추론에 근거해 탐구하는 것은 적절치 않다." 그 밖에도 「창세기」 6장에 대한 주석에서 토스타도는 수쿠부스와 인쿠부스가 남자로부터 여자에게 정액을 실어 나르는 용기로 자신들의 몸을 사용한다고 명백하게 주장한다. 이러한 주장은 체외 수정의 필요성을 제거하는 해결책이다. 『역설들에 관한 서(書)』에서 토스타도가 "그릇"(vasa)을 언급했을 때, 그는 동일한 생각을 염두에 두었을 것이다. Walter Stephens, *Demon Lovers: Witchcraft, Sex, and the Crisis of Belief*, Chicago: University of Chicago Press, 2002, pp. 69~70. [옮긴이] 토스타도가 언급한 「창세기」 5장 본문에서는 '용기'를 암시하는 본문을 찾기가 어렵다. 지은이가 언급한 대로 토스타도의 의도에 들어맞는 본문은 6장에 등장한다.

72 [옮긴이] 독자들은 아마도 이 표현에서 독일 철학자 프리드리히 니체의 유명한 개념을 떠올릴 것이다. 지은이는 이를 언급하지 않았지만, 옮긴이는 니체의 위버멘쉬(Übermensch, "인간 다음에 오는 종") 개념이 괴테로 거슬러 올라가(이 책의 에필로그를 보라) 호문쿨루스 전통과 연관되었을 가능성이 없지 않다고 본다. 향후 연구가 필요한 주제다.

은 아직 호문쿨루스들이 번식하기에 비옥한 토양이 아니었다는 사실을 더욱 분명히 알게 된다. 그 이유를 전부 밝혀낼 수는 없겠지만, 귈리엘무스와 토스타도가 비자연적 발생 및 인쿠부스와 수쿠부스의 개입 사이에 놓아둔 연결고리는 중요한 단서다. 비록 초자연적인 개입이 없이도 다양한 방식으로 인공 발생이 일어날 수 있음을 귈리엘무스와 토스타도가 인정했다 하더라도, 그들이 보기에는 인공 발생이야말로 악마들로 하여금 자연의 질서를 뒤엎고 그리스도교 세계를 파괴할 무수한 초인들을 생산하게끔 만드는 지나치게 매력적인 방법이었던 것이다.

파라켈수스의 호문쿨루스

우리가 16세기에 이르러 파라켈수스 폰 호헨하임이라는 독특한 인물을 만나면서 상황은 완전히 뒤바뀐다. 인공 발생을 다룬 아랍 문학에 중세 동물지 및 게르만 민간 전승을 결합함으로써, 이 책의 제2장에서 연금술의 혁신가로 소개했던 이 거대한 인물과 그의 추종자들은 그저 하나의 희소한 이야깃거리에 불과했던 호문쿨루스를 괴테의 대작 『파우스트』 제2막에 등장하는 결정적인 표상으로 탈바꿈해낸 장본인이 되었다.[73] 파라켈수스는 당대의 기인이었고, 그가 살던 시대는 그의 인격이 드러내는 들쭉날쭉한 윤곽선을 감당하지 못했다. 파라켈수스의 비서들 가운데 한 명이었고 훗날 그리스어 교수가 된 인문주의자 요한네스 오포리누스 덕분에 우리는 파라켈수스의 일상에 관해 놀라울 만큼 상세한 그림을 가지게 되었다. 오포리누스가 남긴 불명예스러운 내용의 편지 인쇄본에 따

---

73 괴테가 파라켈수스 또는 위-파라켈수스로부터 호문쿨루스를 접했다는 사실은 이미 충분히 확인되었다. Edmund O. von Lippmann, "Der Stein der Weisen und Homunculus, zwei alchemistische Probleme in Goethes Faust", in von Lippmann, *Beiträge zur Geschichte der Naturwissenschaften und der Technik*, Berlin: Springer, 1923, pp. 251~55. 또한 다음을 보라. Alessandro Olivieri, "L'*homunculus* di Paracelso," in *Atti della reale accademia di archeologia, lettere e belle arti di Napoli*, n.s., 12, 1931~32, pp. 375~97.

르면, 파라켈수스는 기도를 거의 하지 않았고 교황에게 비판적인 만큼이나 마르틴 루터에게도 비판적이었다. 그는 습관적으로 술고래가 되기 일쑤였고 꽤나 취한 상태로 자주 글을 쓰곤 했다. 파라켈수스의 무질서한 저작을 읽어본 사람이라면 이 사실에 수긍할 수 있을 것이다. 오포리누스의 증언에 따르면, 파라켈수스는 결코 자신의 옷을 갈아입지 않았으며 교수형 집행인으로부터 얻은 긴 칼을 지니고서 침대 위에 널브러졌다. 그러고는 잠깐 졸다가 자신의 머리 주변으로 칼을 휘두르며 벌떡 일어나곤 했다. 결정적으로 파라켈수스는 여성에게 전혀 관심이 없었으며, 그래서 오포리누스는 파라켈수스가 평생 동정남으로 살았다고 믿었다.[74]

최근의 발견 덕분에 특별히 흥미로운 정보를 언급할 수 있게 되었는데, 파라켈수스는 아마도 상상했던 것 그 이상으로 더욱 기이한 인물이었던 것 같다. 16세기의 상황에서조차 여성에 대한 파라켈수스 특유의 무덤덤함은 논란의 대상이 되었다. 그가 소년이었을 때 거세를 당했다는 소문이 떠돌았는데, 어떤 이들은 그것이 퇴비 더미에서 돼지에 의해 벌어졌던 사고였다고도 하고, 더러는 사악한 군인들에 의해 저질러졌다고도 했다.[75] 1541년 파라켈수스가 세상을 떠났던 도시인 잘츠부르크(Salzburg)의 성 세바스티안 성당 안에 있던 작은 상자에서 그의 유골 조각들이 발견된 덕분에(그림 4.3), 그의 신체 이슈는 최근 들어 실증적인 분석을 필요로 하는 주제가 되었다. 그 조각들은 1990년에 법의학 전문가들로 구성된 팀에 의해 발굴되었고 철저하게 계량적이고도 화학적인 분석을 거쳤다. 심하게 손상되어 보이는 두개골을 아우구스틴 히르쉬포겔이 그렸던 파라켈수스의 초상화와 비교해본 결과, 그 두개골이 파라켈수스의 것임을 지지할 만큼 그 생김새가 서로 충분히 닮았다는 사실이 확인되었다(그림 4.4). 이로써 연구자들은 파라켈수스라는 인간에 관한 여러 가지 정보

74 Pagel, *Paracelsus*, pp. 29~31; Daniel Sennert, *De chymicorum cum Aristotelicis et Galenicis consensu ac dissensu*, Wittenberg: Schürer, 1619, pp. 66~67.

75 Will-Erich Peuckert, *Theophrastus Paracelsus*, Stuttgart: W. Kohlhammer Verlag, 1943, pp. 414~15.

를 얻을 수 있었다. 그의 키는 약 1.6미터였고, 수은의 독성으로 인해 사실상 치아가 거의 없었으며,[76] 아마도 심각한 유양돌기염[77] 증상이 원인이 되어 고통받다가 세상을 떠났을 것이다.[78] 그러나 가장 흥미로운 발견은 파라켈수스의 성적 정체성과 관련이 있다. 법의학 전문가들에 따르면, 파라켈수스의 골반은 비정상적으로 넓었는데, 이는 그가 성행위를 위한 동작을 취하는 데 어려움을 겪었을 가능성이 높았음을 보여준다(그림 4.5). 그의 팔과 다리는 사춘기 이전에 거세를 당한 환관을 떠올리게 할 만큼 짧았기 때문에, 아마도 파라켈수스가 거짓남녀한몸증에 시달렸던 생물학적 남성이었거나[79] 아니면 부신생식기증후군(adrenogenital syndrome)에 시달렸던 생물학적 여성이었을 것이라 제안한다. 후자의 경우라면, 태아기에 음핵이 확대되어 마치 음경이 돌출된 것처럼 보이고 음순이 서로 들러붙어 속이 빈 음낭처럼 보이는 구조를 이루었을 수 있다. 따라서 파라켈수스의 거세에 관한 초창기의 증언들은 아마도 그의 생식기를 직접 목격한 사람에 의해 유포되었을 것이다.[80] 여하튼 파라켈수스의 성별은

---

76 [옮긴이] 파라켈수스 두개골의 수은 함유량은 일반인의 10배에 달했다. 이는 그가 수은 치료를 받고 있었다는 증거다. Urs Leo Gantenbein, "Poison and Its Dose: Paracelsus on Toxicology", in *Toxicology in the Middle Ages and Renaissance*, ed., Philip Wexler, London: Academic Press, 2017, p. 8.

77 [옮긴이] 유양돌기염(mastoiditis)은 귀의 뒤쪽에 있는 유양돌기에 세균 감염이 일어난 증상이다.

78 Christian Reiter, "Das Skelett des Paracelsus aus gerichtsmedizinischer Sicht", in *Paracelsus und Salzburg: Vorträge bei den Internationalen Kongressen in Salzburg und Badgastein anlässlich des Paracelsus-Jahres 1993; Mitteilungen der Gesellschaft für Salzburger Landeskunde, 14. Ergänzungsband*, pp. 97~115, 특히 p. 113을 참조하라.

79 [옮긴이] 거짓남녀한몸증(pseudohermaphroditism)은 남성이나 여성 가운데 어느 한쪽의 생식기를 가지고 있지만, 다른 성의 이차 성징의 특징이 나타나는 상태를 말한다. 파라켈수스의 경우는 '남성' 거짓남녀한몸증이기 때문에 기본적으로는 남성 생식기를 갖지만 그 생식기의 발달이 불완전했을 것이다.

80 Herbert Kritscher, Johann Szilvassy, and Walter Vycudlik, "Die Gebeine des Arztes Theophrastus Bombastus von Hohenheim, genannt Paracelsus", in *Paracelsus und Salzburg: Vorträge bei den Internationalen Kongressen in*

그림 4.3 잘츠부르크의 성 세바스티안 성당에 안치된 파라켈수스의 유골.

남성으로나 여성으로나 그 어느 쪽으로도 묘사될 수 있다는 높은 가능성이 주어져 있는 셈이다.

여기서 파라켈수스의 행동을 설명하고자 성(性) 심리학 이론을 공들여 전개할 필요까지는 없을 것이다. 다만 그와 그의 추종자들의 몇몇 저작이 극단적으로 모호한 성적 지향성을 드러내고 있으며, 이러한 모호함의 영향이 호문쿨루스에 관한 파라켈수스의 논의 속에서 특유한 형태로 뚜렷하게 드러난다는 점만큼은 사실이다. 따라서 파라켈수스가 가졌을 성

Salzburg und Badgastein anlässlich des Paracelsus-Jahres 1993; Mitteilungen der Gesellschaft für Salzburger Landeskunde, 14. Ergänzungsband, pp. 69~95; cf. pp. 94~95. 남녀한몸증 및 거짓남녀한몸증의 역사에 관한 더 일반적인 연구로는 다음을 보라. Alice Dreger, *Hermaphrodites and the Medical Invention of Sex*, Cambridge, MA: Harvard University Press, 1998.

그림 4.4 아우구스틴 히르쉬포겔이 1538년에 그린 유명한 파라켈수스 초상화에 그의 두개골을 겹쳐 놓은 합성 사진. 출처: Heinz Dopsch et al., *Paracelsus (1493-1541)* (Salzburg: Anton Pustet, 1993), 58.

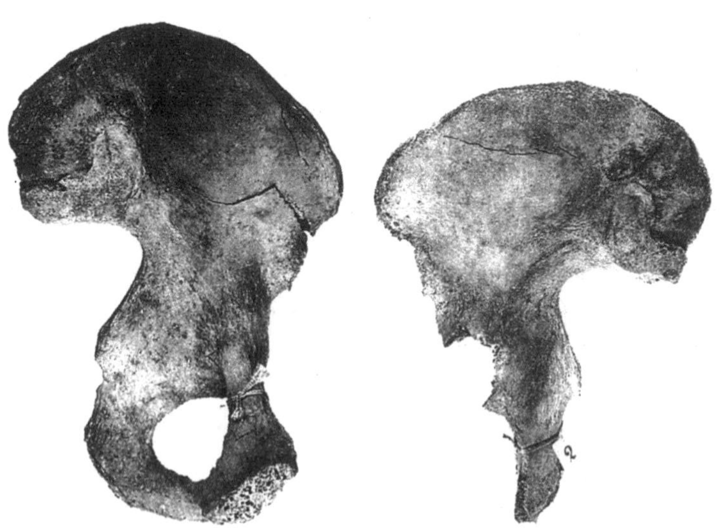

그림 4.5 잘츠부르크의 유골함에서 꺼낸 파라켈수스의 골반.

적 정체성의 복잡성을 무시하는 것은 학문적 태만의 문제가 된다. 성에 관한 그의 혼돈스러운 감정의 근거는 차차 다루도록 하고, 우선은 그의 과학 저술 및 그 안에서 호문쿨루스가 담당하는 역할에 관한 문제로 넘어가보자. 이 책의 제2장에서 살펴보았듯이, 파라켈수스의 연금술적 화학은 광물뿐만 아니라 모든 물질이 세 가지 근본 원소인 수은, 유황, 소금으로 구성되어 있다고 강조함으로써 연금술의 영역이 괄목할 만한 범위로 확장될 수 있음을 옹호했다. 파라켈수스는 자연적 생산물을 복제하는 연금술의 능력도 마찬가지로 확장될 수 있다고 보았는데, 이로써 그와 그의 추종자들은 인간이 가진 창조 능력이 실질적으로 무한하다는 입장에 서게 되었다. 인공 인간인 호문쿨루스는 인간의 창조 능력이 이뤄낼 수 있는 최고의 결과물이며, 그것을 제작하는 장인은 신에 버금가는 데미우르고스의 지위에 오르게 된다. 비록 이 아이디어가 자비르 이븐 하이얀의 아랍 저작들로부터 실마리를 얻었다 하더라도, 파라켈수스주의자들은 이 아이디어를 중세의 선배들보다 더욱더 멀리 밀어붙였다.

앞서 살펴보았듯이, 자비르 이븐 하이얀이나 위-토마스 아퀴나스 같은 연금술 저술가들은 때로는 인공 인간의 발생을 자신들의 전문적 기술의 대상이 되는 소재로 여겼다. 더군다나 대부분의 연금술 지지자들은 자연 발생을 유도해 인공적 동물을 생산할 가능성이 곧 자신들이 불가사의한 변성을 일으킬 수 있다는 사실을 뒷받침하는 경험적 근거가 된다고 보았다. 인공적인 방법으로 물질을 생명으로, 심지어 인간의 생명으로 조직하겠다는 아이디어는 이미 16세기보다 더 오래전부터 연금술 문헌이 펼쳐놓은 인간 기예의 한계에 관한 논쟁의 맥락에서 제시되었다. 그러나 1572년에 이르러 이 아이디어는 상당히 중요한 역사성을 획득하게 되는데, 바로 이 해에 의화학을 지지하는 의사였던 아담 폰 보덴슈타인이 파라켈수스의 1537년 저작으로 여겨졌던 어느 한 작품을 출판했던 것이다. 파라켈수스가 실제로 남겼던 저술을 재편집한 것으로 보이는 이 저작 『사물의 본성에 관하여』는 기예-자연의 이분법에 관한 논의로부터 출발한다.[81]

모든 자연적 사물은 두 갈래로 발생한다. 하나는 어떠한 기예 없이 자연으로부터 생겨나고 다른 하나는 기예, 즉 연금술을 통해 생겨난다. 일반적으로 말하자면, 다음과 같이 표현할 수 있다. 모든 사물이 자연스럽게 땅으로부터 태어난다면, 이는 부패의 도움으로 이루어지는 것이다. 부패는 최종 완성된 단계이자 발생의 첫 시작이기도 하다. 부패는 습기를 머금은 온기로부터 시작되고 유래된다. 습기를 머금은 온기가 지속되면 부패가 이루어져 모든 자연적 사물의 첫 형태와 첫 본질이 변성된다. 마찬가지로 자연적 사물의 힘과 덕성도 변성된다. 예를 들어 위장 속 모든 음식물이 부패를 통해 배설물이 되어 변성되는 것처럼 그렇게 위장 바깥에 있는 유리 용기 안에서도 같은 과정을 통해 부패가 일어날 수 있다.[82]

---

81 카를 주드호프는 최종 형태의 『사물의 본성에 관하여』가 파라켈수스의 저작임을 거부했지만, 그의 실제 저술 자료("Hohenheimische Ausarbeitungen oder Entwürfe")가 약간은 포함되었음을 인정했다(Sudhoff, vol. 11, p. xxxiii). 반면에 포이케르트는 주드호프의 거부에 의문을 제기했다. Will-Erich Peuckert, *Theophrastus Paracelsus: Werke*, Basel: Schwabe, 1968, vol. 5, p. ix. 쿠르트 골다머는 다음과 같은 단서를 달고 『사물의 본성에 관하여』의 파라켈수스 저작성을 인정했다. "『사물의 본성에 관하여』라는 이 논쟁적인 저작이 제시하는 유명한 설명을 통해 사물의 분리라는 아이디어는 죽음에 관한 파라켈수스의 견해가 무엇이었는지를 보여준다. 나는 이 아이디어가 실제로 파라켈수스의 것이라고 생각하며, 후대 제자들의 개작도 그 아이디어를 지워버리지는 못했다고 본다." Kurt Goldammer, "Paracelsische Eschatologie, zum Verständnis der Anthropologie und Kosmologie Hohenheims I", *Nova Acta Paracelsica* 5, 1948, p. 52.

82 [Pseudo?-]Paracelsus, *De natura rerum*, in Sudhoff, vol. 11, p. 312: "Die generation aller natürlichen dingen ist zweierlei, als eine die von natur geschicht on alle kunst, die ander geschicht durch kunst nemlich durch alchimiam. wiewol in gemein darvon zureden, möchte man sagen, das von natur alle ding würden aus der erden geboren mit hilf der putrefaction. dan die putrefaction ist der höchst grad und auch der erst anfang zu der generation, und die putrefaction nimbt iren anfang und herkomen aus einer feuchten werme. dan die stete feuchte werme bringet putrefactionem und transmutirt alle natürliche ding von irer ersten gestalt und wesen, desgleichen auch an iren kreften und tugenden. dan zu gleicher weis wie die putrefaction im magen alle speis zu koz macht und transmutirts, also auch

처음부터 『사물의 본성에 관하여』는 인공적인 것과 자연적인 것에 관한 연금술 논쟁의 맥락으로 곧장 진입해 들어간다. 모든 자연적 사물의 발생은 두 가지 방법으로 진행되는데, 하나는 기예가 없는 자연적인 방법이고 다른 하나는 기예의 도움에 의한 방법, 즉 연금술이다. 저자는 곧장 자연적 발생과 인공적 발생을 서로 일치시키는데, 이는 양쪽 모두가 따뜻하고 축축한 부패 작용을 통해 "땅"에서 진행되기 때문이다. 그렇다면 위장 속에서 벌어지는 부패 작용은 유리 용기 속에서 벌어지는 부패 작용과 근원적으로 다르지 않은 셈이다. 중세의 『헤르메스 서』에서 주장했듯이, 양쪽은 오로지 제작 방식에 따라서만(secundum artificium) 다를 뿐이다. 이 지점에서 『사물의 본성에 관하여』는 아리스토텔레스의 『기상학』(제4권, 3381a9-12)에 대한 강한 해석[연금술적인]을 따름이 분명하다. 앞서 이 책의 제2장에서 살펴보았듯이, 아리스토텔레스는 가열 중인 액체는 "그것이 인위적 용기 안에서 벌어지든 자연적 용기 안에서 벌어지든 간에 아무런 차이가 없다"고 말했다. 중세 및 근대 초 연금술의 주류 전통의 입장에서, 양쪽의 동등함은 곧 실험실 용기를 인공적으로 가열하는 행위가 얼마든지 자연의 과정을 복제할 수 있음을 의미했다.

하나의 사물을 다른 사물로 변성시키는 부패 작용의 경이로움에 대해 몇 마디의 찬사를 보낸 뒤, 『사물의 본성에 관하여』는 달걀의 사례를 들어 논의를 확장한다. 자신이 낳은 알을 품는 동안에 알 속의 "점액"(粘液, mucilaginische phlegma)을 부패시키기 위해 암탉이 할 수 있는 일은 그저 필요한 열을 제공하는 것뿐이다. 이렇게 함으로써 살아 있는 질료는 닭으로 자라난다.[83] 여기서 핵심 능동자는 부패다. 그러나 누구든 알 수 있듯이, 부화에서 부패로 이어지는 작용 과정은 알을 품는 암탉이 없더라도 따뜻한 재를 사용해 인공적으로 실행될 수 있다. 뿐만 아니라 만약

außerhalb des magens die putrefactio so in einem glas beschicht, alle ding transmutirt von einer gestalt in die andere."

83 [Pseudo?-]Paracelsus, *De natura rerum*, in Sudhoff, vol. 11, p. 313.

살아 있는 새가 밀봉된 용기 안에서 불에 타 가루와 재가 되어 그 잔여물이 "말의 자궁"(venter equinus, 따뜻하고 썩은 똥을 의미하는 연금술의 전문 용어)에서 점액으로 변화된다면, 그 동일한 점액이 다시금 배양되어 "다시 부화한 더 나은 모습의 새"(ein renovirter und restaurirter vogel)로 생산될 수 있을 것이다. 저자가 불사조(Phoenix)에 관한 옛 신화를 자연 발생이라는 주제와 슬그머니 연결하는 것은 꽤나 기이하게 보인다. 불사조는 불에 의해 다시 태어난다고 알려졌는데, 이는 오랫동안 그리스도교의 거듭남 교리와 연결되어왔다.[84] 하지만 『사물의 본성에 관하여』는 이 문학적 주제를 더 확장한다. 모든 새는 죽었다가 다시 태어날 수 있으며, 따라서 연금술사는 일종의 작은 신이 되어 마치 최후의 심판 때에 벌어질 일처럼 물질의 "부활과 정화"(widergeburt und clarificirung)를 완성할 거대한 불을 플라스크 속의 작은 모형 불로 재현해낼 수 있다. 최후의 심판의 불을 통해 이루어지는 물질의 정화라는 개념은 파라켈수스에게서 자주 등장하는 주제들 가운데 하나이며, 그의 철학에 관한 결정적인 진술을 담고 있는 완숙기 작품인 『위대한 점성술』에서 충분히 다루어진다.[85] 다음 세기로 넘어가면 인공적 재생이라는 주제는 '반복 재생'(palingenesis)이라는 기술적 전문 용어로서 연금술적 화학 문헌 곳곳에서 주목받게 되는데, 이 용어는 무엇보다도 식물이나 꽃의 연소 및 재발생에 적용되었다.[86]

---

84 불사조 신화의 여러 사례로는 다음을 보라. Nikolaus Henker, *Studien zum Physiologus im Mittelalter*, Tübingen: Max Niemeyer, 1976, pp. 202~03. 또한 다음을 보라. Michael J. Curley, tr., *Physiologus*, Austin: University of Texas Press, 1979, pp. 13~14.

85 Paracelsus, *Astronomia magna*, in Sudhoff, vol. 12, pp. 322~27: 파라켈수스에 따르면, 최후의 심판으로 세상이 불에 타고 난 뒤에 모든 것은 "달걀 속 흰자에 둘러싸인 노른자"(ein eidotter ligt im clar)처럼 될 것이다. 그것은 투명할(perspicuum) 것이고, 또한 그것은 성서가 말씀한 바 혼돈(chaos)이자 하나님의 영이 그 위에 움직이는 물이다("das wasser, von dem die geschrift sagt, auf welchem der geist gottes getragen wird"). [옮긴이] "땅이 혼돈하고 공허하며, 어둠이 깊음 위에 있고, 하나님의 영은 물 위에 움직이고 계셨다"(「창세기」 1장 2절, 새번역).

그러나 우리는 『사물의 본성에 관하여』에서 다른 방식으로 정화되어 재발생된 유사-영적인 물질의 또 다른 예시와 곧 마주하게 될 것이다. 『사물의 본성에 관하여』가 선언하고자 하는 바는 새의 죽음과 재생이 "신의 가장 높고 거대한 위대함이자 신비, 가장 고귀한 비밀이자 기적"을 이룬다는 사실이다.[87]

이와 같은 절대적 진술에도 불구하고 『사물의 본성에 관하여』는 더욱 위대한 경이로움을 표현한다. 지은이는 이렇게 말한다. "한 가지 더 알아둘 점이 있다. 인간도 자연 법칙에 따른 부모 없이 이와 같은 방식으로 태어날 수 있다. 다시 말해 인간이 여타 아이들과 같이 여성의 몸에서 자연적인 방식으로 태어나는 것이 아니라 곧 서술될 내용과 같이, 기예 및 누군가의 숙련된 연금술 솜씨를 통해 한 인간이 성장해 태어나는 것이 가능하다는 말이다."[88] 호문쿨루스를 소개하려던 텍스트는 논제를 잠깐 벗어나 인간과 동물의 비자연적인 결합에 관해 논의하기 시작하는데, "물론 이러한 일이 이교(異敎) 신앙 없이는 일어날 수 없음"(so mag solches on kezerei nicht wol geschehen)에도 불구하고, 이러한 결합도 후손을 생산할 수 있다고 말한다. 그럼에도 동물을 출산한 여성을 "마치 그 여성이 자연에 거스르게 행동한 듯"(als ob sie wider die natur gehandelt hette) 이교도

---

86 Jacques Marx, "Alchimie et Palingénésie", *Isis* 62, 1971, pp. 275~89; Allen G. Debus, "A Further Note on Palingenesis", *Isis* 64, 1973, pp. 226~30; François Secret, "Palingenesis, Alchemy, and Metempsychosis in Renaissance Medicine", *Ambix* 26, 1979, pp. 81~92.

87 [Pseudo?-]Paracelsus, *De natura rerum*, in Sudhoff, vol. 11, p. 313: "das ist auch das höchst und grössest magnale und mysterium dei, das höchst geheimnus und wunderwerk."

88 [Pseudo?-]Paracelsus, *De natura rerum*, in Sudhoff, vol. 11, p. 313: "Es ist auch zu wissen, das also menschen mögen geboren werden one natürliche veter und mütter. das ist sie werden nit von weiblichem leib auf natürliche weis wie andere kinder geboren, sonder durch kunst und eines erfarnen spagirici geschiklikeit mag ein mensch wachsen und geboren werden, wie hernach wird angezeigt &c."

로 여겨서는 안 되는데, 왜냐하면 괴물처럼 태어난 후손은 오로지 어미의 그릇된 상상력의 산물에 불과할지도 모르기 때문이다.[89]

동물들 또한 후손이 부모와 같은 종이 아닐 경우에 괴물을 생산할 수 있다. 그런데 『사물의 본성에 관하여』의 저자가 더 많은 관심을 보이는 사례는 "유리병 안에서 기예를 통해 생겨난"(durch kunst darzu gebracht werden in einem glas) 괴물들이다. 이러한 인공적 괴물의 가장 탁월한 사례가 바로 바실리스크(basilisk)인데, 그 괴물은 플라스크 속에 봉인된 생리혈로 만들어지며, "말의 자궁"에서 가열된다.[90] 바실리스크는 자신의 시선이 닿는 모든 대상을 죽이는 까닭에 "모든 괴물 위에 있는 뛰어난 괴물"(ein monstrum uber alle monstra)이다. 바실리스크는 생리혈로 만들어졌으므로 "숨겨진 독을 눈에 지니고"(die auch ein verborgenen gift in augen hat) 그 눈으로 쳐다보는 대상을 파괴하고 치료 불가능한 상처를 입히며 숨만 쉬어도 포도주를 오염시킬 수 있어, 마치 생리 중인 여성과도 같다. 그러나 바실리스크의 독은 여성 그 자체가 가진 독보다 훨씬 강력한데, 이는 여성에게서 파생된 독성 물질이 희석되지 않은 채 생명체로 구현된 것이 바로 바실리스크이기 때문이다. "이제 본래의 취지로 돌아와 바실리스크에 관해 그것이 왜 그리고 어떠한 원인으로 자신의 눈빛과 눈 안에 하필 독을 품고 있다고 알려져 있는지 살펴보겠다. 여기서 알아야 할 것

89 [옮긴이] 『사물의 본성에 관하여』와 같은 해에 출판된 프랑스 외과의사 앙브루아즈 파레(Ambroise Paré, 1510~90)의 『괴물과 경이로운 것들에 관하여』(*Des monstres et prodiges*)는 괴물을 낳는 13가지 원인을 제시했는데, 그 가운데 하나가 임산부의 상상력이다. 이러한 점에서 파레는 위-파라켈수스와 견해를 같이했다고 볼 수 있다. 이충훈, 『자연의 위반에서 자연의 유희로: 계몽주의와 낭만주의 시기 프랑스의 괴물 논쟁』, 도서출판 b, 2021, 40~41쪽. 임산부의 상상력이 뱃속의 아기에게 영향을 끼친다는 견해는 플라톤의 저작 『법률』(제7권, 792e)에까지 거슬러 올라가며, 중세를 거쳐 근대 초까지도 널리 수용되었다.

90 [Pseudo?-]Paracelsus, *De natura rerum*, in Sudhoff, vol. 11, pp. 315~16: "dan der basiliscus wechst und wird geboren aus und von der grössten unreinikeit der weiber, aus den menstruis und aus dem blut spermatis, so dasselbig in ein glas und cucurbit geton und in ventre equino putreficirt, in solcher putrefaction der basiliscus geboren wird."

은, 앞서 언급되었듯이, 바실리스크가 이러한 특성과 기원을 불결한(가령, 생리하는) 여성으로부터 얻는다는 것이다. 바실리스크는 여성의 가장 불결한 것, 즉 생리혈과 정액혈로부터 자라나고 태어난다."[91] 따라서 『사물의 본성에 관하여』의 저자에게 바실리스크는 여성성 그 자체의 완벽한 본보기라 말할 수 있으며, 이러한 판단은 파라켈수스가 실제로 저술했음이 분명한 다른 저작의 내용과도 모순되지 않는다.[92] 마치 연금술사가 브랜디나 생명의 물(aqua vitae)을 만들기 위해 그것들의 능동적 요소를 증류해 농축하는 것과 동일한 방식으로, 이렇게 연금술적 화학의 방식으로 만들어진 바실리스크는 여성성의 집약된 형태라고 말해도 무방할 것이다. 바실리스크를 "불결한" 여성과 연결하는 것은 『사물의 본성에 관하여』의 저자뿐만이 아니다. 가령, 알론소 토스타도의 『역설들에 관한 서』는 바실리스크의 시각 능력을 이리의 능력 및 생리 중인 여성의 능력과 뚜렷하게 연결한다.[93] 이들 셋은 모두 "매혹하는" 능력, 즉 시선의 방출을

---

91 [Pseudo?-]Paracelsus, *De natura rerum*, in Sudhoff, vol. 11, p. 315: "Nun aber damit ich widerumb auf mein fürnemen kom, von dem basilisco zuschreiben, warum und was ursach er doch das gift in seinem gesicht und augen habe. da ist nun zu wissen, das er solche eigenschaft und herkomen von den unreinen weibern hat, wie oben ist gemelt worden. dan der basiliscus wechst und wird geboren aus und von der grüssten unreinikeit der weiber, aus den menstruis und aus dem blut spermatis."

92 Paracelsus, *De generatione hominis*, in Sudhoff, vol. 1, p. 305. 여기서 여성은 모든 악의 원리로 간주된다. "Das aber ein mensch vil lieber stilet als der ander, ist die ursach also, das alles erbars in Adam gewesen ist und das widerwertige der êrbarkeit, unêrbarkeit in Eva. solches ist auch also durch die wage herab gestigen in die samen nach dem ein ietlichs sein teil davon gebracht hat, nach dem ist er in seiner natur. denn etwan hat die diebisch art uberwunden, etwan die hurisch, etwan die spilerisch &c." 이 단락과 병행을 이루는 다른 출전도 있다. Paracelsus, *Das buch von der geberung der empfintlichen dingen in der vernunft*, in Sudhoff, vol. 1, pp. 278~81.

93 [옮긴이] 실제 파라켈수스도 생리 중인 여성의 수정체와 자궁이 서로 연결되어 있다고 언급한 바 있다. Sudoff, vol. 14, p. 317. "In basilisken, der doch nichts anderst ist, dan ein speculation und fantasei aus dem menstruosischen gift geboren, die im in sein augen ligt, das ist, matrix und crystallin ist ein ding.

통해 해로운 마법의 효과를 불러일으키는 능력을 가지고 있다.[94]

바실리스크와 여성에 관한 잊지 못할 설명이 지나가자마자 『사물의 본성에 관하여』는 호문쿨루스 및 그것의 발생 방법에 관한 기다란 묘사를 전개한다. 일종의 인공적 단성 생식에 의해 만들어진 바실리스크에 잇따라 호문쿨루스는 마치 바실리스크의 남성 쌍둥이인 것처럼 보인다. 여성적 불결함의 가장 순수한 형태가 바실리스크로 구현되었듯이, 어떠한 여성적 물질의 관여도 없이 창조된 호문쿨루스는 지성적이고 영웅적인 남성성의 미덕을 과시한다. 먼저 호문쿨루스의 제작 방법을 검토해보자.

> 이제 호문쿨루스의 발생도 잊어서는 안 된다. 왜냐하면 그것이 지금까지는 비밀로 잘 유지되어 완전히 숨겨졌지만, 여성의 몸과 자연적인 어머니 없이도 인간이 태어나는 것이 자연에서 가능할지 혹은 기예를 통해 가능할지에 관한 의문과 질문이 옛 철학자들 사이에 적지 않았기 때문이다. 이에 대해 내가 답을 제시하자면, 그것은 연금술 기예와 자연을 거스르지 않고서도 상당히 가능한 일이라고 말할 수 있다. 이러한 일이 진행되고 벌어지는 과정은 다음과 같다. 남성의 정액이 밀봉된 증류병 안에서 최고의 부패인 말의 자궁 그 자체를 통해 40일 동안 부패되거나 또는 그것이 생명을 얻고 몸을 움직이며 관찰이 가능할 정도로 동작을 취할 때까지 오랫동안 부패된다. 이러한 시간 이후에 그것은 어느 정도 사람과 같은 형체를 갖추면서도 몸이 없는 투명한 상태가 된다. 그 후에 인간의 비밀스러운 아르카누스를 40주까지 매일 공급하는 현명한 과정을 거치면서 말의 자궁의 지속적이고 동일한 온기 안에서 보존한다면, 그것은 여성으로부터 태어난 다른 아이처럼 모든 신체 부위를 가졌으되 크기는 매우 작은 인간 아이로 변한다. 우리

Dan was er tut, das tut sein imaginatio, die so stark im neit ligt, das er alles tot wünscht und begert, das sein augen sehen."

94 Tostado, *Alphonsi Thostati … in librum paradoxarum*, 33v–36v.

는 이것을 호문쿨루스라고 부른다.[95]

위 인용문에서 볼 수 있듯이, 『사물의 본성에 관하여』의 저자는 인간 기예의 한계에 관해 질문을 던지는 전통적인 틀 안에서 호문쿨루스를 등장시킨다. 소심했던 옛 철학자들과는 달리, 이 저자는 시험관 아기를 만들어내는 인간 기예의 능력을 확신하기를 마다하지 않는다. 갑절이나 놀랍게도 오로지 정액으로부터 자라난 이 피조물은 바실리스크가 태어난 독성 가득한 자궁에 의해 오염되지 않을 것이다. 저자인 위-파라켈수스의 관점에서 보면, 호문쿨루스는 이를테면 남성성의 물질적 찌꺼기를 농축하고 정화하고 증류해 얻은 정수[96]라 할 수 있다. 호문쿨루스는 여성의

95 [Pseudo?-]Paracelsus, *De natura rerum*, in Sudhoff, vol. 11, pp. 316~17: "Nun ist aber auch die generation der homunculi in keinen weg zu vergessen. dan etwas ist daran, wiewol solches bisher in großer heimlikeit und gar verborgen ist gehalten worden und nit ein kleiner zweifel und frag under etlichen der alten philosophis gewesen, ob auch der natur und kunst möglich sei, daß ein mensch außerthalben weiblichs leibs und einer natürlichen muter möge geboren werden? darauf gib ich die antwort das es der kunst spagirica und der natur in keinem weg zuwider, sonder gar wol möglich sei. wie aber solches zugang und geschehen möge, ist nun sein proceß also, nemlich das der sperma eines mans in verschloßnen cucurbiten per se mit der höchsten putrefaction, ventre equino, putreficirt werde auf 40 tag oder so lang bis er lebendig werde und sich beweg und rege, welches leichtlich zu sehen ist. nach solcher zeit wird es etlicher maßen einem menschen gleich sehen, doch durchsichtig on ein corpus. so er nun nach disem teglich mit dem arcano sanguinis humani gar weislich gespeiset und erneret wird bis auf 40 wochen und in steter gleicher werme ventris equini erhalten, wird ein recht lebendig menschlich kint daraus mit allen glitmaßen wie ein ander kint, das von einem weib geboren wird, doch viel kleiner."

96 [옮긴이] 연금술에서 말하는 '정수'(精髓, essence)는 대개 제5원소라고 부르는 대상을 가리킨다. 아리스토텔레스의 체계에서 제5원소는 4원소가 자리를 차지하고 있는 지상 세계 너머의 천상의 세계를 채우고 있는 물질이다. 연금술사들은 순수 질료에 4원소의 성질들을 부여하는 힘의 근원이 제5원소이며, 이것이야말로 물질을 변성시키는 결정적인 재료라고 생각했다. 물체 속에 숨어 있는 정수는 증류의 과정을 통해 추출될 수 있는데, 이에 관한 이론을 확립해 후대 연금술사들(특히 파라켈

총체적인 물질성으로부터 해방되었기에 몸이 투명에 가깝고 사실상 없는 것이나 다름없다. 연금술 기법을 통해 만든 "정화된" 새와 마찬가지로 호문쿨루스도 거의 비물질적인 존재다. 따라서 저자는 인간 기예의 능력을 자랑하기 위해 호문쿨루스를 또 다른 예시로 즉각 사용할 수 있다. 『사물의 본성에 관하여』는 이렇게 선언한다. 만약 이와 같은 호문쿨루스들이 성인으로 자라난다면, 그것들로부터 거인이나 난쟁이 같은 기이한 존재들이 생겨날 것이다. 그 피조물들은 놀라운 힘과 능력을 가지고서 그들의 적들에게 "거대하고 강력한 승리"(großen, gewaltigen sig)를 거둘 수 있고 "숨겨진 비밀스러운 사물들을 전부"(alle heimlichen und verborgne ding) 알 수 있다. 그들이 이와 같은 재능을 타고난 까닭이 무엇일까? "그들은 기예를 통해 생명을 얻고, 기예를 통해 몸과 살과 뼈와 피를 얻으며, 기예를 통해 태어난다. 그들은 기예와 일체화되어 태어난 존재이므로 어느 누구에게서도 그것[기예]을 배울 필요가 없다. 모두가 그들에게서 배워야 한다."[97]

이러한 답변에 담겨 있는 추론은 간단하다. 호문쿨루스는 기예의 생산물이므로 그것이 성숙한 상태에 이르면 자동적이고도 즉각적으로 기예를 체득하게 되며, 그 결과로 "숨겨진 비밀스러운 사물들을 전부" 알게 된다는 것이다. 여기서 어떤 이는 귈리엘무스 알베르누스나 알론소 토스타도 같은 신학 저술가들이 묘사한 악마적 태아를 떠올릴지도 모른다. 혹시 『사물의 본성에 관하여』의 저자는 생식력을 가진 액체를 인간에게서 뽑아내어 만지작거림으로써 호전적인 종족들과 거인들, 멀린 같은 예언적 존재를 창조하는 인쿠부스와 수쿠부스에 관한 기이한 판타지를 읽었

수스)에게 결정적인 영향을 끼쳤던 저작이 요한네스 데 루페시사의 『제5원소에 관한 고찰』(*De Consideratione Quintae Essentie*)이었다.

97 [Pseudo?-]Paracelsus, *De natura rerum*, in Sudhoff, vol. 11, p. 317: "dan durch kunst uberkomen sie ir leben, durch kunst uberkomen sie leib, fleisch, bein und blut, durch kunst werden sie geboren, darumb so wirt inen die kunst eingeleibt und angeboren und dörfen es von niemandts lernen."

던 것일까? 만약 그렇다면, 인쿠부스 전승을 자연주의적으로 다룬다는 점이야말로 『사물의 본성에 관하여』의 인상적인 특징이 되는 셈이다. 이 저작에는 악마가 전혀 등장하지 않으며, 인간의 기예가 도달할 수 있는 최고봉이 펼쳐질 따름이다. 호문쿨루스의 창조야말로 자연을 향해 인간의 능력을 과시하는 최종적인 표현이자 저자가 말했듯이, "기적, 그리고 …… 모든 비밀 위에 있는 뛰어난 비밀"이다.[98]

아마도 『사물의 본성에 관하여』의 저자는 인공적인 발생에 관한 신학적 논의들을 잘 알고 있었을 것이다. 이와 동시에 이 저자는 위-플라톤의 『암소의 서』 라틴어 판본이나 그것과 깊이 연관된 텍스트를 활용했을 가능성도 상당히 높다. 물론, 명백한 차이점들이 있음에도 불구하고 위-플라톤의 이성적 동물 레시피와 『사물의 본성에 관하여』의 호문쿨루스 레시피 사이에는 여러 병행 요소가 발견된다. 인간의 정액을 재료로 삼아 혈액을 공급하고 플라스크 속에서 처음 40일 동안 배양한 뒤, 더 긴 시간 동안 숙성시킴으로써 마침내 초자연적인 지능을 탄생시키는 과정 모두가 양쪽 레시피의 공통점이다. 그러나 다른 한편으로는 이성적 동물에게 피부를 입히기 위해 위-플라톤이 사용한 복잡한 광물 혼합물, 동물의 내장을 적출하라는 지시 등 적지 않은 차이점들도 있다. 마지막 차이점으로 『암소의 서』에서 호문쿨루스를 배양하는 데 필요한 열을 제공하는 것은 실제 암소의 자궁인 반면에, 『사물의 본성에 관하여』에서 호문쿨루스에게 열을 제공하는 "말의 자궁"(venter equinus)은 부패한 거름을 가리키는 전문 용어라는 점이 흥미롭다. 이와 같은 차이들이 생겨난 이유는 『사물의 본성에 관하여』의 저자가 또 다른 자료를 참고했거나 자신이 갖고 있던 자료를 공들여 각색했기 때문일 것이다. 어찌 되었든 간에, 인공적인 발생을 다루는 『암소의 서』와 『사물의 본성에 관하여』는 서로 충분히 닮았으므로 반드시 그렇지는 않더라도 양쪽 모두가 전적으로 동일

---

98 [Pseudo?-]Paracelsus, *De natura rerum*, in Sudhoff, vol. 11, p. 317: "dan es ist ein mirakel und magnalc dei und ein geheimnis uber alle geheimnus."

한 전통에 의존했을 개연성이 있다.

『사물의 본성에 관하여』의 핵심적인 소재가 전혀 다른 형태의 자료로 등장하기도 한다. 이 저작의 제6권은 자연적 사물의 소생 및 부활에 관해 다루는데,[99] 파라켈수스주의자인 저자는 제1권의 소재를 다시 가져와 실험실 유리 기구 속에서 인공적인 존재를 발생시키는 실험에 관해 상세히 서술한다.

> 뱀을 떠올려보라. 만약에 바로 그 뱀이 토막으로 나뉘고 절단되어 완전히 죽는다면, 죽은 뱀의 토막들은 호리병 속에 놓여 말의 자궁 속에서 부패되었다가 모두가 개구리알 같은(gleich dem leich) 작은 벌레들로 바뀔 것이다. 만약 부패를 통해 태어난 이러한 작은 벌레들이 적절히 길러지고 양분을 섭취해 육성된다면 그것들은 자라날 것이며, 그러면 한 마리의 뱀은 죽고 부패하였다가 원래의 뱀과 동일한 크기의 뱀 백 마리로 바뀔 것이다. 뱀의 사례가 보여주듯이, 수많은 다른 동물도 소생되고 쇄신되어 회복될 수 있다. 동일한 과정을 통해 영혼과 교류하는 마법의 도움을 받아 헤르메스와 베르길리우스는 스스로 회복되고 쇄신되어 아이로 다시 태어나도록 애썼다. 그러나 그들의 목표는 이루어지지 않았고 가련하게도 실패하고 말았다.[100]

---

99 [옮긴이] 『사물의 본성에 관하여』는 총 9권으로 구성되어 있다. 제1권은 「자연적 사물의 발생에 관하여」, 제2권은 「자연적 사물의 성장에 관하여」, 제3권은 「자연적 사물의 보존에 관하여」, 제4권은 「자연적 사물의 생기에 관하여」, 제5권은 「자연적 사물의 죽음에 관하여」, 제6권은 「자연적 사물의 소생에 관하여」, 제7권은 「자연적 사물의 변성에 관하여」, 제8권은 「자연적 사물의 분리에 관하여」, 제9권은 「자연적 사물의 서명에 관하여」다. 지은이가 집중적으로 다룬 호문쿨루스 레시피는 제1권에 포함되어 있다. 원래 『사물의 본성에 관하여』의 초판(1572)에서는 7권으로 구성되었다가 이후의 판본(1584)에서 9권으로 확장되었다. Hiro Hirai, "Into the Forger's Library: The Genesis of *De natura rerum* in Publication History", *Early Science and Medicine* 24, 2019, pp. 485~503.

100 [Pseudo?-]Paracelsus, *De natura rerum*, in Sudhoff, vol. 11, p. 346: "Also sehent ir auch an einer schlangen, so dieselbig zu stücken gehauen, zerschnitten und gar getötet wird und solche stück der getöten schlangen

이 기묘한 실험을 살펴보면, 소의 사체에서 벌을 자연 발생시키는 부고니아 기예가 막연히 떠오른다. 헤르메스와 베르길리우스도 자신을 스스로 베어 죽은 뒤에 아이로 다시 태어나려고 했다는 이야기는 상당히 섬뜩한 느낌마저 든다. 『사물의 본성에 관하여』의 저자가 이 전설을 헤르메스에게 소급시킨 출전은 확인되지 않지만, 베르길리우스와 관련된 전설은 확실히 남아 있다. 강신술사였던 베르길리우스에 관한 중세의 다양한 전설에는 그가 짝사랑했던 황제의 딸에게 굴욕을 당하는 이야기를 비롯한 여러 가지 소재가 포함되어 있다. 추정컨대, 황제의 딸은 베르길리우스에게 탑에 위치한 자신의 방에 들어오려면 바구니를 타고 올라오라고 말해주었고, 베르길리우스는 바구니를 타고 창문을 통해 방에 들어가기는커녕 하루종일 탑 바깥에 매달려 로마 시민들의 구경거리가 되어야 했다. 마법사이기도 했던 베르길리우스는 자신이 당한 굴욕을 앙갚음하기 위해 로마의 모든 불을 소멸시켰다. 불을 다시 얻을 수 있는 유일한 방법은 홰막대기를 황제의 딸의 벌거벗은 몸에 갖다 대는 것뿐이었다.[101] 오늘날 이 이야기는 13세기 베르길리우스의 작품이었다는 사실이 이미 확인되었는데, 당시는 그가 마법사로 명성을 날렸던 시기이기도 하다.[102] 하지만

---

in ein cucurbit getan und in ventre equino putreficirt, so wirts in dem glas alles lebendig zu würmlin gleich dem leich. so nun als dan diselbige würmle recht wie sich gebürt in der putrefaction erzogen, gemest und ernert werden, so wachsen und werden aus einer schlangen vil hundert schlangen, da ein iede alein als gross ist, als die erste gewesen ist, welches alein die putrefaction vermag. Und also wie nun von den schlangen, mögen vil mer tier resuscitirt, renovirt und restaurirt werden. Und also nach disem proceß haben sich beide, Hermes und Virgilius, understanden mit hülf der nigromantia nach irem tot widerumb zu renovieren und resuscitiren und wider zu einem kint neu geboren werden; ist inen aber nach irem fürnemen nicht geraten sonder ubel mislunge."

101 [옮긴이] 뭇 남성들에 의한 성관계를 의미하는 표현이다.

102 John Spargo, *Virgil the Necromancer*, Cambridge, MA: Harvard University Press, 1934, pp. 236~53. 또한 다음을 보라. Domenico Comparetti, *Virgilio nel medio evo*, Florence: La Nuova Italia, 1955, vol. 2, p. 159.

우리의 관심 대상인 베르길리우스의 죽음 실험 전설은 그보다 훨씬 후대의 것이다. 이 전설은 『베르길리우스 이야기』라는 소책자에서 처음 발견되었는데, 원래는 프랑스어로 기록되었다가 1518년 혹은 그 이후에 영어와 네덜란드어로 번역되었다.[103] 베르길리우스의 죽음 전설은 『베르길리우스 이야기』를 연구했던 존 콜린 던롭에 의해 멋지게 각색되었다.

> 나이가 들자 베르길리우스는 마법의 힘으로 젊음을 되찾으려는 욕망에 몰두했다. 이러한 바람을 가지고 그는 도시가 없는 성을 건축하고서 끊임없이 도리깨질을 하는 스물네 개의 형상을 성문에 세워두었다. 그래서 베르길리우스가 그 형상들의 기계적 움직임을 중단시키지 않고서는 어느 누구도 성에 들어갈 수 없었다. 그는 총애하는 제자 한 명과 더불어 성으로 향해 포도주 저장소에 이르러서는 포도주 통 하나와 1년 내내 밝게 빛나는 램프를 그에게 보여주었다. 이어서 그는 그의 벗에게 자신을 죽여 작은 조각들로 토막을 내고 머리를 넷으로 나누어, 그것들 모두에 소금을 쳐서 포도주 통의 특정한 위치에 놓아두고, 그 통을 램프 아래 두라고 지시했다. 베르길리우스는 이 모든 일이 실행된다면 9일이 지나 자신이 다시 살아나 젊어지리라고 확신했던 것이다. 제자는 이처럼 말도 안 되는 지시로 인해 몹시 난처했다. 그러나 결국 그는 주인의 명령을 따랐고, 베르길리우스는 자신이 지시했던 매우 기이한 절차에 따라 소금에 절여지고 통 안에 채워졌다. 며칠이 지나서 황제는 왕궁에서 베르길리우스를 그리워하다가 그의 명령을 수행했던 그 벗을 불러 그에 관해 물었다. 그러고는 그 벗에게 마법에 걸린 그 성으로 자신을 데려가 도리깨를 휘두르는 형상들의 움직임을 중단시

---

103 Spargo, *Virgil*, p. 237. 베르길리우스의 죽음 이야기는 프랑스어 원본에는 나오지 않고 오로지 번역본에만 등장한다. 16세기 전반에는 『베르길리우스 이야기』의 독일어 번역본이 아직 없었기 때문에 『사물의 본성에 관하여』의 저자가 이 책의 독일어 번역본을 보았다는 사실은 그 저자가 진짜 파라켈수스가 아닐 가능성을 높여준다.

켜 성 안으로 들어갈 수 있게 해주지 않으면 죽이겠다고 협박했다. 오랜 헤맴 끝에 황제는 포도주 저장소로 내려와 통에 담겨 있는 베르길리우스의 유해를 발견했다. 그 제자가 자신의 주인을 살해했다는 사실을 곧장 알아차린 황제는 그 자리에서 그를 죽였다. 이 일이 벌어졌을 때, 벌거벗은 한 아이가 그 통의 주위를 세 번 돌고 나서는 "그대가 여기에 온 그 시간에 저주가 임하기를"이라고 말했다. 이 말과 더불어 쇄신된 베르길리우스의 태아는 온데간데없이 사라지고 말았다.[104]

위 인용문에서 우리는 소문난 설화가 과학으로 변성되는 과정을 보게 된다. 『사물의 본성에 관하여』를 쓴 위-파라켈수스가 베르길리우스의 실패한 소생 실험을 인용하기 위한 출전으로 이 섬뜩한 이야기를 읽어보았으리라는 사실에는 의심의 여지가 없다.[105] 『사물의 본성에 관하여』의 저자는 베르길리우스의 소생 실패 전설을 단순하게 전유했으며, 그 전설을 자연 발생 유도의 관점에서 자연주의적으로 설명했다. 우리는 이와 같은 자연주의적 접근법의 분명한 예시를 이 저자가 인쿠부스와 수쿠부스를 다루기 위해 전통적인 문헌들을 활용했던 방식에서 이미 확인했다. 귈리엘무스 알베르누스와 알론소 토스타도는 '발생 기술'의 중세적 버전에 관여한 악마들이 거인과 예언자들을 만들어낸다고 생각했던 반면에, 『사물의 본성에 관하여』의 저자는 악마를 중요하게 다루지 않았다. 그가 보여

---

104 John Colin Dunlop, *History of Prose Fiction*, London: G. Bell and Sons, 1906, vol. 1, pp. 437~38.

105 [옮긴이] 지은이는 이를 근거로 『사물의 본성에 관하여』의 저자가 진짜 파라켈수스가 아닐 것이라고 주장하지만, 베르길리우스 이야기를 인용한 제6권의 저작성 이슈가 호문쿨루스 레시피를 담은 제1권의 저작성 이슈로 곧장 적용되지는 않는다는 것이 옮긴이의 판단이다. 제1권의 저자와 제6권의 저자가 다르다는 결론 정도면 충분하다. 레오 간텐바인은 제5, 6, 9권의 저자가 진짜 파라켈수스였고, 제1, 2권의 저자와 제3, 8권의 저자가 다르다고 제안한다. 즉 간텐바인의 주장에 따르면, 『사물의 본성에 관하여』의 저자가 최소한 세 명 이상인 셈이 된다. Urs Leo Gantenbein, "Real or Fake? New Right on Paracelsian *De natura rerum*", *Ambix* 67, 2020, pp. 17~29.

주는 수상한 실험실 프로그램을 추진하는 힘은 미신이 아니라 오히려 그 반대였다. 그가 가진 바로 그 합리주의 덕분에, 그는 동물의 자연 발생을 기예로 간주하는 관점으로써 신화를 문자 그대로 설명할 수 있었던 것이다.

맨드레이크, 가짜 호문쿨루스

저자가 불확실한 『사물의 본성에 관하여』 외에도, 파라켈수스가 썼음이 분명한 문헌들에서 언급되는 호문쿨루스들도 동일한 자연주의적 충동을 담아내고 있다. 파라켈수스가 호문쿨루스에 관해 사유하기 위해 참고했던 자료로서 인공적 발생을 다룬 아랍 전통 및 성서에 대한 광범위한 관심 이외에도, 또 다른 원천 자료가 존재한다. 그 자료는 만드라고라(mandragora) 또는 중세 고지 독일어로 알라운(Alraun, Alraune)이라 알려진 맨드레이크(mandrake)에 관한 민간 전승이다.[106] 파라켈수스 당시에는 맨드레이크라는 식물을 둘러싸고 체계적으로 확립된 신화가 널리 퍼져 있었다. 이미 고대 유대 역사가 요세푸스에 따르면, 사람들은 바아라스(baaras) 또는 맨드레이크가 그 뿌리를 뽑힐 때 죽음을 부르는 치명적인 비명을 지른다고 믿었다. 죽음을 피할 수 있는 유일한 방법은 그 식물의 노출된 부분을 끈으로 묶고 당겨 뿌리를 대신해 뽑아줄 불운한 개를 키우는 일뿐이었다.[107] 저작 연대가 불분명한 파라켈수스의 실제 작품인

106 Friedrich Kluge, *Etymologisches Wörterbuch der deutschen Sprache*, Berlin: de Gruyter, 1989, p. 22. 또한 다음을 보라. Albert Lloyd and Otto Springer, *Etymologisches Wörterbuch des Althochdeutschen*, Göttingen: Vandenhoeck and Ruprecht, 1988, vol. 1, pp. 168~70, and Johannes Hoops, *Reallexikon der germanischen Altertumskunde*, 2d ed., Berlin: de Gruyter, 1973, vol. 1, p. 198.

107 Alfred Schlosser, *Die Sage vom Galgenmännlein im Volksglauben und in der Literatur*, Münster, inaugural dissertation, 1912, p. 23. 또한 다음을 보라. A. R. von Perger, "Über den Alraun", *Schriften des Wiener-Alterthumsvereins*, 1862, pp. 259~69, 특히 p. 260을 보라. 요세푸스는 만드라고라라는 단어를 사용하지는

『이미지들에 관하여』에는 식물의 뿌리를 사람의 모습으로 조각해 그것을 알라운이라고 속여 판매하는 부정직한 악당들을 비난하는 내용이 나온다. 파라켈수스는 사람의 모습을 가진 식물 뿌리가 자연적으로 자라난다는 사실을 단호히 부정한다.

> 나는 다음과 같이 대답하고자 한다. 알라운의 뿌리가 사람처럼 보이는 모양을 가지고 있다는 것은 진실이 아니다. 오히려 그것은 더욱 심하게 사람들을 등쳐먹는(bescheißen) 무뢰한들의 속임수이자 사기(bescheißerei)다. 왜냐하면 일부러 그렇게 조각해 만들지 않는 이상, 사람의 모양을 가진 뿌리는 실제로 존재하지 않기 때문이다. 이러한 뿌리는 신에 의해 창조되지도 않고 자연을 통해 자라나지도 않는다. 따라서 이에 대해 뭔가를 더 말할 필요가 없다.[108]

남자나 여자의 모습으로 가짜 맨드레이크 뿌리를 조각하면서 사기를 치는 행상이나 돌팔이들의 존재는 16세기와 17세기에 자주 찾아볼 수 있었던 불평거리였다. 파라켈수스와 거의 동시대 인물이었던 오토 브룬펠스의 식물지에 따르면, "거짓된 사기꾼들이 조그마한 브리오니아(Brionia) 뿌리를 조각해 알라운을 만든다"는 탄식이 등장한다. 같은 시기에 독일의 또 다른 식물지 저자인 레온하르트 푹스는 뿌리를 인간의 모양으로 만들고 심지어 머리카락이나 수염 같은 특징까지도 조각으로 표현하는 악당에 대해 한탄했다. 같은 장르의 저술가 히에로니무스 보크는

않았다.

108 Paracelsus, *De imaginibus*, in Sudhoff, vol. 13, p. 378: "dem geb ich zur antwort und sag, es sei nicht war, das alraun die wurzel menschen gestalt hab, sonder es ist ein betrogne arbeit und bescheißerei von den landfarern, die dan die leut mer denn mit disem alein bescheißen, dan es ist gar kein wurzel die menschen gestalt hat, sie werden dan also geschnizlet und geformirt; von got ist keine also geschaffen oder die von natur also wechst, darumb ist weiter darvon nit zu reden &c."

알라운을 조각하는 협잡꾼이 그 완성된 조각을 꽤 오랜 시간 동안 뜨거운 모래 안에 넣어둠으로써 일및게 주름이 진 형태의 뿌리를 획득한다고 언급했다. 디오스코리데스를 연구했던 학자로 유명한 피에트로 마티올리는 맨드레이크 조각가를 직접 찾아가 인터뷰까지 했다. 그 인터뷰에 따르면, 브리오니아 또는 다른 뿌리를 가져다가 조각한 작은 형상에 가짜 머리카락을 심어주기 위해 보리와 조의 씨앗을 그 형상의 머리 부분에 박아놓고 그 씨앗들이 발아할 때까지 고운 모래 속에 묻어둔다고 한다. 그렇게 생겨난 머리카락과 수염을 날카로운 칼로 잘 다듬어 완성한 맨드레이크는 비싼 값에 팔려나간다.[109] 알라운 조각가들을 향해 쏟아내는 이처럼 광범위하고도 격한 비난은 그저 문헌에서만 등장하는 주제로 그치지 않았다. 1562년 루체른(Luzern) 지역에서는 자칭 학생이라는 암브로시 젠데르라는 사람이 여러 가지 범법 혐의로 체포되었다. 체포될 당시에 그는 금화 예닐곱 닢이라는 상당한 액수를 받으면서 알라운 모조품을 판매하고 있었다. 젠데르는 얼마 전부터 하얀 백합의 뿌리를 조각해 만든 '맨드레이크'를 팔아 생계를 유지했는데, 그는 심지어 구매자들에게 알라운 사용 방법 설명서까지 만들어 제공했다.[110] 투옥된 젠데르는 동료 수감자들에게 기괴한 유언을 남겼다고 한다. 만약 그가 엠멘브뤼케(Emmenbrücke) 도시의 다리 위에 설치된 교수대에 매달리게 된다면, 지나가는 사람들에게 그의 시체가 보일 텐데 그를 아는 사람들의 눈에는 그의 시체가 "매력적으로" 보였으면 좋겠다는 소원이었다(그림 4.6~4.10, 도

---

109 Schlosser, *Galgenmännlein*, pp. 25~26. 알라운 조각에 대해 불평하는 다른 저자들도 인용되어 있다(pp. 27, 29, *et passim*). 또한 다음을 보라. Thorndike, *History of Magic and Experimental Science*, New York: Columbia University Pres, 1958, vol. 8, pp. 11~13. 맨드레이크 조각가에 관한 마티올리의 묘사로는 다음을 보라. Petrus Andrea Matthiolus, *Commentarium in VI. libros Pedacij Diascoridis*, in *Opera quae extant omnia*, Frankfurt: Bassaeus, 1598, chap. 71, p. 759.

110 Schlosser, *Galgenmännlein*, p. 34: "aus Wurzeln des weißen Ilgen." Jacob and Wilhelm Grimm, *Deutsches Wörterbuch*, Munich: Deutscher Taschenbuch Verlag, 1984, vol. 10, col. 2060은 "Ilge"를 "lilium"으로 번역했다.

그림 4.6 아마도 16세기에 제작된, 인공적으로 거양된 '맨드레이크'(빈 예술사박물관 소장).

판 8).[111]

그렇다면 파라켈수스가 알라운 조각가들의 속임수에 대해 불평했을 때, 그가 없는 이야기를 지어낸 것은 아니었음을 확인할 수 있다. 하지만 그가 『이미지들에 관하여』에 남긴 무조건적인 평가만큼이나 정말로 알

111 Schlosser, *Galgenmännlein*, p. 34: "그의 동료 죄수 가운데 한 명이 재판관에게 '당신이 그를 엠멘브뤼케에 매달 때, 그는 자신의 얼굴이 지나가는 사람들에게 보이는 방향으로 매달리기를 원합니다'라고 호소했던 것은 그의 마음속에 맺힌 냉소였을까, 아니면 사랑이었을까?"

그림 4.7 15세기 말에 제작된, 인공적으로 거양된 '에펜도르퍼(Effendorfer) 알라운'(빈 예술사박물관 소장). 아마도 양배추 조각 위에 성찬 빵을 배양하여 만들었을 것이라고 알려졌지만, 실제로 이 작품은 근대 초 성행했던 맨드레이크 조각예술의 훌륭한 예시다.

Platearius disser ryndẽ als groiß als dry heller gewicht gehal
ten fur die schemde der frauwen brenget menstruũ vñ dryhet vß das
dot kynt· Diß rynden gestoissen zů pulver vnd genutzet mit ey=
nem clistier machet slaiffen vnd růwen fur alle ander kunst·
Item diß würtzel gesotten in wyn vñ vff das gegicht geleyt der
glieder ist den wetum stillen·

그림 4.8 '여성 맨드레이크'(Mandragora autumnalis)를 상상하여 묘사한 삽화.
출처: Johann Wonnecke von Cube, *Hortus sanitatis germanice*
(Mainz: Peter Schöffer, 1485).

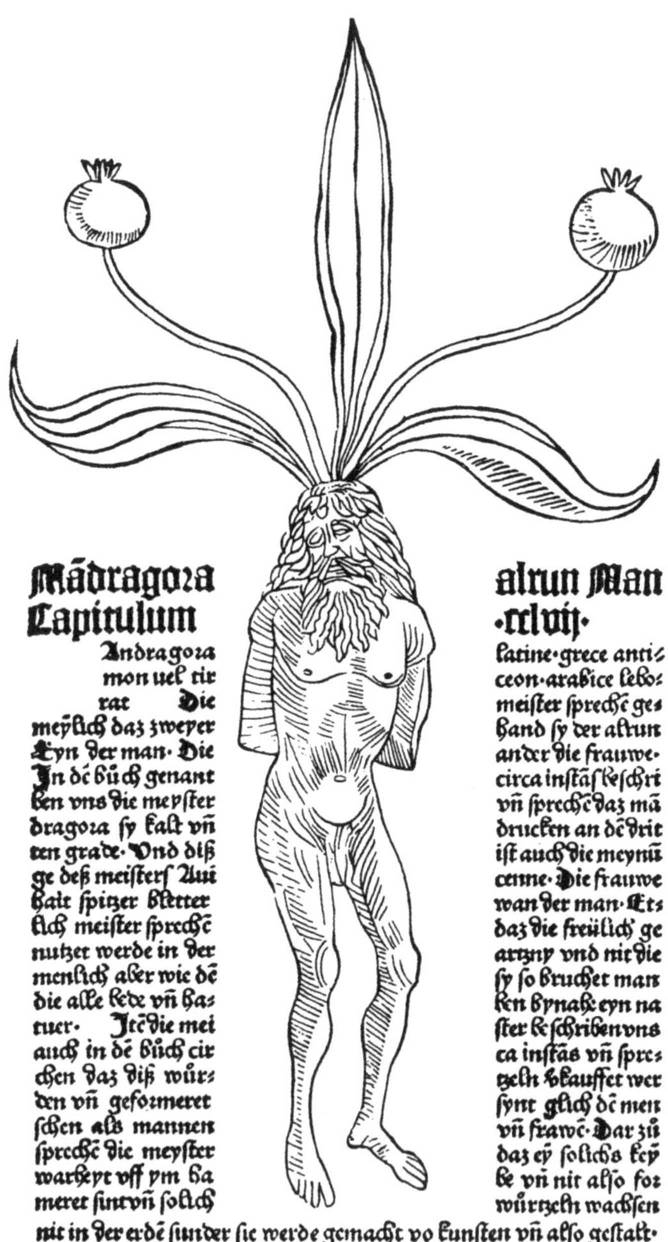

그림 4.9 '남성 맨드레이크'(Mandragora officinalis)를 상상하여 묘사한 삽화.
출처: Johann Wonnecke von Cube, *Hortus sanitatis germanice* (Mainz: Peter Schöffer, 1485).

Nammen vnd Würckung II Theil. 315

Mandragora Mänlein. Mandragora Weiblein.

den/schwätzen vnd liegen/hat man zwar vor langest auff den Märckten vnd Dorffkirch weyhen von solchen leuten gehöret. Darneben auch gesehen/wie sie geschnitzte Männlein vnnd Weyblein feil hatten / welche Bildtnussen auß der wurtzel Bryonia geschnitten werden / vnd so die selbige bildtnuß inn eim heissen sandt ein zeitlang verwahret werden/ verwelcken sie/vberkommen also durch kunst ein andere gestalt/gleichsam sie also võ natur gewachsen weren/ darmit werden die einfeltigen menschen vberredet/ kauffen also gedörrte Bryonia für Mandragora / vnd wiewol gleicher betriegerey die Welt voll / ist doch niemandts der solches zů wenden gedenckt / sonder vil mehr / wer solche kunst betriegen vnnd vbereylen kan/ inn der Welt berhümpt / den schreibet man als ein Weltklügen dapfferen menschen oben an/ ꝛc. Doch sollen die armen einfaltige menschen wissen/ das vorgemelte bildtnuß oder Alraun der Wurmkrämer / nit Mandragora/ sonder eytel betriegerey ist.

Dann Mandragora der alten / wiewol der selben wurtzeln dem menschlichen leib etwas ähnlich / vnnd sonderlich vnden aussen mit den Beynen dem selben einen anblick geben/ so seind sie doch gar mit jhrer gantzen gestalt / den vorgedachten gedörrten falschen Alraunen (welche die Wurmkrämer auß jhrem Gauckelsack bringen) gar nicht gleich/ sonder die wurtzel Mandragora ist anzůsehen / wie ein schwartzgrawer langer Rhetich/ etwan mit zweyen / etwan mit dreien zincken oder beynen vber einander geschrenckt/ de-

Ggg iij

그림 4.10 '남성' 및 '여성' 맨드레이크를 실제로 묘사한 삽화.
출처: Hieronymus Bock, *Kreutterbuch* (Strassburg: Josia Rihel, 1577).

라운에 대해 부정적이었다고 믿어도 될까? 이 저작에는 부정적인 진술이 담겨 있지만, 다른 저작에서 파라켈수스는 자연철학자들과 의사들이 맨드레이크를 오류로 덮어두려 했지만 사실은 그것이 생산될 수 있다고 인정한다. 생명을 연장하는 문제를 다룬 파라켈수스의 실제 저작 『오랜 삶에 관하여』(1526/27)는 진주가 정액으로부터 생겨난다는 이론을 논의한 뒤 다음과 같이 말한다.

> 강신술사들은 알레오나(alreona)라고, 자연철학자들은 만드라고라라고 잘못 부르고 있는 호문쿨루스는 그들이 그것의 참된 용도를 모호하게 만듦으로써 벌어진 혼돈 때문에 보편적인 실수의 소재가 되고 말았다. 호문쿨루스의 근원은 정액이며 '말의 자궁' 안에서 벌어지는 위대한 분해 작용을 통해 만들어지기 때문에, 그것은 살과 피를 갖고 중요한 부위들을 작은 형태로 갖춘 [인간과] 같은 모습으로 발생된다.[112]

위 인용문에서 파라켈수스는 강신술사와 철학자들에 의해 맨드레이크라고 잘못 묘사된 대상이 사실은 호문쿨루스라고 논증한다. 어쩌면 지금 파라켈수스는 알라운(알레오나)이 원래는 교수대에 매달린 사형수의 정액이나 소변으로부터 발생되어 교수대 밑의 바로 그 자리에서 자라난다는 옛 게르만 민간 전설을 떠올리고 있을지도 모른다. 그 전설로부터 유래해 알라운은 '교수대 인간'(Galgenmann, Galgenmännlein)이라는 명칭을 얻

112 Paracelsus, *De vita longa libri quinque*, in Sudhoff, vol. 3, p. 274: "homunculus, quem necromantici alreonam, philosophi naturales mandragoram falso appellant, tamen non nisi in communem errorem abiit propter chaos illud, quo isti obfuscaverunt verum homunculi usum. origo quidem spermatis est; per maximam enim digestionem, que in ventre equino fit, generatur homunculus, similis ei per omnia, corpore et sanguine, principalibus et minus principalibus membris." 이 단락과의 병행 단락이 『오랜 삶에 관하여』의 독일어 판본에도 등장한다. *De vita longa*, in Sudhoff, vol. 3, p. 304.

기도 했다.[113] 이러한 전설은 아비켄나로 거슬러 올라가며, 오토 브룬펠스를 비롯한 근대 초 독일의 저술가들에 의해서도 언급되었다.[114] 젊은 남성의 정액이 땅속에 묻혀 태아 혹은 그와 같은 존재에게 주기적으로 양분을 제공함으로써 그 태아가 교수대 인간으로 자라난다는 믿음은 17세기까지도 몇몇 지방에 남아 있었다.[115] 위에 인용한 파라켈수스의 추론을 이해하려면 그가 '말의 자궁'이라는 표현을 습관적으로 사용한다는 사실을 포착할 필요가 있다. 이 표현은 연금술에서 사용되는 전문 용어로서 부화가 가능할 정도의 적당한 열을 만들어내기 위해 열원으로 사용되는 부패한 똥을 가리킨다. 따라서 교수대 밑의 땅이 '말의 자궁' 혹은 인큐베이터로 기능했다는 점에 착안해 파라켈수스는 호문쿨루스 제조법이 맨드레이크 전설로 와전되었다고 보았을 가능성이 높다.

파라켈수스는 사람들에게 교수대 인간을 캐내거나 그것을 만들라고 직접 권하지는 않았다. 하지만 앞서 살펴본 근대 초의 민간 자료들은 그것을 소유하는 일을 상당히 장려했다. 앞서 젠데르의 사례에서도 보았듯이, 16세기에는 이러한 모조품을 부풀린 값에 판매하는 일이 얼마든지 가능했다. 부분적으로 이러한 사태는 판매자들이 땅에서 식물을 파헤치는 일에 빠져들 위험이 있을 수 있음을 반영했다. 그렇다면 이와 같은 아이템이 거래되는 시장이 존재했던 이유는 무엇이었을까? 알라운의 진정한 가치는 그것의 소유자가 획득하게 될 것으로 보이는 이익에 놓여 있

---

113 Will-Erich Peuckert, *Handwörterbuch der Sage*, Göttingen: Vandenhöck & Ruprecht, 1961, vol. 1, p. 406.

114 Schlosser, *Galgenmännlein*, p. 24. 맨드레이크가 교수대에 달린 범인의 정액에 의해 생산된다는 믿음이 아비켄나에게 소급된다는 견해는 15세기의 약초 의학서에서 언급되었다. "15세기의 또 다른 약초 의학서에 따르면, 아비켄나가 말했듯이 맨드레이크는 '매달린 죄수의 정액에 의해 교수대 밑에 형성된다'고 한다." Perger, "Alraun", p. 262.

115 Anton Birlinger, *Aus Schwaben: Sagen, Legenden, Aberglauben, Sitten, Rechtsbräuche, Ortsneckereien, Lieder, Kinderreime*, Wiesbaden, 1874; reprint, Aalen: Scientia Verlag, 1969, vol. 1, pp. 157~71. 또한 다음을 보라. Peuckert, *Handwörterbuch*, p. 406.

었다. 근대 초의 자료들에 따르면, 교수대 인간은 그것의 소유자에게 행운을 가져다주고 심지어 "그의 돈을 갑절로" 만들어준다는 민간 신앙이 널리 확산되어 있었다. 아마도 알라운은 작은 플라스크 또는 관처럼 생긴 상자에 보관되었을 것이다. 밤중에 동전 한 닢을 그 보관함 속에 넣어두면, 다음날 거기에서 동전 두 닢이 발견되었다고 한다. 이와 같은 이익을 누리려면 알라운 소유자는 정교한 의례를 따라야만 했다. 1575년 라이프치히의 어느 시민이 그의 형제에게 알라운을 보내면서 동봉한 편지에 따르면, 그것이 도착하는 대로 사흘 동안 따뜻한 물로 목욕시키고 실크 옷을 입혀주어야 하며, 목욕은 해마다 네 차례씩 반복되어야 한다.[116] 다른 어떤 자료에서는 목욕 의례가 물이 아닌 포도주로 실행되어야 하고, 교수대 인간을 보관하는 관은 화려하게 장식되어야 한다고 명시한다.[117]

교수대 인간을 담은 관에 대한 매우 기이한 묘사가 1679년 3월 24일 함부르크에서 작성된 어느 보고서에서 발견된다. 당시에 어느 가난한 할머니가 성 카타리나 교회에 묻혔다. 지역 법률에 따르면, 할머니의 소유물은 경매에 오르게 되어 있었다. 할머니가 남긴 물품을 맡고 있던 교회 관리인이 여러 가구들 중에서 장롱 하나를 발견했다. 그 장롱에 달린 서랍들 가운데 하나에 상자가 들어 있었는데, 그 상자는 그 안에 더 작은 상자를 담고 있었다. 도시의 관리들은 더 작은 상자 안에서 "우아하게 생긴 작은 관"을 발견했다. 그 작은 관 안에는 작은 형상이 누워 있었는데, 그 형상은 검은 십자가가 색칠된 하얀 옷으로 싸여 있어 마치 미라처럼 보였다. 호기심 많은 관리인이 그 형상의 옷을 벗기자 "나이 많고 위엄 있는 작은 인간"인 알라운이 모습을 드러냈다. 이 비범한 존재는 거의 발에 닿을 만큼 기다란 수염과 머리카락을 지니고 있었다. 게다가 긴 코, 치아가 가득 들어찬 입, 손가락과 발가락은 물론, 심지어 손톱과 발톱까

116 Schlosser, *Galgenmännlein*, pp. 34~35.

117 Schlosser, *Galgenmännlein*, pp. 40~41, 52, 55, *et passim*.

지 달린 손과 발도 가지고 있었다. 세부적인 모양이 너무나 굉장해 알라운의 주름진 피부 아래에서 뼈도 식별해낼 수 있을 정도였다. 그러나 이 알라운이 추가로 보여주는 특징들은 그것이 폭력에 의해 죽임을 당했음을 의미하는 단서였다. 그것의 양팔은 등 뒤로 묶여 있었고, 마치 교수형을 당한 사람처럼 목이 부러져 있었다. 분명하게도 이 알라운을 조각했던 사람은 이처럼 기묘한 표본 위에 교수대 인간의 모든 외양적 특징을 부여하고자 노력했던 것이다.[118]

알라운을 보관하는 상자에 관한 개별적인 보고서는 17세기의 자료들에서도 발견된다. 문필가이자 연금술사였던 요한 리스트(1607~69)는 『세상에서 가장 고귀한 어리석음』에서 대개 교수대 인간은 붉게 채색되어야만 하는 작은 관 속에서 채색된 담요를 두른 채로 보관된다고 언급한다. 관의 뚜껑 안쪽에는 십자가가 그려져 있고, 뚜껑 위에는 죽은 도적이 매달려 있는 교수대가 그려져 있다.[119] 반면에 또 다른 자료는 알라운이 사람들의 눈에 노출되지 않을 만큼 오랫동안 병이나 플라스크 속에 보관될 수도 있다고 언급한다.[120] 병 속에 보관된 모형 인간의 이미지는 위-파라켈수스의 『사물의 본성에 관하여』에 등장하는 호문쿨루스의 이미지를 곧장 떠올리게 한다. 교수대 인간이 자신의 소유자에게 행운을 가져다주고 돈을 갑절로 늘려줄 뿐만 아니라 때로는 미래를 예언하거나 전투에서 승리를 가져다주는 놀라운 능력을 가졌다고 언급되었다는 점을 고려한다면, 양쪽의 유사성은 더욱 강조될 수 있다.[121] 스승 파라켈수스와 마찬가지로 아마도 위-파라켈수스도 게르만 민간 전설의 어둡고도 희미한 우물로부터 물을 길어왔을 것이다.

---

118 Schlosser, *Galgenmännlein*, pp. 37~38.

119 Schlosser, *Galgenmännlein*, p. 53.

120 Schlosser, *Galgenmännlein*, pp. 14, 61.

121 Schlosser, *Galgenmännlein*, pp. 14, 40.

파라켈수스의 호문쿨루스가 가진 복잡성

[위-]파라켈수스의 호문쿨루스와 근접한 자료들을 확인했다면, 이제는 호문쿨루스가 [진짜] 파라켈수스에게 어떤 의미였는지 살펴보도록 하자. 파라켈수스 자신이 가졌던 혼란스러운 성적 정체성이 여기에 일정 부분 반영되었다는 결론을 부인하기는 어려울 것 같다. 생식을 목적으로 하지 않는 성행위는 이미 파라켈수스의 시대에도 일반적인 것이었지만, 그는 이러한 성행위에 대해 극도로 부정적이었다. 파라켈수스의 진짜 저작이 확실한 『호문쿨루스들에 관하여』(약 1529~32)라는 소책자에 따르면, 비록 인공 인간을 생산하는 것이 경이롭게 보이는 행위이고 인간 기예의 능력을 진보시키는 방법임에도 불구하고, 그것은 또한 죄의 잠재적인 이미지일 수도 있음을 즉시 알아차려야 한다. 파라켈수스는 『호문쿨루스들에 관하여』의 서두에서 인간이 영적인 능력과 동물적인 능력을 모두 가지고 있으며, 누군가가 인간을 늑대나 개라고 부를 때 이는 은유의 문제가 아니라 정체성의 문제라는 점을 관찰한다. 이는 파라켈수스의 소우주 이론을 언급하는 것인데, 그 이론에 따르면 무로부터(ex nihilo)가 아닌 진흙이나 땅의 먼지로부터 만들어진 인간은 그 안에 피조 세계의 모든 능력과 미덕을 갖추고 있다.[122] 만약 누군가가 짐승처럼 행동할 때, 그는 자신 안에 있는 그 짐승을 구현하며, 그가 모방하는 대상이 되는 짐승으로 문자 그대로 변화한다. 사물의 정체성은 그것의 모양이 아니라 본질이 결정한다. 인간의 동물적 신체는 영혼과 독립적으로 존재하므로 동물적 신체에 사로잡혀 있는 인간은 누구라도 불완전하고 영혼 없는 정액을 생산할 수밖에 없다. 파라켈수스가 우리에게 일러주는 사실은 호문쿨루스들과 괴물들은 바로 이처럼 불완전하고도 동물적인 정액으로부터 발생한다는 점이다. 따라서 그것들 안에는 영혼이 존재하지 않는다.

호문쿨루스들과 괴물들의 발생은 다양한 방식으로 일어날 수 있다. 먼

---

122 Paracelsus, *Astronomia magna*, in Sudhoff, vol. 12, pp. 33~38.

저 남성이 성욕을 느끼자마자 그의 신체 안에 정액이 생산된다. 바로 이 시점에서 그는 선택해야 하는데, 성욕에 이끌려 [자위 행위를 통해] 사정할 수도 있고, 아니면 성욕을 참고 정액을 몸 안에 보류해 부패시킬 수도 있다. 만약 그가 정액을 몸 바깥으로 방출한다면, 그 정액은 소화기(Digestif), 즉 인큐베이터로 기능하는 따뜻하고 축축한 대상에 닿자마자 발생으로 진행될 것이다. 이처럼 "오염된 정액"이 "소화"되면, 그것은 괴물이나 호문쿨루스를 생산할 수밖에 없다.[123] 파라켈수스는 동일한 일이 여성에게서도 벌어질 수 있다고 강조하는데, 여성의 경우에는 성욕에 의해 한 차례 생산된 씨앗이 대개는 몸 안에서 보류되곤 한다. 그렇게 되면 그 씨앗은 몸 안에서 부패해 자궁 반점처럼 임신을 방해하는 질병의 원인이 되며, 오히려 괴물의 성장을 이끌 뿐이다.[124] 남성의 경우에 정액의 보류와 부패는 음낭탈장으로 이어지거나 또 다른 무언가를 성장시키는데, 이처럼 엉뚱하게 사용된 정액은 "살, 충치, 종기"를 생산한다.[125] 흥미롭게도

---

123 Paracelsus, *De homunculis*, in Sudhoff, vol. 14, p. 331: "sonder das verstanden also, das also der polluirt sperma, so er sein digestion und erden begreift, on ein monstrum nicht fürgêt."

124 여성 씨앗의 체내 보류가 반점의 형성과 관계된다는 견해는 중세 때부터 많은 의사가 제기해왔다. Danielle Jacquart and Claude Thomasset, *Sexuality and Medicine in the Middle Ages*, Princeton: Princeton University Press, 1988, p. 153. 이 책의 저자들은 알베르투스 마그누스의 다음 저작을 인용한다. Albertus Magnus, *Quaestiones supra de animalibus*, ed. Filthaut, bk. 10, Q. 5.

125 Paracelsus, *De homunculis*, in Sudhoff, vol. 14, p. 332: "daraus wird nun fleisch, moder, trüsen &c." 의심할 바 없이 파라켈수스는 씨앗의 보류에 대한 초기의 의학적 관심으로부터 영향을 받았다. 갈레노스도 이 문제를 거론하면서 퀴니코스의 철학자 디오게네스의 사례를 든다. 디오게네스는 질병 예방의 수단으로서 공개적으로 자위 행위를 했다(Galen, *De locis affectis*, bk. 6, in *Opera omnia*, ed. C. G. Kühn, Leipzig: Cnobloch, 1821~33, vol. 8, pp. 417~20). 갈레노스의 언급은 다음에 인용되었다. Jean Stengers and Anne Van Neck, *Histoire d'une grande peur: la masturbation*, Brussels: Université de Bruxelles, 1984, p. 41. 씨앗의 보류로부터 파생된다고 생각되었던 위험한 결과들에 관한 중세 저술가들의 언급으로는 다음을 보라. Cadden, *Meanings of Sex Difference*, pp. 273~77. 또한 다음을 보라. Jacquart and Thomasset, *Sexuality*, p. 149.

파라켈수스는 이 결과를 "남색(男色, sodomy)을 통한 탄생"이라고 부른다. 그가 보기에는 사정되지 않은 정액이 체내에서 무언가를 생산하는 것조차도 남색의 한 형태다.[126]

파라켈수스는 남색이라는 주제에 꽤 많은 분량을 할애한다. 그가 펼친 논증의 논리적 귀결은 남색꾼의 행위가 회충과 여러 직장충의 원인이 되며, 사도 바울이 미소년 학대를 금지했던 실제 이유도 창자 속에 호문쿨루스들이 생산될 가능성 때문이었다는 것이다.[127] 회충까지 언급되는 이처럼 특이한 설명은 당대 의학의 표준적인 논법에서는 발견되지 않는다. 당대의 사고로는 회충과 같은 벌레들은 자연 발생의 결과일 뿐이었다. 또한 파라켈수스는 정액이 가진 절대적인 생산 능력을 근거로 이처럼 위험한 액체를 몸 안에 받아들인 남색꾼이 끔찍한 신체 변형을 겪거나 그의 위와 목구멍에서 호문쿨루스들이 생겨난다고 설명한다.[128] 생식을 목적으로 하지 않는 성행위를 향해 파라켈수스가 가진 극도의 거부 반응은 이처럼 의학적 정당성을 입고 다시금 표현된다.

영혼 없는 후손들의 생산이 이와 같은 이단적인 성행위로써만이 아니라 정액을 그저 보류하기만 해도 이루어진다는 파라켈수스의 주장을 고

---

126 Paracelsus, *De homunculis*, in Sudhoff, vol. 14, p. 332: "ein sodomitisch geburt."

127 Paracelsus, *De homunculis*, in Sudhoff, vol. 14, p. 333: "also wissen auch, das in den stercoribus humanis vilerlei tier gefunden werden und seltsam art, die da komen von den sodomiten, von welchen Paulus schreibt, und sie nent knabenschender, wider die Römer &c." [옮긴이] "또한 남자들도 이와 같이, 여자와의 바른 관계를 버리고 서로 욕정에 불탔으며, 남자가 남자와 더불어 부끄러운 짓을 하게 되었습니다. 그래서 그들은 그 잘못에 마땅한 대가를 스스로 받았습니다"(「로마서」 1장 27절, 새번역).

128 Paracelsus, *De homunculis*, Sudhoff, vol. 14, pp. 334~35: "dergleichen auch so wissen, das die sodomiten solch sperma in das maul fallen lassen &c, und also oftmals in magen kompt, gleich als in die matricem als dan so wechst im magen auch ein gewechs draus, homunculus oder monstrum oder was dergleichen ist, daraus dan vil entstehet und seltsam krankheiten sich erzeigen, bis zum lezten ausbricht."

려한다면, 이제 독자들은 그렇다면 도대체 인간이 자신의 정액이 가진 파괴적인 힘으로부터 어떻게 탈출할 수 있는지 매우 궁금할 것이다. 이 질문에 대한 답변은 충격적일 만큼 단순하다. 파라켈수스는 부모의 입장에 있는 독자들에게 말을 걸면서 우리의 아들들을 결혼시키거나 아니면 거세시켜 악의 근원을 모조리 뿌리째 캐내라고 제안한다.[129] 딸의 경우에는 결혼 이외에는 별다른 해결책이 없다. 어떤 독자들은 이러한 식의 처방을 그저 과장된 수사로 읽으려는 유혹을 받겠지만, 『호문쿨루스들에 관하여』의 앞선 강조점들을 잘 살펴보면 파라켈수스의 말이 진담임을 확실히 알 수 있다. 느닷없이 하나의 단편을 인용하면서 시작되는 단락에서 파라켈수스는 다음과 같이 말한다.

> 신은 베드로, 즉 당신이 선택한 자 위에 당신의 교회를 세우셨기에[130] 다른 '처녀'(Jungfrau) 위에는 당신의 교회를 세우지 않으실 것이다. 누구라도 동일한 것을 믿어서는 안 되기에 물속에 심긴 갈대는 더욱 견고하다. 나는 당신이 이해할 수 있도록 이렇게 선언하겠다. 즉 그리스도께서는 그분이 선택하지 않은 처녀들을 원치 않으시는데, 그 처녀들은 갈대처럼 불안정하기 때문이며, 오히려 그분은 그분이 선택하신 자, 즉 그분께 신실하게 남아 있는 자들을 원하신다. 그러나 만약 남성이 자신의 능력에 의존해 자신을 순결하도록 강제로 유지하려면, 그는 거세당하거나 스스로 거세해야 하며(beschneiden oder sich selbs beschneiden), 내가 지목한 샘의 근원을 파내야 한다. 그렇기에 신은 그 근원을 위장이나 간처럼 신체 내부에 만들지 않으시고 파내기 쉽도록

---

129 Paracelsus, *De homunculis*, Sudhoff, vol. 14, p. 336: "drumb ziehe und ordne ein ieglicher sein kint in ehelichen stant oder in das verschneiden, damit der graben der dingen abgraben werde, die wurz aus der erden gezogen, mit allen esten heraus gerissen."

130 [옮긴이] "나도 너에게 말한다. 너는 베드로다. 나는 이 반석 위에다가 내 교회를 세우겠다. 죽음의 문들이 그것을 이기지 못할 것이다"(「마태복음」 16장 18절, 새번역).

> 신체 앞 방향으로 돌출되도록 만드셨다. 이러한 형태가 여자에게는 주어지지 않았기에, 여자는 남자의 지배를 받는다. [만약 여자가 거세되었다고 한다면] 이는 자연적으로 그렇게 된 것이거나, 아니면 신이 그 여자의 의도가 아닌 그분의 어떠한 의도에 따라 그렇게 되도록 만드신 것이다.[131]

위 인용문에서 파라켈수스는 성욕이 불가피하게 씨앗을 생산하는 상황에서 진정한 순결을 지키려면 오로지 거세 외에는 방법이 없다는 견해를 확장한다. 만약 남성이 자신의 씨앗을 담은 바로 그 근원을 제거하지 않는 이상, 스스로 서약한 처녀도 실제로는 순결할 수 없다. 이로써 파라켈수스는 참으로 기이한 결론에 도달한다. 즉 신이 남성에게 외부로 돌출

---

131 Paracelsus, *De homunculis*, Sudhoff, vol. 14, p. 331: "Dan hat er auf Petrum sein kirchen gebauen, das ist auf den erwelten, so wird er auf kein ander jungfrau sein kirchen sezen. dan den selbigen ist night zu vertrauen, das ror im wasser ist bestendiger. das zeig ich euch dorumb an, auf das ir verstanden, das Christus nicht wil jungfrauen han, die er nicht erwelt hat, von wegen das sie wie das ror unbestendig seind, sonder wil sein erwelten han, die selbigen bleiben im bestendig. so aber der mensch sich selbs mit gewalt wil keusch halten, aus seinen kreften. so sol man beschneiden oder sich selbs beschneiden, das ist den brunnen abgraben, do das in ligt, darvon ich hie schreib. drumb hats got beschaffen, das wol mag beschehen, nicht wie den magen, nicht wie die lebern, sonder für den leib heraus. den frauen ist das nicht geben, drumb seind sie den mannen befolen, sie seient dan von der natur eunuchae, oder got erhalt sie mit zwangnus art, nicht nach irem fürgeben." 보통은 "beschneiden"이 "castrate"라는 의미를 갖지는 않지만, "verschneiden"을 사용하는 병행 단락(*De homunculis*, Sudhoff, vol. 14, p. 336)은 파라켈수스의 의도가 거세임을 확증한다. Jacob and Wilhelm Grimm, *Deutsches Wörterbuch*, Leipzig: S. Hirzel, 1956, ser. 1, vol. 12, pp. 1132~33. *De homunculis*, p. 331에서 확인되는 "beschneiden"의 타동사 및 재귀동사 형태는 「마태복음」 19장 12절의 영향을 드러낸다. "sunt eunuchi, qui facti sunt ab hominibus: et sunt eunuchi, qui seipsos castraverunt"(Vulgate). [옮긴이] "모태로부터 그렇게 태어난 고자도 있고, 사람이 고자로 만들어서 된 고자도 있고, 또 하늘나라 때문에 스스로 고자가 된 사람도 있다. 이 말을 받아들일 수 있는 사람은 받아들여라"(「마태복음」 19장 12절, 새번역).

된 성기로써 복을 내리신 것은 다름 아니라 스스로 절단을 실행하기에 편리하도록 하기 위함이라는 것이다. 따라서 이러한 선택의 복을 얻지 못한 여성은 남성의 지배를 받을 수밖에 없다. 파라켈수스는 자신의 추론 과정을 매듭짓기 위해 남성의 선택지를 간단하게 정리한다. 결혼을 통해 자신의 정액을 지속적으로 고갈시켜 올바르게 사용함으로써 영혼을 가진 자녀를 생산하거나, 아니면 더 이상 쓸모없는 씨앗의 생산을 중단하기 위해 스스로 거세하거나 둘 중 하나다. 둘 다 아니라면 남은 선택지는 자기 자신도 모르게 호문쿨루스들의 아버지가 되는 것뿐이다.

아무리 심드렁한 독자라 하더라도 파라켈수스의 『호문쿨루스들에 관하여』를 괴이한 문서라고 느끼지 못하기는 쉽지 않을 것이다. 성적 타락과 비자연적 발생, 질병, 거세를 통한 종교적 정화라는 아이디어의 복잡성은 아무리 16세기의 기준에서 바라본다 하더라도 기괴할 수밖에 없다. 의심할 바 없이 어떤 독자들은 파라켈수스의 방대한 문헌 가운데 하나의 소책자에 불과한 『호문쿨루스들에 관하여』가 정신 착란의 결과물이라는 주장에 이끌릴 수도 있을 것이다. 하지만 그렇지 않다. 만약 우리가 파라켈수스의 다른 논저들을 들여다본다면, 약간의 보정을 거친다 하더라도 동일한 수준의 복잡한 단편들이 끊임없이 등장할 것이다. 대략 1535년 즈음의 저작으로 보이는 단편 「예정과 자유의지에 관하여」에는 이런 주장도 등장한다. 남성은 자신의 씨앗을 생산할 것인지 말 것인지를 선택할 자유를 가지고 있는데, 말하자면 그의 자유의지는 부분적으로는 "정액의 피를 수용함으로써 구성된다. …… 따라서 그대는 그대가 원하는 대로 정결하게 살든지 불결하게 살든지 선택할 수 있다."[132] 보이는 바와 같

132 Paracelsus, *De praedestinatione et libera voluntate*, in *Theophrast von Hohenheim genannt Paracelsus, Theologische und Religionsphilosophische Schriften*, ed. Kurt Goldammer, Wiesbaden: Steiner, 1965, vol. 2, p. 114: "unser freier will ist anderst denn der erst und scheidet sich vom ersten also: der erst steht in der nahrung des menschen, der ander steht in aufenthaltung des bluts im samen ⁄… also du magst in reinigkeit leben, in unkeuschheit, welches du wilt."

이 이 문장은 매우 난해하기는 하지만, 여기서 파라켈수스는 정액의 생산이 선택의 문제임을 말하고 있는 듯 보인다. 이는 그가 『호문쿨루스들에 관하여』에서 드라콘 방식[133]으로 전달했던 도저히 잊기 힘든 메시지와 동일하다. 씨앗이 선택에 의해 생산된다는 견해는 실제로 파라켈수스의 초기 작품인 『감각적 사물의 오염에 관하여 이성적으로 연구한 책』(약 1520)[134]에서 훨씬 더 확장된 형태로 제시되었다. 여기서 파라켈수스는 남성과 여성이 원래 씨앗을 가지지 않고 태어난다고 말한다.[135] 남성이나 여성 개인 안에서 씨앗은 오로지 선택에 의해 다음과 같은 방식으로 생산된다. 몸속에서 혈액은 생명의 액체(liquor vitae)와 공존한다. 불이 나무를 발화시키듯이, 상상(speculatio)이 생명의 액체를 발화시킨다. 발화가 일어나면 몸 전체에 퍼진 생명의 액체로부터 씨앗이 분리되는데, 파라켈수스는 이 분리 과정을 배출(egestio)이라 부른다. 이렇게 분리된 씨앗은 정액을 담는 그릇(vasa spermatica) 속으로 들어간다.[136] 파라켈수스는 씨앗이 생산될 때마다 "자연의 빛은 그 존재를 잃어버려 죽고 만다"고 말한다. 즉 소통의 능력이 사라진다는 것이다.[137] 그는 덧붙여 말한다. 그러므로 철학자는 씨앗을 결코 생산해서는 안 된다. 실제로 신은 "변질되지 않은 순수한 남성"을 원하신다. 다시 말해 그분은 남성이 정액을 생산함으로써 스스로 오염되지 않기를 바라시는 것이다.[138]

---

133 [옮긴이] 드라콘(Dracon)은 기원전 7세기에 아테네에서 최초의 성문법을 공표했던 인물이다. 그의 법은 잦은 사형 선고와 가혹한 처벌로 유명했기에 거세를 권장하는 파라켈수스의 가혹한 메시지와 어울린다.

134 [옮긴이] 이하 『이성적으로 연구한 책』으로 줄여 쓰겠다.

135 Paracelsus, *Buch von der geberung der empfintlichen dingen in der vernunft*, in Sudhoff, vol. 1, pp. 252~53.

136 Paracelsus, *Buch von der geberung*, vol. 1, pp. 258~60.

137 Paracelsus, *Buch von der geberung*, vol. 1, p. 253: "wo aber der same in der natur ligt, da ist das liecht natur nit, sonder es ist tot."

138 Paracelsus, *Buch von der geberung*, vol. 1, p. 254: "denn er wil einen lautern menschen haben und nit ein verenderten, als der same tut so er in der natur ist."

신이 불결한 남성보다 순결한 남성을 더 선호함에도 불구하고, 『이성적으로 연구한 책』의 다른 지점에서 파라켈수스는 생식이 죄가 되지는 않음을 분명히 한다. 여기서 파라켈수스의 기본 메시지는 『호문쿨루스들에 관하여』의 메시지와 동일하다. 즉 선한 그리스도인은 생식을 위해 자신의 씨앗을 사용하거나, 아니면 씨앗의 생산을 전적으로 피하거나 이렇게 두 가지 선택지를 가진다. 다만 『이성적으로 연구한 책』에서는 후자의 목표를 달성하기 위해 자기 절단의 방법을 쓰라고 드러내어 권하지는 않는다. 파라켈수스는 본질적으로 남성을 두 갈래로 줄 세우고 있는 듯 보인다. 하나는 결코 씨앗을 생산하지 않고 완전하게 순결한 철학적 특권층이다. 이처럼 완전하게 쇄신된 남성은 하늘의 마법사(magus coelestis), 하늘의 사도(apostolus coelestis), 하늘로부터 보냄받은 자(missus coelestis), 하늘의 의사(medicus coelestis)가 될 것이다.[139] 반면에 생식을 하는 남성의 운명에 대한 언급은 훨씬 덜 분명한데, 파라켈수스는 자신의 저술 곳곳에서 결혼의 정당성을 옹호하기도 했기 때문이다.[140] 이처럼 성가신 문제를 파라켈수스의 철학 체계 내에서 깔끔하게 해결하려는 시도는 이 책의 범위를 벗어나는 일이다. 다만 여기서는 『이성적으로 연구한 책』이 생식 및 씨앗의 생산은 자연의 빛으로부터 주어지는 배움의 가능성을 제거할 뿐이라는 메시지를 담고 있음을 반복하는 것으로 충분하겠다.

호문쿨루스의 운명

앞서 살펴보았듯이, 파라켈수스는 씨앗을 생산하는 문제에 관해 극도로

139 Paracelsus, *Astronomia magna*, in Sudhoff, vol. 12, p. 315.

140 Gerhild Scholz-Williams, "The Woman/The Witch: Variations on a Sixteenth-Century Theme (Paracelsus, Wier, Bodin)", in *The Crannied Wall*, ed. Craig A. Monson, Ann Arbor: University of Michigan Press, 1992, pp. 119~37. 또한 다음을 보라. Ute Gause, "Zum Frauenbild im Frühwerk des Paracelsus", in *Parerga Paracelsica*, ed. Joachim Telle, Stuttgart: Steiner, 1991, pp. 45~56.

양면적인 입장을 가졌고, 때로는 생식을 위해 성관계를 맺는 '평범한 사람'까지도 거부했던 마니교에 가까운 성향을 보이기도 했다.[141] 아마도 파라켈수스의 처지가 그러했듯이, 상당한 수준의 성 기능 장애로 고통받던 사람에게 이러한 입장을 취하는 것이 편리했으리라는 점은 누구라도 납득할 만하다. 여하튼 한 가지만큼은 분명하다. 만약 누군가가 실제로 씨앗을 생산한다면, 그것 때문에 그는 자신의 무덤 자리를 정성껏 찾아봐야 할 것이다. 한번 정액이 생산되면 보류든 방출이든 어느 쪽도 본질적으로 허용되지 않는데, 왜냐하면 양쪽 모두가 제어하기 힘든 위험한 기형을 낳을 뿐이기 때문이다. 파라켈수스의 『호문쿨루스들에 관하여』에 따르면, 남성의 정액에 유일하게 허용된 올바른 운명은 여성의 자궁뿐이며, 그곳만이 호문쿨루스가 발생하지 않으리라는 것을 보증하는 유일한 환경이다. 반면에 파라켈수스의 저작임이 의심되는 『사물의 본성에 관하여』에서는 모든 것을 생산해내는 인간 씨앗의 악덕이 미덕으로 뒤바뀐다. 플라스크 속에서 적절한 온도로 배양하는 "연금술"의 기술을 활용한다면, 누구든지 여성 없이도 남성의 씨앗만으로 투명하고 신체가 거의 없는 호문쿨루스를 생산할 수 있다. 이렇게 인간의 기예는 여성의 정상적인 출산이라는 물리적 제약으로부터 해방된 존재를 낳을 수 있고, 따라서 그 존재는 자연의 제작 능력을 능가하는 능력을 갖게 된다.

우리는 이 지점에서 앞서 다루었던 여러 전통들이 합류하고 있음을 볼 수 있다. 먼저는 자연 발생을 다룬 아랍 저술가의 "이성적 동물"이 인쿠부

141 [옮긴이] 3세기 페르시아의 종교사상가인 마니(Mani)에 의해 세워진 마니교(Manichaeism)는 그리스도교의 초기 역사에 관여했고, 한때는 세 대륙에 걸쳐 교세를 자랑했던 세계적 규모의 종교였다. 지역과 시대 범위가 넓어 일괄적으로 다룰 수는 없으나, 마니교 특유의 이원론적 교의로 인해 남녀의 성관계에 대해 극도의 부정적 인식을 가졌다고 알려져 있다. 그러나 12세기에 유럽에서 발흥했던 후기 마니교는 여성에 대한 다소 완화된 인식을 보여주었다. 독일 철학자 에른스트 블로흐는 후기 마니교와 파라켈수스 사이의 연결고리를 암시한 바 있는데, 향후 더 많은 연구가 필요한 주제다. 에른스트 블로흐, 박설호 옮김, 『서양 중세 르네상스 철학사 강의』, 열린책들, 2008, 330~44쪽.

스와 수쿠부스를 다룬 중세의 논의와 결합해 보통의 인간보다 지능과 힘이 우월한, 심지어 성장한 뒤에는 크기까지도 능가하는 인공 인간의 이미지가 만들어졌다. 『사물의 본성에 관하여』의 저자는 이렇게 이미 존재해왔던 틀 속에 인간 기예의 모범 사례를 끼워 넣었다. 그 틀은 아비켄나의 연금술 반대에 대한 라틴 서유럽 세계의 응답을 통해 마련된 것이었다. 이처럼 다양하고도 다채로운 계보가 모인 결과가 바로 파라켈수스의 호문쿨루스였다. 그러나 여기에는 위험성도 없지 않다. 이미 중세로부터 연금술은 광물을 복제하겠다는 주장을 통해 신의 창조 능력을 침범했다는 강력한 의혹을 받아왔다.[142] 이 책의 제2장에서도 살펴보았듯이, 연금술을 향한 아비켄나의 공격은 이 페르시아 철학자의 후계자들을 통해 더욱 풍성하게 전개될 신학적 메시지의 초기 단계를 이미 담아내고 있었다. 위-아리스토텔레스의 저작인 『비밀들 중의 비밀』의 한 판본은 이러한 메시지를 매우 분명하게 진술한다. "지고의 신이 행하시는 일에서 그분과 동등한 존재(equipari Deo Altissimo)가 되는 것은 불가능하기 때문에 진짜 은과 금을 생산하는 방법은 알 수 없다는 사실이 잘 알려져 있음이 분명하다."[143]

하물며 호문쿨루스를 향한 반발은 얼마나 더 강력할 것인가! 17세기 초·중반에 이르면, 가장 작은 자들의 수도회[144] 소속 수도사였던 마랭 메르센이나 예수회 신부 아타나시우스 키르허 같은 영향력 있는 가톨릭 저술가들은 아르날두스 빌라노바누스가 호문쿨루스 플라스크를 깨부쉈다는 알론소 토스타도의 이야기를 의기양양하게 전파했다. 그들보다 앞

---

142 Newman, "Technology and Alchemical Debate", pp. 439~42.

143 Bacon, *Secretum secretorum com glossis et notulis,* in *Opera hactenus inedita Rogeri Baconi*, vol. 5, p. 173: "Sciendum tamen quod scire producere argentum et aurum, verum est impossibile: quoniam non est possibile equipari Deo Altissimo in operibus suis propriis."

144 [옮긴이] 가장 작은 자들의 수도회(Ordo Minimorum)는 15세기 이탈리아 남부 파올라(Paola) 출신의 프란체스코가 설립한 교단으로서, 그가 동경했던 아시시의 성 프란체스코를 따라 극도의 청빈과 금욕을 원칙으로 삼았다.

선 세대인 예수회 출신의 루뱅 대학 교수 마르티누스 델 리오는 '기억 극장'[145]에 관한 저술로 잘 알려졌던 줄리오 카밀로와 백과사전적 작가 토마소 가르조니 덕분에 호문쿨루스의 존재를 확신하게 되었다고 밝혔지만, 세 가지 이유로 인해 그것의 제작 과정이 "어리석고 불경하며 그릇된 신성모독"이라고 덧붙였다.[146] 첫째, 호문쿨루스의 제작은 자연의 질서를 이미 다 정해놓은 신이 호문쿨루스에게 필요한 이성적 영혼을 추가로 창조하도록 강요받을 수밖에 없음을 의미하기 때문이다. 또는 만약 누군가가 신이 호문쿨루스의 이성적 영혼을 새로 창조하지 않는다고 주장한다면, 그 이성적 영혼은 오로지 연금술사의 명령에 따라 질료로부터 발현될 수밖에 없다. 이는 둘째 이유로 이어지는데, 생산될 수 있는 것은 또한 파괴될 수도 있기에 이성적 영혼이 발생과 타락의 지배를 받는다는 신학적 결함이 생겨난다. 아마도 가장 중요한 셋째 이유는, 새롭게 창조된 호문쿨루스의 영혼은 아담으로부터 출발해 모든 사람에게 주어지는 원죄[147]를 갖지 않게 된다. 그렇다면 호문쿨루스는 그리스도를 통해 구원을 받을 필요가 없는 존재가 되는 셈이다.[148] 키르허는 1665년 저작 『지하 세계』

145 [옮긴이] 카밀로가 고안한 '기억 극장'(Theatro della Memoria)은 관중석과 무대가 뒤바뀐 매우 작은 형태의 원형 극장으로서, 우주의 비밀에 관한 지식들을 열람할 수 있는 일종의 도서관이었다.

146 줄리오 카밀로가 관여한 인공 생명의 생산에 관해서는 다음의 간략한 안내를 보라. Thorndike, *History of Magic and Experimental Science*, New York: Columbia University Press, 1941, vol. 6, p. 431.

147 [옮긴이] 아우구스티누스에 의해 확립된 원죄(原罪, peccatum originale) 이론은 아담과 하와의 최초의 범죄로 인해 그들의 후손인 인류 전체가 죄의 씨앗을 물려받아 태어날 때부터 죄인이라는 그리스도교의 교리다. 호문쿨루스는 아담의 후손이 아니므로 당연히 원죄를 갖지 않고 태어난다.

148 Marin Mersenne, *Quaestiones celeberrimae in genesim*, Paris: Sebastianus Cramoisy, 1623, p. 651; Athanasius Kircher, *De lapide philosophorum dissertatio*, reprinted from *Mundus subterraneus*, in Manget, vol. 1, p. 76; Martinus Del Rio, *Disquisitionum magicarum libri sex*, section reprinted in Sylvain Matton, "Les théologiens de la Compagnie de Jésus et l'alchimie", in *Aspects de la tradition alchimique au XVIIe siècle*, ed. Frank Greiner, Paris: S.É.H.A., 1998, pp. 448~70, 특히 p. 469를 보라.

에서 옛 전설에 등장하는 마법사 멀린처럼 파라켈수스도 인쿠부스의 자식이라고 주장하면서 마랭과 동일한 아이디어로 비난을 퍼붓는다. 키르허는 이렇게 질문한다. 만약 시험관 속 정액으로부터 호문쿨루스가 태어나는 일이 정말로 실현 가능하다면, 과연 누가 그 태아 안에 이성적 영혼을 주입하는가? 이처럼 불쾌한 탄생을 실현하고자 신 스스로 황송하옵게도 "사탄의 노예들"(Satanicis ministris)과 협력하는 모습을 누가 감히 생각할 수 있겠는가? 설령 그렇다 하더라도, 이렇게 태어난 "악마적 태아"는 원죄 및 인간의 조건에 수반되는 비극으로부터 자유로운가? 어느 누구라도 이와 같은 주장이 신성모독이고 불경하다는 사실을 발견하지 못할 리 없지 않겠는가?[149]

심지어 파라켈수스의 추종자들조차도 위-파라켈수스의 『사물의 본성에 관하여』의 레시피를 재해석함으로써 문자 그대로의 해석을 기피하려는 경향을 보였다. 파라켈수스주의자인 게르하르트 도른에 의해 1584년에 출판된 『테오프라스투스 파라켈수스 사전』은 『사물의 본성에 관하여』가 제시한 분명한 레시피를 밀과 포도주로 의약을 제조하기 위한 레시피로 정교하게 해독하려는 시도를 보여준다. 스코틀랜드의 의사 윌리엄 맥스웰을 비롯한 일부 추종자들은, 『사물의 본성에 관하여』의 반복재생 레시피에 호문쿨루스를 녹여내 마치 정화된 재로부터 꽃이 소생되듯이, 인간 존재의 형상이 인간의 혈액에 포함된 소금으로부터 플라스크 안에서 생산될 수 있다고 논증했다.[150] 프랑스의 의사 피에르 보렐

---

149 Kircher, in Manget, vol. 1, pp. 78~79. 키르허의 호문쿨루스 거부에 관한 더 많은 정보로는 다음을 보라. Martha Baldwin, "Alchemy in the Society of Jesus", in *Alchemy Revisited*, ed. Z. R. W. M. von Martels, Leiden: Brill, 1990, pp. 182~87.

150 William Maxwell, *De medicina magnetica libri iii ···, opus novum, admirabile & utilissimum, ubi multa Naturae secretissima miracula panduntur ··· Autore Guillelmo Maxvello,* M.D. *Scoto-Britano. Edente Georgio Franco, Med. & Phil. D.P.P. Facult. Med. Decano & Seniore; nec non Universitat. Electoralis Heidelberg. h.t. Rectore, Acad. S.R.I. Nat. curios. Collega, atque C.P. Caesar,* Frankfurt: Joannes Petrus Zubrodt, 1679, bk. 2, chap. 20, p. 164. 또한 다음

[1620~71]도 이와 유사한 해석을 내놓았는데, 그는 박식가 로버트 플러드로부터 들었다는 다음의 이야기를 전해준다. 라 피에르라고 불리는 어떤 사람이 혈액을 증류하던 중에 깊은 신음 소리를 들었고 기이한 인간의 형상을 보았다. 그의 동료들은 무서워했지만 그 용감한 연금술적 화학자는 문제의 근원을 즉각 깨달았다. 그가 실험을 위해 사용하던 혈액은 어느 사형집행인이 단두대에 남겨진 사형수의 몸통으로부터 추출한 혈액이었던 것이다. 보렐이 전해준 또 다른 이야기에 따르면, 두 명의 파리지앵인 드 리시에르라는 이름의 비누 제조업자와 그의 동료 "베르나르두스 게르마누스"가 라 피에르와 비슷한 경험을 했으며, 그럼에도 그들은 증류 플라스크의 바닥에 남은 재에서 인간의 두개골 같은 무언가를 계속해서 찾아내려 노력했다고 한다.[151] 다른 한편으로 예나(Jena)의 연금술적 화학자 베르너 롤핑크는 파라켈수스의 터무니없는 주장을 공공연히 반대했던 인물로서, 1661년 저작 『기예의 형태로 환원되는 화학』에서 호문쿨루스를 뻔한 허구에 불과하다며 그저 무시해버렸다.[152]

플러드의 이야기를 쉽게 믿어버리는 사람들도 있었지만, 17세기 영국의 여러 자료들은 호문쿨루스에 대한 롤핑크의 회의적인 시각을 공유했다. 17세기 중반에 활약했던 케임브리지 대학의 저명한 플라톤주의자 헨

을 보라. Thorndike, *History of Magic*, vol. 8, pp. 419~21.

151 Pierre Borel, *Historiarum & observationum medicophysicarum centuriae iv*, Frankfurt: Laur. Sigismund Cörnerus, 1670, pp. 322~23. 1654년에 출판된 유용한 저작 『화학의 목록』의 저자인 보렐은 과학사에서 잘 알려진 인물이다. 그를 연금술과 관련해 연구한 여러 참고문헌을 다음에서 찾아볼 수 있다. Didier Kahn, "Alchimie et architecture: de la pyramide à l'église alchimique", in *Aspects de la tradition alchimique au XVIIe siècle*, ed. Frank Greiner, Paris: S.É.H.A., 1998, pp. 295~335.

152 Werner Rolfinck, *Chimia in artis formam redacta, sex libris comprehensa*, Jena: Samuel Krebs, 1661, pp. 426~27. 황금변성을 향한 롤핑크의 입장에 관해서는 다음을 보라. William R. Newman and Lawrence Principe, "Alchemy vs. Chemistry: The Etymological Origins of a Historiographic Mistake", *Early Science and Medicine* 3, 1998, pp. 32~65.

리 모어[1614~87]는 연금술사 '에우게니우스 필랄레테스'(토머스 본의 필명)를 향한 통렬한 비난을 이어받아 종교적으로 치우친 연금술에 대한 반감을 표현했다.[153] 모어의 비난은 자신의 저작 『승리의 열광』을 쓰기 위한 구실이 되었는데, 그는 파라켈수스주의를 철학적 열광주의의 화신으로 보았기 때문이다. 모어가 바라보기에 파라켈수스는 "뛰어난 허풍쟁이"였으며, 그의 "광란적 망상"과 "천박하고도 무기력한 창작"의 전형은 "인공적인 방법으로 호문쿨루스를 만들 수 있다"는 자만심 속에서 발견된다.[154] 모어는 호문쿨루스를 알레고리로 재해석하려고 했던 도른 같은 저술가들에게도 동의하지 않으면서 그들이 "호문쿨루스에 과도한 의미를 부여하는 것 자체가 부끄러운 일"이라고 평가했다. 모어에게 인조 인간이란 "이제껏 그 어느 그리스도교 신자나 이교도조차 이끌어내지 못했던 가장 미개한 철학적 열광주의"를 발산시킨 그 스위스 출신 허풍쟁이의 또 하나의 허풍에 불과할 따름이었다.[155]

호문쿨루스를 향한 동일하게 매정한 평가가 모어와 정확하게 동시대인이면서 자신의 철학적 신중함으로 인해 잘 언급되지 않는 어느 인물에게서도 발견된다. 그는 1653년에 출판된 에피쿠로스주의 저작 『시와 망상』의 저자 마거릿 캐번디시 부인이다. 그는 자신의 엉뚱함으로 인해 유명세를 탔음에도 불구하고, 연금술의 엉뚱한 주장에 대해서는 지속적인 반대 입장에 서 있었다. 모어와는 달리 호문쿨루스에 관한 캐번디시의 평가는 유달리 계몽적인데, 그는 인공 생명이라는 이슈를 기예-자연 논쟁의 맥락 안에서 다룬다.

가장 위대하다는 연금술적 화학자들은 자신들이 그렇게 할 수 있다

---

153 Arlene Miller Guinsburg, "Henry More, Thomas Vaughan, and the Late Renaissance Magical Tradition", *Ambix* 27, 1980, pp. 36~58.

154 Henry More, *Enthusiasmus Triumphatus*, London: J. Flesher, 1656, p. 46.

155 More, *Enthusiasmus*, p. 46.

는 강한 신념을 갖고 있는데, 자연이 자신의 자연스러운 속도를 벗어나도록 강제하는 일을 마치 엘릭시르처럼 화로 안에서 기예를 통해 해낼 수 있다는 것이다. 자연 혼자서는 수백, 수천 년이 지나도 할 수 없는 일을 말이다. 또한 자신들의 기예가 자연이 자신의 원본을 만드는 것과는 다른 방식으로 자연이 해낼 수 있는 만큼 해낼 수 있다고 여긴다. 파라켈수스의 작은 인간도 몇몇 찌꺼기들이 모여 형태를 이룬 것에 불과한데, 마치 망상을 현실로 여기듯이 그 형태가 인간의 모양과 같다고 스스로 설득당한다. 이는 수증기가 모여 여러 가지 모양의 구름을 만드는 것에 견줄 만하다.[156]

모어와 마찬가지로 캐번디시도 호문쿨루스를 파라켈수스가 플라스크에 남은 찌꺼기를 마음대로 뭉쳐 만든 터무니없는 망상으로 보려고 한다. 그는 호문쿨루스를 구현하려는 연금술의 기획, 즉 기예로써 자연을 능가하려는 기획을 비판하는 데 결코 모호하지 않다. 사실상 그는 기예가 자연과 동등할 수 있다는 견해까지도 반대하는데, 그가 계속해서 충고하듯이 이러한 기예는 인간을 작은 신으로 만들어줄 것이기 때문이다.

아니, 그들은 마치 자신들이 신인 것처럼 우리가 보았던 대로 자연이 행하는 것보다 더 많은 것을 하려는 체한다. 하지만 그들의 행위는 자연의 행위가 아니며, 오히려 생명을 죽은 것으로 되돌리려는 행위다. …… 비록 인간의 기예와 여러 피조물이 매우 뛰어나고 유익하다 하더라도, 그것들을 비교의 대상으로 놓는다면 그것들은 자연이 행하는 일에 비하면 아무것도 아니다. 게다가 자연이 행하는 그대로만큼 자연을 모방하는 일 역시 불가능한데, 왜냐하면 자연의 길과 기원은 전혀 알려지지 않았기 때문이다. 인간은 그것들을 겨우 추측만 할 수 있을 따

156 Margaret Cavendish, *Poems and Fancies*, London: F. Martin and F. Allestrye, 1653, p. 176.

름이며, 실제로는 그나마도 일부분만 추측할 수 있을 따름이다. …… 설령 그것들을 알아낸다 하더라도 만들 수는 없다. 이는 인간이 사물로부터 불을 피워낼 수 있다 하더라도 불의 근본 원소까지 만들어내지는 못하는 것과 같다. 물이나 흙에 대해서도 마찬가지다. 인간이 해와 바다, 땅을 만들지 못하는 것만큼이나 엘릭시르(Elizar)를 만들 수도 없는 법이다. …… 그러나 자연은 인간에게 주제넘는 자기애를 부여해 인간을 강력한 기예에 대한 고지식한 믿음으로 채워놓았기 때문에, 인간은 자연의 길을 배우겠다고 생각할 뿐만 아니라 자연의 방법과 능력까지도 배우려고 해 자연을 다스리고 자연을 자신의 지배 아래 둠으로써 자연의 주인이 되려고 한다.[157]

흥미롭게도 위의 인용문은 아비켄나의 "기예가들로 하여금 알게 하라"의 메아리를 들려준다. 또한 중세의 『헤르메스 서』가 제시했던 기예 옹호 논증, 즉 인간은 4원소를 "창조"할 수 있다는 주장을 부정하는 캐번디시의 입장을 보여준다. 『비밀들 중의 비밀』의 주석가가 드러냈던 경건한 의심도 "위대하다는 연금술적 화학자들"이 스스로를 "자연의 주인"으로 혼동하고 있다는 캐번디시의 불평 속에 울려 퍼진다. 하지만 캐번디시의 공격이 겨냥하는 근원적인 초점은 그가 거의 각주로 취급했던 금속의 변성이 아니라 인공 인간을 만드는 행위를 향한다. 연금술사를 불경스러운 사기꾼으로 고발하는 것은 다름 아닌 호문쿨루스에 대한 무언의 증언이다. 진실한 자연철학자라면 "우리가 자연의 행위의 그림자만을 겨우 볼 뿐"이며, 기껏해야 자칫 잘못된 방향으로 헤매기 쉬운 해질녘의 땅 위에 서 있을 뿐이라는 사실을 깨달아야 한다.

마지막으로 뒤틀린 호문쿨루스의 운명은 칼뱅주의 신학자 존 에드워즈[1637~1716]에 의해 1696년에 출판된 『신의 존재와 섭리에 관한 논증』에서 발견된다. 전적으로 자연신학을 다루는 이 저작은 인간 신체의 놀

157 Cavendish, *Poems and Fancies*, p. 177.

랄 만한 복잡성을 장황하게 설명한다. 신체 각 부분의 대칭성 및 상호 연결성이 그것의 제작자가 존재함을 증명한다는 사실을 통해 저자는 자신의 입장을 지지할 특별한 근거를 발견한다. 이 사실로 미루어 보아 그저 땅에 속해 자신의 생산물에 참된 생명을 불어넣어주는 어떠한 유기적인 완전성도 창조해내지 못하는 기술자는 그 제작자와는 차원이 다른 존재다.

> 이것은 결코 인간 기술의 솜씨가 아니며, 여기에는 기예로 제작된 오토마타도, 다이달로스의 걸어 다니는 비너스도, 아르퀴타스의 비둘기도, 레기오몬타누스의 독수리와 비행체도 없다. 여기에는 알베르투스 마그누스나 수도사 바코누스의 말하는 머리도, 파라켈수스의 인공적인 호문쿨루스도 없다. 여기에는 오로지 신의 원리와 기예로 이루어지는 것만 있을 뿐이며, 그러므로 생명의 약동을 결여하고서 감각의 외부적 표현과 일시적인 생명만을 가진 이러한 기계적 발명품들은 여기에 있다고 볼 수 없다.[158]

에드워즈는 로게루스 바코누스의 놋쇠로 만든 머리와 아르퀴타스의 비둘기[159]를 비롯한 잘 알려진 기계적 오토마타의 목록에 호문쿨루스를 포함해 그것이 스스로 움직이는 원리를 가졌음을 부인하려 한다. 만약 호문쿨루스가 실제로 존재할 수 있었다 하더라도, 그것은 단지 생명의 영리한 모조품일 뿐이지 진정으로 생명력 있는 존재는 아니다. 에드워즈가 위-파라켈수스의 『사물의 본성에 관하여』를 근본적으로 뒤엎으려고 애쓰는 논증은 주목할 만하다. 위-파라켈수스는 자연을 향한 인간 능력의

158 John Edwards, *A Demonstration of the Existence and Providence of God, from the Contemplation of the Visible Structure of the Greater and the Lesser World*, pt. 2, London: Jonathan Robinson, 1696, p. 124.

159 [옮긴이] 기원전 5~4세기의 그리스 과학자 아르퀴타스는 공기압의 원리를 활용해 비둘기 모양의 비행 기계를 제작했다.

최종적인 예시로서 호문쿨루스를 활용했지만, 이와는 반대로 에드워즈는 인간 기예의 미약함을 증명하는 예시로서 호문쿨루스를 활용한다. 진정한 생명을 생산할 수 있는 것은 오로지 신의 뜻에 대한 살아 있는 증언인 자연뿐이다. 연금술사와 기계공은 핏기 없는 모조품을 조립할 따름이다.

17세기에 파라켈수스를 읽었던 독자들이 호문쿨루스가 기예가 낳은 영웅의 지위에 오르는 것을 경계의 눈초리로 바라보고 있었으며, 심지어 인공 인간을 사기와 망상으로 여기고 거부하기도 했다는 점은 매우 분명한 사실이다. 요컨대, 인공적인 발생, 연금술 논쟁, 가톨릭 신앙에 맞선 비정통주의라는 전통들을 융합해 파라켈수스와 그의 추종자들은 신이 가진 창조 능력에 접근한 천상의 마법사라는 연금술사의 이미지를 가까스로 창조해냈다. 이토록 거룩한 마법사는 기예와 자연의 열쇠를 쥐었고 호문쿨루스를 만듦으로써 비록 작은 규모일지언정 신이 가진 지고의 창조 행위를 모방할 수 있었다. 하지만 등 뒤에서 어렴풋이 들려오는 「창세기」 3장 5절의 말씀을 외면하고서 과연 누가 감히 이러한 연금술사의 이미지를 받아들일 수 있을까? 하나님은, "[너희가] …… 너희의 눈이 밝아지고 하나님처럼 되어 선과 악을 알게 된다는 것"을 아신다(도판 9).

호문쿨루스가 남긴 유산

그렇다고 해서 호문쿨루스가 17세기의 모든 저술가에게서 거부당했던 것은 아니었다. 킬(Kiel) 대학의 의학 교수 요한 한네만[1640~1724]은 어느 훌륭한 신학자가 연금술적 화학에 의해 생산된 호문쿨루스를 눈으로 목격했노라고 증언했다. 한네만의 또 다른 지인들도 이와 같은 호문쿨루스들을 보거나 다룬 바 있다고 전했다.[160] 더군다나 호문쿨루스는 반복

160 L. Christianus Fridericus Garmannus, *Homo ex ovo, sive de ovo humano dissertatio*, Chemnitz: Garmann, 1672, pp. 21~22.

재생, 즉 연금술적 화학의 방법을 통한 생명체의 인공적 재생이라는 이슈와 긴밀히 얽혀 있었는데, 이 이슈는 17세기에 광범위한 종교적 의미를 누렸다. 앞서 주목했듯이, 위-파라켈수스의 『사물의 본성에 관하여』는 새가 연소되어 재로 변하고 발효되어 "점액"이 되는 과정을 통해 이루어지는 "정화"에 대해 설명한다. 정화된 새가 점액으로부터 부활한다는 것은 고대의 불사조 신화에 대한 명백한 자연주의적 설명이다. 『사물의 본성에 관하여』는 이러한 과정을 호문쿨루스의 제작과 뚜렷하게 연결한다. 정화된 새의 레시피를 다룬 직후에, 텍스트는 다음과 같이 이어진다. "한 가지 더 알아둘 점이 있다. 인간도 자연 법칙에 따른 부모 없이 이와 같은 방식으로 태어날 수 있다." 호문쿨루스의 레시피에도 점액이 활용되는데, 다만 여기서는 그 점액성 물질이 재로부터가 아니라 인간 기증자에 의해 제공된다는 차이가 있을 뿐이다. 인공적인 새와 인공적인 호문쿨루스 모두의 경우에, 연금술적 화학자의 손으로 관리되는 연금술 플라스크 속에서 점액은 부패로 이끌린다.

『사물의 본성에 관하여』 제6권은 절단된 뱀의 재생을 뒷받침하는 사례로 제시된 베르길리우스의 기이한 실패 이야기를 통해 재생이라는 주제를 다시 등장시킨다. 제6권의 마지막 부분은 식물의 세계라는 또 다른 영역에서의 소생 과정을 다룬다. 위-파라켈수스는 제안하기를, 나무를 불로 태워 재가 되면 그것을 동일한 나무의 "진, 액, 기름"(resina, liquore, und oleitet)과 함께 용기 속에 넣는다. 그러면 연금술적 화학자는 재로 변한 새의 경우처럼 그 용기에 적절한 열을 가해 내용물을 점액성 물질로 부패시킨다. 이처럼 끈적거리는 물질 안에는 파라켈수스의 세 가지 근본 원리가 존재하는데, 수은은 연소된 나무로부터 농축된 축축한 습기의 형태로, 유황은 나무가 연소 중에 방출하는 가연성 기름의 형태로, 소금은 불이 꺼진 이후 남는 잔여물의 형태로 존재한다. 이 근본 원리들로부터 나무를 재생하기 위해서는 누군가가 그 부패한 물질을 적절한 토양 속에 심어주어야 한다. 그렇게 하면 거기서 나무가 다시 자라되 이전보다 더 고귀하고 건강하게 자랄 것이다. 이러한 현상으로부터 『사물의 본성에 관하여』의 저자는 다음과 같은 일반적인 결론을 내린다. "사물은 전적으로 자신의 형태와 모양을 잃어버리고 아무것도 아닌 것으로 변하겠지만 그 아무것도 아닌 것으로부터 다시금 무언가로 변화되며, 나중에는 원래의 사물이 가졌던 것보다 더욱 고귀한 힘과 미덕을 갖게 된다."[161]

식물 재생에 관한 파라켈수스적 주제는 위그노이자 연금술적 화학자면서 퀘르케타누스(Quercetanus)라는 이름으로도 불렸던 조제프 뒤센[1544~1609]의 1604년 저작 『헤르메스 의학의 진리를 위하여』에서 소개되는 이야기와 뚜렷하게 연결된다. 퀘르케타누스에 따르면, 폴란드 출신의 어느 익명의 의사가 식물과 꽃을 태워 만든 재를 완전히 밀봉된 플라스크 안에서 되살려낼 수 있었다고 한다. 그 과정은 적절한 열이 내용물을 충분히 데울 때까지 플라스크를 램프나 초로 가열함으로써 진행되었다. 바로 그때, 식물이나 꽃의 어둑한 형태가 어느 면으로 보나 원래의 모습과 유사한 모습으로 점점 등장했다. 유일한 차이라면 그 원본이 이제는 두터운 물질성을 결여한 채 유령 같은 "이데아"의 모습으로 드러났다는 점이다. 가열을 멈추고 나면 소생된 식물은 자신을 만들어준 재료였던 재로 다시 분해되어 사라지고 말았다. 퀘르케타누스는 이 실험을 그대로는 결코 되풀이할 수 없었다고 스스로 분명하게 밝혔지만, 그의 동료인 시외르 드 륀느(또는 포르망티에르)가 쐐기풀을 태워 재로 만든 다음 그것을 용해시킨 뒤 용액을 걸러내는 실험을 실행했더라는 이야기를 전해준다. 그는 용액을 담은 용기를 창턱에 두고 냉동하던 중에 냉동된 잿물 안에서 원래의 쐐기풀과 세부적인 모든 면에서 닮은 수천 개의 작은 쐐기풀들을 볼 수 있었다고 한다. 퀘르케타누스는 동료가 경험한 이 기적적인 사태를 그 익명의 폴란드 의사의 재생 실험을 옹호하기 위한 증거로 활용했고 자신이 직접 이 실험을 반복하기도 했다.[162]

---

161 [Pseudo?-]Paracelsus, *De natura rerum*, in Sudhoff, vol. 11, pp. 348~49, 특히 p. 349를 보라. "ein ding sein form und gestalt ganz und gar sol verlieren und zu nicht werden und aus nichts widerumb etwas, das hernach vil edler in seiner kraft und tugent dan es erstlich gewesen ist."

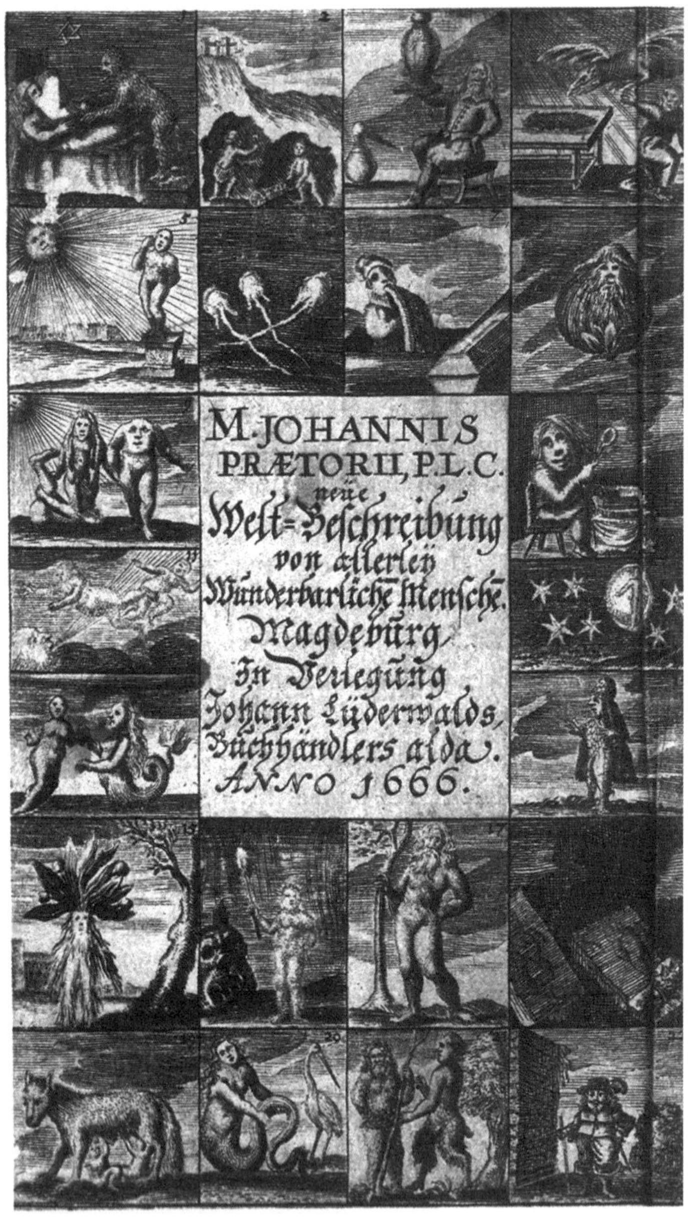

그림 4.11 요한네스 프레토리우스의 저작 『지옥의 인간 군상』 제1권의 표지. 왼쪽에서 셋째 칸 맨 윗줄은 호문쿨루스를 들고 있는 연금술사를 보여준다. 왼쪽 첫 칸 여섯째 줄은 맨드레이크를 묘사한다. 둘 다 이 책의 주제인 '놀라운 인간들'의 예시로 등장한다.
출처: Praetorius, *Anthropodemus plutonicus: Das ist eine neue Weltbeschreibung von allerley wunderbahren Menschen* (Magdeburg: Johann Lüderwald, 1666).

불가사의와 마법사, 괴물, 기형에 관한 놀라운 연구를 통해 17세기의 『내셔널 인콰이어러』 역할[163]을 했던 라이프치히(Leipzig)의 저술가 요한네스 프레토리우스[1630~80]는 1666~67년에 쓴 그의 기이한 저작 『지옥의 인간 군상』에서 반복 재생과 호문쿨루스를 그리스도의 부활과 연결한다(그림 4.11).[164] 『지옥의 인간 군상』은 모든 종류의 "놀라운 인간들"에 관한 묘사를 과시하는데, 이에 따라 "화학적 인간들"(Chymische Menschen)에 긴 분량을 할애한다. "용의 아이"와 "공기 인간", 맨드레이크, 거인, 난쟁이와 더불어 호문쿨루스들은 이러한 기형학적 동류들 가운데 소수 부류에 속한다. 프레토리우스는 전통적으로 인간의 네 가지 "종류"(Geschlechte), 즉 신에 의해 땅의 흙으로 만들어진 남자, 남자의 갈빗대로 만들어진 여자, 이들 둘 사이에서 생식을 통해 태어난 아이, 그리스도를 통해 태어난 "새로운 인간"이 진정한 인간으로서 인정되어왔다고 말한다. 파라켈수스였다면 여기에 "연금술적 화학 기예를 통해 어머니의 몸 바깥에서 태어난"(ausserhalb dem Leibe der Mutter/durch eine Chymische Kunst) 인간을 다섯째 종류로 덧붙이기를 원했을 것이다. 프레토리우스는 이러한 식의 체외 발생은 거부하지만, 투철한 신앙을 가졌던 16세기의 저명한 저술가 발렌틴 바이겔[1533~88]이 죽음 이후 몸의 부활을 옹

---

162 Josephus Quercetanus, *Ad veritatem hermeticae medicinae ex Hippocratis veterumque decretis ac Therapeusi*, Frankfurt: Conradus Nebenius, 1605, pp. 230~35. 퀘르케타누스에 관해서는 다음의 박사학위 논문을 보라. Didier Kahn, "Paracelsisme et alchimie en France à la fin de la Renaissance (1567-1625)", Ph.D. thesis, Université de Paris IV, 1998, pp. 211~39, 291~313, 542~607.

163 [옮긴이] 거의 100년 가까운 역사를 가진 미국의 대표적인 타블로이드판 주간지 『내셔널 인콰이어러』(*National Enquirer*)는 온갖 세속적이고 자극적인 정보를 담아내 대중의 인기를 누려왔다. 온갖 정보가 실려 있다는 점에서 지은이는 이러한 비유를 쓴 것으로 보인다.

164 프레토리우스의 허풍선이스러운 몇몇 저작들로는 다음을 보라. Christian Gottlieb Jöcher, *Allgemeines Gelehrten-Lexicon*, Leipzig, 1751; reprint, Hildesheim: Olms, 1961, vol. 3, p. 1749. 외허는 프레토리우스를 다음과 같은 무뚝뚝한 어투로 평가했다. "그는 귀가 매우 얇아 온갖 종류의 모험에도 매력을 느끼는지라 죄다 기록으로 남기고는 1680년 10월 25일에 세상을 떠났다."

호하는 근거로서 체외 발생을 논했다는 흥미로운 사실을 언급한다.[165] 프레토리우스가 인용한 바이겔의 『그리스도교의 대화』에서 관련 부분을 직접 살펴보면, 『지옥의 인간 군상』이 비록 많지는 않지만 중요하게 놓친 부분이 있었음을 확인할 수 있다.

바이겔의 『그리스도교의 대화』는 종교적 인물인 설교자, 청자(聽子), 죽음 및 우리의 관심을 덜 끄는 여러 등장인물 사이의 대화로 구성된다. 프레토리우스가 인용한 부분은 오늘날의 비평본 편집자들이 제안하는 『그리스도교의 대화』의 진정성 있는 사본들 가운데서는 발견되지 않기 때문에 그 인용 부분 자체가 가짜일 수도 있다.[166] 바이겔이든 위-바이겔이든 간에, 여하튼 본문은 청자의 진술로 시작되는데, 그는 "죽음이 지고의 비밀이며 이 비밀이 없는 사물의 본성 속에는 생명이 존재하지 않을 것"(daß der Todt das höchste Geheimnuß sey/ohn welchen kein Leben seyn mag in tota rerum natura)임을 자연의 사례를 통해 입증할 수 있다고 주장한다. 과연 어떠한 식의 논증으로 가능할까? 청자는 계속해서 말한다. 나무가 재로 변화되고 이어서 세 가지 근본 원소로 환원되면, 그것은 더 나은 나무의 형태로 다시금 생명을 되찾을 것이다. 설교자와 죽음 사이에 약간의 논쟁이 있은 후, 청자는 이 아이디어를 다시금 꺼내들어 씨앗이 살아 있는 열매 속에서 부활하기 위해 먼저 땅속에서 죽어야만 하듯이,[167] 자연 그 자체는 재생의 진리를 드러낸다고 말한다. 이와 유사하게

---

165 Johann Praetorius, *Anthropodemus plutonicus: Das ist eine neue Weltbeschreibung von allerley wunderbahren Menschen*, Magdeburg: Johann Lüderwald, 1667, vol. 1, pp. 140~45.

166 Valentin Weigel, *Dialogus de Christianismo*, ed. Alfred Ehrentreich, in *Valentin Weigel: Sämtliche Werke*, ed. Will-Erich Peuckert and Winfried Zeller, Stuttgart: Friedrich Frommann, 1967, pp. 170~71. 에렌트라이히에 따르면, "죽음의 대화"(Ad Dialogum de Morte) 부분은 후대의 첨가이며, 1614년의 할레(Halle) 판본에서 처음 발견된다. 바이겔의 생애와 저작에 관해서는 다음을 보라. Andrew Weeks, *Valentin Weigel (1533-1588): German Religious Dissenter, Speculative Theorist, and Advocate of Tolerance*, Albany: State University of New York Press, 2000.

그는 대여섯 조각으로 절단되어 땅속에 부패되도록 남겨진 뱀이 여러 마리의 뱀들로 부활할 것이라는 사실을 어느 누구도 부인할 수 없다고 말한다. 또한 누구든지 나무를 그것의 어린 시절로 되돌릴 수 있을 것이다. 이러한 놀라운 주장의 근거는 무엇일까? 청자는 다음과 같이 말하기를 주저하지 않는다.

> 내가 자연의 관점에서 가장 위대하고도 가장 높은 비밀을 인식하고 있다는 사실로 인해 신께 감사드린다. 이는 곧 죽음과 생명에 관한 비밀이며, 이를 통해 사물은 자신의 처음 형태로 파괴되고 죽어 무로 돌아갔다가 결국에는 이전보다 더욱 고귀한 모양과 능력, 미덕을 갖춘 존재로 변화된다는 비밀이다. 오직 연금술의 신성한 기예를 통해 나는 이와 같은 사실, 즉 가장 고귀하고 훌륭한 생명은 죽음으로부터 비롯된다는 사실을 증명할 수 있기를 간절히 바란다.[168]

프레토리우스가 인용했던 주장과는 달리 발렌틴은 아마도 자신의 아이디어가 결국에는 『사물의 본성에 관하여』에서 비롯되었을 것임에도 불구하고 끝내 호문쿨루스에 대해서는 언급하지 않는다.[169] 바이겔의 『그리

---

167 [옮긴이] "내가 진정으로 진정으로 너희에게 말한다. 밀알 하나가 땅에 떨어져서 죽지 않으면 한 알 그대로 있고, 죽으면 열매를 많이 맺는다"(「요한복음」 12장 24절, 새번역).

168 Valentin Weigel, *Dialogus de Christianismo*, Newenstadt: Johann Knuber, 1618, pp. 99~108. 인용된 단락은 p. 100을 보라. "Ich danke Gott/daß ich im Liechte der Natur das gröste unnd höchste Geheimnuß erkenne/nemblich den Todt und das Leben/dadurch ein Ding zerstöret/getödtet/unnd an seinen ersten Form zu nichts würd/das hernach viel Edeler an seiner Form/Krafft/Tugendt/als es zuvor gewesen ist. Ich wil allein in der Göttlichen Kunst *Alchimia* solchs beweisen/daß durch den Todt das edelste und beste Leben her für komme."

169 위-바이겔은 『사물의 본성에 관하여』를 직접 언급하지는 않았다. 대신에 파라켈수스주의 저술가인 알렉산더 폰 주흐텐이 『변신』이라고 제목을 붙인 저작을 언급했다. 『그리스도교의 대화』에서(pp. 100~04), 위-바이겔의 등장인물인 청자는 반

스도교의 대화』의 관점에서 또는 최소한 이 저작에 포함된 의심스러운 해당 텍스트의 관점에서 보기에, 그리스도를 통한 거듭남의 가능성을 드러내는 것은 다름 아닌 부활한 뱀과 재생된 식물에 관한 이야기들이다.[170] 동시에 해당 텍스트는 이미 완전성의 중요한 기준을 획득한 그리스도교 현자들이 실제로 금속을 변성시킬 능력을 가졌음을 암시한다. 어찌 되었든 간에, 우리가 『그리스도교의 대화』에서 발견한 것은 파라켈수스의 "자연의 빛"을 통해 종교적 진리를 입증하는 자연신학의 한 형태다.[171]

반복 재생이라는 아이디어는 자연신학의 역할 덕분에 17세기 내내 반복적으로 등장했다. 심지어 경험론의 선구자인 로버트 보일의 저작에서도 발견되는데, 그의 저작에서도 반복 재생은 몸의 부활에 대한 분명한 근거로 활용되었다. 1650년대 중반에 저술된 보일의 초기 저작 『성서에 관한 에세이』에서 그는 "부활의 가능성을 지지하기 위해" 반복 재생이란 아이디어를 차용한다. 그의 아이디어에 따르면, 식물의 환원은 여러 가지 연금술적 화학 현상과 더불어 "물체는 그것이 그렇지 않을 때에도 절대적으로 파괴된 것처럼 나타나고 그렇게 여겨진다"는 사실을 보여준다. 폴란

복 재생이 "새로운 탄생"(die Newe Geburt)의 상징임을 반복적으로 증언한다. 주흐텐에 관한 참고문헌은 다음에서 찾아볼 수 있다. William R. Newman and Lawrence M. Principe, *Alchemy Tried in the Fire: Starkey, Boyle, and the Fate of Helmontian Chymistry*, Chicago: University of Chicago Press, 2002, p. 50, n. 38.

170 프레토리우스에게는 송구스럽지만, 여기서 위-바이겔이 죽은 자의 육체적 부활을 염두에 두었는지는 나도 확신할 수 없다. 위-바이겔은 부활을 의미하는 표준적인 독일어 "die Auferstehung"을 사용하지 않았고, 오히려 새로운 탄생을 뜻하는 "die Newe Geburt"라는 표현을 사용했다. 물론, 이 표현은 종말의 때에 있을 몸의 육체적 부활보다는 구원자를 통한 그리스도인의 거듭남을 가리킬 수 있다. 따라서 이 텍스트에서 말하는 "Todt"는 물리적 죽음보다는 죄에 대한 은유적 죽음을 지시하는 단어일 것이다. 그러나 이 문제의 해답은 바이겔의 신비주의를 연구하는 전문가들에게 넘겨야 할 것 같다.

171 [옮긴이] 근대 초에 활기를 띠었던 자연신학(natural theology)은 신의 초월적 계시로부터 비롯된 신학과는 대립을 이루면서 자연에 대한 경험 근거를 가지고 신의 존재를 논증하는 신학의 한 분야였다.

드 의사에 관한 퀘르케타누스의 간접적인 보고를 기초로, 보일은 석회로 변한 식물의 파괴되지 않은 원자와 부패한 인간 신체를 구성하는 입자 사이에 유비를 끌어들인다. 비록 양쪽 모두는 전적으로 소멸된 듯 보이기는 하지만 이는 착각에 불과하다. 식물의 반복 재생은 "연소된 식물의 생식하려는 본질은 그 식물의 비가연적 부분 안에 보존되어 있다"는 사실을 드러내는데, 이러한 비가연적 부분이야말로 식물이 가진 재조립 능력의 근거가 된다. 이와 유사한 방식으로 먼지로 흩어진 이후에도 인간 신체의 일부분은 자신의 본질을 어느 정도 보존할 수 있다. "신체의 원자들이 모든 소화 과정을 거치면서도 보존되고 재조립될 가능성을 유지"하므로 인간의 몸이 짐승에게 먹히고서도 어떻게 부활할 수 있는지를 설명할 수 있다.[172] 바이겔의 『그리스도교의 대화』에서처럼 여기서도 자연신학의 틀을 뒷받침하는 역할의 우선권은 호문쿨루스가 아니라 식물의 재생에 관한 무난한 사례에 주어진다. 하지만 이제부터 우리는 인공 인간이 종교적 목적을 위해 자신의 생애를 노예로 봉사하는 장면을 보게 될 것이다.

아마도 17세기에 등장한 가장 눈에 띄는 호문쿨루스는 요한 발렌틴 안드레에에 의해 익명으로 저술되어 1616년에 출판된 바로크 스타일의 계몽 소설 『크리스티안 로젠크로이츠의 화학적 결혼』[173]에서 발견된다. 소설 속 영웅인 로젠크로이츠는 날개 달린 아름다운 여성이 전달해준, 왕과 여왕의 신비로운 결혼식에 초대하는 익명의 편지를 받는다. 로젠크로이츠는 얼굴을 드러내지 않는 하인들과 함께 성을 둘러보고 사자와 유니콘, 비둘기, 방 가득히 자동으로 움직이는 불가사의한 형상들이 등장하는 신비한 공연을 관람한 뒤, 마침내 신랑과 신부를 만난다. 공들여 제

172 Robert Boyle, *Essay of the holy Scriptures*, in *The Works of Robert Boyle*, ed. Michael Hunter and Edward B. Davis, London: Pickering & Chatto, 2000, vol. 13, pp. 204~07. 더 조심스러운 표현이 얼마간 섞였다 하더라도, 동일한 아이디어가 보일의 다음 책에서 다시금 등장한다. Boyle, *Some Physico-Theological Considerations about the Possibility of the Resurrection*, in *Works*, vol. 8, pp. 302~03.

173 [옮긴이] 이하 『화학적 결혼』으로 줄여 쓰겠다.

작된 희극과 더불어 호화로운 저녁 식사를 마쳐갈 즈음, 왕실 수행원들과 함께 즐거워하던 기쁨이 느닷없이 "키가 매우 크고 숯처럼 검은 사람"에 의해 목 베임을 당한다.[174] 로젠크로이츠와 일군의 동료 연금술사들은 그 커플의 피를 조심스럽게 모으고 시체를 또 다른 붉은 액체로 용해시킨다. 그들이 용해된 액체를 즉석에서 속이 빈 구체(球體)에 담아 응결시키자 그 액체는 구체 속에서 알로 변한다. 그러자 그들은 그 알을 부화시키는데, 부화된 알을 깨고 나온 것은 사나운 검은 새다. 그 새가 베임당한 목으로부터 모은 피를 마시자, 깃털이 벗겨지고 하얗게 변해 빛을 발한다. 일련의 성장을 거듭한 뒤, 이제는 자기 자신을 위해 너무나 온순하게 커버린 그 새는 스스로 자신의 목을 끊고 불에 타 재로 변한다.[175]

이와 같은 장대한 파노라마의 과정은 금속 변성의 능동자인 현자의 돌을 만들기 위한 전통적인 연금술 과정의 변색 단계를 반복한 것에 지나지 않는다.[176] 실제로 현자의 돌은 살해당했다가 부활한 왕과 여왕의 결합이라는 은유적 묘사의 마지막 단계로 표현되곤 했다. 그러나 결국에는 축축한 시체 덩어리를 두 개의 작은 형틀 안에 넣어둠으로써 신랑과 신부의 몸은 불운한 새가 남긴 재로부터 재조립된다. 열을 가하자 "두 개의 아름답고 밝은, 거의 투명한 작은 형상 …… 각각의 크기가 겨우 4인치(약

---

174 John Warwick Montgomery, *Cross and Crucible: Johann Valentin Andreae (1586–1654), Phoenix of the Theologians*, vol. 2, The Hague: Martinus Nijhoff, 1973, p. 414. 안드레에와 장미십자회 사상에 관해서는 다음을 보라. Roland Edighoffer, *Rose-croix et société ideale selon Johann Valentin Andreae*, Neuilly sur Seine: Arma Artis, 1987; Edighoffer, *Les rose-croix et la crise de conscience européene au XVIIe siècle*, Paris: Edgar-Dervy, 1998.

175 Montgomery, *Cross and Crucible*, vol. 2, pp. 440~56.

176 이와 유사한 동시대의 알레고리가 죽음과 부활, 색깔의 변화와 연관되어 있다. Basil Valentine, *Die zwölf Schlüssel*, in *Elucidatio secretorum, das ist, Erklärung der Geheimnussen* …, Frankfurt: Nicolaus Steinius, 1602, pp. 398ff.; 이 텍스트는 다음에서 인용되었다. John Ferguson, *Bibliotheca Chemica*, Glasgow, 1906; reprinted Hildesheim: Olms, 1974, vol. 1, p. 239. 이와 같은 알레고리에 관한 논의로는 다음을 보라. William R. Newman, *Gehennical Fire*, Chicago: University of Chicago Press, 2003; first published, 1994.

10센티미터)에 불과한 남성과 여성"이 나타나 생기를 얻는다.[177] 굳이 명시하지 않더라도 그들의 정체는 '호문쿨루스 듀오'(Homunculi duo)다.[178] 현자의 돌로 이어지는 결과를 기대했을 독자라면 이러한 결말에 상당히 놀랄 것이다. 목 베임을 당한 커플의 왕실에 고용된 연금술사들도 최소한 똑같이 놀란 반응을 보였을 텐데, 로젠크로이츠가 알려주는 정보에 따르면 그들은 "금이 만들어지리라고" 상상했을 것이기 때문이다. 하지만 그는 덧붙여 말한다. "금을 위해 일하는 것은 …… 물론 이러한 행위의 한 부분이기는 해도, 가장 중요하고 가장 필수적이며 가장 훌륭한 부분은 아니다."[179] 요컨대, 『화학적 결혼』에 따르면 연금술의 진정한 목표는 인간 존재의 인위적 발생이며, 귀중한 금속의 제조는 그저 부차적인 목표에 불과하다.

『화학적 결혼』의 저자인 안드레에는 유명한 루터파 신학자면서 유토피아 장르의 문학 작품인 『그리스도교 도시』의 저자이기도 하다.[180] 아마도 안드레에의 관점에서 호문쿨루스 듀오의 생산이 영적인 재생에 대한 알레고리라는 사실은 굳이 말할 필요도 없을 만큼 당연하다. 아마도 이는 독자들을 계몽해 프랑켄슈타인이 되도록 하기보다는 그저 독자들을 매혹하려는 의도였을 것이다.[181] 연금술의 목적을 인간의 영적인 재생이라는 방향으로 재조정하려는 안드레에의 방식은 로젠크로이츠가 묘사한 연금술 작업의 여러 단계만큼이나 길고도 순탄치 못했던 역사를 가지고 있다. 우리가 방금 살펴보았듯이, 호문쿨루스를 그리스도교의 구원론에 봉사하도록 이용하려는 안드레에의 길을 따르는 이들은 소수에 불과했던 것 같다. 그리고 실제로도 『사물의 본성에 관하여』와 『호문쿨루스들

---

177 Montgomery, *Cross and Crucible*, vol. 2, p. 458.

178 Montgomery, *Cross and Crucible*, vol. 2, p. 458.

179 Montgomery, *Cross and Crucible*, vol. 2, p. 464.

180 Montgomery, *Cross and Crucible*, vol. 1, pp. 122~31.

181 Montgomery, *Cross and Crucible*, vol. 2에서 저자는 텍스트에 주석을 달아 이러한 의도를 솔직하게 설명했다.

에 관하여』가 묘사하는 파라켈수스적 호문쿨루스들은 구원 열차로 다루기에는 곤란하다. 인간 장인의 전문적인 기예를 통한 "신체 없는" 생산물이든 고삐 풀린 성욕으로 인해 부풀어 오른 퇴폐적인 종양이든 간에, 이것들 모두는 거듭난 영혼을 섬기는 종으로 헌신할 수는 없을 것이다.

『화학적 결혼』에 등장하는 근대 초의 호문쿨루스 듀오와 이 장(章)에서 처음으로 살펴보았던 인공 인간인 고대 후기의 살라만-압살 설화의 주인공을 비교해보는 것도 도움이 된다. 양쪽의 경우 모두에서 호문쿨루스는 영적인 기능을 수행했다. 살라만-압살 설화에서는 남성 잉태를 통해 살라만이 태어날 수 있도록 해준 것은 바로 호문쿨루스 제조법이었다. 이렇게 유도된 남성에 의한 단성 발생 덕분에 그의 아버지 하르마누스는 여성과 접촉하는 불결함을 피할 수 있었다. 그리하여 살라만은 압살과의 육체적 사랑으로부터 벗어나 여신 아프로디테에게로 올라감으로써, 그리고 마침내 감각적 사랑을 물리쳐 더 우월한 영적 존재들이 사는 플라톤적 왕국으로 나아감으로써 인간적 사랑의 열등함을 스스로 깨우쳐야만 했다. 이와 같은 금욕적 주제의 신화는 로젠크로이츠의 이야기와 얼마나 다른가! 왜냐하면 안드레에의 우화에서 가장 중심을 이룬 부분은 로젠크로이츠를 초대해 어리둥절하게 만든 신비로운 왕과 여왕의 결혼식이었기 때문이다. 여기서 연금술의 오랜 주제인 '신성한 결혼'을 기묘하리만치 문자적으로 묘사함으로써 경축하려는 대상은 다름 아닌 결혼의 신성함이었다. 이 상징적 주제는 대개 개별 물질의 다양성으로부터 현자의 돌이 생산되는 과정과 연결되며, 그 물질들이 금속 변성을 위한 경이로운 능동자로 변환되는 과정은 남성과 여성이라는 대립쌍의 연합으로 표현된다. 『화학적 결혼』이 보여주는 기이함은 신성한 결혼이라는 주제가 문자 그대로 차용된다는 점이다. 이 작품에서 왕과 여왕은 진짜 사람이다. 하지만 그들이 토막 살해를 당해 호문쿨루스 듀오로 부활하는 것은 혼돈과 불신의 어둠을 통과해 안드레에가 신봉하는 루터교 신앙의 명료함으로 진입해 들어가는 영혼의 거듭남을 상징한다. 이 과정은 신랑과 신부가 한 쌍의 커플로서 경험하는 것이다. 파라켈수스가 보여주었던 무시무시한 생각의 발걸음을 바짝 뒤좇다보면,[182] 안드레에의 호문쿨루스를 지상에서 벌어지는 남녀 간의 사랑에 대한 긍정으로 이해하는 것은 오히려 우리에게 혼동을 가져다줄 뿐이다. 왜냐하면 우리는 파라켈수스 또는 최소한 『사물의 본성에 관하여』의 저자가 안드레에보다는 살라만과 압살의 정신에 훨씬 더 가깝다고 인정할 수밖에 없기 때문이다. 『사물의 본성에 관하여』가 말하는 완전한 남성, 즉 정액을 통해서만 만들어진 호문쿨루스라는 최후의 위대한 예시는 살라만과 압살이 가졌던 희망에 충실했다고 말하는 편이 차라리 안전하다. 『사물의 본성에 관하여』와 더불어 호문쿨루스 신화는 하나의 완성된 원을 그려냈다. 따라서 서유럽 세계는 남성에 의한 단성 생식의 기획을 수용할 수도 있고 거부할 수도 있는 행운을 누렸다. 그렇다면 『화학적 결혼』은 비록 그 자신이 파라켈수스의 문헌 전통에 빚을 졌음에도 불구하고 사실상 파라켈수스적 호문쿨루스에 대한 긍정이 아닌 거부의 한 조각이었던 셈이다.[183]

이 장(章)을 시작하면서 우리는 자연 발생이 기예를 통해 유도된다는 근대 초의 관점을 검토했다. 이 관점은 아마도 로버트 보일이 거론해 존 로크의 논문에서 발견된 두꺼비나 뱀의 레시피 사례로 입증되었다. 이 관점의 근원은 주로 아리스토텔레스와 그의 추종자들의 저작이었는데, 그들은 인공 생명의 생산, 더 나아가 인공 인간의 생산을 진정한 과학적 가능성으로 이끌고자 했다. 이어서 우리는 아마도 그리스로부터 기원한 작품이었던 살라만-압살 설화를 살펴보았는데, 여기에는 정액으로 만든 호문쿨루스에 관한 최초의 전설이 포함되었다. 살라만과 압살로부터 출발

182 [옮긴이] 이 책 제4장의 '파라켈수스의 호문쿨루스가 가진 복잡성'을 보라.

183 [옮긴이] 이 책의 참고문헌에 프랜시스 예이츠(Frances Yates)의 고전적인 연구가 포함되어 있기는 하지만, 파라켈수스와 장미십자회의 연결고리는 아직 연구가 활발히 진행되지 않은 분야면서 옮긴이가 목표하는 다음 연구 주제이기도 하다. 지은이는 위-파라켈수스의 호문쿨루스와 안드레에의 호문쿨루스가 각자 상이한 목적에 복무하고 있다고 보았지만, 그렇다고 해서 곧장 양 진영의 연결고리가 느슨하다고 결론 내릴 수는 없다.

해 우리는 『암소의 서』와 자비르 이븐 하이얀의 수많은 저작을 통해 자연 마술과 연금술의 영역을 통과했다. 『암소의 서』에서는 남성의 정액을 재료로 삼아 암소의 자궁에서 배양된 "이성적 동물"을 만났다. 이렇게 생산된 호문쿨루스는 해체되어 마술을 위한 용도로 다양하게 사용되었는데, 이 주제는 그보다 한참 뒤의 저작인 위-토마스 아퀴나스의 『본질들의 본질들에 관하여』에서 희미하게 메아리쳤다. 한편, 자비르 이븐 하이얀의 호문쿨루스는 예언을 위해 사용되었다. 위-플라톤도 이 역할을 이미 언급했지만, 자비르는 호문쿨루스를 절단하라고 제안하는 위-플라톤을 따르지는 않았다. 이어서 우리는 유대교 문화의 특유한 존재인 골렘을 다루었는데, 골렘은 호문쿨루스와 여러 가지 유사점을 가지고 있지만 명백히 다른 전통으로부터 파생되었다. 골렘의 주된 목적은 히브리 언어의 마술적 능력, 즉 무(無)로부터 세계를 창조할 수 있었던 바로 그 능력을 증명하려는 것이었다. 마침내 우리는 이 장(章)의 '목적인', 즉 파라켈수스를 저자로 내세운 저작 『사물의 본성에 관하여』와 비교적 확실하게 진정성 있는 그의 여러 저작이 제시하는 두 가지 서로 충돌하는 호문쿨루스 이미지에 도달했다. 앞서 지적했듯이, 『사물의 본성에 관하여』의 호문쿨루스는 인간 기예의 최고봉이라는 왕관을 썼다. 이 주장은 그 자체로 인공적 생산물이 자연의 원본과 동등하거나 오히려 더 우월하다는 연금술의 오랜 방어 논리를 수사적으로 확장한 결과였다. 『사물의 본성에 관하여』의 남성적 호문쿨루스를 향한 긍정적 평가가 그것의 여성적 대립쌍이면서 여성적 악을 강화한 상징인 바실리스크에게는 주어지지 않았다. 비록 파라켈수스의 진정성 있는 저작들에서 어느 한쪽의 성별만을 가진 호문쿨루스들을 향한 긍정적인 공감을 찾아내기란 매우 험난했지만, 누가 보더라도 파라켈수스가 바실리스크를 순수하게 여성적인 사물로 바라보았다는 사실은 부인할 수 없다. 파라켈수스의 시대 이후로 호문쿨루스는 안드레에는 물론이고 '독일의 셰익스피어'인 괴테 같은 문학가들에 의해 주로 다루어졌다. 괴테의 『파우스트』 제2장에 관해서는 이 책의 말미에서 간략하게 다룰 것이다.

호문쿨루스를 다루는 문헌들에서는 남성의 씨앗이 '자연 발생'을 통해 거대한 모습을 드러냄으로써 인공 인간의 생산이라는 목표가 달성되었다. 여성은 태아의 질료를 공급하고 남성은 태아의 형상을 부여한다고 보았던 고대의 발생 이론을 받아들여 이 주제를 다룬 여러 저술가는 이와 같은 남성의 단성 생식을 그럴듯한 수단으로 삼아 물질적 세계의 속박으로부터 벗어날 수 있다고 보았다. 그렇다면 오로지 하나의 성별을 통한 발생이라는 대의가 최근에 이르러서는 여성 위주의 단성 생식을 지지하는 레즈비언들을 통해 진보해왔다는 점은 참으로 아이러니라 하지 않을 수 없다. 그들은 결합이나 복제 또는 여타 생물학적 공학 기술을 통해 발생을 이끌어내려는 의도로 난세포를 활용하기 때문이다.[184] 이처럼 오늘날의 생명공학이 남성보다는 여성에 더 가까운 형태의 호문쿨루스를 만들고 있다는 사실에도 불구하고, 상대편 성(性)에 의한 '오염'으로부터 벗어나려는 열망이 여전히 지속되는 한, 성별 분리를 향한 꿈은 사실상 현재진행형으로 남아 있다. 오늘날의 목표와 이해가 인공 생명이라는 주제를 다룬 옛 저술가들과 공통되는 지점이 오로지 생명공학뿐이지는 않다. 앞서 살펴보았듯이, 위-토마스 아퀴나스가 『본질들의 본질들에 관하여』에서 매우 분명하게 보여주었던 아이디어는 시험관 아기의 탄생이라는 맥락에서 태아 조직을 의학적으로 사용하도록 제안한 것이었다. 이는 오늘날에도 논쟁을 불러일으키는 윤리적 딜레마다. 위-토마스는 이 문제의 해답을 이미 준비해놓았다. 호문쿨루스는 이성적 영혼, 즉 인간을 온전한 인간으로 만들어줄 이성적 요소를 가질 수 없다는 것이다. 하지만 그의 해답은 신학자 알론소 토스타도에 의해 냉정하게 거부되었는데, 그가 들려준 이야기에 따르면, 위-토마스가 호문쿨루스에게는 결코 주어지

184 가령 다음의 인용 자료를 보라. Elizabeth Sourbut, "Gynogenesis: A Lesbian Appropriation of Reproductive Technologies", in *Between Monsters, Goddesses, and Cyborgs: Feminist Confrontations with Science, Medicine, and Cyberspace*, ed. Nina Lykke and Rosi Braidotti, London: Zed Books, 1996, pp. 227~41.

지 못할 것이라 확신했던 바로 그 본질이 주어지기 직전에, 카탈루냐 출신의 의사 아르날두스 빌라노바누스는 자신이 만든 호문쿨루스를 깨부숴버렸다는 것이다. 토스타도는 남성에 의한 단성 발생의 가능성을 부정하면서 또 다른 종류의 생물공학, 즉 악마가 남성의 분비액과 여성의 분비액을 섞어 자신만을 위한 우량 종자를 창조해낼 가능성을 깊이 염려했다. 마침내 우리는 어쩌면 선천적으로 자웅동체였을지도 모르는 인간 파라켈수스를 만났는데, 생식을 의도하지 않은 성행위에 관한 그의 강박적인 견해는 『사물의 본성에 관하여』에 나타나는 소름 돋는 우생학적 사고실험의 배경을 만들어주었다. 기예의 무한한 능력은 『사물의 본성에 관하여』가 이 주제를 과시할 수 있도록 바탕을 마련해주었고, 동일한 주제를 다음 세기에 등장할 기술 변증론자들에게 넘겨주었다. 그들이 보기에 호문쿨루스는 실패작이었을지라도 기예-자연 논쟁은 17세기에 막 등장하기 시작한 실험과학을 촉진하는 방향으로 전개되었다.

제5장
기예-자연 논쟁이 실험과학에 끼친 영향

아리스토텔레스주의와 실험

이 책의 앞 장(章)들을 다 읽은 독자에게는, 인공 생명이라는 이슈를 두고 연금술과 기예-자연 논쟁이 책상머리 연구나 사색과는 반대되는 실천적인 실험과도 관련을 맺고 있는지 궁금해할 권리가 있다. 그 답은 매우 확실하다. 연금술 그 자체는 중세 스콜라주의자들의 손에 의해 탐색적인 과학으로 변모했으며, 대체로 실험실에서의 행위를 통해 자연의 특징을 발견하는 도구가 되었다.[1] 실험실에서 여러 가지 실체를 분석 및 합성해 그것들의 구성 요소를 판단함으로써 파라켈수스와 그의 추종자들은 16세기를 넘어 17세기에도 실천적 전통을 지켜나갔다. 하지만 이는 더 거대한 이야기의 일부분에 불과하다. 연금술사들의 주장에 대한 찬반 논증을 펼쳤던 저술가들이 보여주었듯이, 기예-자연 논쟁은 근대 이전 과학에 대한 한 가지 선입견을 더 보편적인 차원에서 해체할 수 있다는 직

1 William R. Newman, "Alchemy, Assaying, and Experiment", in *Instruments and Experimentation in the History of Chemistry*, ed. Frederic L. Holmes and Trevor H. Levere, Cambridge, MA: MIT Press, 2000, pp. 35~54.

접적인 근거를 제시하는데, 나는 그 선입견을 '비개입주의자의 오류'(the noninterventionist fallacy)라고 부를 것이다. 비개입주의자의 오류는 과학사가들뿐만 아니라 아리스토텔레스 연구자들 사이에서도 어느 정도는 공통된, 매우 널리 퍼져 있는 고정 관념이다. 그 고정 관념이란, 실험 활동은 자연의 과정에 개입하는 것이므로 스타게이라 출신의 철학자[아리스토텔레스]와 그의 추종자들이 근본적으로 비실험적이었고 심지어 실험을 적극 반대했다는 견해다. 따라서 자연에 대한 개입이라는 이슈에 대해 기예-자연 논쟁이 제기하는 새로운 근거라면 그 무엇이든 매우 진지하게 검토될 필요가 있다.

물론, '실험'은 많은 의미를 내포한 단어다. 대략 그 단어에는 가설을 입증하거나 수정하는 치열한 과정 속에 확고한 '과학적 방법'을 도입한다는 의미가 담겨 있다.[2] 그러나 실험을 이렇게 정의하는 것은 검증의 영역에 비해 발견의 영역을 위한 여지를 별로 남기지 않으며, 실험실 작업에서 흔히 동반되는 짐작이나 추론의 골치 아픈 과정도 고려하지 않는다는 점에서 비교적 최근의 과학사가들에게는 선호되지 않는다.[3] 게다가 '실험'을 가설 검증으로 제한하는 것은 오늘날의 산업 현장처럼 과거 장인들의 작업 공간으로서 중요한 역할을 했던 화학 실험실의 생산적 측면을 소외시킨다.[4] 그럼에도 이러한 모든 방식의 실험 이해는, 진정한 실험이란 그저 자연을 수동적으로 관찰하는 것이 아니라 자연의 과정에 어떠한 종류로든 활동적으로 개입하는 것이라는 점을 공통적으로 가정한다. 이 가정이야말로 아리스토텔레스주의를 반실험적인 사상으로 여기게 하는 직접적

2 A. C. Crombie, *Robert Grosseteste and the Origins of Experimental Science*, Oxford: Clarendon Press, 1953, pp. 1~15.

3 David Gooding, Trevor Pinch, and Simon Schaffer, *The Uses of Experiment: Studies in the Natural Sciences*, Cambridge: Cambridge University Press, 1988; 서문 및 기고문을 보라.

4 이 점에 관해서는 다음을 보라. William R. Newman and Lawrence M. Principe, *Alchemy Tried in the Fire: Starkey, Boyle, and the Fate of Helmontian Chymistry*, Chicago: University of Chicago Press, 2002.

인 원인이 된다. 실험에 대한 최소한의 정의조차도, 어떠한 종류의 지식에 도달하기 위해서는 자연에 손을 대야 한다는 견해만큼은 포기하지 않는다. 아리스토텔레스적 관점 이래로 자연의 과정에 인간이 개입하는 것이야말로 기예의 결정적인 특징 가운데 하나로 여겨져 왔고, 이는 기예-자연 논쟁에서 지속적으로 되풀이되었던 주제이기도 하다. 그렇다면 다음과 같은 결론이 뒤따르지 않을까? 즉 아리스토텔레스와 그의 추종자들은 실험 행위를 목적으로 삼아 자연에 개입하는 것이 자연에 대한 참된 지식이 아니라 잘못 타협된 인위적인 지식을 낳는다고 보았다는 결론 말이다.

이러한 방식의 결론을 지지하는 연구자들 가운데 한 명이 『아리스토텔레스 자연학에서 자연, 변화, 동인』이라는 영향력 있는 저작을 남긴 세라 브로디다. 브로디에 따르면, 인공적인 것과는 달리 자연의 실체는 오로지 "변화와 정지의 내부적 원리"만을 갖는다는 주장은 아리스토텔레스의 철학 체계 전반에서 근간을 이룬다. 실제로 그의 우주론과 화학의 세부 내용들은 결국 "이 원리 하나로 환원될 수" 있다.[5] 그렇다면 브로디의 입장에서, 아리스토텔레스는 실험에 관심을 갖지 않았다는 자신의 견해를 자연적 생산물과 인공적 생산물을 구별했던 아리스토텔레스의 견해 기반 위에 세워두려고 했음은 어찌 보면 당연한 일이다.

> 실체를 특징짓는 변화는 일반적으로 자연 환경 속에서라야 성공적으로 실현된다는 것이 아리스토텔레스의 견해다. 개별적인 자연적 실체의 정체를 확인해주는 대부분의 조건은 그 실체가 자신을 특징짓도록 행동하는 것을 용인하며, 적어도 대개는 그렇다. 따라서 하나의 실체를 인공적인 조건 아래 두는 것은 무의미한 일이며, 차라리 그것을 관찰하는 편이 더 낫다. …… 인공적인 조건은 자연적 실체가 자신을 특징

5 Sarah Waterlow [Broadie], *Nature, Change, and Agency in Aristotle's Physics*, Oxford: Clarendon Press, 1982, p. 1.

짓는 행동을 오히려 방해할 가능성이 높으며, 이러한 상황에서 우리는 그 실체의 본성에 관해 아무것도 배울 수 없을 것이다. 왜냐하면 실체의 본성은 의도되거나 계획되지 않은 변화를 통해서만 드러날 수 있기 때문이다. 요컨대, 실험은 실상에 새롭게 접근하기 위한 문을 열어주지 않으며, 실상을 진압하는 일에나 겨우 성공할 수 있을는지 모르겠다.[6]

브로디의 관찰에 따르면, 실험이 자연적 과정 속에 자연적이지 않은 인공적 과정을 개입시킨다는 이유로 그리스인들은 실험을 좋아하지 않았다. 브로디는 인공적인 것과 자연적인 것의 아리스토텔레스적 구별이 갖는 의미를 가져다가 자신의 관찰 결과를 지지하는 형이상학적 기초로 삼는다. 인공적인 개입을 회피하는 것은 아리스토텔레스의 자연과학 체계에 따른 필연적인 귀결이었다는 것이 브로디의 생각이다. 아리스토텔레스는 어떤 대상의 '본성'을 '규칙적으로 나타나는 속성들의 총합'으로 정의했기에, 정상적인 환경에서 벗어나 그 대상을 고립시키는 어떠한 시도라도 그것의 본성에 개입하는 결과를 낳을 수밖에 없다. 실험은 정확히 이와 같은 식의 개입 행위이므로, 바로 그 이유 때문에(ipso facto) 브로디는 아리스토텔레스의 자연과학에서는 실험이 쓸모없었다고 주장한다.

브로디의 주장은 고대 과학을 연구했던 지난 세대의 여러 저명한 과학사가들이 공유했던 학문적 입장, 즉 비개입주의자의 오류를 지지하는 특별히 날카로운 무기를 제공했다.[7] 피터 디어와 안토니오 페레즈-라모스

6 Broadie, *Nature*, p. 34.

7 Edward Grant, *The Foundations of Modern Science in the Middle Ages*, Cambridge: Cambridge University Press, 1996, pp. 159~60; David C. Lindberg, *The Beginnings of Western Science*, Chicago: University of Chicago Press, 1992, pp. 52~53[이종흡 옮김, 『서양과학의 기원들』, 나남, 2009]; Fritz Krafft, *Dynamische und statische Betrachtungsweise in der antiken Mechanik*, Wiesbaden: Franz Steiner, 1970, p. 157; Ernan McMullin, "Medieval and Modern Science: Continuity or Discontinuity?", *International Philosophical Quarterly* 4, 1965, pp. 103~29, 특히 pp. 118~22를 보라. 아리스토텔레스가 인공적인 것과 자연적인 것을 절대적으로 구별했다는 주장을 지지했던 초기 연구자들

처럼 과학혁명을 연구했던 비교적 최근의 과학사가들은 브로디의 영향을 받지 않고서도 그와 동일한 견해를 드러냈다. 특히 디어의 해석에 따르면, 기예-자연의 구별은 아리스토텔레스주의자들로 하여금 "고안된 경험"(contrived experience)을 활용해 자연에 관한 주장을 펼치는 것을 금하게끔 하는 엄격한 장벽이 되었다.[8] 페레즈-라모스도 아리스토텔레스의 추종자들이 "제작자의 지식"(maker's knowledge)이라는 접근법에 도달하지 못했다고 논증한다. 17세기 초 프랜시스 베이컨과 관련된 이 접근법은 자연적 대상에 관한 지식이 그 대상을 복제함으로써 가장 잘 획득될

가운데 한 명이 레이여 호이카스였다. 그의 연구는 프리츠 크라프트에게 상당한 영향을 끼쳤다. Reijer Hooykaas, "Das Verhältnis von Physik und Mechanik in historischer Hinsicht", *Beiträge zur Geschichte der Wissenschaft und der Technik* 7, 1963.

8 Peter Dear, *Discipline and Experience: The Mathematical Way in the Scientific Revolution*, Chicago: University of Chicago Press, 1995, p. 153: "기예-자연의 구별은 자연에 관한 지식을 얻기 위해 인공적인 고안을 사용하는 것을 방해한다. 다시 말해 자연철학에서 수학자들이 사용하는 절차 정도만 사용하는 것으로 타협하기를 정당화한다는 것이다." 또한 p. 155를 보라. "어떠한 과정의 자연적 흐름은 [오로지] 인간이 만든 인공적 원인을 통해서만 전복될 수 있다. 왜냐하면 기예는 자연의 목적을 인간의 목적으로 교체해버리기 때문이다. 예를 들어 수로(水路)는 자연적인 물의 흐름이 아니다. 그것은 인간 제작자의 의도를 드러내며 자연의 의도를 좌절시킨다. …… 기예와 자연의 아리스토텔레스적 구별은 인간의 목적을 자연의 목적과 구별된 것으로 보며, 따라서 인간의 목적이 참된 자연철학의 창조와 무관한 것이라는 견해에 의존한다"([ ]는 나의 강조). 디어는 이러한 입장을 다음의 저작에서 재확인한다. Dear, *Revolutionizing the Sciences: European Knowledge and Its Ambitions, 1500–1700*, Princeton: Princeton University Press, 2001, p. 7. 과학에 대한 프랜시스 베이컨의 개입주의적 접근법을 설명한 뒤 디어는 이렇게 진술한다. "하지만 이와는 반대로 아리스토텔레스주의자들에게 철학자란 자연을 관찰하고 자연의 '일상적 양상'에 대해 심사숙고함으로써 자연에 관한 이해에 도달하게 되는 사람이었다. 자연의 일상적 양상에 개입해 결국에는 변질시키는 방식이 아니라는 말이다. 그들에게 자연은 통제할 수 있는 대상이 아니었다." 디어 및 대스턴의 견해에 대한 비판으로는 다음을 보라. William R. Newman, "The Place of Alchemy in the Current Literature on Experiment", in *Experimental Essays—Versuche zum Experiment*, ed. Michael Heidelberger and Friedrich Steinle, Baden-Baden: Nomos, 1998, pp. 9~33. [옮긴이] 피터 디어, 정원 옮김, 『과학혁명: 유럽의 지식과 야망, 1500~1700』, 뿌리와이파리, 2011, 22쪽에서 인용.

수 있다고 가정한다. 하지만 페레즈-라모스는 이 접근법이 기예-자연의 구별에 의해 실질적으로 금지되었다고 지적한다.[9] 기예-자연의 구별이 곧 실험의 제한을 의미한다는 아리스토텔레스 및 그의 추종자들의 아이디어는, 아리스토텔레스의 과학이 자연에 대한 개입을 의미하는 실험실 연구가 아닌 오로지 일반화된 수동적인 관찰만을 동원했다는 견해와 매우 가깝다. 이러한 식의 견해는 로레인 대스턴과 캐서린 파크의 최근 저작에서도 표명되었는데, 그들은 실험에 의해 도달되는 특이성과 완전히 반대되는 의미로서 아리스토텔레스적 사실이란 "익숙하고 흔한 것"의 범위에 국한된다는 딱지를 붙인다.[10] 그렇다면 사실상 앞에 언급된 어떠한 저자들도 실험에 대해 공정한 평가를 내리지 않고 있는 셈이다. 만약 자연에 대한 개입 또는 고안된 경험을 통해 획득된 지식의 승인 여부가 실험을 다른 일상적인 경험과 구별하는 기준이 된다면, 사실은 아리스토텔레스야말로 의심할 나위 없이 실험과학자의 역할에 충실했던 사람이었다. 아리스토텔레스 생물학 전반의 근간을 이루는 주의 깊은 해부 작업에서 보여주듯이, 부화의 여러 단계에 걸쳐 달걀을 분석한 유명한 단락은 고안된 경험의 분명한 사례였다(『동물지』, 제6권 제3장, 561a4-562a21; 『동물발생론』, 제3권 제2장, 753b17-754a15).[11] 광물학의 영역에서도 아리스토텔레

9 Antonio Pérez-Ramos, "Bacon's Forms and the Maker's Knowledge Tradition", in *The Cambridge Companion to Bacon*, ed. Markku Peltonen, Cambridge: Cambridge University Press, 1996, pp. 99~120, 112를 보라. "만약 인간 기술의 어떠한 생산물도 자연의 과정의 본질과 미묘함에 거의 동등해지거나 접근조차 할 수 없음을 우리가 받아들인다면, 지식에 관한 철학적 관점에서 도대체 자연의 신비를 통찰하기 위해 우리가 무언가를 만들고 구성해야 할 까닭이 어디에 있는가?" 또한 다음을 보라. Pérez-Ramos, *Francis Bacon's Idea of Science and the Maker's Knowledge Tradition*, Oxford: Clarendon Press, 1988, pp. 48~62, 150~96.

10 Lorraine Daston and Katherine Park, *Wonders and the Order of Nature*, New York: Zone Books, 1998, pp. 227, 238. 이 견해는 다음에서 더 상세하게 전개된다. Daston, "Baconian Facts, Academic Civility, and the Prehistory of Objectivity", *Annals of Scholarship* 8, 1991, pp. 337~63, 특히 pp. 340~41을 보라.

11 G. E. R. Lloyd, *Methods and Problems in Greek Science*, Cambridge:

스는 주석과 구리를 혼합해 청동이 될 때, 각각이 원래의 상태보다 부피가 줄어든다는 식의 관찰이 일상적인 관찰과 거의 구별되지 않는다는 점에 주목했다. 따라서 그는 이 사실을 근거로 형상과 질료의 관계에 대한 일반적인 진술을 이끌어냈다(『생성소멸론』, 제1권 제10장, 328b6-14). 누군가가 아리스토텔레스 자신은 이러한 경험적 절차에 직접 관여하지 않았고 또는 최소한 그 절차를 의도하지 않았다고 논증하더라도, 이 반론은 입증하기 어렵다. 아리스토텔레스가 이처럼 자연에 개입함으로써 자연 세계에 관한 일반화된 주장을 이끌어냈다는 바로 그 사실이야말로, 고안된 경험이 그에게 원칙의 문제가 아니었음을 보여준다.

아리스토텔레스의 기상학 영역으로 넘어오면 여기서도 실험 행위의 증거를 찾을 수 있다. 무지개에 관한 유명한 논법을 담은 단락에서 아리스토텔레스는 인간의 기예로 만든 유사체[자연과 유사한 물체]의 관점에서 그 현상을 설명한다. 그는 태양 빛과 관찰자의 시선이 알맞은 지점에서 만난다면 물을 젓는 노가 무지개를 만들 수 있다고 지적한다. 이어서 그는 고안된 경험의 분명한 사례를 묘사한다. "또한 태양에 접해 부분적으로는 빛이 비치고 부분적으로는 그늘이 진 방 안에서 미세한 비말을 분사하면 무지개가 생산된다. 그렇게 위치한 방 안에서 누군가가 물을 분사하는 동안, 방 바깥에 있는 사람에게는 태양 빛이 끝나고 그늘이 시작되는 지점에서 무지개가 생겨난다"(『기상학』, 제3권 제4장, 374a35-374b5). 이 단락은 자연에 관한 더 깊은 지식을 획득하기 위한 목적으로 기예를 통해 자

Cambridge University Press, 1991, pp. 70~99(reprinted with new introduction from *Proceedings of the Cambridge Philological Society* n.s., 10, 1964, pp. 50~72); Heinrich von Staden, "Experiment and Experience in Hellenistic Medicine", *University of London Institute of Classical Studies Bulletin* 22, 1975, pp. 178~99; Ludwig Edelstein, "Recent Trends in the Interpretation of Ancient Science", *Journal of the History of Ideas* 13, 1952, pp. 573~604; William Arthur Heidel, *The Heroic Age of Science: The Conception, Ideals, and Methods of Science among the Ancient Greeks*, Baltimore: Williams and Wilkins, 1933.

연 현상을 복제하는 행위를 대놓고 허용한다. 아리스토텔레스는 축소형 무지개의 '인공적인' 지위를 하등 문제 삼지 않는데, 이는 아마도 그 무지개가 자연의 실제 무지개와 동일한 작용인과 질료인을 갖기 때문이었을 것이다. 그 무지개의 작용인은 공중에 떠 있는 작은 물방울들이 특정한 각도로 빛을 받아 일어나는 빛의 굴절 현상에 놓여 있다. 질료인은 작은 방울들로 구성된 물이 제공한다.[12] 이처럼 아리스토텔레스가 무지개를 다루었던 방식은 인간이 자연적 생산물의 원인을 알아내 그 원인을 실제로 복제할 수만 있다면 자연적 생산물도 능히 복제할 수 있다고 논증했던 중세 연금술사들의 입장과 놀랍도록 가깝다. 물론, 어떤 이는 아리스토텔레스와 연금술사들의 연결고리가 역사를 매끈하게 서술하려고 부여된 사후 장치라고 반론할 수 있겠지만, 사실은 그렇지 않다. 따라서 이 장(章)에서는 먼저 무지개의 복제와 금속의 복제 사이의 연결고리를 살펴보려고 한다. 이 연결고리를 명쾌하게 직접적으로 이끌어냈던 이들은 중세 저술가들이었다.

테모와 '제작자의 지식'

'기예의 도움으로 금속을 만들 수 있는가?'라는 문제를 다룬 가장 흥미로운 논법은 '유대인 테모'(테모 유대이, 1325~71) 또는 파리 '유명론' 학파(그들의 혁신적인 논리로 인해 그렇게 불렸던)[13]의 훨씬 더 유명한 구성원이었

12 여기서 나는 알베르투스 마그누스의 분석에 의존했다. Albertus Magnus, *De meteoris libri quatuor*, in *Beati Alberti Magni … opera*, ed. Pierre Iammy, Lyon: Claudius Prost et al., 1651, bk. 3, chap. 10, vol. 2, p. 128.

13 [옮긴이] 보편이 개체에 앞선다는 실재론(realism)과 대립되는, 개체가 보편에 앞선다는 유명론(nominalism)은 이미 중세 성기에 처음 등장해 귈리엘무스 오카무스(오컴의 윌리엄)에 의해 체계화되었다. 그와 동시대인이었던 요한네스 부리다누스는 귈리엘무스를 정죄하기는 했지만 역시 유명론의 입장에서 자연을 탐구함으로써 근대 역학의 씨앗 중 하나를 심은 인물로 평가받는다. 부리다누스를 중심으로 파리는 유명론 철학자들의 본거지가 되었지만, 이곳에서조차 유명론은 부흥과 수난을 무수히 경험하게 된다.

던 니콜라스 오렘(1325~82) 가운데 한 명이 썼다고 알려진 저작에서 뚜렷하게 발견된다. 이들 두 인물은 모두 파리 대학의 위대한 스콜라주의자 요한네스 부리다누스의 제자였는데, 동시대인 14세기 중엽에 활약했다. 그들은 각자 아리스토텔레스의 『기상학』을 『정규토론 문제집』이라는 스콜라주의 문답 방식으로 주석했는데, 둘의 주석은 놀라우리만치 서로 간에 겹쳐 있다. 따라서 최근의 연구는 상당 부분 뒤섞여 있던 텍스트를 구분해 특정한 질문들을 두 저자 각각에게 되돌려주는 데 중점을 두었다.[14] 그 결과, 인공 금속을 인공적으로 생산된 무지개 및 후광과 명료하게 대비하는 것으로부터 출발해 이곳저곳에 흩어져 나타나는 연금술 관련 질문들은 오렘이 아니라 테모의 저술이었음이 밝혀졌다. "땅속에서 발생하는 사물들에 관해 금속이 기예의 도움으로 만들어질 수 있는지 없는지가 탐구되었다. 마치 무지개나 후광이 때로는 인공적으로 만들어지듯이 말이다."[15] 이처럼 해당 이슈를 단도직입적으로 내세우는 방식은 이에 상응하는 물음을 독자들에게 불러일으킨다. 인공적인 무지개와 후광은 무엇일까? 왜 테모는 그것들을 연금술의 금에 관한 논의 속으로 끌어들일까? 이 물음의 해답은 아리스토텔레스의 자연과학 가장 깊숙한 데 각인된 선입견을 포기하게끔 하는 영역으로 우리를 이끌 것이다. 앞으로 살펴보겠지만, 테모는 무지개에 관한 아리스토텔레스의 논법을 연금술로부터 비롯된 아이디어와 결합함으로써 '제작자의 지식'을 대놓고 열렬히

---

14 Aleksander Birkenmajer, "Etudes sur Witelo", *Studia Copernicana* 4, 1972, pp. 97~434, 특히 pp. 238~39를 보라. 부리다누스의 또 다른 제자였던 알베르투스 데 삭소니아의 『기상학 주해』도 테모와 오렘의 주석으로부터 깊이 물들었다. 다만 알베르투스의 주석은 연금술 관련 질문이 등장하기 전에 제3권으로 끝난다. Birkenmajer, "Etudes", p. 199. 유대인 테모에 관해서는 다음을 보라. Henri Hugonnard-Roche, *L'oeuvre astronomique de Thémon Juif, maître parisien du xive siècle*, Genève: Librairie Droz, 1973, p. 35.

15 Themo Judaei, *Quaestiones* in *Quaestiones et decisiones physicales insignium virorum: Alberti de Saxonia in Octo libros physicorum* …, Paris: Ascensius & Resch, p. 202v: "De his quae fiunt sub terra queritur. Utrum per iuuamen artis possint fieri metalla: sicut iris et halo artificialiter quandoque sunt."

지지하려 한다.

무지개에 관한 테모의 실험적 접근법을 이해하기 위해서는 먼저 그가 보았던 자료에 대해 꼭 언급해야 한다. 실험 행위는 중세 시각학[광학][16] 전통에서 확립된 특징이었는데, 그 분야에서 널리 알려졌던 아랍 저술가 이븐 알-하이삼은 11세기에 이미 오목거울이나 암상자 같은 도구를 사용해 빛과 시각에 관한 더 나은 이해에 도달하려고 했다. 하지만 압델하미드 사브라가 그 저명한 시각학 저술가에 관한 연구에서 지적했듯이, 무지개에 관한 전통적인 논의가 이뤄지던 공간은 실은 시각학 문헌들이 아니라 기상학 저작들이었다.[17] 실제로 중세 저술가들에게 무지개에 관한 실험적 접근법을 자극했던 출전은 앞서 인용했던 아리스토텔레스의 『기상학』 제3권이었음이 분명하다. 어떻게 테모와 그의 후계자들이 스스로 인공 무지개를 실험할 수 있다고 생각했는지를 이해하기 위해 '응용수학' 대(對) 자연철학의 복잡한 자리싸움 논쟁을 여기서 소개할 필요는 없을 것이다.[18] 아리스토텔레스 본인이 직접 자신의 자연철학의 한 부분을 이루는 기상학에서 실험 행위를 허용했다는 점만으로도 그 중세 저술가들에게는 충분한 근거가 되었을 것이다. 그 덕분에 우리는 가령 알베르투스 마그누스의 『기상학 주해』와 같은 저작에서 용기에 물을 가득 채워 개별 물방울들을 만들어 무지개를 복제하는 실험에 관한 논의를 발견하게 된다. 물방울들은 태양 빛이 색깔 스펙트럼[무지개]을 생산하는 수단으로 기능한다. 뿐만 아니라 알베르투스는 천천히 짜낸 젖은 걸레로 미세한 분무와 그에 수반하는 색깔 스펙트럼을 생산할 수 있다고 설명한다. 몇 페이

16 [옮긴이] 중세 후기의 배경에서 'optics'를 '광학'이 아니라 '시각학'으로 번역한 데에는 서양고전광학 연구자 이무영의 페이스북 그룹인 '청사진'(https://www.facebook.com/search/top?q=청사진)으로부터 결정적인 힌트를 얻었음을 밝혀둔다. 이 책의 주제는 아니지만, 향후 중요하게 연구 및 소개되어야 할 영역이라고 생각한다.

17 A. I. Sabra, *The Optics of Ibn al-Haytham*, London: Warburg Institute, 1989, pp. lx~lxi.

18 Pace Dear, *Discipline and Experience*, pp. 158~62.

지를 지나 그는 노를 저어 만드는 『기상학』 제3권의 무지개를 언급하면서, 이 스타게이라 출신 철학자[아리스토텔레스]가 물이 튀어 생겨나는 색깔 스펙트럼이 의도적인 복제 행위라고 말했던 것이야말로 알베르투스 자신이 얻은 영감의 궁극적인 근원이 되었다고 밝힌다.[19] 또한 알베르투스는 자연의 수정 바위를 사용해 인공 무지개를 만들었다고 하는데, 이 행위는 13세기 폴란드 출신의 스콜라주의 시각학 저술가 비텔로 투링고 폴로니스에 의해 더욱 깊이 다뤄졌다. 알베르투스처럼 비텔로도 노를 저어 만든 아리스토텔레스의 인공 무지개로부터 영향을 받아 이를 응용해 활의 모양에 관한 이론을 창안하기도 했다.[20] 그러나 무지개를 설명하는 이러한 실험적 전통의 정점은 14세기의 처음 10년에 저술된 테오도리쿠스 데 프리베르크의 『무지개에 관하여』에서 찾아볼 수 있다. 테오도리쿠스는 각각의 물방울에서 이중굴절 및 일회반사[21]를 통해 무지개가 생겨난다는 사실을 입증하기 위해 앞서 설명했던 실험 기법을 사용하려고 노력했다. 그는 이중굴절 및 이중반사를 통해 이차곡선이 어떻게 형성되는지도 설명하려고 했다(그림 5.1).[22]

테모가 테오도리쿠스의 무지개 논저를 알고 있었는지 아닌지는 불분명하지만, 그가 알베르투스와 비텔로, 그리고 『기상학』 제3권에서 파생된 실험 전통으로부터 영향을 받았다는 점은 확실하다.[23] 테모는 여러 가지

---

19 Albertus Magnus, *De meteoris*, bk. 3, chap. 10, p. 128. 노를 저어 만든 무지개에 관한 알베르투스의 논의로는 제19장의 pp. 134~35를 보라.

20 Witelo, *Optica*, in *Opticae thesaurus Alhazeni*, Basel: Episcopi, 1572, bk. 10, chap. 83, pp. 473~74. 비텔로가 노를 저어 만든 무지개를 활용한 것에 관해서는 다음을 보라. bk. 10, chap. 66, p. 458; Crombie, *Grosseteste*, pp. 227~28.

21 [옮긴이] 빛이 물방울을 거쳐 무지개를 만들 때 두 번의 굴절과 한 번의 반사가 일어나는데, 더 정확하게는 굴절 반사-굴절의 순서로 진행된다. 빛은 파장에 따라 굴절되는 정도가 다르므로 굴절 과정에서 빛이 분산되어 우리 눈에 무지개가 보이게 된다.

22 Crombie, *Grosseteste*, pp. 233~59. 또한 다음을 보라. Carl B. Boyer, "The Theory of the Rainbow: Medieval Triumph and Failure", *Isis* 49, 1958, pp. 378~90.

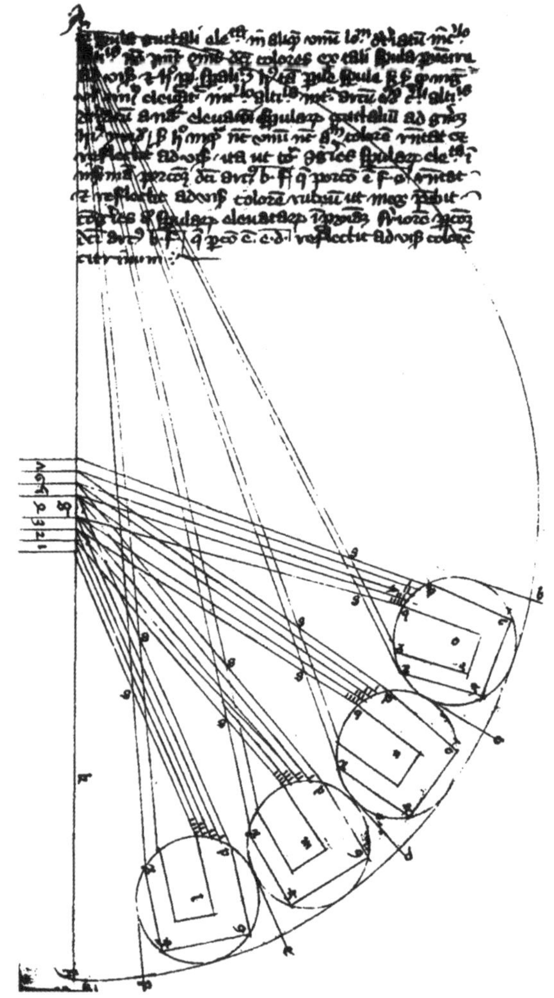

그림 5.1 테오도리쿠스 데 프리베르크가 물방울 안에서 벌어지는 이중굴절 및 이중반사를 그린 도해(중세 후기의 필사본). 물로 가득 찬 플라스크에서 실행되는 실험에 근거하여 이중 무지개에서 더 높은 층의 색깔 스펙트럼이 생산되는 원리를 설명한다.

다양한 방법으로 인공 무지개를 생산했다. 그는 입으로 물을 뿜거나 추운 날 해를 등지고 서서 입김을 불어 분무와 비말을 만드는 법을 언급했

23 Crombie, *Grosseteste*, pp. 261~62.

다. 또한 그는 물로 가득 찬 둥근 용기에 태양 빛을 내리쬐도록 해 인공 무지개를 만들기도 했다. 뿐만 아니라 그는 물을 채운 용기를 활용해 달과 해 주위에 종종 형성되는 후광을 복제했는데, 그것을 인공 후광(halo artificialis)이라고 불렀다.[24] 이와 같은 실험 행위를 통해 테모는 테오도리쿠스로부터 빛을 지지 않고서도 하나의 물방울 속의 이중굴절에 관한 위대한 발견에 도달할 수 있었다.[25] 다시금 인공 무지개가 그의 발견에 기여한 열쇠로 기능했던 듯하다. 따라서 테모 자신이 인공적으로 생산된 무지개 및 후광에 관한 논의를 인공 금에 관한 고찰로 끌어들였다는 점에는 상당한 의미가 있다. 하나의 영역에서 그가 거두었던 성공이 다른 영역에서도 동일하게 성공적인 결과를 기대해도 좋다는 근거가 될 수 있을까? 이 질문에 답하기 위해 연금술 그 자체에 관한 테모의 질문으로 돌아가야겠다.

테모가 연금술을 향해 던진 질문은 아비켄나의 "기예가들로 하여금 알게 하라"를 인용한 연금술 반대 논증으로부터 출발한다. 먼저 그는 종(種)이 변성될 수 없다는 개별 근거들을 나열한다. 이 논증들 가운데 몇몇은, 특정한 변성은 인간이 동물로 변할 가능성을 수반한다는 귀류법 논증[26]을 비롯해 이 책의 제2장과 제3장에서 우리가 이미 다루었던 것

24 Themo, *Quaestiones*, question 24, 200r, and question 13, 191v. 일반적으로 테모는 분무를 통해 만든 스펙트럼을 "비율로 만든 인공 무지개"(irides artificiales per rorationes)로, 그가 복제한 개별 물방울은 "물이 가득한 변소로 만든 무지개"(irides artificiales per urinale plenum aqua)라고 불렀다. 이러한 명칭은 중세 의사들이 오줌 샘플을 담아두기 위해 사용했던 둥근 용기를 염두에 둔 것이었다. question 13, 190v, question 15, 192v, *et passim*. 인공 후광에 관해서는 question 6, 183v를 보라.

25 Crombie, *Grosseteste*, p. 267; Boyer, "Theory", pp. 389~90.

26 [옮긴이] 귀류법(reductio ad absurdum, 부조리 논박)은 전제한 가설에서 필연적으로 논리상의 모순이 발생함을 보임으로써 그 가설을 반박하는 논증이다. 사실, 중세의 연금술 반대 논증에서 사용되었던 귀류법은 오늘날의 관점으로는 그다지 엄밀한 논증은 아니었다. 가령 이런 식이다. 종의 변성을 인정한다면 인간이 동물로 변성될 가능성도 생겨나는데, 이는 불가능한 일이므로 종의 변성은 거짓이다.

들이다. 테모는 이 논증들을 또 다른 전통적인 이슈, 즉 자연보다 더 빠른 속도로 변성을 일으키겠다는 연금술의 주장에 적용한다. 그는 이 주장에 대한 반대 논증을 다음과 같은 형태로 제시한다. "이러한 방식이라면 황소는 인간으로부터 재빨리 만들어질 수 있을 것이다. 역으로 인간도 황소의 질료가 한 번 부패하면 그것으로부터 만들어질 수 있다." 또한 테모는 자연과 기예의 엄격한 구획이 몇몇 토마스주의 저술가들에 의해 지탱되었음을 언급한다. 그가 언급한 구별 논증에 따르면, 기예는 기예가의 영혼 속에서 벌어지는 사태에 지나지 않으며(accidens in animo artificis), 그 사태는 기예가로 하여금 능동자를 피동자에 부여하게끔 한다. 그러나 기예에 유용한 능동자는 종의 변성이라는 임무를 감당하지 못한다. 아비켄나가 말했듯이, 인간은 금속의 부수적 속성들만을 알고 그것들에 작용할 수 있을 뿐이며, 어느 누구도 부수적 속성들만으로는 특정한 형상을 변성시킬 수 없다. 이에 더해 테모는 사물을 파괴하는 것이 사물을 만드는 것보다 더 쉬운데, 금은 불이나 다른 수단으로는 파괴될 수 없다고 지적한다. 하물며 그것을 만들기란 더더욱 어려운 법이다. 또한 토마스의 익숙한 논법인 장소의 능력, 즉 금속은 오로지 자신의 근원이 되는 땅속의 특정한 장소에서만 만들어질 수 있다는 논증도 제시된다. 끝으로 테오는 만약 연금술의 변성이 성공한다면 광부의 작업은 경험과 모순을 일으키므로 불필요해질 것이라고 지적한다.

이처럼 연금술 반대 논증들을 나열한 후,[27] 이제 테모는 연금술 찬성 입장을 보여주는 맞은편(in oppositum) 논증들을 나열하기 시작한다. 찬성 논증 또한 대부분은 상당히 전통적인 것들이다. 게베르를 비롯한 여러 연금술 저술가들과 마찬가지로, 테모는 인간이 자연 발생을 유도하는

27 [옮긴이] 이 책에서 자주 등장하는 바, 스콜라주의적 서술 방법에 따라 저술가들은 특정한 주제에 대해 먼저 찬반 논증을 나열한 뒤 각각에 대해 자신의 의견을 덧붙였다. 여기서의 찬반 논증은 형식적인 절차이므로 독자들은 가령 연금술 옹호자가 서술하는 연금술 반대 논증을 그 자신의 입장인 것으로 오해하지 않도록 주의해야 한다.

방법을 통해 작은 동물들을 "만들" 수 있으며 그 동물들은 금속보다 더 완전한 존재라고 지적한다. 인간은 또한 파리(Paris)의 석고나 벽돌뿐만 아니라 다양한 색채의 유리도 만들 수 있다. 이 모든 것이 기예가 자연을 도움으로써 만들어지기 때문에, 테모는 인공적 생산물과 자연적 생산물 사이의 강력한 구별은 유지될 수 없다고 논증한다. 인간이 빠르게 황소로 변하거나 황소가 인간으로 변할 리 없다는 논증에 대해서도 테모는 황소가 인간으로 변하는 일은 매일 벌어지고 있다고 응수한다. 인간은 소고기를 먹지 않는가! 만약 요리의 기예가 이러한 소화 과정을 가속시킬 수 있다면, 그래서 동물의 종을 변성시키는 결과를 낳는다면 연금술의 기예라고 해서 광물 종이 금속으로 변성되는 과정을 가속하지 못할 이유가 무엇인가?

이렇게 스콜라주의적 저술 방식에 따라 연금술을 향한 기본적인 찬반 논증들을 차례로 소개한 뒤에 테모는 토론 문제(quaestio)의 논의 범위를 절(articulus)로 확장하는데, 이는 『정규토론 문제집』에서 더 많은 정보를 추가하기 위해 사용되는 표준적인 스콜라주의 방식의 구분법이다. 이 지점에서 테모가 가진 독창성의 면모가 드러나기 시작한다. 첫째, 그는 『기상학』 제4권을 근거로 인간은 종의 실체를 결정하는 특성들을 알 수 없다는 아비켄나의 주장을 반박한다. 아리스토텔레스는 『기상학』(제4권 제8~9장)에서 혼합물을 만드는 과정을 통해 그 혼합물의 지배적인 특성들을 알 수 있다고 지적했던 바 있다. 가령 우리는 밀랍이 다량의 공기와 소량의 물이 혼합된 유체임을 알 수 있는데, 이는 그것이 가진 극도의 가연성 때문이다. 동일한 방식으로 우리는 금속이 흙 재료를 어느 정도 포함하고 있음을 배우게 되는데, 그것을 하소하면 흙으로 된 재가 남기 때문이다. 따라서 기예의 작용 과정을 통해 자연적 물체의 참된 구성 성분이 무엇인지를 알아낼 수 있다. 테모는 절의 핵심으로 넘어가기 전에 흥미로운 논증을 하나 더 제시한다. 테모는 형상의 강화 및 완화에 관한 14세기의 유명한 이론을 끌어들여[28] 금의 실체적 형상은 하나의 분리 불가능한 점의 방식으로 존재하는 것이 아니라 오히려 어떠한 정도의 연속적인[29]

범위로 존재한다고 논증한다.[30] 인간은 더 강하거나 더 약하더라도 여전히 인간이듯이, 금도 순도가 높든 낮든 여전히 금이다. 테모는 토론 문제에서 다시금 이 논증으로 되돌아와 자연의 원본이 가진 모든 개별 속성을 갖지 않은 연금술의 금을 변호하려 한다.

테모가 제시한 지금까지의 논증들도 흥미로웠지만, 그가 아직 말하지 않은 놀라운 진술이 우리를 기다리고 있다. 기예 전반, 특별히 연금술에 대한 방어 논리를 여럿 제시한 뒤 테모는 '제작자의 지식'이라고 부를 만한 것을 옹호하기 위해 이미 충분히 일반화된 하나의 신조를 꺼내든다.

> 우리가 무지개를 발생시키는 방법을 알기 어렵듯이, 금속을 구성하는 성분이나 방식도 잘 알기도 어렵다고 하기에 "무지개나 후광, 기타 여러 가지"라는 표제의 토론 문제에서 이를 다루었던 것이다. 만약 우리가 기예를 통해 무지개와 그 색깔 또는 후광을 만들거나 볼 수 없다면, 무지개나 후광에 관해 그것들이 어떻게 생겨나는지도 거의 이해할 수 없을 것이다. 마찬가지로 우리가 기예를 통해 알 수 없다면 금과 은의 구성 성분도 거의 혹은 전혀 알 수 없을 것이다. 하지만 우리는 실제로 기예를 통해 자연의 작용 과정을 더욱 완벽하게 알 수 있으며, 그러하기에 앞서 말한 형식에 따라 이러한 토론 문제를 상정한 것이다.[31]

---

28 [옮긴이] 형상의 강화(intension) 및 완화(remission)의 이론은 14세기에 활발하게 토론되었던 이슈로서 주로 부수적 속성들(부수적 형상들)의 변화에 관한 문제, 가령 '난로 위에서 물을 끓일 때, 이전의 열이 새로운 열로 대체되는가? 아니면 동일한 열이 지속되는가? 변화하는 것은 열인가, 아니면 물인가?' 같은 문제를 다루었다. 이 이론은 주로 속성들의 변화를 수학적으로 기술하는 방식을 발전시키는 데 기여했다. 아마도 테모는 부수적 형상에 적용되는 강화와 완화를 실체적 형상에도 적용하려고 했던 것 같다.

29 [옮긴이] 이 책 제2장의 옮긴이주 157을 보라.

30 형상의 강화 및 완화에 관해서는 다음을 보라. John E. Murdoch and Edith D. Sylla, "The Science of Motion", in *Science in the Middle Ages*, ed. David C. Lindberg, Chicago: University of Chicago Press, 1978, pp. 206~64.

31 Themo, *Quaestiones*, question 27, 203r–203v: ¶"Item sciendum quod dicitur

어느 누구도 '제작자의 지식'이 주는 유익을 위 인용문보다 더 뚜렷하게 표현한 진술을 찾을 수는 없을 것이다. 기예를 통해 자연적 생산물을 제작하고 자연적 결과물을 복제하는 행위는 자연을 이해하기 위한 열쇠가 된다. 기예가 자연이 할 수 있는 것보다 더 많은 것을 해낼 수 있다는 아리스토텔레스의 완전성으로 이끄는 기예 개념을 테모는 자연 현상을 복제하는 실험 속에 적용한다. 프랜시스 베이컨이 "자연을 괴롭힘"(vexing nature)이라는 유명한 표현으로 말하고자 했던 바를 테모는 자연이 아무런 도움 없이는 획득할 수 없는 '더 완전한' 수준의 결과로 자연적 물질을 이끈다고 표현한다. 테모는 아리스토텔레스의 기상학을 뚜렷한 근거로 내세워 인공 무지개가 자연을 돕는 기예(artem iuvantem naturam)의 한 가지 사례임이 분명하다고 말한다.[32] 완전성으로 이끄는 기예라는 개념은, 그 개념이 인공적 금과 자연적 금의 동일성을 결정적으로 유지하는 기능을 수행했듯이, 실험 결과의 정당성을 핵심적으로 뒷받침하는 기능도 수행했다. 자연을 완전성으로 이끄는 기예라는 아리스토텔레스적 개념이야말로 인공적인 것과 자연적인 것 사이의 건널 수 없는 틈을 건너도록 해준 다리였다. 그 개념을 사용한 덕분에 테모는 '제작자의 지식' 및 실험을 향한 연금술의 태도를 분명하게 표현할 수 있었다. '제작자의 지식'과 실험은 연금술의 실험 행위와 인공적인 무지개 복제라는 두 전통의 병존을 오랫동안 지탱해준 기반이었다.

'제작자의 지식'에 관한 이처럼 놀랍고도 명쾌한 진술 이후에, 테모는

---

in titulo questionis: sicut iris vel halo etc. quod difficile est cognoscere bene compositionem vel modum componendi metalla sicut et difficile est cognoscere modum generationis iridis: et nisi per artem sciremus facere vel videre iridem et colorem eius et halo: vix duceremur ad cognitionem iridis seu halo quomodo fierent sic: similiter quod vix vel nunquam sciremus compositionem auri vel argenti: nisi per artem sciamus: vel per artem possumus scire completius operationem nature. Et propter hoc mota fuit questio sub forma predicta."

32 Themo, *Quaestiones*, question 16, 194r. 이 부분은 오렘의 '토론 문제 25'와 동일하다. Birkenmajer, "Etudes", p. 239는 해당 부분의 저자를 테모로 본다.

절에서 도입한 자료로부터 여러 가지 결론을 도출한다. 그 결론들 가운데 첫째는, 자연을 돕는 기예가 자연적 결과물을 충분히 산출해낼 수 있다는 그의 견해를 뒷받침한다. "기예의 도움을 통해 기존의 금속 및 잠재된 금속을 마치 무지개나 후광을 만들듯이 만들어낼 수 있다. 이 주장을 입증할 수 있는 이유는, 만약 누구든지 능동적 대상과 수동적 대상을 함께 유도해내는 법을 알고 있다면, 그 대상들이 땅속에서 자연적으로 결합 작용하는 것과 마찬가지로 땅 위에서도 작용하여 유사한 결과를 만들어낼 것이기 때문이다."[33] 『정규토론 문제집』의 첫 부분에서 나열했던 연금술 반대 논증에 대한 답변에서 테모는 인공적인 것과 자연적인 것의 동일성을 은연중에 내세운다. 가령, 기예는 피동자에 능동자를 더하는 작용밖에 하지 못한다는 주장에 대해, 테모는 그 주장이 사실임을 인정하면서도 많은 실체적 형상이 자연을 돕는 기예를 통해 발생된다고 확신 있게 답변한다. 장소의 능력에 관한 토마스의 논증에 대해 테모는 우리가 실제로는 땅 위에서도, 즉 광산 내부와 마찬가지로 근접 열을 가하는 연금술 화로의 내부에서도 금속을 만들 수 있다고 답변한다. 여기서 테모는 다시금 인공 무지개를 등장시킨다. 우리는 땅의 표면 위에서 금을 만드는 것과 동일한 방식으로 "마치 무지개가 땅속의 동굴에서도 만들어지듯이", 색깔 스펙트럼을 땅의 내부로도 옮길 수 있다.[34]

널리 알려진 의견을 표현해 일반화하는 테모의 뛰어난 능력은 '제작자의 지식'에 관한 진술뿐만 아니라 다른 영역에서도 명백하게 드러난다.

---

33 Themo, *Quaestiones*, question 27, 203v: "per iuvamen artis existentis vel possibilis fieri possunt metalla: sicut iris vel halo: quod probatur: quia si aliquis sciret tam passiva quam activa per artem applicare: sicut in natura sub terra sunt applicata: tunc illa agunt et consimiles effectus causant sicut ibi."

34 Themo, *Quaestiones*, question 27, 203v: "dicendum quod immo licet supra terram supra quam habitamus: tamen ibi possunt esse aliqua alia cooperimenta: puta vasa et cooperimenta et forneli quibus mediantibus ista fiunt: ac si fieret iris sub terra in caverna: sicut dictum est prius."

우리는 이 책의 제2장에서 4원소의 성질들은 화합[화학적 결합]의 형상이 새로 부여되기 위해 길을 열어주는 역할밖에 하지 않는다는 아비켄나의 견해를 살펴본 바 있다. 구성 요소들에 부여되는 새로운 실체적 형상, 즉 화합의 형상 그 자체는 신의 중재자이자 행성의 지성들 가운데 하나인 형상의 수여자에 의해서만 부여되었다. 인간의 직접적인 감각 대상인 4원소의 성질들은 그저 실체적 형상의 부수적 속성들에 불과했다. 이는 실체적 형상이 접근 불가능한 대상일 뿐만 아니라 그 실체적 형상으로부터 파생된 일련의 속성들은 그 본성상 사람에 의해 결정될 수 없음도 의미했다. 이러한 까닭에 13세기 말에 에기디우스 로마누스가 논증했듯이, 연금술의 금은 시금 테스트를 당장에 통과할지언정 감각으로 접근할 수 없는 속성들을 가지므로 자연의 금과는 다를 수밖에 없었다.[35] 테모는 두 가지 근거로 이 견해를 명백하게 거부한다. 첫째, 우리가 앞서 살펴보았듯이, 어떤 실체가 가진 불에 타고 증발하는 속성을 그 실체의 원소 구성과 연결지었던 『기상학』 제4권에 대한 주석들을 근거로 테모는 우리가 실제로 화합물의 부수적 속성들로도 그 화합물의 본질적인 지식에 도달할 수 있다고 주장한다. 이렇게 주장함으로써 그는 종을 결정하는 속성들은 감각적으로 접근 불가능하다는 견해를 뒤엎는다. 테모는 인간의 심장을 강하게 하는 의학적 특성을 가졌다는 금을 사례로 들어 말한다. 자연적 금이 의학적 특성을 가졌다고 해서 당연히 연금술의 금은 자연적 금의 모든 속성을 결여하고 있다고 주장한다는 것은 이상한(mirabile) 일이다. "왜냐하면 금은 인간의 가난을 없애주는 작용 외에는 인간의 심장을 더 뛰게 만들지는 않는 듯이 보이기 때문이다. 만약 연금술의 금이

---

35 [옮긴이] 연금술 반대자들이 일반적으로 연금술의 금을 외부적 작용에 의한 결과로 보았다는 점에서 지은이의 이 문장이 독자들에게 혼선을 줄 수도 있을 것 같다. 여기서 지은이가 말하는 "감각으로 접근할 수 없는 속성"이란 외부의 부수적 속성들을 의미하는 것이 아니라 연금술의 금이 가진 실체적 형상에서 비롯된 또 다른 부수적 형상들을 말한다. 다만 이 책에서 다루는 연금술 반대 스콜라주의자들은 연금술의 금이 실체적 형상을 갖는다는 입장과 갖지 않는다는 입장으로 나뉘기 때문에(에기디우스는 전자에 해당한다) 독자들은 주의를 기울여야 한다.

그의 궁핍을 제거해준다면, 다른 [자연적 금]과 마찬가지로 그의 심장은 뛸 것이다. 성인(聖人)들의 삶이 보여주듯이, 금에 관심을 두지 않는 사람의 심장은 금 때문에 뛰지 않는다. 금을 원하고 획득한 사람들은 때로 그것을 잃을까 두려움에 떨 때마다 슬픔에 빠진다."[36] 이 문제를 이토록 풍자적으로 다룬 논법은, 반대파의 기운을 빠지게 만들 만하다. 금이 심장에 끼치는 유일하게 설명 가능한 효과는 탐욕에서 비롯되므로, 연금술의 금은 자연의 금과 동일한 효과를 생산할 것이다. 테모는 다시 한 번 인공적 대상과 자연적 대상 사이의 본질적인 차이는 유지될 수 없는 것이라고 일축한다.

이처럼 괄목할 만한 스콜라주의자 테모는 요한네스 부리다누스의 학파가 만개했던 14세기 중반에 파리의 고무적인 분위기 속에서 활약하면서, 아리스토텔레스 자연학으로부터 흘러나와 오랫동안 이어져온 실험적 접근법을 명쾌하게 표현하고 일반화했다. 알베르투스 마그누스의 시각학 실험 및 게베르의 야금술 연구에서도 테모의 저작과 공통된 가정을 전제했다. 즉 자연적 대상이나 현상을 인공적으로 복제하는 행위는 자연에 관한 새로운 지식을 우리에게 알려준다는 가정 말이다. 하지만 '제작자의 지식'이라는 이상이 그저 암묵적으로만 적용되지 않고 풍성하게 표현될 수 있었던 공간은 다름 아닌 기예-자연 논쟁의 전통적인 맥락 안에서였다.

제네르트와 '고안된 경험'

이제 17세기 초로 넘어가 기예-자연 논쟁에 의해 마련된 실험에 관한 풍

36 Themo, *Quaestiones*, question 27, 203v–204r: "quod est mirabile: quia aurum non multum videtur letificare cor hominis: nisi propter revelationem indigentie per ipsum: et si per aurum alchimicum posset indigentia revelari aliqualiter letificaret cor hominum unum sicut reliquum: quia non curantes de auro non per ipsum letificantur. Sicut patuit de sanctis. Immo quandoque diligentes aurum et habentes per ipsum tristantur: sicut quando timent perdere."

성한 논의가 서유럽으로 유입되어 과학혁명의 주역들에 의해 어떻게 살찌워졌는지 살펴보도록 하자. 우리가 검토할 인물은 비텐베르크 대학의 의학 교수로 잘 알려진 다니엘 제네르트[1572~1637]다. 그의 저작 『아리스토텔레스주의자들과 갈레노스주의자들에 대한 화학자들의 동의와 비동의에 관하여』[37]는 1619년에 출판되었다. 제네르트는 주로 중세 연금술로부터 직접적인 빚을 졌다. 그는 늦어도 1611년까지는 자신의 영향력 있는 질료입자 이론의 주된 요소들을 이미 게베르의 『완전성 대전』으로부터 차용했다. 제네르트는 또한 알베르투스 마그누스와 아르날두스 빌라노바누스, 라이문두스 룰루스의 저작으로 알려진 방대한 연금술 문헌을 섭렵했고 기예와 자연에 관한 동시대 저술가들, 가령 토마스 에라스투스나 안드레아스 리바비우스의 논증에도 정통했다.[38] 연금술에 대한 제네르트의 원숙한 입장은 매우 분명했다. 늦어도 1618년까지 그는 현자의 돌의 존재를 확신하고 있었다. 『화학자들에 관하여』의 1628년 판본에서도 금속의 변성은 반박의 여지가 없는 진리로 여전히 유지되었다.[39] 기예-자연의 구별과 그 구별이 실험에 끼치는 의미에 대한 제네르트의 평가를 살펴본다면, 우리는 유대인 테모와 매우 비슷한 태도를 발견하게 될 것이다.

---

37 [옮긴이] 이하 『화학자들에 관하여』로 줄여 쓰겠다.

38 제네르트에게 끼친 게베르의 영향에 관해서는 다음을 보라. William R. Newman, "Experimental Corpuscular Theory in Aristotelian Alchemy: From Geber to Sennert", in *Late Medieval and Early Modern Corpuscular Matter Theory*, ed. Christoph Lüthy, John E. Murdoch, and William R. Newman, Leiden: E. J. Brill, 2001, pp. 291~329; Newman, "The Alchemical Sources of Robert Boyle's Corpuscular Philosophy", *Annals of Science* 53, 1997, pp. 567~85, 특히 pp. 573~76을 보라. 제네르트는 위-아르날두스 문헌도 알고 있었다. Daniel Sennert, *De chymicorum cum Aristotelicis et Galenicis consensu ac dissensu*, Wittenberg: Schürer, 1619, pp. 154, 563. 위-룰루스 및 위-알베르투스 마그누스에 관해서는 p. 154를 보라.

39 Christoph Meinel, "Early Seventeenth-Century Atomism: Theory, Epistemology, and the Insufficiency of Experiment", *Isis* 79, 1988, pp. 68~103, 특히 pp. 95~96을 보라. 『화학자들에 관하여』의 사후 판본도 이 입장을 유지한다.

제네르트는 『화학자들에 관하여』에서 인공적 생산물과 자연적 생산물의 구별을 어느 정도 긴 분량으로 다룬다. 그 분량이 길 수밖에 없었던 것은 토마스 에라스투스 같은 연금술적 화학의 반대자들에게 응답하기 위함이었는데, 에라스투스는 자연적 실체가 실제로 파라켈수스의 3원소인 수은, 유황, 소금으로 구성되었음을 부인했다.[40] 이 책의 제2장에서 살펴보았듯이, 에라스투스는 기예와 자연의 구별에 대한 강경한 사고방식을 고수했던 인물이었다. 따라서 그는 실험실 분석의 생산물도 인위적일 수밖에 없다고 보았다. 제네르트는 에라스투스의 입장을 다음과 같이 요약해 말한다. 몇몇 저술가는 승화와 증류의 과정처럼 대개는 3원소의 존재를 밝히기 위해 사용되는 "연금술적 화학의 해결책"이 사물의 참된 원리를 최초로 드러냈다는 사실을 부인하는데, 그 해결책은 "자연적이지 않고 인공적이기" 때문이라고 한다.[41] 제네르트는 반대 논증을 계속 소개한다. 자연이 혼합한 사물은 그 무엇이라도 기예에 의해 용해되지 않으므로, 따라서 3원소는 사물의 진정한 구성 요소가 아니라 인위적인 사물에 불과하다. 이 논증에 대해 제네르트는 답변한다. "만약 당신이 혼합물의 근접 능동자[42]를 살펴본다면, 그 혼합물이 장인의 고유한 작업의 결과라 하더라도 연금술적 화학의 해결책이 자연적이지 않다는 주장은 거부되어야 마땅하다. 왜냐하면 그 해결책은 불과 열에 의해, 즉 자연적 원인을 수단으로 삼아 유도되기 때문이다."[43]

여기서 제네르트는 테모와 알베르투스 같은 중세 저술가들이 뚜렷하게 내세웠던 중요한 지점을 확장하고 일반화한다. 주어진 활동의 근접 작

40 제네르트는 에라스투스의 다음의 저작에 대응하고 있다. Thomas Erastus, *Disputationum de medicina nova Philippi Paracelsi*, Basel: Petrus Perna, 1572.

41 Sennert, *De chymicorum*, p. 287.

42 [옮긴이] 이 책 제2장의 옮긴이주 88을 보라.

43 Sennert, *De chymicorum*, p. 288: "Verumtamenvero, si proximum agens respicias, negandum, quod resolutiones Chymicae non sunt naturales; etiamsi artifex suo modo concurrat. Fiunt enim ab igne & calore, causa naturali."

용인에 초점을 맞추는 한, 변형을 이끌어내는 직접적인 원인이 기예가에 의해 주어졌다 하더라도, 누구든 그 원인은 자연적인 것이라고 논증할 수 있다. 가령, 칼 같은 도구나 단지 국지적으로만 운동하는 미세한 능동자와는 달리 작용인이 '자연적'이거나 원소이거나 비의적 성질인 한에서 인공적인 것과 자연적인 것의 굳건한 구별은 오로지 직접적인 작용인보다 그 너머에 있는 기원을 고려할 때라야 유지될 수 있다. 이러한 관점에서 보자면, 식물을 불에 태워 소금을 얻는 작용 과정은 명백하게 자연적 동인인 불의 활동에 기인한 것이므로 전적으로 자연적인 것이다. 포도주의 정수를 증류해 리큐어 술을 얻는 과정은 간에서 증기가 생겨나 뇌로 흘러드는 인체 내의 과정 또는 무언가가 태양열에 의해 증발하는 과정과 동일하다. 직접적인 능동자인 열은 자연적인 것이므로 "이러한 방식으로 생산되는 사물도 인공적인 것이 아니라 자연적인 것이다".[44]

이어서 제네르트는 우리의 주제와 관련된 이슈, 즉 연금술적 화학의 해결책은 '폭력'으로 간주될 수 있으며, 따라서 자연에 반한다는 이슈에도 맞선다. 그는 다시금 의미 있는 설명을 기예-자연 논쟁에 도입한다. 아리스토텔레스가 『자연학』과 『기상학』에서 폭력적인 부패와 자연적인 부패를 구별했을 때, 그의 의도는 '자연의 평범한 과정'에 따라 일어나는 일과 '우연히 일어나는' 일을 구별하려는 것이었다. 그러나 어떠한 작용이 우연적이라고 해서 당연히 비자연적이라는 결론이 뒤따르지는 않는다. "만약 자연의 원인들을 살펴보면, 폭력적인 부패도 분명히 자연적이기 때문이다." 이러한 점을 제네르트는 더 자세히 서술한다. 우리의 제한된 감각으로는 연금술적 화학의 작용 과정이 자연의 일상적 과정을 따르지 않는 것처럼 보이기 때문에 그 과정이 폭력적임을 인정할 수는 있다. 식물을 하소해 소금을 얻는 것은 분명 생명 주기의 일상적인 현상은 아니다. 하지만 그렇다고 해서 연금술적 화학의 과정이 '오로지 인공적인' 것이며, 그로부터 나온 생산물도 인위적이라고 결론을 내릴 수는 없다. 나무를

44 Sennert, *De chymicorum*, p. 288.

태워 지핀 불이 자연적인 불이라는 사실을 누가 부인하겠는가? 사실상 "이러한 작용은 다루어지는 질료가 인공적인 용기 안에서 제한적인 수준의 불에 노출된다는 점에 한해서만 인공적이다. 그러나 열이 질료에 가하는 작용 그 자체는 명백하게 자연적이다. 따라서 이와 같은 결과를 낳는 과정은 작용과 질료에 따라 자연적이다."[45]

이어서 제네르트는 전통적인 연금술 논증을 끌어들여, 만약 인간의 산업과 노동이 만들어낸 존재가 단지 인공적인 것일 뿐이라면, 접붙임된 나무나 배양기의 도움으로 부화된 닭도 필연적으로 인공적인 것이 된다고 말한다. 그의 논증은 기예-자연 논쟁이 강제하는 제한을 배제하는 것이 누구에게나 손쉬운 일임을 강조한다. 오로지 거대하고 거시적인 차원의 변화를 제외하고는, 모든 사례에서 기예의 생산물도 자연적 혈통을 가지고 있음을 주장하려면 근접 작용인에 초점을 맞출 수밖에 없다. 오직 자연적인 생산물만 '운동'(변화)의 내부적 원리를 갖는다는 아리스토텔레스의 주장에 맞서 제네르트는 아리스토텔레스 못지않은 언변의 재능을 발휘한다. 『자연학』(제2권 제1장)에 등장하는 "하나의 사물이 인공적인 것인 한에서 그것은 변화의 내부적 원리를 갖지 않는다(hormēn metabolēs emphyton)"라는 아리스토텔레스의 유명한 선언을 인용해 제네르트는 경쾌하게 답변한다. "연금술적 화학을 통해 만들어진 사물도 모두 내부적 원리를 가지며, 열은 그저 이 내부적 원리(emphyton hormēn)를 작용인으로 이끄는 외부의 능동자일 뿐이다."[46] 제네르트는 인공적인 것과 자연적인 것이 다르다는 아리스토텔레스의 주장에 의해 자신이 갇혀 있다고 느끼지 않음이 분명하다. 연금술적 화학의 생산물은 그저 인위적일 뿐

---

45 Sennert, *De chymicorum*, p. 289: "Artificiales sunt istae actiones, quatenus in artificialibus vasis materia elaboranda certo ignis gradui objicitur. At actio Caloris in materiam plane naturalis est. Et proinde opus, quod producitur, respectu efficientis & materiae naturale est."

46 Sennert, *De chymicorum*, p. 290: "At quae a Chymia fiunt, omnia istum internum impetum habent; calorque saltem externum agens est, qui illam emphyton hormēn ad actum deducit."

이라는 결론을 피하기 위해 제네르트는 연금술적 화학의 생산물도 자연적 생산물의 정체성을 표시해주는 흔적, 즉 변화의 내부적 원리를 갖는다고 주장할 수밖에 없다. 과연 누가 그의 주장을 실제로 논박할 수 있을까? 만약 어느 평범한 광물이 내부적 원리를 갖는다면, 연금술적 화학에 의해 '생산된' 광물에는 그 [내부적] 원리가 없음을 입증할 '경험적' 증거가 있을까?

이와 같은 형식적인 문답으로 소재를 고갈시킨 뒤 제네르트는 새로운 유형의 논증을 시도한다. 파라켈수스의 3원소 문제가 오로지 기예를 통해서만 해결되는 것은 아니다. 3원소는 연금술적 화학의 도움 없이도 나타나기 때문이다. 인공적 사물이 물리적 존재로 태어나려면 그에 앞서 그 사물이 기예가의 정신 속에서 먼저 존재해야 하므로, 만약 연금술적 화학의 생산물이 자연 발생을 통해 생겨난다면 그 생산물이 인위적이라는 주장은 반박될 수밖에 없다.[47] 이러한 까닭에 제네르트는 연금술적 화학의 원리들[48]이 기예 없이도 자연에서 발견된다는 사실을 입증하는 많은 사례를 제시한다. 동물의 배설물은 분명히 유황을 포함하며, 누구든 그것의 악취를 맡을 수 있다. 나무의 수액이 명백히 유황을 함유한다는 점은 그 수액의 가연성으로 입증된다. 한편으로 소금은 "질산칼륨 공장 주변에 버려진 재와 금속회 더미로부터 자연적으로 획득될 수 있다".[49] 이

47 Sennert, *De chymicorum*, p. 290: "Id artificiale proprie est, quod Formam in mente artificis prius conceptam ab artifice accipit: At, Chymico etiam de principiis non cogitante, nec formam eorum prius mente concipiente, in resolutione sponte ea proveniunt: quia scilicet jam inerunt." 이와 유사한 논증을 펼치는 17세기 프랑스 화학 교과서의 저자들에 관해서는 다음을 보라. Ursula Klein, "Nature and Art in Seventeenth-Century French Chemical Textbooks", in *Reading the Book of Nature: The Other Side of the Scientific Revolution*, ed. Allen G. Debus and Michael T. Walton, Kirksville: Sixteenth Century Journal Publishers, 1998, pp. 239~50, 특히 pp. 244~45를 보라.

48 [옮긴이] 지은이가 말하는 "연금술적 화학의 원리들"은 파라켈수스의 '3원소'와 동의어다.

49 Sennert, *De chymicorum*, p. 291: "Sal naturaliter redditur e cinerum & cal-

와 유사하게 포도주 통의 측면에 침전되는 타르타르(酒石)에서도 많은 양의 소금이 발견된다. 이는 누구도 다량의 유황을 함유한 인화성 물질인 포도주의 정수를 인공적인 것으로 여기지 않는다.[50] 포도주 안에 담긴 그 선물은 술고래를 즐겁게 만들며, 때로는 겨울 강추위에 의해 자연적으로 분리되기도 한다. 이와 같은 방식의 모든 논증은 인공적인 것과 자연적인 것을 가르는 경계선이 극도로 허약하다는 점을 드러내며, 무엇이라도 어느 한쪽에서 다른 쪽으로 쉽게 넘어갈 수 있다고 강조한다.

연금술적 화학의 원리들이 인공물에 불과하다는 논증을 반박하고 나서 제네르트는 에라스투스의 또 다른 반대 논증에 답변한다. 에라스투스는 4원소에 필적할 만한 근접 원리는 실제로 존재하지 않는다고 주장했다. 이 논쟁에서 제네르트는 연금술적 화학의 생산물이 자연적인 것임을 변호하는 데서 그치지 않고, 놀라울 만큼 일반적인 용어로 실험의 정당성을 옹호하는 데까지 나아간다. 먼저 그는 에라스투스의 논증을 지지하는 사람들에게 부패한 시체의 냄새를 맡아보라고 조언한다. 그러면 그들은 무언가의 개입 없이는 분해 과정이 사물을 곧장 원소들로 환원한다는 자신들의 견해를 즉각 포기할 것이다. 만약 그렇게 해서라도 그들을 설득할 수 없다면, 승화 과정 후에 증류기의 벽에 남은 생산물을 살펴봐야 한다. 그 생산물은 명백하게 '혼합물'이며 순수한 원소가 아니다. 광부가 광석을 제련하는 과정에서 생산되는 재의 경우에도 마찬가지다. 그 재는 부분적으로만 용해되므로 소금과 흙의 혼합물임이 분명하다. 잠재적인 비판의 대상이 될 과정은 '순전히 인공적인' 것일 뿐이라고 미리 둘러대고서, 이제 제네르트는 기예-자연 논쟁을 벗어나 엄밀한 의미의 '고안된 경험'을 방어하려 한다.

---

cium exhaustis cumulis, circa officinas nitrarias."

50 Sennert, *De chymicorum*, p. 291. 포도주의 정수가 갖는 유황의 특징에 관해서는 p. 297을 보라. "포도주의 정수는 그것이 불에 탄다는 점에서 지방이 아니라 유황을 함유한다."

그러므로 누구라도 자연의 작용에 대해 이처럼 표면적이고 부수적인 판단을 내려서는 안 된다. 오히려 그 판단은 좀 더 깊이 점검되어야 한다. 우리에게 우연을 통해 나타나지 않는 것은 기예와 노동(industria)을 통해 발견되어야 한다. 자연의 해결책이 [외부로부터] 제한을 받지 않는다고 판단함으로써 많은 난점이 생겨난다. 이미 해결된 부분은 자신을 검증에 노출시키지 않으므로 원소들이 순수한지 혹은 다른 유형인지 알려질지 모르는 대신에 그 원소들은 증기로 흩어지거나 소멸되고 만다. 그러나 기예의 작용에는 더 위대한 확신이 있다. 기예에서는 아무것도 소멸되지 않고 모든 재료는 밀봉된 용기 안에서 다루어지며, 해결된 부분도 그것 안에 모인다. 이질성은 동질성으로부터 분리되어 모든 것에 관한 올바른 판단이 이루어질 수 있게 된다.[51]

위 인용문에서 제네르트는 실험의 대상을 그 대상의 자연적 환경으로부터 고립시키는 행위를 정당화하고 있음이 분명하다. 원소들과 그것들로 구성된 물체 사이를 중개하는 원리가 있는지 없는지를 판단하려면, 실험실 도구를 통한 통제된 해결책의 실행이 필수적이다. 그렇지 않으면 승화나 연소의 과정 중에 생산된 약간의 가스나 증기가 공기 중으로 빠져나가 제대로 된 검증이 불가능해지기 때문이다. 세라 브로디는 물론이고 피터 디어나 안토니오 페레즈-라모스 같은 과학사가들이 제시했던 아리스토텔레스 자연철학의 그림이 제네르트의 논증과 얼마나 세게 충돌

51 Sennert, *De chymicorum*, p. 292: "Non ergo ita obiter & superficialiter de naturae operibus judicandum. Sed paulo penitius ea introspicienda sunt. Et quod nobis fortuito non objicitur, Arte & industria inquirendum. Nimirum in naturae externis resolutionibus judicandis, multa occurrunt impedimenta: Neque partes resolutae ad examen sese sistunt, ut cognosci possint, An elementa pura sint, vel alterius generis, sed in auras diffunduntur & aufugiunt. Major autem certitudo est in operibus artis, ubi nihil perit, sed vasis clausis omnia administrantur, partesque resolutae inclusae colliguntur & heterogenea ab homogeneis discernuntur, ut rectum de omnibus possit fieri judicium."

하는지를 지나치게 과장할 필요는 없을 것이다. 스콜라주의자답게 제네르트는 인공적인 것은 변화의 내부적 원리를 결여한다는 아리스토텔레스의 정의를 수용하기 때문이다. 하지만 제네르트는 자연적 구성 성분들의 진위를 가려내기 위해 대놓고 그것들을 인공적인 도구와 기법으로 고립시키려 한다. 자연에 관한 지식에 도달하기 위해 그는 매우 흔쾌히 자연의 과정에 개입한다.

제네르트가 『화학자들에 관하여』에서 실험의 개입 및 실험 대상의 고립을 빼어난 방식으로 정당화했다는 이유만으로, 이 독일인 교수가 자연적인 것과 인공적인 것의 아리스토텔레스적 구별을 모조리 포기했다고 여겨서는 안 된다. 오히려 제네르트는 실험실 용기 안에서의 실험 행위야말로 완전성으로 이끄는 기예에 관한 아리스토텔레스적 개념을 직접 적용해보는 행위라고 여겼다. 그가 보기에 연금술적 화학은 열을 비롯한 여러 능동자를 사용해 자연적 실체들을 분리하거나 결합함으로써 '자연의 노예'(ministra naturae)로 작용하고 있다. 연금술적 화학자는 그저 동인을 수용체에 적용하거나, 그것들을 서로 간에 감소시키거나, 외부의 동인을 제공해 자연적 실체 안에서 내부적 원리가 풍성한 열매를 맺게 만들 따름이다. 제네르트가 불로 일으킨 폭력적인 하소 과정조차 자연적인 것의 범주로 분류될 수 있었다는 사실은 기예-자연 구별에 대한 진보적 해석이 지니는 상당한 융통성을 보여준다. 이처럼 실험의 정당성을 주장하기 위해 기예-자연 구별을 활용하는 전략은 단지 제네르트만이 채택했던 태도가 아니라 그의 아리스토텔레스 해석으로부터 자연스럽게 도출된 결론이었다. 제네르트는 연금술적 화학이 완전성으로 이끄는 기예라고 논증하면서, 전통적인 지혜의 관점을 충분히 받아들여 '순수하게 인공적인' 다른 종류의 기예도 있음을 인정했다. 중세 성기의 연금술사들이 그랬듯이, 제네르트는 외부로부터 형상을 부여하는 기예의 전형적인 사례로 조각예술을 들었다. 이러한 기예는 자연적 실체의 내부적인 운동 원리를 바꾸는 데는 실패한다.[52] 연금술적 화학이 운동의 내부적 원리를 기예가의 고유한 작업 공간으로 옮겨 실체를 완성하는 것과는 달리 조각은 순수하게 인공적인 생산물만을 낳는다.

중세 및 근대 초의 많은 연금술사가 제안하고 활용했던 '제작자의 지식'이라는 개념을 유대인 테모가 정리했듯이, 수많은 연금술 문헌에 담겨 있던 실천들이 보여준 실험의 개입 및 실험 대상의 고립, 즉 '고안된 경험'에 관해 제네르트도 목소리를 냈다. 테모와 제네르트의 중요성은 그들이 실험실에서 보여준 독창성에 있기보다는 그들이 실험이라는 암묵적인 행위를 학문적 자연철학의 이해 범위 속으로 들여놓았다는 사실에 있다. 더 강력한 이유로(a fortiori) 실험과학의 위대한 선전가 프랜시스 베이컨에게도 동일한 중요성이 주어지는데, 그 역시 이 책의 주제를 이루는 스콜라주의적 기예-자연 논쟁으로부터 공개적이고도 실체적인 빚을 졌다. 베이컨에 대한 고찰은 테모나 제네르트와 동등한 중요성을 지니면서 동일하게 보편적인 자료에 의존했던 그의 면모를 드러낼 것이다.

베이컨과 '괴롭힘당하는 자연'

1957년 파올로 로시의 탁월한 연구서 『프랜시스 베이컨: 마법에서 과학으로』가 출판된 이래, 이 고명한 대법관 베룰람 남작[53]이 연금술 문헌으로부터 의미 있는 영향을 받았다는 사실은 널리 받아들여졌다. 이 책에서 로시는 자연에 대한 인간의 지배라는 베이컨의 주제가 연금술 및 자연마법 저작들로부터 영감을 받은 것이었음을 설득력 있게 논증했다.[54] 로시는 베이컨의 기술낙관주의가 연금술 저술가들로부터 비롯되었음을

---

52 Daniel Sennert, *Hypomnemata physica*, Frankfurt: Clement Schleichius, 1636, pp. 21~23.

53 [옮긴이] 베룰람(Verulam) 남작이라는 칭호는 베이컨 가문의 영지였던 베룰라미움(Verulamium, 오늘날의 세인트 올번스[Saint Albans])에서 비롯되었다.

54 Paolo Rossi, *Francesco Bacone: dalla magia alla scienza*, Bari: Laterza, 1957, pp. 54~62; translated by Sacha Rabinovich as *Francis Bacon: From Magic to Science*, London: Routledge and Kegan Paul, 1968, pp. 16~22.

알았지만, 인간 능력의 한계에 대한 베이컨의 고찰에 상당히 다른 분수령이 존재한다는 점도 발견했다. 로시는 『프랜시스 베이컨』과 또 다른 저작 『철학, 기술, 예술』에서 기예와 자연의 낡은 구분을 전복한 주인공이 바로 프랜시스 베이컨[1561~1626]이었다는 견해를 드러냈다.[55] 선원의 나침반과 화약, 인쇄기 같은 인공적인 재능의 산물들을 근거로 베이컨은 기예와 자연 사이의 어떠한 분리도 인정하지 않았으며, 로시는 베이컨의 이러한 측면으로부터 깊은 인상을 받았다. 로시에 따르면, 베이컨을 이처럼 새로운 입장으로 이끈 요인은 기예-자연 논쟁이나 그 안에서의 연금술의 역할이 아니라 근대 초의 기계적 기예가 가졌던 지배력이었다.[56]

몇몇 사례를 통해 기예-자연 논쟁을 평가절하하는 듯했던 로시의 어조는 유감스러운 결과들을 낳았다. 그중에서도 가장 심각한 결과는 베이컨이 인공적인 것과 자연적인 것 사이의 구별을 더 말할 것도 없이 삭제해버린 인물이었다는 주장이 지금까지도 되풀이되고 있다는 점이다.[57]

---

55 로시는 더 최근의 연구에서도 자신의 입장을 재확인했다. Rossi, "Bacon's Idea of Science", in *The Cambridge Companion to Bacon*, ed. Markku Peltonen, Cambridge: Cambridge University Press, 1996, pp. 25~46, 특히 pp. 31~43을 보라. 로시의 초기 저작에서 이와 관련된 언급으로는 특별히 다음을 보라. Rossi, *Philosophy, Technology, and the Arts in the Early Modern Era*, New York: Harper and Row, 1970; translated from *I filosofi e le macchine*, Milan: Feltrinelli, 1962, by Salvator Attanasio, pp. 137~45.

56 Rossi, *Francis Bacon*, p. 26. "그러나 베이컨은 기계적 기예의 발전을 새롭고 흥미진진한 문화적 사태로 보았고 그 기예의 사회적·과학적 중요성 및 그것의 목적을 재평가함으로써, 기예와 자연의 관계에 관한 아리스토텔레스의 몇몇 이론이 틀렸음을 입증할 수 있었다." 또한 pp. 238~39의 각주 93~97을 보라. "Bacon's Idea of Science", pp. 31~43.

57 Rossi, *Philosophy, Technology, and the Arts*, p. 46. 로시는 아비켄나를 차용한 반노치오 비링구치오의 연금술 공격을 인용했지만, 그의 공격이 기예-자연 논쟁의 맥락 속에 있었음을 인식하지 못했다. "마법-연금술 전통에 맞선 논박은 기예의 생산물과 자연의 생산물을 동일시했던 베이컨과 데카르트에 이르러 전체적으로 다른 의미의 중요성을 획득했다. '기예의 경로'는 외부적·부수적이었고 자연의 활동과 법칙에 관한 지식을 통해 자연적 실재를 변형하려는 시도가 아니었기에 어느 모로나 실패할 운명이었다." 베이컨이 기예와 자연의 절대적 동일성을 구축했다는 아이디어를 받아들인 저자들 중에는 대스턴과 페레즈-라모스도 있었다. Lorraine Daston,

상식적으로 생각해보아도 이 주장은 사실일 수가 없는데, 왜냐하면 두 범주의 절대적인 동일성은 자연의 원본과 인공적인 복사본을 구분하는 간단한 의미조차 전혀 허용하지 않기 때문이다. 인공적인 것이라는 개념이 따로 살아남지 않고서는 우리는 비닐 복제품과 천연 가죽을, '나뭇결 무늬'의 플라스틱과 옹이가 달린 호두나무를, 마카로니와 곁들여 포장된 오렌지 빛깔의 먹음직스러운 '치즈 푸드'와 진짜 치즈를 구분할 간편한 방법조차 잃어버리고 말 것이다. 베이컨의 시대에도 사람들은 이러한 상황을 참기 어려워했음이 밝혀졌는데, 물론 그도 보석과 금속, 약의 모든 복제품을 자연의 원본과 동일한 것으로 받아들이지 않았다.[58] 분명히 베이컨은 인공적인 것과 자연적인 것을 무작정 덮어두고 동일시한 것이 아니라 다른 무언가를 염두에 두고 있었다. 그가 염두에 두었던 것이 무엇이었는지 설명하기란 어렵지 않다. 따라서 우리는 베이컨의 저작에서 핵심이 되는 단락들을 살펴볼 것이다. 그렇게 함으로써 베이컨이 우리가 이 책에서 수차례 마주했던 완전성으로 이끄는 기예라는 아리스토텔레스적 범주에 기초한 입장에 서서 논증하고 있었음이 분명하게 드러날 것이다.

『지성 세계의 묘사』와 『학문의 진보』에서 베이컨은 기예와 자연의 관계에 대한 분석을 시작한다. 우선 그는 자연을 세 범주로 분류한다. 첫째, 억제되지 않은 상태의 자연(natura in cursu), 둘째, 괴물이 생산되는 경우처럼 정상적인 경로를 벗어난 자연(natura errans), 셋째, "강요되고, 주조되고, 변형되고, 기예와 인간의 손에 의해 새롭게 만들어지는" 자연(natura vexata)이 그것들이다. 그는 특히 자신보다 앞선 자연사(natural history) 저술가들에 대해 비판적인데, 그들은 기예와 자연을 구별하면서 셋째 범주

"The Factual Sensibility", *Isis* 79, 1988, pp. 452~67, 특히 p. 464를 보라; Pérez-Ramos, *Francis Bacon's Idea of Science*, pp. 175~76, n. 14. 호이가스도 동일한 주장을 펼쳤다. Hooykaas, "Das Verhältnis von Physik und Mechanik", p. 16.

58 베이컨은 실제로 연금술적 화학의 생산물을 상당히 차별 대우했다. 그는 변성의 가능성을 믿었지만, 당대에 실행되던 기예의 생산물을 종종 거부하기도 했다. 그의 태도를 보여주는 하나의 사례로는 다음을 보라. Bacon, *Sylva sylvarum*, in Bacon, *Works*, vol. 2, p. 448.

의 자연을 무시했기 때문이다. 실제로 개입주의 실험과학을 추구했던 베이컨의 요청에 부응한 것은 바로 "괴롭힘당하는 자연"(natura vexata)이며, 이 개념은 베이컨이 개혁해나갈 자연사 분야에서 핵심적인 강조점을 형성하게 된다. 기존의 자연사 전통에 대한 비판을 시작하기에 앞서 베이컨은 다음과 같이 상세히 서술한다.

> 따라서 자연사는 자연의 자유와 자연의 실책, 자연의 구속을 모두 다룬다. 만약 기예를 자연에 대한 구속이라고 부르기 싫다면, 구속이 아니라 구원이나 대변이라고 여겨도 좋다. 어떠한 경우에 구속은 질서의 장애물을 제거함으로써 자연을 자연의 의도에 따라 완성하기 때문이다. 내 입장에서는 이러한 단어 사용의 정체나 우아함에는 별 관심이 없다. 내가 의미하는 바는 자연은 마치 프로테우스처럼 기예에 의해 결박되어 기예 없이는 하지 못할 일을 한다는 것이다. 이를 결박과 구속이든 도움과 완성이든 간에, 부르고 싶은 대로 불러도 좋다.[59]

기예-자연 논쟁의 관점에서 위 인용문을 주의 깊게 읽어보면, 오래된 옛 주석가들이 눈에 띄지 않는다는 점을 확인할 수 있다. 베이컨은 자연을 속박의 상태에 두는, 즉 자연을 괴롭히는 수단으로서 기예를 바라보는데, 그는 이러한 식의 전유를 정당화하기 위해 "결박과 구속"이 "도움과 완성"과 동일하다고 명백하게 논증한다. 이 논증은 즉각 우리의 시선을 사로잡는데, 베이컨은 지금 완전성으로 이끄는 기예라는 아리스토텔레스의 언어를 구사하고 있기 때문이다. 이 언어야말로 베이컨이 의도했던 것이라는 점은 기예가 자연의 "구원이나 대변"이라는 그의 진술에 의해 더욱 확실하게 입증된다. 기예는 "질서의 장애물을 제거함으로써 자연을 자연의

59 Francis Bacon, *Descriptio globi intellectualis*, in Bacon, *Works*, vol. 5, p. 506. 문자 그대로 거의 동일한 단락이 다음에서도 나타난다. Bacon, *De augmentis scientiarum*, in Bacon, *Works*, vol. 4, pp. 294~95. [옮긴이] 프랜시스 베이컨, 이종흡 옮김, 『학문의 진보』, 아카넷, 2002, 157~63쪽.

의도에 따라 완성하기" 때문이다. 어떤 의미에서 베이컨은 아리스토텔레스가 『자연학』(제2권 제8장, 199a15-17)에서 했던 말을 여기서 되풀이하는 것이나 다름없다. 즉 기예는 "자연이 할 수 있는 것보다 더 많은 것을 실행"할 수 있다는 사실이다. 하지만 아리스토텔레스의 오랜 실험주의 전통에 속했던 유대인 테모나 제네르트 같은 저술가들처럼, 베이컨은 완전성으로 이끄는 기예 개념을 근거로 자연에 개입하는 실험을 장황하게 강조함으로써 이 스타게이라 출신 철학자를 넘어서려 한다. 그러나 베이컨의 이러한 사고를 추적하기에 앞서 베이컨이 인공적인 것과 자연적인 것의 경계를 완전히 붕괴시켰다는 로시의 주장으로 되돌아갈 필요가 있다. 로시는 우리가 살펴볼 다음의 인용문을 자신의 주장에 대한 근거로 자주 제시했다. 베이컨은 기예를 무시했던 자연사 저술가들을 향해 불평을 늘어놓은 뒤에 다음과 같이 진술한다.

> 그뿐만 아니라 또 다른 더욱 미묘한 오류가 인간의 마음속으로 침투한다. 그 오류란 기예를 그저 자연에 대한 보완으로만 평가하는 것이다. 기예에는 자연이 시작한 일 또는 자연의 일탈을 바로잡는 일을 끝맺을 충분한 능력이 있지만, 근본적인 변화를 일으키거나 자연의 기초를 뒤흔들 정도의 능력은 없다. 이는 인간의 염려에 커다란 절망을 가져다준 의견이다. 하지만 인간은 인공적 사물이 자연적 사물과 비교해 형상이나 본질에 따라서가 아니라 작용에 따라서만 다르다는 확고한 신념을 가져야 하므로 인간에게는 자연을 정복할 능력이 참으로 없으며 다만 운동의 능력, 즉 자연적 물체들을 함께 모으거나 흩어놓는 예외만 있을 뿐이다. 나머지는 자신의 내부에서 작용하는 자연에 의해 실행된다.[60]

위 인용문에서 베이컨이 반박하고 있는 대상은 아리스토텔레스의 『자

---

60 Bacon, *Descriptio globi intellectualis*, p. 506.

연학』(제2권 제8장, 199a15-17)에 등장하는 격언에 대한 지나치게 좁은 해석이나. 앞서 인용했듯이, 이 스타게이라 출신의 철학자는 기예가 자연을 모방할 수도 있고 미완성된 자연의 과정을 완전성으로 이끌 수도 있다고 말했다. 하지만 여기서 베이컨이 공격하려는 직접적인 표적은 아리스토텔레스가 아니라 갈레노스다. 베이컨은 자신의 초기 저작인 『시간의 남성적 탄생』에서 기예에 대한 이러한 견해를 갈레노스의 신념으로 여겼다. 갈레노스에 따르면, 오직 신과 자연만이 균일한 혼합물을 만들 수 있으며, 인간에게는 전체 입자들의 병렬만이 가능하다.[61] 갈레노스의 이 교리는 기예가 자연을 달래어 매우 제한된 목표에만 도달하게 할 뿐이며, 자연을 이끌어 "근본적인 변화"를 겪도록 하지는 못한다는 믿음과 잘 맞아떨어진다. 그렇다면 로시의 지지자들이 우리에게 믿도록 강요하듯이, 베이컨은 기예와 자연이 같다고 말하려는 것일까? 단연코 그렇지 않다. 오히려 베이컨은 기예와 자연이 각자에게 부여된 작용인에 따라 다르다고 말한다. 다만 양쪽에서 생산된 사물들은 "형상이나 본질"에 따라서는 서로 같다. 이는 우리가 이 책의 제2장에서 만났던 중세 성기의 연금술 저술가들이 펼쳤던 주장과 정확하게 일치한다. 『헤르메스 서』를 쓴 익명의 저자는 "이러한 기예의 도움이 사물의 본성을 바꾸지는 않는다. 이러한 까닭에 인간의 작용은 본질에 관해서는(secundum essentiam) 자연적이고 동시에 생산 방식에 관해서는(secundum artificium) 인공적이다"라고 분명하게 말했다. 자연에 대한 기예의 작용은 자연적 물체들을 연결하거나 분리하는 것으로 구성된다는 베이컨의 결론은 전적으로 옛 전통에서 비롯된 결론이었으며, 사실상 중세 스콜라주의자들에게는 상식과도 같은 것이었다.[62]

---

61 Francis Bacon, *Temporis partus masculus*, in Bacon, *Works*, vol. 3, p. 531. 이 단락의 영역은 다음에서 볼 수 있다. Benjamin Farrington, *The Philosophy of Francis Bacon*, Liverpool: Liverpool University Press, 1964, p. 65. 스페딩을 비롯한 베이컨 전집 편찬자들과 파링턴은 베이컨의 비판의 대상이 되는 정확한 출전을 찾지 못했다. 그 출전은 갈레노스의 『기질에 관하여』였다. Galen, *Mixture*, in *Galen: Selected Works*, tr. P. N. Singer, Oxford: Oxford University Press, 1997, p. 227.

기예와 자연의 차이를 작용인 하나로 환원하려는 베이컨의 전반적인 전략은 17세기로부터 중세 성기까지 소급해 올라가는 기예-자연 논쟁 속에서 이미 발견되었다고 해도 지나치지 않을 것이다. 이는 결코 놀라운 일이 아닌데, 앞서 살펴보았듯이, 중세의 논저들은 베이컨의 시대와 그 이후까지도 유효할 기예-자연 구별 논쟁의 표준 전거(locus classicus)를 확립해놓았기 때문이다. 이 유명한 실험과학의 나팔수는 오히려 기예-자연 논쟁의 주된 수혜자였던 셈이다. 우리가 베이컨의 아이디어를 계속 검토하다 보면, 새로운 과학에 대한 그의 청사진과 기예-자연 논쟁의 전통 사이의 연결고리가 결코 고갈되지 않는다는 사실을 확인하게 될 것이다. 베이컨은 자연적 생산물과 인공적 생산물이 본질적으로 동일함을 보여주는 몇몇 사례를 제시함으로써 논의를 지속한다. 이러한 사례들을 보고 우리가 놀란다면 그 이유는 오로지 그것들이 우리에게 너무나 익숙하기 때문이다.

> 그러므로 자연적 물체들을 서로 간에 모으거나 흩어놓는 운동의 가능성이 주어질 때에는 인간과 기예는 무엇이든 할 수 있다. 그러한 가능성이 없는 곳에서는 아무것도 할 수 없다. 어떠한 결과를 생산해내도록 요구받는 운동이 적절한 때에 주어진다면 그 운동이 인간과 기예에 의해 행해지든 인간의 도움 없이 자연에 의해 행해지든 간에, 아무런 문제가 되지 않는다. 어느 한쪽이 다른 한쪽보다 더 강력하지도 않다. 예를 들어 인간이 물을 분사해 벽 위에 무지개 모양을 만든다면 이

62 12세기의 예술 및 과학 저술가 우고 데 상토 빅토레는 다음과 같은 전형적인 표현으로 이러한 견해를 드러냈다. "기예가의 작업은 분리된 사물을 조립하거나 조립된 사물을 분리하는 것이다"(*The "Didascalicon" of Hugh of St. Victor*, tr. Jerome Taylor, New York: Columbia University Press, 1961, p. 55). 또한 다음을 보라. Thomas Aquinas, *In quatuor libros sententiarum* in his *Opera omnia curante Roberto Busa S.I.*, Stuttgart: Frommann-Holzboog, 1980, vol. 1, p. 145. 여기서는 악마의 일이 장인의 작업과 같다고 말한다. 둘 모두는 오로지 "능동자를 확실한 수동적 대상에 결합할 수 있는" 한에서만 자연에 작용한다.

는 자연이 그를 위해 작용한 것이며, 공기 중에 구름 방울이 떨어져 동일한 결과가 나타나는 것과 다를 바가 없다. 또 다른 예로 순수한 금이 모래 속에서 발견된다면 이는 자연이 스스로 작용한 것이며, 화로에서 인간의 기구로 제련된 금과 다를 바가 없는 것이다.[63]

인공 무지개를 금의 생산과 연결하는 이 베룰람 남작을 바라보다니, 이 얼마나 특이한 경험이란 말인가! 이 연결고리는 유대인 테모와 니콜라스 오렘의 『기상학 주해』에서 이미 폭넓게 활용되었다. 베이컨이 인공적 금의 제작이 아닌 추출을 묘사하는 듯 보인다는 점은 그리 중요한 문제는 아니다. 베이컨 전집의 19세기 편집자들이 번역한 단어인 "제련"(excoqueretur)은 그 의미가 상당히 모호해 어느 한 가지 해석을 따르기가 어렵고 연금술 문헌에서도 긴 역사를 가지기 때문이다.[64] 이 단락이 기상학 주석 전통에 빚을 졌음은 분명하지만, 베이컨이 테모의 『기상학 주해』에 직접적으로 의존한다고 말하는 것은 지나친 비약일 것이다. 비록 피에르 뒤엠은 다 빈치가 테모의 주석을 직접 활용했다고 확신 있게 논증하기는 했지만 말이다.[65] 하지만 이 단락에는 눈에 띄는 무언가가 더

63 Bacon, *Descriptio globi intellectualis*, pp. 506~07.

64 금이 "모래 속에서" 제련된다는 베이컨의 의견은(『지성 세계의 묘사』에서), 자연적으로 모래 속에 놓인 구리가 태양의 작용에 의해 금으로 요리된다는 게베르의 아이디어로부터 직접 영향을 받은 결과다. 실제로 게베르는 요리의 의미로 베이컨과 정확하게 동일한 단어인 "excoquere"를 사용했다. Newman, *Summa perfectionis of Pseudo-Geber*, p. 338, line 21. 영역본은 p. 672를 보라. 엄밀한 의미에서 자연사 저작이라 할 수 있는 『숲들의 숲』(Bacon, *Works*, vol. 2, p. 620)에서 베이컨은 제련을 통한 금속의 '단계적 차이'(그러데이션)의 가능성을 논증하면서 다시금 그가 황금변성을 염두에 두고 있음을 보여준다. "인도에 어떤 종류의 청동이 있었는데, (광택을 낸) 금과 거의 구별하기 어려웠다. 이것은 자연적 상태[*sic*]에 있었지만, 나는 철과 청동, 주석이 그 정도로 제련되는 것만큼이나 인간이 기본 금속들을 충분하게 제련할 수 있을지 의심스럽다. 그것들이 일상적으로 사용하기에 적절할 만큼 제련되면 사람들은 그것들을 더 제련할 필요를 느끼지 않기 때문이다."

65 Pierre Duhem, "Thémon le fils du juif et Léonard de Vinci", *Bulletin italien* 6, 1906, pp. 97~124, 185~218.

있다. 바로 무지개와 금의 경우 모두에서 그 생산물이 인공적이든 자연적이든 상관없이 "자연은 스스로 작용한다"는 베이컨의 주장 말이다. '인공적인' 생산물의 경우에 인간은 오로지 "자연적 물체들을 서로 간에 모으거나 흩어놓도록" 움직일 수만 있으므로, 그 생산물은 자연이 아무런 도움 없이 만들어낸 것과 같은 참으로 자연적인 생산물이다. 이것이야말로 기예-자연 논쟁에서 연금술 지지자들에 의해 풍성하게 전개된 완전성으로 이끄는 기예 개념이다. 테모가 연금술에 관한 토론 문제에서 언급했듯이, 인공 무지개와 인공 금을 만드는 과정에서 자연은 기예의 도움을 받으며, 따라서 그 생산물은 자연적인 것이다. 이는 베이컨의 그 유명한 개념인 '제작자의 지식'의 토대가 된다. 왜냐하면 인간이 인공적인 것을 창조함으로써 자연적인 것의 원인에 관한 확실한 지식을 획득할 수 있다는 사실은 다름 아닌 자연적 생산물과 인공적 생산물의 동일성에 의해 보증되기 때문이다.[66] 베이컨이 기예란 그저 "자연에 덧붙여진 인간"(additus rebus homo)에 불과하다고 말했을 때, 그는 아리스토텔레스의 『자연학』과 『기상학』이 제시했던 구별 논리에 푹 빠져 있는 인간 기예의 지지자들의 태도를 기막히게 드러내고 있었던 것이다.

기예-자연 구별에 관한 연금술의 논법에 베이컨이 빚을 졌다는 사실은 다른 영역에서도 마찬가지로 확인된다. 앞선 인용 단락에서 베이컨이 질료를 프로테우스라는 고대 인물로 비유했던 것이 또 하나의 사례다. 이 은유법은 피터 페식의 최근 연구 논문에서 주된 소재가 되었는데, 그는 '자연을 겁탈하기'를 옹호했다는 베이컨의 근대적 이미지에 대항해 타당한 논증을 펼쳤다.[67] '바다의 노인'인 프로테우스는 자신의 모습을 바꿀 능력을 가졌던 까닭에[68] 변덕스러움의 고전적인 상징이 되었다. 그에게서

---

66 Pérez-Ramos, *Francis Bacon's Idea of Science*, pp. 106~14, 135~49.

67 Peter Pesic, "Wrestling with Proteus: Francis Bacon and the 'Torture' of Nature", *Isis* 90, 1999, pp. 81~94.

68 [옮긴이] 오비디우스, 『변신이야기』, 370쪽. "바다에서 사는 그대 프로테우스처럼, 사람들은 그대를 때론 젊은이로 보는가 하면, 때론 사자로 보기 때문이오"(제8권

정보를 얻기 위해서는 그와 싸워야 하거나 심지어 결박을 당해야 했다. 근대 초의 여러 저술가처럼 베이컨은 프로테우스를 질료와 동일시했고, 이를 더 확장해 그를 자연 그 자체와 동일시했다. 『고대인들의 지혜』에서 베이컨은 이렇게 말한다.

> 만약 자연의 어느 유능한 노예가 질료에 힘을 가해 마치 그것을 무(無)로 되돌리려는 목적을 가진 듯이 괴롭히고 극한으로 내몬다면, 질료는 곤경에 처한 자신을 발견하고는 여러 기이한 모양으로 스스로를 변형해 모든 것으로 한 차례씩 다 변화해 그 주기가 마칠 때까지 하나에서 다른 하나로 계속 넘어갈 것이다. 만약 힘이 계속해서 가해진다면, 마침내 질료는 처음의 모습으로 되돌아올 것이다.[69]

괴롭힘당하는 자연과 결박된 프로테우스가 베이컨의 마음속에서 동일한 것이었다는 페식의 통찰은 매우 옳았다. 하지만 그는 질료로서의 프로테우스 이미지가 베이컨의 주요 저작들이 출판되기 전에 이미 16~17세기의 연금술적 화학 저술가들에 의해 널리 사용되고 있었다는 점은 지적하지 않았다. 빌렘 메넨스는 『황금 양털』(빠르면 1604년)에서 이 이미지를 사용했고, 당대에 널리 읽혔던 연금술과 카발라, 암호학 분야의 저자였던 블레즈 드 비주네르는 『불과 소금에 관하여』(빠르면 1608년)에서 동일한 이미지를 사용했다.[70] 연금술의 맥락에서 사용된 프로테우스 은유에 관한 탐색은 앞으로도 가치 있는 연구 주제가 될 것이다. 그러나 당장은

731~32행).

69 Francis Bacon, *De sapientia veterum* in Bacon, *Works*, vol. 6, pp. 725~26. 이 텍스트는 다음에서 인용되었다. Pesic, "Wrestling with Proteus", p. 86.

70 Willem Mennens, *Aureum vellus*, in *Theatrum chemicum*, Strasbourg: Zetzner, 1660, vol. 5, pp. 344, 426; Blaise de Vigenère, *De igne et sale*, in *Theatrum chemicum*, Strasbourg: Zetzner, 1661, vol. 6, p. 16. 1604년 및 1608년이란 출판 연도는 다음에 근거했다. John Ferguson, *Bibliotheca chemica*, Glasgow: James Maclehose, 1906, vol. 2, pp. 87, 511.

"마치 그것을 무로 되돌리려는 목적을 가진 듯이 괴롭힘당하고 극한으로 내몰린" 질료가 종국에는 자신의 진정한 특성을 드러낼 것이라는 베이컨의 아이디어가 연금술적 화학 자료들을 배경으로 삼았다는 사실을 확인한 것으로 만족하도록 하자. 베이컨의 유작으로 출판된 『숲들의 숲』은 연금술적 화학을 암시하는 내용으로 가득한 저작인데, 이 저작의 한 부분에서 그는 먼저 "자연의 모든 힘 중에서 우두머리는 열"이라고 말한다. 이 문장을 읽은 근대 초의 독자들 대부분은 즉각 연금술을 떠올렸을 것이다. 연금술 분야는 당대에 가장 뛰어난 "불카누스의 기예"[71]로 널리 알려졌으며, 16세기 후반 및 그 후로도 연금술적 화학자들에 의해 '방화 충동'(pyronomia) 또는 '방화 기술'(pyrotechnics)로 빈번히 언급되었다.[72] 이어서 베이컨은 밀봉된 용기 안에서 실행되는 증류의 가치를 설명한다. 증류는 열이 질료에 작용할 수 있도록 허용하면서도 그 내용물이 달아나지 않도록 한다. 매우 흥미로운 방식으로 베이컨은 이를 프로테우스 신화와 직접 연결한다.

> 그러므로 밀봉된 용기나 그릇에서 실행되는 증류를 통해 인식할 수 있는 열의 능력은 참으로 가장 뛰어나다. 하지만 그보다 더 높은 수준이 있다. 증류 장치가 제아무리 물체를 방과 회랑에 가두고서 밖으로 나가지 못하게 지킨다 하더라도, 그 물체가 증기로 변하거나 액체로 돌아가거나 어느 한 부분에서 다른 부분으로 분리될 만한 공간은 남는다. 자연은 비록 온전한 자유를 갖지 못하더라도 이동은 할 수 있기 때문에 열의 참되고 궁극적인 작용을 얻지 못한다. 그러나 만약 물체가 열에 의해 변화할 때 희박, 압축, 분리의 운동이 전혀 허용되지 않는다면, 관 속에 갇힌 이 프로테우스라는 질료는 여러 가지 변신을 거듭할 것

---

71 [옮긴이] 프랜시스 베이컨, 『학문의 진보』, 147쪽. 베이컨은 불카누스와 다이달로스를 병렬한다. 전자가 대장장이의 상징이라면, 후자는 기계공의 상징이다.

72 Andreas Libavius, *Rerum chymicarum epistolica forma*, Frankfurt: Petrus Kopffius, 1595, vol. 1, pp. 128, 165, 173, 174.

이다.[73]

위 인용문에서, 그리고 이어지는 논평에서 베이컨은 자신의 목표가 화학 실험실을 배경으로 실행되는 일종의 강압적인 열 분해임을 밝힌다. 프로테우스의 결박은 증기가 빠져나가지 못하도록 하고 그것을 별도의 용기에 모아 압축하도록 설계된, 높은 온도로 가열되는 질료를 가리키는 비유일 것이다. 고온의 반구형 화로 안에서 열이 집중되는, 오늘날에도 '반사열처리'로 흔히 언급되는 가열 기법을 떠올리게 하는 과정을 통해[74] 그 질료는 자신의 본래 모습으로 되돌아가도록 강요당할 것이다. 이어서 베이컨은 프로테우스를 괴롭히는 효과를 위해 기획된 실험을 묘사하는데, 이 실험의 결과로 밀봉된 철 용기 안에 그 용기와 크기나 모양이 거의 일치하는 나무토막이 채워진다. 베이컨은 밀봉된 용기 속에 담긴 물을 은근한 온도로 가열함으로써 이와 유사한 실험이 가능하다고 제안한다. 밀봉된 용기 안에서 일정 시간 동안 온도를 높였다가 낮추기를 반복함으로써(태양열의 변덕스러움을 모방해) 베이컨은 "색깔, 냄새, 맛이 변화된 가장 단순한 물체"인 물을 만들기를 원한다. 그는 이 생산물을 가리켜 "물체와 생산물의 기이한 변화로의 흥미로운 진입"이라고 부른다. 이처럼 매력적인 입장 바꾸기 훈련을 통해 베이컨은 자신이 연금술적 화학자들과 지나치게 긴밀히 연결되었다고 느꼈음이 분명한 지점으로부터 한 걸음 물러선다.

> 그러나 이러한 증류 과정의 감탄할 만한 효과는(우리가 그렇게 부를 것이므로) 살아 있는 피조물의 자궁이자 모체와도 같아서 그로부터 어떠한 것도 죽거나 분리되지 않기에, 우리는 그 적절한 장소에 관해 충분히 말

---

73 Bacon, *Sylva sylvarum*, in Bacon, *Works*, vol. 2, p. 382.

74 [옮긴이] 가열할 금속이나 광물을 열원과 직접 접촉시키지 않고 열을 반사시켜 그 반사된 열로 물체를 가열하는 기법이다.

할 수 있을 것이다. 우리의 목표가 파라켈수스의 피그미를 만들거나 멋지게 장식된 어떠한 건물을 지으려는 것은 아니다. 그러나 열의 힘이 전체적으로 유지될 수만 있다면, 그 열이 인간의 자만심의 지배를 결코 받지 않을 듯한 효과를 가져다주리라는 사실을 우리는 알고 있다.[75]

위 인용문에서 '밀봉된 용기'가 자궁의 속성을 가졌다는 설명 이후에, 우리는 특이하게도 호문쿨루스를 만든다는 비난의 가능성으로부터 자신을 구출하려는 고귀한 베룰람 남작의 예민한 모습을 지켜보게 된다. 대개 적정한 온도로 오랜 시간 가열할 때 사용되는 밀봉된 플라스크는 연금술적 화학 저술가들에 의해 '철학적 달걀'로 자주 언급되었는데, 정확히 이것은 베이컨이 도입한 자궁의 유비에 근거한 것이다.[76] 베이컨이 프로테우스 은유를 연금술 실행과 연결했다는 점, 그리고 실제로 베이컨이 프로테우스를 괴롭히는 일의 예시로 든 세부적인 실험 과정의 대부분이 연금술적 화학과 관련된다는 점은, 열을 사용해 질료를 극한까지 내몬다는 그의 아이디어 역시 연금술적 화학으로부터 비롯되었음을 강력하게 입증한다.[77] 사실상 베이컨은 우리가 논의한 것들에 잇따른 다음 단락에서 이러한 점을 명백하게 인정한다.

어떠한 물체도 완전히 소멸되기란 불가능하다는 사실만큼 자연에서 더 확실한 사실은 없다. 무언가를 무(無)로 되돌리는 것은 신의 전능함만이 해낼 수 있는 일이므로, 그렇게 무언가를 무로 되돌리려면 그와

75 Bacon, *Sylva sylvarum*, in Bacon, *Works*, vol. 2, p. 383.

76 안드레아스 리바비우스의 사례로는 다음을 보라. William R. Newman, "Alchemical Symbolism and Concealment: The Chemical House of Libavius", in *The Architecture of Science*, ed. Peter Galison and Emily Thompson, Cambridge, MA: MIT Press, 1999, pp. 59~77, 특히 pp. 71~72를 보라.

77 내가 제시한 프로테우스 비유의 추가적인 사례들은 페식에 의해 수집되었다. Pesic, "Wrestling with Proteus", p. 86, n. 12.

> 유사한 수준의 전능함을 가져야 할 것이다. 그러므로 화학자 집단의 어느 무명의 지술가가 잘 말했듯이, 모든 수단을 동원해 물체를 무로 환원하려는 노력과 충동만큼이나 그 물체를 기이한 변성의 결과로 이끌어주는 다른 방법은 없다.[78]

위 인용문에서 베이컨은 질료를 무로(ad nihilum) 환원하려는 시도를 통해 그 질료가 가진 다른 '모양'을 누설하게 만들 수 있다는 자신의 아이디어가 연금술 자료에 바탕을 두었다는 사실을 솔직하게 드러낸다. 유감스럽게도 베이컨은 그가 참고했던 "화학자 집단의 어느 무명의 저술가"의 이름을 우리에게 말해주지 않는다. 다만 그 저술가의 저작이 17세기 초에 유통되었던 연금술적 화학 문헌의 방대한 영역에 속했을 것이라는 점은 확실하다. 그의 이름을 찾는 것보다 우리에게 더 중요한 것은 결박당한 프로테우스 또는 괴롭힘당하는 자연에 대한 베이컨의 전형적인 사례가 연금술적 화학으로부터 비롯된다는 사실이다. 연금술적 화학이라는 기예가 베이컨의 실험 개념을 확립하기 위한 모델이었다고 말해도 과장은 아닐 것이다. 즉 극한까지 자연에 압력을 가해 자연의 가장 깊은 비밀을 드러내도록 만드는 작용으로서의 실험 말이다. 이 점이 중요한 이유는, 베이컨의 저작을 다루는 최근의 연구자들은 이 경이로운 인물이 자연에서 일탈한 발생 및 괴물(natura errans)에 관심을 가졌다는 점을 지나치게 강조하는 경향을 보여왔기 때문이다.[79] 베이컨이 제시한 자연사의 세 갈래에서 있는 그대로의 자연 및 기예의 족쇄를 찬 자연과 더불어 기이한 발생의 역사가 한 자리를 차지했다는 점은 분명하지만, 그 역사는 자연의 비밀을 가장 잘 드러내는 최후의 수단이자 오늘날 우리가 '화학적'인 것과 동일시할 수 있을 정도로 미시적인 수준의 작용 과정이었다. 화학적인 것이야말로 베이컨이 선호하는 무기를 제공하는 창고였다.

---

78 Bacon, *Sylva sylvarum*, in Bacon, *Works*, vol. 2, pp. 383~84.

79 Daston and Park, *Wonders and the Order of Nature*, pp. 159~60, 220~31.

자연사에 관한 설명이 제시된 『좋은 금요일』(1620)에서 베이컨은 이러한 점을 매우 분명하게 진술한다. 그는 도움받지 않는 자연이나 일탈한 자연보다 기예[괴롭힘당하는 자연]에 인식론적 우선권을 부여한다.

> 내가 언급한 역사의 갈래들 중에서 기예의 역사가 가장 유용하다. 기예의 역사는 운동하는 사물을 보여주며 가장 직접적으로 실천으로 안내한다. 게다가 대개는 다양한 모양과 겉모습 아래 감춰져 드러나지 않은 자연적 대상으로부터 가면과 베일을 벗겨버린다.[80]

자연사의 다른 두 갈래와는 달리 기예는 인간의 개입을 허용해 자연이 쓴 가면을 벗기고 변장 밑에 가려진 자연의 참된 형상이 드러나도록 한다. 이 주장 다음에 베이컨은 프로테우스 비유를 묘사하는데, 이를 다시 반복할 필요는 없을 것 같다. 이어서 그는 실험의 유용성이라는 관점에서 기예의 위계를 가장 흥미로운 방식으로 펼쳐놓는다. 첫째 자리를 차지하는 기예는 "사물의 자연적 물체와 재료를 노출시키고(exhibent), 변화시키고, 준비시킨다". 여기에는 농업과 요리, 연금술적 화학, 염색, 유리 제조, 법랑 세공, 설탕 제조, 화약 제조, 인공 불꽃(불꽃놀이), 제지 기술이 포함된다. 이것들이 공통적으로 추구하는 것은 무엇일까? 오늘날의 관점에서 이것들은 모두 미시 구조적 변화 내지는 화학적 변화에 관여한다. 그런데 독자들은 이 분야들 대부분이 앞서 살펴보았던 기예-자연 논쟁에서 등장했던 분야들임을 주목해야 한다. 연금술과 더불어 농업은 '외부적' 기예인 조각이나 회화와는 달리, 사물의 본성을 근본적으로 변화시키는 기예의 전통적인 예시였다. 요리는 아리스토텔레스의 『기상학』 제4권에서 긴 분량으로 등장했으며, 자연적 생산물과 인공적 생산물의 동일성을 뒷받침하는 풍부한 자료도 다름 아닌 요리 용어를 사용한 아리스토텔레스

80 Francis Bacon, *Parasceve ad historiam naturalem et experimentalem*, in Bacon, *Works*, vol. 4, p. 257.

의 논법에 대한 주석서들에서 발견되었다. 유리 제작은 기예-자연 논쟁에서 종을 변성시키는 인간의 능력에 대한 예시로 흔히 사용되었다. 또한 우리는 시간적으로 서로 멀리 떨어져 있으면서도 로게루스 바코누스와 베네데토 바르키가 기예의 능력을 설명하기 위해 똑같이 화약을 예시로 들었음도 보았다. 심지어 법랑 세공도 기예로 만든 혼합물의 진정성에 관해 유대인 테모가 펼쳤던 논의(인간은 참된 혼합물을 만들 능력이 없다는 갈레노스의 주장을 은연중에 뒤집는)의 일부분이었다.[81] 간단하게 정리하자면, 베이컨이 말한 "노출시키고, 변화시키고, 준비시키는" 종류의 기예는 기예-자연 논쟁의 언어로 다시 표현하자면, 표면적 변화를 이끌어내는 기예가 아니라 종을 변성시키는 유형의 기예에 속한다고 말할 수 있다.

이어서 물체를 진정으로 변화시키는 기예와 그보다는 덜 심오한 변화를 일으키는 기예를 서로 대비하는 베이컨의 진술을 살펴보자.

> 주로 손이나 도구의 세심한 움직임으로 구성되는 기예는 비교적 덜 유용하다. 여기에는 직조, 목공, 건축, 제분, 시계 제작 같은 것들이 포함된다. 이러한 기예들 역시 결코 무시될 수는 없는데, 왜냐하면 자연적 물체의 변화와 관련된 많은 것이 이것들로부터 생겨나기 때문이다. 또한 이것들로부터 여러 가지 측면에서 상당히 중요한 국지적 운동에 관한 정확한 정보가 제공되기 때문이다.[82]

베이컨은 인간의 활동들을 과도하게 구분하는 것을 결코 고집하지 않았지만, 그럼에도 위 인용문에서는 분명한 갈래가 드러난다. 첫째 유형과는 달리, 기예의 둘째 유형은 거시적 수준에서의 국지적 운동과 관련된다. 직물 제작이나 건축의 영역, 제분과 시계 제작을 위한 기계 작업이 이

---

81 Themo, *Quaestiones*, question 27, 202v: "금 세공인에 의해 금과 은으로 만들어진 그림들."

82 Bacon, *Parasceve*, pp. 257~58.

유형에 해당한다. 이 유형이야말로 베이컨이 "손이나 도구의 세심한 움직임"을 언급했을 때 그가 의미했던 바이다. 일상적인 수작업과 관련된 활동에 비해 그 운동의 규모는 작지만, 굽기나 유리 제작이 보여주는 미시적 변화와 비교해 그 변화의 규모는 전체적이다. 제분소에서 하나의 실체를 갈아 미세한 입자로 만들어 근본적인 방식으로 다른 물체와 상호작용하게끔 하는 한에서, 이러한 기예는 자연적 물체의 변화와 "관련된다"(spectant). 그렇다고 해서 곡식 분말 그 자체의 상호 작용까지도 제분 기예의 영역에 속한다는 결론이 뒤따르지는 않는다. 실제로 베이컨의 결론적인 논평은 자신의 의도를 매우 분명하게 드러낸다. 기예-자연 논쟁에 참여했던 저술가들이 종의 변화와 표면적 형상의 변화를 구별했듯이, 베이컨은 질료의 변화와 위치의 시각적 변화를 구별한다. 거시 수준의 기예는 주로 인지 가능한 위치 변화의 정보를 제공하는 반면, 물질의 근본적이고 비가시적인 변화는 감각의 문턱 저편에서 벌어지는 일이다.[83]

베이컨이 기예-자연 논쟁에 의존했음을 충분히 밝히기 위해 우리는 아마도 그의 가장 유명했던 저작을 참고삼을 필요가 있다. 잘 알려진 『신기관』(1620)은 베이컨의 과학 개혁에 적용될 만한 여러 가지 '특권적인 사례들'이나 예시들의 분석에 긴 분량을 할애한다. 이 가운데 유독 두드러진 부분은 제2권 제50장으로 "다용도 사례, 또는 일반적 유용 사례"다. 다용도 사례는 기예가 자연적 물체에 작용하는 방식을 보편적으로 구분하려는 베이컨의 실질적인 시도다. 간단히 말해 기예의 물리적 작용을 구성하는, 물체를 "단순히 모아놓거나 흩어놓는" 것을 넘어서서 베이컨은 물체에 작용하는 일곱 가지 방법을 나열한다. 그 방법들 가운데 가장 살펴볼 만한 것은 셋째 방법으로서 "자연에서나 인간의 기예에서나 거대한 작업 기관 역할을 하는 열(熱)과 냉(冷)에 관련된" 것이다. 인공적인 추위

83 비록 베이컨은 질료입자 이론의 한 가지 유형에만 집착했지만, 이 책에서는 이 복잡한 주제를 애써 다루지 않으려 한다. 관련된 논의로는 다음을 보라. Benedino Gemelli, *Aspetti dell'atomismo classico nella filosofia di Francis Bacon e nel Seicento*, Florence: Olschki, 1996.

에 도달하는 방법을 설명한 후 베이컨은 열에 관한 논의로 넘어간다. 그는 곧장 자신이 비평을 가하는 연금술사들을 언급한다. "열에 관해서는 인간이 [열을 만들어낼 수 있는] 풍부한 수단과 능력을 가지고 있지만, 아무리 연금술사들이 기술을 자랑해도 열에 대한 인간의 관찰과 탐구에는 매우 중요한 결함이 있다." 그의 비평은 먼저 연금술사들이 습관적으로 과도한 열을 사용한다는 점에 대한 관찰의 결과다. 반면에 "온화한 열의 작용은 앞으로의 탐구 과제로 남아 있거니와 이러한 탐구가 이루어진다면, 자연의 실례를 따르는 태양의 작용을 본받아 더욱 미묘한 혼합이나 정상적인 구조를 만들어낼 수 있는 길이 열릴 것이다."[84] 물론, 이러한 비평은 연금술적 화학자들끼리 통용되는 전거에 기초했다. 우리는 이미 제네르트가 『화학자들에 관하여』의 1619년 판본에서 연금술적 화학자들의 폭력적인 불 사용은 그 결과를 그저 인공물로 만들 뿐이라는 에라스투스의 논증에 맞서 화학자들의 편에 섰음을 보았다. 그러나 오히려 변성 연금술의 오랜 원칙은 현자의 돌의 질료가 배양에 알맞은 비교적 낮은 온도로 오랜 시간 가열되어야 한다는 것이었다. 이 원칙이야말로 철학자의 알, 즉 다름 아닌 변성을 목적으로 만들어진 밀봉 용기의 존재 이유였다. 일부 연금술사들이 이러한 점을 고려하지 않는다는 주장은 많은 연금술 문헌에서 발견되는 논쟁적 요소였다.[85] 이어서 베이컨은 기예-자연 논쟁에서의 오랜 이슈, 즉 연금술사들이 정말로 자연의 과정을 가속할 수 있는지에 관한 질문으로 곧장 넘어간다. 우리는 이미 유대인 테모

84 Francis Bacon, *Novum organum*, in Bacon, *Works*, vol. 4, pp. 233, 237, 239, 240. 베이컨은 불 분석의 결과를 명백하게 비판했다(pp. 199~200). [옮긴이] 프랜시스 베이컨, 진석용 옮김, 『신기관』, 한길사, 2016, 292, 294, 296쪽에서 인용.

85 과도한 열 및 부식성 용액의 사용을 거부하는 것은 14세기 말 베르나르두스 트레비사누스의 「볼로냐의 토마스에게 보내는 편지」의 주된 주제를 형성한다. 이 문헌이 인쇄된 판본은 Manget, vol. 2, pp. 399~408, 특히 p. 400을 보라. 배우지 못한 연금술적 화학자들이 수은을 비롯한 여러 실체에 가하는 폭력적인 고문은 17세기의 가장 대중적인 연금술 저작 가운데 하나인 미하엘 센디보기우스의 『새로운 빛의 화학』에서 광범위한 웃음거리가 되었다. Manget, vol. 2, pp. 477~78을 보라.

의 토론 문제에서도 이 문제를 다루었지만, 그것은 이븐 할둔의 『역사서설』처럼 연금술의 정당성 여부에 관심을 가졌던 아랍의 자료들로 거슬러 올라가는 긴 역사를 가지고 있다. 여기서 베이컨은 연금술사들의 확고한 입장을 수용하면서 몇몇 이름 없는 자료들에서 비롯되었을 경험적 사례들까지 나열해 논쟁을 벌인다.

> 만약 인간이 이러한 자연의 작용을 종류대로 배워 그에 맞먹는 힘과 변화를 재현해낼 수 있다면, 그것도 시간까지 단축해낼 수 있다면, 인간의 지배력은 진실로 증대했다고 할 수 있을 것이다. 예를 들면 [쇠에 생기는] 녹은 [자연의 작용으로는] 오랜 시간이 지나야 생기지만, 산화철은 [인간의 힘으로] 금방 만들어낼 수 있다. 녹청이나 연백(鉛白)도 마찬가지다. 수정이 [자연적으로] 만들어지기까지는 긴 시간이 걸리지만 유리는 금방 만들어낼 수 있고, 딱딱한 돌이 [자연적으로] 만들어지기까지는 긴 시간이 걸리지만 기와는 금방이라도 구워낼 수 있다. 이런 예는 수도 없이 많다.[86]

자연적 생산물을 복제하는 기예의 능력을 오랜 세월에 걸쳐 보증해준 이 사례들은 수많은 중세 원전으로부터 비롯되었을 것이다. 우리가 이 책의 제2장에서 다룬 자료들은 이 원전들의 일부분에 불과하다. 가령 14세기 아르날두스 빌라노바누스의 저작으로 알려졌던 『철학의 장미』는 금속을 복제하는 연금술사들의 능력을 다음과 같은 근거를 들어 옹호했다. "하나의 형상이 파괴되면 즉시 다른 형상이 등장한다. 마치 돌로 석회를, 재로 유리를 만들어내는 시골 사람들의 작업에서 나타나듯이 말이다."[87]

---

86 Bacon, *Novum organum*, p. 240. [옮긴이] 프랜시스 베이컨, 『신기관』, 296쪽에서 인용.

87 [Pseudo?-]Arnaldus de Villanova, *Rosarium philosophorum*, in Manget, vol. 1, p. 665: "그러므로 아리스토텔레스는 연금술사들이 금속을 먼저 순수 질료로 환원하지 않는 한 실제로 금속을 변성시킬 수 없다고 말한다. 금속은 이전의 상태였을

유사한 결과를 위해 백연(탄산납)과 푸른 녹(산화구리)이 사용된 사례는 『철학의 장미』보다 몇 년 뒤에 나온 위-알베르투스 마그누스의 『올바른 길』(또는 『연금술 개요』)에서, 그리고 우리가 더 앞서 살펴보았던 『헤르메스 서』에서 각각 발견된다.[88] 구운 벽돌과 자연적인 돌의 동일성과 마찬가지로 우리는 이와 같은 주장을 유대인 테모의 저작 및 1330~39년 사이에 저술된 페트루스 보누스의 『고귀한 진주』에서도 모두 만날 수 있었다. 인공적인 열을 통해 지하에서의 자연적 과정을 가속하는 것은 게베르의 『완전성 대전』에서도 긴 분량으로 검토되었다. 게베르의 저작은 『헤르메스 서』를 제외하고는 위에 언급한 저작들 모두에 영향을 끼쳤다.[89]

인공적인 열이 자연의 과정을 가속할 수 있으며, 따라서 자연을 성공적으로 복제할 수 있도록 한다는 베이컨의 인식은 화로의 열과 태양의 열이 부수적으로만 다를 뿐이라는 그 자신의 견해에 기초한다. 앞서 『신기관』에서 베이컨은 태양의 열과 불의 열 사이에 '본질적인 이질성'이 존재한다는 견해를 명백하게 거부한다. 이 중요한 지점에서 열은 『신기관』의 실험 기획에서 중요한 역할을 맡도록 고려된다.[90] 이를 통해 우리는 베이컨이 기예-자연 논쟁의 강한 영향력을 감지했던 마지막 영역으로 안내된다. 독자들은 기억하겠지만, 토마스 아퀴나스에 의해 제시되었던 주

때보다 다른 형상으로 더 잘 환원된다. 하나의 형상이 파괴되면 즉시 다른 형상이 등장한다. 마치 돌로 석회를, 재로 유리를 만들어내는 시골 사람들의 작업에서 나타나듯이 말이다." [옮긴이] 물론, 아리스토텔레스의 시대에는 연금술사가 존재하지 않았다.

88 Virginia Heines, *Libellus de alchimia ascribed to Albertus Magnus*, Berkeley: University of California Press, 1958, p. 12.

89 Newman, *Summa perfectionis of Pseudo-Geber*, pp. 643~44, 649~50; 또한 『완전성 대전』의 몇몇 초기 사본에서 발견되는 수은 제작에 관한 흥미로운 해설을 보라(p. 289). "자연은 수천 년이 걸리도록 돌을 석회로 굽지 않는다. 그러나 인간은 재능을 발휘해 부수적인 불을 사용해 짧은 시간 동안 해낼 수 있다. 인간의 재능과 기예는 오염된 금속을 순수하고 고귀한 실체로 빠르게 환원할 수 있다. 자연은 자신의 결함을 그토록 빠른 시간에 해결하지 못한다."

90 Bacon, *Novum organum*, p. 176.

된 연금술 반대 논거는 땅속에서 금속이 만들어지는 수단인 지하의 열을 연금술사들이 실제로 복제할 수 없다는 것이었다. "금의 실체적 형상은 연금술사들이 사용하는 불의 열에 의해서는 [유도되지] 않지만, 광물의 능력으로 충만한 정해진 장소에서는 태양열에 의해 유도될 수 있기 때문이다."[91] 토마스의 위대한 명망 덕분에 이 반대 논증은 이후 수세기 동안 이 주제에 관한 대부분의 스콜라주의적 논법에 등장하게 되었다. 이 책의 제3장에서 살펴보았듯이, 토마스의 반대 논증은 가령 16세기의 예술비평가 바르키가 인공적 열과 자연의 열의 동일성을 변호하는 포괄적인 논저 『열에 관한 가르침』을 썼던 구실이 되었다. 다른 한편으로 토스타도나 예수회 신부 파올로 코미톨리처럼 자연적 실체와 인공적 실체의 동일성을 거부했던 토마스주의자들에게는 불의 열과 태양의 열을 구별했던 이 천사 박사[토마스 아퀴나스]의 논법은 격렬히 지켜내야 할 대상이었다. 『신기관』에서 이 이슈에 관해 베이컨이 보여준 전유는 그의 다용도 사례를 통해 연금술적 화학의 맥락에서 뚜렷하게 전개되었으며, 연금술을 주된 예시로 사용했던 기예-자연 논쟁으로부터 또 다른 유산을 계승했다.

이쯤에서 기예-자연 논쟁에 빚을 졌던 베이컨을 통해 우리가 배운 요점을 요약하는 것이 좋겠다. 자연적 대상과 인공적 대상의 지위에 관한 베이컨의 입장은 13세기로부터 연금술사들과 그 지지자들에 의해 전개되었던 입장과 실질적으로 동일했다. 비록 작용인에 따르자면 자연적 사물과 인공적 사물은 서로 다르지만, 본질의 관점에서는 양쪽 사이에 필연적인 차이란 존재하지 않는다. 물론, 이것은 모든 종류의 인공적 대상이 자연의 원본과 문자 그대로 똑같다는 의미는 아니다. 기예는 자연을 복제하려는 시도에서 분명히 실패할 수도 있으며, 이 사실은 참된 연금술과 궤변적인 연금술의 구별을 내세웠던 기예-자연 논쟁에서도 자주 강조

91 Thomas Aquinas, *Sancti Thomae Aquinatis commentum in secundum librum sententiarum*, in *Sancti Thomae Aquinatis opera omnia*, Parma: Petrus Fiaccadorus, 1856, vol. 6, p. 451.

되었다. 베이컨이 인공적인 것과 자연적인 것 사이의 본질적인 동일성을 확장해 실험으로부터 도출된 지식에 우선권을 부여했던 것은 기예-자연 논쟁에서 기예를 지지하는 입장의 주된 근간이 되었던 '제작자의 지식' 개념으로부터 그가 빚을 졌음을 보여준다. 유대인 테모의 토론 문제에서 살펴보았듯이, '제작자의 지식'은 언제나 암시적으로만 표현되었던 것이 아니라 때로는 베이컨보다 훨씬 이전인 스콜라주의 전통에서도 직접적으로 강조된 표현으로 발견되었다. 정확한 실험실 환경에서 강도 높은 열에 의해 "물체를 무로 환원하려는 충동"이라는 베이컨의 개입주의도 이러한 문헌들에 그 뿌리를 두었다. 베이컨의 기획을 장식해준 프로테우스의 변신도 궁극적으로는 연금술적 화학 분야에 관한 그의 독서로부터 비롯되었다. 마침내 우리는 열을 통한 자연적 과정의 가속화 및 태양열과 지상의 열의 동일성이라는 베이컨주의의 강조점들 모두가 연금술에 초점을 맞추고 있으며, 중세의 심장부에까지 거슬러 올라가는 기예-자연 논쟁의 광범위한 전통적 주제이기도 했다는 사실을 알게 된다.

내가 베이컨이 기예와 자연의 본질적 동일성을 논증했던 그의 선구자들과 서로 수렴했음을 강조한다고 해서 실험과학의 이 유명한 '나팔수'를 과소평가하려는 의도를 가진 것은 결코 아니다. 오히려 그와는 반대로 베이컨 이전의 기예-자연 논쟁에 관한 충분한 고찰 없이는 베이컨의 논적이 누구였는지를 정확하게 가려내기가 매우 어렵다는 점을 강조하려는 것이다. 베이컨이 근대 초에 상대했던 맞수가 연금술사들이 상대했던 맞수와 동일하다는 사실이 그의 수준을 격하하지도 않겠거니와, 오히려 이 사실을 통해 기예가 나날이 발전하고 있던 근대 초 유럽의 체계 안에서 그가 서 있던 위치를 더욱 잘 이해할 수 있다. 기예와 자연이 동일하다는 그의 견해가 그가 살았던 시대보다 훨씬 오래전부터 그 체계가 확립되어 널리 확산되었던 표현들로부터 이미 발견된다 하더라도, 과학사에서 베이컨의 지위는 결코 흔들리지 않는다. 오히려 과거야말로 그의 저작 곳곳에서 발견되는 그의 독창성이 지닌 성격을 정확하게 규명해줄 것이다. 피터 우어바흐를 비롯한 여러 연구자가 보여주었듯이, 실제로 베이컨이 실험과학을 새롭게 구성하려는 계획을 가졌던 것은 아니다. 엄격한 '방법'을 통해 실험적 지식의 확실성이 증가한다는 그의 견해는 카를 포퍼를 비롯한 여러 과학철학자가 말했던 대로 키메라의 망상[92]은 아니었다.[93] 베이컨의 독창성으로 간주해야 할 실험의 구성 및 그 결과에 대한 면밀한 조사를 이해할 수 있도록 우리를 안내하는 것은 바로 여기, 즉 '무겁게 매달린' 지성의 영역이다.[94] 그러나 이렇게 말하면서도 우리는 그의 독창성이 이야기의 전부는 아니라는 점도 잊지 말아야 한다. 베이컨이 기예를 자연에 동화시킨 것은 전혀 새로운 시도가 아니었지만, 그의 견해는 실험을 향한 그의 빈틈없는 태도와 결합해 17세기 후반에 이르러 주목할 만한 결실을 맺었다. 아마도 베이컨주의적 태도를 지녔던 가장 유명한 인물은 이제 우리가 살펴볼 '자연주의자' 로버트 보일일 것이다.

보일이 제거한 '실체적 형상'

보일[1627~91]은 한때 역사가들로부터 '화학의 아버지'라는 칭송을 들었고, 더 최근에는 많은 이들에게 근대 초 과학 실험의 경전과도 같은 인물이 되었다. 사실 어떠한 특징적인 수식어로도 보일의 앞선 세대 및 동시대 사람들을 정확하게 평가할 수는 없다.[95] 다만 어느 정도의 확실성을

---

92 [옮긴이] 온갖 동물의 형상이 뒤섞인 실체인 키메라는 현실에서는 불가능한 꿈이나 계획을 의미한다. 지은이가 인용한 우어바흐는 기존의 견해와는 달리 실제로 베이컨의 기계론 철학이 '확고한 방법을 통해 오류가 없는 결과를 도출해내려는 시도'와는 거리가 멀었다는 주장을 펼쳤다. 포퍼 또한 베이컨의 귀납적 방법과는 상이한 반증의 방법을 확립했던 과학철학자였다. 여기서 지은이의 표현이 우어바흐의 견해를 보류한다는 의미인지는 확실치 않다.

93 Peter Urbach, *Francis Bacon's Philosophy of Science: An Account and a Reappraisal*, La Salle, IL: Open Court, 1987.

94 Bacon, *Novum organum*, p. 97.

95 보일이 근대 화학의 창시자라는 주장은 다음에서 옹호되었다. J. R. Partington, *A History of Chemistry*, London: MacMillan, 1961, vol. 2, p. 496. 이 주장은 지금도 다음의 연구를 통해 지속되고 있다. Hermann Kopp, *Geschichte der Chemie*,

가지고 말할 수 있는 것은 다른 어느 자연철학자보다도 보일이 베이컨의 실험 기획을 실행하려고 애썼다는 점이다. 자신의 모델이었던 베이컨처럼 보일은 자연사 분야의 저술을 선호했고, 실험을 통해 '사실의 문제'를 확립하는 일에 가장 큰 관심을 두었다. 보일이 근거 없는 추측을 싫어했다는 점은 매우 잘 알려져 있는데, 이 또한 대체로 베이컨으로부터 받은 유산에 기반했을 것이다. 보일이 이 고명한 베룰람 남작에게 졌던 빚은 로즈-메리 사전트의 연구를 통해 철저히 규명되었기에 여기서는 더 다루지 않겠다.[96] 이와 동시에 과거 한때의 인식과는 달리 최근에는 보일이 연금술로부터 훨씬 더 많은 영향을 받았다는 사실이 밝혀지고 있다. 그는 자신의 생애에 걸쳐 기본 금속을 금으로 변성시키려고 노력했을 뿐만 아니라 그의 수수께끼 같은 스승이었던 아메리카 망명자 조지 스타키를 비롯한 연금술사들의 지도를 받기도 했다. 게다가 보일은 자신의 물질 이론의 상당 부분을 연금술적 화학으로부터 비롯된 아이디어 위에 세워두었다.[97] 게베르의 『완전성 대전』의 전통을 계승했고 실험을 통해 해명되었

Leipzig: Lorentz, 1931; reprint of Braunschweig, 1843, vol. 1, pp. 163~72. 보일을 실험의 전형적인 대표자로 보았던 연구로는 다음을 보라. Steven Shapin and Simon Schaffer, *Leviathan and the Air-Pump*, Princeton: Princeton University Press, 1985, pp. 3~79; Steven Shapin, *A Social History of Truth*, Chicago: University of Chicago Press, 1994, pp. 126~27; Peter Dear, "Totius in verba: Rhetoric and Authority in the Early Royal Society", *Isis* 76, 1985, pp. 145~61; Dear, "Miracles, Experiments, and the Ordinary Course of Nature", *Isis* 81, 1990, pp. 663~83.

96 Rose-Mary Sargent, *The Diffident Naturalist: Robert Boyle and the Philosophy of Experiment*, Chicago: University of Chicago Press, 1995, pp. 27~41, 50~53, 206~07, *et passim*. 또한 다음을 보라. Francis Bacon, *Selected Philosophical Works*, ed. Rose-Mary Sargent, Indianapolis: Hackett, 1999, pp. xxi~xxii, 208~09.

97 Newman and Principe, *Alchemy Tried in the Fire*. 보일이 변성에 관심을 가졌다는 점에 관해서는 다음을 보라. Lawrence M. Principe, *The Aspiring Adept: Robert Boyle and His Alchemical Quest*, Princeton: Princeton University Press, 1998. 스타키 및 그와 보일의 관계에 관해서는 다음을 보라. William R. Newman, *Gehennical Fire: The Lives of George Starkey, An American Alchemist*

던 제네르트의 질료입자 이론으로부터도 깊은 영향을 받아 보일은 '입자론'(corpuscularian philosophy)의 굳건한 신도가 되었다.[98] 그는 자신의 생애에서 더 많은 시기에 걸쳐 다양한 모양과 크기를 가진 수많은 입자로 구성된 질료가 운동과 더불어 물리적 세계의 현상을 설명한다는 교의를 실험으로써 입증하는 일에 헌신했다. 그의 교의는 '기계론'(mechanical philosophy)이라는 명칭을 얻었다.

보일이 분명히 연금술에 빚을 졌음에도 불구하고 그와 기예-자연 논쟁 사이에 존재했던 연결고리는 거의 주목을 받지 못했다.[99] 물론, 자연적 사물과 인공적 사물이 본질적으로 동일하다는 베이컨의 견해를 보일도 표현한 적이 있다는 사실은 잘 알려져 있다. 그러나 베이컨의 견해를 지지하기 위해 보일이 보았던 자료에 관한 연구는 이 책 이전까지는 거의 시도되지 않았기 때문에 기예-자연 논쟁으로부터 보일이 물려받은 유산은 미개척의 영역(terra incognita)이다. 이 주제에 관한 보일의 견해가 오로지 베이컨으로부터만 비롯되었다고 말하려는 것은 아니다. 오히려 반대로 보일은 당대의 연금술적 화학 문헌을 폭넓게 읽음으로써 이 영국인 선배의 견해를 보충하고 수정할 수 있었다. 놀랍지 않게도 우리는 보일이 지지했던 입장의 일부가 제네르트로부터 비롯되었음을 볼 수 있는데, 특히 질료입자 이론으로부터 받은 영향이 두드러졌다. 하지만 보일이 보았던 자료들을 일일이 열거하는 것이 우리의 목적은 아니다. 그보다 더 흥

---

in the Scientific Revolution, Chicago: University of Chicago Press, 2003; first published, 1994.

98 William R. Newman, "The Alchemical Sources of Robert Boyle's Corpuscular Philosophy", *Annals of Science* 53, 1996, pp. 567~85; Newman, "Robert Boyle's Debt to Corpuscular Alchemy", in *Robert Boyle Reconsidered*, ed. Michael Hunter, Cambridge: Cambridge University Press, 1994, pp. 107~18.

99 하나의 예외는 다음의 논문이다. Margaret G. Cook, "Divine Artifice and Natural Mechanism: Robert Boyle's Mechanical Philosophy of Nature", *Osiris*, 2d ser., 16, 2001, pp. 133~50. 또한 다음을 보라. William R. Newman, "Alchemical and Baconian Views on the Art/Nature Division", in *Reading the Book of Nature*, ed. Debus and Walton, pp. 81~90.

미로운 점은 보일이 기예-자연 구별에 대한 자신의 수정된 입장을 가지고 스콜라주의의 질료형상론을 공격하는 무기로 삼았다는 사실이다. 보일이 보기에 기계론의 가장 큰 적은 실체적 형상 이론이었다. 자연적 실체와 인공적 실체가 본질적으로 다르지 않다는 연금술의 주장을 보일이 어떻게 재작업해 아리스토텔레스주의자들을 전복할 도구로 삼았는지 살펴보는 작업은 흥미진진할 것이다. 다만 아리스토텔레스 자신이 그 어디에서도 실체적 형상이란 말을 명시한 적은 없으므로, 보일의 논증 대부분은 기예와 자연의 절대적 구별을 가장 완고하게 지지했던 사람들에게서야 그 공격의 효과를 발휘했다는 점도 지적할 필요가 있다. 기예와 자연의 분리를 통해 황금변성의 가능성을 부인하려 했던 토마스 아퀴나스의 추종자들과 에라스투스에게서 우리는 보수적 아리스토텔레스주의의 면모를 보아왔다. 보일이 펼쳤던 그만의 독특한 공격은 정확히 그들을 겨냥한 것이었다.

이제 우리는 기예와 자연에 관한 전통적인 대화로부터 보일이 받은 영향을 분석하고, 그가 실체적 형상 이론에 맞서기 위해 기예-자연 논쟁을 활용했던 방법을 검토하고자 한다. 보일의 초기 저작을 후기 저작의 관점에서(혹은 그 역으로) 설명하는 시대착오의 오류를 피하기 위해, 나는 그가 1661년부터 1667년 사이에 출판했던 저작들만을 검토할 것이다. 이 시기에 『회의적인 화학자』와 『형상과 속성의 기원』(더불어 이 책의 더 중요한 부록인 「부수적 형상들에 관한 자유로운 생각」) 등 주요 저작이 등장했기에 이렇게 연대를 한정한다 해서 우리의 이해에 불리하지는 않을 것 같다.[100] 먼저 기예와 자연의 전통적인 구별을 향한 보일의 비판부터 살펴보자. 『회의적인 화학자』는 불에 의한 물체의 분해가 불 그 자체의 인공물이 아

---

100 1661년부터 1667년 사이에 출판된 저작들이라도 실제로 그 집필 기간이 1650년대까지 거슬러 올라간다는 사실은 잘 알려져 있다. 특히 『실험적 자연철학의 유용함에 관한 몇몇 고찰』(1663)은 그의 젊은 시절의 중요한 저술을 담고 있다. Boyle, *Works*, ed. Hunter and Davis, vol. 3, pp. xix~xxviii. 그러나 우리는 『형상과 속성의 기원』과 『회의적인 화학자』를 주로 다룰 것이다.

닌 그 물체의 참된 구성 성분을 필연적으로 드러낸다는 견해에 맞서 논증한다. 특히나 보일은 불이 어떤 실체를 그 실체보다 앞서 존재하던 4원소 또는 3원소로 분리할 뿐이라는 몇몇 스콜라주의자들과 연금술사들의 주장에 의심을 던진다. 어느 한 단락에서 보일은 그의 대변자 카르네아데스의 입을 빌려[101] 연금술사들의 수은이 근원적 추출물이 아니라 "질감의 변화에 의해, 그리고 불이 물체의 작은 부분들에서 만들어내는 변화에 의해 생산된" 인공물일지도 모른다고 논증한다. 이어서 보일은 불이 순전히 파괴적 동인에 불과하며 "불을 제외하고는 어떤 것도 발생시킬 수 없다"고 주장했던 "탁월한 연금술적 화학자이자 의사"(제네르트)의 견해를 비판한다.[102] 그의 견해가 틀렸음을 입증하기 위해 보일은 오로지 불에 의해서만 생산되는 고귀하고 영구적인 물체인 유리를 예시로 든다. 이처럼 제네르트를 비판하고 나서 보일이 인공적 생산물과 자연적 생산물을 구별하는 완고한 사고방식을 반대했던 이 독일인 교수의 논증을 슬며시 내세운다는 점은 눈에 띄는 아이러니다.

> 불을 통해 생산된 것이라면 무엇이든 자연적 물체가 아니라 인공적 물체라고 간주하는 사람들이 있다는 사실에 우리가 흔들릴 필요는 없다. 많은 이들이 양쪽 사이에 존재한다고 상상하는 만큼의 그러한 차

---

101 [옮긴이] 카르네아데스는 실존 인물이 아니라 『회의적인 화학자』에서 보일이 자신의 의견을 피력하기 위해 등장시켰던 가공의 인물이다.

102 Boyle, *Sceptical Chymist*, in *Works*, vol. 2, p. 300. 여기서 보일이 암묵적으로 겨냥하는 것은 제네르트의 다음 문장이다. Sennert, *De chymicorum*, p. 287: "불은 오로지 불만 발생시키며, 어떠한 혼합물도 생산하지 않는다." 오히려 무심하게도 보일은 이 문장에서 제네르트가 불 분석에 대한 강경한 반대자인 페트루스 팔마리우스를 논박하고 있음을 지적하지 못했다. 페트루스는 인공적인 가열은 결코 실체를 구성 성분들로 분해하지 못한다는 에라스투스의 입장에 서 있던 인물이었다. 제네르트는 4원소가 결합된 덩어리가 균일한 화합물을 만든다는 스콜라주의적 이론에 반대했던 인물이기 때문에, 불이 이러한 화합물을 생산하지 못한다는 제네르트의 주장은 실체에 가하는 불의 모든 작용이 새로운 화합물을 만드는 것이 아니라 구성 요소들로 분해할 뿐이라고 덮어놓고 주장하는 것은 아니었다. 오히려 그는 이러한 화합물이 기초하고 있는 전제를 부인하려는 것이었다.

이가 언제나 있지는 않기 때문이다. 양쪽을 적절하게 지속적으로 충분히 구별하는 것은 그들이 생각하는 것만큼 그리 쉬운 일은 아니다. 그렇게 뛰어난 논고에 나 자신을 관여시키지 않기 위해서는 질료 덩어리가 기예가의 손이나 도구 또는 둘 다에 의해 그의 정신 속에서 이미 디자인된 모양이나 형태로 만들어졌을 때, 그 사물은 인공적인 것이라고 흔히 불린다는 점을 관찰하는 것으로도 이제는 충분할지도 모른다. 기예가가 의도했든 그렇지 않든 간에, 수많은 연금술적 화학의 생산물로부터 그 결과가 생산될 것이고 종종 그가 의도했거나 찾았던 그 이상으로 생산될 것이다. 이러한 생산에 사용되는 도구 대부분은 이것저것 특별한 일에 사용되는 장인의 도구처럼 인공적으로 만들어지고 빚어진 도구가 아니라 기예가가 아닌 그 도구의 본성이나 질감으로부터 비롯된 자연의 능동자만이 제공하는 자연의 주된 작용 능력이다. 사실상 불은, 씨앗이 자연의 능동자인 것만큼이나 자연적인 능동자다. 불을 사용하는 연금술적 화학자가 자연적 능동자를 피동자에 적용하면 둘은 결합되고 각각의 본성대로 작용해 자신에게 작용을 가한다. 이 역시 자연적인 생산물인데, 마치 정원사가 바위와 물에 관한 지식을 모두 동원하고 결합해 열매를 맺는 데 기여할 만한 다양한 방법을 실행함으로써 획득한 사과나 자두 등 여러 과일이 자연적인 것이듯이 말이다.[103]

보일의 모든 요점은 제네르트의 『화학자들에 관하여』의 다섯 페이지 부분에서도 발견되며, 불은 화합물을 발생시키지 않는다는 이 독일인 스콜라주의자의 주장을 직접적으로 따른다. 제네르트는 불의 지위가 '자연적'임을 변호함으로써 불 분석[104]의 정당성을 지켜냈다.[105] 앞서 살펴보았듯

---

103 Boyle, *Sceptical Chymist*, in *Works*, ed. Hunter and Davis, vol. 2, p. 300.

104 [옮긴이] 파라켈수스는 3원소를 입증하는 경험적 근거로 불 분석(fire analysis)을 활용했다. 가령, 나무를 불로 태워 남은 재에 소금이 포함되었다는 것은 소금이 나무의 구성 원소임을 의미한다는 것이다. 그러나 판 헬몬트는 불의 역할은 환원이

이, 보일과 마찬가지로 제네르트는 연금술적 화학의 생산물이 자연 발생으로도 생겨날 수 있음을 언급함으로써 그 생산물이 오로지 기예가의 사전 의도에 의한 결과일 수밖에 없다는 견해를 뒤집는다. 이것이야말로 보일이 연금술적 화학의 생산물은 종종 "기예가가 그것을 의도했든 그렇지 않든 상관없이" 등장한다고 말했을 때 그가 의도했던 바이다. 『화학자들에 관하여』의 동일한 부분에서 제네르트는 조각처럼 질료의 표면을 만지는 기예와 연금술적 화학처럼 더 깊은 변화를 일으키는 기예를 구별했다. 이 구별은 보일에게서도 발견되는데, 카르네아데스는 자연의 능동자가 가진 능력과는 대조적으로 기예가는 자신의 도구로 외부의 "모양이나 형상"을 부여한다고 강조한다. 또한 불을 예시로 들어 기예가에 의해 활용되는 자연적 동인도 자연적인 것이라는 지위를 갖는다고 논증한다는 점에서, 보일은 제네르트로부터 영향을 받았다. 제네르트 역시 불을 예시로 들어 기예의 근접 능동자가 자연적이라면 그 생산물 역시 자연적임이 분명하다고 논증했던 바 있다. 『화학자들에 관하여』의 이 짧은 부분에서 제네르트는 우리가 접붙임된 나무를 인공적인 것으로 여기지 않는다고 지적하면서 접붙임을 예시로 드는 논증을 펼치기도 했다. 그렇다면 보일은 인공적 생산물과 자연적 생산물이 근본적으로도 본질적으로도 다르다는 에라스투스의 입장에 반대하는 논증을 찾기 위해 제네르트의 『화학자들에 관하여』를 샅샅이 검토했음이 분명하다.

보일이 제네르트에게 빚을 졌다는 사실은 이 저작뿐만 아니라 그 밖의 다른 저작들에서도 확실하게 발견되지만, 이 사실에만 계속 초점을 맞추는 것은 너무 지루한 일이 될 것이다.[106] 그럼에도 『회의적인 화학자』에서

아니라 변성이며 따라서 재에 포함된 소금은 불이 새롭게 생산한 결과물이라고 주장하면서 파라켈수스의 3원소 이론을 반박했다. 베이컨과 보일도 마찬가지로 파라켈수스의 불 분석을 받아들이지 않았다. 반면에 제네르트는 그것을 받아들였다.

105 Sennert, *De chymicorum*, pp. 287~91.

106 Newman, "Alchemical Sources of Robert Boyle's Corpuscular Philosophy"; Newman and Principe, *Alchemy Tried in the Fire*, chap. 1.

나타나는 기예-자연 구별에 관한 아이디어가 누구나의 상식적인 예상과는 달리 베이컨이 아니라 오히려 연금술적 화학을 스콜라주의적으로 대변했던 제네르트로부터 비롯되었다는 사실은 매우 중요하다. 이 사실은 다시금 아리스토텔레스주의 및 스콜라주의 자연철학이 실험과학의 성장에 적대적이었다는 오랜 이미지가 오해에 불과했음을 보여준다. 이러한 오해는 과학혁명에 관한 많은 빈티지 연구에 의해 그 빌미가 제공되었고, 최근의 과학혁명 연구에서도 공개적으로 되살아나 승리를 거두고 있다.[107] 기예와 자연의 구별에 관한 보일의 견해는, 표준적인 견해의 표현과는 달리 그리 극단적이지 않다. 『형상과 속성의 기원』을 자세히 검토해보면, 수세기 동안 연금술사들의 입장을 지지했던 진보적인 아리스토텔레스주의자들처럼 기예의 생산물과 자연의 생산물을 가르는 보일의 구별은 베이컨의 구별 그 너머의 수준으로는 나아가지 않는다.[108] 실체적 형

107 Dear, *Revolutionizing the Sciences*, pp. 3~8; Steven Shapin, *The Scientific Revolution*, Chicago: University of Chicago Press, 1996, pp. 30~46, 81~85, 97~98[한영덕 옮김, 『과학혁명』, 영림카디널, 2002]. 이 점에서 스티븐 샤핀은 디어보다는 덜 엄격하다. 그러나 샤핀 역시 기예-자연 구별에 관한 베이컨과 보일의 진보적 견해에 연금술의 기예-자연 논쟁이 기여했던 강력한 역할을 인식하지 못했다.

108 여기서 나는 아쉽게도 마거릿 쿡의 깊이 있는 연구 논문인 "Divine Artifice"를 거론할 수밖에 없는데, 이 논문은 17세기에 보일이 기예와 자연의 구별을 폐지했으며(p. 136), 기예-자연의 경계를 절대적으로 파괴했다는(p. 150) 호이카스와 대스턴의 입장을 수용했다. 쿡의 주장은 보일이 신을 기예가로 보았고 신이 창조한 모든 결과는 인공적인 것('기계적'이라는 의미로)이었으므로 자연적인 것이라는 별도의 범주가 존재할 수 없다는 것이다. 그러나 쿡의 주장은 두 가지 이유에서 전적으로 설득력이 없다. 첫째, "기예가 신"(deus artifex)이라는 신의 이미지는 매우 전통적인 것이어서 그 자체로는 기계론을 의미하지도, 자연의 삭제를 의미하지도 않는다. 어느 누구도 쿡의 주장대로(p. 150), 보일이 "아리스토텔레스주의의 기예 개념을 전유해 이 개념을 신학의 영역에 적용해야만 했다고" 말할 수는 없다. 근대 초 예수회의 아리스토텔레스주의자들도 이미 신을 일종의 장인으로 인식했다. 드니스 데 셴이 최근의 연구에서 보여주었듯이, 보일 이전부터 예수회 과학자들은 신의 기예가 인간의 기예와 근본적으로 다르며, 신의 기예는 자연 그 자체라고 보았다. Des Chene, *Spirits and Clocks: Machine and Organism in Descartes*, Ithaca: Cornell University Press, 2001, pp. 95~102. 이러한 실수 이외에도 둘째, 쿡의 주장은 보일의 저작에서 기예-자연 이분법이 폐지된 것이 아니라 여전히 남아 있

상 이론을 비판하면서, 특히 그 가운데서도 제네르트가 견지했던 "하위 형상들"(하나의 물체 안에 존재하는 복수의 실체적 형상들) 개념을 비판하면서 보일은 자신이 인공적 물체를 예시로 드는 것에 지나치게 의존한다는 잠재적 비판을 피하려고 노력한다. 그는 다음과 같이 개성 있게 답변한다. "인공적인 것과 명백히 자연적인 것 사이의 차이가 사람들이 상상할 수 없을 만큼 언제나 그리 대단한 것만은 아니다." 다시 말해 인공적인 것과 자연적인 것의 격차는 흔히들 생각하는 것보다는 훨씬 작다. 그러나 이 논증에 이어 곧장 보일은 아이러니하게도 자신의 입장이 제네르트를 비롯한 여러 연금술 옹호자들과 얼마나 가까운지를 밝힌다.

> 생산 과정에서 인간의 힘과 기술이 지분을 갖는 물체들 가운데서, 인간이 언제나 물체의 외부에 있는 도구나 자신의 제작 능력을 활용해 외형적 모양을 부여하는 물체들과, 그리고 인간이 사용하는 도구가 인간이 작용을 가하는 질료 그 자체의 일부이거나 적어도 그 질료에 대해 본질적인 것이라는 의미에서(모든 것을 자연적인 것이 되게 만드는 생산 과정을 통해) 물리적 능동자를 피동자에 부여하는 인간의 주된 작용을 통해 만들어진 물체들(다른 무엇보다 가장 화학적인 생산물), 이들 두 물체 사이에는 상당한 차이가 있다고 나는 생각한다.[109]

[다소 복잡해 보이는] 위 인용문에서 보일의 논증은, 표면적 모양이나 부수

음을 간과했다. 베이컨과 마찬가지로 보일도 본질에 근거한 기예-자연 구별은 부인했을지언정 작용인 및 경험적 고찰에 따른 구별로부터는 탈출할 수 없었다. 사실상 보일은 모든 기예를 자연으로 환원하는 데 관심이 없었던 것만큼이나 모든 자연을 기예로 환원하는 데에도 관심이 없었다. 그의 일차적인 목적은 오로지 실체적 형상을 제거하는 것이었다.

109 Boyle, *Free Considerations about Subordinate Forms, appendix to The Origin of Forms and Qualities*, in *Works*, ed. Hunter and Davis, vol. 5, p. 469. 이와 유사한 논증이 담긴 텍스트로는 다음을 보라. *Origin of Forms and Qualities*, in *Works*, vol. 5, p. 358.

적 속성들을 통해 작용하는 단순히 모방하는 기예와 물체 안에서 운동의 내부적 원리에 작용하는 완전성으로 이끄는 기예의 오랜 아리스토텔레스적 구별을 신중하게 재진술하고 있는 것에 불과하다. 파울루스 데 타렌툼의 『이론과 실천』을 비롯한 중세의 많은 연금술 저작에서처럼 보일은 조각가의 외부 작업과 연금술적 화학자의 내부 작용을 구별한다. 연금술적 화학자의 작용은 동인을 수용체에 적용해 더 깊은 변화를 질료에 부여하려 한다. 물론, 보일이 이런 식의 구별이 갖는 질료형상론적 함의로부터 벗어나려고 했다는 점은 사실이다. 그는 더 이상 내부의 형상과 부수적 형상이라는 표현을 쓰지 않기 때문이다. 하지만 그렇다고 해서 기예-자연 논쟁에서 연금술 지지자들에 의해 널리 선언되었던 자연적인 것과 순수하게 인공적인 것의 구별을 보일이 수용했다는 의미가 축소되지는 않는다. 게베르로부터 비롯된 연금술 전통의 한 가지 특징이라면, 그 전통이 형상의 설명적 역할을 경시하거나 때로는 심지어 제거하기도 했다는 확실한 사실이다.[110] 이와 같은 특징이 어떻게 인공성이라는 이슈와 연결되는지를 드러내기 위해서는 보일이 그의 모델인 베이컨처럼 연금술 자료들에서만 찾아볼 수 있는 속성들의 개념을 어느 정도로 사용했는지를 검토해보는 것이 도움이 된다.[111] 따라서 『형상과 속성의 기원』의 유명한 단락을 살펴보도록 하자. 여기서 보일은 연금술의 금을 예시로

---

110 [옮긴이] 영어로는 "형상의 설명적 역할"로 어색하게 번역될 수밖에 없는 표현을 다시 풀어 번역하자면 이렇다. 게베르의 연금술 전통은 그 자신을 설명하기 위해 형상이라는 개념을 필요로 하지 않으므로 그 개념을 무시하거나 아예 제외했다.

111 여기서 다시금 나의 입장은 쿡의 "Divine Artifice"(pp. 142~50)와는 다르다. 쿡은, 보일이 실체적 형상을 제거했던 것은 그가 자연을 아리스토텔레스적 '기예'에 동화시키려던 시도에서 파생된 결과라고 본다. 여기서 쿡이 말하는 '기예'는 근원적으로 기계를 의미하며, 그것은 '순수하게 인공적인' 동인에 의해 작동한다. 따라서 쿡은 기예와 자연의 이분법을 지나치게 단순하게 받아들이고 그저 위치만 움직이게 하는 기예[마치 기계처럼]와 완전성으로 이끄는 기예의 구별은 무시함으로써, 주어진 물리적 사물과 관련되어 규칙적으로 등장하는 속성들의 총합이 곧 '본질'이라는 보일의 견해가 형성되는 과정에서 완전성으로 이끄는 기예[특히 연금술]가 끼쳤던 역할을 간과하고 만다.

들어 형상의 본성이 무엇인지 판단하려고 한다.

보일은 논의를 시작하면서 스콜라주의 저술가들이 자연적 물체들을 묶는 범주로 사용했던 유와 종은 순전히 조직적인 설명의 편의를 위해 설정되었으며, 감각으로 접근 가능한 물체의 속성들 외에는 그 범주가 우리에게 알려주는 정보가 아무것도 없다고 진술한다. 금의 무게, 가단성, 연성, 가용성, 고정성, 황성처럼 이 속성들 가운데 일부는 서로 균형을 맞추어 발생한다. 그럼에도 불구하고 스콜라주의 저술가들은 작은 근거만 가지고서 금속의 한 가지 종을 이루는 부수적 속성들과는 별도로, 균일한 질료에 부여된 비물질적인 실체적 형상으로부터 파생된 또 다른 부수적 속성들이 있다고 논증했다. 보일이 보기에 이는 불필요한 가정인데, 우리가 인식하는 모든 것은 부수적 속성들 그 자체이며, 내부에 실체적 형상을 가졌다고 하는 종은 사실상 사람들이 맺은 "동의에 의해" 대략적으로 결정된 "부수적 속성들의 총합 또는 집합에 불과하기" 때문이다. 그러면 '최절약 원리'를 적용해[112] 인식 불가능한 실체적 형상이 존재하지 않는다고 가정해보자. 우리가 할 일은 주어진 질료 덩어리와 어느 정도로 연결된 속성들의 목록을 수집하는 것뿐이다. 보일은 계속해서 논증한다. 이것이야말로 대부분의 인간이 사물에 관해 실제로 생각할 수 있는 가장 정확한 방식이며, 인간이 종의 변성을 인정할 수 있는 이유도 바로 이것 때문이다.

> 보편적인 연금술적 화학자들뿐만 아니라 다양한 철학자들, 이에 더해 몇몇 스콜라주의자들도 비천한 금속을 금으로 변성시킬 가능성을 견지한다. 만약 인간이 어떠한 질료 덩어리를 불 속에 넣어 황성과 가단성, 무게, 고정성을 부여하고, 시험을 거쳐 강수[113]로 용해되지 않는 성

112 [옮긴이] '최절약 원리'(principle of parsimony, 또는 사고 절약의 원리)는 오컴의 면도날(Ockham's Razor)이나 '경제성의 원리'(principle of economy)와 유사한 원리다. 필요하지 않은 가정을 굳이 만들지 않아야 하고, 더 적은 수의 가정으로도 설명 가능한 이론을 택해야 한다.

질을 부여해 인간이 진짜 금을 가짜로부터 구별하는 기준이 되는 부수적 속성들을 어느 정도 발생시킨다면, 그 부수적 속성들은 양심의 가책 없이 진정한 금을 만들어줄 것이다. 이러한 경우에 대부분의 인간이라면, 진짜처럼 보이는 그 물체(연금술적 화학자들의 기예로 만들어진 것과 같은)가 금의 실체적 형상을 가지고 있는지 아닌지를 따지는 논쟁을 스콜라주의 박사들에게나 떠맡길 것이다.[114]

이처럼 믿기 힘들 정도로 분명한 논의를 통해 보일은 무엇에 맞서 논증하고 있는 것일까? 가장 기본적인 수준에서 그가 겨냥한 논적은 특정한 변성이 불가능하다는 아비켄나의 입장을 채택해 연금술에 반대하는 토마스주의자들이다. 그들은 연금술적 화학으로 만든 금이 자연적 금의 모든 알려진 속성을 가졌다 하더라도 진짜 금일 가능성이 없다고 주장했다. 기예를 통해 금이 생산된다는 것은 곧 그 금이 실체적 형상을 결여한다는 의미이기 때문이다. 앞서 이 책의 제2장에서 살펴보았듯이, 이는 에이메리히를 비롯한 여러 예수회 신부들처럼 보수적인 아리스토텔레스주의자들이 채택한 진짜 의견이었다. 하지만 보일 자신도 잘 알고 있었듯이, 그들의 의견이 스콜라주의 전체의 견해는 결코 아니었다. 실제로 보일의 모든 논증은 가장 스콜라주의적인 연금술 문헌인 게베르의 『완전성 대전』의 논증과 눈에 띄게 유사하다. 무수한 연금술 저술가들이 인용했고 17세기 스콜라주의 교과서에서도 널리 원용되었던 어느 한 단락에서 게베르는 다음과 같이 금을 정의했다.

---

113 [옮긴이] 연금술에서 '강수'(強水, Aqua Fortis)는 기본 금속들을 녹일 수 있는 용매를 의미했다. 주로 질산이 강수 역할을 했다. 반면에 금은 유일하게 강수로 용해되지 않기 때문에, 금을 용해할 수 있는 특수한 용매를 왕수(王水, Aqua Regia)라고 불렀다. 위의 인용문에서 강수로 용해되지 않는 성질을 얻는다는 것은 곧 금의 성질을 얻는다는 의미다.

114 Boyle, *Origin of Forms and Qualities*, in *Works*, vol. 5, pp. 322~23.

> 따라서 우리는 이렇게 말할 수 있다. 금은 금속성의, 황색의, 무거운, 소리 없는, 빛나는 물체로서 땅의 자궁에서 적절하게 소화된 광물의 용액으로 매우 오랜 시간 동안 씻긴, 망치로 치면 펴지는, 용해 가능한, 회취법 및 침탄법 시험을 견딜 수 있는 물체다. 이로부터 당신은, 금의 정의에 나열된 모든 원인과 차이를 갖지 않으면 어느 것도 금이 아닌 그 원인들과 차이들의 목록을 수집해야 한다. 그러나 금속을 근본적으로 노랗게 만드는 것이라면 무엇이든 간에, 그 금속을 금의 속성과 동일한 것으로 이끌고, 그 금속을 씻어주고, 어떠한 유에 속한 금속이라도 금으로 만든다.[115]

보일과 마찬가지로 게베르는 금이라는 종에 속하는 물체를 이미 알려진 속성들로 정의했다. 즉 황성, 무게, 충돌했을 때 소리 없음, 빛남, 가단성, 가연성, 회취법 및 침탄법 테스트에 의한 분해에 견디는 능력 등이다. 만약 누구라도 주어진 질료 덩어리에서 이러한 속성들을 유도해낼 수 있다면, 그 질료를 '금'이라고 불러도 좋다. 여기에는 실체적 형상이 전혀 언급되지 않았다. 『완전성 대전』의 다른 부분에서도 실체적 형상 개념은 등장하지 않았다.

그러나 스콜라주의 전반이 은연중에 실체적 형상을 포기하고 게베르를 따랐다고 보는 것은 타당하지 않다. 이 이슈에서 보일이 이룬 성취는 그가 게베르의 접근법이 가져다주는 유익을 뚜렷하게 인식했고, 그 접근법을 기계론의 핵심 조각으로 삼았다는 점이다. 보일이 멘토로 삼았던 베이컨이 그랬듯이, 보일이 연금술 문헌의 독서를 통해 게베르로부터 영향을 받았다는 사실은 의심할 수 없다. 실제로 베이컨은 『숲들의 숲』에서 은의 개별적인 본성 또는 속성들의 '초유도'[116]를 기반으로 한 황금변

115 Newman, *Summa perfectionis*, p. 671.

116 [옮긴이] 『신기관』에 명시적으로 등장하는 개념인 '초유도'(superinducing)는 원래 연금술사들이 질료형상론의 맥락에서 어떠한 사물이나 물체에 새로운 형상이나 속성들을 부여 혹은 '유도'하는 행위에서 파생한 용어다. 다만 베이컨은 이 용어

성 레시피를 제시한 바 있다. 『신기관』에서도 이 이슈는 다음과 같은 표현으로 논의되어 유명해졌다. "황색과 무게, 연성, 고정성, 유동성, 용해도 등의 형상들과 그것들을 초유도할 수 있는 방법 및 그것들의 단계적 변화와 양상을 알고 있는 사람이라면, 그 형상들을 어떠한 물체에 부여하는 일도 가능할 것이며, 이에 따라 그 물체를 금으로 변형시킬 수 있을지도 모른다."[117] 이 속성들이 하나하나씩 차례로 초유도될 수 있다는 베이컨의 신념은 그의 방법론을 다른 연금술사들의 방법론과 구별해주는 특징으로 자주 언급되었다. 베이컨이 보편적인 변성 동인인 현자의 돌이라는 아이디어를 좋아하지 않았다는 점은 사실이다. 하지만 이러한 점이 연금술 문헌에 졌던 그의 빚을 탕감해주지는 않는다. 그가 빚을 졌던 『완전성 대전』은 변성 '의학'에 세 가지 '등급'이 있음을 논증했다. 그중에서 중급 의학은 기본 금속을 금으로 완전하게 변성시키기보다는 개별적인 특정한 차이들에 작용하며, 금의 진정한 색깔을 부여할 수는 있지만 금의 무게는 부여하지 못한다.[118] 이와 같은 방식의 사고를 통해 우리는 다시금 게베르 전통이 실체적 형상의 족쇄로부터 어느 정도로 해방되었는지, 또한 인공성과 자연성이 유연한 개념이라는 견해를 어느 정도로 채택했는지를 볼 수 있다.[119]

금의 '형상'을 단지 속성들의 '집합'으로 간주하는 보일의 접근법은 그의 독창성을 보여주기보다는 그가 실제로 연금술적 화학자 선배 집단의

를 입자론의 맥락에서 쓰고 있다. 베이컨의 '초유도'가 연금술사들의 '유도'와 어떻게 다른지에 대해 『신기관』에서는 만족스러운 설명을 제시하지 않는다.

117 Bacon, *Sylva sylvarum*, pp. 448~50; Bacon, *Novum organum*, p. 122.

118 Newman, *Summa perfectionis*, pp. 752, 759~60. 하급 의학은 오로지 표면적이고 "궤변적인" 변화만을 일으키는 반면에, 상급 의학은 기본 금속의 모든 속성을 금이나 은의 속성들로 변형한다.

119 [옮긴이] 게베르에게서는 여전히 중급 의학이 상급 의학보다 열등한 등급에 위치하고 있지만, 이후 그의 후계자들에 의해 실체적 형상 개념이 제거되고 나면 오히려 진정한 연금술 변성은 상급 의학이 아니라 중급 의학에 더 가까운 과정으로 설명될 것이라는 점이 흥미롭다.

특별한 전통으로부터 더 많은 빚을 졌음을 보여준다. 동일한 금속을 예시로 삼아 논증한 유사한 아이디어가 보일의 지적 후계자인 로크의 『인간지성론』에서도 발견된다는 점은 상당히 주목할 만하다. 금을 예시로 든 로크는 감각으로 접근 불가능한 물질적 사물의 "진정한 본질"을 주어진 "질료 덩어리"와 연관된 알려진 속성들의 총합인 "명목상의 본질"과 구별한다. 로크는 우리가 그 사물의 실제 구조를 알 수 없음을 먼저 인정한 뒤, 그럼에도 우리가 그 사물의 명목상의 본질에는 접근할 수 있다고 덧붙인다. "이 물질을 '금'이라고 하거나 '금'이라는 이름에 대한 권리를 이 물질에 부여하는 것은 일정한 색, 무게, 가용성, 고정성 등이고, 따라서 이런 것들이 이 물질의 명목 본질이다. '금'이라는 명칭이 부여되는 추상적인 복합 관념과 성질들이 일치하는 물질만이 '금'이라고 불릴 수 있기 때문이다."[120] 이와 같은 경험주의적 견해의 뿌리는, 물론 로크의 엄격함은 차치하고라도, 이미 연금술사들에 의해 표현되었던 바 있다. 게베르를 비롯한 연금술 저술가들은 주어진 금속의 종을 '차이들' 또는 속성들의 집합으로 간주하기로 선택했다. 이 속성들은 색깔처럼 감각으로 직접 접근 가능하며, 야금 기술을 사용해 기본 금속으로부터 고귀한 금속을 분리하는 회취법이나 은으로부터 금을 분리하는 침탄법 같은 시험을 통해 감각으로 접근 가능한 상태가 된다. 물질적 세계에 관한 우리의 지식의 근간을 이루는 것은 접근 불가능한 실체적 형상이라는 관념적인 존재가 아니라 다름 아닌 이러한 접근 가능한 속성들이다. 로크 자신이 직접 변성 연금술에 관여했다는 점, 그리고 보일이 죽을 때까지 현자의 돌이라는 주제로 아이작 뉴턴과 서신을 주고받았다는 점은 아마도 우연이 아닐 것이다.[121]

---

120 John Locke, *An Essay Concerning Human Understanding*, ed. Peter H. Nidditch, Oxford: Clarendon Press, 1975, bk. 3, chap. 3, sec. 18, p. 419. [옮긴이] 존 로크, 정병훈·이재영·양선숙 옮김, 『인간지성론 2』, 한길사, 2014, 35쪽에서 인용.

121 Principe, *Aspiring Adept*, pp. 175~78. 로크가 연금술적 의화학에 관여했다는

보일에게는 과거와의 연속성 이외에도 또 다른 강조점이 있다. 형상에 반대하는 보일의 태도가 대부분의 연금술 저술가들의 태도와도 현저하게 다르다는 점이다. 즉 보일은 인공적 실체와 자연적 실체의 구별을 수단으로 삼아 실체적 형상을 공격하는 논쟁을 펼친다. 보일의 접근법 이면에는 기본적으로 기예 홀로는 실체적 형상을 부여할 수 없다는 아이디어가 깔려 있는데, 이는 스콜라주의 저술가들이 습관적으로 사용했던 아이디어였다. 이러한 까닭에 스콜라주의의 틀 안에서는 '순수하게 인공적인' 물체는 실체적 형상을 결코 갖지 못하며 오로지 표면적인 인공의 형상(forma artificialis), 즉 개체의 속이기 쉬운 외부적 모양만을 갖는다. 그런데 만약 누군가가 자연적 물체의 모조품을 인공적으로 생산했는데, 그 모조품이 원본의 모든 알려진 속성을 갖고 있다면 어떻게 될까? 그 모조품에 자연의 원본이 가진 접근 불가능한 실체적 형상이 결여되어 있다는 불필요한 가정만 제외한다면, 그 모조품은 자연적 물체와 구별될 수 없기 때문에 실체적 형상은 사실상 불필요한 개념이라는 결과가 뒤따르지 않을까? 뿐만 아니라 자연적 물체의 속성들은 '실체적 형상으로부터 파생된다'고 말한다면, 연금술을 반대하는 스콜라주의자들은 이처럼 '진짜로 보이는'(가령 인공적인) 물체가 실체적 형상을 '대놓고' 결여했음에도 불구하고 자연의 원본과 동일한 속성들을 가질 수 있는지를 어떻게 설명할 수 있을까? 이러한 식의 질문에 담겨 있는 접근법은 실체적 형상을 향한 보일의 공격 및 그에 수반해 '기계로 형상을 생산하는 것'을 설명하려는 그의 시도에서 핵심 요소가 된다. 개별 입자들의 모양과 크기, 운동, 그것

것에 관한 구체적인 정보로는 다음을 보라. J. C. Walmsley, "Morbus: Locke's Early Essay on Disease", *Early Science and Medicine* 5, 2000, pp. 367~93. 또한 다음의 후속 논쟁을 보라. Peter Anstey, "Robert Boyle and Locke's 'Morbus' Entry: A Reply to J. C. Walmsley", *Early Science and Medicine* 7, 2002, pp. 358~77; Walmsley, "'Morbus,' Locke, and Boyle: A Response to Peter Anstey", *Early Science and Medicine* 7, 2002, pp. 378~97. 로크와 베이컨주의 전통의 연결고리에 관해서는 다음을 보라. Peter R. Anstey, "Locke, Bacon, and Natural History", *Early Science and Medicine* 7, 2002, pp. 65~92.

들의 집합으로부터 비롯된 '질감'에서 속성들이 생겨난다는 보일 특유의 설명에서 만약 누군가가 실체적 형상의 설명적 역할을 제거할 수 있다면, 보일의 기획에는 큰 장애물이 하나 줄어드는 셈이다. 그의 기획은 『형상과 속성의 기원』의 마지막 부분에서 뚜렷하게 명시된다.

> 우리가 이야기하고 있는 실험에서 실체적 형상은 작용인에 불과하다는 나의 언급은 그럴듯한 거짓으로 꾸며질 수도 없거니와 최소한 거짓이라고 입증되지도 못할 것이다. 앞서 언급한 경우의 대부분에서 내가 논의한 물체들이 진짜처럼 보인다고 설명되었듯이, 그 물체들이 만약 생식 능력을 가졌다면 그 능력은 불에 의해 파괴되었다손 치더라도, 그 물체들은 연금술적 화학의 작용 과정을 통해 인공적으로 생산된다.[122]

위 인용문에서 보일의 논증은 확신으로 가득 차 있다. 그러나 17세기 예수회 신부 안토니우스 루비우스처럼 자연적 생산물과 인공적 생산물의 엄격한 구별을 절대적으로 지키려던 이들을 제외하면, 보일에게는 스콜라주의자들과 맞서는 일이 그리 중요한 과제가 아니었다. 루비우스는 "자연적 사물과 인공적 사물은 정말로 그 자체로 자연과 기예라는 전혀 다른 원인을 갖는다"고 말하면서 연금술의 금이 거짓임이 분명하다는 더욱 냉혹한 입장을 취했다.[123] 그의 입장은 전통적으로 '동인을 수용체에 적용'함으로써 자연에 작용하는 기예의 범주[완전성으로 이끄는 기예]가 서 있을 만한 어떠한 중간 자리도 허용하지 않았다.[124] 보일은 다름 아닌 루비

---

122 Boyle, *Origin of Forms and Qualities*, in *Works*, vol. 5, p. 442.

123 Antonius Ruvius, *R. P. Antonii Ruvio Rodensis doctoris theologi societatis Jesu, sacrae theologiae professoris, commentarii in octo libros Aristotelis de physico auditu*, Lyon: Joannes Caffin and Franc. Plaignart, 1640, pp. 189~94, 특히 p. 194를 보라. "Mihi tamen videtur distingui realiter, quia naturalia, & artificialia habent causas per se distinctas realiter, nempe naturam, & artem: ergo sunt effectus realiter, vel saltem ex natura rei diversi."

124 이는 능동자를 피동자에 적용하는 농업이나 의학 같은 기예의 효능까지도 루비

우스 같은 죽기 아니면 까무러치기 식의 연금술 반대자들에 맞서는 입장에 서 있었을 것이다. 그들의 엄격한 이분법은 기예의 도움으로 만든 모든 물체를 '순수하게 인공적인' 존재로 보도록 강요했기 때문이다. 그러나 루비우스 식의 입장은 의심의 여지 없이 소수 견해였다. 연금술을 반대하는 지극히 평범한 스콜라주의자들은 자신들의 주장을 지키기 위한 효과적인 도구들을 나름대로 가지고 있었다. 가령, 자연의 금은 오로지 특별한 유형의 열이 발견되는 땅 밑의 장소에서만 발생된다는 토마스의 주장도 그들이 가진 도구들 가운데 하나였다. 보일의 공격에 대해 대부분의 스콜라주의자들은 진짜인 듯 보이는 물체의 예시로 보일이 제시한 연금술적 화학의 생산물이 실제로 자연에 작용하는 기예를 통해 만들어졌으므로 그 생산물도 실체적 형상을 충분히 가질 만하다고 간단하게 답변하면 그만이었다. 오히려 이러한 식의 답변은 사실상 전통적인 연금술 방어 논리의 핵심 요소였다. 앞서 살펴보았듯이, 제네르트도 연금술적 화학의 생산물이 자연적 생산물처럼 운동의 내부적 원리를 똑같이 갖는다고 명백하게 논증한 바 있다.

그럼에도 불구하고 실체적 형상에 반대하는 보일의 논증은 제네르트의 견해를 멋지게 도치한다. 보일은 『형상과 속성의 기원』에서 실험에 관해 논의하면서 자연적 능동자인 불은 자연적 결과물을 생산할 수밖에 없다는 제네르트의 논증을 원용한다. "그러므로 연금술적 화학자들이 불로 만든 생산물은 죄다 자연적 물체가 아니라 인공적 물체로 간주되는 이유가 무엇인지 나는 도무지 알지 못하겠다. 이 변화에서 주된 능동자인 불은 연금술적 화학자들에 의해 활용되었더라도 여전히 자연적 능동자이며, 자연적 능동자로 작용하기를 멈추지 않기 때문이다."[125] 이어서 보일은 석회로부터 생석회를, 납으로부터 연단(鍊丹)을, 주석으로부터 접

우스가 부정했다고 말하려는 것은 아니다. 그러나 그는 이러한 유형의 활동을 근본적인 의미에서 자연을 '완전성으로 이끄는' 범주로부터 제거했다. Ruvius, *Commentarii*, p. 191.

125 Boyle, *Origin of Forms and Qualities*, in *Works*, vol. 5, p. 358.

착제를, 수은과 유황으로부터 진사(辰砂)를 제조한다는 여러 가지로 수집된 연금술 사례들을 제시함으로써, 기예가 자연과 동일한 결과물을 생산할 수 있다는 주장을 옹호한다. 그러나 보일은 궁극적인 요점에 이르러서 제네르트와 결별한다. 진짜처럼 보이는[인위적인] 실체와 자연적 실체가 본질적으로 동일하다고 보는 보일은 "자연적 물체의 종, 즉 부수적 속성들의 집합을 구별하는 작업은 실체적 형상을 고려하지 않고서도 충분히 가능하다"고 말한다.[126] 아마도 이러한 식의 결론은 제네르트의 마음을 칼로 찌르듯 찢어놓았을 것이다. 이 독일인 교수는 초월적인 기원을 가졌다고 여겨지는 실체적 형상의 '신적' 지위를 신봉하는 충실한 시종이었기 때문이다. 이어서 보일은 자연의 원본과 인위적 생산물이 동일함을 보여주는 구체적인 사례들을 제시하면서 다시금 연금술의 표준적인 사례였던 황산을 거론한다.[127] 황산철은 금속을 황산 기름에 용해한 뒤에 그 용액을 여과하고 결정화해 만들 수 있다. 그 생산물은 황산의 모든 드러난 속성들, 가령 "색깔, 투명성, 깨지기 쉬움, 높은 가용성, 지혈 효과, 하소 과정을 통한 붉은 가루로의 환원 가능성"을 가질 뿐만 아니라 쓸개즙 용액을 검게 만드는 능력, 작은 양의 복용으로도 구토를 유발하는 능력 같은 비의적 성질도 드러낸다.[128] 동일한 속성들을 가진 또 다른 인위적 황산철은 황산 기름 대신에 소금의 영혼, 즉 염산을 사용함으로써 만들 수 있는데, 이는 그 '기름' 속에서 손상되지 않고 보존된 황산이 단순하게 재유도된 결과가 아니냐는 추궁을 피하기 위함인 듯 보인다. 이와 같은 사례들부터 보일은 다음과 같은 결론을 내린다.

이러한 속성들이 황산과 마찬가지로 사실에 근거한 실체적 형상으로

126 Boyle, *Origin of Forms and Qualities*, in *Works*, vol. 5, p. 360.

127 인간이 성공적으로 자연을 모방할 수 있다는 근거로 인공적 황산이 사용되는 사례로는 다음을 보라. Petrus Bonus, *Margarita pretiosa novella*, in Manget, vol. 2, p. 17.

128 Boyle, *Origin of Forms and Qualities*, in *Works*, vol. 5, p. 361.

> 부터 파생된다고 믿는다 하더라도, 그 속성들은 표면적이든 비의적이든 상관없이 비활성화된 불체의 속성들처럼 그 형상의 정체를 밝히는 논증으로 활용될 수 있다. 소금의 영혼으로 만든 황산의 경우에, 황산의 조합을 이루는 두 구성 성분의 결합과 병렬을 통해 동일한 특성들과 속성들이 만들어진다.[129]

보일에 따르면, 인위적 황산은 실체적 형상을 갖지 않으므로 그 황산의 속성들은 실체적 형상이라는 기원이 아니라 "우리의 감각에 닿을 만한 자격을 갖춘 질감"이라는 기원을 가지며, 그 속성들은 "평범한 황산이라면 따르지 않을 방식에 따라 다른 물체에도 작용한다".

요컨대, 보일이 인공적 생산물을 활용해 실체적 형상 이론이 틀렸음을 입증하려 했던 것은 탁월한 통찰이었지만, 다만 스콜라주의의 질료형상 이론을 통째로 파괴하는 수준의 논증은 아니었다고 볼 수 있을 것 같다. 새로운 실체적 형상을 유도해 자연을 복제하는 완전성으로 이끄는 기예의 능력을 믿는 사람이라면, 보일의 요점에 설득되지 않을 것이다. 루비우스 정도의 반대자가 아닌 바에야 인공적 황산이 실체적 형상을 결여하고 있다는 주장에 설득당할 사람은 별로 없을 것이다. 오히려 보일의 논증이 보여주는 진정한 힘은 오로지 최절약 원리다. 인공적이든 자연적이든 상관없이 황산에 대한 우리의 인식을 형성하는 속성들의 '집합' 속에는 인식 가능한 실체적 형상이 존재하지 않는다. 그렇다면 우리가 굳이 왜 실체적 형상의 존재를 믿어야 하는가? 보일의 논증은 제조된 황산이 인위적인 성격을 가졌다는 점을 내세우지도 않으며, 그 황산의 본성이 인공적이라는 사실이 보일에게 도움이 되는 것도 아니다. 간단히 말해 보일의 논증은 의도치 않게 기예와 자연의 스콜라주의적 구별을 지나치게 단순화한 결과로 보이고, 또한 가장 엄격한 토마스주의적 해석을 오로지 실체적 형상의 실재를 지키고 싶어 하는 사람들만을 위한 견해로 몰아가려는

---

129 Boyle, *Origin of Forms and Qualities*, in *Works*, vol. 5, p. 362.

의도적인 시도로도 보인다.

캐번디시, 최후의 반실험주의

'고안된 경험'이 잘못된 타협으로 인위적 지식만을 생산할 뿐이라는 원리가 진정 아리스토텔레스의 것이었는지를 검토하면서 이 장(章)을 시작했으므로, 그 원리의 진정한 대표자를 검토하는 것으로 마무리하면 좋을 것 같다. 하지만 17세기에 그 원리를 가장 앞장서 대변했던 인물은 아이러니하게도 아리스토텔레스주의자가 아니었다. 그는 자칭 원자론자이자 물활론자였고 실제로는 자연철학의 가장 독창적인 경향을 지지하기도 했던 인물[130]인 뉴캐슬(Newcastle)의 화려한 공작 부인 마거릿 캐번디시[1623~73]다. 우리는 그를 이 책의 제2장에서 파라켈수스의 호문쿨루스를 반대했던 인물로 이미 만난 적이 있다. 다른 무엇보다도 캐번디시는 1667년 왕립학회의 초청을 받아 화려한 등장을 연출했던 것으로 유명하다. 새뮤얼 피프스를 비롯해 군중은 캐번디시의 범상치 않은 모습을 엿보기 위해 필사적으로 애썼다.[131] 그러나 이러한 이벤트가 있기 딱 1년 전에, 캐번디시는 실험을 강조하는 성향을 보였던 당시의 왕립학회를 강력한 어조로 공격하는 글을 썼고, 그 결과물을 『실험철학에 대한 관찰』이라는 저작으로 출판했다. 이 저작은 당대 왕립학회에서 가장 높은 성취를 이룬 인물이자 1665년에 출판된 『현미경 관찰』로 유명세를 떨쳤던

---

130 비록 캐번디시가 대개는 자신의 자연철학을 원자론자로서 시작했다가 나중에 가서는 "물활론자"가 되었다고 평가받지만, 두 입장은 서로 간에 결코 배타적이지 않다. Newman, "The Corpuscular Theory of J. B. Van Helmont and Its Medieval Sources", *Vivarium* 31, 1993, pp. 161~91.

131 Douglas Grant, *Margaret the First: A Biography of Margaret Cavendish, Duchess of Newcastle (1623–1673)*, London: Rupert Hart-Davis, 1957, pp. 15~26. [옮긴이] 캐번디시는 왕립학회 설립 이후에 최초로 학회를 방문한 여성이었다. 많은 사람이 그의 등장을 보기 위해 몰려들었다고 한다. 피프스는 캐번디시의 범상치 않은 의상을 비롯한 여러 인상을 기록으로 남겼다.

로버트 훅[1635~1703]이 현미경으로 발견했던 것들에 대한 분석 및 비판을 남기고 있다.[132] 이것만으로는 충분치 않았던지 캐번디시는 일종의 사이언스 픽션 판타지인 『불타는 세계』를 썼다. 이 작품에서 지구 출신의 한 젊은 여성은 다른 행성의 여제(女帝)가 되는데, 그 행성에 사는 실험철학자들은 싸움이나 일삼는 무능력자로 풍자된다. 캐번디시는 내부적 원리에서 비롯된 '합리주의'에 찬성했고 실험을 자연철학의 기초로 삼는 경향을 명백하게 반대했다.[133]

캐번디시의 실험 거부는 의심의 여지 없이 전통적인 기예-자연 논쟁 및 그 안에서의 연금술적 화학의 역할로부터 영향을 받았다. 그러나 그의 입장은 연금술적 화학 기예에 반대해 동원되었던 논증들에 귀류법을 적용한 논리적 귀결이었고,[134] 따라서 실험 일반은 인공적 결과물만을 생산한다는 그의 결론은 우리가 앞서 살펴본 스콜라주의 저술가들의 입장에서는 그다지 새로울 것이 없었다. 이제 그의 견해 및 기존 논의와의 관련성을 간략히 살펴보자. 『실험철학에 대한 관찰』에서 캐번디시는 이성을 통해 획득한 지식을 인공적인 술수로 얻은 지식과 구별한다. "지식의 이성적 습득이라 말할 때, 내가 의미하는 것은 불규칙한 이성이 아니라 규칙적인 이성이다. 나는 또한 기예를 배제하는데, 그것은 감각을 속이기에 적합하고 이성이 주는 것만큼의 정보를 주지 못하기 때문이다."[135] 책 전

---

132 [옮긴이] 로버트 훅은 현미경의 최초 발명자가 아니라 현미경을 획기적으로 개량한 인물이었다. 그에 앞서서 마르첼로 말피기(Marcello Malpighi)나 안톤 판 레이우엔훅(Anton van Leeuwenhoek)도 현미경과 유사한 기구를 통한 관찰 성과를 이룬 바 있다.

133 Anna Battigelli, *Margaret Cavendish and the Exiles of the Mind*, Lexington: University Press of Kentucky, 1998, pp. 85~113.

134 [옮긴이] 연금술 변성의 가능성을 인정할 경우에 논리적으로 도출되는 모순을 근거로 그 가능성을 거부하는 것이 일반적인 연금술 반대 논법이었다. 캐번디시의 논증은 이 논법을 그대로 실험에 적용한 것에 불과했다.

135 Margaret Cavendish, *Observations upon Experimental Philosophy*. 이 책에 다음의 책이 더해졌다. *The Description of A New Blazing World*, London: A. Maxwell, 1666, p. 3[권진아 옮김, 『불타는 세계』, 아르테, 2020].

체에 걸쳐 캐번디시는 실험을 통한 지식의 획득 과정에서 사용되는 기예의 속임수 능력을 강조한다. 처음에 그의 비판 대상은 현미경을 통한 관찰에 한정되어 있었는데, 그는 렌즈가 금이 가거나 깨질 수 있으므로 그 결과를 신뢰할 수 없다고 논증한다. 그러나 그는 감각적 관찰뿐만 아니라 렌즈를 통한 확대 그 자체도 인공적인 효과이므로 본질적으로 속임수에 불과하다는 결론을 내린다. 현미경은 사물을 "그것의 자연적인 모양대로" 보여주지 않으며 "인공적인 모양, 즉 기예를 통해 확대되고 자연적인 형태 너머로 확장된 모양이나 형태"를 보여준다.[136] 따라서 그의 비판은 나쁜 렌즈가 상을 왜곡한다는 단순한 비판보다는 더 근본적인 차원에 놓여 있다. 실제로 그는 자신의 불만을 일반화하기 위해 현미경은 인공적인 대상이며, 자연에 적용된 기예는 일반적으로 인식 능력이 박약한 "자웅동체"의 생산물을 낳는다고 논증한다.

> 대부분의 경우에 기예는 부분적으로는 자연적이고 부분적으로는 인공적인 자웅동체, 즉 뒤섞인 형상을 낳는다. 주석과 납이 섞여 만들어진 백랍(白鑞)이나 청동, 뒤섞인 본성을 지닌 여러 사물처럼 기예도 어느 정도는 금속을 만들어낼 수는 있다. 이는 인공 유리가 부분적으로는 자연적이고 부분적으로는 인공적인 대상을 드러내는 것과 같은 이치다.[137]

"자웅동체"라는 경멸의 표현은 자연에 작용하는 기예를 통해 만들어진 생산물을 전통적인 스콜라주의가 어떻게 바라봤는지를 잘 드러낸다. 자연의 대상을 확대하는 렌즈를 백랍이나 청동과 비교하는 것은 자연과 기예의 결합을 표현하려는 캐번디시 특유의 보기 드문 시도다. 야금술 기예가 납과 주석을 결합해 "뒤섞인 본성을 지님으로써 부분적으로는 자연

---

136 Cavendish, *Observations*, p. 24.

137 Cavendish, *Observations*, p. 8.

적이고 부분적으로는 인공적인" 백랍 합금을 만들듯이, 광학 기예는 렌즈를 자연적 대상에 적용해 "자웅동체" 같은 이미지를 생산한다. 캐번디시는 양쪽의 경우 모두에서 그 결과물이 인공적인 것과 자연적인 것의 혼합이므로 여기에는 자연 그 자체라고 말할 수 있는 것이 하나도 없다고 논증한다. 이 결론을 더욱 일반화해 캐번디시는 이렇게 말한다. "이러한 기예는 특정한 사물의 특정한 본성을 최소한으로 바꾸어버리는 가장 확실한 최고의 협잡꾼이며, 또한 그 본성을 최대한으로 바꾸어버리는 가장 위대한 사기꾼이다."[138]

기예가 자연에 관한 우리의 지식을 방해한다는 캐번디시의 견해는 인공적인 것을 부정적인 개념으로 다룬 광범위한 자료들에서 발견된다. 많은 경우에서 캐번디시는 유서 깊은 비유법을 활용해 기예를 유인원으로 묘사한다.[139] 근대 초의 여러 저술가와는 달리 캐번디시는 기예가 진정으로 자연적 생산물을 복제할 수 있거나 혹은 그렇지 못해도 그럭저럭 괜찮은 복사본을 만들 수 있을 것이라는 격려의 의미로 이 비유를 사용한 것이 아니다.[140] 그가 의도한 의미는, 자연에 대한 '유인원과도 같은' 모방은 자연의 원본을 흉내 내는 이류 결과물밖에 만들어내지 못한다는 것이다. 훅이 발견한 곤충의 겹눈을 묘사하면서 캐번디시는 "모방하는 유인원"과는 달리, 자연은 헛된 일을 결코 하지 않기 때문에 훅이 관찰한 것은 결코 참된 눈이 아니라고 대꾸한다.[141] 하나의 중요한 단락에서 캐번디시는 자연의 유인원으로서의 기예(ars simia naturae) 개념을 자웅동체와 연결한다.

---

138 Cavendish, *Observations*, p. 13.

139 [옮긴이] 분류상으로 유인원(類人猿, ape)이 인간과 동일하게 영장류로 묶일 수 있다는 인식은 캐번디시로부터 한 세기가 지나서야 칼 폰 린네(Carl von Linné, 1707~78)에 의해 이루어졌다.

140 H. W. Janson, *Apes and Ape Lore in the Middle Ages and Renaissance*, London: Warburg Institute, 1952, pp. 287~325.

141 Cavendish, *Observations*, p. 23. 또한 appendix, p. 78을 보라.

> 이러한 점에서 나는 인공적인 결과물을 부분적으로는 자연적이고 부분적으로는 인공적인 자웅동체라 부른다. 자연적 질료 없이는 또한 자연의 운동 없이는 아무것도 만들 수 없다는 점에서 기예는 자연적이지만, 자연의 생산 방식을 따르지 않는다는 점에서는 인공적이다. 기예는 흉내 내는 유인원과 같아 자연이 생산하는 것과 같은 형태를 생산하겠지만, 자연이 작용하는 것과 동일한 방식으로 작용하지도 않고 작용할 수도 없다. 자연의 방법은 더욱 미묘하고 신비스러운 반면에, 기예를 비롯한 몇몇 특별한 피조물은 자연의 방법을 따르기엔 한참 부족하다. 이것이 자연적 생산과 인공적 생산에 관해 내가 참이라고 생각하는 의미다.[142]

기예는 자연이 스스로의 결과물을 내는 과정에 간섭할 뿐이라는 캐번디시의 신념은 기예와 자연이 서로 우열 관계에 놓여 있다는 그 자신의 견해로부터 비롯되었다. 하지만 자연을 복제하지 못하는 기예의 무능력이 자연의 비밀을 드러내지 못하는 기예의 무능력과 연결된다는 그의 논증은 어디로부터 힌트를 얻었을까? 액면 그대로 보자면 사실 이 논증은 명백하게 불합리한 추론(non sequitur)이다. 가령, 우리가 기예를 통해 말을 만들 수 없다고 해서, '인공적인' 방법을 통해 말을 키우고 훈련하거나 말에 관해 무언가를 배울 수 없는 것은 아니다.[143] 캐번디시의 입장은 전통적인 연금술 반대 논증을 왜곡하고 과장해 이해한 사례라고 볼 수 있다. 그는 자신의 반대 논증을 일반화해 연금술뿐만 아니라 다른 종류의 기예와 실험 전반에 적용하기 때문이다. 그의 입장이 지닌 왜곡과 과장은 『실험철학에 대한 관찰』의 부록에 포함된 「연금술적 화학과 그 원리들에 관한」이라는 표제가 붙은 긴 논문을 통해 입증된다. 이 부록 논문에

---

142 Cavendish, *Observations*, appendix, p. 7.

143 말의 사육과 훈련의 비유는 특히나 적절한데, 마거릿의 남편 윌리엄 캐번디시가 1667년 자신의 유명한 『말에게 옷을 입히는 새롭고도 특이한 방법』을 출판했기 때문이다.

서 우리는 앞서 만나보았던 많은 주제를 다시 만나게 된다. 가령, 캐번디시가 "기예는 자연에서 새로운 형상을 유도해낼 수 없다"고 진술할 때, 그는 13세기의 위대한 『명제집』 주석가들인 알베르투스 마그누스와 보나벤투라, 토마스 아퀴나스에게서 이미 발견된 연금술 반대 논증을 그대로 반복하고 있는 것이다. 마찬가지로 "연금술적 화학자들은 자신들이 어떠한 새로운 것도 만들어낼 수 있다고 생각해서는 안 되는데, 이는 그들 자신이 신의 능력에 도전할 수 없기 때문이다"라는 캐번디시의 주장도 이미 14세기의 종교재판관 에이메리히의 『연금술사들에 반대하여』에 등장하는, 연금술의 변성과 신의 창조 활동을 동일시하려는 낡은 생각을 되풀이한 것에 지나지 않는다. 두 세기가 지나 이러한 생각은 에라스투스에 의해 되살아났으며, 마찬가지로 보수적인 연금술 반대자들의 여러 저작에서 등장했다. 뿐만 아니라 캐번디시는 파라켈수스의 3원소가 불을 인위적으로 분석한 결과에 지나지 않는다는 유명한 논증만큼이나 더욱 단호한 에라스투스적 반대 논증을 반복한다. "여러 피조물이 불의 도움으로 여러 다른 입자로 환원되거나 융해된다 하더라도 그 입자들조차 원소는 아니며, 하물며 물체는 더더욱 아니다. 그렇지 않다면 우리는 재가 나무의 원소라고 말해야 할지도 모른다."[144] 우리는 캐번디시가 어느 정도 길게 해설한 이 논증을 통해 보일과 얀 밥티스타 판 헬몬트의 저작에서도 언급되는 불 분석에 대한 에라스투스의 반대 논증이 실험은 인위적인 결과를 낳는다는 캐번디시 주장의 뿌리였다는 사실을 확인할 수 있다.

> 소금은 여러 피조물로부터 추출될 수 있다. 하지만 그 소금이 다른 모든 자연적인 부분이나 형태에 필수적인 구성 원리여야 한다는 생각은 진실에 부합할 도리가 없다. 이는 소금이 자연의 결과물에 지나지 않기 때문이며, 어떠한 방식의 추출이 어떠한 실체를 소금의 형태로 또는 다른 실체로 변환한다 하더라도(기예는 자신의 주인인 자연의 허락을

144 Cavendish, *Observations*, appendix, pp. 14, 71~72.

받아 종종 자연적 피조물을 인공적 피조물로 변화시키는 경우도 있기 때문에), 이러한 추출은 자연적 피조물이 어떻게 만들어지는지 또는 그 구성 요소들이 어떻게 만들어지는지에 관한 정보를 우리에게 제공할 수 없다. 다만 여러 실체가 화학적 영혼으로 변환되듯이, 추출된 실체가 소금의 형태로 바뀌는 원인만을 알려줄 뿐이다. 이 모든 결과물은 자연적인 것과 인공적인 것 사이에 끼인 자웅동체이며, 이는 마치 말과 당나귀의 본성과 형태를 모두 취한 노새와도 같다.[145]

위의 인용문에서 캐번디시는 기예가 자연에 작용해 만든 생산물에 대해 설명하면서 눈에 띄는 자웅동체 이미지를 다시금 내세운다. 그는 다양한 물질로부터 파라켈수스적 원리[원소]인 소금을 추출하기 위해 연금술적 화학자들이 불을 폭력적으로 사용한다는 점을 지적한다. 그가 보기에 그들이 실행하는 추출의 결과는 해당 물질을 구성하는 입자의 변화로 쉽사리 설명될 수 있다. 따라서 연금술적 화학의 분석은 "자연적 피조물이 어떻게 만들어지는지에 관한 정보를 우리에게 제공할 수 없다". 그 분석의 결과물인 자웅동체 생산물은 그저 융해되었다고 추정되는 인공물에 불과하기 때문이다. 굳이 과장하지 않더라도 캐번디시의 강렬한 보수주의는 놀라운 수준이다. 그의 마지막 문장은 모든 완전성으로 이끄는 기예가 자연적 생산물이 아니라 인공물을 만든다고 주장하는 것처럼 보인다. 운동의 내부적 원리를 이끌어내거나 형상을 완전성으로 이끄는 기예에 관한 아리스토텔레스주의 전통은 캐번디시의 분석에서 전체적으로 자취를 감추었다. 캐번디시가 전통적인 철학을 축소한 정도는 놀랍게도 보일과 유사했다. 비록 그의 결론은 보일의 결론과 정반대이기는 했지만 말이다. 둘 모두는, 물론 전혀 다른 관점에서, 완전성으로 이끄는 기예의 역할을 무시했으며, 실험을 불필요한 것으로 만드는 인공물이라는 이슈를 다뤘다. 캐번디시가 실제로 보일의 저작 일부를 자신의 자료로 삼아

145 Cavendish, *Observations*, appendix, pp. 63~64.

자신의 의도대로 도치했다고 추정하더라도 지나친 일은 아닐 것이다.[146]

우리가 캐번디시에게서 일종의 반(反)실험주의를 발견한다는 것은 대단한 역설이다. 과학혁명의 역사서술 경향을 따르자면, 으레 캐번디시가 아리스토텔레스의 추종자였다고 예상해야 옳다. 하지만 라틴어와 그리스어를 몰랐던 캐번디시가 아리스토텔레스와 그의 주요 스콜라주의 추종자들의 저작을 읽었을 가능성은 거의 없다. 오히려 캐번디시의 입장은 화가 많은 에라스투스처럼 연금술적 화학을 반대하는 보수주의자를 계승하되, 속어 저술가였던 보일의 여과를 의도치 않게 거친 우스꽝스러운 모습의 캐리커처였다. 에라스투스는 '고안된 경험'을 전적으로 거부하기 위해 파라켈수스의 불 분석을 겨냥했지만, 캐번디시는 에라스투스의 거부가 겨냥하는 대상을 부적절하게도 필요 이상으로 지나치게 확장했다. 우리가 앞서 기예-자연 논쟁에서 만나보았던 스콜라주의자들 가운데 어느 누구도 캐번디시처럼 하지는 않았다. 아마도 유대인 테모나 알베르투스 마그누스처럼 기예-자연 구별에 대한 진보적인 해석을 견지했던 스콜라주의자들은 '고안된 경험'을 거부한 캐번디시가 근거로 삼았을 법한 자료들 자체를 거부했을 게 분명하다. 그러나 이와 동시에 에라스투스 같은 보수적인 아리스토텔레스주의자들이 기예-자연의 구별을 완고하게 고수했다는 이유만으로 그들이 실험도 무시했을 것이라고 선험적으로(a priori) 가정해서는 안 된다. 가령, 에라스투스의 변성 반대 논저인 「해설」 어디에서도 실험은 자연에 개입하는 것이므로 그로부터 도출된 지식은 불필요하다는 결론을 도출한 적이 없다. 실험을 무시하지 않는 태도 덕분에 에라스투스는 의학 기예 그 자체에 관한 근본적인 교의, 즉 해부학적 절개의 결과를 인공물로 여기도록 강요하거나 일부 의약이 언제나

---

146 Cavendish, *Observations*, appendix, pp. 59~60. 물이 근본 원리라고 보았던 판 헬몬트의 견해에 대항하기 위해 캐번디시는 보일과 상당히 닮은 방식으로 논증한다. 물은 공기로 바뀔 수 있는데, 그렇다면 왜 공기는 물보다 더 근원적인 원리가 될 수 없는가? 이 논증 및 캐번디시가 보일을 따른 여러 논증 사례로는 다음을 참고하라. Boyle, *The Sceptical Chymist*, in *Works*, pt. 6, vol. 2, pp. 344~72.

어떤 체액을 아래로 몰아내고 다른 체액을 위로 옮긴다는 실험적 근거를 무시하도록 강요하는 교의를 거부할 수 있었다. 이처럼 실험을 반대하는 보편적인 입장과는 멀리 떨어져 에라스투스는 불 분석과 유사한 검사를 실행해 특정한 사암(砂岩)이 유황을 본질로 삼고 있음을 확인하는 저술을 남기기도 했다.[147]

그럼에도 불구하고 에이메리히와 토스타도, 루비우스 같은 극단적인 연금술 반대자들은 실험적 자연철학의 동력을 촉진하는 일을 거의 하지 않았다고 말해야 옳다. 이처럼 책을 좋아하고 신앙심이 깊은 저술가들을 지지했던 사람들은 알베르투스 마그누스와 게베르, 유대인 테모, 제네르트와는 매우 다른 유형의 사람들이었다. 이렇게 대비되는 두 집단은 스콜라주의적 사고로부터 파생된 전혀 다른 두 전통을 대변한다. 양쪽 모두는 아리스토텔레스의 철학에 닻을 내렸지만, 전자의 전통은 자연 세계에 대한 이 스타게이라 출신 철학자의 상세한 연구인 『기상학』과 『자연학 소론집』 같은 생물학 저작들을 거의 내세우지 않았다. 반면에 후자의 전통은 그 저작들을 샅샅이 뒤져봄으로써 실험 지향적인 개념들을 발전시켰다. 그 개념들은 테모가 말한 '제작자의 지식' 개념으로부터 제네르트가 변호한 실험 대상의 인공적인 고립에 이르기까지 매우 광범위했다. 베이컨의 '대혁신'이 발 딛고 섰던 근간을 제공했던 것도 다름 아닌 스콜라주의적 아리스토텔레스주의의 실험 전통이었으며,[148] 이와 동일한 근간이 그의 후계자인 보일의 손에 의해 더욱 발전되었다. 아마도 보일은 다른 어떤 원천보다도 기예와 자연의 지위에 관한 논쟁으로부터 가장 많은 빚을 졌을 것이다.

---

147 Thomas Erastus, *Epistola de natura, materia, ortu atque usu lapidis sabulosi, qui in palatinatu ad Rhenum reperitur*, printed as an appendix to his *Disputationum de nova Phillipi Paracelsi medicina*, Basel: Petrus Perna, 1572, p. 129.

148 [옮긴이] '대혁신'(Instauratio Magna)은 베이컨 사상을 집약한 단어이자, 그가 기획했으나 완성하지 못했던 저작의 제목이기도 하다.

기예-자연 논쟁으로부터 뻗어나간 더 많은 가지: 다윈, 퀼로이터, 괴테, 그리고 우리

고대 후기로부터 근대 초에 이르기까지 서유럽 문화에서 기예와 자연의 관계를 다루었던 아이디어들에 초점을 맞추어 이 책은 시종일관 연금술의 역할에 주목해왔다. 이 초점을 유지할 수 있었던 충분한 이유가 있다. 연금술이라는 분야가 야심 찬 주장들을 펼쳤고 고매한 이론과 숙련된 실행을 융합했던 덕분에 자연에 대한 인간 능력의 한계를 함축하는 인공과 자연이라는 이슈를 향해 열린 유일한 창문이 마련되었기 때문이다. 사실상 17세기 후반에 화학이 황금변성으로부터 의식적으로 탈출한 이후에도 기예와 자연이라는 문제는 이 분야의 중심에 여전히 남아 있었다.[1] 존 헤들리 브룩이 주장했듯이, 1828년에 프리드리히 뵐러가 요소(尿素, urea)라는 '자연적' 실체를 합성해냄으로써 오늘날 우리가 유기화학이라고 부르는 분야의 기초가 놓였을 때에도 인공적인 것과 자연적인 것의 구별은 사라지지 않았다. 오히려 뵐러의 비판자들은 요소의 궁극적 근원도 그 자체로는 자연적인 것이며, 따라서 승부는 이미 결정되었다고 주장하면서 그저 장벽만 더 높여놓았다.[2] 뵐러의 사례는 장기(長期)에 걸쳐 전

1 연금술과 화학 사이의 충돌에 관해서는 다음을 보라. William R. Newman and Lawrence M. Principe, "Alchemy vs. Chemistry: The Etymological Origins of a Historiographic Mistake", *Early Science and Medicine* 3, 1998, pp. 32~65.

2 John Hedley Brooke, "Wöhler's Urea and Its Vital Force? A Verdict from the

개된 기예-자연 논쟁에 관한 하나의 분명한 질문을 제기한다. 연금술 또는 연금술적 화학에 초점을 맞추어 종의 변성에 관한 여러 논의를 제기했던 이 전통적인 논쟁은 얼마나 오랫동안 지속되었을까? 비록 여기서 최종적인 확답을 제시하지는 못하더라도 매우 시사적인 몇몇 방향을 검토해보면서 앞으로의 연구를 위한 여러 가지 경로를 제안할 수는 있을 것 같다.

예를 들어 찰스 다윈[1809~82] 이전 세기의 생물학이라는 다소 거리가 멀어 보이는 주제를 고려해보자. 아비켄나의 유명한 선언인 "금속의 종은 변성될 수 없음을 연금술 기예가들로 하여금 알게 하라"를 비롯해 지금까지 독자들은 핵심적 표현들에 대한 감수성을 확실히 키워왔을 것이다. 이 책의 제2장에서 살펴보았듯이, 아비켄나의 주장은 중세 신학자들에 의해 전유되고 확장되어 인간 기예의 영역 전체를 뒤덮었다. 프란체스코 수도회 철학자 로게루스 바코누스조차도 오랜 나무줄기의 미덕이 접붙임된 가지에 열매를 맺게 함으로써 새로운 종을 만들어낼 수 있는지 없는지를 묻는 괴로운 질문에 답변하기 위해 "기예가들로 하여금 알게 하라"를 인용했다. 이제 갑작스럽게 중세로부터 19세기 중반으로 훌쩍 건너뛰어 아비켄나의 이 부정적인 선언은 더 이상 보이지 않더라도, 우리는 다윈이 진화론의 기초를 놓았던 바로 그 저작에서 아비켄나의 선언과 비슷해 보이는 표현을 발견할 수 있다. 1836년부터 1844년까지 작성된 다윈의 노트는 생물학적인 맥락에서 "종의 변성"(transmutation of species)이라는 표현을 사용한다. 또한 『종의 기원』 첫 장에서 다윈은 자연과 기예 사이의 유비를 정교하게 세움으로써 비둘기 사육사의 점진적인 품종 선택을 근거로 자신이 만든 진화론 최고의 아이디어인 '자연선택' 이론을 입증할 수 있었다. '적자생존'을 위해 선택을 강요받는 자연 그 자체는 전

Chemists", *Ambix* 15, 1968, pp. 84~115. 또한 다음을 보라. Douglas McKie, "Wöhler's Synthetic Urea and the Rejection of Vitalism", *Nature* 153, 1944, pp. 608~10.

에 없던 더욱 구별되는 변종들을 생산함으로써 사육사처럼 작용한다. 알맞은 환경 속에서 변종들은 차례로 분화해 마침내 종으로 만개한다. 이러한 의미에서 다윈의 종은 실제로 변성되며, 그리하여 전적으로 새로운 종이 지구상에 출현하고 오래된 종은 소멸한다.[3]

비록 다윈의 주장이 자연을 돕는 완전성으로 이끄는 기예의 역할을 강조했던 연금술사의 주장처럼 들린다 하더라도, 다윈 생물학에서의 종의 변성은 물론 연금술에서의 종의 변성과는 동일하시 않다. 자비르 계열의 저술가들과 파라켈수스주의의 몇몇 저술가들은 예외로 하고, 연금술사들은 자신들이 자연에서 결코 존재해본 적이 없는 전적으로 새로운 종을 창조하겠다는 생각은 거의 하지 않았다. 오히려 유대인 테모와 페트루스 보누스처럼 대개 그들은 인공적 생산물이 자연의 원본을 갖는다고 주장했다. 왜냐하면 인공적 생산물은 자연적 생산물 그 자체를 모델로 삼았고, 연금술사들의 생산 방식도 자연의 생산 방식에 기반을 두었기 때문이다. 그럼으로써 자연적인 것이라는 범주는 충분한 유연성을 얻게 되어 심지어 벽돌, 유리, 화약조차도 기예를 통해 더 위대한 완전성에 도달할 뿐, 그것들 각각은 자연적으로 생겨난 바위, 보석, 섬광(대기에서 폭발해 천둥 번개의 원인이 되는)과 동일한 종에 속한다는 의미에서 자연의 생산물로 간주될 수 있었다. 종의 변성이라는 연금술의 언어가 아직은 새로운 종 그 자체의 창조를 의미하지는 않았다 하더라도 하나의 분명한 질문이 떠오른다. 이 책에서 우리가 살펴보았던 전통과 다윈의 저작들

---

3 "종의 변성"이라는 제목을 달고 본문에서 "변성"을 언급한 노트B에서처럼 다윈은 종의 변화를 가리켜 "변성"이라는 단어를 가끔 사용했다. Charles Darwin, *Charles Darwin's Notebooks 1836–1844*, ed. Paul H. Barrett et al., Ithaca: Cornell University Press, 1987, pp. 7, 227. 다윈이 종의 변성 가능성이라는 자신만의 이론을 발전시켰던 이 중요한 노트의 작성에 관한 생생한 묘사로는 다음을 보라. Adrian Desmond and James Moore, *Darwin*, London: Penguin, 1992, pp. 229~39. 다윈이 제시한 인공선택과 자연선택 사이의 유비에 관해서는 다음을 보라. Charles Darwin, *On the Origin of Species*, ed. Ernst Mayr, Cambridge, MA: Harvard University Press, 1964, pp. 7~43[장대익 옮김, 『종의 기원』, 사이언스북스, 2019].

사이에 언어와 사고방식의 유사성이 있는지를 해명하기 위한 질문으로서 과연 다윈이 참고했던 자료들에서는 종의 변성이라는 이슈가 여전히 연금술과 연결되어 있었을까?

놀랍게도 우리는 이 질문에 강한 확신을 가지고 답할 수 있다. 적어도 다윈이 보았던 자료들 가운데 하나는, 진화론에서 가장 중요한 자료는 아니더라도, 황금변성 기예를 도구로 삼아 생물학을 다루었다는 점에서 연금술 지지자의 것이었음이 분명하다. 나는 에른스트 마이어가 "모든 시대에서 가장 위대했던 자연주의자들 가운데 한 명"이라고 칭했던 요제프 고틀리프 쾰로이터(1733~1806)를 주목하고자 한다.[4] 줄츠(Sulz)에서 태어나 튀빙겐(Tübingen) 대학에서 교육받은 쾰로이터는 식물의 자연사 저술로 명성을 얻었다. 다윈도 그의 작품을 잘 알고 있었다.[5] 오늘날 쾰로이터는 다른 무엇보다 식물의 성별 및 곤충에 의한 식물의 번식에 관한 진지한 연구로 알려져 있는데, 그의 연구 대상은 당대에는 매우 새롭고도 흥미로운 주제들이었다. 뿐만 아니라 쾰로이터는 그레고어 멘델[1822~84]의 선구자이기도 했다. 쾰로이터는 생물학에서 멘델의 기여의 근간을 이루는 개별 유전자의 기본 원리를 받아들이지는 않았지만, 잡종 교배에 관한 집약적이고도 복잡한 실험들을 실행했다. 그는 발생 문제에 관해서는 후성설(後成說, epigenesis)의 열렬한 옹호자였는데, 이 이론은 배아가 하나의 동일한 물질로부터 점진적인 조직화를 통해 발달한다고 보았다. 이와 반대되는 전성설(前成說, preformation)은 모든 개체가 처음 창조될 때 이미 생성되었으며, 단지 정자나 알로부터 등장할 뿐이라고 주장했다.[6] 난

4 Ernst Mayr, "Joseph Gottlieb Kölreuter's Contributions to Biology", *Osiris*, 2d ser., 2, 1986, pp. 135~76, 특히 p. 135를 보라. 종의 변성을 다룬 쾰로이터의 저작 및 그것의 수용에 관한 최근의 다른 연구로는 다음을 보라. James L. Larson, *Interpreting Nature: The Science of Living Form from Linnaeus to Kant*, Baltimore: Johns Hopkins University Press, 1994, pp. 70~78.

5 Darwin, *Origin*, p. 98. 인용은 다윈의 초판에 근거했다. 다윈 생전의 후속 판본들에서는 쾰로이터가 여러 차례 언급된다.

6 [옮긴이] 이미 아리스토텔레스 시대로부터 논의되어왔던 전성설에 따르면, 남성의 정

원론과 정원론 모두를 겨냥한 신랄한 전성설 비판자로서[7] 쾰로이터는 같은 속(屬)[8]에 속한 다양한 종의 식물들을 대상으로 수백 차례의 실험을 실행했다. 그는 부모의 특질들 가운데 정확히 중간 특질을 가진 잡종을 생산함으로써 전성설은 잘못되었고 더욱 설득력 있게 논박당할 수 있는 이론이라는 강력한 근거를 제시했다.[9]

쾰로이터의 잡종 실험은 연금술에 대한 그의 거리낌 없는 신념과 잘 맞아떨어졌다. 그의 유명한 저작 『준비된 메시지』와 후속작 『연속』은 모두 1761년부터 1766년 사이에 저술되었는데, 여기서 그는 식물의 텅 빈 수술 꽃가루 안에 담겨 있는 기름은 연금술사들이 말하는 금속 안에 담긴 유황의 원리와 유사하다고 논증한다. 마찬가지로 꽃의 암술머리에서 발견되는 액체는 수은의 원리와 유사하다. 연금술 이론에 대한 쾰로이터의 해석에 따르면, 남성적인 유황은 "액체이고, 수은을 함유하고, 암컷 씨앗에 불연성을 부여하며, 그 씨앗을 고체로 형성하는 능력을 갖는다".[10]

액 속에 이미 형성되어 있는 꼬마 인간이 바로 호문쿨루스였다. 전성설의 전통에서 안톤 판 레이우엔훅과 프랑수아 드 플랑타드(François de Plantade)는 현미경으로 인간의 정자를 관찰해 호문쿨루스를 보았다는 기록을 남기기도 했다. 남성의 정자 속에 웅크리고 있는 작은 인간은 전성설 지지자들에게 익숙한 이미지였으며, 그 이미지는 네덜란드의 과학자 니콜라스 하르트수커(Nicolaas Hartsoeker)의 1694년 삽화로도 잘 알려져 있다.

7 [옮긴이] 전성설과 정원론은 동일한 개념이 아니다. 이 책 제4장의 옮긴이주 66을 보라.

8 [옮긴이] 쾰로이터가 1735년에 출판된 린네의 식물 분류 저작을 알고 있었다면, 이제 "genus"는 '유'(이 책 제2장의 옮긴이주 6, 13을 보라)가 아니라 '속'으로 번역되어야 할 것이다.

9 Robert Olby, *Origins of Mendelism*, Chicago: University of Chicago Press, 1985, p. 17: "양친 유전에 대한 [쾰로이터의] 최종적인 가장 확신 있는 근거는 그의 유명한 종의 변성이었다."

10 마이어의 번역을 보라. Mayr, "Kölreuter", p. 143. Joseph Gottlieb Kölreuter, *Vorläufige Nachricht von einigen das Geschlecht der Pflanzen betreffenden Versuchen und Beobachtungen, nebst Fortsetzungen 1, 2 und 3*, ed. W. Pfeffer, Leipzig: Wilhelm Engelmann, 1893, p. 88: "연금술사들은 금속의 증가와 변형이 일어나도록 하는 두 가지 씨앗을 받아들인다. 그들의 주장대로 수컷 씨앗은 유황의 본성을 가지며, 액체이고, 수은을 함유하고, 암컷 씨앗에 불연성을 부여하며,

남성적인 유황은 여성적인 수은을 고유한 본성으로 되돌리도록 변성시킬 책임이 있고, 또한 수은의 불순물을 제거하는 역할도 맡는다. 이 이론으로 무장한 채, 그는 니코타네아 루스티카(Nicotanea rustica)와 니코타네아 파니쿨라타(Nicotanea paniculata)라는 두 가지 담배 종에 각각 속하는 두 식물 사이에서 1세대 잡종을 생산했다. 각각의 부모 특질을 가진 중간체인 잡종은 부모 가운데 하나와 다시 역교배될 수 있고, 그렇게 생산된 잡종이 또다시 차례로 역교배될 수 있다. 쾰로이터는 그 후손 잡종들과 원조 수컷 어버이 사이의 역교배가 그 수컷 어버이와 똑같은 후손을 여러 차례 발생시킨다는 사실을 발견했는데, 자신의 발견을 앞서 묘사한 연금술 이론에 대한 입증 및 응용으로 해석했다. 즉 한 종의 수컷 '씨앗'이 다른 종의 암컷 '씨앗'을 문자 그대로 변성시켰던 것이다. 이러한 역교배를 네 차례에 걸쳐 실행해 그는 자신이 니코타네아 루스티카를 니코타네아 파니쿨라타로 변성시켰음을 알아냈다.

쾰로이터는 이 결과에 흥분해 놀라워했다. 『준비된 메시지』에서 그는 자신이 "적어도 납을 금으로 혹은 금을 납으로 변환하는 수준의 성취"를 이루었으며, 앞으로의 실험은 자신이 "사자의 모습을 가진 고양이"를 목격한다 해도 놀라지 않을 만한 관찰을 이끌어내리라고 주장했다.[11] 그의 실험은 전성설에 죽음의 종소리를 들려주었을 뿐만 아니라 다윈적 의미보다는 연금술적 의미에서 종이 변성될 수 있음을 증명하는 듯이 보였다. 이러한 까닭에 쾰로이터는 이 책과도 뚜렷하게 공명하는 하나의 선언을 공표했다. "그러므로 종은 다른 종으로 변성될 수 없다(species in speciem transmutari non posse)는 신념으로 유지되었던 아리스토텔레스의 교의 및 배아가 처음부터 형성된다고 주장하는 근대 자연주의자들의 교리는 사물 그 자체에 의해 충분히 논박될 수 있었다."[12] 연금술에 관한

그 씨앗을 고체로 형성하는 능력을 갖는다. 수컷 씨앗은 유체 금속의 순수한 수은 부분 전체를 본성으로 삼고 나머지 비-수은 부분은 소모시켜버리는 특성을 갖는다. 암수 씨앗들을 통해 식물도 발생과 변성을 경험한다."

11 마이어의 번역을 보라. Mayr, "Kölreuter", pp. 167~68.

쾰로이터의 지식 및 그 지식을 담은 저작들을 고려한다면, 그가 종의 변성을 반대하는 '아리스토텔레스의 교의'를 언급했을 때, 그 교의가 "기예가들로 하여금 알게 하라"가 아닌 다른 무엇이었을 가능성은 거의 없다. 이 책의 제2장에서도 지적했듯이, "기예가들로 하여금 알게 하라"는 라틴 서유럽에서 애초부터 아리스토텔레스의 『기상학』 제4권의 일부분으로 유통되어왔다. 비록 중세 성기의 주요 스콜라주의자들은 이 연금술 반대 선언이 실제로는 아비켄나의 것이었음을 이내 인식하게 되었음에도 불구하고, 이후의 연금술 문헌들은 여전히 "기예가들로 하여금 알게 하라"를 아리스토텔레스에 의해 주조된 발언으로 계속 언급하곤 했다.[13] 쾰로이터가 연금술 문헌을 통해 "기예가들로 하여금 알게 하라"를 처음 접했고, 따라서 그것을 당연히 아리스토텔레스의 말로 받아들였으리라는 가정보다 더 그럴듯한 가정은 없다.[14]

---

12 쾰로이터의 라틴어 논문 "Mirabiles Jalapae hybridae"는 다음에서 인용되었다. J. Behrens, "Joseph Gottlieb Kölreuter: Ein Karlsruher Botaniker des 18. Jahrhunderts", *Verhandlungen des Naturwissenschaftlichen Vereins in Karlsruhe* 11, 1895, pp. 268~320, 특히 p. 306을 보라. "Dogma itaque Aristotelicum, quo species in speciem transmutari non posse perhibetur, doctrinaque omnis hodiernorum physiologorum de praeformatis germinibus re ipsa satis superque refutatur."

13 중세 성기 이후에도 "기예가들로 하여금 알게 하라"가 여전히 아리스토텔레스의 발언으로 여겨졌다는 사실은 18세기 초까지도 계속 인쇄되었던 다음의 문헌들에서 찾아볼 수 있다. pseudo-Arnaldus de Villanova, *Rosarium philosophorum*, in Manget, vol. 1, p. 665; pseudo-Arnaldus de Villanova, *Speculum alchymiae*, in Manget, vol. 1, p. 693; pseudo-Ramon Lull, *Testamentum*, in Manget, vol. 1, p. 747; Petrus Bonus, *Margarita pretiosa*, in Manget, vol. 2, p. 14(페트루스는 몇몇 저술가가 "기예가들로 하여금 알게 하라"를 아비켄나에게 돌렸다는 사실을 알아차렸지만, 아리스토텔레스의 저작성을 계속 받아들였다); Toletanus philosophus, *Alterum exemplar rosarii philosophorum*, in Manget, vol. 2, p. 120; Richardus Anglicus, *Correctorium*, in Manget, vol. 2, pp. 269, 273, 274.

14 만약 아리스토텔레스의 『식물론』을 본다면, 나의 가설이 더욱 힘을 얻는다. 이 저작은 쾰로이터가 죽은 이후의 세대인 1841년까지도 아리스토텔레스의 저작으로 여겨졌는데, 여기에는 식물의 종이 자주 변성될 수 있다는 결론이 분명하게 진술되어 있다(제1권 제7장, 821a27-821b8). 아베로에스의 주석과 함께 인쇄된 라틴

그러나 다만 논증을 위해 쾰로이터가 종의 변성에 반대하는 아리스토텔레스의 교의를 연금술 저술가들로부터 직접 접하지 않았다고 가정해보자. 이 경우에도 흥미로운 가능성이 제기된다. 마이어가 지적했듯이, 쾰로이터가 1748년부터 1754년까지 튀빙겐 대학에서 받았던 교육에 관한 정보는 거의 알려지지 않았다. 게다가 우리는 그의 지도교수였던 자연주의자 요한 그멜린[1709~55]이 가졌던 견해가 무엇이었는지도 잘 알지 못한다. 한편으로 그멜린의 1749년 교수취임 논문인 「신의 창조 이후 새로운 식물들의 등장에 관하여」에서 볼 수 있듯이, 그는 종의 변성이라는 이슈에 예리한 관심을 가졌던 것 같다. 이 논문에서 그멜린은 훗날 쾰로이터가 실행하게 될 것과 같은 실험을 권장함으로써 새로운 종의 등장 가능성 여부에 관한 문제가 인공 교배로 해결될 수 있다고 제안했다.[15] 그멜린의 기획과 쾰로이터의 기획의 유사성을 고려한다면, 그멜린 또는 튀빙겐 대학의 누군가가 연금술에 대한 자신의 관심을 모의해보았을 가능성은 없을까? 종의 변성을 통해 인간이 자연적 생산물을 복제할 가능성 여부를 판단하기 위해 튀빙겐의 교수진은 여전히 연금술의 전통적인 사례들을 활용하고 있었을까? 점차 스콜라주의를 우스꽝스러운 것으로 여기고 다윈 이전의 생물학을 수용했던 18세기 중반의 유럽 대학들에서도 스콜라주의적 연금술 논증이 여전히 살아남을 수 있었을까? 이와 같은 질문들에 대답하는 것은 이 책의 범위를 넘어선다. 쾰로이터가 연금술의 아이디어를 식물학에 적용해 얻은 놀라운 성과가 개인의 특출함에서 비

어 판본은 "Rursus plantarum nonnullae in aliam speciem transmutantur"(다시금, 어떤 식물들은 다른 종으로 변성된다)로 시작해 많은 사례가 뒤따른다. 라틴어 텍스트로는 다음을 보라. *Aristotelis opera cum Averrois commentariis*, Venice: Junctae, 1562; reprint, Frankfurt: Minerva, 1962, bk. 1, chap. 3, f. 493r. 『식물론』의 진정성에 대한 반박으로는 다음을 보라. Georges Lacombe, *Aristoteles latinus: codices*, Rome: Libreria dello Stato, 1939, pt. 1, p. 91. 물론, 쾰로이터가 에라스투스나 니콜라 귀베르 같은 아리스토텔레스주의적 연금술 반대자를 염두에 두었을 가능성도 없지는 않다. 그들은 종의 변성에 반대해 독설을 퍼부었다.

15 그멜린 논문의 부분 번역이 다음에 실려 있다. Olby, *Origins*, pp. 270~75.

롯되었는지, 아니면 대학 교육의 산물이었는지는 앞으로의 연구 과제로 남는다. 다만 어느 누구도 쾰로이터가 의도했던 종의 변성이 연금술이라는 주제와 불가분의 관계로 확고히 묶여 있었다는 사실을 부인할 수는 없을 것이다.

쾰로이터는 생전에 잡종 교배 실험을 적절한 선에서 그만두었지만, 그가 변성 연금술을 실행했고 말년까지도 계속했다는 믿을 만한 근거가 있다.[16] 어찌 되었거나 그는 연금술에 관여한 당대의 유일한 생물학 저술가는 아니었다. 1806년 쾰로이터가 세상을 떠나기 얼마 전, 독일의 또 다른 자연주의자가 자신에게 가장 큰 명성을 안겨다줄 작품의 후반부를 쓰기 시작했다. 식물 형태학과 색깔 이론을 다루는 저술가면서 황금변성 기예에도 명민한 관심을 보였던 이 과학자는 쾰로이터와는 달리 극작가이자 시인이기도 했다. 그는 요한 볼프강 폰 괴테[1749~1832]였다. 그의 대작 『파우스트』 제2부의 집필은 1800년에 시작되어 32년이 지나서야 완성되었다. 비록 괴테의 젊은 시절로 거슬러 올라가는 작품들에서도 연금술적 화학 저술가들에 대한 관심이 엿보이기는 하지만, 그의 작품 가운데 연금술이 가장 인상적으로 등장하는 장면은 다름 아닌 『파우스트』 제2부 제2막에서다.[17] 여기서 우리는 파우스트의 현학적인 조수 바그너가 환상적인 연금술 실험실에서 편히 앉아 호문쿨루스를 만드는 작업에 열중하고 있는 모습과 마주치게 된다. 어쩌면 '호문쿨루스를 만들려고 시도하는

---

16 Behrens, "Joseph Gottlieb Kölreuter", pp. 299~300. 쾰로이터가 연금술에 직접 관여했다는 사실은 그의 동료 요제프 게르트너의 아들인 자연주의자 카를 프리드리히 폰 게르트너의 증언에 의해 뒷받침되었다. Carl Friedrich von Gärtner, *Versuch und Beobachtungen über die Bastarderzeugung*, Stuttgart: K. F. Hering, 1849, pp. 4~5: "1790년대 초까지 그는 그의 집에 딸린 작은 정원에서 관찰을 계속했다. 그러나 연금술 신험은 죽을 때까지 계속했다."

17 괴테가 젊은 시절 가졌던 연금술에 대한 관심에 관해서는 다음을 보라. Johann Wolfgang von Goethe, *Aus meinem Leben: Dichtung und Wahrheit*, *Johann Wolfgang von Goethe, Goethes Werke, Herausgegeben im Auftrage der Grossherzogin Sophie von Sachsen*, ser. 1, vol. 27, Weimar: Hermann Böhlau, 1889, pp. 204~05.

작업'이라고 말해야 할지도 모르겠는데, 악마적인 메피스토펠레스가 실험실로 들어오자마자 도움을 주겠다고 말하기 전까지도 바그너는 자신의 임무를 아직 완성하지 못하고 있었기 때문이다. 조롱하는 메피스토펠레스에게 바그너는 자신이 이제는 한물간 결합을 만들어내기를 바라고 있다고 설명한다. "짐승이야 아직도 계속 그런 걸 즐기지만, 인간은 그 위대한 재능으로 장래에는 좀 더 높은, 더욱더 높은 근원에서 비롯되어야 합니다."[18] 바그너는 이처럼 근사한 목표에 도달하기 위해 자신이 사용하는 방법을 계속 묘사한다. 그는 수백 가지 물질을 혼합했고 그것들을 반복적으로 증류했다. 그 타고난 신비의 영역에 자연이 남겨놓은 것을 그는 결정화의 방법을 통해 기하학적으로 정확하게 생산하기를 바라고 있었다. 하지만 메피스토펠레스는 태양 아래 새 것이 없다고 응수하면서 끊임없이 조롱한다. 자신 역시 "결정화"된 사람들을 여럿 보아왔지만, 그들은 마음과 감수성이 석회처럼 굳어졌음이 분명하다는 것이다. 괴테에게는 외부적으로 부여된 기계적 과정을 생명 내부에 깃들인 힘, 즉 그가 진정한 유기체화의 잠재력으로 여겼던 그 무엇과 대비하는 습관이 있었는데, 여러 차례 그는 기계적 과정을 가리켜 결정화라는 표현을 사용했다.[19]

메피스토펠레스는 익살스러운 캐릭터이기도 하지만, 그가 마법적인 존재라는 사실 자체가 바그너의 플라스크 속 형체 없는 물질로부터 호문

---

18 Johann Wolfgang von Goethe, *Faust I & II*, ed. and tr. Stuart Atkins, in *Goethe's Collected Works*, Cambridge, MA: Suhrkamp/Insel, 1984, vol. 2, p. 176, lines 6845~47. [옮긴이] 요한 볼프강 폰 괴테, 전영애 옮김, 『파우스트 2』, 도서출판 길, 2019, 271, 275, 391, 443, 451쪽에서 인용.

19 Goethe, *Faust II* (Atkins ed.), vol. 2, p. 176, lines 6855~64. 괴테에게서 '유기체화'(organisieren)의 반대 개념인 '결정화'(kristallisieren)의 부정적이고도 기계적인 함축에 관해서는 다음을 보라. Gottfried Diener, *Fausts Weg zu Helena: Urphänomen und Archetypus*, Stuttgart: Ernst Klett, n.d., pp. 253~57. 또한 다음을 보라. Johann Wolfgang von Goethe, *Goethes Faust*, ed. Georg Witkowski, Leiden: E. J. Brill, 1950, vol. 2, p. 330: "살아 있는 본능에 의해 형성되는 유기체화, 기계적이고 따라서 인공적인 모방 과정에 따른 개별 부분들의 결정화."

쿨루스가 나타날 것임을 보증한다. "보인다, 우아한 형태로 귀여운 작은 사람 하나가 몸짓한다"(6874행). 놀랍게도 새로 태어난 그 존재의 첫 대사는 유리 용기 속 감금 상태로부터 영감을 받은 기예와 자연이라는 주제에 관한 철학적 논의를 담고 있다. "그건 사물들의 특성이죠. 자연적인 것에는 우주도 충분치 않지만, 인공적인 것은 제한된 공간을 요한답니다"(6882~84행).[20] 얼마간의 논의가 이어진 후, 파우스트는 자신의 먼지투성이 책들을 바그너에게 넘겨주고서 호문쿨루스와 메피스토펠레스와 함께 이 작품에서 가장 열광적인 장면 가운데 하나인 고전적 발푸르기스(Walpurgis)의 밤으로 이동한다. 괴테가 공을 들인 이 극적인 장면은 고대 테살리아(Thesalia)에서 벌어지는 마녀와 스핑크스, 난쟁이, 철학자, 여러 가지 이채로운 생명체의 집회다. 공중에 떠서 빛을 발하는 플라스크 속에서 맴돌고 있는 호문쿨루스는 감금 상태로부터 탈출해 "최상의 의미에서 생성"(7832행)되고 싶어 한다. 어떻게 하면 자신의 목표를 더 잘 성취할 수 있을지를 알기 위해 호문쿨루스는 두 명의 고대 철학자 탈레스와 아낙사고라스를 찾아나서는데, 마침 그들은 산맥의 기원에 관해 논쟁 중이었다. 나중에는 형태를 바꾸는 수수께끼 같은 인물 프로테우스가 합류해 만약 완전한 존재가 되겠다는 목표를 이루고 싶다면 "넓은 바다에서 시작"해야 하며(8260행), 그곳에서라야 호문쿨루스가 더욱 큰 형태로 자라날 수 있다고 조언해준다. 돌고래로 변한 프로테우스는 호문쿨루스를 업고 다음과 같은 말로 재촉하면서 함께 깊은 바닷속으로 나아간다. "가자, 정령이 되어 함께 드넓은 물속으로 가자. 거기서 넌 곧 종횡무진하며 살게 되리라. 마음껏 여기서 활동하거라"(8328~30행). 프로테우스의 충고를 따르자마자 호문쿨루스는 살아 있는 바다의 아름다움을 통해 극복된 자신을 발견하고서는 자신이 가진 열정의 힘으로 자신을 가두던 유리 용

20 Goethe, *Faust II* (Atkins ed.), lines 6882~84. 나는 앳킨스의 번역을 독일어 원문에 가깝도록 살짝 고쳤다. "Das ist die Eigenschaft der Dinge:/Natürlichem genügt das Weltall kaum;/Was künstlich ist, verlangt geschloss'nen Raum."

기를 산산이 부수고, 결국 그 작은 형체는 섬광 속에서 흩어져버리고 만다(8465~87행).

『파우스트』의 제2부에 등장하는 이토록 기이한 막간의 원천은 무엇이며, 그 의미는 무엇일까? 우선 괴테는 『사물의 본성에 관하여』에서 위-파라켈수스가 제시했던 호문쿨루스 레시피를 잘 알고 있었음이 분명하다. 부분적으로는 괴테가 가진 지식은 요한네스 프레토리우스의 기이한 저작 『지옥의 인간 군상』으로부터 비롯되었을 수도 있다. 프레토리우스는 파라켈수스의 호문쿨루스를 있는 그대로 전달했기 때문에, 프레토리우스가 중간 전달자 역할을 했다고 해서 괴테가 변질된 정보를 넘겨받은 것은 아니었다.[21] 이러한 바탕 위에서 괴테는 결정화라는 자신만의 새로운 개념을 도입해 강조한다. 결정화 개념은 다소 까다로운 관객들에게는 호문쿨루스를 제작하는 비교적 덜 흉한 방법으로 기능했겠지만, 한편으로 그 개념은 또한 생명이 비유기체로부터 기원한다고 단정했던 당대의 자연주의자들, 가령 뷔르츠부르크(Würzburg)의 철학자 요한 야코프 바그너(1775~1841) 같은 이들을 조롱하는 수단이기도 했다.[22] 결정화라는 이슈를 제쳐두고 생산의 재료인 정액에 주의를 기울인다면, 괴테의 호문쿨루스의 출처가 파라켈수스임은 더욱 분명해진다. 『사물의 본성에 관하여』의 호문쿨루스처럼 『파우스트』의 호문쿨루스도 '영적인' 존재이고 실제로 육체를 갖지 않는다. 기예의 생산물인 호문쿨루스는 그저 유한한 존재일 뿐인 인간을 뛰어넘는 지능을 가지고 있어 태어나자마자 철학적 논의에 참여할 수 있을 정도다. 실제로 괴테와 그의 친구 요한 페터 에커만이 주고받았던 대화를 살펴보면, 호문쿨루스가 대체로 호의적인

---

21 괴테가 위-파라켈수스와 프레토리우스로부터 받은 영향에 관해서는 다음을 보라. Goethe, *Faust*, Witkowski ed., vol. 2, pp. 326~27; Gero von Wilpert, *Goethe-Lexikon*, Stuttgart: Alfred Kröner, n.d., p. 486; Diener, *Fausts Weg zu Helena*, p. 259.

22 Heinrich Düntzer, *Zur Goetheforschung*, Stuttgart: Deutsche Verlags-Anstalt, 1891, pp. 308~09; Düntzer, *Goethe's Faust: Zweiter Teil*, Leipzig: Ed. Wartigs Verlag, n.d., pp. 143~45.

캐릭터였던 것 같다.

1829년 겨울, 괴테는 에커만에게 『파우스트』 제2부 제2막을 들려주었다. 괴테는 호문쿨루스가 단지 조수 바그너 혼자만의 피조물이 아니라 그 제작 과정에 메피스토펠레스도 능동적으로 참여했다는 사실이 관객들에게 충분히 분명하게 전달되지 못한 것 같다면서 걱정하고 있었다. 호문쿨루스의 기원에 악마적 요소도 포함된다는 강조점에도 불구하고, 괴테는 자신이 공감했던 지점에 어떠한 의심도 남겨두지 않았다. "하여간 자네는 메피스토펠레스가 호문쿨루스에 비해 불리한 입장에 있다는 걸 알게 될 걸세. 정신적인 명석함에서는 비슷하지만, 아름다운 것에 대한 경향이라든지 어떤 일을 촉진하는 활동에 대한 경향에서는 호문쿨루스가 메피스토펠레스보다 훨씬 앞서 있으니까 말이야. 그런데도 호문쿨루스는 그를 아저씨라고 부른다네. 왜냐하면 호문쿨루스와 같은 영적인 존재들은 완전히 인간화되었음에도 불구하고 울적해하거나 편협해지는 일이 없으므로 데몬의 하나로 꼽힐 수 있고, 또 그 점에서 메피스토펠레스와 호문쿨루스 양자는 일종의 친척 관계에 있다고 할 수 있기 때문이지."[23] 어느 괴테 연구자가 진술했듯이, 괴테의 호문쿨루스는 최소한 그리스도교의 악마보다는 플라톤의 다이몬(daimon), 즉 수호 정령에 더 가깝다.[24] 물론 괴테의 호문쿨루스는 육체를 거의 갖지 않고 "숨겨지고 비밀스러운 모든 것"을 알고 있는 생명체로 묘사된 파라켈수스적 호문쿨루스의 전통에 온전히 속한다.[25] 그렇다면 누구든지 괴테가 호문쿨루스를 인간의 지성 및 해방의 능력에 대한 하나의 상징으로 여겼음을 볼 수 있을 것이다. 이와 같은 기예의 영웅을 최근 인간 게놈 프로젝트 관련 보고서에서 교황청 정의평화평의회(Pontifical Council for Justice and Peace)의 어

23 Johann Peter Eckermann, *Words of Goethe: Being the Conversations of Johann Wolfgang von Goethe*, New York: Tudor, 1949, p. 310. [옮긴이] 요한 페터 에커만, 장희창 옮김, 『괴테와의 대화 1』, 민음사, 2008, 537~38쪽에서 인용.

24 Diener, *Fausts Weg zu Helena*, p. 257.

25 [Pseudo?-]Paracelsus, *De natura rerum*, in Sudhoff, vol. 11, p. 317.

느 위원이 표현했듯이, "사악한 이미지"라고 비난할 이유가 전혀 없다.[26] 다른 한편으로 현학적인 바그너와 그의 결정화 작업에 대한 괴테의 풍자는 과도한 물질주의의 공허한 몸짓을 겨냥하는데, 호문쿨루스를 태어나도록 한 것은 오로지 메피스토펠레스의 도움뿐이기 때문이다. 요컨대, 괴테가 호문쿨루스를 호의적으로 다루었다고 해서 그가 인공 생명의 기획에 동조했다는 의미는 아니다.

괴테가 외부로부터 부여된 기계적 과정과 내부의 원리인 유기체화를 서로 대비한 것은 아리스토텔레스의 『자연학』(제2권 제1장, 192b9-19)이 보여주었던 기예와 자연의 근본적인 구별을 떠올리게 한다. 내재적인 힘에 반대되는 기계적 과정은 독자들에게 또 다른 인물인 르네 데카르트[1596~1650]를 떠올리게 한다. 이 책에서는 이 인물을 충분히 다루지 못하겠지만, 그 또한 기예-자연의 구별에 관해 중요한 저술을 남겼다. 그에 관해 상세히 다루어야 할 중요한 주제는 근대 초의 기계론 및 그것이 기예의 생산물과 자연의 생산물 사이의 좁아지는 간격에 끼쳤던 영향이다. 이 주제를 다루려면 별도의 연구서가 필요하겠지만, 이 책의 제1장에서 살펴보았던 기계와 오토마타라는 이슈를 여기서 간략히 되짚어보는 것은 의미 있는 일일 것이다. 이미 1960년대에 호이카스는 근대 초에 기계가 복잡화되었던 과정이 인공적 생산물과 자연적 생산물 사이에서 파악된 경계선을 허무는 데 도움이 되었고, 결국 데카르트의 기계론에도 기여했다고 논증한 독창적인 논문을 발표한 바 있다.[27] 호이카스의 입장은 호르스트 브레데캄프, 로레인 대스턴, 캐서린 파크의 최근 연구들을 통해 근대 초 호기심의 방의 맥락에서 더욱 구체화되었다.[28] 이런 와중에

26 Giorgio Filibeck, "Observations on the Human Genome Declaration Recently Adopted by the General Conference of UNESCO", *L'Osservatore Romano*, weekly English ed., February 11, 1998, pp. 10~11, 특히 p. 11을 보라.

27 Reijer Hooykaas, "Das Verhältnis von Physik und Mechanik in historischer Hinsicht", *Beiträge zur Geschichte der Wissenschaft und der Technik*, vol. 7, Wiesbaden: Franz Steiner, 1963.

드니스 데 셴은 살아 있는 존재로서의 기계라는 데카르트의 개념과 오토마타의 관계에 초점을 맞춘 중요한 연구서를 썼다.[29] 기계론과 기예-자연 구별의 관계에 대해 무언가를 더 해설하는 것은 이 책의 범위를 넘어서지만, 여기서 한 가지만 짚어보겠다. 우선 호이카스가 제시한 논증의 요점을 되풀이해보자. 이미 고대에도 기계적 접근법은 자연에 맞서는(para physin) 방식으로 작용하는 체계였다. 이와 동일한 태도가 근대 초의 몇몇 기계론 저술가들, 가령 16세기 후반의 귀도발도 달 몬테와 앙리 드 모낭테유에게서 매우 뚜렷하게 등장한다.[30] 이 책의 제1장에서 살펴보았듯이, '자연에 맞서는' 작용이라는 아이디어는 주로 물리적 사물을 역학의 수학적 법칙에 종속시킴으로써 원소들의 '자연적인' 경향을 거슬러 운동하는 것을 의미했다. 데카르트가 물질을 공간적 연장으로 환원하고 아리스토텔레스적 원소의 성질을 자신의 물리학에서 제거했을 때, 그에게는 맞서서 작용할 대상인 '자연'을 더 이상 가지고 있지 않은 역학만이 덩그러니 남은 셈이었다. 기예-자연의 경계는 자연적 생산물과 인공적 생산물의 본질적인 차이라는 형이상학적 구별에 더 이상 기반을 둘 필요가 없어졌다.

---

28 Horst Bredekamp, *The Lure of Antiquity and the Cult of the Machine*, Princeton: Markus Wiener, 1995; Lorraine Daston and Katherine Park, *Wonders and the Order of Nature*, New York: Zone Books, 1998.

29 Dennis Des Chene, *Spirits and Clocks: Machine and Organism in Descartes*, Ithaca: Cornell University Press, 2001. 데 셴의 관련 연구로는 다음을 보라. Des Chene, *Life's Form: Late Aristotelian Conceptions of the Soul*, Ithaca: Cornell University Press, 2000.

30 Guidobaldo dal Monte, *Mechanicorum liber*, Venice: Evangelista Deuchinius, 1577, 2r ("verum etiam, & phisicarum rerum imperium habet: quandoquidem quodcunque Fabris, Architectis, Baiulis, Agricolis, Nautis, & quam plurimis aliis (repugnantibus naturae legibus) opitulatur; id omne mechanicum est imperium, quippe quod adversus naturam, vel eiusdem aemulata leges exercet"); Henri de Monantheuil, *Aristotelis mechanica*, Leiden: Ex Bibliopolio Commeliniano, 1600, 8v ("Mechanice est ars cogendi corpora quantum fieri potest ut contra nutum ferantur").

데카르트가 가졌던 견해의 뿌리들은 의심할 바 없이 복잡하며, 여기서 그것들을 모두 탐색하는 것은 이 책의 의도를 지나치게 넘어서는 일이 된다. 다만 다음의 질문들은 탐색해야 할 가치가 있다. 『철학의 원리』에 등장하는 데카르트의 유명한 진술, 즉 물체의 부분들의 크기 이외에는 인공적 물체와 자연적 물체 사이에 차이점이 없다는 진술은 순전히 역학적 전통으로부터 비롯된 것일까? "형태나 본질이 아닌 오로지 작용에 따라서만 인공적 사물은 자연적 사물과 다르다"는 베이컨의 견해를 데카르트도 참고했을까?[31] 물론, 데카르트는 자신이 이 베룰람 남작을 알고 있음을 숨기지 않았기에, 이 프랑스 철학자가 베이컨의 저작들에 익숙했다는 사실은 이미 확인되었다.[32] 만약 데카르트가 기예와 자연에 대한 자신의 관점을 세우기 위해 베이컨을 끌어들였다면, 이것이야말로 연금술 논쟁이 가장 비연금술적인 저자에게 끼쳤던 영향일지도 모른다. 우리는 이 책의 제5장에서 베이컨이 연금술에 빚졌다는 분명한 흔적들을 이미 확인했기 때문이다. 인공적인 것과 자연적인 것은 본질에 따라서가 아니라 오로지 생산 방식에 따라서만 다르다는 확신에 찬 주장은 늦어도 13세기의 연금술 저작에서 이미 등장했으며, 데카르트의 시대에도 연금술 분야를 변호하는 버팀목 가운데 하나로 확립되어 있었다. 앞서 살펴보았듯이, 이 주장은 '제작자의 지식'이라는 고유한 형상을 형성했으며, '고안된

31 Francis Bacon, *Descriptio globi intellectualis*, in Bacon, *Works*, vol. 5, p. 506. 데카르트의 주장으로는 다음을 보라. René Descartes, *Principia philosophiae*, in *Oeuvres de Descartes*, ed. Charles Adam and Paul Tannery, Paris: Vrin, 1964, pt. 4, art. 203, vol. 8, p. 326: "모형과 자연물 사이에 있는 차이점은 단지 인간이 만들 수 있어야 하기 때문에 모형은 대부분 감각될 수 있을 정도로 커다란 기구들에 의해 작동되는 반면에, 자연에서 일어나는 작용들은 거의가 항상 다 감각할 수 없을 정도로 작은 기관들에 의존되어 있다는 것뿐이다. …… 톱니바퀴들로 만들어진 시계가 시간을 가리키는 것이나 씨앗에서 자란 나무가 열매를 맺는 것이나 이것들은 매한가지 자연적인 것이다." 호이카스는 이미 "Das Verhältnis", p. 21에서 이 문제에 주목했다. [옮긴이] 르네 데카르트, 원석영 옮김, 『철학의 원리』, 아카넷, 2002, 444쪽.

32 Descartes, letter to Mersenne, December 23, 1630, in *Oeuvres*, vol. 1, pp. 195~96.

경험'으로서 실험의 개입이라는 신조를 뚜렷하게 명시했다. 전자는 14세기 유대인 테모의 저작에서 이미 시도되었고, 후자는 근대 초 제네르트의 저작에서 표현되었다. 이와 같은 사상적 전개가 가능했던 것은 기계적 전통 덕분이 아니라 순전히 인공적인 것과 온전히 자연적인 것 사이에 다리를 놓았던 완전성으로 이끄는 기예에 대한 연금술사들의 해석 덕분이었다. 우리는 기예-자연 구별의 간격을 메우려던 연금술사들의 전략을 데카르트의 전략과는 전혀 다른 것으로 보아야 할까? 아니면 그의 전략을 보충하는 것으로 보아야 할까? 데카르트의 방법은 연금술사들의 방법에 빚졌을까? 오로지 앞으로의 더 많은 연구만이 이에 대한 답을 제시해줄 것이다.

나는 양쪽에 유사성이 있다고 생각하지만, 데카르트의 인간-기계(homme-machine)가 파라켈수스로부터 비롯된 괴테의 호문쿨루스 형상과는 현격하게 다르다는 점은 분명하다.[33] 18세기의 정교한 오토마타가 보여주는 매력이 데카르트주의와 어떤 연결고리를 가지는지를 추적하는 작업은 다른 연구자의 손에 맡겨두고, 이제는 호문쿨루스의 마지막 운명을 검토하는 것이 이 책의 목적에 더 맞을 것 같다. 증류기와 플라스크를 향해 몸을 숙이고 있는 파우스트의 조수 바그너의 이미지는 19세기 독일의 『파우스트』 삽화가들이 발휘한 고딕적 상상력을 통해 깊은 매력을 발휘했다(그림 에필.1-1과 1-2, 에필.2). 생명공학 및 유전학이 마법을 부리는 오늘날의 세계에서 계속해서 증가하고 있는 체외 발생의 가능성은 비록 이러한 식의 발생이 연금술과 분명한 연관성을 가졌다는 사실은 망각되었다 하더라도, 여전히 우리의 시각적 감수성을 틀어쥐고 있다(그림 에필.3). 우리 시대의 신문 삽화가 지적하듯이, 우리는 여전히 15세기에 토

33 [옮긴이] 데카르트의 이원론이 인간을 불멸하는 영혼과 기계처럼 작동하는 신체로 구성된 존재로 파악했음은 잘 알려져 있다. 따라서 영혼을 갖지 않은 동물은 동물-기계로 파악될 수 있었다. 데카르트의 동물-기계론을 인간에게도 적용해 인간-기계론으로 확장했던 인물은 그보다 한 세기 뒤에 등장한 프랑스의 의사 드 라메트리(Julien Offroy de La Mettrie, 1709~51)였다.

그림 에필.1-1 메피스토펠레스가 지켜보는 가운데 호문쿨루스를 창조하는 바그너, 그리고 파우스트의 꿈들(엥겔베르트 자이베르츠의 삽화).
출처: Goethe, *Faust Part II* (Stuttgart: Cotta, 1854-1858). 하버드 대학 휴턴 도서관 제공.

스타도가 염려했고 16세기에 파라켈수스의 후계자들이 즐거워했던 수많은 이슈에 의해 에워싸여 있다. 체외 발생과 복제, 여성의 '대리모', 유전공학이 불러오리라 예견되는 결과들은 근대 이전 사람들이 두려워했던

그림 에필.1-2 1-1의 부분. 호문쿨루스에게 생명을 불어넣으려 애쓰는 바그너.

결과들 속에 이미 나타나 있다. 다른 인간을 지배하는 악마적인 인종이 생산되거나, 여성의 지위가 텅 빈 유리병으로 축소되거나, 태아의 지능 및 성별을 변경할 수 있게 되는 등, 오늘날 우리만큼이나 옛 서유럽 사람들도 동일한 이슈들에서 매력을 발견하기도 했고 증오를 느끼기도 했다. 이와 같은 희망 또는 악몽의 마르지 않는 원천은 오늘날의 어느 생명윤리학자나 생명공학 시장자유주의자들도 상상할 수 없는 훨씬 깊은 곳에서 솟아난다.

우리의 생물학적 운명을 지배하는 과학의 힘이 날로 증가하고 있음에도 불구하고, 기예와 자연의 구별은 오늘날에도 여전히 남아 있다고 말

All alle.

Heil dem Meere! Heil den Wogen,
Von dem heiligen Feuer umzogen!
Heil dem Wasser! Heil dem Feuer!
Heil dem seltnen Abenteuer!

Heil den mildgewognen Lüften!
Heil geheimnißreichen Grüften!
Hochgefeiert seyd allhier,
Element' ihr alle vier!

Goethe, Faust. II. 29

그림 에필. 2 바다의 요정 갈라테아의 조개 마차 위로 유리 플라스크가 깨지면서 바다와 합쳐지는 호문쿨루스(엥겔베르트 자이베르츠의 삽화).
출처: Goethe, *Faust Part II* (Stuttgart: Cotta, 1854-1858). 하버드 대학 휴턴 도서관 제공.

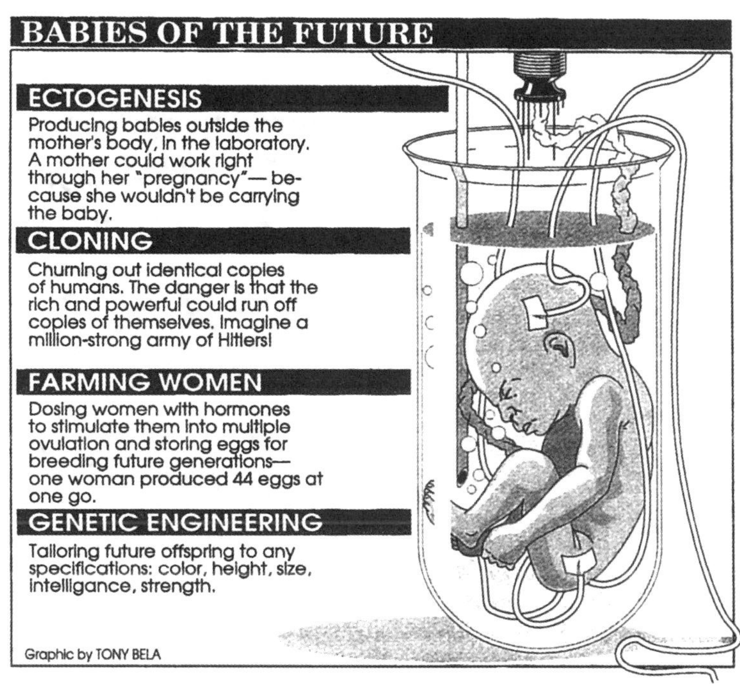

그림 에필. 3 인간 생명공학이 불러올 수많은 끔찍한 결과를 묘사한 영국의 타블로이드 신문 『선데이 메일』에 실린 카툰.

하는 편이 안전할 것 같다. 저명한 화학자이자 저술가인 로알드 호프만은 화학자들이 "천연물 합성"을 언급하고 자연적인 것을 모방하는 합성 과정인 "생체모방 방법"에 관해 당당하게 말한다는 점으로 보아 현대 화학에도 이분법이 살아남아 있다고 봐야 한다고 강조한다.[34] 어쩌면 게베르나 페트루스 보누스는 오늘날의 환경에서 매우 행복함을 느꼈을 거라고 상상할 수도 있겠는데, 그들이 500년도 더 넘는 과거에 표현했던 의견들이 오늘날의 제약 실험실이나 고분자합성 실험실에서 열매를 맺고 있기 때문이다. 따라서 이분법이 유지될 수 있도록 지속적으로 호소해야 한다

34 Roald Hoffmann, *The Same and Not the Same*, New York: Columbia University Press, 1995, pp. 114~15. [옮긴이] 로얼드 호프만, 이덕환 옮김, 『같기도 하고 아니 같기도 하고』, 까치, 1996, 163~64쪽에서 인용.

는 호프만의 강조점은 타당해 보인다. 자연적인 것과는 차별된 인공적인 것에 관한 견해가 사라진다면, 적어도 과학을 통해서는 인간의 감각과는 독립적으로 존재하는 결과와 우리 자신의 감각 영역에 부여되는 결과를 구별해낼 도리가 없게 된다. 간단한 의미에서 인간의 행동이 곧 인간 자체이듯이 인간도 자연의 일부라는 사실은 참이지만, 세계의 모든 측면은 아니더라도 어떤 측면들은 인간 없이도 잘 지낼 수 있다는 사실 또한 여전히 참이다. 모든 인공적 사물이 어떠한 수준에서는 자연적 원인으로 환원될 수 있다고 해서, 모든 자연적 사물이 인공물로 여겨질 수 있다는 결론이 뒤따르지는 않는다. 그러므로 연금술사들이 기예는 자연의 노예이지만 자연은 기예의 노예가 아니라고 주장했을 때, 그들은 참으로 옳은 말을 하고 있었던 것이다.

참고문헌

Aegidius Romanus. *B. Aegidii Columnae Romani … quodlibeta*, ed. Petrus Damasus de Coninck, Louvain: Hieronymus Nempaeus, 1646; reprint, Frankfurt am Main: Minerva, 1966.

Albertus Magnus. *Beati Alberti Magni … opera*, ed. Pierre Iammy, 21 vols., Lyon: Claudius Prost et al., 1651.

Albertus Magnus. *Book of Minerals*, trans. Dorothy Wyckoff, Oxford: Clarendon Press, 1967.

pseudo-Albertus Magnus. *Libellus de alchimia*, trans. Virginia Heines, Berkeley: University of California Press, 1958.

Amico, Leonard N. *Bernard Palissy: In Search of Earthly Paradise*, Paris: Flammarion, 1996.

Anstey, Peter R. "Locke, Bacon, and Natural History", *Early Science and Medicine* 7, 2002, pp. 65~92.

Anstey, Peter R. "Robert Boyle and Locke's 'Morbus' Entry: A Reply to J. C. Walmsley", *Early Science and Medicine* 7, 2002, pp. 358~77.

Ariew, Roger. *Descartes and the Last Scholastics*, Ithaca: Cornell University Press, 1999.

Aristotle. *Generation of Animals*, ed. and trans. A. L. Peck, Cambridge, MA: Harvard University Press, 1943.

Aristotle. *History of Animals*, ed. and trans. A. L. Peck, 3 vols., Cambridge, MA: Harvard University Press, 1965~91.

Aristotle. *Meteorologica*, ed. and trans. H. D. P. Lee, Cambridge, MA: Harvard

University Press, 1952.

Aristotle. *The Physics*, ed. and trans. Philip H. Wicksteed and Francis M. Cornford, London: Heinemann, 1929.

Aristotle. *Physics*, trans. R. P. Hardie and R. K. Gaye, in W. D. Ross, *The Works of Aristotle*, Oxford: Oxford University Press, 1966.

Aristotle. *Politics*, ed. and trans. H. Rackham, Cambridge, MA: Harvard University Press, 1932(김재홍 옮김, 『정치학』, 도서출판 길, 2017).

[pseudo-?]Arnaldus de Villanova. *Rosarium philosophorum*, in Manget, *Bibliotheca*, vol. 1, pp. 662~75.

pseudo-Arnaldus de Villanova. *Speculum alchymiae*, in Manget, *Bibliotheca*, vol. l, pp. 687~97.

Augustine of Hippo. *De civitate dei*, in J.-P. Migne, ed., *Patrologia Latina*, 221 vols., Paris: Migne, 1845(성염 옮김, 『신국론』, 분도출판사, 2004).

Averroes. *Aristotelis opera cum Averrois commentariis*, 9 vols., Venice: Junctae, 1562-1574; reprint, Frankfurt: Minerva, 1962.

Aversa, Raphael. *Philosophia metaphysicam physicamque complectens quaestionibus contexta*, 2 vols., Rome: Jacobus Mascardus, 1625~27.

Avicenna. *Avicennae arabum canon medicinae*, 2 vols., Venice: Junctae, 1608.

Avicenna. *Avicennae de congelatione et conglutinatione lapidum*, ed. and trans. E. J. Holmyard and D. C. Mandeville, Paris: Paul Geuthner, 1927.

Avicenna. *Avicenna latinus: liber quartus naturalium, de actionibus et passionibus*, ed. Simone Van Riet, Leiden: E. J. Brill, 1989.

Avicenna. *Avicenna latinus: liber tertius naturalium, de generatione et corruptione*, ed. Simone Van Riet, Leiden: E. J. Brill, 1987.

Bacon, Francis. *The Works of Francis Bacon*, ed. James Spedding, Robert Leslie Ellis, and Douglas Denon Heath, 14 vols., London: Longman, 1857~74(이종흡 옮김, 『학문의 진보』, 아카넷, 2002; 진석용 옮김, 『신기관』, 한길사, 2016). [abbr.: *Works*]

Bacon, Roger. *Epistola de secretis operibus artis et naturae*, in Manget, *Bibliotheca*, vol. 1, pp. 616~25.

Bacon, Roger. *Opera hactenus inedita Rogeri Baconi*, ed. Robert Steele, 16 vols., Oxford: Clarendon Press, 1909~40.

Bacon, Roger. *The "Opus Majus" of Roger Bacon*, ed. John Henry Bridges, 2 vols., Frankfurt: Minerva, 1964.

Bacon, Roger. *Sanioris medicinae magistri D. Rogeri Baconis*, Frankfurt: Johann Schoenwetter, 1603.

Badel, Pierre-Yves. "Lectures alchimiques du *Roman de la rose*", *Chrysopoeia* 5, 1992~96, pp. 173~90.

Badel, Pierre-Yves. *Le Roman de la rose au XIV siècle*, Geneva: Librairie Droz, 1980.

Baffioni, Carmela. *Il IV libro dei "Meteorologica" di Aristotele*, Naples: C.N.R., 1981.

Baldwin, Martha. "Alchemy and the Society of Jesus in the Seventeenth Century: Strange Bedfellows?", *Ambix* 40, 1993, pp. 41~64.

Baldwin, Martha. "Alchemy in the Society of Jesus", in Z. R. W. M. von Martels, ed., *Alchemy Revisited*, Leiden: Brill, 1990, pp. 182~87.

Barnish, S. J. B. *The "Variae" of Magnus Aurelius Cassiodorus Senator*, Liverpool: Liverpool University Press, 1992.

Barrett, Paul H., et al. *Charles Darwin's Notebooks 1836–1844*, Ithaca: Cornell University Press, 1987.

Battaglia, Salvatore. *Grande dizionario della lingua italiana*, 31 vols., Torino: Unione Tipografico-Editrice Torinese, 1961~2002.

Battigelli, Anna. *Margaret Cavendish and the Exiles of the Mind*, Lexington: University Press of Kentucky, 1998, pp. 85~113.

Baud, Jean-Pierre. *Le procès de l'alchimie: introduction à la légalité scientifique*, Strasbourg: Cerdic Publications, 1983.

Behrens, J. "Joseph Gottlieb Kölreuter: Ein Karlsruher Botaniker des 18. Jahrhunderts", *Verhandlungen des Naturwissenschaftlichen Vereins in Karlsruhe* 11, 1895, pp. 268~320.

Benzenhöfer, Udo. *Johannes de Rupescissa: Liber de consideratione quintae essentiae omnium rerum deutsch*, Stuttgart: Steiner, 1989.

Bergvelt, Eleanor, and Renée Kistemaker, ed. *De wereld binnen handbereik: Nederlandse Kunst- en Rariteitenverzamelingen, 1585–1735*, Zwolle: Waanders, 1992.

Bernard of Trier. *Epistola ad Thomam de Bononia*, in Manget, *Bibliotheca*, vol. 2, pp. 399~408.

Bibliotheca sanctorum, 13 vols., Rome: Istituto Giovanni XXIII, 1961~70.

Bignami-Odier, Jeanne. "Jean de Roquetaillade", in *Histoire littéraire de la*

France, Paris: Imprimerie nationale, 1981, vol. 41, pp. 75~240.

Biringuccio, Vannoccio. *De la Pirotechnia* (1540): (1)a facsimile, ed. Adriano Carugo, Milan: Polifilo, 1977; and (2)*Pirotechnia*, trans. Cyril Stanley Smith and Martha Gnudi, Cambridge, MA: MIT Press, 1942. [abbr.: Biringuccio, 5r (facs.)/36 (Eng.)]

Birkenmajer, Aleksander. "Etudes sur Witelo", *Studia Copernicana* 4, 1972, pp. 97~434.

Birlinger, Anton. *Aus Schwaben: Sagen, Legenden, Aberglauben, Sitten, Rechtsbräuche, Ortsneckereien, Lieder, Kinderreime*, Wiesbaden, 1874; reprint, Aalen: Scientia Verlag, 1969.

Blumenberg, Hans. "Nachahmung der Natur", *Studium generale* 10, 1957, pp. 266~83.

Bonaventure. *Petri Lombardi Doctoris seraphici S. Bonaventurae opera omnia*, 10 vols., Quaracchi: Collegii S. Bonaventurae, 1882~1902.

Bonus, Petrus. *Margarita pretiosa novella*, in Manget, *Bibliotheca*, vol. 2, pp. 1~79.

Borel, Pierre. *Historiarum & observationum medicophysicarum centuriae iv*, Frankfurt: Laur. Sigismund Cörnerus, 1670.

Botterill, Steven. "Dante e l'alchimia", in Patrick Boyde and Vittorio Russo, eds., *Dante e la scienza*, Ravenna: Longo Editore Ravenna, 1993, pp. 202~11.

Boyer, Carl B. "The Theory of the Rainbow: Medieval Triumph and Failure", *Isis* 49, 1958, pp. 378~90.

Boyle, Robert. *Works of the Honorable Robert Boyle*, ed. Thomas Birch, London, 1772; reprint Hildesheim: Georg Olms, 1965.

Boyle, Robert. *The Works of Robert Boyle*, ed. Michael Hunter and Edward B. Davis, 14 vols., London: Pickering & Chatto, 2000.

Bredekamp, Horst. *The Lure of Antiquity and the Cult of the Machine*, Princeton: Markus Wiener, 1995.

Brizio, Anna Maria. *Scritti Scelti di Leonardo da Vinci*, Torino: Unione Tipografico-Editrice Torinense, 1996.

Brooke, John Hedley. "Wöhler's Urea and Its Vital Force? A Verdict from the Chemists", *Ambix* 15, 1968, pp. 84~115.

Brooke, John Hedley, and Geoffrey Cantor. *Reconstructing Nature: The*

Engagement of Science and Religion, Oxford: Oxford University Press, 1998.

Butters, Suzanne. *The Triumph of Vulcan: Sculptors' Tools, Porphyry, and the Prince in Ducal Florence*, 2 vols., Florence: Olschki, 1996.

Cadden, Joan. *Meanings of Sex Difference in the Middle Ages: Medicine, Science, and Culture*, Cambridge: Cambridge University Press, 1993.

Calvet, Antoine. "Le *Tractatus parabolicus* du pseudo-Arnaud de Villeneuve", *Chrysopoia* 5, 1992~96, pp. 145~71.

Case, John. *Lapis philosophicus*, Oxford: Josephus Barnesius, 1599.

Cavendish, Margaret. *Observations upon Experimental Philosophy*에 *The Description of A New Blazing World*, London: A. Maxwell, 1666가 더해졌다(권진아 옮김, 『불타는 세계』, 아르테, 2020).

Cavendish, Margaret. *Poems and Fancies*, London: F. Martin and F. Allestrye, 1653.

Céard, Jean. "Bernard Palissy et l'alchimie", in Frank Lestringant, ed., *Actes du colloque Bernard Palissy 1510-1590: L'écrivain, le réforme, le céramiste*, Paris: Amis d'Agrippa d'Aubigné, 1992, pp. 155~66.

Cennini, Cennino. *Il Libro dell'Arte*, ed. Franco Brunello, Vicenza: Neri Pozza, 1971.

Champier, Symphorien. "Epistola campegiana de transmutatione metallorum", in *Annotatiunculae Sebastiani Montui*, Lyon: Benoist Bounyn, 1533, ff. 36v-39r.

Clack, Randall A. *The Marriage of Heaven and Earth*, Westport: Greenwood Press, 2000.

Close, A. J. "Commonplace Theories of Art and Nature in Classical Antiquity and in the Renaissance", *Journal of the History of Ideas* 30, 1969, pp. 467~86.

Cole, Michael. "Cellini's Blood", *Art Bulletin* 81, 1999, pp. 215~35.

Comparetti, Domenico. *Virgilio nel medio evo*, 2 vols., Florence: La Nuova Italia, 1955.

[Conimbricenses]. *Commentarii collegii conimbricensis societatis Iesu. In octo libros Physicorum Aristotelis Stagiritae*, Lyon: Horatius Cardon, 1602.

Cook, Margaret G. "Divine Artifice and Natural Mechanism: Robert Boyle's Mechanical Philosophy of Nature", *Osiris*, 2d ser., 16, 2001, pp. 133~50.

Copenhaver, Brian, trans. *Hermetica: The Greek "Corpus Hermeticum"*, Cambridge: Cambridge University Press, 1992.

Copenhaver, Brian. "Natural Magic, Hermetism, and Occultism in Early Modern Science", in David C. Lindberg and Robert S. Westman, eds., *Reappraisals of the Scientific Revolution*, Cambridge: Cambridge University Press, 1990, pp. 261~301.

Copenhaver, Brian. *Symphorien Champier and the Reception of the Occultist Tradition in Renaissance France*, The Hague: Mouton, 1978.

Copenhaver, Brian. "A Tale of Two Fishes: Magical Objects in Natural History from Antiquity through the Scientific Revolution", *Journal of the History of Ideas* 52, 1991, pp. 373~98.

Corpus iuris canonici, ed. Emil Friedberg, 2 vols., Graz: Akademische Druck, 1955.

Correia, Clara Pinto. *The Ovary of Eve: Egg and Sperm and Preformation*, Chicago: University of Chicago Press, 1997.

Crisciani, Chiara. "Aristotele, Avicenna e *Meteore* nella *Pretiosa margarita* di Pietro Bono", in Cristina Viano, ed., *Aristoteles chemicus: Il IV libro dei "Meteorologica" nella tradizione antica e medievale*, Sankt Augustin: Academia Verlag, 2002, pp. 165~82.

Crisciani, Chiara. "The Conception of Alchemy as Expressed in the *Pretiosa Margarita Novella* of Petrus Bonus of Ferrara", *Ambix* 20, 1973, pp. 165~81.

Crisciani, Chiara. *Il papa e l'alchimia: Felice V, Guglielmo Fabri e l'elixir*, Rome: Viella, 2002.

Crisciani, Chiara. "La 'Quaestio de Alchimia' fra Ducento e Trecento", *Medioevo* 2, 1976, pp. 119~65.

Crombie, A. C. *Robert Grosseteste and the Origins of Experimental Science*, Oxford: Clarendon Press, 1953.

Curley, Michael J., trans. *Physiologus*, Austin: University of Texas Press, 1979.

Darwin, Charles. *On the Origin of Species*, ed. Ernst Mayr, Cambridge, MA: Harvard University Press, 1964(장대익 옮김, 『종의 기원』, 사이언스북스, 2019).

Daston, Lorraine. "Baconian Facts, Academic Civility, and the Prehistory of Objectivity", *Annals of Scholarship* 8, 1991, pp. 337~63.

Daston, Lorraine. "The Factual Sensibility", *Isis* 79, 1988, pp. 452~67.

Daston, Lorraine, and Katherine Park. *Wonders and the Order of Nature: 1150–1750*, New York: Zone Books, 1998.

Davidson, John S. "A History of Chemistry in Essex (Part I)", *Essex Journal* 15, 1980, pp. 38~46.

Dear, Peter. *Discipline and Experience: The Mathematical Way in the Scientific Revolution*, Chicago: University of Chicago Press, 1995.

Dear, Peter. "Miracles, Experiments, and the Ordinary Course of Nature", *Isis* 81, 1990, pp. 663~83.

Dear, Peter. *Revolutionizing the Sciences: European Knowledge and Its Ambitions, 1500–1700*, Princeton: Princeton University Press, 2001(정원 옮김, 『과학혁명: 유럽의 지식과 야망, 1500~1700』, 뿌리와이파리, 2011).

Dear, Peter. "*Totius in Verba*: Rhetoric and Authority in the Early Royal Society", *Isis* 76, 1985, pp. 145~61.

Debus, Allen G. *The French Paracelsians*, Cambridge: Cambridge University Press, 1991.

Debus, Allen G. "A Further Note on Palingenesis", *Isis* 64, 1973, pp. 226~30.

Deferrari, Roy J. *A Lexicon of St. Thomas Aquinas*, Baltimore: Catholic University of America Press, 1948.

Descartes, René. *Oeuvres de Descartes*, ed. Charles Adam and Paul Tannery, 11 vols., Paris: Vrin, 1964(원석영 옮김, 『철학의 원리』, 아카넷, 2002).

Des Chene, Dennis. *Life's Form: Late Aristotelian Conceptions of the Soul*, Ithaca: Cornell University Press, 2000.

Des Chene, Dennis. *Spirits and Clocks: Machine and Organism in Descartes*, Ithaca: Cornell University Press, 2001.

Desmond, Adrian, and James Moore. *Darwin*, London: Penguin, 1992.

Dickie, Matthew W. "The Learned Magician and the Collection and Transmission of Magical Lore", in David R. Jordan, Hugo Montgomery, and Einar Thomassen, eds., *The World of Ancient Magic: Papers from the First International Samson Eitrem Seminar at the Norwegian Institute at Athens, 4–8 May 1997*, Bergen: Norwegian Institute at Athens, 1999, pp. 163~93.

Diels, Hermann. *Die Fragmente der Vorsokratiker*, 3 vols., Berlin: Weidmannsche Verlagsbuchhandlung, 1952(김인곤 외 편, 『소크라테스

이전 철학자들의 단편 선집』, 아카넷, 2005).

Diener, Gottfried. *Fausts Weg zu Helena: Urphänomen und Archetypus*, Stuttgart: Ernst Klett, n.d..

Dodds, E. R. *The Greeks and the Irrational*, Berkeley: University of California Press, 1951(주은영·양호영 옮김, 『그리스인들과 비이성적인 것』, 까치, 2002).

Dopsch, Heinz, et al., *Paracelsus (1493–1541)*, Salzburg: Anton Pustet, 1993.

Dorn, Gerhard. *Dictionarium Theophrasti Paracelsi*, Frankfurt: Christoff Rab, 1584.

Dreger, Alice. *Hermaphrodites and the Medical Invention of Sex*, Cambridge, MA: Harvard University Press, 1998.

Du Chesne, Joseph는 Quercetanus, Josephus를 보라.

Duebner, F. *Epigrammatum anthologia palatina*, Paris: Ambrosius Firmin Didot, 1864.

Duhem, Pierre. "Léonard de Vinci, Cardan et Bernard Palissy", *Bulletin italien* 6, 1906, pp. 289~319.

Duhem, Pierre. "Thémon le fils du juif et Léonard de Vinci", *Bulletin italien* 6, 1906, pp. 97~124, 185~218.

Dunlop, John Colin. *History of Prose Fiction*, 2 vols., London: G. Bell and Sons, 1906.

Düntzer, Heinrich. *Goethe's Faust: Zweiter Teil*, Leipzig: Ed. Wartigs Verlag, n.d..

Düntzer, Heinrich. *Zur Goetheforschung*, Stuttgart: Deutsche Verlags-Anstalt, 1891.

Dupuy, Ernest. *Bernard Palissy*, Paris: Société française d'imprimerie et de librairie, 1902.

Düring, Ingemar. *Der "Protreptikos" des Aristoteles* (*Quellen der Philosophie 9*), ed. Rudolph Berlinger, Frankfurt am Main: Vittorio Klostermann, 1969.

Eckermann, Johann Peter. *Words of Goethe: Being the Conversations of Johann Wolfgang von Goethe*, New York: Tudor, 1949(장희창 옮김, 『괴테와의 대화』, 민음사, 2008).

Edelstein, Ludwig. "Recent Trends in the Interpretation of Ancient Science", *Journal of the History of Ideas* 13, 1952, pp. 573~604.

Edighoffer, Roland. *Les rose-croix et la crise de conscience européene au XVII siècle*, Paris: Edgar-Dervy, 1998.

Edighoffer, Roland. *Rose-croix et société ideale selon Johann Valentin Andreae*, Neuilly sur Seine: Arma Artis, 1987.

Edwards, John. *A Demonstration of the Existence and Providence of God, from the Contemplation of the Visible Structure of the Greater and the Lesser World*, part 2, London, Jonathan Robinson, 1696.

Erastus, Thomas. *Disputationum de medicina nova Philippi Paracelsi*, Basel: Petrus Perna, 1572.

Eustachius a Sancto Paulo. *Summa philosophiae quadripartita*, Cambridge: Roger Daniel, 1648.

Evans, R. J. W. *Rudolph II and His World*, Oxford: Clarendon Press, 1973.

Fanianus, Johannes Chrysippus. *De jure artis alchemiae*, in Manget, *Bibliotheca*, vol. 1, pp. 210~16.

Farago, Claire J. *Leonardo da Vinci's "Paragone": A Critical Interpretation with a New Edition of the Text in the "Codex Urbinas"*, Leiden: Brill, 1992.

Faraone, Christopher. *Talismans and Trojan Horses*, New York: Oxford University Press, 1992.

Farrington, Benjamin. *The Philosophy of Francis Bacon*, Liverpool: Liverpool University Press, 1964.

Fehrenbach, Frank. *Licht und Wasser: Zur Dynamik naturphilosophischer Leitbilder im Werk Leonardo da Vincis*, Tübingen: Ernst Wasmuth, 1997.

Ferguson, Andrew. "Kass Warfare", *Weekly Standard*, February 4, 2002, 13.

Ferguson, John. *Bibliotheca chemica*, 2 vols., Glasgow: James Maclehose, 1906; reprinted, Hildesheim: Olms, 1974.

Festugière, A. J. *Hermétisme et mystique païenne*, Paris: Aubier-Montaigne, 1967.

Festugière, A. J. *La révélation d'Hermès Trismégiste*, 4 vols., Paris: J. Gabalda, 1944.

Filibeck, Giorgio. "Observations on the Human Genome Declaration Recently Adopted by the General Conference of UNESCO", *L'Osservatore Romano*, weekly English ed., February 11, 1998, p. 10.

Flint, Valerie I. J. *The Rise of Magic in Early Medieval Europe*, Princeton: Princeton University Press, 1991.

Furley, David. "The Mechanics of Meteorologica IV. A Prolegomenon to Biology", in Paul Moraux and Jürgen Wiesner, eds., *Zweifelhaftes im*

Corpus Aristotelicum, Berlin: de Gruyter, 1983, pp. 73~93.

Galen, Claudius. *On the Natural Faculties*, trans. Arthur John Brock, London: Heinemann, 1947.

Galen, Claudius. *On the Usefulness of the Parts of the Body*, trans. Margaret Tallmadge May, 2 vols., Ithaca: Cornell University Press, 1968.

Galen, Claudius. *Opera omnia*, ed. C. G. Kühn, 20 vols., Leipzig: Cnobloch, 1821~33.

Galen, Claudius. *Selected Works*, trans. P. N. Singer, Oxford: Oxford University Press, 1997.

Galluzzi, Paolo. *The Art of Invention: Leonardo and Renaissance Engineers*, Florence: Giunti, 1999.

Ganzenmüller, Wilhelm. *Beiträge zur Geschichte der Technologie und der Alchemie*, Weinheim: Verlag Chemie, 1956.

Garmannus, L. Christianus Fridericus. *Homo ex ovo, sive de ovo humano dissertatio*, Chemnitz: Garmann, 1672.

Gärtner, Carl Friedrich von. *Versuch und Beobachtungen über die Bastarderzeugung*, Stuttgart: K. F. Hering, 1849.

Gatta, John, Jr. "Aylmer's Alchemy in 'The Birthmark'", *Philological Quarterly* 57, 1978, pp. 399~413.

Gause, Ute. "Zum Frauenbild im Frühwerk des Paracelsus", in Joachim Telle, ed., *Parerga Paracelsica*, Stuttgart: Steiner, 1991, pp. 45~56.

Gemelli, Benedino. *Aspetti dell'atomismo classico nella filosofia di Francis Bacon e nel Seicento*, Florence: Olschki, 1996.

Goethe, J. W. von. *Goethe's Collected Works*, 11 vols., Cambridge, MA: Suhrkamp/Insel, 1983~89.

Goethe, J. W. von. *Goethes Faust*, ed. Georg Witkowski, 2 vols., Leiden: E. J. Brill, 1949~50(전영애 옮김, 『파우스트』, 전2권, 도서출판 길, 2019).

Goethe, J. W. von. *Johann Wolfgang von Goethe, Goethes Werke, Herausgegeben im Auftrage der Grossherzogin Sophie von Sachsen*, 133 vols., Weimar: Hermann Böhlau, 1887~1919.

Goldammer, Kurt. "Paracelsische Eschatologie, zum Verständnis der Anthropologie und Kosmologie Hohenheims I", *Nova Acta Paracelsica*, 5, 1948, pp. 45~85.

Gooding, David, Trevor Pinch, and Simon Schaffer. *The Uses of Experiment:*

Studies in the Natural Sciences, Cambridge: Cambridge University Press, 1988.

Grant, Douglas. *Margaret the First: A Biography of Margaret Cavendish, Duchess of Newcastle (1623–1673)*, London: Rupert Hart-Davis, 1957.

Grant, Edward. *The Foundations of Modern Science in the Middle Ages*, Cambridge: Cambridge University Press, 1996.

Gratian. *Decretum gratiani emendatum et annotationibus illustratum cum glossis: Gregorii XIII. Pont. Max. iussu editum*, Paris, 1601.

Grignaschi, Mario. "Remarques sur la formation et l'interprétation du *Sirr al-' Asrār*", in W. F. Ryan and Charles B. Schmitt, eds., *Pseudo-Aristotle: The "Secret of Secrets"*, London: Warburg Institute, 1982, pp. 3~33.

Gross, Kenneth. *The Dream of the Moving Statue*, Ithaca: Cornell University Press, 1992.

Guinsburg, Arlene Miller. "Henry More, Thomas Vaughan, and the Late Renaissance Magical Tradition", *Ambix* 27, 1980, pp. 36~58.

Gunn, Alan M. F. *The Mirror of Love: A Reinterpretation of "The Romance of the Rose"*, Lubbock: Texas Tech Press, 1952.

Gunnoe, Charles D., Jr. "Erastus and Paracelsianism", in Allen G. Debus and Michael T. Walton, eds., *Reading the Book of Nature: The Other Side of the Scientific Revolution*, Kirksville, MO: Sixteenth Century Journal Publishers, 1998, pp. 45~66.

Gunnoe, Charles D., Jr. "Thomas Erastus and his Circle of Anti-Paracelsians", Joachim Telle, ed., *Analecta Paracelsica*, Stuttgart: Franz Steiner, 1994, pp. 127~48.

Halleux, Robert. "Albert le grand et l'alchimie", *Revue des sciences philosophiques et théologiques* 66, 1982, pp. 57~80.

Halleux, Robert. *Les alchimistes grecs*, Paris: Belles Lettres, 1981.

Halleux, Robert. "Entre technologie et alchimie: couleurs, colles et vernis dans les anciens manuscrits de recettes", in *Technologie industrielle: conservation, restauration du patrimoine culturel, Colloque AFTPV/SFIIC*, Nice, 19–22 September 1989, pp. 7~11.

Halleux, Robert. "Les ouvrages alchimiques de Jean de Rupescissa", in *Histoire littéraire de la France*, Paris: Imprimerie nationale, 1981, vol. 41, pp. 241~77.

Halleux, Robert. *Les textes alchimiques*, Turnhout: Brepols, 1979.

Halleux, Robert, and Paul Meyvaert. "Les origines de la *mappae clavicula*", *Archives d'histoire doctrinale et littéraire du moyen âge* 54, 1987, pp. 7~58.

Hansen, Joseph. *Quellen und Untersuchungen zur Geschichte des Hexenwahns und der Hexenfolgung im Mittelalter*, 1901; facsimile, Hildesheim: Olms, 1963.

Hawthorne, Nathaniel. *The Centenary Edition of the the Works of Nathaniel Hawthorne*, ed. William Charvat et al., 23 vols., [Columbus]: Ohio State University Press, 1962~(천승걸 옮김, 『나사니엘 호손 단편선』, 민음사, 1998).

Hayles, N. Katherine. "Narratives of Artificial Life", in George Robertson et al., *Future-Natural*, London: Routledge, 1996, pp. 146~64.

Heidel, William Arthur. *The Heroic Age of Science: The Conception, Ideals, and Methods of Science among the Ancient Greeks*, Carnegie Institution of Washington, publication no. 442, Baltimore: Williams and Wilkins, 1933.

Henker, Nikolaus. *Studien zum Physiologus im Mittelalter*, Tübingen: Max Niemeyer, 1976.

Hoffmann, Roald. *The Same and Not the Same*, New York: Columbia University Press, 1995(이덕환 옮김, 『같기도 하고 아니 같기도 하고』, 까치, 1996).

Hoops, Johannes. *Reallexikon der germanischen Altertumskunde*, 2d ed., 22 vols., Berlin: de Gruyter, 1968~.

Hooykaas, Reijer. *Fact, Faith, and Fiction in the Development of Science*, Dordrecht: Kluwer, 1999.

Hooykaas, Reijer. *Religion and the Rise of Modern Science*, Edinburgh: Scottish Academic Press, 1972.

Hooykaas, Reijer. "Das Verhältnis von Physik und Mechanik in historischer Hinsicht", *Beiträge zur Geschichte der Wissenschaft und der Technik* 7, 1963, pp. 11~16.

Hugh of Saint Victor. *The Didascalicon of Hugh of Saint Victor*, ed. and trans. Jerome Taylor, New York: Columbia University Press, 1961.

Hugonnard-Roche, Henri. *L'oeuvre astronomique de Thémon Juif, maître parisien du XIV siècle*, Genève: Librairie Droz, 1973.

Hull, Raymona E. "Hawthorne and the Magic Elixir of Life: The Failure of a

Gothic Theme", *ESQ* 18, 1972, pp. 97~107.

Huot, Sylvie, *The "Romance of the Rose" and Its Medieval Readers*, Cambridge: Cambridge University Press, 1993.

Ibn Khaldūn. *The Muqaddimah*, trans. Franz Rosenthal, 3 vols., London: Routledge and Kegan Paul, 1958(김호동 옮김, 『역사서설: 아랍, 이슬람, 문명』, 까치, 2003; 김정아 옮김, 『무깟디마: 이슬람 역사와 문명에 대한 기록』, 소명출판, 2020).

Idel, Moshe. *Jewish Magical and Mystical Traditions on the Artificial Anthropoid*, Albany: State University of New York Press, 1990.

Impey, Oliver, and Arthur MacGregor. *The Origins of Museums*, Oxford: Clarendon Press, 1985.

Jacquart, Danielle, and Claude Thomasset. *Sexuality and Medicine in the Middle Ages*, Princeton: Princeton University Press, 1988.

Janson, H. W. *Apes and Ape Lore in the Middle Ages and Renaissance*, London: Warburg Institute, 1952.

Jeck, Udo Reinhold. "*Materia, forma substantialis, transmutatio*. Frühe Bemerkungen Alberts des Großen zur Naturphilosophie und Alchemie", *Documenti e studi sulla tradizione filosofica medievale* 5, 1994, pp. 205~40.

Jöcher, Christian Gottlieb. *Allgemeines Gelehrten-Lexicon*, 11 vols., Leipzig, 1750~51; reprint, Hildesheim: Olms, 1960~61.

Johnson, Sarah Iles. *Hekate Soteira: A Study of Hekate's Roles in the Chaldean Oracles and Related Literature*, Atlanta: Scholars Press, 1990.

Kahn, Didier. "Alchimie et architecture: de la pyramide à l'église alchimique", in Frank Greiner, ed., *Aspects de la tradition alchimique au XVII siècle*, Paris: S.É.H.A., 1998, pp. 295~335.

Kahn, Didier. "Paracelsisme et alchimie en France à la fin de la Renaissance (1567-1625)", Ph.D. thesis, Université de Paris IV, 1998.

Kass, Leon R. *The Report of the President's Council on Bioethics*, New York: Public Affairs, 2002.

Kaufmann, Thomas DaCosta. "Kunst und Alchemie", in Heiner Borggrefe et al., eds., *Moritz der Gelehrte: ein Renaissancefürst in Europa*, Eruasberg: Minerva, 1997, pp. 370~77.

Keckermann, Bartholomaeus. *Systema physicum*, Hannover: Joannes Stockelius,

1623.

Kehr, Dave. "A Star Is Born", *New York Times*, November 18, 2001, sec. 2, pp. 1, 26.

Kenseth, Joy. *The Age of the Marvelous*, Hanover, N.H.: Dartmouth College, 1991.

Keuls, Eva C. *Plato and Greek Painting*, Leiden: Brill, 1978.

Kilwardby, Robert. *Quaestiones in librum secundum sententiarum*, ed. Gerhard Leibold, Munich: Verlag der Bayerischer Akademie der Wissenschaften, 1992.

Kindī, Ya'qūb al-. *De radiis*, ed. M.-T. d'Alverny and F. Hudry, in *Archives d'histoire doctrinale et littéraire du moyen âge* 41, 1974, pp. 139~269.

Kircher, Athanasius. *Athanasii Kircheri e Soc. Iesu Mundi subterranei tomus ii in v. libros digestus*, Amsterdam: Ex officina Janssonio-Waesbergiana, 1678.

Kircher, Athanasius. *Delapide philosophorum dissertatio*, reprinted from *Mundus subterraneus*, in Manget, *Bibliotheca*, vol. 1, pp. 54~81.

Kirk, G. S., J. E. Raven, and M. Schofield. *The Presocratic Philosophers*, Cambridge: Cambridge University Press, 1983.

Klein, Robert. *Form and Meaning: Essays on the Renaissance and Modern Art*, Princeton: Princeton University Press, 1979.

Klein, Ursula. "Nature and Art in Seventeenth-Century French Chemical Textbooks", in Allen G. Debus and Michael T. Walton, eds., *Reading the Book of Nature: The Other Side of the Scientific Revolution*, Kirksville: Sixteenth Century Journal Publishers, 1998, pp. 239~50.

Kluge, Friedrich. *Etymologisches Wörterbuch der deutschen Sprache*, Berlin: de Gruyter, 1989.

Kölreuter, Joseph Gottlieb. *Vorläufige Nachricht von einigen das Geschlecht der Pflanzen betreffenden Versuchen und Beobachtungen, nebst Fortsetzungen 1, 2 und 3*, ed. W. Pfeffer, Leipzig: Wilhelm Engelmann, 1893.

Kopp, Hermann. *Geschichte der Chemie*, 4 vols., Leipzig: Lorentz, 1931; reprint of Braunschweig, 1843.

Kors, Alan C. and Edward Peters. *Witchcraft in Europe 1100–1700: A Documentary History*, Philadelphia: University of Pennsylvania Press, 2001.

Krafft, Fritz. *Dynamische und statische Betrachtungsweise in der antiken*

Mechanik, Wiesbaden: Franz Steiner, 1970.

Kramer, Heinrich, and Jakob Sprenger. *Malleus maleficarum* (1487): (1) *Malleus maleficarum von Heinrich Institoris (alias Kramer) unter Mithelfe Jakob Sprengers Aufgrund der Dämonologischen Tradition Zusammengestellt*, ed. André Schnyder, Göppingen: Kümmerle Verlag, 1991; includes a facsimile of the 1487 ed.; (2) *Malleus maleficarum in tres divisus partes*, Venice: Antonium Bertanum, 1574; (3) English translation, *Malleus maleficarum*, trans. Montague Summers, London: Pushkin Press, 1948; reprint, 1951(이재필 옮김, 『말레우스 말레피카룸: 마녀를 심판하는 망치』, 우물이있는집, 2016).

Kraus, Paul. *Jābir ibn Hayyān: Contribution à l'histoire des idées scientifiques dans l'Islam*, 2 vols., Cairo: Institut Français d'Archéologie Orientale, 1942~43.

Kris, Ernst. "Der Stil 'Rustique': Die Verwendung des Naturabgusses bei Wenzel Jamnitzer und Bernard Palissy", *Jahrbuch der kunsthistorischen Sammlungen in Wien*, n.s., 1, 1926, pp. 137~208.

Kris, Ernst, and Otto Kurz. *Legend, Myth, and Magic in the Image of the Artist*, New Haven: Yale University Press, 1979.

Kristeller, Paul Oskar. "The Modern System of the Arts: A Study in the History of Aesthetics", *Journal of the History of Ideas* 12, 1951, pp. 496~527.

Kritscher, Herbert, Johann Szilvassy, and Walter Vycudlik. "Die Gebeine des Arztes Theophrastus Bombastus von Hohenheim, genannt Paracelsus", in *Paracelsus und Salzburg: Vorträge bei den Internationalen Kongressen in Salzburg und Badgastein anlässlich des Paracelsus-Jahres 1993; Mitteilungen der Gesellschaft für Salzburger Landeskunde, 14. Ergänzungsband*, pp. 69~95.

Lacombe, Georges. *Aristoteles latinus: codices*, Rome: Libreria dello Stato, 1939.

La Ferla, Ruth. "Perfect Model: Gorgeous, No Complaints, Made of Pixels", *New York Times*, May 6, 2001, sec. 9, pp. 1, 8.

Laird, W. R. "The Scope of Renaissance Mechanics", *Osiris*, 2d ser., 2, 1986, pp. 43~68.

Langlois, Ernest. *Origines et sources du roman de la rose*, Paris: Ernest Thorin, 1891.

Larson, James L. *Interpreting Nature: The Science of Living Form from Linnaeus to Kant*, Baltimore: Johns Hopkins University Press, 1994.

Lee, Harold, et al. *Western Mediterranean Prophecy: the School of Joachim of Fiore and the Fourteenth-Century Breviloquium*, Toronto: Pontifical Institute of Medieval Studies, c. 1989.

Leonardo da Vinci. *The Notebooks of Leonardo da Vinci*, trans. Edward MacCurdy, New York: Reynal and Hitchcock, 1939.

Libavius, Andreas. *Rerum chymicarum epistolica forma*, 2 vols., Frankfurt: Petrus Kopffius, 1595.

Lindberg, David C. *The Beginnings of Western Science*, Chicago: University of Chicago Press, 1992(이종흡 옮김, 『서양과학의 기원들』, 나남, 2009).

Lippmann, E. O. von. "Der Stein der Weisen und Homunculus, zwei alchemistische Probleme in Goethes Faust", in Edmund O. von Lippmann, *Beiträge zur Geschichte der Naturwissenschaften und der Technik*, Berlin: Springer, 1923.

Lloyd, Albert, and Otto Springer. *Etymologisches Wörterbuch des Althochdeutschen*, Göttingen: Vandenhoeck and Ruprecht, 1988.

Lloyd, G. E. R. *Methods and Problems in Greek Science*, Cambridge: Cambridge University Press, 1991. Reprinted with new introduction from *Proceedings of the Cambridge Philological Society*, n.s., 10, 1964, pp. 50~72.

Locke, John. *An Essay Concerning Human Understanding*, ed. Peter H. Nidditch, Oxford: Clarendon Press, 1975(정병훈·이재영·양선숙 옮김, 『인간지성론』, 전2권, 한길사, 2014).

Lohr, Charles. *Latin Aristotle Commentaries: II Renaissance Authors*, Florence: Olschki, 1988.

Lohr, Charles. "Medieval Latin Aristotle Commentaries", *Traditio* 23, 1967, pp. 313~414; 24, 1968, pp. 149~245; 26, 1970, pp. 135~216; 27, 1971, pp. 251~351; 28, 1972, pp. 280~396; 29, 1973, pp. 93~197; 30, 1974, pp. 119~44.

Lomazzo, Giovanni Paolo. *Idea del tempio della pittura*, ed. and trans. Robert Klein, 2 vols., Florence: Istituto Palazzo Strozzi, 1974.

Lomazzo, Giovanni Paolo. *Rabisch*, Turin: Einaudi, 1993.

Lorris, Guillaume de and Jean de Meun. *Le roman de la rose* (ca. 1230–40

[Guillaume], ca. 1280 [Jean]): (1)Ernest Langlois, ed., *Le roman de la rose par Guillaume de Lorris et Jean de Meun*, 5 vols., Paris: Édouard Champion, 1914~24. (2)Harry W. Robbins, trans., *The Romance of the Rose*, New York: E. P. Dutton, 1962. (3)André Lanly, trans., *Le roman de la rose*, 2 vols., Paris: Librairie Honoré Champion, 1971~82.

Louis, Pierre. *Aristote: météorologiques*, Paris: Belles Lettres, 1982.

pseudo-Lull, Ramon. *Il "Testamentum" alchemico attribuito a Raimondo Lullo*, ed. Michela Pereira and Barbara Spaggiari, Florence: SISMEL, Edizioni del Galluzo, 1999.

Magirus, Johannes. *Johannis Magiri physiologiae peripateticae libri sex*, Cambridge: R. Daniel, 1642.

Maier, Anneliese. *An der Grenze von Scholastik und Naturwissenschaft*, Roma: Edizioni di Storia e Letteratura, 1952.

Maier, Michael. *Atalanta fugiens*, Oppenheim: de Bry, 1618.

Manget, Jean Jacques. *Bibliotheca chemica curiosa*, 2 vols., Geneva: Chouet et al. 1702. [abbr.: Manget]

Mansion, Augustin. *Introduction à la physique aristotélicienne*, Louvain: Éditions de l'Institut Supérieur, 1945.

Marx, Jacques. "Alchimie et Palingénésie", *Isis* 62, 1971, pp. 275~89.

Matthiolus, Petrus Andrea. *Opera quae extant omnia*, Frankfurt: Bassaeus, 1598.

Matton, Sylvain. "L'influence de l'humanisme sur la tradition alchimique", *Micrologus* 3, 1995, pp. 279~345.

Matton, Sylvain. "Les théologiens de la Compagnie de Jésus et l'alchimie", in Frank Greiner, ed., *Aspects de la tradition alchimique au XVII siècle*, Paris: S.É.H.A., 1998, pp. 383~501.

Matton, Sylvain. "Le traité Contre les alchimistes de Nicholas Eymerich", *Chrysopoeia* 1, 1987, pp. 93~136.

Maxwell, William. *De medicina magnetica libri iii …, opus novum, admirabile & utilissimum, ubi multa Naturae secretissima miracula panduntur … Autore Guillelmo Maxvello*, M.D. *Scoto-Britano. Edente Georgio Franco, Med. & Phil. D.P.P. Facult. Med. Decano & Seniore; nec non Universitat. Electoralis Heidelberg. h.t. Rectore, Acad. S.R.I. Nat. curios. Collega, atque C.P. Caesar*, Frankfurt: Joannes Petrus Zubrodt, 1679.

Mayr, Ernst. "Joseph Gottlieb Kölreuter's Contributions to Biology", *Osiris*, 2d ser., 2, 1986, pp. 135~76.

McKie, Douglas. "Wöhler's Synthetic Urea and the Rejection of Vitalism", *Nature* 153, 1944, pp. 608~10.

McMullin, Ernan. "Medieval and Modern Science: Continuity or Discontinuity?", *International Philosophical Quarterly* 4, 1965, pp. 103~29.

Mediavilla, Ricardus de. *Clarissimi theologi magistri Ricardi de media villa seraphici ord. Min. convent. Super quatuor libros sententiarum*, 4 vols., Brixia: De consensu superiorum, 1591; reprint, Frankfurt: Minerva, 1963.

Mehren, A. F. "Vues d'Avicenne sur l'astrologie et sur le rapport de la responsabilité humaine avec le destin", in D. Eduardo Saavedra, ed., *Homenaje á D. Francisco Codera*, Zaragoza: Mariano Escar, 1904, pp. 235~50.

Meinel, Christoph. "Early Seventeenth-Century Atomism: Theory, Epistemology, and the Insufficiency of Experiment", *Isis* 79, 1988, pp. 68~103.

Mendelsohn, Leatrice. *Paragoni: Benedetto Varchi's* Due Lezzioni *and Cinquecento Art Theory*, Ann Arbor: UMI Research Press, 1982.

Mennens, Willem. *Aureum vellus*, in *Theatrum chemicum*, Strasbourg: Zetzner, 1660, vol. 5, pp. 240~428.

Mersenne, Marin. *Quaestiones celeberrimae in genesim*, Paris: Sebastianus Cramoisy, 1623.

Mertens, Michèle. *Les alchimistes grecs: Zosime de Panopolis*, Paris: Belles Lettres, 1995, vol. 4.

Micheli, Gianni. *Le origini del concetto di macchina*, Florence: Olschki, 1995.

Migliorino, Francesco. "Alchimia lecita e illecita nel Trecento", *Quaderni medievali* 11, 1981, pp. 6~41.

Mikkeli, Heikki. *An Aristotelian Response to Renaissance Humanism*, Helsinki: Societas Historica Finlandiae, 1992.

Molland, George. "Roger Bacon as a Magician", *Traditio* 30, 1974, pp. 445~60.

Monantheuil, Henri de. *Aristotelis mechanica*, Leiden: Ex Bibliopolio Commeliniano, 1600.

Monte, Guidobaldo dal. *Mechanicorum liber*, Venice: Evangelista Deuchinius, 1577.

Montgomery, John Warwick. *Cross and Crucible: Johann Valentin Andreae (1586–1654), Phoenix of the Theologians*, 2 vols., The Hague: Martinus Nijhoff, 1973.

Moran, Bruce. *The Alchemical World of the German Court*, Stuttgart: Franz Steiner, 1991.

Moran, Bruce. *Chemical Pharmacy Enters the University*, Madison: American Institute of the History of Pharmacy, 1991.

More, Henry. *Enthusiasmus Triumphatus*, London: J. Flesher, 1656.

Morel, Philippe. *Les grottes maniéristes en Italie au XVI siècle: Théâtre et alchimie de la nature*, Paris: Macula, 1998.

Morris, Sarah P. *Daidalos and the Origins of Greek Art*, Princeton: Princeton University Press, 1992.

Multhauf, Robert. *The Origins of Chemistry*, Langhorne, PA: Gordon and Breach, 1993.

Murdoch, John E., and Edith D. Sylla. "The Science of Motion", in David C. Lindberg, ed., *Science in the Middle Ages*, Chicago: University of Chicago Press, 1978, pp. 206~64.

Neer, Richard T. "The Lion's Eye: Imitation and Uncertainty in Attic Red-Figure", *Representations* 51, 1995, pp. 118~53.

Newman, William R. "Alchemical and Baconian Views on the Art/Nature Division", in Allen G. Debus and Michael T. Walton, eds., *Reading the Book of Nature: The Other Side of the Scientific Revolution*, Kirksville, MO: Sixteenth Century Journal Publishers, 1998, pp. 81~90.

Newman, William R. "The Alchemical Sources of Robert Boyle's Corpuscular Philosophy", *Annals of Science* 53, 1996, pp. 567~85.

Newman, William R. "Alchemical Symbolism and Concealment: The Chemical House of Libavius", in Peter Galison and Emily Thompson, eds., *The Architecture of Science*, Cambridge, MA: MIT Press, 1999, pp. 59~77.

Newman, William R. "Alchemy, Assaying, and Experiment", in Frederic L. Holmes and Trevor H. Levere, eds., *Instruments and Experimentation in the History of Chemistry*, Cambridge, MA: MIT Press, 2000, pp. 35~54.

Newman, William R. "The Alchemy of Roger Bacon and the Tres Epistolae Attributed to Him", in *Comprendre et maîtriser la nature au moyen âge*,

Geneva: Droz, 1994, pp. 461~79.

Newman, William R. "The Corpuscular Theory of J. B. Van Helmont and Its Medieval Sources", *Vivarium* 31, 1993, pp. 161~91.

Newman, William R. "Experimental Corpuscular Theory in Aristotelian Alchemy: From Geber to Sennert", in Christoph Lüthy, John E. Murdoch, and William R. Newman, eds., *Late Medieval and Early Modern Corpuscular Matter Theory*, Leiden: E. J. Brill, 2001, pp. 291~329.

Newman, William R. *Gehennical Fire: The Lives of George Starkey, an American Alchemist in the Scientific Revolution*, Chicago: University of Chicago Press, 2003; first published, 1994.

Newman, William R. "The Genesis of the *Summa perfectionis*", *Les archives internationales d'histoire des sciences* 35, 1985, pp. 240~302.

Newman, William R. "New Light on the Identity of Geber", *Sudhoffs Archiv für die Geschichte der Medizin und der Naturwissenschaften* 69, 1985, pp. 76~90.

Newman, William R. "An Overview of Roger Bacon's Alchemy", in Jeremiah Hackett, ed., *Roger Bacon and the Sciences*, Leiden: Brill, 1997, pp. 317~36.

Newman, William R. "The Philosophers' Egg: Theory and Practice in the Alchemy of Roger Bacon", *Micrologus* 3, 1995, pp. 75~101.

Newman, William R. "The Place of Alchemy in the Current Literature on Experiment", in Michael Heidelberger and Friedrich Steinle, eds., *Experimental Essays: Versuche zum Experiment*, Baden-Baden: Nomos, 1998, pp. 9~33.

Newman, William R. "Robert Boyle's Debt to Corpuscular Alchemy", in Michael Hunter, ed., *Robert Boyle Reconsidered*, Cambridge: Cambridge University Press, 1994, pp. 107~18.

Newman, William R. "The *Summa perfectionis* and Late Medieval Alchemy: A Study of Chemical Traditions, Techniques, and Theories in Thirteenth-Century Italy", 4 vols., Ph.D. diss., Harvard University, 1986.

Newman, William R. *The Summa perfectionis of Pseudo-Geber*, Leiden: Brill, 1991.

Newman, William R. "Technology and Alchemical Debate in the Late Middle Ages", *Isis* 80, 1989, pp. 423~45.

Newman, William R., and Anthony Grafton, eds. *Secrets of Nature: Astrology and Alchemy in Early Modern Europe*, Cambridge, MA: MIT Press, 2001.

Newman, William R., and Lawrence M. Principe. *Alchemy Tried in the Fire: Starkey, Boyle, and the Fate of Helmontian Chymistry*, Chicago: University of Chicago Press, 2002.

Newman, William R., and Lawrence M. Principe. "Alchemy vs. Chemistry: The Etymological Origins of a Historiographic Mistake", *Early Science and Medicine* 3, 1998, pp. 32~65.

Obrist, Barbara. "Art et nature dans l'alchimie médiévale", *Revue d'histoire des sciences* 49, 1996, pp. 215~86.

Ogden, Jack. *Jewellery of the Ancient World*, New York: Rizzoli, 1982.

Olby, Robert. *Origins of Mendelism*, Chicago: University of Chicago Press, 1985.

Olivieri, Alessandro. "L'*homunculus* di Paracelso", *Atti della reale accademia di archeologia, lettere e belle arti di Napoli*, n.s., 12, 1931~32, pp. 375~97.

Ovid. *Metamorphoses*, trans. A. D. Melville, Oxford: Oxford University Press, 1998(천병희 옮김, 『변신이야기』, 도서출판 숲, 2017).

Pagel, Walter. *Paracelsus: An Introduction to Philosophical Medicine in the Era of the Renaissance*, Basel: Karger, 1958.

Palissy, Bernard. (1) *Oeuvres complètes*, ed. Keith Cameron et al., 2 vols., Mont-de-Marsan: Editions InterUniversitaires, 1996; (2) *The Admirable Discourses*, trans. Aurèle la Rocque, Urbana: University of Illinois Press, 1957. [abbr.: Palissy, vol. 2, p. 134 (Cameron)/p. 99 (la Rocque)]

Palissy, Bernard. *Recette véritable*, ed. Frank Lestringant and Christian Barnard, Paris: Editions Macula, 1996; originally published 1563.

Panofsky, Erwin. *Idea*, New York: Harper and Rowe, 1968(마순자 옮김, 『파노프스키의 이데아』, 예경, 2005).

Pappus of Alexandria. *La collection mathématique*, trans. Paul Ver Eecke, 2 vols., Paris: Desclée, de Brouwer & Co., 1933.

Paracelsus, Theophrastus. *Theophrastus von Hohenheim, genannt Paracelsus, Sämtliche Werke, I. Abteilung*, ed. Karl Sudhoff, 14 vols., Munich: Oldenbourg, 1922~33. [abbr.: Suddhoff]

Paracelsus, Theophrastus. *Theophrast von Hohenheim genannt Paracelsus, Theologische und Religionsphilosophische Schriften*, ed. Kurt Goldammer,

7 vols., Wiesbaden: Steiner, 1955~.

Paré, Gérard. *Les idées et les lettres au XIIIe siècle: Le roman de la rose*, Montréal: Centre de psychologie et pédagogie, 1946.

Partington, J. R. *A History of Chemistry*, 4 vols., London: MacMillan, 1961.

Pattin, Adriaan. *Le liber de causis*, Leuven: Uitgave van Tijdschrift voor Filosofie, 1967.

Pereira, Benito. *De communibus omnium rerum naturalium principiis & affectionibus libri quindecim*, Paris: Michael Sonnius, 1579.

Pereira, Michela. "L'elixir alchemico fra artificium e natura", in Massimo Negroti, ed., *Artificialia: La Dimensione Artificiale della Natura Umana*, Bologna: CLUEB, c. 1995.

Pereira, Michela. "Teorie dell'elixir nell'alchimia latina medievale", *Micrologus* 3, 1995, pp. 103~48.

Pereira, Michela. "'Vegetare seu Transmutare': The Vegetable Soul and Pseudo-Lullian Alchemy", in Fernando Domínguez Reboiras et al., eds., *Arbor Scientiae: Der Baum des Wissens von Ramon Lull*, Brepols: Turnhout, 2002.

Pereira, Michela, and Barbara Spaggiari. *Il "Testamentum" alchemico attribuito a Raimondo Lullo*, Florence: SISMEL, Edizioni del Galluzo, 1999.

Pérez-Ramos, Antonio. "Bacon's Forms and the Maker's Knowledge Tradition", in Markku Peltonen, ed., *The Cambridge Companion to Bacon*, Cambridge: Cambridge University Press, 1996, pp. 99~120.

Pérez-Ramos, Antonio. *Francis Bacon's Idea of Science and the Maker's Knowledge Tradition*, Oxford: Clarendon Press, 1988.

Perger, A. R. von. "Über den Alraun", *Schriften des Wiener-Alterthumsvereins*, 1862, pp. 259~69.

Perifano, Alfredo. *L'alchimie à la Cour de Côme I de Médicis: savoir, culture et politique*, Paris: Honoré Champion, 1997.

Pesic, Peter. "Wrestling with Proteus: Francis Bacon and the 'Torture' of Nature", *Isis* 90, 1999, pp. 81~94.

Peters, Edward. *The Magician, the Witch, and the Law*, Philadelphia: University of Pennsylvania Press, 1978.

Peuckert, Will-Erich. *Handwörterbuch der Sage*, Göttingen: Vandenhöck & Ruprecht, 1961.

Peuckert, Will-Erich. *Theophrastus Paracelsus*, Stuttgart: W. Kohlhammer Verlag, 1943.

Peuckert, Will-Erich. *Theophrastus Paracelsus: Werke*, 5 vols., Basel: Schwabe & Co., 1968.

Pines, Shlomo. "The Origin of the Tale of Salāmān and Absal: A Possible Indian Influence", in Shlomo Pines, ed., *Studies in the History of Arabic Philosophy*, Jerusalem: Magnes Press, 1996.

Pingree, David, ed. *Picatrix: The Latin Version of the Ghāyat al-Hakīm*, London: Warburg Institute, 1986.

Pingree, David. "Plato's Hermetic 'Book of the Cow'", in Pietro Prini, ed., *Il Neoplatonismo nel Rinascimento*, Roma: Istituto della Enciclopedia Italiana, 1993, pp. 133~45.

Pirotti, Umberto. *Benedetto Varchi e la cultura del suo tempo*, Florence: Olschki, 1971.

Plato. *The Republic*, trans. Richard W. Sterling and William C. Scott, New York: W. W. Norton, 1985(박종현 옮김, 『국가』, 서광사, 1997).

Pollitt, J. J. *The Art of Greece, 1400-31 B.C.*, Englewood Cliffs: Prentice-Hall, 1965.

Praetorius, Johann. *Anthropodemus plutonicus: Das ist eine neue Weltbeschreibung von allerley wunderbahren Menschen*, Magdeburg: Johann Lüderwald, 1666.

Principe, Lawrence M. *The Aspiring Adept: Robert Boyle and His Alchemical Quest*, Princeton: Princeton University Press, 1998.

Principe, Lawrence M. "Diversity in Alchemy: The Case of Gaston 'Claveus' Du Clo, a Scholastic Mercurialist Chrysopoeian", in Allen G. Debus and Michael T. Walton, eds., *Reading the Book of Nature: The Other Side of the Scientific Revolution*, Kirksville, MO: Sixteenth Century Journal Publishers, 1998, pp. 181~200.

Principe, Lawrence M., and Lloyd De Witt. *Transmutations: Alchemy in Art*, Philadelphia: Chemical Heritage Foundation, 2002.

Principe, Lawrence M., and William R. Newman. "Some Problems with the Historiography of Alchemy", in William R. Newman and Anthony Grafton, eds., *Secrets of Nature: Astrology and Alchemy in Early Modern Europe*, Cambridge, MA: MIT Press, 2001, pp. 385~431.

Quercetanus, Josephus. *Ad veritatem hermeticae medicinae ex Hippocratis veterumque decretis ac Therapeusi*, Frankfurt: Conradus Nebenius, 1605.

Quercetanus, Josephus. *Liber de priscorum philosophorum verae medicinae materia*, Saint-Gervais: Haeredes Eustathii Vignon, 1603.

Reid, Alfred S. "Hawthorne's Humanism: 'The Birthmark' and Sir Kenelm Digby", *American Literature* 38, 1966, pp. 337~51.

Rief, Mary Richard. "Natural Philosophy in Some Early Seventeenth Century Scholastic Textbooks", Ph.D. diss., Saint Louis University, 1962.

Reiter, Christian. "Das Skelett des Paracelsus aus gerichtsmedizinischer Sicht", in *Paracelsus und Salzburg: Vorträge bei den Internationalen Kongressen in Salzburg und Badgastein anlässlich des Paracelsus-Jahres 1993; Mitteilungen der Gesellschaft für Salzburger Landeskunde, 14. Ergänzungsband*, pp. 97~115.

Reti, Ladislao. "Le arti chimiche di Leonardo da Vinci", *Chimica e l'industria* 34, 1952, pp. 655~66.

Richardus Anglicus. *Correctorium*, in Manget, *Bibliotheca*, vol. 2, pp. 266~74.

Robb, David M. "The Iconography of the Annunciation in the Fourteenth and Fifteenth Centuries", *Art Bulletin* 18, 1936, pp. 480~526.

Robertson, George, et al. *Future natural: Nature, Science, Culture*, London: Routledge, 1996.

Rolfinck, Werner. *Chimia in artis formam redacta, sex libris comprehensa*, Jena: Samuel Krebs, 1661.

Ross, W. D. *Aristotle*, London: Methuen, 1923.

Rossi, Paolo. "Bacon's Idea of Science", in Markku Peltonen, ed., *The Cambridge Companion to Bacon*, Cambridge: Cambridge University Press, 1996.

Rossi, Paolo. *Francesco Bacone: dalla magia alla scienza*, Bari: Laterza, 1957. 영역: *Francis Bacon: From Magic to Science*, trans. Sacha Rabinovich, London: Routledge and Kegan Paul, 1968.

Rossi, Paolo. *Philosophy, Technology, and the Arts in the Early Modern Era*, trans. Salvator Attanasio, New York: Harper and Row, 1970. 초판: *I filosofi e le macchine*, Milan: Feltrinelli, 1962.

Ruska, Julius. "Zwei Bücher De Compositione Alchemiae und ihre Vorreden", *Archiv für Geschichte der Mathematik, der Naturwissenschaften und der*

Technik, 11, 1928, pp. 28~37.

Ruvius, Antonius. R. P. *Antonii Ruvio Rodensis doctoris theologi societatis Jesu, sacrae theologiae professoris, commentarii in octo libros Aristotelis de physico auditu*, Lyon: Joannes Caffin and Franc. Plaignart, 1640.

Sabra, A. I. *The Optics of Ibn al-Haytham*, London: Warburg Institute, 1989.

Safire, William. "The Crimson Birthmark", *New York Times*, January 21, 2002, sec. A, p. 15.

Sambin, Hugues. *Oeuvre de la diversité des termes dont on use en architecture*, Lyon: Jean Durant, 1572.

Sargent, Rose-Mary. *The Diffident Naturalist: Robert Boyle and the Philosophy of Experiment*, Chicago: University of Chicago Press, 1995.

Schlosser, Alfred. *Die Sage vom Galgenmännlein im Volksglauben und in der Literatur*, Münster, Inaugural Dissertation, 1912.

Schlosser, Julius von. *Die Kunst- und Wunderkammern der Spätrenaissance*, Leipzig: Klinkhardt & Biermann, 1908.

Schmitt, Charles B. *John Case and Aristotelianism in Renaissance England*, Kingston, Canada: McGill-Queen's University Press, 1983.

Schmitt, Charles B. "John Case on Art and Nature", *Annals of Science* 33, 1976, pp. 543~59.

Scholem, Gershom. *On the Kabbalah and Its Symbolism*, New York: Schocken Books, 1969.

Scholem, Gershom. "Die Vorstellung vom Golem in ihren tellurischen und magischen Beziehungen", *Eranos-Jahrbuch* 22, 1953, pp. 235~89.

Scholz-Williams, Gerhild. "The Woman/The Witch: Variations on a Sixteenth-Century Theme (Paracelsus, Wier, Bodin)", in Craig A. Monson, ed., *The Crannied Wall*, Ann Arbor: University of Michigan, 1992, pp. 119~37.

Secret, François. "Palingenesis, Alchemy, and Metempsychosis in Renaissance Medicine", *Ambix* 26, 1979, pp. 81~92.

Seneca. *Letters from a Stoic*, trans. Robin Campbell, Baltimore: Penguin, 1969.

Sennert, Daniel. *De chymicorum cum Aristotelicis et Galenicis consensu ac dissensu*, Wittenberg: Schürer, 1619.

Sennert, Daniel. *Epitome naturalis scientiae*, Wittenberg: Schürer, 1618.

[Sennert, Daniel]. *Epitome naturalis scientiae, comprehensa disputationibus viginti sex, in celeberrima academia Wittebergensi*, Wittenberg: Simon Gronenberg, 1600.

Sennert, Daniel. *Hypomnemata physica*, Frankfurt: Clement Schleichius, 1636.

Shapin, Steven. *The Scientific Revolution*, Chicago: University of Chicago Press, 1996(한영덕 옮김, 『과학혁명』, 영림카디널, 2002).

Shapin, Steven. *A Social History of Truth*, Chicago: University of Chicago Press, 1994.

Shapin, Steven, and Simon Schaffer. *Leviathan and the Air-Pump*, Princeton: Princeton University Press, 1985.

Shelley, Mary. *The Novels and Selected Works of Mary Shelley*, ed. Nora Crook and Betty T. Bennett, eds., 8 vols., London: William Pickering, 1996.

Siculus, Diodorus. *The Library of History*, ed. and trans. C. H. Oldfather, Cambridge, MA: Harvard University Press, 1939.

Smith, Crosbie. "Frankenstein and Natural Magic", in Stephen Bann, ed., *Frankenstein, Creation, and Monstrosity*, London: Reaktion Books, 1994, pp. 39~59.

Smith, Pamela H. "Science and Taste: Painting, Passions, and the New Philosophy in Seventeenth-Century Leiden", *Isis* 90, 1999, pp. 421~61.

Sourbut, Elizabeth. "Gynogenesis: A Lesbian Appropriation of Reproductive Technologies", in Nina Lykke and Rosi Braidotti, eds., *Between Monsters, Goddesses, and Cyborgs: Feminist Confrontations with Science, Medicine, and Cyberspace*, London: Zed Books, 1996, pp. 227~41.

Spargo, John. *Virgil the Necromancer*, Cambridge, Harvard University Press, 1934.

Spitzer, Amitai I. "The Hebrew Translations of the *Sod Ha-Sodot* and Its Place in the Transmission of the *Sirr Al-Asrār*", in W. F. Ryan and Charles B. Schmitt, eds., *Pseudo-Aristotle: The "Secret of Secrets"*, London: Warburg Institute, 1982, pp. 34~54.

Squier, Susan Merrill. *Babies in Bottles: Twentieth-Century Visions of Reproductive Technology*, New Brunswick: Rutgers University Press, 1994.

Stavenhagen, Lee. "The Original Text of the Latin Morienus", *Ambix* 17, 1970, pp. 1~12.

Stegmüller, Fridericus. *Repertorium commentariorum in sententias petri lombardi*, 2 vols., Würzburg: Ferdinand Schöningh, 1947.

Steiner, Deborah. *Images in Mind: Statues in Archaic and Classical Greek Literature and Thought*, Princeton: Princeton University Press, 2001.

Stengers, Jean, and Anne Van Neck. *Histoire d'une grande peur: la masturbation*, Brussels: Université de Bruxelles, 1984.

Stephens, Walter. *Demon Lovers: Witchcraft, Sex, and the Crisis of Belief*, Chicago: University of Chicago Press, 2002.

Sternagel, Peter. *Die Artes Mechanicae im Mittelalter: Begriffs- und Bedeutungsgeschichte bis zum Ende des 13. Jahrhunderts. Münchener Historische Studien, Abteilung Mittelalterliche Geschichte*, vol. 2, Kallmünz über Regensburg: Michael Lassleben, 1966.

Strohm, Hans. "Beobachtungen zum vierten Buch der Aristotelischen Meteorologie", in Paul Moraux and Jürgen Wiesner, eds., *Zweifelhaftes im Corpus Aristotelicum*, Berlin: de Gruyter, 1983, pp. 94~115.

Summers, David. *The Judgment of Sense*, Cambridge: Cambridge University Press, 1987.

Summers, J. David. "The Sculpture of Vincenzo Danti: A Study of the Influence of Michelangelo and the Ideals of the Maniera", Ph.D. diss., Yale Univerity, 1969.

Telle, Joachim. "Kurfürst Ottheinrich, Hans Kilian und Paracelsus: Zum pfälzischen Paracelsismus im 16. Jahrhundert", in *Von Paracelsus zu Goethe und Wilhelm von Humboldt*. Salzburger Beiträge zur Paracelsusforschung 22, Vienna: Verband der Wissenschaftlichen Gesellschaften Österreichs, 1981.

Themo Judaei. *Quaestiones* in *Quaestiones et decisiones physicales insignium virorum: Alberti de Saxonia in Octo libros physicorum*, Paris: Ascensius & Resch, 1518.

Thomas Aquinas. *Opera omnia curante Roberto Busa S.I.*, 7 vols., Stuttgart: Frommann-Holzboog, 1980.

Thomas Aquinas. *Sancti Thomae Aquinatis doctoris angelici ordinis praedicatorum opera omnia*, 25 vols., Parma: Petrus Fiaccadorus, 1852~73.

Thomas Aquinas. *Sancti Thomae Aquinatis ordinis praedicatorum opera omnia*, Rome: Typographia Polyglotta, 1882~.

Thomas Aquinas. *Summa Theologiae*, New York: Blackfriars and McGraw-Hill, 1972.

Thorndike, Lynn. *A History of Magic and Experimental Science*, 8 vols., New York: Columbia University Press, 1923~58.

Toletanus philosophus. *Alterum exemplar rosarii philosophorum*, in Manget, *Bibliotheca*, vol. 2, pp. 119~32.

Tostado, Alonso. *Opera*, 20 vols., Venice: Joannes Jacobus de Angelis et al., 1507~31.

Ullmann, Manfred. *Die Natur- und Geheimwissenschaften im Islam*, Leiden: Brill, 1972.

Urbach, Peter. *Francis Bacon's Philosophy of Science: An Account and a Reappraisal*, La Salle, IL: Open Court, 1987.

Valsecchi, Chiara. *Oldrado da Ponte e I Suoi Consilia*, Milan: Giuffré, 2000.

Van Leer, David M. "Aylmer's Library: Transcendental Alchemy in Hawthorne's 'The Birthmark'", *ESQ* 22, 1976, pp. 211~20.

Varchi, Benedetto. *Opere di Benedetto Varchi*, 2 vols., Trieste: Lloyd Austriaco, 1858~59.

Varchi, Benedetto. *Questione sull'alchimia*, ed. Domenico Moreni, Florence: Magheri, 1827.

Vasari, Giorgio. *Le vite de' piu eccellenti pittori scultori e architettori*, ed. Rosanna Bettorini and Paola Barocchi, Florence: Sansoni, 1966~. (이근배 옮김, 『르네상스 미술가 평전』, 전6권, 한길사, 2018~19).

Venturelli, Paola. *Leonardo da Vinci e le arti preziose: Milano tra XV e XVI secolo*, Venezia: Marsilio, 2002.

Vernant, Jean-Pierre. "The Birth of Images", in Froma I. Zeitlin, ed., *Mortals and Immortals: Collected Essays*, Princeton: Princeton University Press, 1991, pp. 164~85.

Vernant, Jean-Pierre. "From the 'Presentification' of the Invisible to the Imitation of Appearance", in Froma I. Zeitlin, ed., *Mortals and Immortals: Collected Essays*, Princeton: Princeton University Press, 1991, pp. 151~63.

Vigenère, Blaise de. *De igne et sale*, in *Theatrum chemicum*, Strasbourg: Zetzner, 1661, vol. 6, pp. 1~142.

Virgil. *Virgil's Georgics: A Modern English Verse Translation*, trans. Smith Palmer Bovie, Chicago: University of Chicago Press, 1956.

Vitruvius. *De architectura*, ed. and trans. Frank Granger, 2 vols., Cambridge,

Mass: Harvard University Press, 1983.

von Staden, Heinrich. "Experiment and Experience in Hellenistic Medicine", *University of London Institute of Classical Studies Bulletin* 22, 1975, pp. 178~99.

Walker, D. P. *The Ancient Theology*, Ithaca: Cornell University Press, 1972.

Wallert, A. "Alchemy and Medieval Art Technology", in Z. R. W. M. von Martels, ed., *Alchemy Revisited*, Leiden: Brill, 1990, pp. 154~61.

Walmsley, J. C. "'Morbus,' Locke, and Boyle: A Response to Peter Anstey", *Early Science and Medicine* 7, 2002, pp. 378~97.

Walmsley, J. C. "Morbus: Locke's Early Essay on Disease", *Early Science and Medicine* 5, 2000, pp. 367~93.

Waterlow[Broadie], Sarah. *Nature, Change, and Agency in Aristotle's Physics*, Oxford: Clarendon Press, 1982.

Weeks, Andrew. *Valentin Weigel (1533–1588): German Religious Dissenter, Speculative Theorist, and Advocate of Tolerance*, Albany: State University of New York Press, 2000.

Weigel, Valentin. *Dialogus de Christianismo*, Newenstadt: Johann Knuber, 1618. *The Dialogus* also appears (edited by Alfred Ehrentreich) in *Valentin Weigel: Sämtliche Werke*, Will-Erich Peuckert and Winfried Zeller, volume editors, Stuttgart: Friedrich Frommann, 1967.

Weisheipl, James A. "The Nature, Scope, and Classification of the Sciences", in David C. Lindberg, ed., *Science in the Middle Ages*, Chicago: University of Chicago Press, 1978, pp. 461~82.

Wellmann, Max. "Die *φυςικά* des Bolos Demokritos und der Magier Anaxilaos aus Larissa", *Abhandlungen der Preussischen Akademie der Wissenschaften, Teil I, Phil-Hist. Klasse* 7, 1928, pp. 1~80.

Westfall, Richard S. *Never at Rest*, Cambridge: Cambridge University Press, 1980.

Weyer, Jost. *Graf Wolfgang II. von Hohenlohe und die Alchemie*, Sigmaringen: J. Thorbecke, 1992.

Whitney, William. "La legende de Van Eyck alchimiste", in Didier Kahn and Sylvain Matton, eds., *Alchimie: art, histoire et mythes*, Paris: Société d'Étude de l'Histoire de l'Alchimie, 1995, pp. 235~46.

Wiedemann, Eilhard. "Zur Alchemie bei den Arabern", *Journal für praktische*

Chemie, n.s., 76, 1907, pp. 115~23.

William of Auvergne. *Gulielmi Alverni, episcopi Parisiensis, mathematici perfectissimi, eximij philosophi, ac theologi praestantissimi, opera omnia*, Venice: Joannes Dominicus Traianus Neapolitanus, 1591.

Wilpert, Gero von. *Goethe-Lexikon*, Stuttgart: Alfred Kröner, n.d..

Wilson, William J. "An Alchemical Manuscript by Arnaldus de Bruxella", *Osiris* 2, 1936, pp. 220~405.

Witelo. *Opticae thesaurus Alhazeni*, Basel: Episcopi, 1572.

Wittkower, Rudolf and Margot. *Born under Saturn*, New York: Norton, 1963.

Wood, Charles T. "The Doctors' Dilemma: Sin, Salvation, and the Menstrual Cycle in Medieval Thought", *Speculum* 56, 1981, pp. 710~27.

Yates, Frances A. *Giordano Bruno and the Hermetic Tradition*, Chicago: University of Chicago Press, 1964.

Zamboni, Silla. *Ludovico Mazzolino*, Milan: "Silvana" Editoriale d'Arte, 1968.

Zavalloni, Roberto, O.F.M. *Richard de Mediavilla et la controverse sur la pluralité des formes, Textes inédits et étude critique, Philosophes medievaux*, vol. 2, Louvain: Éditions de l'Institut Supérieur de Philosophie, 1951.

Ziolkowski, Jan. *Alan of Lille's Grammar of Sex: The Meaning of Grammar to a Twelfth-Century Intellectual*, Cambridge, MA: Medieval Academy of America, 1985.

『프로메테우스의 야망』의 지은이인 윌리엄 로열 뉴먼의 학문적 이력은 1980년대 중반부터 시작되었다. 하버드 대학의 박사과정생이었던 그는 게베르의 저작 『완전성 대전』을 연구 주제로 삼았고, 이 문헌이 어떻게 성립되었고 누구에 의해 저술되었는지를 다룬 연구 논문을 발표했다.[1] 게베르는 원래 9세기의 아랍 철학자 자비르 이븐 하이얀의 라틴식 이름이었지만, 서유럽 세계에 알려진 게베르 문헌들은 대체로 14세기에 성립된 것들이었다. 그러니까 실제 게베르의 저작이 아니라 그의 이름을 빌린 위-게베르 문헌(pseudo-Geber corpus)이었던 셈이다. 『완전성 대전』 역시 위-게베르 문헌을 대표하는 저작이었는데, 아마도 역사상 중세 후기 서유럽에서 연금술을 옹호했던 사람들 사이에서 가장 널리 읽혔던 문헌이었을 것이다. 이 저작에서 위-게베르는 모든 금속이 유황과 수은으로 구성되었으며, 금속의 변성이 가능하다는 연금술 옹호론의 핵심 주장을 펼쳤다.

『완전성 대전』의 실제 저자가 게베르가 아니었을 것이라는 의심은 이

1 William R. Newman, "The Genesis of the *Summa perfectionis*", *Les archives internationales d'histoire des sciences* 35, 1985, pp. 240~302; "New Light on the Identity of Geber", *Sudhoffs Archiv für die Geschichte der Medizin und der Naturwissenschaften* 69, 1985, pp. 76~90.

미 오래전부터 제기되었다. 그도 그럴 것이 자비르가 생전에 아랍어로 남겼다는 자비르 전십소차도 실상 그의 저술이 아니었다는 견해가 지배적이다. 하물며 그보다 몇 세기가 지나 서유럽에서 발견된 문헌이라면 더 말할 나위도 없을 것이다. 『완전성 대전』에서는 물론 아랍 연금술의 영향도 분명히 발견되었지만, 동시에 아랍에서는 알려지지 않았던 정보들이 담겨 있었다. 학자들은 이 저작의 실제 저자가 어쩌면 이베리아반도에서 살았던 유럽인이었을 것이라 추측해왔다. 바로 이 지점에서 뉴먼은 『완전성 대전』의 실제 저자가 남부 이탈리아 출신의 파울루스 데 타렌툼이라는 프란체스코 수도회 소속 연금술사였을 것이라는, 당시로서는 충격적인 가설을 제안했다. 뉴먼의 가설은 1986년 "『완전성 대전』과 중세 후기 연금술: 13세기 이탈리아의 화학 전통, 기술, 이론"이라는 제목의 박사학위 논문으로 정리되었고, 『완전성 대전』의 첫 영미권 비평본이 출판되는 성과로 이어졌다.[2]

여기서 게베르에 관한 이야기는 잠시 나중으로 미루어두고, 우선은 뉴먼의 게베르 연구가 진행되었던 1980년대 중반이라는 시점에 주목해보자. 그때로부터 시작해 현재의 시점(2022년)까지 이어져오고 있는 뉴먼의 학문적 이력에서 정확히 중간에 해당하는 2003~04년 사이에 출판된 그의 연구 성과가 바로 『프로메테우스의 야망』이다. 이 두 해에 걸쳐 이 책 외에는 다른 눈에 띄는 연구물이 없었던 것으로 보아 아마도 뉴먼은 이 책의 저술에 전념했을 것이다. 앞으로도 시간은 흐를 것이고 이 책이 갖는 중간점의 위치는 곧 사라지겠지만, 뉴먼의 연구 세계에서 『프로메테우스의 야망』은 그만큼의 의미와 중요성을 갖는다고 볼 수 있다. "모든 고대사의 시냇물이 로마라는 호수로 흘러 들어갔다가 그 호수로부터 모든 근대사가 흘러나왔다"는 레오폴트 폰 랑케의 표현에 빗대자면, 게베르로

---

2 William R. Newman, "The *Summa perfectionis* and Late Medieval Alchemy: A Study of Chemical Traditions, Techniques, and Theories in Thirteenth-Century Italy", Ph.D. diss., Harvard University, 1986; William R. Newman, *The Summa perfectionis of Pseudo-Geber*, Leiden: Brill, 1991.

부터 출발한 뉴먼의 연구는 『프로메테우스의 야망』에서 한 차례 종합되었다가 그가 즐겨 쓰는 표현처럼 『프로메테우스의 야망』으로부터 활발하게 가지를 뻗어나가고 있는 중이다.

뉴먼이라는 학자의 연구서가 한 권 정도는 번역되어야 한다면, 그 대상이 이 책이어야 할 이유가 바로 여기에 있다. 이 해제는 그 이유에 정당성을 부여하려는 간략한 시도에 다름 아니다.

제3세대 파라켈수스 연구의 핵심, 데 나투라 레룸

2017년 12월 15~16일에 걸쳐 프랑스 파리고등사범학교(ENS)에서 "호문쿨루스, 반복 발생, 변성, 생명과 죽음에 관한 질문: 파라켈수스를 둘러싼"(Homunculus, palingénésie, transmutation, questions sur la vie et la mort, Autour de Paracelse)이라는 주제로 세미나가 열렸다. 이 세미나에서는 우르스 레오 간텐바인, 디디에 칸, 히로 히라이, 에이미 키슬로, 데인 대니얼, 아마데오 무라세, 앤드루 스팔링 등의 연구자들이 발표를 진행했다. 이들 대부분은 밀레니엄을 전후로 또는 2010년대에 학위를 받은 신진학자들이었다. 이 이틀간의 세미나에서 토론된 논문들은 파라켈수스의 저작으로 알려진 『사물의 본성에 관하여』(*De natura rerum*)에 관한 최신 연구를 담고 있었다. 이날의 결과물은 2020년에 테일러&프랜시스 출판사에서 발행하는 세계에서 가장 유서 깊은 화학사 분야 학술 저널인 『앰빅스』(*Ambix*) 특집호(제67호)에 게재되었으며, 최근에는 『위-파라켈수스: 위서(僞書)와 근대 초 연금술』이라는 단행본으로도 출간되었다.[3] 흥미로운 점은 여기에 뉴먼의 논문도 한 편 포함되어 있다는 사실이다.[4] 바로 이 지점에서 뉴먼이라는 학자가 가진 (그가 의도했든 그렇지 않았든) 뛰어난 '영

---

3 Urs L. Gantenbein and Hiro Hrai eds., *Pseudo-Paracelsus: Forgery and Early Modern Alchemy, Medicine and Natural Philosophy*, Leiden: Brll, 2022.

4 William R. Newman, "Bad Chemistry: Basilisk and Women in Paracelsus and pseudo-Paracelsus", *Ambix* 67, 2020, pp. 30~46.

리함'을 엿볼 수 있다.

2019년과 2020년은 파라켈수스라는 16세기 스위스 출신 의사를 연구하는 사람들에게는 매우 행복한 해였다. 앞서 언급한 『앰빅스』 특집호 이외에도 2019년에는 브릴 출판사가 발행하는 과학사 분야 학술 저널인 『근대 이전 과학과 의학』(*Early Science and Medicine*)에서 '파라켈수스' 특집호(제24호)를 냈고, 2020년에는 같은 출판사의 독일 문화사 분야 학술 저널인 『다프니스』(*Daphnis*)에서도 '파라켈수스주의'에 관한 특집호(제48호)가 나왔다. 두 해에 걸쳐 파라켈수스에 관한 최신 연구들이 그야말로 쏟아져나온 셈인데, 물론 이 동시다발적인 연구를 쏟아낸 주요 연구자들은 2017년 파리고등사범학교의 세미나에 참여했던 바로 그 연구자들이기도 했다. 그들의 이름은 파라켈수스 연구사에서 최근에야 등장하기 시작한 새로운 이름들이었지만, 유일한 예외가 바로 뉴먼이었다. 나는 최근 몇 년에 걸쳐(그리고 아마 앞으로도 수년에 걸쳐) 진행되어왔던 파라켈수스 연구의 새로운 흐름을 '제3세대 연구'로 규정한 바 있는데,[5] 뉴먼의 영리함은 바로 이 제3세대 연구라는 맥락에서라야 정확하게 파악될 수 있다.

아직 국내에는 그리 잘 알려지지 않은 인물인 파라켈수스는 서유럽에서도 그 본격적인 연구사가 아직 한 세기를 넘지 않았다. 16세기 말에 파라켈수스 문헌을 집대성했던 요한네스 후저 이후로 무려 3세기를 건너뛰어 1930년대에 이르러서야 카를 주드호프가 『파라켈수스 전집』의 비평본을 완성함으로써, 비로소 근대적 의미의 파라켈수스 연구가 가능해졌기 때문이다. 그러나 주드호프의 말년 인생이 상징적으로 보여주었듯이,[6] 파라켈수스는 『전집』이 완성된 바로 그해에 집권했던 나치의 프로파

---

5 박요한, 「파라켈수스의 의화학적 호문쿨루스 제작에 관한 연구: 『사물의 본성에 관하여』 제1권의 번역과 주해」, 서울대학교 대학원 의학석사논문, 2022, 제1장의 1.2.에서 제1~3세대 파라켈수스 연구사를 규정하고 소개했다.

6 나치가 집권하자 파겔과 지거리스트 등 주요 의사학자들은 추방당하거나 망명했고, 그들의 선배였던 노년의 주드호프는 나치당에 가입해 자신의 후임자의 교수직에 다

간다로부터 자유로울 수 없었다. 따라서 정치적이고 우생학적인 혐의로부터 벗어난 파라켈수스 연구는 그 출발이 더 늦춰질 수밖에 없었고, 아마도 대부분의 연구자는 1958년에 출판된 발터 파겔의 『파라켈수스: 르네상스 시대의 철학적 의학 입문』[7]을 진정한 출발점으로 삼는 데 동의할 것이다. 뉴먼도 『프로메테우스의 야망』에서 파겔의 『파라켈수스』를 중요하게 인용했을 만큼 파겔의 연구는 20세기 후반 전체에 걸쳐 모든 파라켈수스 연구자가 거쳐야 할 가장 권위 있는 출발점으로 기능했다. 파겔을 위시한 20세기 중반(1950~60년대)의 파라켈수스 연구를 '제1세대 연구'라고 칭한다면, 20세기 후반(1980~90년대)에 들어와 새로운 경향의 연구 흐름이 발견되었다. 여전히 파겔의 권위에 기반을 두면서도 '제2세대' 연구자들은 영웅적인 인물 중심의 과학혁명 사관으로부터 벗어나 파라켈수스를 괴짜로서의 개인이 아닌 사회와 영향을 주고받았던 실천가로 바라보기 시작했다. 파라켈수스의 추종자들이었던 이른바 파라켈수스주의자들에 관한 연구가 활발하게 시작된 것도 이즈음부터였다.

이와 같은 제2세대 연구의 흐름 속에서 뉴먼은 학계에 이름을 알리기 시작했다. 파라켈수스가 처음부터 그의 관심사는 아니었지만, 제2세대 연구의 후반에 접어들면서 뉴먼의 저술에서 파라켈수스라는 이름이 점점 자주 등장하기 시작했다. 그런데 그는 영리하게도 제2세대 연구자들은 물론 앞선 제1세대 연구자들도 거의 관심을 갖지 않았던 어느 한 문헌을 포착했다.[8] 그 문헌이 바로 데 나투라 레룸, 즉 『사물의 본성에 관

시 올라 제3제국의 의사학계를 이끌었다.

7 Walter Pagel, *Paracelsus: An Introduction to Philosophical Medicine in the Era of the Renaissance*, Revised; Basel: Karger, 1982. 이 책의 초판은 1958년에, 개정판은 파겔이 세상을 떠나기 1년 전인 1982년에 출판되었다. 사실, 파겔의 수된 연구 주제는 파라켈수스가 아니었다. 원래 그의 관심 주제는 윌리엄 하비와 판 헬몬트였으나, 이들을 연구하기 위한 배경으로서 먼저 파라켈수스를 연구한 것이었다.

8 아이러니하게도 학계에서 관심을 두지 않았던 『사물의 본성에 관하여』가 대중 독자들에게는 지속적인 관심을 받아왔다. 파라켈수스를 다루는 비학술 교양서 대부분이 비록 흥미 위주였을지언정 이 문헌을 다루었다는 점은 의미심장한 현상이었다. 심지

하여』였다. 뉴먼은 「호문쿨루스와 그의 선조들」이라는 논문을 통해 자신의 관심사 안에 파라켈수스와 데 나투라 레룸이 본격적으로 포함되었음을 알렸다.[9] 물론, 뉴먼이 이 문헌을 연구한 최초의 연구자는 아니었다. 1930년대에 이미 에른스트 다름슈테터라는 독일 학자가 연구 논문을 남긴 바 있었다.[10] 하지만 그 이후로는 꽤 오랜 세월 동안 방치되었던 이 문헌이 뉴먼에 의해 포착된 것은 그야말로 신의 한 수였다. 데 나투라 레룸은 뉴먼이 가지고 있던 학문적 기획과 전략에 매우 유용한 도구로 기능했기 때문이다. 이 문헌을 어떻게 활용할 것인지에 관한 뉴먼의 입장은 연구 논문들을 통해 단편적으로만 등장하다가 결국 『프로메테우스의 야망』에서 종합적으로 서술되었다. 이 책을 통해 하루아침에 뉴먼은 파라켈수스의 데 나투라 레룸 연구를 선도하는 학자로 부각되었다. 파라켈수스 연구자들이 파겔의 『파라켈수스』로부터 출발해야 하듯이, 데 나투라 레룸 연구자들은 뉴먼의 『프로메테우스의 야망』으로부터 출발하지 않으면 안 되었다.

다시 2017년의 세미나로 돌아가보자. 새로운 경향의 파라켈수스 연구를 쏟아내기 시작하던 '제3세대' 연구자들은[11] 뉴먼을 제외하고는 어느 누구도 제2세대 연구의 참고문헌 목록에서는 이름을 발견할 수 없는 이들이었다. 그런데 그들이 펼치려는 새로운 경향의 중심에는 다름 아닌 데

어 국내에 번역·소개된 의학사 교양서들에서도 마찬가지다.

9 William R. Newman, "The Homunculus and His Forebears: Wonders of Art and Nature", in *Natural Particulars: Nature and the Disciplines in Renaissance Europe*, eds. Anthony Grafton and Nancy Siraisi, Cambridge: MIT Press, 1999, pp. 321~45.

10 Ernst Darmstaedter, "Paracelsus, *De natura rerum*: Eine kritische Studie", *Janus* 37, 1933, pp. 1~18, 48~62, 109~15. 아쉽게도 나는 이 논문을 온라인으로 확보하지 못했다. 현재 독일 뮌헨 대학과 괴팅겐 대학에 소장되어 있다고 한다.

11 박요한, 「파라켈수스의 의화학적 호문쿨루스 제작에 관한 연구」, 15, 17~18쪽. 이외에도 제3세대 연구의 특징으로는 현재진행형인 『신학 전집』의 편찬 결과에 기반을 둔 파라켈수스의 신학 및 사회윤리학에 대한 관심, 비영미권 및 비독일권 연구자들의 활발한 참여 등을 꼽을 수 있다.

나투라 레룸이 놓여 있다.[12] 이처럼 파라켈수스 연구에서 데 나투라 레룸이 핵심적인 의제로 등장하게 된 것은 1990년대 말부터 시작된 뉴먼의 연구 이외에는 달리 그 배경을 설명할 방도가 없다. 요컨대, 뉴먼은 데 나투라 레룸을 통해 자신의 위치를 제2세대 연구의 후발주자에서 제3세대 연구의 선두주자로 올려놓을 수 있게 되었던 것이다. 하지만 이 정도의 설명으로는 만족할 수 없다. 도대체 뉴먼이 자신의 학문적 기획을 위해 데 나투라 레룸에서 기대했던 전략은 무엇이었으며, 그 전략이 어떻게 제3세대 연구자들을 자극했던 것일까? 나는 여기에 두 가지 주요 전략이 담겨 있다고 본다. 하나는 뉴먼이 실제로 의도했던 연구 방향과 관련되어 있고, 다른 하나는 (실제로 뉴먼에게는 큰 비중을 차지하는 의도가 아니었더라도) 내가 뉴먼을 통해 강조하고자 하는 초점이다.

뉴먼의 전략, 하나: 연금술과 근대 입자론의 연결고리

해제의 서두에 언급했던 게베르 연구의 시점에서 다시 출발하도록 하자. 박사학위를 취득한 후 뉴먼이 발표한 첫 연구 성과는 중세 후기 연금술 논쟁의 역사를 개관한 것으로서 지금도 대학원생들에게 읽힐 만큼 영향력 있는 논문이다.[13] 물론, 그 내용의 대부분은 『프로메테우스의 야망』에 훨씬 더 체계적으로 정리되어 있다. 이 논문에서 뉴먼은 몇몇 중요한 연금술 옹호자들과 반대자들 사이의 논쟁을 다루었는데, 연금술 옹호론을 대표하는 인물은 로게루스 바코누스(로저 베이컨)와 게베르(아마도 파울루스 데 타렌툼)였다. 그들은, 실제로는 아비켄나의 말이었지만 당대에 아리스토텔레스의 선언으로 여겨졌던 "기예가들로 하여금 알게 하라"(sciant

12 2017년 세미나의 최종 결실이라 할 수 있는, 2022년에 출간된 『위-파라켈수스』라는 단행본의 제목 자체가 파라켈수스의 위서(僞書)인 『사물의 본성에 관하여』를 의도하고 있다는 점은 누구도 부인할 수 없다.

13 William R. Newman, "Technology and Alchemical Debate in the Late Middle Ages", *Isis* 80, 1989, pp. 423~45.

artifices)의 권위를 앞장서서 해체했던 인물들이었다. 그런데 뉴먼은 단순히 연금술의 역사를 정리하는 작업에 그치지 않았다. 그는 바코누스와 게베르의 해체 논리에서 하나의 공통점을 발견했는데, 그것은 둘 모두가 입자론(Corpuscular Theory)의 신봉자였다는 점이었다. 일반적으로 입자론이 판 헬몬트나 로버트 보일 같은 근대 초의 화학자들에 의해 확립되었다고 알려져 있었음을 고려한다면, 중세 후기 연금술사들이야말로 근대 초 입자론의 전거(典據)이자 원천이 되었던 셈이다.

따라서 뉴먼의 1990년대 연구가 주로 중세 후기 연금술과 근대 초 (연금술적) 화학 사이의 연결고리인 입자론을 해명하는 방향으로 전개되었던 것은 자연스러운 흐름이었다. 그는 바코누스[14]로부터 출발해 게베르를 거쳐 제네트르를 비롯한 아리스토텔레스주의자들,[15] 판 헬몬트,[16] 보일[17]로 이어지는 하나의 계보를 완성하려고 했다. 뉴먼은 기존의 입자론

---

14 William R. Newman, "The Alchemy of Roger Bacon and the *Tres Epistolae* Attributed to Him", in *Comprendre et maîtriser la nature au moyen âge. Mélanges d'histoire des sciences offerts à Guy Beaujouan*, Genève: Droz, 1994, pp. 461~79; "The Philosophers' Egg: Theory and Practice in the Alchemy of Roger Bacon", *Micrologus* 3, 1995, pp. 75~101; "An Overview of Roger Bacon's Alchemy", in *Roger Bacon and the Sciences*, ed. Jeremiah Hackett, Leiden: Brill, 1997, pp. 317~36.

15 William R. Newman, "Art, Nature, and Experiment among Some Aristotelian Alchemists", in *Texts and Contexts in Ancient and Medieval Science*, eds. Edith Sylla and Michael R. McVaugh, Leiden: Brill, 1997, pp. 305~17; "Experimental Corpuscular Theory in Aristotelian Alchemy: From Geber to Sennert", in *Late Medieval and Early Modern Corpuscular Matter Theory*, eds. Christoph Lüthy, John E. Murdoch, and William R. Newman, Leiden: Brill, 2001, pp. 291~329; "Corpuscular Alchemy and the Tradition of Aristotle's Meteorology, with Special Reference to Daniel Sennert", *International Studies in the Philosophy of Science* 15, 2001, pp. 145~53.

16 William R. Newman, "The Corpuscular Theory of J. B. Van Helmont and Its Medieval Sources", *Vivarium* 31, 1993, pp. 161~91.

17 William R. Newman, "Robert Boyle's Debt to Corpuscular Alchemy", in *Robert Boyle Reconsidered*, ed. Michael Hunter, Cambridge: Cambridge University Press, 1994, pp. 107~18; "The Alchemical Sources of Robert

역사 연구에서 연금술의 역할이 대체로 무시되었고 16세기 이전은 거의 다루어지지도 않았다는 연구사적 경향에 문제를 느꼈다. 비록 네덜란드의 과학사가 호이카스가 적지 않은 숫자의 중세 연금술 저술에서 '입자'에 관한 표현이 나타났음을 발견했지만, 그 역시 연금술사들은 실천가들이지 이론가는 아니었으므로 철학적인 입자론을 체계적으로 추론해낼 언어를 갖지 못했다고 생각했다.[18] 뉴먼은 이와 같은 기존의 굳은 견해에 정면으로 반기를 들었다. 그에 따르면, 중세 후기 연금술사들은 질료를 입자로 이해하는 구체적인 언어를 가지고 있었다. 연금술사들의 이른바 질료입자 이론은 아리스토텔레스로부터 비롯되어 중세 스콜라주의를 지배했던 이념인 질료형상 이론과는 대척점에 놓여 있었다고 볼 수 있는데, 질료형상 이론 또는 실체적 형상 이론이 근대 초 화학자들의 등장으로 극복된 것이 아니라 이미 중세에서부터 만만치 않은 경쟁자와 대결하고 있었다는 사실은 의미 있는 관점의 전환이라 할 수 있다.

더 나아가 뉴먼은 중세 후기 연금술사들의 입자론이 아리스토텔레스의 『기상학』 제4권을 기초로 삼고 있었다고 주장했다. 그러니까 질료형상 이론과 질료입자 이론이 모두 동일한 철학자로부터 비롯되었다는 것인데, 『기상학』을 둘러싼 후대 해석의 광범위한 스펙트럼은 『프로메테우스의 야망』에서도 중요하게 다루는 주제이기도 하다. 또한 뉴먼은 연금술사들의 실험 행위야말로 중세 후기의 입자론을 고대 그리스 및 헬레니즘 시대의 원자론으로부터 구별해주는 핵심적인 단서가 된다고 주장했다. 앞서 연금술사들이 실험실에서의 행위에 치중했던 경향을 그들의 단점으로 여겼던 호이카스의 평가와는 달리, 뉴먼은 오히려 그 경향을 단점이 아닌 장점으로 뒤바꾸었다. 연금술사들이 입자론을 받아들일 수 있었던 것은 철학적 관념의 결과가 아니라 구체적인 실험을 통한 입증의 결과였

Boyle's Corpuscular Philosophy", *Annals of Science* 53, 1996, pp. 567~85.

18 William R. Newman, "Experimental Corpuscular Theory in Aristotelian Alchemy", p. 292.

다는 사실이다. 아리스토텔레스의 교의를 실험과 연결했다는 점이야말로 연금술사들의 중요한 기여였으며, 이로부터 파생된 결과는 르네상스 시기에도 살아남아 판 헬몬트와 보일에게 연결되었고, 여전히 스콜라주의의 영향이 남아 있던 대학에서도 제네르트와 안드레아스 리바비우스를 통해 전개되었다는 것이 뉴먼의 관점이었다. 이에 덧붙여 특히 근대 초 대학의 교과목으로 편입된 의화학(iatrochemistry, 의학적 연금술)의 지지자들에게는 파라켈수스의 연금술 개념이 중요한 모티프가 되었다는 점도 짚고 넘어가지 않으면 안 된다.

연금술의 입자론을 매개로 한 기나긴 전통에 관한 뉴먼의 연구는 시카고대학출판부에서 연이어 나온 두 권의 연구서를 통해 종합되었다. 2002년에 먼저 출판된 『불 속에서 실험된 연금술: 스타키와 보일, 헬몬트 화학의 결말』[19]은 스타키, 보일, 판 헬몬트의 삼각 관계를 통해 근대 초 화학의 역사를 조망하려는 시도였다. 신대륙으로 이민을 갔던 연금술적 화학자 스타키와 영국의 실험과학자 보일은 서로 간의 교류와 협업을 통해 새로운 화학의 비전을 공유했다. 또한 그들은 판 헬몬트로부터 영향을 받았다는 공통점도 가졌는데, 뉴먼은 기존의 과학사에서 비교적 덜 다루어졌던 판 헬몬트의 후대 영향을 구체적으로 검토하면서 그 영향을 라부아지에의 화학혁명에까지 연결했다. 이처럼 『불 속에서 실험된 연금술』이 구체적인 인물들을 중심으로 특정한 시기의 역사를 다루었다면, 2004년에 출판된 『프로메테우스의 야망: 자연의 완전성을 탐구하는 연금술의 역사』는 전작의 범위와 관점을 확장하면서 대중적으로도 어필될 수 있는 주제들을 포괄한 시도다. 이 후속작은 고대로부터 근대 초에 이르는 연금술 역사 전체를 기예-자연 논쟁이라는 틀 속에서 해석한다. 뉴먼이 주장해왔던 연금술의 질료입자 이론 전통이 실은 기나긴 기예-자연

---

19 William R. Newman and Lawrence M. Principe, *Alchemy Tried in the Fire: Starkey, Boyle, and the Fate of Helmontian Chymistry*, Chicago: University of Chicago Press, 2002.

논쟁 속에서 연금술이 나름의 역할을 수행했던 과정으로부터 형성된 산물이었다는 거대한 파노라마를 『프로메테우스의 야망』은 명쾌하게 보여준다. 아마도 이 책에서 가장 중요한 부분은 인공 생명의 이슈를 다룬 제4장일 텐데, 여기서 다시금 데 나투라 레룸은 핵심적인 분석 대상으로 등장한다. 이는 자연스럽게 둘째 전략으로 이어진다.

뉴먼의 전략, 둘: 연금술의 베이컨주의적 성격

뉴먼의 둘째 전략은 어쩌면 첫째 전략의 자연스러운 귀결일 수도 있다. 하지만 나는 이 둘째 전략이야말로 다른 무엇보다 파라켈수스의 데 나투라 레룸에서 더욱 빛을 발한다고 생각한다. 『프로메테우스의 야망』이 출판되기 전, 이미 1990년대 말부터 2000년대 초에 걸쳐 뉴먼은 연금술의 역사를 바라보는 기존의 사관(史觀) 또는 역사서술 방식(히스토리오그래피)에 도전장을 내미는 논문을 잇달아 발표했다. 먼저 연금술 역사의 이해에 베이컨주의적 관점을 적용한 두 편의 논문[20]에서 뉴먼은 연금술에 관한 하나의 심각한 오해를 해명하려고 했다. 그 오해란, 연금술의 언어가 자연과 여성을 신성시하는 유기체적 세계관을 반영한다는 견해를 말한다. 이러한 견해는 자연친화적인 연금술을 기계론적인 과학과 손쉽게 대비시킴으로써 환경파괴를 비롯한 과학문명의 폐해가 갈수록 피부에 와 닿고 있는 오늘날의 사람들에게 설득력을 얻어왔다. 근래 세계적인 베스트셀러가 된 파울로 코엘료의 소설 『연금술사』가 추구하는 세계관이 인기를 얻었던 것도 이와 동일한 맥락에서 이해될 수 있다.

---

20 William R. Newman, "Alchemical and Baconian Views on the Art/Nature Division", in *Reading the Book of Nature: The Other Side of the Scientific Revolution*, eds. Allen G. Debus and Michael T. Walton, Kirksville, MO: Sixteenth Century Journal Publishers, 1998, pp. 81~90; "Alchemy, Domination, and Gender", in *A House Built on Sand: Exposing Postmodernist Myths about Science*, ed. Noretta Koertge, Oxford: Oxford University Press, 1998, pp. 216~26.

뉴먼은 「연금술의 역사서술에 관한 몇 가지 문제들」[21]이라는 주목할 만한 논문에서 이와 같은 오해의 근원을 규명하고자 했다. 그는 연금술을 해석했던 19세기 이후의 태도들을 크게 네 가지로 나누어 각각을 일일이 비판하는 작업을 수행했다. 첫째는 연금술을 영적인 구원의 과정으로 보았던 비교적 오래된 종교적 해석이고, 둘째는 심리학자 카를 구스타프 융(Carl Gustav Jung)이 제안했던 심리학적 해석이며, 셋째는 종교학자 미르치아 엘리아데(Mircea Eliade)가 제안했던 신화적 해석이다. 마지막은 오늘날에도 유효한 실증주의 또는 현재주의 해석으로서 연금술이 실상은 근대 과학과 거의 다를 바가 없다는 휘그적 사관이 반영된 해석이다.[22] 특히 뉴먼이 겨냥했던 비판의 대상은 둘째 및 셋째 해석이었다. 앞서 지적한 바, 연금술이 자연친화적이고 기계론을 반대한다는 오해의 실질적인 원흉으로 뉴먼은 융과 엘리아데를 지목했기 때문이다. 융은 연금술의 진정한 목적이 황금변성이 아니라 일종의 심리적 과정으로서 여성과 남성의 무의식적 결합이라고 해석했다. 융의 해석을 접했던 엘리아데도 연금술의 과정을 성스러움과의 결합으로 이해했다.[23] 이들 둘로부터 결정적인 영향을 받았던 또 다른 연구자들은 캐럴린 머천트(Carolyn Merchant)와 에벌린 폭스 켈러(Evelyn Fox Keller)로 대표되는 페미니스

---

21 William R. Newman and Lawrence M. Principe, "Some Problems with the Historiography of Alchemy", in *Secrets of Nature: Astrology and Alchemy in Early Modern Europe*, eds. William R. Newman and Anthony Grafton, Cambridge: MIT Press, 2001, pp. 386~431.

22 뉴먼은 연금술에 대한 휘그적 사관을 비판하기 위해 연금술 실험을 당대의 맥락에서 고찰하는 다음과 같은 논문들을 썼다. William R. Newman, "The Place of Alchemy in the Current Literature on Experiment", in *Experimental Essays: Versuche zum Experiment*, eds. Michael Heidelberger and Friedrich Steinle, Baden-Baden: Nomos, 1998, pp. 9~33; "Alchemy, Assaying, and Experiment", in *Instruments and Experimentation in the History of Chemistry*, eds. Frederic L. Holmes and Trevor H. Levere, Cambridge, MA: MIT Press, 2000, pp. 35~54.

23 칼 융, 한국융연구원 옮김, 『연금술에서 본 구원의 관념』, 솔, 2004; 미르치아 엘리아데, 이재실 옮김, 『대장장이와 연금술사』, 문학동네, 1999.

트 과학사가들이었다. 머천트와 켈러는 연금술사들이 헤르메스주의의 전통 속에서 자연을 거룩한 여성으로 숭배했다고 보았고, 연금술적 세계관이 오늘날의 억압적이고 가부장적인 과학의 대안 가운데 하나가 될 수 있다고 제안했다.[24] 그러나 이들에 대한 뉴먼의 비판은 다소 가혹하다. 머천트와 켈러는 융과 엘리아데를 위시해 역사적 근거가 빈약한 "일그러진 20세기 자료들"에 근거했다고 말이다. 켈러는 거의 머천트에 의존했을 뿐이고, 머천트는 연금술에 관한 자료를 거의 본 적이 없다는 것이 뉴먼의 판단이었다. 과연 이와 같은 뉴먼의 비판이 의도했던 바는 무엇이었을까?

사실, 머천트와 켈러에게도 자신들이 겨냥했던 논적이 있었다. 그는 다름 아닌 근대 초 실험과학의 나팔수였던 프랜시스 베이컨이었다. 근대 초의 수많은 연금술 문헌의 삽화들에서도 표현되었듯이, 연금술사들은 남녀의 결합이나 양성구유의 이미지로 표현되곤 했다. 반면에 베이컨은 남성우월적이고 일종의 슈퍼맨을 강조했다는 것이 머천트와 켈러의 시각이었다. 하지만 뉴먼은 페미니스트 과학사가들의 기대를 본의 아니게 꺾어버렸다. 머천트와 켈러가 모범으로 여겼던 연금술사들의 저작에서 실제로는 남성우월주의와 미소지니(여성혐오)가 상당수 발견된다는 점을 뉴먼은 지적했다. 뿐만 아니라 상당수의 연금술사들은 자연을 숭배하기보다는 오히려 자신들의 의도에 맞게 자연에 개입하고 자연을 지배하려고 했던 사람들이었다. 연금술 실행의 과정은 종종 자연을 고문하는 행위에 비유되었으며, 금속의 변성은 예수의 십자가 처형으로 표현되기도 했다. 『프로메테우스의 야망』 제5장에서 강조되었듯이, 뉴먼은 베이컨이 연금술 문헌들로부터 상당한 영향을 받았고, 이로써 자연을 지배의 대상으로 보는 관점을 얻었을 것이라고 보았다. 결국 뉴먼의 비판에 깔려 있던 의도는 연금술 전통이 최소한 베이컨과 적대적이지 않고 오히려 친화적인 측면이 있었음을 강조하려는 것이었다.[25]

---

24 캐롤린 머천트, 전규찬 옮김, 『자연의 죽음』, 미토, 2005; 이블린 폭스 켈러, 민경숙 옮김, 『과학과 젠더』, 동문선, 1996.

그렇다면 뉴먼의 이와 같은 강조점을 뒷받침해줄 강력한 근거가 필요하지 않을까? 바로 이 지점에서 뉴먼은 파라켈수스의 데 나투라 레룸을 꺼내든다. 『프로메테우스의 야망』 제4장에서 충분히 다루고 있기 때문에 여기서 되풀이할 필요는 없겠지만, 데 나투라 레룸의 호문쿨루스 레시피는 남녀의 연합이 아닌 분리를 강조하며, 순수한 남성성의 우월한 능력에 집중한다. 여성의 역할은 침해되는 수준이 아니라 아예 제거된다. 따라서 뉴먼이 보기에 데 나투라 레룸은 그 자체로 기존의 연금술 역사서술에 대한 강력한 반증이다. 자연의 과정을 지배하려는 인간의 무한한 능력을 찬양한다는 점에서 데 나투라 레룸의 저자는 베이컨과 맞닿아 있다. 굳이 비교하자면, 코엘료 스타일의 연금술보다는 오히려 일본 만화가 아라카와 히로무의 『강철의 연금술사』 시리즈가 데 나투라 레룸의 정신에 더 가깝다고 볼 수도 있을 것이다. 뉴먼의 인상적인 표현대로 데 나투라 레룸의 비전은 "헤르메스적으로 출발하지만 베이컨적으로 끝난다".[26] 요컨대, 뉴먼의 데 나투라 레룸 띄우기는 기존의 연금술 역사서술을 전복하기 위한 선택적인 전략이었다. 그리고 그 전략이 나름의 성공을 거두어 제3세대 신진 연구자들의 등장을 자극할 수 있었던 것이다.

---

25 클리퍼드 코너, 김명진·안성우·최형섭 옮김, 『과학의 민중사: 과학 기술의 발전을 이끈 보통 사람들의 이야기』, 사이언스북스, 2014, 348~52쪽. 연금술 전통과 베이컨주의를 서로 상반된 것으로 해석하는 경향은 페미니스트 과학사가들만의 것은 아니다. 마르크스주의적 관점의 과학사가들도 그 동기와 의도는 다를지언정 페미니스트적 관점과 동일한 경향을 보여준다. 대표적으로 미국의 진보적 운동가이자 과학사학자인 클리퍼드 D. 코너(Clifford D. Conner)는 기존의 과학혁명 해석이 도외시했던 비주류 과학 분야들 및 실험과 기술의 영역에 주목해 과학혁명에 결정적으로 기여했으나 엘리트 과학자들에 의해 가려진 장인들의 세계를 드러내고자 했다. 특히 코너는 장인들의 지식에 대한 태도에 따라 베이컨 유형의 과학자와 파라켈수스 유형의 과학자를 구별했는데, 전자가 장인들을 엘리트의 권위 아래 두고자 했다면, 후자는 오히려 장인들에게서 배우려는 태도를 보였다고 평가했다. 하지만 코너의 관점에 일면 타당한 측면이 있다 하더라도, 그의 관점이 연금술 문헌에 대한 철저한 독해의 결과라고 생각되지는 않는다.

26 William R. Newman, "Alchemy, Domination, and Gender", p. 220.

프로메테우스의 야망, 그 이후

2002년의 『불 속에서 실험된 연금술』, 2004년의 『프로메테우스의 야망』에 이어서 2006년에 다시금 시카고대학출판부에서 세 번째 저작 『원자와 연금술: 과학혁명의 실험적 기원과 연금술적 화학』이 출간되었다.[27] 『프로메테우스의 야망』 말미에서 기예-자연 논쟁 및 연금술이 데카르트와 맺었던 연결고리가 앞으로의 연구 과제로 제안되었다는 점을 고려한다면, 『원자와 연금술』이 『프로메테우스의 야망』에 이미 등장했던 인물인 제네르트와 보일을 다시 다루었다는 것이 다소 아쉽게 느껴질 수도 있겠다. 어쨌거나 『원자와 연금술』에서 뉴먼은 제네르트의 입자론과 보일의 기계론을 한층 더 깊이 분석함으로써 '과학혁명에서 연금술의 역할이 무엇이었는가?'라는 질문에 답변하고자 했다. 이 책에는 더 이상 과학혁명 같은 안정적인 개념은 존재하지 않는다고 제안해 과학사학계에 충격을 주었던 스티븐 샤핀(Steven Shapin)[28]의 영향이 짙게 묻어나 있다. 하지만 뉴먼은 중세, 르네상스, 과학혁명, 계몽 시대 같은 불연속적 시대 구분을 아예 무의미한 것으로 여기지는 않았다. 다만 이제껏 주로 물리학 위주로만 설명되었던 과학혁명에 화학이 중요한 한 자리를 차지할 수 있기를 바라면서, 특히 질료 이론의 전개 과정에서 17세기 중반을 전후로 발견되는 변곡점에 연금술이 결정적으로 기여했음을 밝히고자 했다. 과거에는 합리적인 화학의 발전에 '가장 큰 장애물'로 여겨졌던, 게다가 비교적 최근의 과학혁명 연구자들에게도 거의 관심을 받지 못하고 있던 연금술에 정당한 자리를 되찾아주려는 것이 뉴먼의 목표였다. 이러한 목표를 위해 앞서 『프로메테우스의 야망』이 기예-자연 논쟁에 초점을 맞추었다면, 『원

---

27 William R. Newman, *Atoms and Alchemy: Chymistry and the Experimental Origins of the Scientific Revolution*, Chicago: University of Chicago Press, 2006.

28 Steven Shapin, *The Scientific Revolution*, Chicago: University of Chicago Press, 1996.

자와 연금술』은 질료 이론에 초점을 맞추었다. 두 주제 모두에 결정적으로 관여했던 연금술이 제자리를 찾을 수 없다면 과학혁명의 역사에 화학을 합류시키는 작업도 정당화될 수 없다는 것이 뉴먼의 확신이었다.

앞서 『프로메테우스의 야망』을 로마라는 호수에 비유했듯이, 이 책 이후 뉴먼의 연구는 대체로 이 책을 비롯한 시카고대학출판부 3부작에서 다루었던 주제들을 심화하는 방향으로, 더불어 중세 후기로부터 벗어나 점차 과학혁명 시기로 접근하는 방향으로 나아갔다. 후속 연구 논문의 주제들이었던 『말레우스 말레피카룸』이나 맨드레이크는 모두 『프로메테우스의 야망』에서 중요하게 다루었던 소재들이었고,[29] 연금술적 원자론에 관한 연구 논문은 『원자와 연금술』의 반복이었다.[30] 특히 2010년대에 들어와 오랜만에 발표된 연구 논문인 「중세 성기 연금술사들의 유황과 수은」[31]에서 뉴먼은 연금술사들이 다루었던 두 원리인 유황과 수은이 영적인 존재 또는 형이상학적인 존재였다는 오랜 견해를 뒤집어, 그것들이 오늘날 주기율표에 나오는 수은이나 황과도 어느 정도는 이름을 공유할 수 있는 물질적 실체였다고 주장했다. 연금술사들이 수은과 유황을 다루었던 방식과 절차는 분명히 즉물적(卽物的)인 과정, 즉 실제 작업 공간에서 구체적인 물질을 가공하는 과정이었다는 것이다. 이와 같은 주장

29 William R. Newman, "Art, Nature, Alchemy and Demons: The Case of the *Malleus Maleficarum* and Its Medival Scource", in *The Artificial and the Natural: An Evolving Polarity*, eds. William R. Newman and Bernardette Bensaude-Vincent, Cambridge: MIT Press, 2007, pp. 109~34; "The Homunculus and the Mandrake: Art Aiding Nature versus Art Faking Nature", in *Genesis Redux: Essays in the History and Philosophy of Artificial Life*, ed. Jessica Riskin, Chicago: University of Chicago Press, 2007, pp. 119~30.

30 William R. Newman, "The Significance of Chymical Atomism", in *Evidence and Interpretation in Studies on Early Science and Medicine*, eds. William R. Newman and Dudley Sylla, Leiden: Brill, 2009, pp. 248~64.

31 William R. Newman, "Mercury and Sulphur among the High Medieval Alchemists: From Rāzī and Avicenna to Albertus Magnus and Pseudo-Roger Bacon", *Ambix* 61, 2014, pp. 327~44.

은 물론, 뉴먼이 의도하고 있는 거대한 퍼즐의 한 조각이었다. 아리스토텔레스의 『기상학』으로부터 출발한 입자론적 연금술의 전통이 중세 연금술사들을 통해 풍부한 자원을 획득해 근대 초의 입자론적·기계론적 화학자들에게 곧장 주입되었으며, 그 영향이 과학혁명을 뚫고 라부아지에의 화학혁명에까지도 이어진다는 퍼즐 말이다.

아마도 최근 뉴먼의 가장 큰 관심사 또는 앞으로 더 지속될 관심의 대상은 아이작 뉴턴이 될 것으로 보인다. 그가 12년 만에 출간한 새로운 단행본 및 가장 최근의 연구 논문의 주인공은 단연 뉴턴이었다.[32] 『연금술사 뉴턴: 과학, 애니그마, 자연의 '비밀스러운 불'에 대한 탐구』는 뉴턴의 연금술 탐구를 미스터리의 영역에서 정당한 학문적 연구의 영역으로 옮겨놓으려는 시도였다. 뉴먼은 뉴턴이 남겨놓은 연금술 문헌들을 오랜 시간 동안 주의 깊게 검토하면서 이 정도로 방대한 규모의 문헌에 바쳤을 그의 엄청난 노동과 헌신은 전례가 없던 것이었음을 느꼈다고 술회했다. 일반 대중의 오해와는 달리, 뉴턴의 연금술 탐구는 합리적 과학자의 일탈 행동이 아니라 그 자체로 정당한 과학 활동이었다. 그는 마법사가 아닌 연금술사로서 연금술을 실행했을 뿐이었다. 무엇보다도 뉴먼은 뉴턴의 연금술이 어떤 종교적 목적이나 눈에 보이지 않는 힘을 규명하려는 목적을 가졌던 작업이 아니었음을 지적했다. 뉴턴의 연금술은 그 자체로 명확한 화학 분야의 연구였고, 그는 자신의 발견을 미스터리로 포장하지 않고 최대한 정확한 언어로 표현하려고 노력했으며, 연금술 연구를 통해 얻은 결론을 특별히 자신의 광학 분야 연구에 적용함으로써 눈에 띄는 성과를 거두었다. 여기서 한 가지 더 흥미로운 부분은, 뉴먼은 과학사가들에게 뉴턴의 자료를 그저 눈으로 읽고 해석하지만 말고 뉴턴의 연금술

---

32 William R. Newman, "Newton's Reputation as Alchemist and the Tradition of Chymiatria", in *Reading Newton in Early Modern Europe*, eds. Elizabethanne Boran and Mordechai Feingold, Leiden: Brill, 2017, pp. 313~27; *Newton the Alchemist: Science, Enigma, and the Quest for Nature's "Secret Fire"*, Princeton: Princeton University Press, 2018.

실험을 직접 재구성해 실행해봐야 한다고 제안했다는 점이다. 이는 곧 뉴턴 연금술 문헌의 상징적인 언어와 지시 내용이 구체적인 물질을 다루는 정확한 프로토콜임을 의미했다.

연금술 역사 연구의 전망

앞서 소개한 바, 제3세대 파라켈수스 연구의 특징이 집약된 논문 모음집 『위-파라켈수스』에는 방대한 분량의 파라켈수스 위서(僞書) 목록이 실려 있다. 이 목록은 파라켈수스 연구가 결정적으로 확장되는 하나의 국면을 상징적으로 보여준다. 파라켈수스의 추종자들에 의해 스승의 이름을 달고 등장한 수많은 문헌의 출판 및 유통의 과정에 관한 연구는 파라켈수스의 진서(眞書) 못지않게 파라켈수스주의를 하나의 거대한 운동으로 조감할 수 있는 유용한 틀을 제공해줄 것이기 때문이다. 『프로메테우스의 야망』의 핵심 자료 가운데 하나인 데 나투라 레룸의 경우에도 뉴먼은 기존 연구자들과는 구별되는 다소 독특한 근거를 들어 이 문헌이 진짜 파라켈수스의 저작이 아닌 위서였다고 제안했다. 2017년 파리고등사범학교에서의 세미나 발표자 가운데 한 명이었고 현재 스위스 취리히 대학에서 주드호프의 파라켈수스 전집을 온라인으로 제공하고 있는 '파라켈수스 프로젝트'(Paracelsus Project)의 책임자 우르스 레오 간텐바인 교수는 데 나투라 레룸이 여러 저자에 의해 편집된 문헌이며, 그 가운데에는 실제 파라켈수스도 포함되어 있다고 제안함으로써 뉴먼과는 다소 상이한 결론을 제시했다.[33] 어찌 되었든 간에, 뉴먼이 전략적으로 내세웠던 데 나투라 레룸이 파라켈수스 개인에게만 소급될 수 없는 복잡한 형성 과정을 거쳐 성립되었으며, 어떤 특정한 양상의 운동이라는 맥락에서 유통되었던 문헌이었다는 사실만큼은 점차 인정받고 있는 분위기다.

33 Urs Leo Gantenbein, "Real or Fake? New Right on Paracelsian *De natura rerum*", *Ambix* 67, 2020, pp. 4~29.

그도 그럴 것이 데 나투라 레룸이 보여주는 몇몇 특징은 파라켈수스의 진짜 저작들에서는 발견되지 않는다. 남성성의 정수이자 인간 기예의 위대한 힘을 예증하는 호문쿨루스와 마찬가지로, 바실리스크가 여성성의 정수로서 역시 인간의 능력을 과시하는 생산물이라는 자신감 넘치는 결론도 오로지 데 나투라 레룸에서만 발견된다. 아마도 이 위서의 저자는 그토록 위험하고도 우월한 존재를 연금술 실험실에서 만들어냈다는 "기쁨을 표현"하고 있는지도 모른다.[34] 여기에는 오늘날에도 격렬한 논쟁의 대상이 될 만한 생명공학 이슈들에 대한 진보적인 시각의 뿌리가 담겨 있다. 그렇다면 데 나투라 레룸을 출판하고 유통했던 파라켈수스주의자들에게는, 마치 뉴먼이 자신의 기획을 위해 이 문헌을 활용했듯이, 이 문헌이야말로 그들이 가지고 있던 인간의 무한한 능력에 대한 신념을 스승 파라켈수스보다 한 걸음 더 나아가 펼칠 수 있도록 이끌어주는 강력한 도구로 활용되었을 것이다. 데 나투라 레룸이 처음 출판되었던 1572년은 파라켈수스 연구자들이 '파라켈수스 부흥'(Paracelsian Revival)이라고 부르는 시기인 1560~70년대의 한가운데 놓여 있었다. 파라켈수스는 안타깝게도 생전에 자신의 저작이 출판되는 모습을 거의 지켜보지 못했지만, 1560년대부터 그의 저작 대부분이 말 그대로 쏟아질 정도로 출판되기 시작했다. 파라켈수스 부흥의 역사적 전개는 사실상 파라켈수스 문헌 출판의 역사라 해도 과언이 아니었다.[35] 이 출판의 역사에는 파라켈수스의 진짜 저작뿐만 아니라 다량의 위서도 포함되었고, 각각의 출판 과정에는 저마다 파라켈수스의 사상을 전유하려는 다양한 동기와 욕망이 반영되어 있었다. 요컨대, 데 나투라 레룸으로 촉발된 '파라켈수스 부흥'에 관한 연구는 앞으로도 제3세대 연구의 주된 레퍼토리로 자리 잡

34 William R. Newman, "Bad Chemistry", p. 45.

35 파라켈수스 부흥에 관한 최근의 결정적인 연구는 뉴먼이 『프로메테우스의 야망』에서 인용했던 디디에 칸의 박사학위 논문이 확충되어 나온 다음의 두꺼운 연구서다. Didier Kahn, *Alchimie et Paracelsisme en France à la fin de la Renaissance*, Paris: Droz, 2007.

을 것이다.

뉴먼은 향후 연금술 연구의 미래를 전망하면서 『프로메테우스의 야망』에서도 그 실마리가 약간은 드러났듯이, 개별 연금술사에 주목하기보다는 여러 연금술사를 묶어주는 계보 혹은 학파에 집중함으로써 다양한 종류의 연금술'들'을 규명해내는 것이 더 풍성한 성과를 안겨다줄 것이라고 조언한 바 있다.[36] 파라켈수스를 예시로 들어본다면, 그가 연금술 역사에 획기적인 전환의 계기를 마련했음에도 불구하고 그의 후배 연금술사들이 모두 그를 추종했던 것은 아니었다. 사실상 '파라켈수스 학파'(Paracelsian school)라고 불릴 만한 구체적인 실체는 결코 존재한 적이 없었는데, 이른바 파라켈수스주의자를 자칭했던 사람들 대부분의 의도에는 스승의 견해를 계승하기보다는 수정하려는 동기가 가득했기 때문이다. 그럼에도 불구하고 파라켈수스의 영향을 긍정적으로든 부정적으로든 받지 않았던 연금술사들은 거의 없었으며, 그들은 저마다 자신의 방식대로 파라켈수스를 전유했지만 미시적으로는 제각각이었던 그들의 움직임이 거시적으로는 하나의 거대한 흐름을 만들어내고 있었다. 다시 말해 그들은 파라켈수스의 유산을 하나씩 제거하는 방향으로 스승을 계승했으며, 마침내 스승의 유산을 온전히 제거함으로써 오히려 스승이 무너뜨리고자 했던 아리스토텔레스-갈레노스의 체계를 더 효과적으로 무너뜨릴 수 있었던 것이다. 이처럼 특이하다면 특이하다고 할 방식으로 스승을 닮았던 제자들은 기어이 스승의 꿈을 실현했다. 따라서 그 제자들은 넓은 의미에서 '파라켈수스주의자'(Paracelsians)로 얼마든지 묶일 수 있다.

파라켈수스주의라는 실체를 인정했을 때 얻을 수 있는 의외의 효과가 있다. 파라켈수스의 사상을 단지 의화학의 영역에 국한하지 않고 신학과 사회윤리학으로 확장하려는 제3세대 연구의 경향이 보여주고 있듯이, 스승을 넘어뜨림으로써 더 거대했던 권위를 넘어뜨리는 데 성공했던 파라

36 William R. Newman and Lawrence M. Principe, "Some Problems with the Historiography of Alchemy", p. 419.

켈수스주의자들은 언제나 스승보다 한 걸음 더 나아가고자 했다. 데 나투라 레룸의 인간 복제 레시피는 그들의 도움닫기를 위한 결정적인 발판이었다. 인간의 능력이 완전한 인간, 즉 호문쿨루스를 만들어낼 수 있다면 그 완전한 인간들의 집합인 완전한 사회를 구성하는 것도 가능하지 않을까? 종교개혁과 과학혁명이 전개되고 있던 시기에, 이제 파라켈수스 덕분에 의화학자라는 새로운 명칭을 얻은 연금술사들은 다른 한켠에서 전혀 다른 종류의 종교개혁과 과학혁명을 꿈꾸었다. 그들의 목표는 파라켈수스의 연금술을 변화의 모든 측면과 관련된 보편적 과학으로 확장함으로써 연금술과 의학의 영역을 뛰어넘어 사회의 보편적인 개혁까지도 추구하는 것이었다. 『프로메테우스의 야망』에서는 다루지 않았지만,[37] 데 나투라 레룸 제9권의 핵심 사상 가운데 하나인 파라켈수스의 사물의 서명(signatura rerum) 이론으로부터 자극을 받은 파라켈수스주의자들은 존재하는 모든 사물의 서명을 올바르게 해석함으로써 더 나은 사회를 건설하려는 집단 운동을 전개했다. 중세의 연금술사들과는 달리, 근대 초의 연금술사들은 실험실을 뛰쳐나와 사회 개혁을 위한 움직임을 벌였다. 그들의 시야는 인간의 영혼을 구원하려는 종교개혁의 울타리를 뛰어넘어 사회와 자연과 우주를 총체적으로 구원하려는 데까지 미쳤다. 이러한 흐름 속에서 가장 완전한 인공 인간인 호문쿨루스는 그들의 급진성을 대변하는 하나의 상징이었다. 과거 황우석 사태를 날카롭게 비판했던 독일의 저널리스트 알렉산더 키슬러의 표현대로 "오늘날 과학자들은 유토피아를 지키는 마지막 사제"이듯이,[38] 호문쿨루스 레시피를 편집하고 유통했던 연금술사들도 그들만의 유토피아를 꿈꾸었을 것이다. 그 유토피아가 구체적으로 어떻게 설계되었으며, 그 설계에 참여했던 연금술사와 의화학자들

---

37 『프로메테우스의 야망』은 『사물의 본성에 관하여』의 제1권과 제6권만을 다루었다. 나머지 제2~9권의 주된 내용은 박요한, 「파라켈수스의 의화학적 호문쿨루스 제작에 관한 연구」, 제3장의 3.2.2.에서 소개되었다.

38 알렉산더 키슬러, 전대호 옮김, 『복제인간, 망상기계들의 유토피아』, 뿌리와이파리, 2007, 273쪽.

은 누구였는지를 추적하기 위해 나는 새로운 연구서를 준비하고 있다.

다른 한편으로 파라켈수스 부흥의 영향 및 그로부터 파생된 급진적 사회 개혁의 움직임의 모든 근원을 파라켈수스라는 인물 하나로 환원할 수는 없다. 뉴먼도 강조했듯이, 파라켈수스 역시 거대한 전통의 "후발 주자"였기 때문이다. 파라켈수스와 데 나투라 레룸이 파라켈수스주의라는 방대한 연구 과제를 남겨놓았다면, 이와 동시에 또 다른 연구 전망이 자연스럽게 모습을 드러낸다. 그것은 곧 파라켈수스를 자극했던 특정한 갈래의 연금술 전통에 관한 것이다. 『프로메테우스의 야망』은 이미 그 실마리를 제시해놓고 있지만, 뉴먼이 소개한 14세기의 연금술사들인 라이문두스 룰루스, 아르날두스 빌라노바누스, 페트루스 보누스 이외에도, 결정적인 한 인물이 빠져 있다. 그는 이들과 동시대에 활동했던 프란체스코회 소속의 요한네스 데 루페시사다. 이 인물이 중요한 이유는 그가 파라켈수스를 하나의 중요한 전통과 연결해준 징검다리 역할을 했기 때문인데, 그 전통은 바로 뉴먼이 살짝 언급만 했던 12세기 이탈리아의 수도사 요아키무스 데 플로레로부터 시작된 요아킴주의(Joachimism)다. 이 간략한 옮긴이 해제를 마무리하면서 나는 뉴먼이 그려내고 있는 입자론적 연금술의 계보에 버금갈 만한 또 다른 계보의 가능성을 열어두고자 한다. 파라켈수스주의자들이 스승을 딛고 한 걸음 더 나아갈 수 있었던 근원적인 모티프는 오로지 그 스승으로부터만 제공된 것이 아니었다. 그 모티프의 뿌리는 일면 연금술과는 거리가 멀어 보이는 요아킴주의의 정치적·역사철학적 비전으로 거슬러 올라간다. 따라서 요아킴주의와 파라켈수스주의, 그리고 그 사이를 매개했던 프란체스코회 수도사들은 연금술에 내재된 정치적·사회참여적 함의의 역사를 채색하는 또 하나의 계보를 이룰 것이다. 뉴먼에게 『프로메테우스의 야망』이 자신의 기획을 종합한 하나의 호수였다고 한다면, 그 호수로 흘러들었던 샘물의 또 다른 근원이 우리의 시선을 기다리고 있다.

옮긴이주와 옮긴이 해제를 위한 참고문헌

괴테, 요한 볼프강 폰. 전영애 옮김, 『파우스트』, 전2권, 도서출판 길, 2019.

디어, 피터, 정원 옮김, 『과학혁명: 유럽의 지식과 야망, 1500~1700』, 뿌리와이파리, 2011.

로리스, 기욤 드. 김명복 옮김, 『장미와의 사랑 이야기』, 도서출판 숲, 1995.

로스, 데이비드. 김진성 옮김, 『아리스토텔레스: 그의 저술과 사상에 관한 총설』, 세창출판사, 2016.

린드버그, 데이비드. 이종흡 옮김, 『서양과학의 기원들』, 나남출판, 2009.

머천트, 캐롤린. 전규찬 옮김, 『자연의 죽음: 여성과 생태학 그리고 과학혁명』, 미토, 2002.

바사리, 조르조. 이근배 옮김, 『르네상스 미술가 평전』, 전6권, 한길사, 2018~19.

박승찬. 「토마스 아퀴나스에 의한 가능태 이론의 변형: 신학적 관심을 통한 아리스토텔레스 철학의 비판적 수용」, 『중세철학』 14, 2008, 65~105쪽.

박승찬. 『서양 중세의 아리스토텔레스 수용사』, 누멘, 2010.

박요한. 「파라켈수스의 의화학적 호문쿨루스 제작에 관한 연구: 『사물의 본성에 관하여』 제1권의 번역과 주해」, 서울대학교 대학원 의학석사논문, 2022.

블로흐, 에른스트. 박설호 옮김, 『서양 중세 르네상스 철학사 강의』, 열린책들, 2008.

샤핀, 스티븐. 한영덕 옮김, 『과학혁명』, 영림카디널, 2002.

아리스토텔레스. 조대호 옮김, 『형이상학』, 도서출판 길, 2017.

아우구스티누스. 성염 옮김, 『신국론』, 전3권, 분도출판사, 2004.

아이스퀼로스. 천병희 옮김, 『아이스퀼로스 비극 전집』, 도서출판 숲, 2008.

엘리아데, 미르치아. 이재실 옮김, 『대장장이와 연금술사』, 문학동네, 1999.

오비디우스. 천병희 옮김, 『변신이야기』, 도서출판 숲, 2017.

유재민. 「'화학적 결합'(mixis)의 조건과 현대적 해석의 가능성: 아리스토텔레스 『생성소멸론』 1권 10장을 중심으로」, 『철학연구』 126, 2019, 37~63쪽.

융, 칼. 한국융연구원 옮김, 『연금술에서 본 구원의 관념』, 솔, 2004.

에코, 움베르토·페드리가, 리카르도. 윤병언 옮김, 『경이로운 철학의 역사: 근대 편』, 아르테, 2019.

이충훈. 『자연의 위반에서 자연의 유희로: 계몽주의와 낭만주의 시기 프랑스의 괴물 논쟁』, 도서출판 b, 2021.

정원래. 「스콜라신학의 방법론과 진술방법」, 『역사신학논총』 17, 2009, 244~70쪽.

정현석. 「아리스토텔레스 vs 갈레노스: 고대 생명발생론의 중세적 수용과 변용-13세기 실체적 형상의 단/복수성 논쟁에서 중세의학의 역할」, 『의사학』 28, 2019, 239~90쪽.

조대호. 「아리스토텔레스의 논리학과 생물학에서 게노스와 에이도스의 쓰임」, 『논리연구』 5, 2001, 119~45쪽.

주아나, 자크. 서홍관 옮김, 『히포크라테스』, 아침이슬, 2004.

켈러, 이블린 폭스. 민경숙 옮김, 『과학과 젠더』, 동문선, 1996.

코르방, 앙리. 김정위 옮김, 『이슬람 철학사: 태동기부터 아베로에스까지』, 서광사, 1997.

코헨, 마크. 김혜연 외 옮김, 『아리스토텔레스의 형이상학』, 전기가오리, 2016.

키슬러, 알렉산더. 전대호 옮김, 『복제인간, 망상기계들의 유토피아』, 뿌리와이파리, 2007.

Dod, Bernard G. "Aristoteles Latinus", in *The Cambridge History of Later Medieval Philosophy*, eds. Norman Kretzmann et al., Paperback edition; Cambridge: Cambridge University Press, 1988, pp. 74~79.

Gantenbein, Urs L. "Poison and Its Dose: Paracelsus on Toxicology", in *Toxicology in the Middle Ages and Renaissance*, ed. Philip Wexler, London: Academic Press, 2017, pp. 1~10.

Gantenbein, Urs L. "Real or Fake? New Right on Paracelsian *De natura rerum*", *Ambix* 67, 2020, pp. 4~29.

Gantenbein, Urs L. and Hiro Hrai eds. *Pseudo-Paracelsus: Forgery and Early Modern Alchemy, Medicine and Natural Philosophy*, Leiden: Brll, 2022.

Gunnoe, Charles D. Jr. "Thomas Earastus and His Circle of Anti-Paracelsians", in *Analecta Paracelsica*, ed. Joachim Telle, Stuttgart: Franz Steiner, 1994, pp. 127~48.

Hirai, Hiro. "*Logoi Spermatikoi* and the Concept of Seeds in the Mineralogy and Cosmogony of Paracelsus", *Revue d'histoire des sciences* 61, 2008, pp. 245~64.

Hirai, Hiro. "Into the Forger's Library: The Genesis of *De natura rerum* in Publication History", *Early Science and Medicine* 24, 2019, pp. 485~503.

Newman, William R. "The Genesis of the *Summa perfectionis*", *Les archives internationales d'histoire des sciences* 35, 1985, pp. 240~302.

Newman, William R. "New Light on the Identity of Geber", *Sudhoffs Archiv für die Geschichte der Medizin und der Naturwissenschaften* 69, 1985, pp. 76~90.

Newman, William R. "The *Summa perfectionis* and Late Medieval Alchemy: A Study of Chemical Traditions, Techniques, and Theories in Thirteenth-Century Italy", 4 vols., Ph.D. Diss., Harvard University, 1986.

Newman, William R. "Technology and Alchemical Debate in the Late Middle Ages", *Isis* 80, 1989, pp. 423~45.

Newman, William R. *The Summa perfectionis of Pseudo-Geber*, Leiden: Brill, 1991.

Newman, William R. "The Corpuscular Theory of J. B. Van Helmont and Its Medieval Sources", *Vivarium* 31, 1993, pp. 161~91.

Newman, William R. "Robert Boyle's Debt to Corpuscular Alchemy", in *Robert Boyle Reconsidered*, ed. Michael Hunter, Cambridge: Cambridge University Press, 1994, pp. 107~18.

Newman, William R. "The Alchemy of Roger Bacon and the Tres Epistolae Attributed to Him", in *Comprendre et maîtriser la nature au moyen âge. Mélanges d'histoire des sciences offerts à Guy Beaujouan*, Genève: Droz, 1994. pp. 461~79.

Newman, William R. "The Philosophers' Egg: Theory and Practice in the Alchemy of Roger Bacon", *Micrologus* 3, 1995, pp. 75~101.

Newman, William R. "The Alchemical Sources of Robert Boyle's Corpuscular Philosophy", *Annals of Science* 53, 1996, pp. 567~85.

Newman, William R. "An Overview of Roger Bacon's Alchemy", in *Roger Bacon and the Sciences*, ed. Jeremiah Hackett, Leiden: Brill, 1997, pp. 317~36.

Newman, William R. "Art, Nature, and Experiment among Some Aristotelian Alchemists", in *Texts and Contexts in Ancient and Medieval Science*, eds. Edith Sylla and Michael R. McVaugh, Leiden: Brill, 1997, pp. 305~17.

Newman, William R. "The Place of Alchemy in the Current Literature on Experiment", in *Experimental Essays: Versuche zum Experiment*, eds. Michael Heidelberger and Friedrich Steinle, Baden-Baden: Nomos, 1998, pp. 9~33.

Newman, William R. "Alchemical and Baconian Views on the Art/Nature Division", in *Reading the Book of Nature: The Other Side of the Scientific Revolution*, eds. Allen G. Debus and Michael T. Walton, Kirksville, MO: Sixteenth Century Journal Publishers, 1998, pp. 81~90.

Newman, William R. "Alchemy, Domination, and Gender", in *A House Built on Sand: Exposing Postmodernist Myths about Science*, ed. Noretta Koertge, Oxford: Oxford University Press, 1998, pp. 216~26.

Newman, William R. "The Homunculus and His Forebears: Wonders of Art and Nature", in *Natural Particulars: Nature and the Disciplines in Renaissance Europe*, eds. Anthony Grafton and Nancy Siraisi, Cambridge: MIT Press, 1999, pp. 321~45.

Newman, William R. "Alchemy, Assaying, and Experiment", in *Instruments and Experimentation in the History of Chemistry*, eds. Frederic L. Holmes and Trevor H. Levere, Cambridge, MA: MIT Press, 2000, pp. 35~54.

Newman, William R. "Corpuscular Alchemy and the Tradition of Aristotle's Meteorology, with Special Reference to Daniel Sennert", *International Studies in the Philosophy of Science* 15, 2001, pp. 145~53.

Newman, William R. "Experimental Corpuscular Theory in Aristotelian Alchemy: From Geber to Sennert", in *Late Medieval and Early Modern Corpuscular Matter Theory*, eds. Christoph Lüthy, John E. Murdoch, and William R. Newman, Leiden: Brill, 2001, pp. 291~329.

Newman, William R. *Atoms and Alchemy: Chymistry and the Experimental Origins of the Scientific Revolution*, Chicago: University of Chicago Press, 2006.

Newman, William R. "Art, Nature, Alchemy and Demons: The Case of the *Malleus Maleficarum* and Its Medival Scource", in *The Artificial and the Natural: An Evolving Polarity*, eds. William R. Newman and

Bernardette Bensaude-Vincent, Cambridge: MIT Press, 2007, pp. 109~34.

Newman, William R. "The Homunculus and the Mandrake: Art Aiding Nature versus Art Faking Nature", in *Genesis Redux: Essays in the History and Philosophy of Artificial Life*, ed. Jessica Riskin, Chicago: University of Chicago Press, 2007, pp. 119~30.

Newman, William R. "The Significance of Chymical Atomism", in *Evidence and Interpretation in Studies on Early Science and Medicine*, eds. William R. Newman and Dudley Sylla, Leiden: Brill, 2009, pp. 248~64.

Newman, William R. "Mercury and Sulphur among the High Medieval Alchemists: From Rāzī and Avicenna to Albertus Magnus and Pseudo-Roger Bacon", *Ambix* 61, 2014, pp. 327~44.

Newman, William R. "Newton's Reputation as Alchemist and the Tradition of Chymiatria", in *Reading Newton in Early Modern Europe*, eds. Elizabethanne Boran and Mordechai Feingold, Leiden: Brill, 2017, pp. 313~27.

Newman, William R. "Bad Chemistry: Basilisk and Women in Paracelsus and pseudo-Paracelsus", *Ambix* 67, 2020, pp. 30~46.

Newman, William R. *Newton the Alchemist: Science, Enigma, and the Quest for Nature's "Secret Fire"*, Princeton: Princeton University Press, 2018.

Newman, William R. and Lawrence M. Principe. "Some Problems with the Historiography of Alchemy", in *Secrets of Nature: Astrology and Alchemy in Early Modern Europe*, ed. William R. Newman and Anthony Grafton, Cambridge: MIT Press, 2001, pp. 386~431.

Newman, William R., and Lawrence M. Principe. *Alchemy Tried in the Fire: Starkey, Boyle, and the Fate of Helmontian Chymistry*, Chicago: University of Chicago Press, 2002.

Pagel, Walter. *Paracelsus: An Introduction to Philosophical Medicine in the Era of the Renaissance*, Revised, Basel: Karger, 1982.

Völker, Klaus. *Künstliche Menschen Dichtungen und Dokumente über Golems, Homunculi, Androiden und liebende Statuen*, Berlin: Hanser, 1971.

Wilson, Malcolm. *Structure and Method in Aristotle's Meteorologica: A More Disorderly Nature*, Cambridge: Cambridge University Press, 2013.

그림 및 도판 목록

그림

도판

문헌 찾아보기

| ㄱ |

| ㄴ |

| ㄷ |

| ㅁ |

| ㅂ |

| ㅅ |

| ㅇ |

| ㅈ |

| ㅊ |

| ㅋ |

| ㅌ |

| ㅍ |

| ㅎ |

인명 찾아보기

| ㄹ |

| ㅅ |

| ㅈ |

| ㅊ |

| ㅋ |

| ㅌ |

| ㅍ |

| ㅎ |

지명 찾아보기

| ㅎ |

사항 찾아보기

|ㄱ|

| ㅂ |

| ㅅ |

| ㅇ |

| ㅈ |

| ㅊ |

| ㅋ |

| ㅌ |

| ㅍ |

| ㅎ |

지은이 / 옮긴이 소개

지은이 **윌리엄 로열 뉴먼**(William Royall Newman, 1955~)은 미국 하버드 대학에서 중세 과학사가 존 E. 머독(John E. Murdoch)의 지도를 받아 게베르의 『완전성 대전』 및 중세 후기 연금술에 관한 논문으로 박사학위를 받았다. 현재 미국 인디애나 대학의 과학사 및 과학철학 학과의 루스 N. 홀스 석좌교수로 재직 중이다. 로저 베이컨, 판 헬몬트, 조지 스타키, 로버트 보일 등을 중심으로 전개된 과학혁명 이전 화학사 분야에서 영미권을 대표하는 학자로서, 저명한 『케임브리지 과학사』의 연금술 및 근대 초 화학 항목을 집필했다. 뉴먼의 주된 관심 주제는 중세 후기 연금술이 근대 초 화학으로 전환된 역사 및 기예-자연 논쟁, 입자론의 관점으로 보는 질료 이론 등이다. 그가 책임을 맡고 있는 '뉴턴 연금술 프로젝트'에서는 뉴턴의 연금술 문헌을 디지털화하고 그가 실행했던 실험을 복원하는 작업을 활발히 진행하고 있다.

옮긴이 **박요한**은 한세대 신학부에서 그리스도교 역사와 구약성서를 공부했고, 서울대 의과대학 인문의학교실에서 16세기 의사 파라켈수스의 위서(僞書) 『사물의 본성에 관하여』에 등장하는 호문쿨루스 레시피에 관한 논문으로 석사학위를 받았다. 중세 후기 연금술 및 르네상스 시기 의화학이 지녔던 종교적·정치적 함의에 관심을 가지고 있으며, 현재 파라켈수스 및 파라켈수스주의에 관한 연구서를 집필 중이다.